中国地震年鉴
CHINA EARTHQUAKE YEARBOOK
2012

地震出版社

图书在版编目（CIP）数据

中国地震年鉴. 2012/《中国地震年鉴》编辑部编. —北京：地震出版社，2022.12

ISBN 978-7-5028-5512-3

Ⅰ.①中⋯ Ⅱ.①中⋯ Ⅲ.①地震-中国-2012-年鉴 Ⅳ.①P316.2-54

中国版本图书馆 CIP 数据核字（2022）第 228941 号

地震版 XM5361/P（6339）

中国地震年鉴（2012）

《中国地震年鉴》编辑部　编

责任编辑：郭贵娟　刘素剑
特约编辑：李巧萍　王　莹
责任校对：凌　樱

出版发行：地震出版社
北京市海淀区民族大学南路9号　邮编：100081
发行部：68423031　68467993　传真：68467991
总编办：68462709　68423029
编辑室：68467982
http://seismologicalpress.com
E-mail：dz_press@163.com

经销：全国各地新华书店
印刷：北京广达印刷有限公司

版（印）次：2022年12月第一版　2022年12月第一次印刷
开本：787×1092　1/16
字数：768千字
印张：31.5
书号：ISBN 978-7-5028-5512-3
定价：198.00元

版权所有　翻印必究

（图书出现印装问题，本社负责调换）

《中国地震年鉴》编辑委员会

主　编：闵宜仁
委　员：方韶东　韩志强　田学民　王春华　马宏生
　　　　高亦飞　黄　蓓　朱芳芳　周伟新　徐　勇
　　　　米宏亮　兰从欣　牟艳珠　张　宏

《中国地震年鉴》编辑部

主　任：王春华　田学民　张　宏
成　员：刘　强　彭汉书　刘小群　高光良　齐　诚
　　　　崔文跃　杨　鹏　陈俞含　李明霞　丁昌丽
　　　　李巧萍　王　莹　黄宝忠　李佩泽　连尉平
　　　　董　青　李　苗

2012年10月13日,中国地震局与内蒙古自治区人民政府签署共同推进防震减灾综合能力建设合作协议
(内蒙古自治区地震局 提供)

2012年10月19日,中国地震局与云南省人民政府签署推进云南桥头堡建设防震减灾合作协议
(云南省地震局 提供)

2012年11月24日，中国地震局党组书记、局长陈建民（左）与安徽省省长李斌（右）会谈

（安徽省地震局　提供）

2012年4月14日，中国地震局党组成员、副局长刘玉辰（中）一行赴国家国防科技工业局调研

（中国地震局办公室　提供）

2012年3月29日，中国地震局党组成员、副局长赵和平（左五）视察兰州陆地搜寻与救护基地

（甘肃省地震局　提供）

2012年8月17日，中国地震局党组成员、副局长修济刚（中）率中国地震局代表团赴冰岛、丹麦考察访问

（中国地震局科技与国际合作司　提供）

2012年2月16日，中国地震局党组成员、纪检组长张友民（右三）到海南省检查指导防震减灾工作

（海南省地震局　提供）

2012年6月26日，中国地震局党组成员、副局长阴朝民（前排中）出席在宁夏回族自治区石嘴山市举行的中国地震局西北片区测震流动观测应急演练

（宁夏回族自治区地震局　提供）

2012年3月2日,中国大陆构造环境监测网络通过国家验收

(中国地震局规划财务司 提供)

2012年5月11日,河北省创建地震安全环境防灾减灾文化宣传月石家庄市启动仪式在石家庄市举行

(河北省地震局 提供)

2012年8月31日,黑龙江省地震系统对口支援新疆克拉玛依市防震减灾工作签约仪式在黑龙江省地震局举行

(黑龙江省地震局　提供)

2012年11月17日,上海市地震局举办第十七届上海市中学生防震减灾知识竞赛

(上海市地震局　提供)

2012年7月18日,由福建省地震局主持的"福建及台湾海峡地壳深部构造探测"项目三期工程开展现场工作

(福建省地震局 提供)

2012年12月3—7日,2012年城市地质环境与可持续发展论坛在香港召开

(广东省地震局 提供)

2012年10月16日,在海口市举行2012年海南省地震、火山、海啸灾害紧急救援队救援技术大比武

(海南省地震局　提供)

2012年8月30日,重庆市人民政府领导到重庆市地震局检查指导工作

(重庆市地震局　提供)

2012年3月15日,全国地震应急救援工作交流会议在云南省昆明市召开

(云南省地震局 提供)

2012年5月8日,陕西省第三届防震减灾宣传活动周启动仪式在永寿县举行

(陕西省地震局 提供)

2012年9月18日，新构造与地震学术报告会——庆祝丁国瑜院士从事地质工作60年暨80华诞在北京召开

（中国地震局地震预测研究所 提供）

2012年5月18—21日，21世纪地震工程研究新挑战国际学术研讨会——暨纪念刘恢先教授诞辰100周年国际学术研讨会在哈尔滨召开

（中国地震局工程力学研究所 提供）

2012年5月18—21日，21世纪地震工程研究新挑战国际学术研讨会在中国地震局工程力学研究所举办

（中国地震局工程力学研究所　提供）

2012年11月18日，中国地震局地球物理勘探中心与中国地质装备总公司重庆地质仪器厂签署战略合作框架协议

（中国地震局地球物理勘探中心　提供）

2012年5月,中国地震局第一监测中心开展首都圈水准测量

(中国地震局第一监测中心 提供)

2012年4月21日,第九届中美工程技术研讨会"灾难灾害预警应对与防范论坛"在防灾科技学院举办

(防灾科技学院 提供)

目　　录

专　　载

中国地震局党组书记、局长陈建民在全国地震局长会暨党风廉政建设工作会议上的讲话（摘要） …………………………………………………………………………（3）

中国地震局党组书记、局长陈建民在全国防震减灾宣传工作会议上的讲话（摘要） ……………………………………………………………………………………………（17）

中国地震局党组书记、局长陈建民在深入学习贯彻党的十八大精神暨防震减灾事业发展研讨会上的讲话（摘要） ……………………………………………………（22）

中国地震局党组成员、副局长刘玉辰在2012年全国震害防御工作会议上的讲话（摘要） ……………………………………………………………………………………（30）

中国地震局党组成员、副局长赵和平在2012年全国地震应急救援工作交流会议上的讲话（摘要） …………………………………………………………………………（35）

中国地震局党组成员、副局长修济刚在中国地震局直属机关党建工作会议上的讲话（摘要） ……………………………………………………………………………（40）

中国地震局党组成员、副局长阴朝民在2012年全国地震监测处长培训班暨《中国地震局关于进一步加强监测预报工作的意见》落实工作研讨会上的讲话（摘要） ……………………………………………………………………………………………（46）

2012年发布1项地震国家标准 ……………………………………………………（51）

2012年发布8项地震行业标准 ……………………………………………………（52）

广东省第十一届人民代表大会常务委员会公告（第92号） ……………………（54）

广东省防震减灾条例 ………………………………………………………………（54）

广西壮族自治区人大常委会公告（十一届第47号） ……………………………（62）

广西壮族自治区防震减灾条例 ……………………………………………………（62）

四川省第十一届人民代表大会常务委员会公告（第71号） ……………………（72）

四川省防震减灾条例 ………………………………………………………………（72）

关于印发《地震灾害防御规划》的通知（中震财发〔2012〕11号） …………（81）

关于印发《防震减灾法制建设规划》的通知（中震财发〔2012〕12号） ……（92）

关于印发《防震减灾国际合作与交流规划》的通知（中震财发〔2012〕13号） ……（102）

关于印发《地震应急救援规划》的通知（中震财发〔2012〕14号） …………（113）

关于印发《地震监测规划》的通知（中震财发〔2012〕15号） ………………（125）

关于印发《地震标准化与计量规划》的通知（中震财发〔2012〕25号） ……（134）

关于印发《防震减灾社会管理与公共服务规划》的通知（中震财发〔2012〕27号） ………………………………………………………………………………（146）
关于印发《防震减灾宣传规划》的通知（中震财发〔2012〕28号） ……………（157）

地震与地震灾害

2012 年全球 $M \geq 7.0$ 地震目录 ………………………………………………（167）
2012 年中国大陆及沿海地区 $M \geq 4.0$ 地震目录 ……………………………（168）
2012 年地震活动综述 ……………………………………………………………（172）
2012 年中国大陆地震灾害情况述评 ……………………………………………（174）

各地区地震活动

首都圈地区 …………………………………………………………………（177）
北京市 ………………………………………………………………………（177）
天津市 ………………………………………………………………………（178）
河北省 ………………………………………………………………………（178）
山西省 ………………………………………………………………………（178）
内蒙古自治区 ………………………………………………………………（179）
辽宁省 ………………………………………………………………………（179）
吉林省 ………………………………………………………………………（180）
黑龙江省 ……………………………………………………………………（180）
上海市 ………………………………………………………………………（181）
江苏省 ………………………………………………………………………（181）
浙江省 ………………………………………………………………………（181）
安徽省 ………………………………………………………………………（181）
福建省及其近海地区（含台湾地区） ………………………………………（182）
江西省 ………………………………………………………………………（182）
山东省 ………………………………………………………………………（182）
河南省 ………………………………………………………………………（183）
湖北省 ………………………………………………………………………（183）
湖南省 ………………………………………………………………………（183）
广东省 ………………………………………………………………………（184）
广西壮族自治区 ……………………………………………………………（184）
海南省 ………………………………………………………………………（184）
重庆市 ………………………………………………………………………（185）
四川省 ………………………………………………………………………（185）
贵州省 ………………………………………………………………………（185）
云南省 ………………………………………………………………………（186）
陕西省 ………………………………………………………………………（186）

甘肃省	(186)
青海省	(187)
宁夏回族自治区	(187)
新疆维吾尔自治区	(187)

重要地震与震害

2012年1月8日新疆和硕5.0级地震	(189)
2012年2月10日新疆巴里坤5.3级地震	(189)
2012年2月16日广东东源4.8级地震	(189)
2012年3月2日新疆乌恰5.0级地震	(190)
2012年3月9日新疆洛浦6.0级地震	(190)
2012年5月3日内蒙古额济纳旗、甘肃金塔交界5.4级地震	(191)
2012年6月1日新疆乌恰5.0级地震	(191)
2012年6月15日新疆轮台5.4级地震	(191)
2012年6月24日云南宁蒗—四川盐源5.7级地震	(192)
2012年6月30日新疆新源、和静交界6.6级地震	(193)
2012年7月20日南黄海4.9级地震	(193)
2012年8月11日新疆阿图什、伽师交界5.2级地震	(194)
2012年8月12日新疆于田6.2级地震	(194)
2012年11月26日新疆若羌5.5级地震	(195)
2012年12月7日新疆若羌5.1级地震	(195)

防震减灾

| 2012年防震减灾工作综述 | (199) |

防震减灾法治建设与政策研究

2012年防震减灾法治建设工作综述	(201)
2012年防震减灾政策研究工作综述	(203)
2012年地震标准化建设工作综述	(205)

地震监测预报

2012年地震监测预报工作综述	(206)
2011年地震监测预报工作质量全国统评结果（前三名）	(209)
2012年中国测震台网运行观测概况	(218)
2012年中国地震前兆台网运行年报	(220)
2012年中国地震背景场探测工程进展综述	(228)
2012年流动观测工作概况	(231)
2012年地震信息网络建设	(232)

各省、自治区、直辖市，中国地震局直属单位监测预报工作

| 北京市 | (234) |

天津市	(235)
河北省	(236)
山西省	(237)
内蒙古自治区	(238)
辽宁省	(239)
吉林省	(240)
黑龙江省	(241)
上海市	(242)
江苏省	(243)
浙江省	(244)
安徽省	(245)
福建省	(246)
江西省	(248)
山东省	(249)
河南省	(250)
湖北省	(251)
湖南省	(253)
广东省	(253)
广西壮族自治区	(256)
海南省	(257)
重庆市	(258)
四川省	(259)
贵州省	(262)
云南省	(263)
陕西省	(264)
甘肃省	(264)
青海省	(266)
宁夏回族自治区	(266)
新疆维吾尔自治区	(267)
中国地震局地球物理勘探中心	(268)
中国地震局第一监测中心	(269)
中国地震局第二监测中心	(270)

台站风貌

新丰江中心地震台	(271)
桂林地震台	(271)
海口地震台	(272)
湟源地震台	(273)
固原地震台	(274)

地震灾害预防

2012 年地震灾害预防工作综述 …………………………………………………………………（275）

各省、自治区、直辖市地震灾害预防工作

北京市 …………………………………………………………………………………………（279）
天津市 …………………………………………………………………………………………（280）
河北省 …………………………………………………………………………………………（281）
山西省 …………………………………………………………………………………………（282）
内蒙古自治区 …………………………………………………………………………………（283）
辽宁省 …………………………………………………………………………………………（284）
吉林省 …………………………………………………………………………………………（286）
黑龙江省 ………………………………………………………………………………………（286）
上海市 …………………………………………………………………………………………（287）
江苏省 …………………………………………………………………………………………（288）
浙江省 …………………………………………………………………………………………（289）
安徽省 …………………………………………………………………………………………（290）
福建省 …………………………………………………………………………………………（292）
江西省 …………………………………………………………………………………………（294）
山东省 …………………………………………………………………………………………（295）
河南省 …………………………………………………………………………………………（296）
湖北省 …………………………………………………………………………………………（297）
湖南省 …………………………………………………………………………………………（298）
广东省 …………………………………………………………………………………………（299）
广西壮族自治区 ………………………………………………………………………………（301）
海南省 …………………………………………………………………………………………（302）
重庆市 …………………………………………………………………………………………（304）
四川省 …………………………………………………………………………………………（305）
贵州省 …………………………………………………………………………………………（306）
云南省 …………………………………………………………………………………………（307）
陕西省 …………………………………………………………………………………………（307）
甘肃省 …………………………………………………………………………………………（308）
青海省 …………………………………………………………………………………………（309）
宁夏回族自治区 ………………………………………………………………………………（310）
新疆维吾尔自治区 ……………………………………………………………………………（311）

地震灾害应急救援

2012 年地震应急救援工作综述 …………………………………………………………………（313）

各省、自治区、直辖市地震灾害应急救援工作

北京市 …………………………………………………………………………………………（315）
天津市 …………………………………………………………………………………………（316）

河北省	(317)
山西省	(318)
内蒙古自治区	(319)
辽宁省	(320)
吉林省	(321)
黑龙江省	(321)
上海市	(322)
江苏省	(324)
浙江省	(325)
安徽省	(325)
福建省	(327)
江西省	(328)
山东省	(329)
河南省	(330)
湖北省	(331)
湖南省	(332)
广东省	(333)
广西壮族自治区	(335)
海南省	(336)
重庆市	(337)
四川省	(338)
贵州省	(340)
云南省	(341)
陕西省	(342)
甘肃省	(343)
青海省	(344)
宁夏回族自治区	(344)
新疆维吾尔自治区	(345)

重要会议

2012年国务院防震减灾工作联席会议	(347)
2012年全国地震局长会暨党风廉政建设工作会议	(348)
中国地震局和陕西省人民政府共同推进关中—天水经济区防震减灾体系建设合作委员会第一次会议	(348)
中国地震局与广东省政府共同推进珠江三角洲地区2012年防震减灾工作合作联席会议第一次工作会议	(348)
中国地震局与云南省人民政府签订合作协议	(349)
天津市2012年防震减灾工作会议	(349)
山西省2012年防震减灾领导小组会议	(350)

内蒙古自治区2012年防震减灾工作电视电话会议 …………………………………………（350）
辽宁省2012年防震减灾工作会议 ……………………………………………………………（351）
黑龙江省2012年防震减灾领导小组联席会议 ………………………………………………（351）
上海市2012年防震减灾联席会议 ……………………………………………………………（351）
江苏省2012年防震减灾工作联席会议 ………………………………………………………（352）
安徽省2012年防震减灾工作会议 ……………………………………………………………（352）
福建省2012年地震系统工作会议 ……………………………………………………………（353）
江西省2012年防震减灾工作会议 ……………………………………………………………（353）
山东省人民政府2012年防震减灾工作领导小组会议 ………………………………………（353）
河南省2012年防震减灾工作会议 ……………………………………………………………（354）
湖北省2012年防震减灾工作领导小组会议 …………………………………………………（355）
海南省2012年防震减灾工作联席（扩大）会议 ……………………………………………（355）
四川省2012年防震减灾领导小组扩大会议 …………………………………………………（355）
云南省2012年防震减灾工作联席会议 ………………………………………………………（356）
陕西省2012年防震减灾领导小组会议 ………………………………………………………（356）
甘肃省2012年防震减灾工作领导小组扩大会议 ……………………………………………（356）
新疆维吾尔自治区2012年防震减灾工作领导小组会议 ……………………………………（357）

科技进展与成果推广

2012年地震科技工作综述 ……………………………………………………………………（361）
科技成果
中国地震局2012年获系统外省部级科技奖励项目名单 ……………………………………（363）
专利与技术转让
2012年中国地震局专利与技术转让情况 ……………………………………………………（364）
科技进展
黑龙江省区域地震台网智能管理软件系统研发 ……………………………………………（365）
鸡西地区矿震、爆破监控与信息共享系统 …………………………………………………（365）
黑龙江及邻区数字化低频前驱波提取与研究 ………………………………………………（366）
大型桥梁地震安全性在线监测与评估系统 …………………………………………………（366）
东半球空间环境地基综合监测子午链（子午工程） ………………………………………（367）
华北克拉通与兴蒙—吉黑造山带地震台阵观测对比研究 …………………………………（368）
中国地震活断层探察——南北地震带中南段 ………………………………………………（368）
国家自然科学基金重点项目"祁连山晚新生代构造变形及其地貌演化" …………………（369）
龙门山大地震的复发间隔 ……………………………………………………………………（370）
识别地震前亚失稳应力状态的探索 …………………………………………………………（370）
汶川地震的变形与破裂过程研究 ……………………………………………………………（371）
于田、玉树地震地表破裂带的研究 …………………………………………………………（372）

中国西南地区现今及历史地震滑坡研究新进展 …………………………………………（372）
地震应力环境探测技术与方法研究 ………………………………………………………（373）
地应力测量与监测技术实验研究 …………………………………………………………（374）
震害遥感综合评估技术与示范应用 ………………………………………………………（375）
地应力测量与监测标定技术研究——现场地应力测量与台站建设 …………………（375）
新型网络化地电场观测技术研究与应用 …………………………………………………（375）
地震预警与烈度速报关键技术研究 ………………………………………………………（376）
用超长观测距地震宽角反射/折射剖面研究华北克拉通北部岩石圈结构和性质 ……（377）
中国地震活断层探察——南北地震带中南段、深地震反射和折射剖面综合探测研究
　………………………………………………………………………………………………（378）
中国综合地球物理场观测——青藏高原东缘地区 ………………………………………（378）
地震海啸危险性分析不确定性评估的全局敏感分析方法 ………………………………（379）
场地类别与设计反应谱参数相关性的研究 ………………………………………………（379）
断层场地效应对桥梁地震反应的影响 ……………………………………………………（380）

成果推广

吉林省地震局成果推广 ……………………………………………………………………（381）
湖北省地震局成果推广 ……………………………………………………………………（381）
广东省地震局成果推广 ……………………………………………………………………（382）
云南省地震局成果推广 ……………………………………………………………………（383）
陕西省地震局成果推广 ……………………………………………………………………（383）
甘肃省地震局成果推广 ……………………………………………………………………（383）
新疆维吾尔自治区地震局成果推广 ………………………………………………………（384）
中国地震局地质研究所成果推广 …………………………………………………………（384）
中国地震灾害防御中心成果推广 …………………………………………………………（385）

科学考察

中国地震局地球物理研究所科研人员参加国际大洋综合钻探计划 IODP 343 航次科
　学考察 ………………………………………………………………………………………（386）

机构·人事·教育

机构设置

中国地震局领导班子成员名单 ……………………………………………………………（391）
中国地震局机关司、处级领导干部名单 …………………………………………………（391）
中国地震局所属各单位领导班子成员名单 ………………………………………………（394）
2012 年中国地震局局属单位机构变动情况 ………………………………………………（401）

人事教育

2012 年中国地震局人事教育工作综述 ……………………………………………………（402）
中国地震局系统学历、学位教育和在职培训 ……………………………………………（403）

中国地震局干部教育培训 ……………………………………………………………（404）
中国地震局直属单位培训教育工作
河北省地震局 ………………………………………………………………………（406）
上海市地震局 ………………………………………………………………………（406）
湖北省地震局 ………………………………………………………………………（407）
广东省地震局 ………………………………………………………………………（407）
广西壮族自治区地震局 ……………………………………………………………（408）
云南省地震局 ………………………………………………………………………（408）
陕西省地震局 ………………………………………………………………………（408）
甘肃省地震局 ………………………………………………………………………（409）
新疆维吾尔自治区地震局 …………………………………………………………（409）
中国地震局工程力学研究所 ………………………………………………………（410）
防灾科技学院 ………………………………………………………………………（411）

人物
2012年中国地震局享受政府特殊津贴人员简介 …………………………………（413）
入选2012年科技部"创新人才推进计划"名单 …………………………………（413）
2012年通过研究员（正研级高级工程师）专业技术职务任职资格人员名单……（414）
2012年获得专业技术二级岗位聘任资格人员名单 ………………………………（414）

合作与交流

合作与交流项目
中国地震局2012年对外交流与合作综述 …………………………………………（417）
2012年出访项目 ……………………………………………………………………（421）
2012年来访项目 ……………………………………………………………………（436）
2012年港澳台合作交流项目 ………………………………………………………（442）

学术交流
第五届粤港澳地区地震科技研讨会 ………………………………………………（445）
2012年城市地质环境与可持续发展论坛 …………………………………………（445）
广东省地震重点监视防御区县级以上城市建（构）筑物抗震性能普查 ………（445）
广东省部共建地震监测与减灾技术重点实验室学术委员会第一届会议 ………（446）
南极长城站地震台建立实时数据传输系统 ………………………………………（446）
中美合作项目"汶川地震区活动断层发震习性鉴定与重建避让带宽度研究" …（447）
中俄合作"断层活化的构造物理学规律及山西与贝加尔裂谷带强震孕育信息" （447）
海峡两岸地震地质学术交流会 ……………………………………………………（447）
地壳应力研究所与德国地学中心签署地应力国际合作研究协议 ………………（448）
中意国际合作——电磁卫星电场及高能粒子探测技术合作研究 ………………（448）
中美钻孔应变仪观测合作研究 ……………………………………………………（448）

国际岩石力学学会地壳应力与地震专委会活动 …………………………………………（449）
欧洲岩石力学大会 ……………………………………………………………………（449）
中国地震局工程力学研究所与西班牙地震工程学会签订合作研究协议 ……………（449）
中国地震局工程力学研究所21世纪地震工程研究新挑战国际学术研讨会 …………（450）
防灾科技学院举办第九届中美工程技术研讨会"灾难灾害预警应对与防范论坛" ……（450）

计划·财务·纪检监察审计·党建

发展与财务工作
2012年中国地震局发展与财务工作综述 ……………………………………………（453）
中国地震局财务决算及分析 …………………………………………………………（455）
国有资产管理 …………………………………………………………………………（455）
机构、人员、台站、观测项目、固定资产统计 ……………………………………（456）
政府采购工作 …………………………………………………………………………（457）

纪检监察审计工作
2012年地震系统纪检监察审计工作综述 ……………………………………………（458）

党建工作
2012年中国地震局直属机关党建工作综述 …………………………………………（461）

附　　录

中国地震局2012年大事记 ……………………………………………………………（465）
2012年地震系统离退休人员人数统计表 ……………………………………………（469）
地震科技图书简介 ……………………………………………………………………（472）
《中国地震年鉴》特约审稿人名单 …………………………………………………（474）
《中国地震年鉴》特约组稿人名单 …………………………………………………（475）

专　　载

主要收载党中央、国务院、中国地震局领导有关防震减灾工作的重要讲话；国务院、国务院办公厅和中国地震局及省级机关印发的有关防震减灾工作的重要法规和文件。

中国地震局党组书记、局长陈建民
在全国地震局长会暨党风廉政建设工作会议上的讲话
（摘要）

（2012年1月12日）

这次会议的主要任务是：以邓小平理论和"三个代表"重要思想为指导，以科学发展观为统领，认真学习贯彻党的十七届六中全会和中央纪委第七次全会精神，全面落实党中央、国务院重大决策和防震减灾工作联席会议精神，回顾总结2011年、研究部署2012年防震减灾和党风廉政建设工作，着力推进防震减灾事业科学发展，以更加优异的成绩迎接党的十八大召开。

一、"十二五"事业发展实现良好开局

2011年，中国地震局党组在党中央、国务院的坚强领导下，以科学发展为主题，认真践行防震减灾根本宗旨，切实转变思想观念，站在经济社会发展全局的高度，谋划和推动防震减灾工作，加强和创新社会管理，拓展和完善公共服务，防震减灾工作取得了显著成效，实现了"十二五"稳健起步。

在全力做好震情监视和大震防范工作的同时，以规划布局统筹全面发展，以重点突破带动整体发展，以提升能力保障持续发展，以巨灾启示探索创新发展。

一是，突出谋划长远发展，建立事业发展规划体系。中国地震局党组把"十二五"规划作为贯彻中央重大部署的重要抓手，建立规划体系，加强规划衔接，以规划统领事业发展。"十二五"事业发展规划纲要已印发实施，山东、浙江等20个省（自治区、直辖市）、170多个市县发布了本级防震减灾规划，10个直属单位编制了事业发展规划，天津、陕西、湖北等地纳入了政府重点专项规划。规划提出的重大计划和专项逐步落实，"喜马拉雅"计划预计投入5亿元，2011年已执行1亿元；电磁监测试验卫星转入立项审批阶段，基础设施建设专项、烈度速报与预警工程正在积极沟通立项。各省规划的重点项目逐步转向支撑社会管理和公共服务，33个重点项目已通过论证，投资规模约60亿元。

二是，突出服务国家战略，统筹部署区域协调发展。将防震减灾工作融入经济社会发展的整体中，进行谋划和推进。落实中央关于新疆、西藏工作的战略部署，成立中国地震局西部工作协调领导小组，召开援疆工作会议，全面启动地震系统技术、人才、资金对口援疆。25个对口援疆单位迅速行动，初步确定援疆资金2250万元，已到位784万元。统筹东、中、西整体布局，与广东、湖北、陕西3省政府开展了各具特色的战略合作，中央财政5年投入7500万元，促进这些地区率先发展，发挥示范带动作用。江西、河南、广西、海南和甘肃等省（区）也围绕国家和区域发展战略，通过专项规划确立重大项目，切实加

强防震减灾能力建设。

三是，突出夯实基础基层，提升事业持续发展能力。2010年底，出台了加强监测预报、市县工作的两个"意见"，全面部署基础基层工作。一年来，贯彻落实工作取得了一定进展。在监测预报方面，形成了从台站到省局、从分片到集中、从学科到综合有机结合的会商机制；通过青年跟踪课题、青年科技论坛、青年工作组等，加强人才培养；新疆、福建、台网中心等单位制定了激励政策。在市县工作方面，中央财政支持市县全年超过3000万元；江西、广东等地的市县机构建设取得突破，10多个省和90多个地市将防震减灾工作纳入了政府目标责任考核，广东、四川等地积极探索示范城市和示范县创建工作。

四是，突出服务科学决策，总结借鉴日本地震启示。日本9.0级地震发生后，我们迅速派出救援队，科学研判我国震情，密切监视事态发展，有针对性地加强新闻宣传和舆论引导。我们及时会同联席会议成员单位，组织精干专家团队，深入研究日本地震灾难的成因与启示，提出了加强我国防震减灾工作的10项建议，报告党中央、国务院，得到了中央领导同志的高度肯定。我们积极落实温家宝总理在第四次中日韩峰会上的重要倡议，成功举办了东亚地震研讨会，形成了加强东亚地区合作的"北京共识"，投入1000万元资金，启动中日韩地震、海啸、火山三边合作项目，发挥了在区域多边合作中的主导作用。

在着眼长远、集中力量抓好上述四项工作的同时，我们完善工作思路，创新工作举措，加大工作力度，防震减灾各项工作全面推进，取得新的进展。

在监测预报方面。科学研判日本、缅甸等周边强震对我国的影响，深入研究我国6级地震长期平静异常，较好把握了震情发展趋势。动态开展重点危险区震情跟踪与研判，认真组织实施华北、南北带强震监视跟踪任务。圆满完成建党90周年等重大活动的震情监视与保障任务，对云南盈江、保山2次地震作出了有减灾实效的短期预测。

监测台网运行率保持在95%以上，国内地震可在2分钟左右完成自动速报。陆态网络项目全面投入试运行，背景场项目建设全面展开。148个国家台和5个城市烈度速报网技术改造按计划推进，福建、首都圈烈度速报示范系统投入测试运行。系统开展监测台网效能评估，完成地球物理场流动观测整合方案。组织开展第二届地震速报练兵竞赛。加强水库等专用台网的行业管理。

在震害防御方面。地震区划图修订的技术工作基本完成，即将进入审批程序。依法确定了3200多项重大工程的抗震设防要求。完成了15条近1000千米的活动构造地质填图。新认定30个单位安评从业资质，核准245名注册安评工程师。社会服务工程建设顺利实施。

各级地震部门积极服务校安工程、农村抗震民居建设，校安工程竣工面积达80%，新增抗震民居近百万户。北京全面启动城镇老旧房屋抗震排查和加固改造，海南积极推进抗震设防要求全过程监管，河北将抗震设防管理纳入房地产项目行政审批流程。

各地广泛开展宣传教育活动，北京等23个大中城市组织了防震减灾知识进公交活动。中央电视台播放防震减灾科教系列片，云南电视台开设防震减灾栏目，福建建成数字地震科普馆。新增国家级科普教育基地20个。

在应急救援方面。成功举办国家地震灾害紧急救援队成立10周年纪念活动，温家宝总理充分肯定救援队成绩并提出殷切期望，回良玉副总理亲切接见救援队并作重要讲话。国家地震灾害紧急救援队全面完成装备扩充，依托武警部队的33支应急救援队已组建完成。圆满完成赴新西兰、日本2次国际救援行动，有效处置了新疆等地10余次显著地震事件。

《国家地震应急预案》修订进入国务院审批程序，重庆、内蒙古等地完成省级预案修订。各地广泛开展地震应急演练，区域联动机制不断扩展，中南和西北协作区实现了政府层面的联动。重点危险区应急风险评估在新疆开始试点。建立市县地震应急救援能力建设参考指标，制定震害调查评估等技术标准，实行现场应急队员上岗资格管理制度。初步实现震后2小时内报送灾情，各种专题图件、应急遥感等产品更加丰富。

在地震科技和国际合作方面。建立了科技规划项目库，启动8个局重点实验室建设，联合广东省申报的"973"项目成功立项。9个省局单设了科技管理机构。2个"973"项目和3个科技支撑项目通过科技部验收，行业专项完成首批验收，地震科技星火计划顺利实施。云南省地震局为昆明机场建设提供了隔震技术工程服务，广东省地震局研发了地震速报系统，福建省地震局研发了烈度速报系统，展现了省局科技创新的活力与实力。

加强与东欧、非洲国家的合作，服务国家整体外交。成功举办中美地震双边研讨会及科技协调人会晤。援建巴基斯坦、萨摩亚地震台网进展顺利。中蒙地震重力地磁观测、闽台跨海峡深部探测二期圆满完成。

在干部人事教育方面。制定了干部人事制度改革实施意见，积极推进领导班子副职、局机关副司长竞争上岗，首次集中公开选拔纪检组长（纪委书记），完成39个单位领导班子任期调整增补。大力加强干部培训，充分利用国家培训资源，培训厅局级干部40名，台站全员培训全面完成。青年骨干人才出国留学项目实施顺利，获得国家留学基金委好评，新一轮出国留学项目协议已经签署。分类推进事业单位改革工作稳慎开展，方案基本形成。事业单位岗位设置和聘用工作稳步进行。

在政策法规方面。配合全国人大召开《中华人民共和国防震减灾法》贯彻实施座谈会，路甬祥副委员长作重要讲话。协助人大有关部门赴福建、安徽、黑龙江等地开展检查调研。印发进一步加强依法行政的意见。辽宁、贵州等10个省完成地方法规制定修订，济南颁布了第一个省会城市防震减灾条例，河南、云南等6个省将目标责任考核纳入法制化管理。地震重点监视防御区政策研究课题，获国家社科基金重大项目立项，并顺利启动。新颁布4项国家标准、5项行业标准。河北、湖北成立地震标准化委员会，河北地方地震标准获全军科技进步三等奖。

在党的建设方面。各单位党组（党委）把急难险重工作作为第一阵地，把推动中心任务完成作为着力点，通过领导点评、公开承诺、宣传表彰等多种有效途径，深入推进创先争优活动开展。以坚定理想信念、弘扬社会主义核心价值观为主线，组织开展丰富多彩的主题活动，隆重纪念建党90周年，大力推进社会主义精神文明建设。以提高素质、增长本领为主旨，创新学习载体，深化学习内涵，突出引领示范，着力推动学习型党组织向广度和深度发展。

在新闻宣传方面。建立了与中宣部的沟通协作机制，通过国家地震灾害紧急救援队成立10周年、新闻媒体"走基层"等活动，强化防震减灾事业宣传。积极做好突发地震事件信息发布，稳妥处置多次热点舆情事件。制定加强新闻宣传工作的意见和考核办法。新疆维吾尔自治区地震局、上海市地震局等有效利用官方微博，创新宣传载体，收到了较好的效果。

在老干部工作方面。老干部活动中心和老年大学建设得到加强，离退休老同志在科技咨询、科学研究、科普宣传、文化建设等方面发挥了积极作用。

政务、信访、后勤、安全等各项保障工作为事业发展和维护稳定发挥了重要作用。

在推进事业发展的新实践中，我们的认识也进一步深化：一是，最大限度减轻地震灾害损失是防震减灾工作的根本宗旨，必须长期坚持；二是，"党委领导、政府负责、社会协同、公众参与"的防震减灾基本格局是落实根本宗旨的关键前提，必须巩固完善；三是，两个能力建设是落实根本宗旨的内在要求，必须不断加强；四是，社会管理与公共服务是落实根本宗旨的主要途径，必须大力拓展；五是，"3+1"工作体系是落实根本宗旨的重要基础，必须加快健全；六是，改革创新是落实根本宗旨的持续动力，必须坚定不移。

二、2011年党风廉政建设工作扎实推进

2011年，中国地震局认真贯彻落实中央纪委第六次全会和国务院第四次廉政会议精神，以完善惩治和预防腐败体系为重点，以"六个加强"为抓手，党风廉政建设工作卓有成效，为事业健康发展提供了有力保障。

（一）决策落实监督有力

各级领导干部转变作风，深入基层，调查研究，层层抓落实，既检查指导工作、推进防震减灾事业发展，又关注干部职工利益、协调解决困难，有力促进了党中央、国务院防震减灾工作部署的贯彻，保证了年度重点任务的落实。

中国地震局党组同志带领机关司室负责人深入基层113次，重点调研检查"3+1"工作体系建设和党风廉政建设工作任务落实情况，及时总结推广可资借鉴的做法经验，指导系统工作，将基层提出的意见分解到有关职能部门，解决了部分单位资源配置、队伍建设和经费缺口等具体问题。局党组同志分别与分管职能部门专题研究规范项目管理问题，督促各部门落实年度分工任务。监察司会同办公室、发财司等有关部门抓好组织协调，在局党组同志带领下逐一对京区11个单位、分片对京外34个单位落实年度任务情况调研检查，办公室对87件重大事项进行了督察督办。

局属单位结合实际，将重大决策部署落到实处，如有的省局将局党组关于强化社会管理，拓展公共服务的要求落实到"十二五"规划和具体的项目中，做到规划、项目、经费三落实。同时，在调研检查中，注意解决基层台站和市县地震机构的实际困难。

（二）教育监督措施到位

各单位继续学习贯彻《廉政准则》，教育党员干部自觉践行"52个不准"。开展了落实《廉政准则》自查自纠，覆盖面达100%。有的单位把《廉政准则》纳入干部培训和考核内容，有的研究所开展以钱学森为榜样的严谨、诚实、守纪科研学风教育。局机关和京区单位组织开展了反腐倡廉建设知识竞赛活动。

加强领导干部监督，有力促进领导班子和干部队伍建设，局党组同志分别指导6个单位民主生活会，考核6个单位党风廉政建设责任制，组织8个单位巡视和回访，7个单位领

导向局党组述职述廉，全面检查指导班子建设和履职情况。

（三）制度建设成效显著

围绕对权力的制约和监督，重点对人财物事的管理，横向上包括教育、监督、预防、惩治四个方面，纵向上包括基本制度、专项制度、具体制度三个层面，基本形成了横向关联、纵向贯通的反腐倡廉制度体系。局机关先行一步，出台地震系统反腐倡廉制度体系目录，发挥指导作用；各单位领导重视，纪检部门组织协调，各部门落实责任，干部职工积极参与，完善制度、学习制度、执行制度的意识普遍增强。各单位、各部门在有效管用上下功夫，结合实际，在民主决策、干部选拔、财务管理、项目监管、责任追究等方面制定了一批重要制度，共清理评估制度2899项、废止568项、修订488项、保留1843项、新建1027项。

通过单位自查、协作区互查和检查组验收，陕西、江西、上海、浙江4个省（市）局被评为优秀单位，北京局等16个单位受到通报表扬，对存在差距的单位当面约谈，督促整改。评选出39项优秀制度，形成了常用法律法规、中国地震局、局属各单位三个层面的制度汇编。

（四）责任制进一步落实

中国地震局党组高度重视党风廉政建设工作，坚持防震减灾与党风廉政建设工作一起部署、一起落实、一起检查、一起考核，局党组同志身体力行党风廉政建设责任制的规定。局属各单位主要负责人履行"第一责任人"责任，分管领导"主要责任"意识得到增强，通过落实责任制、签订责任书、明确任务分工、责任制年度考核等措施，保证党风廉政建设工作落实。机关各部门在推进业务工作的同时，注意抓好分管范围的反腐倡廉工作。各级纪检监察部门与综合部门的配合更为密切，与业务部门协作更为顺畅，对各工作业务范围内涉及的廉政问题，及时沟通、共同解决。人事会同纪检监察部门认真贯彻《加强纪检监察审计队伍建设的意见》，批准10个单位独立设置纪检监察机构。在全系统首次集中公开选拔了一批纪检组长（纪委书记）优秀后备人选，部分同志已走上领导岗位；举办了3期纪检业务培训班，通过参加巡视、办案、审计等实践锻炼，纪检干部能力得到增强，队伍素质得到提升。

三、进一步完善"3+1"工作体系，促进防震减灾事业科学发展

（一）防震减灾工作体系建设取得显著成效

随着工作体系逐步建立，防震减灾工作认识不断深入，发展思路更加科学。按照推进工作体系建设的要求，谋发展，我们始终站在政治高度、着眼社会需求、树立根本宗旨、推进改革创新，工作定位更加准确，发展视野更加开阔。促发展，我们着力强化社会管理、拓展公共服务、提升两个能力、夯实基础基层，找准事业发展的着力点和落脚点。保发展，我们坚持推进科技创新、健全法制保障、突出规划引领、强化队伍建设，赢得事业发展良好势头和强大后劲。我们在实践中探索的发展思路，符合科学发展观的根本要求，符合经济社会发展的阶段特征，符合防震减灾的客观规律，促进防震减灾事业实现了从业务工作为主向职能履行的转变，从内部管理为主向社会管理的转变，从自身发展为主向公共服务

的转变。

随着工作体系逐步建立，防震减灾工作成效不断彰显，发展基础更加牢固。坚持预、防、救并举，我们创造性地开展工作，防震减灾事业发展实现质的提升。地震监测地域上形成全覆盖，技术上实现数字化，途径上走向立体化，服务能力大幅提升，预测基础不断强化，预报探索坚持不懈；震灾预防的工程性和非工程性措施普遍加强，开创性地实施了农村民居地震安全工程、校安工程，重大工程严格抗震设防，科普宣传广泛深入；应急救援工作呈现上下联动、部门联动、军地联动、社会联动的新局面，预案体系逐步完善，救援队伍快速壮大，救援行动举世瞩目；地震基础研究、应用研究、成果转化和科技服务全面推进，科技创新能力得到加强。

随着工作体系逐步建立，防震减灾工作途径不断拓展，发展环境更加优化。我们努力调动一切可以调动的力量，合力开展防震减灾工作。基本形成了"党委领导、政府负责、社会协同、公众参与"的工作格局。完善了防震减灾工作联席会议制度，建立了政府决策、部门协作和信息共享的工作机制。通过推进纳入政府责任目标考核体系，探索建立有效的工作落实途径。通过服务区域发展、城镇化发展、新农村建设和重大工程建设，防震减灾工作领域不断延伸。通过完善新闻宣传、信息跟踪和舆情引导的工作措施，社会公众对防震减灾工作的认识日趋理性。

随着工作体系逐步建立，防震减灾工作保障不断强化，发展支撑更加有力。适应"3+1"工作体系建设的要求，我们建立三大业务中心，增设局机关司室，健全省局管理机构，优化科研院所布局，全面完成事业单位岗位设置，加强市县机构和队伍建设，组织保障更加有力。通过完善以《中华人民共和国防震减灾法》为龙头的法规体系，法律制度更加健全。通过规划引领、重点项目带动、预算改革，防震减灾投入体系更加完善。通过深化干部人事制度改革，加大人才培养力度，扎实开展创先争优活动，干部队伍建设得到加强。通过加大基础设施建设和台站优化改造，全局上下的工作环境明显改善。

（二）防震减灾工作体系建设面临新的形势

务必清醒认识事业发展面临的严峻挑战。21世纪以来，全球地震已造成78万人死亡，直接经济损失近万亿美元。我国发生2次8级地震和多次6级以上地震，造成近9万人死亡，经济损失近万亿元。防震减灾已成为影响经济社会发展全局的重大政治问题、民生问题和安全问题。当前是我国加快转变经济发展方式、全面建设小康社会的关键时期，发展是第一要务，稳定是第一责任，经济建设和人民群众对安全的生产生活环境要求越来越高。

务必倍加珍惜事业发展所处的良好环境。经过30多年的发展，我国社会生产力、综合国力、人民生活水平大幅度跃升。全民科学素质行动计划稳步实施，社会主义文化大发展大繁荣加速推动，"未雨绸缪""居安思危"的减灾文化逐步被社会接受。创新型国家建设加速推进，国家科技实力明显增强。防震减灾工作的经济基础、社会基础、科技基础和文化基础更加坚实。

汶川地震后，党中央、国务院对防震减灾工作作出了一系列重大部署，地方各级党委政府加强对本地区工作的部署，落实政策措施，对防震减灾工作重视程度前所未有。各级地震部门与有关部门的沟通渠道更加顺畅，协调配合更加紧密，共同推进事业发展的局面进一步巩固。防震减灾工作的组织领导更加有力。

（三）进一步完善防震减灾"3+1"工作体系

在事业发展的新阶段，全局上下要适应经济社会发展的新要求，树立管理有限，服务无限，寓管理于服务之中的理念。紧紧围绕贯彻落实国务院关于加强防震减灾工作的意见，进一步完善"3+1"工作体系，全面提升社会管理能力和公共服务水平。

第一，进一步完善地震监测预报体系，要聚焦基础与效能，挖掘工作深度。坚持打牢基础、提升效能。加强基础设施建设，推进现代技术应用。注重基础资料分析，勇于探索实践。健全管理机制，建立服务平台。培养专业人才，促进持续发展。

着眼强化基础，不断提高地震监测能力，按照全国成场、区域成网的思路，科学合理地布局全国地震监测台网，完善多种手段、综合监测的立体观测网络。加快组建地震预报实验场，促进监测、预报、研究与实验相结合，为地震预报探索提供创新平台。

着眼技术进步，逐步实现以自动速报替代人工初报，建设国家地震烈度速报与预警系统，满足政府和社会应对地震灾害的需要。加强观测技术研发，加快电磁监测试验卫星等现代观测技术的应用，探索地震预报实践的新途径。

着眼重大地震，推进中长期预测，加强短临预测研究和实践，紧盯华北、南北带和天山带等重点战略区，分层次、分时段，动态跟踪、综合研判。

着眼提高效能，完善信息报送、异常分析、震情会商、信息公告等工作机制，推进监测预报工作规范化管理，促进扩能增效，挖掘工作潜能。

着眼服务社会，建设国家地震信息共享平台，促进信息集成与应用，丰富地震信息深加工产品，为行业和社会提供及时有效的信息服务。

着眼长远发展，创造有利条件，营造学术氛围，适应技术、科研和管理岗位要求，大力培养监测预报专业人才。

第二，进一步完善震灾预防体系，要聚焦管理与服务，加大工作力度。坚持走综合防御的道路，强化工程性和非工程预防措施。完善抗震设防政策，严格建设工程抗震设防监管，注重抗震基础性成果和新技术应用。加强市县地震工作，促进防震减灾责任落实。弘扬防震减灾文化，增强全民防震减灾素质。

推进新一代全国地震区划图发布实施，完善与经济社会发展水平相适应的设防政策，确保一般工程按照区划图设防，提高学校、医院等人员密集场所建设工程的设防要求，加大农村抗震民居实施力度。

推进建设工程抗震设防监管一体化，统筹城市与农村，兼顾重点与一般，探索建设工程抗震设防要求全过程监管途径，完善抗震设防管理制度，加强地震安全性评价管理和结果应用，把好建设工程抗震设防关。

推进抗震设防基础成果和新技术应用，集成活断层探测、地震小区划和震害预测等基础性工作成果，研发地震灾害风险评估产品，促进减隔震和工程预警技术的应用，拓宽服务领域，提高服务水平。

推进基层地震工作，全面落实市县防震减灾工作指导意见，坚持政策引导与经费支持相结合，加大防震减灾示范城市、示范县、示范社区、示范学校等创建力度，发挥示范引领作用，推进工作全面开展。

推进工作目标责任制考核，强化防震减灾决策部署执行的督促检查，落实基层政府和部门防震减灾工作职责，将防震减灾深入经济社会发展各领域。

推进防震减灾文化建设，实施国民防震减灾素质提升计划，利用社会资源和公共资源，依靠大众传媒和新媒体，创作宣传精品，弘扬减灾文化，营造全社会积极参与防震减灾的良好氛围。

第三，进一步完善应急救援体系，要聚焦准备和处置，拓展工作广度。立足大震巨灾，突出大应急、大联动，统筹政府和社会资源，提升震前准备和震后响应能力，完善应急指挥和应急预案体系，加强紧急救援和现场应急队伍建设，健全应急联动机制。

全面履行抗震救灾指挥机构日常工作职能，加强应急指挥系统建设，完善地震应急信息平台，提升决策服务能力，做到日常准备周密到位，震后应急有序有效。

全面完善应急预案体系，衔接好地震应急预案与总体预案、下级预案与上级预案，注重预案的协调性和操作性，使应急预案真正成为行动指南。

全面推进救援队规范化管理，建立救援队伍综合考评管理体系，推进现场应急队伍建设，实行资格考核制度，加强队伍培训。

全面建立和完善部门间、军地间、上下间以及区域间的地震应急协作机制，拓宽工作平台，会同有关部门建立救援队伍调用制度和现场应急指挥体系。

全面提升地震应急公共服务能力，丰富地震信息服务产品，探索建立信息直通车，通过电视、广播、网站、短信、微博等方式公开震情灾情信息。

全面加强地震应急社会动员，规范引导志愿者队伍建设，组织开展应急救援综合实战演练，督促基层单位开展应急培训和演练。

第四，进一步完善科技创新体系，要聚焦支撑和引领，提升贡献率。盯需求、夯基础、重应用、抓管理。注重地震基础研究和科技基础性工作，加强地震科技应用研究和技术研发，完善地震科技管理机制，强化地震科技交流合作，优化科技创新环境。

以创新为动力，瞄准国际地震科技前沿，放眼地球系统科学，建立开放式的地震科技创新体系，加强理论、技术和方法创新，提升地震科技创造力。

以需求为导向，找准制约事业发展的科学瓶颈和关键技术问题，优化科技力量配置，打造优秀科技创新团队，有计划地开展联合攻关。

以基础为重点，建设特色研究所，发展重点学科，强化科技基础性工作，加强地震科技重点实验室和野外实验站建设。推进地震技术标准研究和计量检测系统建设。

以应用为宗旨，围绕传感器研制、灾害快速评估、烈度速报与预警系统建设等重点任务，开展急需关键技术研发，建设地震仪器研发中试基地。

以管理为手段，完善管理制度，创新管理机制，实行科研项目全过程监管。建立公平公正的竞争与激励机制，完善多渠道的科技经费投入机制，开展科研项目追踪问效。

以服务为目的，促进国内协作、国际交流、技术引进，将地学、工程和信息等先进科学技术，广泛服务于防震减灾能力建设。

四、2012年防震减灾工作主要任务

（一）全力抓好规划实施

一是抓好规划任务落实。要抓紧做好专项规划发布工作，上半年全部印发实施。分解

规划中提出的任务和重大计划专项，争取纳入中央和地方各级政府的投资计划和预算安排，研究制定规划中期评估制度，确保战略行动的实现。

二是抓好重大项目立项。基础设施建设专项年内实施，烈度速报与预警工程力争进入立项评估程序，地震预报实验场项目完成立项前期准备工作。各级地震部门要尽快落实和启动实施本地区"十二五"规划重点项目。

三是抓好项目实施管理。完成背景场、社会服务工程等项目年度建设任务，继续做好喜马拉雅计划各项目的实施工作。严格控制投资、进度和质量，确保项目建设取得实效。继续推进对口支援和局省合作，促进区域协调发展。

（二）认真做好地震监测与震情研判

一是强化震情跟踪。各单位要按照年度震情跟踪方案的部署，加强组织领导，明确责任，制定周密可行的工作方案，认真抓好震情跟踪与研判。组织实施好华北、南北带强化跟踪专项和专题研究。动态研判中国强震活动的主体格局变化，努力把握好强震活动趋势。发挥市县地震部门的作用，加强前兆观测与宏观异常报送和落实。全力做好党的十八大等重大活动的震情监视工作。

二是做好台网建设和运行管理。修订地震速报管理办法，升级软硬件技术系统，提升自动速报的时效性和准确性，推动建立自动速报信息服务直通车。加快烈度速报与预警关键技术研发。完成陆态网络项目验收并投入正式运行，推进系统内外GPS资源和数据共享。完成极低频探地工程年度建设任务，做好长白山火山监测预警项目论证和立项工作。

三是抓好加强地震监测预报工作意见的落实。各有关部门和单位要分解具体任务，落实工作责任，加大工作力度，加快工作进度。要制定倾斜政策和措施，加大科技支撑力度，加强预报研究和观测技术研发，充实预报队伍，提高预报岗位的吸引力。有关部门要抓好试点示范和分类指导工作。

（三）全面强化震害防御基础

一是颁布实施新一代区划图。加强与有关部门的沟通协调，抓紧完成区划图的审批发布。针对新旧区划图的变化，研究提出科学合理的解决措施，保持抗震设防政策的连续性和科学性。加大宣贯力度，提高区划图的影响力和执行力。

二是加强抗震设防管理。积极推动校安工程和农村抗震民居建设，推进抗震设防要求纳入基本建设管理程序。加快制定建设工程抗震设防超越概率水准，促进各行业抗震设计规范与抗震设防要求的衔接。修订地震安全性评价国家标准，建立安评质量责任制，推行相关行政许可网上办理。

三是巩固市县工作基础。加强指导和支持，推进基层工作机构和队伍建设，引导建立防震减灾责任制和考核机制。推广示范学校、示范社区、示范县、示范城市创建经验。加大市县人才培训力度。

四是创新科普宣传方式。完成抗震农居科教片拍摄和播放，在东部地区试点发放家庭宣传资料，出版发行少数民族语言科普作品。各地要利用社会资源，创作高质量作品，通过大众传媒加强宣传，提升科普宣传效果。

五是推广震害防御基础成果。完成25条活动构造带主要活断层填图的年度工作任务，新开展5个城市活断层探测与地震危险性评价工作，加速成果转化和产出应用，有效服务经济社会发展。

（四）不断增强应急救援能力

一是增强指挥协调服务能力。建立各级抗震救灾指挥部工作制度，制定应急工作规程。加强资源整合与信息共享，建立与武警部队日常工作合作机制，推进区域内政府层面的联动。推进国家、省、市、县四级地震灾情速报信息平台建设，建立与新闻媒体信息直通和灾情共享机制，提升灾情获取和研判能力。

二是增强应急预案操作性。做好《国家地震应急预案》发布后的宣传贯彻工作，制定应急预案编制标准和管理办法，修订《中国地震局地震应急预案》，推进各级各类应急预案的编制和修订，适时开展不同层次的应急演练。

三是增强应急救援队伍实战能力。建立地震专业救援队伍能力科学评价体系，推动规范化、标准化建设。全面实施现场应急队员上岗资格制度，拓展现场工作内容。开展应急救援队伍技能竞赛，加强对地震志愿者"第一响应人"培训。

四是增强地震应急准备针对性。年度危险区的有关单位要基于政府、社会需求和现有应急救援能力，开展应急风险评估，有针对性地做好队伍、技术、物资、服务等各项应急准备。落实应急检查制度，开展重点地区、重要时段、重大活动的应急准备检查工作。

（五）有效推进地震科技创新

一是抓好重大项目立项和实施。做好"地震分析预测若干实用技术研究"等2个科技支撑新项目的实施工作。争取获得电磁监测试验卫星立项批复，抓紧做好项目实施和后续应用的各项工作。积极争取新的科技支撑项目、"973"项目和仪器设备专项。

二是抓好实验基地和优秀团队建设。加快地震动力学国家重点实验室建设，力争通过科技部考核评估。完成8个中国地震局属重点实验室建设规划制定，完善管理机制。制定优秀科研团队建设和管理办法，完成首批优秀团队遴选。

三是抓好科技成果转化和推广应用。统筹行业专项、星火专项和所长基金等科技资源，支持局所共建合作。出台促进成果推广转化的制度与配套措施，建立成果交流推广平台，促进产学研用深度结合。发挥地震科技优势，加强与铁道部的合作，服务高铁地震安全。推进仪器研发中试基地和数据共享分中心建设。

四是推进国际合作交流深化。扎实推进中日韩三边合作项目，完成援建巴基斯坦、萨摩亚地震台网项目的试运行及交接。提高境外破坏性地震灾情研判水平，做好应急和国际救援工作。加大引进国外著名专家来华工作的力度。

（六）继续加强队伍建设和党的建设

一是加强干部队伍建设。大力开展竞争性选拔干部，推进差额推荐、差额考察和差额酝酿，探索差额票决。完善领导班子和领导干部综合考核评价办法，探索领导班子目标责任制考核。监督检查各单位干部选拔任用工作。强化对后备干部、青年干部的培养，加大岗位交流、挂职锻炼力度。继续加强干部培训工作，拓展培训渠道，开展网络教育，强化职业道德培训，提高培训实效。

二是加强人才队伍建设。重点抓好领军人才培养，组织实施新一轮优秀人才百人计划，参与中组部拔尖人才培养项目，继续加强与国家留学基金委、外专局等部门的合作，通过科研项目和任务培养青年科技人才。制定切实可行措施，突出抓好监测预报人员队伍建设。

优化人才成长环境，探索制定相关政策办法，吸引留住人才。

三是加强党的建设。认真做好党的十八大代表选举相关工作，深入开展党的十八大精神学习宣传贯彻工作，扎实做好创先争优活动总结表彰，全面推进学习型党组织和学习型领导班子建设，进一步健全创先争优和学习型党组织长效机制，进一步严格规范党的工作、学习和组织生活制度，突出抓基层、打基础工作，不断提升党建工作实效和科学化水平。

四是加强防震减灾文化建设。深入学习贯彻党的十七届六中全会精神，以推进防震减灾文化建设的意见为指导，把防震减灾文化建设摆上局党组（党委）重要工作日程。加强整体规划和组织指导，进一步丰富防震减灾文化内涵，凝练和弘扬地震行业精神，打造防震减灾文化品牌，着力发挥防震减灾文化推动事业发展、服务社会发展、促进社会主义精神文明的优势作用。

（七）切实做好各项保障工作

一是高度重视事业单位改革。中国地震局有关部门和各单位要深入研究政策，把握改革方向，科学谋划，做好工作方案，妥善处理好改革、发展与稳定的关系。按照改革总体目标和阶段工作要求，2012年首先要做好单位分类及定位，继续做好清理规范工作。

二是大力推进政策法规工作。加快《地震应急救援条例》制定，继续推进地方立法工作。深入开展"六五"普法，加强行政执法能力建设，提升行政执法水平。做好国家社科基金重大项目的组织实施，培育政策研究人才和工作团队。继续建立健全地震标准体系，完成年度标准制修订项目计划，加强地震标准的宣贯和实施监督。

三是切实加强新闻宣传。以防震减灾事业宣传为主线，健全工作机制，加强组织策划，积极主动开展新闻宣传工作，提高影响力，扩大覆盖面。完善突发事件新闻宣传应急响应预案，密切关注舆情动态，加强新闻宣传对策研究，提升应急处置和舆论引导能力。

四是严格财务和预算管理。建立预算管理责任制，继续完善预算执行与新增项目、人员经费增量以及领导干部年度考核挂钩的奖惩制度，强化执行监督，提高预算执行效率。开展业务运维预算定额编制试点，对6个财政项目开展绩效考评。建立结转结余资金统筹使用机制，调剂部分单位的结余资金用于全局事业发展，提高财政资金使用效益。

五是主动做好老干部工作。结合地震系统离退休人员队伍的现状和特点，加强和改进服务管理工作，进一步落实好离退休干部政治待遇和生活待遇。统筹规划老年教育资源，大力推进老干部活动中心、老年大学的建设和发展，充分发挥好老科协的积极作用，为防震减灾事业作出新贡献。

六是积极改善职工生活。把握好国家相关政策，做好参公人员规范津补贴第三步的准备工作。继续争取中央财政加大对人员经费的投入，提高职工收入的中央财政资金保障水平。切实解决好艰苦台站职工、困难职工的实际问题。

继续做好信访维稳、保密、安全生产和后勤服务等工作，为事业发展提供有力保障。

五、2012年党风廉政建设工作安排

中国地震局党组坚决贯彻落实党中央、国务院和中央纪委关于党风廉政建设和反腐败工作的部署，有计划、有重点、有步骤地开展反腐倡廉工作，取得了显著成效，形成了自身特色。一是反腐倡廉责任机制基本形成。认真落实党风廉政建设责任制，坚持"一岗双责"，层层签订责任书，年度任务分解到位，责任主体和分工明确，量化考核和责任追究加强，反腐倡廉责任体系基本建立。二是反腐倡廉思想教育基本普及。形式多样的反腐倡廉教育坚持不懈，两年的廉政文化建设活动深入人心，以身边事例为鉴的警示教育反响强烈。三是反腐倡廉制度体系基本建立。两年的反腐倡廉制度建设活动卓有成效，形成包括教育、监督、预防和惩治的反腐倡廉制度体系。四是反腐倡廉监督措施基本到位。涉及人、财、物、事的监督制约机制常态化，对违纪违规行为的惩戒力度不断加大。

地震部门党风廉政建设工作发展机遇良好，也面临严峻挑战：一是党中央从党和国家事业发展全局和战略的高度，作出一系列反腐倡廉工作重大决策部署，提出了新的更高的要求；二是防震减灾社会管理和公共服务职能进一步增强，政府投入不断增长，地震系统内部配置使用资源的权力不断加大，重点部位和关键环节的监管难度增大；三是汶川、玉树地震后，社会公众对防震减灾工作更加关注，地震部门社会责任和压力越来越大，维护部门良好形象，党风廉政建设保障作用更为突出；四是地震系统滋生腐败的土壤依然存在，一些重点部位和关键环节违纪违规案件不断发生。

2012年党风廉政建设工作总体要求是：全面贯彻落实胡锦涛总书记重要讲话精神，按照中央纪委第七次全会和国务院第五次廉政会议的部署，结合地震系统实际，进一步推进惩防体系建设，为促进事业健康发展提供有力保障。

（一）切实转变作风，加强监督检查，着力落实重大决策部署

把贯彻落实中央重大决策和局党组部署的监督检查作为党风廉政建设工作的重要内容，督促各级领导干部转变作风，深入基层调查研究，帮助解决实际困难，推进重大决策部署的贯彻落实。坚持日常监督、集中督导、专题检查相结合，重点检查国务院18号文件、中国地震局党组年度工作部署、"十二五"规划和《2008—2012年惩防体系规划》落实等情况，发现问题要及时督促整改。

机关职能部门要加强对本业务范围重大决策部署的监督检查，制定年度计划和实施方案，在检查中要注意发现和总结好做法、好经验，加以引导、推广，使中国地震局党组的部署落到实处。要加大作风整顿力度，认真治理庸懒散问题，对作风不实，弄虚作假，影响部门形象和工作效能的，要追究问责。

办公室、纪检监察、机关党委要加强组织协调，明确监督重点，将督促重大决策部署贯彻落实，作为考核领导干部落实党风廉政建设责任制的重要内容，严肃纪律，对贯彻落实不到位的要严肃批评，问题严重的要追究责任。

（二）推进风险防控，规范权力运行，着力提高制度的执行力

2011年底，中央纪委印发了《关于加强廉政风险防控的指导意见》，提出了明确要求。已基本形成的地震系统反腐倡廉制度体系，为我们推进廉政风险防控奠定了坚实基础。今后一段时间，要重点抓好以下工作：一是依法规范职权。全面清理和明确各单位各部门行使的各类职权，依法摸清职权底数，编制"职权目录"和"权力运行流程图"，做到责权明确、程序规范。二是查找廉政风险。重点查找单位、部门、岗位在权力行使、制度机制、思想道德等方面存在的廉政风险点，评定风险等级。三是制订防控措施。依据政策法规、廉政要求、工作责任和权限、工作标准，制定有针对性和有效管用的防控措施。四是开展

检查评估。研究制定评估标准，健全长效机制，采取定期检查、年度检查等，对廉政风险防控工作情况进行检查评估，确保防控措施落到实处。监察司会同有关部门要抓紧调研，尽快出台具体意见和实施方案。

落实廉政风险防控机制，规范权力运行，关键要在提高制度执行力上下功夫。各单位各部门要强化领导责任，把加强廉政风险防控机制建设与提高制度执行力有机结合起来，各级领导干部特别是主要负责人，要做学习和执行制度的表率。要把民主决策、干部选拔、财务管理、项目管理、廉政建设等重要制度作为重点，结合不同岗位要求，抓好针对性宣传教育。要加大制度执行的监督检查力度，监察司、直属机关党委要适时组织对局属单位、局机关重要制度执行情况的专项检查，严肃查处违反制度行为。

（三）**注重警示效果，强化教育监督，着力促进干部廉洁自律**

要深化《廉政准则》的教育和落实，严格执行领导干部廉洁从政的各项规定。禁止违规收送礼金和有价证券，禁止领导干部和科研人员私自经商办企业，禁止虚报冒领和项目中支付应由个人承担的费用，禁止地震安评从业单位商业贿赂和安评管理部门有偿监管，违反"四个禁止"的，严肃处理。

总结2011年警示教育经验，结合近年来地震系统典型案例，以集中宣讲等形式，对京外单位开展专题警示教育，促进惩治成果向预防成果转化。将廉政文化建设融入防震减灾文化建设，加强理想信念、党性党风党纪教育，把结合地震系统实际的廉政教育纳入各类干部职工教育培训计划，形成长效机制。

加强领导干部监督，继续坚持局党组同志指导6个局属单位民主生活会，考核6个单位党风廉政建设责任制落实情况，安排7个单位党政主要负责人和纪检组长（纪委书记）向局党组述职述廉，对8个单位巡视及回访。开展干部选拔任用工作专项监督检查，实施《中国地震局干部选拔任用工作纪实办法》《履行干部选拔任用工作职责主要负责人离任检查办法》，防止干部"带病提拔""带病上岗"。

加强审计监督，重点开展预算执行、领导干部经济责任和开发性实体审计，强化重点项目和科研项目执行中的跟踪审计，巩固审计与财务联网成果，推进片区联合审计和引进外部中介审计。

（四）**深化专项治理，解决突出问题，着力惩治违纪违规行为**

深化公务用车、"小金库"、公款旅游和庆典、研讨会、论坛等专项治理，严格控制"三公"经费支出。

巩固经营性国有资产、重大项目、科研项目经费监管专项治理成果。发财司、监察司、科技司继续加大检查力度，对其余30个单位进行重点检查，实现全覆盖。

要加强合同管理，特别是外协合同的管理，规范成果验收。要加强科研项目监管，严把立项论证、预算编制、中期检查、审查验收等关键环节，规范经费支出，从2012年开始，必须严格按有关规定使用公务卡。要重点监控背景场项目和社会服务工程等重大项目预算和合同管理、资金管理，发展与财务、纪检监察部门要加强监督检查，项目法人单位按规定跟踪审计。要加快经营性国有资产改革步伐，建立有效监管机制，规范开发性实体财务管理和收入分配，严格禁止开发项目承包制。要加强安评个人执业资格制度和单位资质管理，建立安评项目质量终身责任追究制，有效纠正安评范围扩大化问题。

各单位各部门要以贯彻落实《中国地震局党风廉政建设责任制实施办法》为契机，坚持和完善党风廉政建设工作领导体制和工作机制，科学谋划2013—2017年惩防体系建设。各级领导干部要认真履行党风廉政建设责任，切实抓好党风廉政建设工作任务落实。纪检监察部门要加强组织协调，各部门要主动配合，进一步增强工作合力。继续抓好《关于加强纪检监察审计队伍建设的意见》贯彻落实，纪检监察部门在实践中要注意总结探索，创新工作方式，加强自身建设，提升履职尽责能力，为事业发展提供有力保障。

（中国地震局办公室）

中国地震局党组书记、局长陈建民
在全国防震减灾宣传工作会议上的讲话（摘要）

(2012年5月24日)

一、防震减灾宣传工作取得显著成效

（一）防震减灾宣传工作格局基本形成

十年来，在各地区、各有关部门的共同努力下，"党委领导、政府主导、部门协同、社会参与"的防震减灾宣传工作格局初步形成。在党委宣传部门的正确领导下，各地区各有关部门始终坚持保护人民生命财产安全，减轻地震灾害损失的根本宗旨，站在服务发展、服务稳定、服务大局的高度，牢牢把握正确的舆论导向，为防震减灾事业发展提供了有力的政治保障。

十年来，面对中国复杂严峻的地震形势和经济社会安全发展的需要，在党委宣传部门的正确领导下，地震、教育、科技、文化、新闻、民政、建设等有关部门密切配合，共同组织开展了形式多样、内容丰富的宣传活动，扩大了宣传范围，提高了宣传实效，建立和完善了符合中国实际的防震减灾宣传工作体制和机制。

十年来，社会各界积极参与，大力支持，为防震减灾宣传工作快速发展奠定了广泛的社会基础。地震安全示范社区、地震科普示范学校、地震安全示范企业、农村民居地震安全示范工程和防震减灾科普教育基地广泛建立，把防震减灾知识送进千家万户，有效地增强了全社会防震减灾意识，提高了全民防震减灾科学素养，提升了防震减灾综合防御能力，推动了社会文明进步。

（二）防震减灾宣传综合能力显著增强

一是防震减灾宣传队伍不断壮大。各地区、各有关部门不断加强防震减灾宣传管理和创作力量建设，形成了以地震科技专家为主，教育、科技、文化、新闻、民政、建设等各行业专家，以及传播、通信、音像等技术人才共同组成的采编、创作、宣讲队伍，实现了优势互补和资源共享，形成了工作合力。

二是防震减灾宣传基础设施不断完善。十年来，各地区、各有关部门更加重视防震减灾宣传工作，不断加大投入，积极推动防震减灾科普教育基地建设，地震科普展馆、典型地震遗址遗迹、地震重点实验室等多种形式的防震减灾科普教育基地已经初具规模，为开展经常性的防震减灾宣传创造了条件。

三是防震减灾宣传方式不断创新。防震减灾宣传内容由单一地普及地震常识转变为全面宣传防震减灾政策、法规、知识和应急避险技能。防震减灾宣传方式由传统的街头宣传、纸介质宣传为主，发展为广播影视、传统媒介、电子信息媒介综合应用的现代传播方式，扩大了覆盖范围，提高了传播效率，提升了宣传实效。

四是防震减灾宣传作品不断丰富。针对中小学生、城乡居民、企事业单位职工、机关领导干部以及少数民族群众等不同社会群体的需要，组织创作了创意新颖、制作精良，具有较高科学性、艺术性、趣味性的影视、图书、动漫等作品，形成了覆盖不同受众的作品系列，提高了防震减灾宣传的效果和社会影响。

五是防震减灾新闻宣传不断加强。努力适应社会公众的防震减灾信息需求，紧密依托主流媒体，新闻报道更加及时，舆论引导更加主动，新闻发布制度和机制更加完善，牢牢把握了新闻宣传的主流和方向。特别是在汶川、玉树等历次抗震救灾行动中，党委宣传部门加强领导，新闻媒体主动参与，为塑造伟大的抗震救灾精神和夺取抗震救灾胜利发挥了不可替代的重要作用。

（三）防震减灾宣传效果显著提高

一是弘扬了伟大的抗震救灾精神。在汶川特大地震和玉树强烈地震抗震救灾中，各级党委宣传部门组织新闻媒体，在第一时间深入抗震救灾一线，及时传达党中央的声音，传递全国各族人民的关心，准确客观地宣传报道党和政府的抗震救灾举措，生动真实地反映灾区人民自强不息、救援队伍浴血奋战、社会各界同舟共济的感人情景，极大地鼓舞了全国各族人民战胜灾难的信心和决心，弘扬了万众一心、众志成城、不畏艰险、百折不挠、以人为本、尊重科学的伟大抗震救灾精神，塑造了中华民族宝贵的精神财富。

二是增强了公众防震减灾意识和技能。随着防震减灾宣传工作不断深入，社会公众的防震减灾意识和应对地震灾害的心理承受能力、自救互救能力进一步提高。地震科普示范学校创建活动增强了广大师生应对地震灾害事件的能力，在汶川地震中，德阳市的7所地震科普示范学校和安县桑枣中学的2000多名师生迅速撤离，无一伤亡，展现了防震减灾宣传的成效。

三是提高了社会公众参与意识。通过坚持不懈地开展防震减灾宣传进机关、进学校、进企业、进社区、进农村、进家庭等宣传活动，广大社会公众进一步了解了我国防震减灾工作方针和政策，了解了防震减灾事业的现状和发展，对防震减灾工作的认同程度不断加强，主动参与和支持防震减灾各项活动的自觉性普遍提高，为防震减灾事业发展奠定了更加坚实的社会基础。

二、防震减灾宣传工作面临的形势和要求

做好防震减灾宣传工作，是适应我国多震灾国情的需要。在不断加强抗震设防、监测预报等工程性防灾措施的同时，进一步加强防震减灾宣传教育、全面提升全民族防震减灾意识和素质等非工程性措施，让公众普遍了解地震常识，具备防震减灾意识，掌握防震避震技能，引导全社会共同参与防震减灾活动，是增强防震减灾综合能力的根本途径。

做好防震减灾宣传工作，是保障经济社会又好又快发展的需要。当前我国正处于加快转变经济发展方式、全面建设小康社会的关键时期，经济快速发展，人民安居乐业，都迫切需要安全的发展环境。

做好防震减灾宣传工作，是推动社会主义文化大发展大繁荣的需要。先进的减灾文化是社会主义文化的重要组成部分，中央关于推动社会主义文化大发展大繁荣的决策部署，既对弘扬减灾文化提出了更高要求，又为弘扬减灾文化提供了更宽平台。

做好防震减灾宣传工作，是满足人民群众日益增长的地震安全需求的需要。随着城市化进程不断加快，社会财富不断积累，人民生活水平不断提高，广大人民群众对生命价值有了更新的认识，对安全稳定的生存生活环境有了更高的要求，对防震减灾知识和技能有了更强烈的需求，加大防震减灾宣传工作力度、丰富宣传内容，是各级党委政府加强和创新社会管理、直接服务社会公众的需要。

近年来，防震减灾宣传工作取得了显著成效，但相对于新形势、新任务、新要求，仍存在一些薄弱环节，比如防震减灾宣传的能力与经济社会的快速发展不相适应；防震减灾宣传的效果与加强和创新社会管理的要求仍有差距；防震减灾宣传公共服务水平尚不能满足社会公众需求；防震减灾宣传的手段不能适应现代传播方式的深刻变革；防震减灾文化建设还有待于进一步加强；等等。

深刻认识和把握新形势、新任务和新要求，进一步做好新时期的防震减灾宣传工作，应当着重把握以下原则：

一是坚持围绕中心，服务大局。防震减灾宣传工作要紧紧围绕构建和谐社会这个中心和服务经济社会安全发展这个大局，把保护人民生命财产安全作为实现好、维护好、发展好最广大人民根本利益的出发点和落脚点，始终坚持最大限度减轻地震灾害的根本宗旨，强化服务意识，突出宣传重点，提升宣传实效，为防震减灾事业发展营造良好的舆论氛围。

二是坚持"主动、稳妥、科学、有效"的原则。这个原则是在总结我国防震减灾宣传工作实践基础上凝练出来的，是与防震减灾事业发展相适应的。防震减灾宣传工作有其复杂的特殊性和广泛的社会性，必须始终坚持以主动的态度、稳妥的方式、科学的精神、有效的措施来开展，必须妥善处理主动宣传与维护稳定的关系、稳妥宣传与创新发展的关系、科学宣传与事业发展的关系、有效宣传与服务社会的关系。

三是坚持不断创新，满足社会需求。要大力推进观念创新、体制创新、机制创新、内容创新、形式创新，使防震减灾宣传工作更好地体现时代性、把握规律性、富于创造性，不断满足社会各方面的需求。

三、围绕目标，开拓新时期防震减灾宣传工作新局面

做好新形势下的防震减灾宣传工作，要紧密围绕2020年防震减灾奋斗目标，以邓小平理论和"三个代表"重要思想为指导，深入贯彻落实科学发展观，牢固树立政治意识、大局意识、责任意识和服务意识，坚持服务发展、服务大局、服务民生、服务稳定，正确把握和处理防震减灾宣传工作与科学减灾、保障发展、促进和谐、维护稳定的关系，着力提升防震减灾宣传能力，积极推进防震减灾文化建设。

（一）做好新形势下防震减灾宣传工作，必须始终坚持党的领导

防震减灾宣传工作涉及面广，政策性强，事关国家安全和社会稳定。要在各级党委的

统一领导下，统筹安排、周密部署，牢牢把握防震减灾宣传工作的主动权，动员和引导全社会力量有力有序有效地参与防震减灾活动；要妥善处理发展稳定与加大宣传力度的关系，真正服务于社会主义和谐社会建设；要进一步健全完善防震减灾宣传工作格局，形成更强大的工作合力。各级党委宣传部门要切实加强对防震减灾宣传工作的领导，将防震减灾宣传工作作为一项长期而紧迫的任务，纳入重要工作日程。

（二）做好新形势下防震减灾宣传工作，必须牢固树立防震减灾根本宗旨意识

最大限度地减轻地震灾害损失，既是防震减灾工作的根本宗旨，也是防震减灾文化建设的核心价值取向。防震减灾宣传工作必须以满足人民群众防震减灾文化需求、践行防震减灾根本宗旨、弘扬伟大抗震救灾精神为着力点，大力宣传科学防灾理念，提高全民减灾意识和素质，深入普及防震减灾知识，为实现最大限度减轻地震灾害损失作出积极贡献。

（三）做好新形势下防震减灾宣传工作，必须紧密结合多震灾的国情

中国是世界上地震灾害最严重的国家之一，地震强度大、分布广、频率高、损失重，历史上各省、自治区、直辖市均发生过5级以上地震。防震减灾宣传工作必须紧密结合多震情的基本国情，使社会公众了解地震的发生不以人的意志为转移，了解防震减灾工作的重要性和艰巨性，从而推动公众更加深入了解地震知识和防震避险的技能，更加主动参与防震减灾活动。

（四）做好新形势下防震减灾宣传工作，必须建立健全协调联动机制

各地区、各有关部门要高度重视全民防震减灾宣传教育，加强部门合作，完善协调联动机制，把防震减灾知识纳入国民素质教育体系，纳入文化科技卫生"三下乡"活动，加强防震减灾科普基地建设，有计划、有步骤、深入持久地开展防震减灾知识宣传。特别要加强中小学防震减灾知识教育普及，把防灾避险、自救互救等应急知识纳入学校课堂教育内容。要定期组织开展群众性防震避震应急演练，通过演练提高公众防震意识、知识水平和避险自救能力。要把防震减灾宣传纳入各级党政干部培训教学计划，切实提高领导干部的风险决策和应急管理水平。要进一步完善地震突发事件新闻报道应急预案和工作机制，主动开展舆情跟踪和新闻应对，沟通引导群众情绪，营造有利于抗震救灾的舆论环境。

（五）做好新形势下防震减灾宣传工作，必须不断创新宣传形式

各地区、各有关部门要适应经济社会发展的新形势、新要求，研究防震减灾事业发展的新情况、新问题，探索开展防震减灾宣传教育的新思路、新方法。要在继续抓好报刊、广播、电视等传统媒体宣传的同时，因地制宜、因人施策，充分利用形式多样、群众喜闻乐见的各种手段，切实增强宣传的针对性、实效性。要高度重视和妥善发挥网络、微博等新兴宣传媒介的功能和作用，实现防震减灾宣传方式的多样化，宣传内容的多彩化，宣传对象的广泛化，宣传报道的及时化，不断扩大防震减灾宣传的社会影响力。

（六）做好新形势下防震减灾宣传工作，必须努力提升服务能力

做好新形势下的防震减灾宣传工作，要提高政治意识和服务大局的能力，认真学习和掌握党和政府关于防震减灾宣传的指导思想、方针原则和政策措施，并结合防震减灾工作实际，抓好贯彻落实；要提高责任意识和维护稳定的能力，树立实事求是的科学态度，尊

重防震减灾宣传规律，讲究方式方法，保持清醒头脑，避免因宣传失当造成不必要的负面影响；要提高法制意识和依法行政的能力，紧紧围绕经济社会发展需求，科学、依法、合力开展防震减灾宣传，全面提升宣传效果。

（中国地震局办公室）

中国地震局党组书记、局长陈建民在深入学习贯彻党的十八大精神暨防震减灾事业发展研讨会上的讲话（摘要）

（2012年11月30日）

一、一年来的工作回顾

一年来，在党中央、国务院的坚强领导下，在科学发展观的统领下，地震系统认真贯彻落实党中央、国务院关于防震减灾工作重大决策部署，按照国务院防震减灾工作联席会议和全国地震局长会暨党风廉政建设工作会议的要求，开拓创新、求实奋进，各项工作取得新进展、新成效。

一年来，中国地震局党组始终坚持正确的思想政治路线，把最大限度减轻地震灾害损失作为一切工作的出发点和落脚点，统筹全局，着眼长远，求真务实，牢牢把握事业科学发展的方向，着力夯实事业可持续发展的基础，不断加强地震系统干部队伍建设和党风廉政建设，开创了事业科学发展的良好局面。机关各部门转变思想观念、强化责任落实，立足创新管理和服务，事业发展思路更加明晰，社会管理视野更加开阔，主动思考的意识有所提高，服务基层的水平有所增强，管理能力和工作效率明显提升。系统各单位紧紧围绕各自中心任务，大胆探索，开拓创新，工作基础进一步夯实，工作领域进一步拓展，改革创新意识明显增强，科技创新能力明显提高，各直属单位、研究所、省局均呈现出努力作为、团结和谐的积极态势。经过长期以来坚持不懈地推动，全社会共同支持、关心防震减灾工作的良好局面基本形成，政府对防震减灾的支持力度越来越大，部门间的沟通协调越来越顺畅，社会公众参与防震减灾的热情更加高涨，防震减灾社会资源更加丰富。地震系统广大干部职工自觉践行根本宗旨，立足岗位，创先争优，不断增强责任意识、使命意识，奋发有为、无私奉献，在平凡岗位上创造出不平凡的工作业绩，以出色的成绩迎接和保障党的十八大的胜利召开，为事业发展作出重要贡献。

（一）喜迎党的十八大的各项工作扎实有力

按照中央部署，中国地震局制定专门方案，采取多种形式，大力宣传中国特色社会主义建设的辉煌成就，集中展示事业发展的成功实践和丰硕成果，喜迎党的十八大胜利召开。严格遵循规定程序，充分发扬党内民主，推选2名党的十八大代表。在党的十八大前和大会期间，周密安排震情戒备、应急准备、安全稳定等各项工作，圆满完成党的十八大地震安全保障任务。

（二）震情监视和应急处置高效有序

2012年中国大陆地区已发生5级以上地震15次，其中云南彝良地震灾害最重，造成81

人死亡，800余人受伤。党中央国务院高度重视，温家宝总理两次亲赴灾区。震后，我们立即启动应急响应，开展震情判断、余震监测、损失评估等应急行动，协助政府抗震救灾。

加强台网建设管理，监测效能稳步提升，速报能力取得突破，较好把握了河北唐山、新疆和静、云南彝良等地震的震情趋势。要充分肯定震情判定方面取得的成绩和实效，也要清醒认识地震预测预报探索的道路是一个漫长、曲折的过程，需要我们坚持不懈的努力。

国家地震应急预案发布实施，机关应急预案修订完成。年度危险区应急检查和风险评估趋于常态化，应急救援队伍建设取得新进展，部门协作和信息共享机制不断深化。

（三）服务中央决策积极主动

中央领导同志多次对城市防灾减灾、农村防震保安、抗震救灾等作出重要指示批示。中国地震局党组迅速部署落实，针对重大问题深入基层，专题研究，及时向中央报告落实情况，并提出对策建议。

2012年7月21日北京特大暴雨灾害后，针对城市防灾减灾存在的风险和薄弱环节，中国地震局主动向中央提出加强城市防灾减灾的对策建议。系统总结农居工程示范试点典型经验，专题向中央提出了进一步加强农村防震保安工作的政策建议。云南彝良、新疆和静等地震发生后，迅速向中央报告震情灾情和灾害损失快速评估结果，为抗震救灾提供重要决策依据。

应对地震灾害主动服务的意识和能力不断增强。玉树地震、彝良地震等地震后，我们的震中位置图、地质构造图、交通图、人口分布图等应急产出图件为中央领导同志视察灾区、指挥决策提供了重要依据。经过不断改进，快速评估不断完善，成为我们服务减灾、服务社会、服务政府的一个重要途径。

（四）合力防震减灾成效显著

对外，我们强化合作。与铁道部、中科院、总参测绘局签署协议，开展科技合作。与内蒙古、云南签署合作协议，与陕西、湖北、广东的战略合作启动实施，推进区域合作。援疆、援藏战略深入实施，受援地区条件明显改善，能力明显提升。会同中共中央宣传部召开电视电话会议，共同部署防震减灾宣传。多边和双边国际合作进一步巩固和拓展，与港澳台的科技合作交流持续深入。

对内，我们凝心聚力。加强领导班子建设，优化结构，增强活力；加大干部队伍培训力度，创办网络学院、举办专题培训，促进人才快速成长；认真落实老干部政治、生活待遇，为老同志办实事、解难事；关心职工切身利益，改善工作条件和生活待遇，事业发展凝聚力不断增强。

（五）重要领域改革迈出新步伐

研究部署经营性国有资产改革，制定实施管理改革政策。事业单位分类改革清理规范意见得到中编办批复同意，为下一步改革奠定了基础。地震行业职业分类大典修订完成。台站管理改革扎实推进。首次在地震系统内公开选拔、差额推荐和差额考察副厅级领导干部。地震出版社转企改革基本完成，资产保值增值，企业健康运行。完成结转结余资金管理改革，结转结余资金总量得到有效控制并纳入预算管理。通过这些改革，事业发展活力得到增强。

（六）可持续发展能力进一步增强

"十二五"防震减灾规划体系确定的各项规划全部发布实施，2012年投入中央资金

7.75亿元。陆态网络、子午工程等项目顺利完成，背景场、社会服务工程、专业基础设施、喜马拉雅计划、极低频等项目建设稳步推进，分析预测技术研究等 2 个科技支撑计划项目、活动构造探察二期启动实施。科学台阵探测二期成功立项。首次得到国家重大科学仪器设备开发专项支持。烈度速报与预警工程项目建议书已正式报送国家发改委，电磁监测卫星立项准备全面完成。

（七）基层基础不断夯实

召开全国目标责任制和基层示范工作现场会，推动基层工作深入开展。各级地震部门深入贯彻市县工作意见，在任务安排上统筹考虑，工作力度上持续加大。全国新成立县级地震机构 150 余个，一些市、县地震部门人员编制得到充实，工作经费不断增加。21 个省和 145 个地市将防震减灾工作纳入政府目标责任考核，8 个省将考核工作通过地方性法规予以规范。已建成示范社区数百个，示范县 10 余个。广东示范城市创建纳入局省合作。市县基层基础工作取得新的成效。

（八）社会管理和公共服务能力不断提升

地震区划图国家标准通过技术审查。《地震应急救援条例》制定工作有序推进，6 项行业标准新发布实施。22 个省（区、市）完成了 24 部地方法规制修订，依法行政基础更加坚实。监测预报、环境保护、群测群防管理进一步规范；抗震设防要求监管进一步强化，中国地震局依法确定重大工程抗震设防要求 166 项；抗震救灾指挥部日常工作、应急预案、应急检查等管理进一步加强。地震部门依法管理能力不断增强。

活动断层探测、地震小区划等成果逐步推广应用。举办工匠培训、编制抗震技术图集，为农民自建房、搬迁选址提供服务。震情灾情信息发布力度加大，发布手段不断完善。宣传作品丰富多彩，宣传形式灵活多样，宣传效果进一步显现。地震部门服务社会能力不断提升。

（九）党的建设全面加强

以学习宣传贯彻党的十八大精神为主线，着力于统一思想、坚定信念、激发动力，有组织地创建良好的政治氛围和工作氛围，多举措多形式掀起了学习贯彻热潮。

加强组织引领，推动地震系统党建工作与业务工作同向同力发展。总结表彰创先争优活动，推动创先争优常态化、长效化。推动学习型党组织建设向广度深度发展，认真开展"基层组织建设年"活动。印发推进防震减灾文化建设的意见，加强防震减灾公共文化、自身文化和精神文明建设。党组织的政治优势和活力不断加强。

（十）党风廉政建设持续深入

认真贯彻落实中央部署，着力加强党风廉政建设。加强制度建设基础，开展廉政风险防控机制建设，廉政风险防控工作体系基本形成。结合典型案件开展警示教育，干部廉洁从政行为更加自觉规范。加大领导干部经济责任审计和重大项目跟踪审计力度，纠正问题资金、挽回经济损失。将纪检监察业务培训纳入干部教育规划体系，纪检监察干部整体素质得到提升。

二、进一步抓紧抓好党的十八大精神的学习宣传和贯彻落实

（一）充分认识学习宣传贯彻党的十八大精神的重要意义

党的十八大对新的时代条件下推进中国特色社会主义事业作出了全面部署，确立了科

学发展观的历史地位，明确提出了夺取中国特色社会主义新胜利必须牢牢把握的基本要求，确定了全面建成小康社会和全面深化改革开放的目标，为党和国家事业进一步发展指明了方向。各级党组织是落实党的路线方针政策和各项工作任务的战斗堡垒。在座各位是事业发展的组织者，决策部署的执行者，能力建设的推动者。学习宣传贯彻的成效如何，直接关系到能否将广大党员干部的思想行动统一到党的十八大精神上来，直接关系到能否将党的十八大精神转化为具体的工作举措和制度机制，直接关系到能否建设一支素质过硬、作风优良的党员干部队伍，直接关系到能否坚定不移地推动防震减灾事业科学发展。我们一定要充分认识学习宣传贯彻党的十八大精神的重大意义，自觉把思想和行动统一到党的十八大精神上来，把智慧和力量凝聚到落实党的十八大部署上来，迅速兴起深入学习宣传贯彻的新热潮。

（二）联系实际，加快推进防震减灾事业科学发展

第一，更加坚定自觉地走中国特色防震减灾道路。党的十八大把防震减灾作为生态文明建设的重要内容之一，进一步明确了防震减灾工作在中国特色社会主义建设中的地位和发展方向。进入 21 世纪以来，我们在科学发展观的指导下，不断健全三大工作体系，落实三大战略要求，地震监测预报、震害防御、应急救援、科技创新能力不断提升，法制保障更加有力，防震减灾事业发展、最大限度地减轻地震灾害损失取得了显著成效，赋予了防震减灾事业新内涵，需要我们继续坚持并不断丰富和发展。

第二，更加坚定自觉地坚持防震减灾根本宗旨。汶川地震后，党和政府更加重视国家防震减灾能力建设，人民群众更加关注地震安全。地震多、分布广、强度大、灾情重，是中国的基本国情，小震大灾、大震巨灾是我们面临的现实问题。要让人民群众生活的安全、生活的幸福，我们就必须长期坚持最大限度地减轻地震灾害损失的根本宗旨，把主动防灾、科学避灾、有效减灾的各项措施落到实处，让人民群众充分享受防震减灾事业发展成果。

第三，更加坚定自觉地健全完善防震减灾科学发展体制机制。近年来，防震减灾法规体系基本建立，工作格局更加有效，工作机制更加顺畅，有力推动了防震减灾事业科学发展。党的十八大确立了"党委领导、政府负责、社会协同、公众参与、法治保障"的新机制，明确了"加快健全基层公共服务体系，加强和创新社会管理"的战略任务。我们要按照中央的新要求，把法治建设纳入"3+1"体系建设各环节和全过程，以法治保障发展，加快形成适应新时期新要求的体制机制，推进实现防震减灾事业全面协调可持续发展。

第四，更加坚定自觉地创新防震减灾科学发展的思路。党的十八大强调，"全面建成小康社会，必须以更大的政治勇气和智慧，不失时机深化重要领域改革，坚决破除一切妨碍科学发展的思想观念和体制机制弊端"，面对新的形势和任务，我们必须把创新驱动作为实现防震减灾目标、推动防震减灾事业永续发展的战略支撑，摆在防震减灾事业发展全局的核心位置，不断丰富防震减灾事业改革发展思路，提高推动科学发展的能力，形成推动科学发展的合力。

第五，更加坚定自觉地推进防震减灾文化建设。党的十八大报告强调指出"全面建成小康社会，实现中华民族伟大复兴，必须推动社会主义文化大发展大繁荣，兴起社会主义文化建设新高潮"。我们要按照社会主义核心价值体系建设的总要求，进一步把防震减灾文化融入社会主义先进文化建设，弘扬科学精神，凝练行业精神，推动防震减灾文化的发展和繁荣，营造防震减灾事业科学发展的社会氛围。

第六，更加坚定自觉地推进党的建设核心工程。按照党的十八大精神和习近平总书记的要求，我们要认真学习党章，全面贯彻党章，进一步加强党的先进性和纯洁性建设，整体推进党的思想建设、组织建设、作风建设、反腐倡廉建设、制度建设，全面提高党的建设科学化水平，建设学习型、服务型、创新型党组织，为实现新时期防震减灾事业科学发展提供坚强的政治保障和组织保障。

（三）加强领导，不断把学习宣传贯彻引向深入

系统各级党组织要精心安排部署，狠抓工作落实，不断把党的十八大精神学习宣传贯彻引向深入。

各单位党组（党委）要研究制定落实方案，有力有序推进学习宣传和贯彻落实工作。要通过学习，使广大干部职工深刻理解、准确领会党的十八大的主题、科学发展观作为党的指导思想的历史地位、夺取中国特色社会主义新胜利的要求、全面建成小康社会和全面深化改革开放的目标、"五位一体"的总体布局和提高党的建设科学化水平的重要任务，尤其要深刻理解、准确领会提高地震灾害防御能力的目标要求，把干部职工思想和行动统一到党的十八大精神上来。

各单位党组（党委）中心组要集中时间、列出专题，反复研读文件，吃透中央精神。党组（党委）主要负责同志是学习贯彻党的十八大精神第一责任人，分管同志是具体责任人。要以支部为单位组织党员原原本本学习文件，立足本职讨论交流，努力使党的十八大精神入脑入心。各级领导干部要以身作则、率先垂范，在带头学习的同时指导好组织好本单位、本部门学习贯彻，主要负责同志和所有班子成员都要亲自撰写体会文章，对党员、群众进行专题辅导。各单位要密切配合，以高度的政治责任感，积极主动、加强协作，形成学习贯彻党的十八大精神合力。

三、2013年重点工作

（一）牢记使命，落实震情跟踪应对措施

要以地震重点危险区震情监视跟踪和灾害应对处置为抓手，切实做好地震监测预报和应急准备各项工作。

一是扎实做好地震监测预报工作。要把年度危险区的震情作为监视跟踪的重中之重，加强资料分析研判和异常落实，密切跟踪震情趋势变化，发挥好市县地震部门作用，力争作出有减灾实效的预测预报。深化"加强监测预报意见"的落实，在前期工作基础上，加强组织协调指导，加大工作力度，争取更大进步。以华北、南北地震带和新疆三大战略区的强震监视跟踪为重点，强化强震中长期预报和地球物理场观测的基础，完善并用好三大战略区的震情跟踪工作机制。

二是切实做好地震应急准备工作。制定印发预案管理办法和预案编制指南，推进各级各类地震应急预案修订，确保与国家预案相衔接。组织开展有针对性的培训、检查和演练，提高应急处置能力。开展地震灾害应急风险评估和重点危险区应急工作监督检查。加强灾情速报工作，规范灾情速报网管理，健全完善灾情信息共享机制，拓宽灾情获取渠道。

三是不断提升地震应急救援综合能力。加强地震救援和现场应急队伍建设。组织国家地震救援队演练，全面检验扩编后的救援能力，做好2014年国际重型救援队资格复测准备工作。加强救援队员的技术培训和实操训练，推进各级地震救援队伍整体能力提升。完善灾害评估人员上岗资格认定制度，加强现场应急队装备配置，促进现场应急队规范化、专业化建设。党中央、国务院高度重视、大力支持救援力量建设，目前省、市、县和军队、武警、消防等救援队伍都快速发展，我们要加强指导、制定标准、完善协调联动机制、开展培训演练，确保地震发生后能够快速反应，形成合力。

（二）求实问效，扎实推进规划实施

2013年是实施"十二五"规划承上启下的关键一年，落实规划目标的任务十分繁重。

一是做好年度工作计划和规划的衔接。2013年年度预算和投资计划要优先保障规划重点任务的需求，统筹增量与存量资源，加大向欠发达省份地震局、任务型事业单位倾斜力度。

二是做好重大计划项目立项和实施。国家地震烈度速报与预警工程要尽快进入立项评估。要超前谋划，通盘考虑项目实施设计、管理机制、团队建设和相关政策等问题，确保项目顺利实施。进入立项评估程序要做好"三个一"，一是做好一个设计，这项工程是一个复杂的系统工程，既有技术问题，也有社会管理问题，要做好顶层设计，统筹谋划全局；二是建好一个机制，要适应项目建设和运行的要求，认真研究制定有关的管理体制和机制，确保项目高质量完成；三是组织一个优秀的团队。组织实施好"地震安全"计划、"喜马拉雅"计划等在建项目，认真落实项目法人管理机制，严格项目进度、资金、质量控制。

三是强化规划实施管理。建立健全规划实施的评估机制和工作标准，完善相关政策措施，组织开展中期评估，全面掌握规划实施情况，及时解决问题，保障实施效果。

（三）创新驱动，夯实防震减灾工作基础

实施创新驱动战略，夯实防震减灾科技基础、社会基础，不断增强可持续发展能力。

一是抓好科技创新。推进创新团队、重点实验室和特色研究所建设。完善防震减灾科技评价制度，完成首批地震工程技术研究中心遴选。深化科学数据共享，建设人工地震科学数据共享分中心。立足长远，编制重大项目指南，强化科技项目储备，研究制定科技成果推广与应用政策措施，提高科技成果贡献率。

二是抓好合作交流。加快推进局省合作协议执行进程，充实与中科院、总参测绘局和铁道部等战略合作内容，继续推进电磁监测卫星工程。鼓励开展系统内多形式、多层面的合作共建。通过国际合作与交流，加强国际智力交流和人才培养，继续做好援外台网建设。深化与港澳台地区的交流与合作。

三是抓好基础探测。继续实施主要活动构造带和大中城市的基础探测工作。制定政策规范和技术标准，加大成果转化力度，增强探测成果和震害预测结果的实用性，服务经济社会发展。

四是抓好基层建设。加大力度，继续推进防震减灾工作纳入地方政府目标责任考核，开展针对市县地震部门的绩效考核工作；总结推广示范经验，深入推进基层示范区、示范县等创建工作。继续加强基层防震减灾志愿者队伍建设。

（四）完善机制，依法履行防震减灾管理职责

贯彻落实加强依法行政的意见，推动各级地震部门建立相关制度，依法履行职责，将

防震减灾各项管理落到实处。

一是继续完善法规体系。加快重点领域立法进程，完成预报条例立法后评估。加快建立社会管理和公共服务标准体系，探索开展地震计量与质量检测认证工作。加强基层法制工作，推进地方性法规体系和标准体系建设。加强队伍建设，不断提高依法行政水平。

二是加强抗震设防要求监管。针对新一代区划图大幅度提高全国抗震设防要求的变化，加大宣传力度，加强与相关行业部门的衔接和解释、服务工作，推动相关行业规范修订。推进抗震设防要求纳入基本建设审批程序，强化安评管理，确保把抗震设防要求落实到工程建设中，把新要求转化为高能力。

三是完善应急管理。明年政府面临换届，各级地震部门要切实履行好指挥部日常办事机构职责，协助政府做好指挥部人员调整工作。要通过演练、培训等方式，增强政府地震应急指挥决策和部门协调联动能力。

四是强化法制监督。配合各级人大开展防震减灾法律法规实施情况执法检查和专题调研，联合有关部门组织开展防震减灾行政检查，监督各级法定职责落实。建立相关制度，加强各级防震减灾规范性文件审查和备案管理。

（五）拓展领域，全面提供防震减灾公共服务

按照建设服务型政府要求，健全服务体系，丰富服务产品，提高服务水平，提升服务实效，努力实现防震减灾公共服务均等化、广覆盖。

一是健全公共服务体系。进一步增强公共服务的积极性、主动性和创造性，构建服务国家安全、服务经济发展、服务社会稳定、服务政府应急管理和服务公众生活"五位一体"的防震减灾公共服务体系。

二是完善公共服务机制。规范信息网络建设、运行和数据共享管理。建立紧急地震安全信息发布传播机制，推进自动速报信息直通车服务。做好陆态网络、子午工程等项目的科技服务。

三是丰富公共服务产品。加强信息网络建设，研发面向市县和台站基层工作的防震减灾公共信息服务平台。梳理和挖掘地震数据、震情灾情信息、灾害评估、基础探测、科普教育、法律法规等公共服务产品，提高服务质量。

（六）宣传引导，努力发展防震减灾先进文化

宣传先进减灾理念、传播减灾文化知识，营造防震减灾事业发展良好氛围。

一是广泛开展社会宣传。加强防震减灾宣传队伍建设，提升对外宣传和舆论引导能力。强化重大题材策划和主题宣传活动，充分发挥网络媒体、传统媒体和社会力量的作用，扩大宣传覆盖面，增强宣传实效。

二是大力弘扬行业精神和减灾文化。在做好防震减灾知识宣传教育的同时，大力推进事业宣传、法规政策宣传，扩大社会影响力，营造良好的防震减灾舆论环境。深入开展行业精神实践活动，弘扬行业精神，进一步繁荣防震减灾文化。

三是巩固宣教文化阵地。加强地震部门门户网站建设，充分发挥网站对外宣传作用。推进科普教育基地建设和示范学校创建工作，加强引导、规范和评估。

（七）深化改革，全面构建和谐防震减灾工作队伍

积极稳妥深化各项改革，正确处理改革发展稳定关系，努力建设防震减灾优秀团队。

一是稳步推进事业单位改革。根据国家分类推进事业单位改革的总要求，落实中央编办批复中国地震局事业单位改革意见，科学制定方案，积极稳步推进事业单位改革工作。按照国家统一安排，继续推进科技体制改革工作。

二是稳健推进经营性国有资产管理改革。完成经营性国有资产清理，做好国有资产产权登记。推进经营性国有资产管理改革试点，做好实施方案设计，建立以资本为纽带的产权关系，规范经营方式和收益分配，解决好当前经营活动中的突出问题。

三是切实加强干部和人才队伍建设。制定领导班子建设规划，选好配强领导班子。制定并实施领导班子综合考核评价办法，发挥考核的导向、激励和监督作用，有力促进领导班子建设。完善领导干部管理制度，严格干部监督管理，继续推进竞争性选拔干部。加强以提高素质和能力为重点的干部教育培训，抓好后备干部、青年干部的培养，抓好科技领军人才培养和优秀科研团队培育。

四是切实加强党的建设。扎实推进创先争优常态化、制度化，深入推进学习型党组织建设和学习型领导班子建设。加强党务干部队伍建设，健全建强党的工作机制。健全党的基层基础工作。

五是努力改善职工生活和工作环境。继续争取各级财政投入，提高中央财政资金在职工收入所占的比例。跟踪国家收入分配体制改革总体方案，组织好改革性津补贴和绩效工资实施工作。关心职工生活，真正为职工办实事、解难题。继续做好综合政务、保密信访、后勤保障、维护稳定等各项工作。认真做好老干部服务管理工作，切实落实好老干部的政治待遇和生活待遇。

（八）进一步加强党风廉政和反腐败工作

全面贯彻落实党的十八大精神和中央纪委部署，按照"干部清正、政府清廉、政治清明"的要求，加强党风廉政和反腐败工作。

一是加强监督检查。进一步健全完善监督检查机制，加强对政治纪律执行情况的监督检查。加强对重大项目、重要任务、关键领域、重点环节部署落实情况的监督检查。

二是巩固建设成果。进一步完善廉政风险防控机制建设，抓好防控措施的落实。加大制度教育宣传力度，健全制度执行监督和问责机制，提高制度执行力。编制、落实好下一个5年惩防体系建设工作规划。

三是强化廉洁自律。深化《廉政准则》贯彻落实，认真落实"四个禁止"，有针对性地开展警示教育。坚持以指导民主生活会、责任考核、巡视、审计等形式，加强领导干部特别是主要领导干部行使权力的监督，强化审计监督。

四是解决突出问题。抓好《经营性国有资产管理办法》的落实，防范改革中可能出现的违纪违规问题。落实好地震安评组织管理、规范安评评审费发放的意见，坚决纠正违纪违规行为。加大查办案件工作力度。

五是完善机制建设。坚持已经形成的反腐倡廉工作体制和机制，切实抓好各级领导干部党风廉政建设责任制落实，认真研究解决京区单位纪检监察机构不健全、力量薄弱等问题，推进纪检组长（纪委书记）工作量化考核。

（中国地震局办公室）

中国地震局党组成员、副局长刘玉辰在 2012 年全国震害防御工作会议上的讲话（摘要）

（2012 年 2 月 28 日）

一、立足社会发展，认清形势需求

（一）从构建和谐社会的要求看，地震安全已经构成国家安全的重要一环

随着经济社会的快速发展，广大人民群众求富裕、求平安的愿望更加迫切，对生产生活和居住环境安全的要求越来越高。震害防御工作关系到人民生命财产安全，关系到群众的安居乐业，事关社会稳定和国家安全，事关经济社会发展全局，已经成为减轻地震灾害和稳定社会的重要方面，成为构建和谐社会的迫切需要。

（二）从国家和人民群众的关注程度看，对切实做好震害防御工作的要求越来越高

全社会对地震灾害的认识不断提高，各级领导更加关切，人民群众更加关心，社会舆论更加关注。汶川地震后，全社会对学校安全、水库安全的热议和关注，日本地震后全社会对核电安全、宣传教育的重视，都凸显了震害防御工作的极端重要性。加强震害防御工作，落实依法行政，改进管理服务方式，是全社会的共同期盼。

（三）从经济建设的快速发展看，震害防御工作的任务更加繁重

地震引起建筑物的倒塌破坏是导致人员伤亡的主要原因，大力提高城乡建筑物的抗震能力，是减轻人员伤亡的最根本途径，是以人为本执政理念的具体体现。当前中国社会处于高速发展时期，城市化进程与新农村建设步伐加快，重要基础设施及重大工程持续建设，震害防御工作的任务也将更加繁重，对此大家要有清醒的认识。

（四）从地震灾害的现实威胁看，震害防御工作仍有较大的提升空间

进入 21 世纪以来，全球地震灾害频繁发生，安全与发展成为人类社会共同应对的挑战。防御水平直接决定了减灾效果，新疆农居工程经受住了多次中强地震检验，完好无损。汶川地震中，严格落实了抗震设防要求的建筑与抗震能力低下的建筑损失形成了鲜明对比。与此同时，几乎每年都会发生多起地震传言时间，造成社会恐慌，公众对地震事件的科学应对能力还不高。这些都充分说明，我们的工作还存在许多薄弱环节，亟待加强。

二、总结发展经验，找准工作方位

（一）管理方式逐步规范，社会管理能力不断提高

抗震设防要求管理是地震部门管理社会特征最明显、职能最丰富的重要工作。多年来，地震部门内强素质、外树形象，狠抓基础、强化措施，积极探索、大胆实践，在健全法律法规体系的同时，依法加强建设工程抗震设防要求监督管理。各地普遍把抗震设防要求管理纳入基本建设管理程序，不少地区地震部门进驻当地政府政务服务中心，确立了抗震设防要求管理相关行政许可并有效实施。一些地方探索抗震设防要求全过程监管，有效保证了建设工程地震安全。各级地震部门动员各种力量，加大抗震设防要求执行情况监督检查力度，中国地震局多次会同全国人大教科文卫委员会、国务院法制办公室开展了检查和调研，各省普遍通过省人大、政府法制部门依法开展检查，有力推动了抗震设防法律制度的全面正确执行。

在一般建设工程抗震设防要求管理方面，先后编制了四代全国地震区划图，地震区划图的使用由作为"参考"、作为"依据"，发展到成为"强制性国家标准"，管理逐步规范。2007年开始启动了第五代区划图的编制工作，经过历时4年多的艰辛努力，充分吸取了汶川地震经验教训，编图工作已基本完成，总体上比四代图设防水平有较大的提高，消除了Ⅵ度以下不设防区，为从制度上改变部分地区不设防的现状做好了技术准备。

在重大工程地震安全性评价管理上，确立了相关行政许可，不断完善制度、发展技术，管理日趋规范成熟。在队伍管理方面，从业单位始终实行资质管理，专业技术人员实现了由最初的上岗证书制度向地震安全性评价工程师制度的转变，实行职业准入纳入国家职业资格证书制度。在技术发展方面，工作内容已由最初的烈度复核发展形成了一整套技术和理论体系，工作依据也从工作大纲、工作规范上升形成了国家标准，做到了基本有章可循。在结果保证方面，实行了国家局和省局两级安评报告评审和抗震设防要求行政许可审批制度，对安评结果进行严格审查把关，批准了上万项重大建设工程的抗震设防要求，为工程地震安全提供了保障。在运作方式方面，收费性质转变为经营性收费，价格主管部门联合地震部门颁布实施了地震安全性评价收费管理办法，市场管理逐步规范。在主要贡献方面，积累了大量基础资料，培养了大批专业技术人才，为地震区划、地震工程的发展奠定了重要基础，同时也在很大程度上解决了一些单位的困难，为防震减灾事业的发展作出了积极的贡献。

（二）宗旨理念逐步巩固，公共服务能力不断提高

最大限度地减轻地震灾害损失，绝不能单纯考虑某一方面的工作，而是要把能不能、是不是最大限度地减轻地震灾害损失作为检验我们工作的唯一标准，坚持多措并举，全面预防，实现减灾效益的最大化。必要的管理是搞好服务的基本前提，优质的服务又是促进管理的重要手段，只有从服务的角度来考虑问题、制定措施，才能取得更好的减灾效果。多年来，我们坚持"在服务中实施管理，在管理中体现服务"的执政理念，在不断创新中锻造更加适应时代需求的管理和服务模式，取得了显著的成效。

几代地震区划图以及完成的重大工程地震安全性评价和城市地震小区划工作，为国民经济发展提供了有效的服务。汶川地震后，我们及时修订并发布灾区地震动参数区划图，会同有关部门开展灾区过渡安置房建设用地安全评价，完成防灾减灾专项规划编制，联合有关部门和地方政府开展地震遗址博物馆规划建设等，为汶川地震的抗震救灾和灾后恢复重建作出了积极的贡献；在抗震救灾现场，大地震破裂过程、断层展布方向等信息，为指挥救灾发挥了极其重要的作用；多年来开展的城市震害预测和城市活断层探测，为城市规划建设提供了的基础资料依据；强震动台网获取的大量观测数据，为地震科技工作者提供

了优质的服务；地震重点监视防御区，为国民经济建设和国家防震减灾的战略布局提供了有力的科技支撑，并逐步成为校舍安全工程等国家重大民生工程的重要依据；福建及台湾海峡地壳精细结构探测工作取得阶段性成果，积极推进了两岸地震科技交流与合作；境外地震安全性评价工作逐步开展，不断服务于东南亚和非洲等国家的水电、道路、机场、矿山建设。

在汶川地震灾区，所有严格按照地震安全性评价结果进行抗震设防的重大工程，基本没有造成严重破坏，即使在X度以上极震区，达到抗震设防要求的一般建筑，也仍有许多没有倒塌。震区内的水电重大工程，根据地震安全性评价结果采取了抗震设防措施，经受住了考验，包括紫坪铺在内的1996座水库、495处堤防的大坝主体没有严重破坏，无一溃坝。大型体育场馆因严格抗震设防，主体结构均未受到破坏，而且在震后发挥了避难场所的重要作用。

（三）面向需求逐步深入，社会动员能力不断提高

近年来，基层地震机构不断恢复、壮大，市县工作蓬勃发展，自身能力显著提高，服务社会的能力明显增强。在贯彻落实党中央、国务院的工作部署方面，市县地震工作部门已经成为一支非常重要而不可忽视的力量，是防震减灾工作面向社会最直接、最有效的力量，也是发挥政府职能、强化社会管理和公共服务的重要基础。尤其在履行地方政府职能和动员社会方面，市县地震部门功不可没！以市县地震部门为主体，地震安全民居示范工程、科普示范学校创建工作，减灾效果得到凸显。近几年刚刚开展的示范企业、防震减灾综合能力示范县和示范城市建设初见成效。

创建防震减灾科普示范学校2000多所，其中，四川省6个重灾市州建成10所省级和92所市县级示范学校，并经常开展疏散演练，把防震减灾知识宣传教育作为必修课程。汶川地震发生后，与其他学校相比，这些学校在这次震灾中应急措施得力、处置得当，除1所学校有些伤亡外，其他学校基本没有伤亡，取得了明显的减灾实效。

倡导地震安全示范社区创建工作，各地积极开展，动员全社会广泛参与，沈阳市沈北新区、东营市中山社区首批获得"国家地震安全示范（社）区"称号。随着创建工作的不断深入，各地整合社会资源，地震安全示范社区数量和质量都明显提高。工作对象从依托现有的成熟社区，到新建社区之初就全面考虑地震安全设施的配套建设。工作内容从单一地开展科普宣传，拓展到新建社区的科学选址、指导房地产开发企业提高抗震设防水平、社区与多单位联合开展应急演练等方面。工作方式从防震减灾部门主导，转变为地方政府领导、防震减灾部门指导、街道社区为主的格局。社区防震减灾的软、硬件条件有了较大改善，逐步从被动的承灾体向具备一定减灾能力、主动应对地震灾害的方向转变。

回顾多年的工作，广大干部职工认真贯彻落实中国地震局党组要求，开拓进取，震害防御体系不断健全。具体地看：抗震设防要求管理逐步规范，城乡抗震设防水平逐步提高；地震安全性评价从无到有，发展到市场运作；基础工作不断深入，逐渐服务于防灾减灾各领域；基层防震减灾工作快速进步，社会广泛参与。

在发展事业、推进工作的实践中，我们的认识逐步深化、信念更加坚定：一是必须坚持防震减灾工作根本宗旨不动摇，最大限度地减轻地震灾害损失；二是必须坚持震害防御工作的社会化不改变，动员社会广泛参与；三是必须坚持管理就是服务基本理念不放松，

寓管理于服务之中；四是必须坚持两个能力建设同步开展不偏离，服务于全社会防震减灾；五是必须坚持两手都要抓两手都要硬不懈怠，全面推进事业发展。

三、统一发展思路，明确方向任务

回顾总结多年来事业的发展，深刻分析社会发展的新形势，我们务必要把最大限度地减轻地震灾害损失作为防震减灾工作的根本宗旨，这是我们通过科学总结反思汶川地震得到的宝贵财富，是对"预防为主、防御与救助相结合"基本工作方针的丰富和发展，是科学发展观在防震减灾工作中的具体体现，符合中国经济社会发展的阶段特征和防震减灾工作的客观实际。震害防御领域的各项工作务必要始终如一地坚持这一宗旨，并体现在各项工作中。

（一）切实提高震害防御能力

一是统筹兼顾，强化措施提高硬实力。提高震害防御硬实力，最主要就是统筹城市和农村，兼顾重点和一般，切实提高城乡各类建构筑物的抗震能力，让硬实力真正硬起来。加强重大工程的地震安全性评价工作，严格管理，严把质量，规范市场，科学确定抗震设防水平；坚持依法行政，强化部门协调合作，确保一般性工程的抗震设防要求落到实处；努力在制度上有所突破，逐步改变城乡二元化管理格局；继续大力推进地震安全民居工程常态化，争取在未来十几年的时间根本扭转农居基本不设防的状态；继续实施活断层探测等基础性工作，夯实工作基础。

二是巧抓机遇，文化引领提高软实力。胡锦涛总书记在党的十七大报告中提出"文化软实力"这一概念，并强调指出"要激发全民族文化创造活力，提高国家文化软实力"。在全党全社会大力倡导文化大发展大繁荣、建设文化强国等战略决策的背景下，我们必须将防震减灾文化建设放到更加突出的战略位置，以更加主动的态度、更加开阔的思路、更加有力的举措加以推进，不断增强事业发展的"软实力"，让软实力也硬起来。开展防震减灾文化建设，强化宣传教育，这是提高全社会防震减灾意识和防灾避险技能的本质要求。在舆论上，要大力宣传防灾文化、安全文化、预防文化，形成居安思危的社会氛围；在内容上，要贴近实际、贴近生活、贴近群众；在形式上，要重视大众媒体和新媒体的应用，善于运用各种网络传播手段，引导和回应热点，解决群众最关心、最直接、最现实的问题。

三是动员社会，政府主导提高基础能力。建立和完善"党委领导、政府负责、社会协同、公众参与"的社会管理格局，是当前经济社会发展的必然要求。提高基层政府对防震减灾事业的积极性和重视程度，引导社会公众积极参与事业发展，夯实震害防御各项工作基础。政策引导、资金支持是重要的渠道，应该继续坚持；近年来我们积极推进的示范学校、示范社区、示范企业、示范县、示范城市等工作方式，也在一定程度上起到了重要的引导作用，应该进一步提倡；群众自发组织形成志愿者，积极参与防震减灾的热情不断高涨，成为新时期群策群防工作的重要体现，应进一步鼓励；引入社会力量，形成纵向到基层，横向部门有效联动的工作机制应当进一步推动。

四是开拓进取，科技支撑提高创新能力。事物总是处于不断的发展变化之中，以往的经验和做法，随着社会的发展以及内外部环境的变化，在现在和将来有的不适应。古人云：

"时移则事异，事异则情变，情变则法不同"。在震害防御工作领域中，我们遇到了许多问题，这些问题值得我们深思，值得我们用创新的思维去考虑，更值得我们用创新的方式来提出解决措施。同时，我们应推进建立震害防御领域的对外开放合作机制，在这方面我们比其他领域的工作还存在欠缺，参与国际合作相对不多，将来可以引入外部力量，在服务平台建设等领域扩大合作交流。

（二）切实处理好几个关系

一是处理好数量与质量的关系。近年来，地震安评项目急剧增多，一是要牢固树立质量第一的意识，确保经得起实践的检验、历史的检验和自己良心的检验。二是处理好内部与外部的关系。要牢固树立"全国一盘棋"的思想，在地震系统各层级间没有内外。要处理好地震系统内部与各级地方政府和相关部门的关系，密切配合，共同推进事业的发展。三是处理好成果与应用的关系。开展各项技术工作的目的是产出成果，产出成果的目的是投入应用。成果是应用的前提和基础，而应用才是成果的最终目的和归宿。四是处理好示范与推广的关系。从发现典型到树立典型，再到推广经验的做法，在推进基层防震减灾工作中发挥了重要作用。要区分地域差异，不断分析新情况，研究事物发展的阶段，适时采取必要的措施，该规范的进行规范，该推广的进行推广。五是处理好改革与稳定的关系。要主动作为，让各级领导感受到地震部门在经济社会发展中能够发挥作用；要提前谋划，各级地震部门共同努力，多渠道解决问题。

（三）切实突出 2012 年的工作重点

一是强化技术规范，提高管理和服务水平。重点要做好新一代地震区划图的颁布实施工作，围绕部门的沟通协调、专家意见的修改完善、新旧地震区划图的政策改变和宣传贯彻等一系列重要任务开展工作，争取年内完成新一代区划图的颁布并做好相关协调、宣传和配套政策落实等工作，确保抗震设防水平得到提高并稳定过渡。

二是做好基础工作，提高管理和服务水平。一方面要规范安评资质管理、提高安评工作质量、加强安评市场监管力度，进一步改进安评工作；另一方面要继续推进基础探测，产出一批实用的成果，探索风险评估可行性。

三是积累试点经验，提高管理和服务水平。继续贯彻市县指导意见，加大对市县地震部门的支持和指导，夯实基层基础。围绕强化基层人才培训，建立目标责任制，规范和引导示范社区、示范县、示范城市、示范农居等方面的创建工作，全面提高全社会防御地震灾害的能力。

四是整合社会资源，提高管理和服务水平。根据国务院防震减灾工作联席会议精神，2012 年要联合中共中央宣传部召开防震减灾宣传工作会议，这次会议非常重要，一定要精心谋划、认真准备，多听取各方面的意见和建议，提出新时期的宣传教育导向。以此为契机，顺应时代潮流，倡导防震减灾文化建设，通过拓宽渠道、丰富产品、开展活动等一系列措施，开创防震减灾宣传教育工作新局面。

五是坚持勤政廉政，提高管理和服务水平。在全国地震局长会暨党风廉政建设工作会议上，既明确了震害防御领域五个方面的具体任务，也明确了党风廉政建设"四个着力"的重点，各单位务必要坚持两手抓，两手都要硬，以抓廉政提高勤政质量，以抓勤政体现廉政效果。

（中国地震局办公室）

中国地震局党组成员、副局长赵和平 在2012年全国地震应急救援工作交流会议上的讲话（摘要）

（2012年3月16日）

一、扎实推进，地震应急救援工作成绩显著

多年来，在党中央、国务院的坚强领导下，各级地震部门以科学发展观为指导，牢固树立最大限度减轻地震灾害损失根本宗旨，认真贯彻落实党中央、国务院大政方针和决策部署，统筹谋划和推动防震减灾事业发展，地震应急救援工作取得了显著成效。

（一）管理机构不断加强和完善

《中华人民共和国防震减灾法》明确了中央和地方各级抗震救灾指挥机构和办事机构，逐步形成了以国务院抗震救灾指挥部和地方各级抗震救灾指挥部为核心、以各级地震部门（指挥部办公室）与相关部门为依托的抗震救灾协调指挥和领导决策层。各级地震部门作为抗震救灾指挥部的办事机构越来越多地得到了政府的认可。地震应急救援工作管理机构不断健全，目前，除江西、贵州以外，其他省份均设置了独立的应急救援处，部分市局也设立了应急救援管理机构，配备了专职工作人员，基本做到了应急救援管理工作有机构承担、有人员负责。

（二）技术支撑体系逐步建立

中国地震应急搜救中心和省地震局应急中心为应急救援工作提供了全方位的人员、技术、信息、装备、后勤等各项保障。中国地震局直属单位成立了应急救援技术部门（如中国地震局地球物理研究所应急技术推进组、中国地震局地质研究所应急技术与减灾信息研究室、中国地震局地壳应力研究所地震救援技术研究室、中国地震局地震预测研究所灾害信息研究中心、中国地震台网中心应急响应部），极大推进了科技对应急救援的支撑。针对应急预案、应急指挥、灾害评估、应急遥感等专项工作成立了技术协调组，充分发挥专家优势，大力推动各学科的发展。技术保障这两年特别是汶川地震以后发展很快，玉树地震后显示出很强、很重要的作用，同时也逐渐认识到，我们技术支撑的体系要从内部支撑向外部支撑的转变和发展。

（三）应急应对能力逐步提升

地震发生后，各级各有关部门履行各自工作职责，做到快速反应、密切配合、科学应对，把地震造成的损失降到最低。2011年国内地震影响大一点的，一个是云南盈江地震，还有一个是新疆尼勒克地震，应对都非常好。部分省地震局具备了快速灾害调查评估能力，可在震后短期内完成烈度评定和灾害评估工作，新疆在尼勒克地震后试行了快速灾评模式。2011年两次国外的应对也不错，日本、新西兰的救援行动很成功。国家和省级救援队具备

了一专多能，参加了矿难、滑坡、雪崩、车祸等灾种的救援行动。

（四）应急服务保障逐步提高

按照主动及时的要求，逐步提高应急服务的时效性，服务产品基本做到了"快速、准确、丰富"，震后1小时产出快速评估报告，震后2小时提供应急救灾措施建议，震后2-4小时提供应急专题图件，震后3天提供地震烈度分布和灾害损失评估结果，为有效应对和妥善处置地震灾害事件提供了重要的决策支持。救援装备与后勤保障工作在自我总结、借鉴国内外先进理念的基础上不断完善与提升，推进科学化、规范化、标准化和人性化的多元化管理，使装备与后勤保障工作更加快速、精细和科学。

（五）紧急救援队伍蓬勃发展

11年来紧急救援队伍从无到有、从点到面、从弱到强，有效抢救了埋压人员生命，也有力推动了军队遂行非战争军事行动的发展。国家救援队先行先试，队伍规模逐渐壮大，具备了国际重型救援队能力，执行了国内外16次救援行动，10周年纪念活动举行得隆重而意义重大。省级救援队全部建立，联合解放军、武警、消防等建设了39支队伍，开展了地震、矿难、泥石流、楼房坍塌等灾害灾难救援。我们还与武警部队建立合作共建机制，在全国组建了33支武警部队地震救援队伍。城市救援队日渐完善，不断加强技战术和救援技能培训。目前，基本形成了国家—省—市—县四级队伍为主体和乡镇、社区志愿者队伍为辅助的紧急救援队伍体系。

（六）开拓创新意识不断增强

地震应急救援工作开创了中国应急救援领域的6个"第一"：1991年国务院颁布第一件国家应急预案——《国家破坏性地震应急反应预案》；1995年国务院颁布第一部应急条例——《破坏性地震应急条例》；2001年成立第一支国家/国际救援队——中国国际救援队；2002年建成第一个应急避难场所——元大都城垣遗址公园地震应急避难场所；2003年建立了第一个专职应急救援管理机构——中国地震局震灾应急救援司；2006年创立了第一个应急协作联动机制——地震应急协作联动区。这6个"第一"，充分得到国务院有关领导和部门的认可，在全国应急管理建设和发展中起到了引领和带动作用。

回顾多年来的应急救援工作，有很多重要启示和经验值得总结，一是必须坚持统一领导、部门协同，在应对汶川、玉树等地震灾害中，各级抗震救灾指挥部统一协调指挥，形成了上下贯通、军地协调、区域协作的工作机制，保证了抗震救灾工作有力、有序、有效开展；二是必须坚持预防为主、准备大震，牢固树立全面预防观和大应急意识，把应急救援工作着力点前移，切实做好各项应急准备工作，确保地震事件一旦发生，能够及时有效处置；三是必须坚持快速响应、科学处置，地震后要第一时间响应，根据震情和灾情快速判断震灾规模，提出应急救灾措施，安排部署应急处置工作，做好人员搜救、伤员救治、灾民安置、地震监测、次生灾害防范、灾害评估等工作；四是必须坚持强化基层、社会动员，应急救援的关键环节在基层，第一应急救援现场也在基层，加强基层地震应急救援能力，是做好全国应急救援工作的基础。只有充分调动社会各界的积极性、主动性、创造性，才能提高全社会应对地震灾害的综合能力。

二、增强能力，提高地震应急救援管理水平

（一）把握好四个统筹和四个关系

地震应急救援工作既是各级政府的责任，也是全社会的义务。地震部门作为本级政府的地震工作管理部门和抗震救灾指挥部的办事机构，集发展规划、组织协调、法制建设、科技支撑和公共服务等诸多职能于一身，要科学统筹，共同推进。一是要统筹考虑应对各类灾害。地震灾害具有突发性、瞬时破坏性、次生灾害的复杂性等特点，一次大的地震灾害往往引发一系列次生灾害，形成灾害链。在地震应急救援管理中，应统筹考虑在地震灾害发生后各种灾害的分布情况和发生特点，制定综合性的灾害应急准备和抗震救灾措施。紧急救援队伍要开展各类灾害、灾难的综合训练。二是要统筹考虑各阶段工作。按照突发事件的预防、预警、发生和善后四个发展阶段，应急管理可分为预防与应急准备、监测与预警、应急处置与救援、事后恢复与重建四个过程。在应急管理这一动态管理过程中，要统筹地震灾害发展全过程，要强化各个阶段的有序衔接和综合协调，全面提高地震应急管理工作的总体成效。三是要统筹考虑整合全社会资源。在强调"政府负责"的同时，要强调社会组织、企业和公民的主体地位，明确各自在地震应急救援中的责任和义务，与专业救援队伍一起，最大程度形成减灾合力，建立一个和谐的、多元主体共同负责的、全社会参与的地震应急救援工作体系。四是要统筹考虑运用多种手段。地震应急救援工作要多措并举，做到工程与非工程性措施相结合，行政手段和技术手段相结合，提高社会公众的防震减灾意识和自救互救能力，综合应用管理、科学、市场、金融等各种手段，提高减灾实效。

做任何事，沟通协调、处理方方面面关系很重要。一是处理好当前与长远的关系。当前和长远是辩证的统一，当前发展是长远发展的基础，长远发展是当前发展的继续。健全完善应急救援体系，必须把当前与长远有机结合起来，既要解决当前存在的突出问题，又要做好基础性的、需要长期坚持的工作。我们要充分利用当前应急救援工作发展的大好局面，科学制定长远发展规划，有序落实当前重点工作，针对应急救援工作重点和存在的薄弱环节，集中力量分期分批加以突破。把握当前，就是要加强制度机制建设，实现地震应急科学管理；要转变观念增强意识，提升应急服务能力；要关注重点区域，当好政府的参谋助手。谋划长远，就是要跟踪应急救援发展新趋势，积累管理经验掌握救援规律；要立足长远发展，做好应急救援事业发展规划；要加强理论和技术研究，不断健全完善应急救援工作体系。二是处理好全局与局部的关系。全局与局部是统一的、相互依存而密不可分的。局部是全局的组成部分，没有局部就无所谓全局，没有全局，局部也不复存在。就应急救援工作而言，正确处理全局与局部的关系，首先全局要尊重局部的利益，发挥局部的主观能动性和创造性，要着眼于充分发挥局部的智慧和力量。其次，局部的利益和发展要服务和服从于全局的利益和发展；最后，我们要用发展的眼光看待全局与局部的关系，使局部利益与全局利益相互协调统一。三是处理好继承与发展的关系。继承是发展的必要前提条件，也是发展必经的一个阶段，发展是继承的目的和动力，继承和发展是辩证的统一。应急救援体系建设，是一个历史的、不断发展、不断完善的过程，必须正确处理好继承与

发展的关系，既要继承好的东西，也不排斥新技术和先进的管理方法，不断推进应急救援工作向更高阶段发展。四是处理好竞争与合作的关系。竞争是为了发展，合作也是为了发展，有竞争的地方就有合作，竞争与合作存在于任何角落。各级政府和部门都承担着抗震救灾任务，地震系统各单位各部门都有应急救援工作职责，健全应急救援工作体系，要处理好竞争与合作的关系，合作是推进事业发展的必然动力，竞争是促进事业发展的催化剂，在竞争的同时，要加强合作，互相学习、互相借鉴、互相协作，实现应急救援工作全面、均衡、多赢的发展。

（二）重视理论研究与创新

应急救援是一项新兴的工作领域，我们这些年在应急救援领域做了很多开创性、开拓性的工作，取得了显著成绩，积累了丰富的实践经验，但是在理论提炼，用理论来指导实践方面做得还很不够，这会影响到地震应急救援工作的发展，也会影响到地震应急救援工作者的能力提升。希望大家在应急救援的理论和创新上花几年的时间做一些工作。一是善于凝练理论，要将工作实践中的经验和做法进行认真总结，加以提炼和规范，逐步形成升华为理论。二是认真规划理论体系，对理论体系的建设要有个规划图，既要考虑基础理论方面应该研究什么，诸如基本理念、基础概念、运行程序和基本规律等，也要考虑应用理论应该研究什么，诸如法律政策环境、应急准备、应急处置等。三是开展工作体系要素组成研究，工作体系是若干相关事物按照一定的秩序和内部联系而构成的一个整体，各相关事物是构成体系的要素，整个体系内部相互联系，按照一定的规律和程序运行。地震应急救援工作体系应包括应急预案、技术系统、救援力量、物资储备、避难场所、宣传教育、培训演练、现场工作和标准化建设等构成要素。四是坚持创新，地震应急救援工作体系建设是一个不断发展完善的过程，随着社会经济的发展和公众减灾意识的不断增强，对地震安全的要求越来越高，要实现更好的减灾实效，通过理念创新、思路创新不断健全和完善地震应急救援体系，如果必要制度上政策上也要创新。五是坚持正确的思维方式，要把方向搞对了，争取少走弯路，应急救援理论研究要有正确的价值取向，就是要坚持最大限度减轻地震灾害损失的根本宗旨，不仅要对应急救援工作实践经验进行概括和总结，更重要的是要对应急救援活动、工作经验和工作成果开展批判性反思、规范性矫正和理想性引导，从而构建中国地震应急救援理论体系。六是注重理论和实践相结合，没有科学的理论就没有科学的实践。理论源于实践，理论指导实践。理论与实践是密不可分、辩证统一的。理论研究不能脱离实践，既善于运用科学理论指导工作与队伍建设，也善于从实践中丰富和创新理论。

（三）加强机构建设

按照中国地震局党组的要求，各地结合实际进一步理顺应急救援管理体制，建立健全强有力的应急救援管理体系。目前，大多数省（区、市）地震部门独立设置了应急救援管理部门，许多省局还成立了应急保障中心、指挥中心等事业单位作为技术和后勤保障单位，我们的应急救援机构在不断健全，地震应急救援工作队伍正在壮大。一是加强领导，各省（区、市）地震局应急救援管理部门必须配备有强力的领导，必须有给力的团队，确保应急救援工作抓得好、抓得实。二是提升能力，提高我们的行政管理能力和素质，要敢于善于行政手段推进应急救援各项工作。三是管做分开，管理部门要立足管理，重点是要出思路、定目标、做保障、搞考核，要充分发挥应急救援技术和后勤保障单位的作用和优势，甚至全系统、全社会的资源，扎扎实实做好各项应急准备工作。四是明确责权，明确应急救援管理和服务职能职责，按照事权、财权相一致的原则，逐步加大应急救援人财物投入力度。

（四）加强队伍建设

一是强化"重心前移"工作要求，我们的队伍要服务于人员搜救、服务于抗震救灾、服务于恢复重建，不同的时限有不同侧重的工作，前方、后方应急人员需要密切配合。二是强化多个地震灾害的应对能力，作为国家级救援队和现场应急队要做好准备同时应对多次不同区域的地震事件，多震和处于年度危险区的省份也要做好同时应对两次地震事件的准备。三是强化后备人才队伍建设，有目的地招收相关专业人员，加强对有丰富实战经验的人员重点培养，委以重任，使其尽快成为应急救援队伍的中坚力量。四是重视现场实践培训，我们在座的大部分同志都不是生来就干应急救援这个行当的，都是在多年来的地震应急救援实践中摔打出来的，很多都作出了卓有成效的工作，经历非常重要、实践非常管用，必须坚持在地震应急救援处置中锻炼队伍，促进人才成长。

（五）加强制度建设

按照依法治国方略，在推进应急救援体系建设过程中，无论是社会管理还是公共服务方面，要建立系统性的制度保障机制，全力保证各项工作措施的落实和工作目标的实现。我们要继续抓好防震减灾法律法规的贯彻落实，按照新修订的《中华人民共和国防震减灾法》职责分工，认真梳理，把属于应急救援体系建设的要求，按照职责要求逐步使各项工作法制化、制度化、标准化、规范化。一是继续推进《地震应急救援管理条例》修订和出台，这是依法推进我们应急救援工作体系的基本法律制度。二是要分阶段、分缓急对制度建设加以考虑，当前就是要围绕地震应急处置、救援行动、队伍建设、服务保障、装备管理等重点工作开展制度化建设。三是面对不断增加的应急救援工作需求，从专业技术角度继续建立完善应急救援标准体系。

（六）加强服务能力

要着眼于政府、社会和公众对地震应急救援决策服务、科技服务和公共服务需求，强化服务意识，创新服务方式，健全服务体系，提高服务效能。一是服务政府的能力，突发事件全过程信息公开是政府公信力和有效处置的必然要求，地震"三要素"及时通报、震情灾情的快速报告、利用新媒体（微直播）等全程通报地震方方面面的情况，都是我们着眼于政府抗震救灾决策的有效服务，我们要认真研究各级党委政府的需求，建立健全信息通报机制，搭建信息通报快速渠道，要把面向政府的服务尽快制度化。二是服务社会的能力，突发事件处置是非常态工作，但应急准备要在常态下完成，这就是我们所说的应急救援工作常态化，平时我们要抓好宣传、教育、培训工作，努力提高全社会地震风险防范意识和地震灾害应对能力。公众应急避险自救互救宣传、志愿者队员的培训认证、专业地震救援队伍教育、资格评测等均是面向社会服务的领域，要逐步达到社会服务常态化。三是服务灾区的能力，按照局党组工作重心前移的要求，专业的地震科技服务是我们行业的优势，按照灾区紧迫性需求，在人员搜救、建筑物安全鉴定、震害调查、经济损失评估、抢险救灾决策建议、灾区恢复重建规划等方面及时提供服务，要力争达到灾区服务定向化。

（中国地震局办公室）

中国地震局党组成员、副局长修济刚
在中国地震局直属机关党建工作会议上的讲话（摘要）

（2012年2月16日）

一、关于2011年党建工作回顾

（一）大力开展创先争优活动，为推动中心任务完成和事业发展凝心聚力

2011年以来，中国地震局党组对创先争优活动作出进一步动员部署，要求地震系统围绕大局、创新载体、加强组织，深入开展创先争优活动，为推进中心任务完成和事业发展提供动力和保障。中国地震局党组成员以身作则，承诺点评，推动创先争优活动的开展。中国地震局机关各党支部结合实际工作，认真研究制定公开承诺方案，明确创先争优着力点，按照走在前、作表率的要求，有针对性地提出了争创重点和目标，明确了争创主题和具体内容。京直单位通过党委成员带头讲党课、主题报告会、座谈交流、主题实践、宣传表彰、点评互动等各种有效形式，使创先争优活动更加深入、更加广泛、更有成效。

在创先争优活动中注意把强素质、转作风、解难题、上水平、促发展作为着力点，搭平台、建载体、见实效。在学习研讨调查研究中强素质，在服务基层解决问题中转作风，在征询意见整改落实中解难题，在比学赶帮中上水平，在承诺践诺主题实践中促发展。把急、难、险、重工作作为创先争优活动的第一阵地，在重大项目和任务实施中，尤其在新西兰、日本地震救援和云南盈江抗震救灾等急难险重工作中，领导带头、党员在前，攻坚克难，充分发挥基层党组织的战斗堡垒作用和党员干部的先锋模范作用。

（二）扎实推进学习型党组织建设，为强素质、促发展提供思想政治保障

围绕防震减灾"十二五"规划破解发展难题，围绕加强和创新社会管理、提高公共服务能力、做好新形势下群众工作等重大问题开展专题辅导、党组成员讲党课，把学习成果及时转化为推动中心工作、破解发展难题的科学思路和工作举措。

直属机关党委和人事部门密切配合，坚持把提高素质作为推进学习型党组织建设的核心内容，为防震减灾事业锻造精兵强将。发挥党校和培训中心的主阵地和主渠道作用，创新学习培训方式，强化党校学习与干部培训工作的衔接，自主培训与外训结合，集中培训与分步培训结合，提供载体平台与督促检查相结合，进一步加强党员领导干部培训力度，进一步扩大学习培训覆盖面。注意将青年干部培养摆上更加重要的位置，通过专题报告、领导寄语、好书推荐、交流座谈、学习沙龙、红色考察等多种方式，开展世情、国情、党情、局情教育；通过台站锻炼、百村调研、灾区考察、教育基地学习等途径，在实际体验中坚定信念、开阔视野、增长才干。进一步强化党建期刊、简报专栏的实效性和主题特色，在加强学习信息、学习材料、学习专栏等传统媒介学习引导作用的同时，更加重视学习新兴载体建设，不断增强学习形式的多样性和学习成果的辐射性。

（三）扎实做好抓基层打基础工作，着力提高党建工作科学化水平

深入领会中国地震局党组关于贯彻落实党的十七届四中、五中全会精神的要求，把深入学习贯彻新修订的《中国共产党党和国家机关基层组织工作条例》作为机关党建的重要基础性工作，研究制定实施办法，加强督促检查，切实推动《中国共产党党和国家机关基层组织工作条例》的贯彻落实，着力在提高基层组织建设科学化、规范化上下功夫，进一步强化党的基层组织建设。通过发文和上级组织参加基层党组织会议等形式，着力提高党员领导干部民主生活会的质量和成效。进一步修改完善《中国地震局党组中心组学习制度》《中国地震局基层党组织党务公开实施细则（试行）》《中国地震局直属机关党委常委会会议制度》，完善党内情况通报、党内选举、党内民主决策、党内民主监督、党内事务听证咨询、党员定期评议基层党组织领导班子成员等制度。认真做好海淀区人大换届选举工作，充分发挥党员在党内生活中的主体作用，切实保障广大党员的知情权、参与权、选举权、监督权。

着力做好"两委"书记选拔配备组织保障工作，健全直属单位党的工作机构。中国地震台网中心党委完成换届。进一步加强京区单位"两委"书记、支部书记、专职党务干部学习培训、经验交流和专题研讨，努力建设政治坚定、作风优良、业务精通的复合型、高素质党务干部队伍。进一步加强地震系统党建工作暨精神文明建设的交流指导，努力提升地震系统党建工作科学化水平。积极探索建立党内激励、关怀、帮扶机制，注重在高知群体等优秀分子中发展党员，优化党员队伍结构，举办发展对象和新党员培训班，加强入党积极分子与新党员思想上入党教育培训。

（四）以完成反腐倡廉制度建设为抓手，切实加强作风建设和反腐倡廉建设

认真学习贯彻第十七届中央纪委第六次全会精神和胡锦涛总书记重要讲话精神，认真落实全国地震局长会暨党风廉政建设工作会议部署要求，用身边典型案例开展警示教育和岗位廉政教育，认真落实党风廉政建设责任制，组织开展了直属机关反腐倡廉知识竞赛，切实增强广大党员干部反腐倡廉的自觉性和坚定性，为地震系统反腐倡廉建设筑牢思想防线、营造良好舆论氛围。

中国地震局机关从教育、监督、预防、惩治四个方面，开展了反腐倡廉制度体系建设。活动立足于反腐倡廉建设科学化，把反腐倡廉各项规章制度和要求有机结合起来，努力实现从制度要素建设向制度体系建设的全面转变，注重把反腐倡廉延伸到防震减灾各领域各方面，强化人、财、物、事的监管，着力解决突出问题，形成包括教育、监督、预防、惩治制度体系。机关党委组织各司室在对现有制度进行清理评估的基础上，保留执行58项，新制定38项，废改6项，现已整理汇编成册。

（五）以纪念建党90周年活动为契机做好党群工作，进一步凝聚人心、促进和谐稳定

围绕中国共产党成立90周年，地震部门开展主题展览、红色歌会、红色运动会、文艺演出、主题实践、专题报告、知识竞赛、征文活动、主题演讲、党史系列主题宣传教育等庆祝纪念活动，大力唱响共产党好、社会主义好、改革开放好、伟大祖国好、各族人民好的主旋律，营造了隆重热烈、催人奋进的浓厚氛围，教育引导党员进一步增强党性修养、坚定理想信念、创造一流业绩，充分展现地震系统党员干部职工积极进取、健康向上的精神风貌。组织举办了京区第三届职工运动会、健步走等活动，增强凝聚力和战斗力。

纪念建党90周年之际，开展先进基层党组织、优秀共产党员和党务工作者评比表彰工作，表彰了2009—2011年直属机关的18个先进基层党支部、18名优秀党务工作者和37名优秀共产党员。做好向上级组织的推优荐优工作，分别获得中央国家机关优秀党务工作者标兵、优秀共产党员、先进基层党组织荣誉称号。

加强地震系统精神文明建设的组织协调指导，以学习贯彻六中全会精神为契机，及时起草推进防震减灾文化建设实施意见，即将印发。加强典型宣传和经验总结，做好精神文明建设推优工作。各单位党委、机关各党支部组织开展文明单位考核、青年志愿者、巾帼建功、青年文明号等一系列推优荐优活动。9个京直单位和局机关被评为中央国家机关文明单位，2个京直单位被评为首都文明单位。多人、多集体获中央国家机关工委、团中央、全国妇联等组织表彰。合唱团、舞蹈队等文化团队建设不断上水平，爱心捐献、结对帮扶、走访慰问等活动经常性开展，着力推动精神文明、人文关怀、和谐稳定。

二、关于2012年党建工作任务

（一）认真做好党的十八大有关工作

认真做好中国地震局出席党的十八大代表选举工作。严格遵循规定程序，充分发扬党内民主，采取自下而上、上下结合、反复酝酿、逐级遴选的办法，在5月底前精心组织好组织考察、确定代表初步人选名单、确定代表候选人预备人选和大会选举等主要环节的工作。

为迎接党的十八大胜利召开营造浓厚氛围。通过专栏、期刊、网站等载体，大力宣传党的十七大以来经济建设、政治建设、文化建设、社会建设和生态文明建设以及党的建设的伟大成就与宝贵经验，宣传基层党组织和党员干部中的先进典型，认真做好舆论引导、维护稳定工作，引导广大党员群众紧密团结在党中央周围，继续解放思想、坚持改革开放、推动科学发展、促进社会和谐，以优异成绩迎接党的十八大胜利召开。

抓好党的十八大精神的学习宣传贯彻。党的十八大召开以后，把学习宣传贯彻会议精神作为党的建设的重大政治任务抓紧抓好，充分利用中心组学习、报告会、专题培训等多种形式，精心组织会议精神的学习宣讲，迅速兴起学习宣传贯彻党的十八大精神的热潮，切实把党员干部的思想和行动统一到党的十八大精神上来。

（二）大力加强党的思想理论建设

深化中国特色社会主义理论体系武装工作。坚持不懈地用中国特色社会主义理论体系武装党员干部，引导党员干部深入学习党的基本理论、基本路线、基本纲领、基本经验，系统掌握马克思主义立场、观点、方法，继续深入学习胡锦涛总书记在庆祝中国共产党成立90周年大会上的讲话精神，增强坚持中国特色社会主义道路、理论体系和制度的自觉性和坚定性。继续抓好干部培训工作，充分发挥党校的主阵地主渠道作用，进一步创新培训内容和方式，把文化建设纳入培训内容，推进司局级领导干部自主选学工作。

抓好社会主义核心价值体系学习教育。在广大党员中深入开展社会主义核心价值体系学习教育，深入开展坚定理想信念主题教育活动，加强形势政策教育、国情教育、革命传统教育和改革开放教育，引导党员干部真正保持对马克思主义的坚定信仰和对中国特色社会主义的坚定信念。深入开展民族精神教育、时代精神教育和民族团结进步教育，大力弘扬以爱国主义为核心的民族精神和以改革创新为核心的时代精神。按照树立和践行社会主义荣辱观的要求，学习宣传先进典型，深化精神文明创建活动。

广泛开展学习型党组织建设活动。坚持以领导班子和领导干部为重点，以提高思想政治素质为根本，积极推进学习型党组织建设。加强和改进党组（党委）中心组学习，开展领导干部帮学、带学、促学活动。积极创新学习内容、学习载体和学习方法，运用好在线培训、网络课堂等新形式增强学习效果。推进学习品牌建设，发挥学习报告会、领导干部讲党课、党建博客、紫光阁网站等学习载体的带动作用。进一步加强舆情监测和分析，为有针对性地开展思想政治工作、加强思想宣传和舆论引导提供参考。

加强领导班子思想政治建设。着力强化党的基本理论学习，强化能力培训和实践锻炼，强化宗旨教育和群众路线教育，进一步健全党内生活，严格党内监督，认真解决领导班子和领导干部思想政治建设上存在的问题，进一步增强政治意识、大局意识、责任意识、忧患意识，经受住"四个考验"，防止"四种风险"。推动领导班子认真落实民主集中制，结合实际建立健全具体的制度措施，自觉开展批评和自我批评，弘扬正气，真正形成领导班子团结协作、高效运转、能及时发现解决自身问题与矛盾的工作机制和管理机制。

（三）进一步加强基层党组织建设

推动创先争优常态化、长效化。以窗口单位、为民服务、深入基层、直接联系群众为重点，在推动中心工作、履行岗位职责、服务人民群众中创先争优。紧密结合实际，采取多种形式，积极推动机关干部深入基层、深入群众为民服务，切实使创先争优活动成为群众满意工程。按照上级统一部署，组织好创先争优专项表彰，进一步发挥先进典型的示范引领作用。加强创先争优理论和实践问题的研究，深入总结开展创先争优活动的成功经验，把行之有效的好做法提炼上升为制度规范，建立健全基层党组织和党员创先争优长效机制。

分类推进基层党组织建设。按照中央部署，认真开展"基层组织建设年"活动，进一步健全基层党建工作制度体系、组织体系、保障体系，加强分类指导、分类推进，不断增强基层党组织的创造力、凝聚力和战斗力。机关党组织建设方面，继续坚持高标准严要求，着力强化组织功能、增强组织活力，发挥好示范和带动作用。直属单位党组织建设方面，做好党委、纪委换届工作，结合事业单位特点，围绕中心开展工作，努力在事业单位改革发展中发挥好作用。社团组织党建工作方面，着力健全组织、规范管理，进一步探索社团党组织发挥作用的途径和方法。对每个类型的党组织，都突出党支部建设这个重点，深入推进党支部品牌建设，不断提高基层党支部工作水平。

扎实做好党员教育、管理、发展和服务工作。深入实施党员培训工程，加强和改进党员管理特别是流动党员管理工作。完善党内激励、关怀、帮扶机制，加强人文关怀和心理疏导，做深做细做实思想政治工作，及时帮助党员干部化解疑虑、排忧解难。加大在工作骨干、高知群体中发展党员的工作力度，提高发展新党员质量，进一步优化党员结构。进一步发展机关党内民主，深入贯彻《中国共产党党员权利保障条例》，完善党内情况通报、党内选举、党内民主决策、党内民主监督等制度，积极推进党务公开，切实保障广大党员知情权、参与权、选举权、监督权。

加强党务工作者队伍建设。进一步加强对党务工作者的教育、培养和使用，着力提高政治素质和业务能力，着力激发工作热情和干劲。重点按照守信念、讲奉献、有本领、重品行的要求，切实选好配强基层党组织负责人，抓好"两委书记"、专职党务干部的学习培训，提高他们开展党务工作的能力和水平。进一步拓宽基层党务工作者来源，加强对党务工作者的配备，保证专职党务工作人员编制。始终关心党务干部成长，把党务工作岗位作为培养干部的重要渠道，加大党务干部与其他岗位干部的交流力度，努力解除他们的后顾之忧，使他们为党建工作发挥更大作用。

（四）大力加强防震减灾文化建设

丰富防震减灾文化内涵。印发中国地震局党组关于推进防震减灾文化建设的意见和实施细则，加强整体规划和引导，组织实施推进防震减灾文化建设系统工程，进一步凝练和弘扬地震行业精神，深入挖掘和发挥科研院所、高校、出版社、培训部门、宣教部门的文化功能。组织好地震系统党建、精神文明、文化建设的交流会和专题调研活动，开展防震减灾文化、行业精神及有关核心价值理念的研讨、征集等系列活动，充分发挥防震减灾文化推动事业发展、服务社会发展、促进社会主义精神文明的优势作用。

加强防震减灾文化载体建设。以防震减灾示范点、应急避难场所、地震救援训练基地、地震台站等为载体，建立健全防震减灾科普文化教育基地。以行业出版、报刊、网站为载体，发挥行业文化阵地作用。以培训、采风等形式，支持防震减灾题材的文艺创作，着力打造防震减灾文化品牌。充分发挥工青妇组织的作用，支持职工业余文化团体活动，积极开展歌咏、摄影、书法、演讲等健康向上、喜闻乐见的群众性文化活动。

（五）扎实抓好党风廉政建设和反腐败工作

组织党员干部和纪检干部深入学习贯彻落实第十七届中央纪委七次全会精神和全国地震局长会暨党风廉政建设工作会议精神，把握基本内容，明确任务要求。深刻认识当前反腐倡廉形势和任务，增强忧患意识、危机意识和责任意识，进一步坚定信心，加大力度，结合实际，提出贯彻落实的具体措施和明确任务分工，确保党风廉政建设和反腐败工作各项任务落到实处。加强党的纪律教育，积极配合做好出席党的十八大代表选举工作，加强监督，保障党员的民主权利，确保选举工作风清气正。

深化反腐倡廉教育，推进廉政文化建设。把廉政文化建设与防震减灾文化建设结合起来，深入开展理想信念教育，党性党风党纪教育和从政道德教育，组织党员干部向时代英模和勤政廉政典型学习，从反面案例和地震部门发生的案件中吸取教训，进一步提高反腐防变能力。配合机关党委邀请先进模范人物作报告，配合监察司在局机关开展反腐倡廉警示教育活动。切实加强机关和干部作风建设，引导党员干部更好地坚持防震减灾工作的根本宗旨，真正做到以人为本，执政为民。深入基层调查研究，帮助解决实际困难。加大作风纪律整顿力度，坚决纠正党员干部脱离群众、作风漂浮、效率低下等不良倾向，坚决克服官位主义、形式主义、弄虚作假、心浮气躁等不良作风。认真治理庸懒散问题，严肃处理不作为、乱作为等行为。配合有关部门，加大重大决策部署落实情况的监督检查，重点检查国发〔2010〕18号文件、中国地震局党组年度工作部署、"十二五"规划和《2008—2012年惩防体系规划》落实等情况。

认真贯彻落实中央关于加强廉政风险防控工作的文件精神，按照中国地震局党组的统一安排部署，要积极、规范地推动这项工作的开展，通过梳理工作流程、排查廉政风险、完善岗位职责、健全管理制度，着力构建前期预防、中期监控、后期处置的廉政风险防控机制。为确保廉政风险防控工作积极、规范地开展，熟悉工作流程，对有关人员提前进行学习、培训。要深化《中国共产党党员领导干部廉洁从政若干准则》（以下简称《廉政准则》）的教育和落实，禁止违规收送礼金和有价证券，禁止领导干部和科研人员私自经商办企业，禁止虚假冒领和项目中支付应由个人承担的费用。严格执行领导干部述职述廉、诫勉谈话、函询、质询、问责等制度，认真落实中央《关于党的基层组织实行党务公开的意见》，让党员、群众全面了解和有序参与党内事务，保障党员的主体地位和民主权利。

切实提高制度执行力。要经常性地对党员干部职工进行制度学习宣传教育，使大家熟悉制度内容，领悟制度实质，牢固树立按制度办事的观念，不断增强遵守和执行制度的自觉性和主动性。采取日常检查和专项督查，加强对制度执行情况的监督检查，科学评估制度的执行情况。

深化专项治理，解决突出问题，惩治违纪违规。加大专项治理力度，加强科研项目监管，严把立项论证、预算编制、中期检查、审查验收等关键环节，规范经费支出，严格按有关规定使用公务卡。要加快经营性国有资产改革步伐，建立有效监管机制，规范开发性实体财务管理和收入分配，严格禁止开发项目承包制。

加强纪检组织自身建设。要继续抓好《关于加强纪检监察审计队伍建设的意见》和《中国地震局直属机关党的纪检工作规则》的贯彻落实，坚持和完善党风廉政建设责任制和工作机制，科学谋划2013—2017年惩防体系建设。要加强组织协调，主动配合，进一步增强工作合力。在实践中总结探索，创新工作方式，提升履职履责能力，为事业发展提供有力保障。

（六）加强和改进新形势下统战和群团工作

做好党的统战工作。加强对新形势下统战工作的学习和研究，做好统战工作情况通报和党外代表人士联系工作，加强新形势下党外代表人士队伍建设，加强与民主党派支部的沟通与联系，发挥民主党派人士在防震减灾工作中的参政议政作用。

加强群团组织建设和群众工作。加强对工、青、妇等群团组织的领导和支持，进一步探索群众工作的特点和规律，加强群团组织建设，完善工作机制，创新工作方法，更好地动员和组织干部职工为实施"十二五"规划建功立业。注重结合行业特点，广泛开展群众性文化活动，营造良好的文化环境和氛围。抓住"三八""五一""五四"等时间节点，广泛开展岗位建功、巾帼建功、业务技能比赛等活动，进一步提高干部职工素质，提高服务群众的水平。以中国共产主义青年团成立90周年为契机，从战略高度进一步做好青年干部的教育、引导和培养工作，组织关注民生、关爱弱势群体的公益活动，深入开展"到基层去、向身边学"主题实践活动，引导广大青年向群众学习，知民情、转作风，不断提高服务基层和群众的水平。

（中国地震局办公室）

中国地震局党组成员、副局长阴朝民在2012年全国地震监测处长培训班暨《中国地震局关于进一步加强监测预报工作的意见》落实工作研讨会上的讲话（摘要）

（2012年6月26日）

一、2011年监测预报工作取得了显著进展

（一）认真做好震情跟踪，较好地把握了震情形势

一是较好把握了显著地震对中国震情的影响。2011年发生了日本"3·11"9.0级地震、中缅交界7.2级地震、新疆尼勒克6.0级地震，我们在研究这几次显著地震对中国震情形势的影响时，充分吸收了地球物理、地质构造、大地形变等相关领域的观测资料，并进行认真及时有效的分析研判，较好地把握了中国震情发展趋势。二是积极创新震情跟踪工作机制。汶川地震后我们在这方面做了大量卓有成效的工作，形成了一套监测、预报、科研结合，国家、省局、市县结合的震情强化跟踪工作机制，进一步提升了震情跟踪的综合水平。三是以高度的政治责任感和严肃认真的态度圆满完成建党90周年等重大活动和重要时段的震情监视与保障任务。此外，2011年地震预测预报探索实践也取得了可喜成绩，云南盈江、保山2次地震作出了有一定程度减灾实效的短期预测，受到当地政府的好评。

（二）不断夯实业务基础，进一步提升了地震监测水平

一是关键技术研发取得重要进展。大震速报能力显著提升，自动速报基本实现国内地震2分钟以内发布。地震预警与烈度速报关键技术和软件研发取得重要进展，为下一步争取和实施国家项目做了很好的技术储备。前兆观测体系经过技术整合，初步达到了"九五""十五"系统的高度融合，形成了一个有效完善的体系。二是重大项目实施进展顺利。背景场、社会服务工程稳步推进，中国地震局作为牵头单位的陆态网络项目，通过我们有效的组织协调，圆满完成了任务，成为世界最先进的三大地壳运动观测网络之一。此外，成功举办了第二届全国地震速报竞赛，这次竞赛与创先争优活动紧密结合，既提高了我们自身专业能力，又提高了服务社会和政府的意识。

（三）扎实做好台网管理，切实提高了台网效能

聚焦基础与效能，努力最大限度地提升监测台网效能，是监测工作一个重要的任务，一年多来取得了一些成效。一是整合了流动观测资源。按照"全国成场、区域成网"的规划思路，形成了《中国大陆综合地球物理场观测方案》，着力提升综合地球物理场观测对监测预报的整体贡献率。二是台网运行质量进一步提升。观测工作最重要的是积累连续可靠、高质量的观测资料，这些年采取了有力措施，通过前兆监测效能评估和测震仪器设备质量

检测，梳理了突出问题并及时改进，确保台网运行率和观测数据质量。三是台网产出的应用水平进一步提升。会前举行的西北片区流动观测及应急产出演练就是震后现场流动观测和应急产出工作的一个缩影。2011年以来国内17次5级以上地震我们及时提供了重要的应急产出产品，为地震应急处置工作提供了可靠依据。

（四）积极开展资源整合，明显提升了公共服务能力

一是加强数据中心建设。重点对1个国家地震数据共享中心和10个共享数据分中心加大了数据资源整合力度，进一步提升了数据存储、处理能力和产出服务能力，地震科技数据中心在科技部23个中心里实用效果较好。二是加大了服务产品的研发力度。以服务地震应急和辅助科学决策为重点，不断改进地震信息公共服务方式，开发了12322速报短信服务平台和专用移动手机终端，大量地震信息及时有效经过公共平台对外服务，效果良好。

此外，出台了《水库地震监测管理办法》，进一步加强了对专用地震台网技术指导和运行管理，这是中国地震局推进社会管理、拓展公共服务的一项重要举措和一个重要突破。

二、深刻认识2012年震情形势的严峻性和复杂性

一是全球特大地震持续活跃；二是中国及边邻地区强震依然活跃；三是新疆地区5级地震异常活跃；四是南北地震带特别是云南中强地震平静异常突出、前兆异常显著；五是华北地区中等地震活动有所增强。综合以上特点，下半年地震形势不容乐观。

中国地震局党组高度重视震情跟踪工作。2012年3月份，召开局长专题会，听取监测预报司关于震情跟踪工作的汇报，研究部署全国的震情跟踪工作。在中国地震局党组的高度重视和具体部署下，我们紧紧围绕三大战略区，在新疆天山地区、南北地震带南段和北段、华东、华北及首都圈地区分别召开了会议，进一步研究分析震情形势，对震情跟踪工作进行具体部署。面对下半年的震情形势，各单位务必高度警惕，对严峻复杂的震情形势要科学研判，正确把握。

三、加快推进《中国地震局关于进一步加强监测预报工作的意见》的落实

为进一步加强监测预报工作，落实国发〔2010〕18号文件和全国防震减灾工作会要求，中国地震局党组制定下发了《中国地震局关于进一步加强监测预报工作的意见》（以下简称《意见》），这是今后一个时期监测预报工作的纲领性文件。围绕《意见》落实，再强调以下几个方面：

（一）以理念创新为动力，推动监测预报发展

做好监测预报工作必须不断创新、更新观念。我们的一些省、市地震局有一些成功的实例。广东省地震局认真分析当前政府和社会的需求，及时转变工作理念，提出了"大服务"的工作理念，实现"从业务工作为主向政府职能的转变，从内部管理为主向社会管理的转变，从自身发展为主向公共服务的转变"。事业发展方向更加明确，满足政府和社会的需求能力不断提升。市级地震局也有一些新的理念，大连市地震局适应社会发展，及时转

变观念，主动通过媒体发布地震信息，取得很好的社会反响。我们要深入基层调查研究，及时总结好经验和好做法，结合自身实际汲取经验，并加以推广应用。

（二）以政策机制为保障，促进监测预报发展

要研究建立稳定增长的专项经费投入机制，保证震情跟踪、台网运维、流动观测等工作开展。要创新台站管理机制，因地制宜地推行中心地震台工作模式，整合优化台站资源。加快推进会商机制改革和震情跟踪机制改革，充分发挥中心台和市县地震部门的作用。基层地震部门和台站对这些工作做了很好的探索和尝试，我们要善于从基层工作中总结，勇于在基层工作中创新。各单位要结合实际、科学调研、汲取好的经验，加强政策研究，加强体制机制建设。

要制定切实有效的政策保障措施，提高监测一线和预报岗位人员待遇水平。中国地震监测司要配合人事部门做好监测队伍技术职称状况调研，制定专业职称评定向监测一线岗位倾斜的政策。科学认定艰苦地震台站类别，着力改善地震台站工作生活条件。要落实领导责任制，将监测预报工作任务和履行职责情况作为领导班子年度和任期考核的重要内容。要制定奖励激励政策，充分调动监测预报人员工作积极性。

（三）以科技创新为支撑，引领监测预报发展

监测预报是以观测为基础的科研型、技术型工作，监测预报科技水平和服务能力的提升离不开科技的支撑和引领。一是要紧紧围绕国家的需要；二是要紧盯国际前沿；三是要以解决急需的技术难题为突破口，推进监测预报工作发展。

要利用好国家重大科研仪器设备研制专项、科技支撑、行业专项、星火计划等渠道，开展科技创新研究。要集中力量重点解决地震预警、新型传感器、电磁卫星等关键技术研发，加强科技创新对监测预报工作的支撑。要善于总结正在探索使用的方法，继续开展加卸载响应比、砂层应力、电离层观测等地震预测预报新方法的探索研究。

提升监测预报领域的技术水平要注重发挥系统内外力量和优势。特别是要建立一套开放合作的机制，联合系统内外力量，加强关键技术攻关。

（四）以人才培养为核心，保障监测预报发展

人才是事业发展的核心。《意见》下发后，各单位在加强监测预报人才队伍建设方面进展很大。各单位在增加监测预报人员数量的同时，更加注重人才质量，更加注重领军人才、创新人才、骨干人才的培养，为监测预报事业发展提供人才保障。

要加强专家团队建设。监测预报业务管理的一个特点是学科管理为主。几代专家团队在推进监测预报工作发展中都起到了至关重要作用，下一步我们要加快新一代专家团队组建，要形成有责任心、业务能力强、能够站在国家层面的管理队伍。要加强中青年技术骨干培养，遴选出有发展前途的年轻技术骨干进行重点培养，在工作、生活方面予以支持。

四、做好几项重点工作

（一）以强震跟踪为重点，扎实做好震情跟踪工作

一是始终树立"震情第一"的观念。震情跟踪是我们工作的重中之重，丝毫不能放松。要切实做到年初有部署、年中有检查、对下半年工作要根据情况的发展有具体要求。震情

跟踪工作要按照国家局的要求，要按照危险区和协作区方案，把工作抓实、抓细。要认真组织好首都圈地区的震情跟踪工作，特别是做好党的十八大的震情保障工作，要做到早启动，早部署。

二是认真做好重点危险区强震强化跟踪工作。根据震情发展的需要，中国地震局党组进一步加强震情监视跟踪工作，根据每个地区的不同情况专门制定印发了震情跟踪方案。三个强震跟踪工作方案涉及的省局和直属单位要高度重视这项工作，尤其是牵头单位要认真负责，扎实做好各项工作。

三是继续推进会商改革，认真汲取年度会商和专题震情会商改革的经验，加快推进周月会商机制改革，充分发挥中心地震台站、市县地震部门作用，促进监测、预测、科研的紧密结合，切实提高震情会商的科学水平。

（二）以台网管理为抓手，切实提高观测水平

一是进一步完善台网管理制度。各项管理制度要适应现有的观测体系和社会对监测预报工作的要求。地震速报制度要逐步完善，自动速报要逐步取代人工初报。现有的一整套数据质量评比体系要适应现代观测系统的发展，适应科研预报的要求。

二是进一步加强综合地球物理场流动观测。《中国大陆综合地球物理场观测方案》已通过论证，下一步要加大实施力度。要把数据收集、处理平台建设好，布局要科学合理、数据要及时可靠、服务要及时有效，进一步提升综合地球物理场对预测预报和科学研究的贡献率。

三是加强地震台站观测仪器设备的运维保障。观测数据是监测工作的生命线，要确保观测系统正常可靠。要加强省局—片区中心—国家中心的统一维修体系和仪器维修管理平台建设，培训专业维修人才，保障台网故障仪器及时得到维修。

（三）以自动速报为龙头，全面带动服务能力提升

一是加快推进自动速报实用化。随着技术的发展和装备的更新，要进一步提升快速响应能力，把测震台网建成实时地震台网。目前要及时总结自动速报系统试运行中出现的问题，尽快改进完善，并研究制定相应的统一发布机制，逐步实现自动速报取代人工初报，提升地震应急服务能力。

二是全面总结台网产出服务工作经验。台网应急产出成绩显著，但还需进一步提升。要聚焦基础和效能，建设数据平台，建立共享机制，丰富台网常规数据产品和大震应急产出，提高大震速报产品的时效性、准确性，不断提升监测台网对预测预报的服务能力。

三是深度整合地震编目工作。现有编目系统经过"九五""十五"时期不断发展已有重大进步，下一步要逐步建立一套科学、合理、有效的地震目录编排服务体系，进一步提高地震编目的精度、信度和速度，不断提升地震目录服务于预测预报和科学研究的水平。

（四）以资源整合为手段，全力推进信息化建设

一是建立健全面向各级政府、社会公众和行业的防震减灾信息公共服务体系。要针对震时应急和常态工作，提供不同侧重点的信息内容。要加强组织领导，要结合"十二五"规划、基础设施建设，加快推进防震减灾信息资源共享，最大限度地发挥好地震数据信息战略资源的效益。

二是进一步深化电子政务应用，积极推进监测预报、震害防御与应急救援领域业务信

息化，全面提升防震减灾信息化应用能力和水平。大力改善信息化发展环境，完善信息化技术创新体系。积极推动新技术的跟踪、研发和应用，为中国地震局重大工程项目做好信息化技术储备。

三是要进一步建立健全防震减灾信息发布体系。丰富信息发布和传播渠道，开发基于广播电视、网站微博、移动终端等信息平台的服务模块，完善12322综合信息服务技术系统。建立快速发布的"绿色通道"，提高信息发布的时效。健全信息安全保障体系，加强地震信息发布与规范管理，明确地震信息发布权限、流程、渠道和工作机制。

（五）以重大项目立项实施为抓手，全面提升综合能力

一是加快推进重点项目立项，提升监测预报基础能力。国家地震烈度速报与预警工程、地震预报实验场项目，都是当前政府和社会高度关注的内容，要全力以赴、集中力量，加快推进立项步伐，积极配合有关部门，做好基础工作，提升我们服务政府和社会的能力。

二是抓好重点项目的实施，加快推进项目成果转化成监测预报能力。要完成背景场、社会服务工程等项目年度建设任务，做好"喜马拉雅"项目、台站改造基础设施建设专项实施工作。推进项目的同时，加快成果的转化，及时产出数据产品，服务于地震预测预报、大震应急等工作。

三是加强开放合作，合力推进监测预报能力提升。配合有关部门做好国家自然灾害空间信息基础专项、电磁监测试验卫星等项目的立项，积极推进高速铁路地震安全战略合作，做好陆态网络项目运行维护和数据共享，充分利用各方面资源，建立完善立体地震监测网络，全面提高监测预报水平。

（中国地震局监测预报司）

2012年发布1项地震国家标准

标准名称：GB/T 29428.1—2012《地震灾害紧急救援队伍救援行动 第1部分：基本要求》

英文名称：Operation for earthquake search and rescue team——Part 1：Basic requirements of operation

发布日期：2012-12-31

实施日期：2013-06-01

范　　围：规定了地震灾害紧急救援队伍的行动准备、现场救援、安全管理、保障与支持方面的基本要求，适用于地震灾害紧急救援队伍的救援行动，其他专业救援队伍可参照使用。

2012 年发布 8 项地震行业标准

标准名称：DB/T 45—2012《地震地壳形变观测方法　地倾斜观测》
英文名称：The method of earthquake-related crustal deformation monitoring——Crustal tilt observation
发布日期：2012-06-06
实施日期：2012-10-01
范　　围：规定了地倾斜观测仪器测试方法、观测站组网与布局方法、观测数据处理与数据异常判定方法等，适用于地震、地球物理、科学研究与应用中的地壳形变地倾斜观测。

标准名称：DB/T 46—2012《地震地壳形变观测方法　洞体应变观测》
英文名称：The method of earthquake-related crustal monitoring——Crustal strain observation in horizontal tunnel
发布日期：2012-06-06
实施日期：2012-10-01
范　　围：规定了观测对象和要求、仪器检测方法、观测站设置方法、观测网布局方法、观测数据产出和处理方法，适用于地震监测及地震预测科学研究中的洞体应变观测。

标准名称：DB/T 47—2012《地震地壳形变观测方法　跨断层位移测量》
英文名称：The method of earthquake-related crust monitoring——Fault-crossing displacement measurement
发布日期：2012-06-06
实施日期：2012-10-01
范　　围：规定了跨断层位移测量的场地布设方案、测量类型与方法、断层运动参数计算方法、数据处理与分析判断方法，适用于地震监测预报及地震科学研究中的跨断层位移测量，其他位移测量可参照使用。

标准名称：DB/T 48—2012《地震地下流体观测方法　井水位观测》
英文名称：The observation method of earthquake-related underground fluid——Observation of water level in well
发布日期：2012-10-10
实施日期：2013-01-01

范　　围：给出了井水位观测的基本原理和观测数据计算方法，规定了井水位观测仪器安装与检测、观测数据处理等方法的技术要求，适用于地震监测预报、科学研究和相关领域中的井水位观测。

标准名称：DB/T 49—2012《地震地下流体观测方法　井水和泉水温度观测》
英文名称：The observation method of earthquake-related underground fluid——Observation of well-water and spring-water temperature
发布日期：2012－10－10
实施日期：2013－01－01
范　　围：给出了井水和泉水温度观测的基本原理，规定了井水和泉水温度观测仪器安装与对比观测、观测数据处理等方法的技术要求，适用于地震监测预报、科学研究和相关领域中的井水和泉水温度观测。

标准名称：DB/T 50—2012《地震地下流体观测方法　井水和泉水流量观测》
英文名称：The observation methods of earthquake-related underground fluid——Observation of well-water and spring-water flow rate
发布日期：2012－10－10
实施日期：2013－01－01
范　　围：给出了井水和泉水流量观测的基本原理和测量方法，规定了观测装置与流量计标定、观测数据处理等方法技术要求，适用于地震监测预报、科学研究和相关领域中的井水流量和泉水流量观测。

标准名称：DB/T 51—2012《地震前兆数据库结构　台站观测》
英文名称：Database structure for earthquake precursor observation——Station observation
发布日期：2012－12－25
实施日期：2013－04－01
范　　围：规定了中国地震前兆台站观测数据的数据库结构及代码表，适用于地震前兆台站、区域地震前兆台网中心、学科台网中心和国家地震前兆台网中心针对地震前兆固定观测台站连续观测数据的数据库建设。

标准名称：DB/T 11.3—2012《地震数据分类与代码　第3部分：探测数据》
英文名称：Categories and codes for earthquake-related data——Part 3：Exploration data
发布日期：2012－12－25
实施日期：2013－04－01
范　　围：规定了地震数据中探测数据的分类与代码，适用于中国防震减灾工作及相关科学研究中对地震探测数据的获取、汇集、管理、处理、交换和应用。

广东省第十一届人民代表大会常务委员会公告

(第 92 号)

《广东省防震减灾条例》已由广东省第十一届人民代表大会常务委员会第三十八次会议于 2012 年 11 月 29 日修订通过,现将修订后的《广东省防震减灾条例》公布,自 2013 年 1 月 1 日起施行。

广东省人民代表大会常务委员会
2012 年 11 月 29 日

广东省防震减灾条例

第一章 总 则

第一条 为了防御和减轻地震灾害,保护人民生命和财产安全,促进经济社会的可持续发展,根据《中华人民共和国防震减灾法》和有关法律、法规,结合本省实际,制定本条例。

第二条 本条例适用于本省行政区域内从事地震监测预报、地震灾害预防、地震应急救援、地震灾后过渡性安置和恢复重建等防震减灾活动。

第三条 防震减灾工作,实行预防为主、防御与救助相结合的方针。

第四条 县级以上人民政府应当加强对防震减灾工作的领导,将防震减灾工作纳入国民经济和社会发展规划,所需经费列入财政预算,经费投入应当与经济社会发展和财政收入增长相适应。

县级以上人民政府的防震减灾规划应当符合本级国民经济和社会发展规划的要求,纳入城乡规划统筹实施,并与本地区的土地利用总体规划等相关规划相衔接。

第五条 县级以上人民政府应当建立健全地震监测预报、震灾预防、紧急救援等防震减灾工作体系,建立和完善防震减灾工作目标管理责任制,组织有关部门和单位做好防震减灾工作。

县级以上人民政府地震工作主管部门和发展改革、财政、建设、规划、民政、卫生、公安、国土资源、交通运输、教育、环保、气象、应急等有关部门,按照职责分工,各负其责,密切配合,共同做好防震减灾工作。

第六条 县级以上人民政府抗震救灾指挥机构负责统一领导、指挥和协调本行政区域的抗震救灾工作，其日常工作由本级人民政府地震工作主管部门承担。

第七条 任何单位和个人都有依法参加防震减灾活动的义务。

各级人民政府应当加强防震减灾宣传教育，增强全社会防震减灾意识，提高公民的防震避震和自救互救能力。

第八条 县级以上人民政府及其有关部门应当按照国家有关规定，对在防震减灾工作中作出突出贡献的单位和个人给予表彰和奖励。

第二章　地震监测预报

第九条 地震监测台网实行统一规划，地震监测台网密度应当满足地震监测预报工作的需要。

省人民政府地震工作主管部门应当根据国家地震监测台网总体规划和省防震减灾规划，制定本省行政区域内的地震监测台网规划，报省人民政府批准后组织实施，并报国务院地震工作主管部门备案。

市、县人民政府地震工作主管部门应当根据省地震监测台网规划，制定本行政区域内的地震监测台网规划，报本级人民政府批准后组织实施，并报上一级人民政府地震工作主管部门备案。

各级人民政府应当将本行政区域内的地震烈度速报系统建设纳入同级地震监测台网规划，支持全省地震烈度速报系统建设。

第十条 地震监测台网（站）的建设、运行和维护，实行分级、分类管理。

国家和省投资建设的省地震监测台网（站）由省人民政府地震工作主管部门负责管理。

市、县地震监测台网（站）由所在市、县人民政府投资建设、运行和维护，同级人民政府地震工作主管部门负责管理，并接受上级人民政府地震工作主管部门的业务指导。

第十一条 下列重大建设工程应当建设专用地震监测台网（站）：

（一）核电站和受地震破坏后可能引发严重次生灾害的其他核设施；

（二）存在发震构造，且可能诱发五级以上地震的大型水库；

（三）受地震破坏后可能引发严重次生灾害的矿山、石油化工、燃气等大型建设工程。

专用地震监测台网（站）由建设单位负责建设、运行和维护，并接受省、市人民政府地震工作主管部门的业务指导。专用地震监测台网（站）也可以委托当地人民政府地震工作主管部门管理，其运行和维护经费由建设单位承担。

第十二条 下列新建、扩建、改建建设工程或者设施，应当设置强震动监测设施，所需建设资金和运行经费由建设单位承担：

（一）核电站和其他核设施；

（二）特大桥梁；

（三）大型水库大坝。

一百二十米以上的超高层建（构）筑物或者结构特殊、对经济社会有重要影响的建设工程或者设施，应当按照国家有关规定设置强震动监测设施。

强震动监测设施由建设单位或者使用单位负责管理，并接受省、市人民政府地震工作主管部门的业务指导。

省人民政府地震工作主管部门应当会同省发展改革、住房城乡建设、交通运输、质量技术监督等部门制定需要设置强震动监测设施的建设工程的地方标准。

第十三条 省人民政府地震工作主管部门应当建立健全地震监测信息系统，实行信息共享，为社会提供服务。

专用地震监测台网（站）和强震动监测设施的地震监测信息应当纳入全省地震监测信息系统。

第十四条 沿海县级以上人民政府地震工作主管部门、海洋主管部门和海事管理机构应当建立海洋地震信息速报制度。海域地震发生后，县级以上人民政府地震工作主管部门应当及时向海洋主管部门和当地海事管理机构通报情况；海域地震可能影响海域作业安全或者引发海啸的，地震工作主管部门还应当及时向本级人民政府应急管理机构报告。

第十五条 本省行政区域内的地震预报意见统一由省人民政府发布，任何单位和个人不得向社会散布地震预报意见及其评审结果。

对社会上出现的地震传言或者谣言，各级人民政府地震工作主管部门应当及时发布正确信息，采取有效措施予以澄清，应急、通信、公安等有关部门应当予以配合。

新闻媒体应当配合各级人民政府有关部门宣传正确信息。

第十六条 各级人民政府应当鼓励和支持有条件的单位和个人依法开展地震监测、预测等防震减灾相关科学技术活动，地震工作主管部门应当给予必要的技术指导。

县级以上人民政府地震工作主管部门应当建立异常信息处理制度，及时组织调查核实所收到的可能与地震有关的异常信息，并视情况公开核实结果。

第十七条 县级以上人民政府地震工作主管部门应当会同有关部门划定地震观测环境保护范围。

各级人民政府地震工作主管部门应当及时将新建、改建、扩建或者已建地震监测设施的技术性能及观测环境保护范围通报当地人民政府国土资源、建设、规划和公安等有关部门。地震监测设施所在地人民政府应当依法采取措施，保护地震监测设施和观测环境。

第三章　地震灾害预防

第十八条 县级以上人民政府应当组织开展地震活动断层调查，地震重点监视防御区内的市、县人民政府还应当组织开展震害预测，为编制、修订土地利用总体规划和城乡规划提供依据。

重大工程建设项目应当避开地震活动断层和地震地质灾害易发区域。

城市震害预测及地震活动断层调查工作，由当地人民政府统一领导、统筹安排，并组织实施。省人民政府地震工作主管部门负责业务指导，各有关部门、企事业单位和个人有义务提供所需的信息和资料。

第十九条 各级人民政府及其有关部门编制土地利用总体规划、城乡规划时，应当采用地震烈度区划图、地震动参数区划图或者地震小区划图的结果，确保规划符合防震减灾的总体要求。

第二十条 县级以上人民政府应当协调地震重点监视防御区内防震减灾的各项工作，加强区内震情信息交流与会商，开展地区间联防协作。

第二十一条 新建、扩建、改建建设工程，应当达到抗震设防要求。

下列建设工程应当进行地震安全性评价，并按照经审定的地震安全性评价报告所确定的抗震设防要求进行抗震设防：

（一）核电站和其他核设施，易燃、易爆和剧毒物质的生产、贮存及输送管道（网）等可能发生严重次生灾害的建设工程；

（二）公路、城市道路、铁路干线的单孔跨径超过一百五十米的特大桥梁和大型隧道，Ⅰ级铁路干线的重要车站与铁路枢纽的主要建筑工程，城市轨道交通工程，Ⅱ类以上机场，年吞吐量二百万吨以上的大型港口；

（三）大型水库的大坝和城市上游的Ⅰ级挡水坝，装机容量一百万千瓦以上的热电厂、三十万千瓦以上的水电厂及其变电站，五百千伏以上的枢纽变电站；

（四）省、市二百千瓦以上大功率广播发射台和电视台，通信枢纽的程控机主楼；

（五）大中城市主要供电、供水、供气、输油管（网）的调度控制工程；

（六）大型工矿企业，大型粮油加工厂，大中型化工厂、炼油厂，大型海洋平台，二万吨以上大型船坞项目，高度超过一百米（地震基本烈度Ⅶ度和Ⅷ度区中软、软弱场地高度超过八十米）的建设工程；

（七）位于地震基本烈度Ⅵ度以上（含Ⅵ度）分界线两侧各八公里范围内或者位于地震动参数区划图峰值加速度分区分界线两侧各四公里地区内，占地范围跨越不同地质构造和工程地质单元的建设工程；

（八）法律、法规规定和省人民政府确定的其他需要进行地震安全性评价的工程。

前款规定之外的一般建设工程，应当按照地震烈度区划图或者地震动参数区划图所确定的抗震设防要求进行抗震设防。

第二十二条 学校、医院、机场、车站、体育场馆、大型娱乐场所等人员密集场所的建设工程，应当按照国家有关规定，以高于当地房屋建筑的抗震设防要求进行设计和施工。

教育建筑中，幼儿园、小学、中学的教学用房以及学生宿舍和食堂，抗震设防类别应当不低于重点设防类。

第二十三条 从事地震安全性评价工作的单位应当具备相应的资质，向评价项目所在地地震工作主管部门备案并接受其管理和监督。

第二十四条 省人民政府地震工作主管部门负责的地震安全性评价报告的审定，按照以下程序进行：

（一）建设单位或者其委托的地震安全性评价单位向省人民政府地震工作主管部门提出书面申请；

（二）省人民政府地震工作主管部门应当组织地震行业及有关行业的技术、管理专家，对申请单位提交的地震安全性评价报告进行评审；

（三）省人民政府地震工作主管部门根据专家评审意见，结合建设工程特性确定建设工程的抗震设防要求，在受理申请后十五个工作日内出具抗震设防要求审定文件，并通知申请单位和建设工程所在地的市、县人民政府地震工作主管部门。

国家对地震安全性评价报告审定程序另有规定的，从其规定。未经审定的地震安全性评价结果，不得作为抗震设防的依据。

第二十五条　下列区域所在地的人民政府应当制定地震小区划图：

（一）地震重点监视防御区的城镇规划区；

（二）位于复杂地质条件区域内的新建开发区；

（三）位于地震基本烈度Ⅵ度以上（含Ⅵ度分界线两侧各八公里范围内），或者位于地震动参数区划图峰值加速度分区界线两侧各四公里地区内的城市、经济开发区；

（四）地震研究程度和资料详细程度较差的重点地区。

省人民政府地震工作主管部门应当对地震小区划图进行初步审查，并在受理申请后十五个工作日内将初步审查意见和全部申请材料直接报送国务院地震工作主管部门审定。经审定的地震小区划图应当作为城乡规划和区内新建、改建、扩建一般建设工程抗震设防要求的依据。

第二十六条　本条例第二十一条规定应当进行地震安全性评价的建设工程，建设单位在项目报批时，应当提供国务院地震工作主管部门或者省人民政府地震工作主管部门出具的抗震设防要求审定文件。各级发展改革和建设、规划部门应当将抗震设防要求审定文件作为工程项目可行性论证、工程设计审查的必备内容。

对未按照规定进行地震安全性评价或者未经国务院地震工作主管部门或者省人民政府地震工作主管部门出具抗震设防要求审定文件的建设工程项目，各有关主管部门不予审批。

工程设计单位应当按照国务院地震工作主管部门或者省人民政府地震工作主管部门审定的抗震设防要求和工程建设强制性标准进行抗震设计。建设工程监理单位应当将抗震设防纳入监理范围。

第二十七条　县级以上人民政府地震工作主管部门应当对本条例第二十一条第二款规定的建设工程的抗震设防要求执行情况进行审核监督。

第二十八条　县级以上人民政府应当有计划地组织对辖区内已经建成的建设工程进行抗震性能普查。

《中华人民共和国防震减灾法》第三十九条规定的建设工程，未采取抗震设防措施或者抗震设防措施未达到要求的，应当按照国家有关规定进行抗震性能鉴定，并采取必要的抗震加固措施。

建设工程抗震性能鉴定应当由具有相应资质的设计、检测单位承担。

抗震加固工程应当按照建设工程报建的有关规定办理相关手续。

第二十九条　建设单位应当在建（构）筑物使用说明书中说明建筑抗震设施与减震、隔震装置。

对各类房屋建筑及其附属设施进行装修、维修、改建时，不得擅自破坏主体结构、增加荷载，不得破坏抗震设施与减震、隔震装置。

第三十条　各级人民政府应当加强农村住宅和公共设施抗震设防管理，增加资金投入，建设抗震设防示范工程，引导农村建设具有抗震性能的房屋。

县级以上人民政府地震工作主管部门和建设等部门应当组织开展农村住宅实用抗震技

术的研究开发，制定农村住宅建设技术标准，开展地震环境和场地条件勘察，提供地震环境、建房选址技术咨询和技术服务，编制农村住宅抗震设计图集和施工技术指南，并向建房村民免费提供。

县级以上建设行政主管部门会同同级人力资源社会保障等部门组织开展农村建筑从业人员业务培训时，应当包括防震减灾内容。

第三十一条　各级人民政府应当制定宣传活动计划，组织开展防震减灾知识的宣传教育工作，普及防震减灾知识。

各级人民政府应当将防震减灾知识列入各级公务员培训教育内容。

幼儿园、学校应当将防震减灾知识和避险逃生、自救、互救技能纳入公共安全教学内容，每学年组织一次以上地震应急救援和疏散演练；医院、机场、车站等人员密集场所应当根据实际情况组织地震应急救援和疏散演练，增强安全避险和自救互救能力。地震工作主管部门应当对地震应急救援和疏散演练给予指导。

每年五月开展全省防震减灾宣传周活动。

第四章　地震应急与救援

第三十二条　各级人民政府及其有关部门应当加强抗震救灾指挥体系建设，建立和完善相关制度，明确职责分工，组织联合演练，健全指挥调度、协调联动、信息共享、社会动员等工作机制，提高地震应急救援、灾后安置组织指挥和应变能力。

第三十三条　县级以上人民政府地震工作主管部门应当会同有关部门制定本行政区域的地震应急预案，报同级人民政府批准，并报上一级人民政府地震工作主管部门备案。

县级以上人民政府有关部门，应当根据本级人民政府的地震应急预案，制定本部门或者本系统的地震应急预案，并报同级地震工作主管部门备案。

乡、镇人民政府应当根据上级人民政府及其有关部门的地震应急预案，制定本行政区域的地震应急预案。

第三十四条　交通、能源、通信、水利、电力、供水、供气等基础设施和学校、医院、大型车站、机场、港口、大型商场、影剧院等人员密集场所的经营管理单位，以及可能发生次生灾害的核电、矿山、危险物品等生产经营单位，应当制定地震应急预案，报所在地人民政府地震工作主管部门备案。

第三十五条　省人民政府和地震重点监视防御区的市、县级人民政府应当建立和完善地震应急救援指挥系统，建立由公安、地震、卫生、建设、国土资源、气象等部门参与的地震灾害紧急救援队伍。

地震灾害紧急救援队伍应当在本级人民政府的统一领导下建立应急启动和联动机制。

地震灾害紧急救援队伍应当配备相应的装备、器材，开展培训和演练，提高地震灾害紧急救援能力。

第三十六条　各级人民政府及其有关部门可以建立地震灾害救援志愿者队伍。

地震灾害救援志愿服务包括以下内容：

（一）开展防震减灾、地震应急知识科普宣传；

（二）进行地震宏观异常观测活动和震时的灾情速报；

（三）地震发生后，组织开展自救互救、人员紧急疏导；

（四）协助灾区政府和专业救援队伍开展现场救灾物资发放、平息地震谣言、安定民心等工作。

地震灾害救援志愿者队伍应当组织开展地震应急救援知识培训与演练，使志愿者掌握必要的地震应急救援技能，增强地震灾害应急救援能力。

第三十七条 各级人民政府应当编制应急避难场所规划，并纳入城乡规划统筹实施，利用广场、绿地、公园、体育场馆、人防工程等公共场所与设施，统筹规划和建设具备安全避险、医疗救护等功能的地震应急避难场所。地震应急避难场所的位置应当向社会公布，并设置明显的指示标志。

学校、住宅区、医院、剧场剧院、大型商场、大型酒店、体育场馆、车站等人员密集场所，应当设置地震应急疏散通道，配备必要的救生、避险设施。应急疏散通道应当设置明显的指示标志。

第三十八条 地震应急避难场所应当符合国家有关标准，启用时应当配置以下基本设施：

（一）应急篷宿区设施；

（二）医疗救护与卫生防疫设施；

（三）应急供水、供电、通信设施；

（四）排污、垃圾储运设施；

（五）应急通道；

（六）临时流动公厕。

第三十九条 各级人民政府应当建立地震灾害抢险救灾装备储备制度，做好抢险救灾装备所有人登记工作。

地震灾害发生后，根据地震应急与救援工作需要，当地人民政府可以依法征用物资、设备或者占用场地。征用物资、设备或者占用场地的，事后应当及时归还；无法归还的，应当给予补偿。

第四十条 县级以上人民政府应当每年组织开展地震应急检查工作，督促有关部门落实各项地震应急保障措施。

第四十一条 地震临震预报发布后，预报区内各级人民政府及其有关部门应当按照地震应急预案的要求，动员组织社会力量，做好抢险救灾准备。

第四十二条 地震灾害发生后，所在地各级人民政府应当立即按照地震应急预案的要求，成立抗震救灾指挥机构，组织开展紧急救援行动，动员社会力量进行抢险救灾；有关部门或者机构应当做好以下工作：

（一）地震工作主管部门应当加强震情监视，及时提出地震趋势意见，会同有关部门对地震灾害损失进行调查、评估；

（二）民政部门应当会同其他有关部门，统筹安排自然灾害救助物资，协调做好转移安置灾民工作，开放应急避难场所，妥善安排灾民基本生活；

（三）财政部门应当统筹安排灾害救助资金；

（四）卫生、医药及其他有关部门应当迅速开展医疗救护、卫生防疫和心理援助工作；

（五）公安、交通运输部门应当保持通往灾区应急专用通道的畅通，为参加灾区救援的车辆核发专用通行标志；

（六）通信部门应当开设应急专用信道，保证灾区通信畅通；

（七）建设、市政、交通运输、水务、供电、通信、环保、房管等部门，应当对地震灾害损失进行调查、评估，并尽快恢复被破坏的交通、通信、供水、供电等设施，对次生灾害源采取紧急防护措施；

（八）公安部门应当迅速组织力量开展救援工作，并及时采取措施，加强消防、治安管理和安全保卫工作，维护灾区社会秩序；

（九）国土资源部门应当对地震引发或者可能引发的次生地质灾害进行调查评估并做好应急防范和处置工作。

第四十三条　各级人民政府应当建立地震震情、灾情信息报告制度。

地震灾害发生后，灾区所在地县级以上人民政府地震工作主管部门应当在国务院地震工作主管部门规定的时间内向本级人民政府报告震情、灾情等信息，并同时向上一级人民政府地震工作主管部门报告。地震灾区所在地县级以上人民政府应当及时向上一级人民政府报告震情、灾情及其发展趋势等信息，必要时可以越级上报，不得迟报、谎报、瞒报。

地震震情、灾情和抗震救灾等信息由抗震救灾指挥机构统一对外发布。

第五章　法律责任

第四十四条　违反本条例规定，一般建设工程未按照地震烈度区划图或者地震动参数区划图所确定的抗震设防要求进行抗震设防的，或者在地震小区划范围内而未按照地震小区划图所确定的抗震设防要求进行抗震设防的，由县级以上人民政府地震工作主管部门责令限期改正。

第四十五条　违反本条例规定，未按照国家规定设置应急避难场所，保持疏散通道完好与畅通和设置明显标志的，或者未制定地震应急预案、不开展相应地震应急疏散演练的，由县级以上人民政府地震工作主管部门责令限期改正；逾期未改正的，对直接负责的主管人员和其他直接责任人员依法给予处分。

第四十六条　县级以上人民政府地震工作主管部门以及其他部门及其工作人员违反本条例，滥用职权、玩忽职守、徇私舞弊的，对直接负责的主管人员和其他直接责任人员依法给予处分；构成犯罪的，依法追究刑事责任。

第六章　附　　则

第四十七条　本条例自 2013 年 1 月 1 日起施行。

广西壮族自治区人大常委会公告

(十一届第47号)

《广西壮族自治区防震减灾条例》已由广西壮族自治区第十一届人民代表大会常务委员会第二十七次会议于2012年3月23日修订通过,现将修订后的《广西壮族自治区防震减灾条例》公布,自2012年5月1日起施行。

广西壮族自治区人民代表大会常务委员会
2012年3月23日

广西壮族自治区防震减灾条例

第一章 总 则

第一条 为了防御和减轻地震灾害,保护人民生命和财产安全,促进经济社会可持续发展,根据《中华人民共和国防震减灾法》和有关法律、行政法规,结合本自治区实际,制定本条例。

第二条 在本自治区行政区域内从事地震监测预报、地震灾害预防、地震应急救援、地震灾后过渡性安置和恢复重建等防震减灾活动,适用本条例。

第三条 防震减灾工作,实行预防为主、防御与救助相结合的方针。

第四条 县级以上人民政府应当将防震减灾工作纳入本级国民经济和社会发展规划,所需经费列入本级财政预算,并建立与经济社会发展水平相适应的防震减灾投入增长机制。

县级以上人民政府应当根据当地实际设立防震减灾专项资金,主要用于地震监测台网建设和改造、地震灾害防御基础工作、防震减灾知识宣传教育、地震应急准备、地震灾害紧急救援队伍建设与培训、防震减灾新技术推广运用、地震群测群防等工作。

自治区人民政府应当对少数民族地区、边远贫困地区的地震监测工作给予支持和指导,并对其地震监测台网的建设和运行经费给予扶持。

第五条 县级以上人民政府应当加强对防震减灾工作的领导,建立健全防震减灾工作机构,加强防震减灾工作队伍建设,完善防震减灾工作体系,建立健全防震减灾目标管理责任制,组织有关部门采取措施,做好防震减灾工作。

县级以上人民政府地震工作主管部门和发展改革、工业和信息化、教育、公安、民政、财政、国土资源、住房城乡建设（规划）、环境保护、交通运输、水利、卫生、广播电影电视、安全监管、人民防空、气象等有关部门，按照职责分工，各负其责，密切配合，共同做好防震减灾工作。

乡镇人民政府和街道办事处在上级人民政府地震工作主管部门的指导下，做好防震减灾工作。

第六条　县级以上人民政府抗震救灾指挥机构负责统一领导、指挥和协调本行政区域的抗震救灾工作，日常工作由本级地震工作主管部门承担。

县级以上人民政府应当加强地震监测预报、地震灾害预防和地震应急救援体系建设，健全抗震救灾指挥机构和联席会议制度。

第七条　地震重点监视防御地区（城市）和地震危险区的县级以上人民政府应当加强震情跟踪、流动监测和群测群防工作，加强工程性和非工程性防御措施，加强地震应急演练，做好地震应急救援准备。

第八条　各级人民政府应当组织开展防震减灾知识的宣传教育，建立健全防震减灾宣传教育的长效机制，增强公民的防震减灾意识，鼓励、引导志愿者参加防震减灾活动，提高全社会的防震减灾能力。

县级以上人民政府地震工作主管部门应当加强与教育、科学技术等有关部门的配合，共同开展防震减灾、自救互救和应急避险知识的科学普及。

教育行政主管部门应当把地震科普知识、防震避震、自救互救常识纳入中小学教学计划。

县级以上人民政府地震工作主管部门应当加强与媒体联系，广播、电视、报刊、网络等新闻媒体应当无偿开展地震灾害预防和应急避险、自救互救知识的公益宣传。

第九条　县级以上人民政府应当加强地震群测群防工作，鼓励、引导单位和个人开展地震群测群防活动，建立健全地震宏观测报网、地震灾情速报网、防震减灾宣传网。

乡镇人民政府和街道办事处应当指定防震减灾助理员，村（居）民委员会应当指定防震减灾联络员。

第二章　防震减灾规划

第十条　县级以上人民政府应当组织编制本行政区域防震减灾规划，将其列为本级人民政府的专项规划，并采取措施保证防震减灾规划的实施。

第十一条　县级以上人民政府地震工作主管部门应当根据上一级防震减灾规划和本行政区域实际情况，会同发展改革、民政、国土资源、住房城乡建设（规划）等有关部门组织编制本行政区域防震减灾规划，报本级人民政府批准后组织实施，并报上一级人民政府地震工作主管部门备案。

县级以上人民政府有关部门应当及时无偿提供编制防震减灾规划需要的相关资料。

第十二条　防震减灾规划报送本级人民政府审批前，地震工作主管部门应当征求有关部门、单位、专家和社会公众的意见。

防震减灾规划报送审批文件中应当附具意见采纳情况及理由。

第十三条 防震减灾规划由审批的人民政府负责向社会公布和监督实施,非经法定程序不得修改。

县级以上人民政府地震工作主管部门在规划实施的中期或者后期阶段,应当对规划实施情况组织评估,及时向本级人民政府报告规划实施中存在的问题和有关建议。

第三章 地震监测预报

第十四条 本自治区地震监测台网实行统一规划,分级、分类建设和管理。

县级以上人民政府地震工作主管部门应当根据上级地震监测台网规划,制定本级地震监测台网规划,报本级人民政府批准后实施,并报上一级人民政府地震工作主管部门备案。

第十五条 可能引发塌陷地震灾害的大中型矿山和法律、行政法规规定的水库、油田、石油化工等重大建设工程,建设单位应当建设专用地震监测台网;核电站、水库大坝、特大桥梁、发射塔等重大建设工程,建设单位应当设置强震动监测设施。专用地震监测台网和强震动监测设施的建设、运行所需资金由建设单位承担。

建设单位应当将专用地震监测台网和强震动监测设施的建设情况,报自治区人民政府地震工作主管部门备案。

第十六条 沿海县级以上人民政府应当加强海域地震监测台网建设,提高近海海域地震监测预测能力。

第十七条 自治区人民政府地震工作主管部门根据地震活动趋势和震害预测结果,提出确定自治区地震重点监视防御区和重点监视防御城市的意见,报自治区人民政府批准。

第十八条 自治区人民政府地震工作主管部门应当加强对地震活动趋势的分析评估,提出防震减灾工作意见,明确防震减灾工作目标、任务和要求,报自治区人民政府批准后实施。

县级以上人民政府应当根据防震减灾工作意见和当地地震活动趋势,组织有关部门加强防震减灾工作。

县级以上人民政府地震工作主管部门,应当增加地震监测台网密度,组织做好震情跟踪、流动观测和可能与地震有关的异常现象观测以及群测群防工作,并及时将有关情况报上一级人民政府地震工作主管部门。

第十九条 自治区人民政府应当按照全国地震烈度速报系统建设的要求,建立健全自治区地震烈度速报系统,并保障系统正常运行,为指挥抗震救灾提供依据。

第二十条 地震监测设施及其观测环境受法律保护,任何单位和个人不得侵占、毁损、拆除或者擅自移动地震监测设施,不得危害地震观测环境。

县级以上人民政府地震工作主管部门应当按照国务院的规定会同同级国土资源、城乡规划主管部门划定地震观测环境保护范围。国土资源、城乡规划主管部门应当将地震观测环境的保护范围纳入土地利用总体规划和城乡规划。

县级以上人民政府地震工作主管部门应当会同公安等有关部门按照国家和自治区的有关规定,在地震监测设施附近设立保护标志。

第二十一条 地震预报意见实行统一发布制度。自治区人民政府地震工作主管部门提出破坏性地震的长期、中期、短期、临震预报意见，由自治区人民政府按照国务院规定的程序发布。

任何单位和个人不得向社会散布地震预测意见、地震预报意见及其评审结果，不得制造、散布地震虚假信息。对扰乱社会秩序的地震谣传、误传，各级人民政府应当迅速采取措施，予以澄清。

第四章　地震灾害预防

第二十二条　新建、扩建、改建建设工程应当达到抗震设防要求。

县级以上人民政府地震工作主管部门负责建设工程抗震设防要求的监督管理工作。

县级以上人民政府应当将新建、扩建、改建建设工程抗震设防要求管理纳入基本建设管理程序。县级以上人民政府负责项目审批的部门，应当将抗震设防要求审定意见纳入建设工程可行性研究报告、工程选址或者项目申请的必备内容。缺少抗震设防要求审定意见的建设工程项目，有关审批部门不予批复、核准或者备案。

县级以上人民政府发展改革、住房城乡建设等有关部门应当将抗震设防要求纳入建设工程项目竣工验收内容。

第二十三条　重大建设工程和可能发生严重次生灾害的建设工程，应当按照国务院有关规定进行地震安全性评价，并按照国务院地震工作主管部门或者自治区人民政府地震工作主管部门审定的地震安全性评价报告所确定的抗震设防要求进行抗震设防。

前款规定以外的建设工程，在完成地震小区划的城市或者地区，应当按照县级以上人民政府地震工作主管部门根据地震小区划结果所确定的抗震设防要求进行抗震设防；在尚未开展地震小区划工作的城市或者地区，应当按照县级以上人民政府地震工作主管部门根据国家颁布的地震动参数区划图并结合具体的地震地质条件所确定的抗震设防要求进行抗震设防。

第二十四条　学校、幼儿园、医院、影剧院、商场、酒店、体育场馆、候车（船、机）厅等人员密集场所建设工程的抗震设防要求，依照国务院或者自治区人民政府的有关规定需要进行地震安全性评价的，应当按照经审定的地震安全性评价报告确定；不需要进行地震安全性评价的，应当在地震小区划结果或者国家颁布的地震动参数区划图的基础上提高一档予以确定。

第二十五条　县级以上人民政府应当组织开展地震活动断层探测和地震小区划工作。城市规划与建设应当依据地震活动断层探测和地震小区划结果，采取工程性防御或者避让措施。

第二十六条　从事地震安全性评价的单位应当依法取得国家或者自治区人民政府地震工作主管部门核发的地震安全性评价资质证书，并在其资质许可的范围内从事地震安全性评价活动。地震安全性评价单位应当以本单位的名义从事地震安全性评价活动，不得委托其他单位以本单位的名义承揽地震安全性评价业务。

从事地震安全性评价活动的专业技术人员实行执业资格注册认定，未经执业资格注册认定的人员不得以注册认定执业人员的名义从事地震安全性评价活动。注册执业证书不得伪造、出租、转让、出售。

自治区外的地震安全性评价单位在本自治区从事地震安全性评价活动，应当向自治区人民政府地震工作主管部门办理备案手续。

从事地震安全性评价的单位和个人应当按照国家有关标准进行地震安全性评价，并对地震安全性评价工作和报告质量负责，实行建设工程地震安全性评价质量终身负责制。

第二十七条　需要提交国务院地震工作主管部门评审的地震安全性评价报告，应当经自治区人民政府地震工作主管部门初审。

前款以外的地震安全性评价报告，应当送自治区人民政府地震工作主管部门组织评审。

未经评审通过的地震安全性评价报告，不得提交建设单位使用，不能作为审批抗震设防要求的依据。

第二十八条　已经建成的下列建设工程，未采取抗震设防措施或者抗震设防措施未达到抗震设防要求的，应当按照国家有关规定进行抗震性能鉴定，并采取必要的抗震加固措施：

（一）重大建设工程；

（二）可能发生严重次生灾害的建设工程；

（三）交通、通信、水利、供水、排水、供电、供气、输油等社会公共基础设施建设工程；

（四）具有重大历史、科学、艺术价值或者重要纪念意义的建设工程；

（五）学校、幼儿园、医院、影剧院、商场、酒店、体育场馆、候车（船、机）厅等人员密集场所的建设工程；

（六）地震重点监视防御区内的建设工程。

第二十九条　县级以上人民政府住房城乡建设（规划）、交通运输、水利、电力等有关主管部门，根据当地地震危险状况，对本行政区域内的已建工程组织开展抗震性能鉴定。建设工程产权人、使用人、管理人可以对已建工程的抗震性能提出鉴定申请。

建设工程抗震性能的鉴定，应当由具有相应资质的设计、检测单位承担。

抗震加固工程应当执行基本建设程序，按照规定办理相关手续，保证质量和安全。

第三十条　县级以上人民政府应当加强对已经建成的社会公共基础设施、可能发生严重次生灾害的建设工程以及人员密集场所的建设工程的震害预测，并建立震害评估系统和震害预测数据库。

第三十一条　县级以上人民政府应当加强对农村居民住宅和乡村公共设施抗震设防的管理和服务，加强对农村建筑工匠的技术培训，引导和扶持农村居民建设具有抗震性能的房屋。

有公共资金支持的农村居民住宅建设工程和村镇公共设施建设工程，应当按照抗震设防要求和建设工程的强制性标准进行抗震设防。其他农村居民自建住宅的，鼓励委托经培训的农村建筑工匠或者有相应资质的单位承建，引导采取科学的抗震措施，提高房屋抗震能力。

县级以上人民政府地震工作主管部门和发展改革、财政、民政、住房城乡建设（规划）、国土资源、农业等部门，应当建立农村民居地震安全技术服务网络，落实建设地震安全民居的相关优惠政策。

第三十二条 县级以上人民政府应当鼓励和支持重要建设工程，学校、幼儿园、医院、影剧院、商场、酒店、体育场馆、候车（船、机）厅等人员密集场所的建设工程采用减隔震技术和新型抗震建筑材料。

第三十三条 县级以上人民政府根据地震应急避难的需要，合理确定或者建设应急疏散通道和应急避难场所，统筹安排地震应急避难所必需的交通、供水、通信、供电、排污、物资储备等基础设施建设。已有的广场、公园、绿地、体育场馆、人防设施和学校操场等场所可以辟为应急避难场所。应急避难场所、应急疏散通道应当设置明显标志。

应急疏散通道、应急避难场所建设应当纳入城乡规划。

鼓励企业和社会各界支持参与地震应急避难场所建设。

第三十四条 各级人民政府应当定期组织开展地震应急综合演练；各级人民政府抗震救灾指挥机构应当每年组织开展地震应急协同救援演练；机关、团体、企业事业单位和基层群众性自治组织应当根据地震应急预案适时组织开展地震应急避险和自救互救演练。

第五章 地震应急救援

第三十五条 各级人民政府应当制定本行政区域的地震应急预案，报上一级人民政府地震工作主管部门备案。南宁市地震应急预案，应当同时报国务院地震工作主管部门备案。

各级人民政府以及法律、法规规定应当制定地震应急预案的部门和单位，应当根据实际情况适时修订地震应急预案。经修订的地震应急预案应当按照原程序报送备案。

第三十六条 地震灾区县级以上人民政府抗震救灾指挥机构应当及时向社会发布实施地震应急与救援行动的决定、命令和公告。任何单位和个人应当服从人民政府抗震救灾指挥机构发布的决定和命令。

第三十七条 县级以上人民政府应当加强地震应急指挥中心建设，完善指挥技术系统、灾情速报系统、应急基础数据库系统建设。

县级以上人民政府有关部门、单位有义务提供地震应急基础数据。

各级地震应急指挥技术系统产生的成果应当与抗震救灾指挥机构各成员单位实行共享。

第三十八条 自治区人民政府和地震重点监视防御区的县级以上人民政府，应当按照一队多用的原则，建立地震灾害紧急救援队伍。其他县级以上人民政府根据实际需要，可以建立地震灾害紧急救援队伍。

县级以上人民政府应当为地震灾害紧急救援队伍配备防护装备和救援器材，组织开展救援技能培训和演练，提高救援能力。

设区的市人民政府可以根据需要建立地区、部门之间的应急协作联动机制。

第三十九条 地震灾害事件发生后，自治区人民政府地震工作主管部门应当及时将震情和初判灾情报告自治区人民政府，并通报自治区抗震救灾指挥机构成员单位和受灾地区的市、县人民政府。

地震受灾地区的各级人民政府，应当组织灾情等信息的快速收集，向上一级人民政府和自治区人民政府地震工作主管部门报告。

地震震情、灾情和抗震救灾等信息由自治区人民政府和地震灾区县级以上人民政府按照规定权限及时、准确、统一发布。

第四十条 县级以上人民政府及其有关部门应当建立健全应急通信保障体系，加强地震应急通信系统建设，确保地震应急工作通信畅通。

第四十一条 县级以上人民政府应当建立地震应急物资储备调用制度，健全储备、调拨、配送、征用和监督管理体制与紧急调用机制，保障地震应急救援装备和应急物资供应。

第四十二条 地震灾害发生后，县级以上人民政府抗震救灾指挥机构应当组织有关部门和单位迅速查清受灾情况，提出地震应急救援力量的配置方案，除采取国家规定的紧急措施外，还应当根据需要采取下列紧急措施：

（一）撤离危险地区的居民；

（二）设定警戒区域，禁止非应急人员进入；

（三）组织有关企业生产应急救援物资，组织、协调社会力量提供援助；

（四）向单位和个人征用、调用应急救援所需设备、设施、场地、交通工具和其他物资；

（五）组织调配志愿者和灾区有能力的公民有序参加抗震救灾活动，并为其提供信息和后勤保障等服务。

第四十三条 地震灾区县级以上人民政府抗震救灾指挥机构应当部署并保障地震灾害紧急救援队伍、医疗救治队伍、志愿者以及其他救援力量开展紧急救援活动。

地震灾害紧急救援队伍和医疗救治队伍完成任务后，应当向地震灾区的县级以上人民政府抗震救灾指挥机构申请撤离。

第四十四条 县级以上人民政府有关部门应当协调配合，采取有效措施，加强交通、通信、电力、卫生等抗震救灾保障能力建设，保障抗震救灾活动的开展。

第六章 地震灾后过渡性安置和恢复重建

第四十五条 地震灾区各级人民政府应当组织有关部门，根据地震灾区实际情况，在确保安全的前提下，采取就地安置与异地安置，集中安置与分散安置，政府安置与自行安置相结合等方式，做好受灾群众的过渡性安置工作。

第四十六条 特别重大地震灾害发生后，自治区人民政府应当配合国务院有关部门，编制地震灾后恢复重建规划。

重大、较大、一般地震灾害发生后，自治区人民政府应当根据实际需要组织有关部门和地震灾区的县级以上人民政府，编制地震灾后恢复重建规划。

恢复重建规划方案采用的抗震设防要求应当符合国家有关标准和规定。

恢复重建规划方案在报批前，应当广泛征求有关部门和社会公众的意见，必要时应当召开听证会。

第四十七条 地震灾区的县级以上人民政府应当组织发展改革、民族事务、住房城乡建设（规划）、环境保护、文化、地震、宗教事务等有关部门和专家，根据地震灾害损失调查评估结果，制定清理保护方案，明确典型地震遗址、遗迹和文物保护单位以及具有历史价值与民族、宗教特色的建筑物、构筑物的保护范围和措施。

第七章 监督管理

第四十八条 县级以上人民政府应当组织地震、发展改革、公安、监察、民政、国土资源、住房城乡建设（规划）、环境保护、交通运输、水利、审计、铁路、电力、通信等有关部门和单位对下列防震减灾工作进行专项监督检查：
（一）防震减灾规划的编制与实施；
（二）地震监测设施建设与地震观测环境保护；
（三）重大建设工程地震安全性评价；
（四）建设工程抗震设防要求与强制性标准执行情况；
（五）开展地震小区划工作情况；
（六）地震应急预案的编制与地震应急演练；
（七）地震灾害紧急救援队伍建设与培训；
（八）地震应急避难场所的规划、建设与管理；
（九）抗震救灾指挥系统与技术保障系统建设；
（十）应急救援装备与物资储备调用体系建设；
（十一）地震重点监视防御地区强化防震减灾工作措施；
（十二）防震减灾宣传教育；
（十三）防震减灾经费使用情况。

第四十九条 县级以上人民政府卫生、工商、质量技术监督、食品药品监督、价格等部门应当加强对抗震救灾需要的食品、药品、建筑材料等物资的质量、价格的监督检查。

第五十条 县级以上人民政府地震、财政、民政等有关部门和审计机关应当加强对地震应急救援、地震灾后过渡性安置和恢复重建资金、物资以及社会捐赠款物使用情况的监督管理。

第八章 法律责任

第五十一条 违反本条例第十五条第一款规定，未建设专用地震监测台网或者未设置强震动监测设施的，由县级以上人民政府地震工作主管部门责令限期改正；逾期不改正的，处二万元以上二十万元以下的罚款。

第五十二条 违反本条例第二十条第一款规定，侵占、毁损、拆除或者擅自移动地震监测设施的，或者危害地震观测环境的，由县级以上人民政府地震工作主管部门责令停止违法行为，恢复原状或者采取其他补救措施；造成损失的，依法承担赔偿责任。

单位有前款违法行为，情节严重的，处二万元以上二十万元以下的罚款；个人有前款违法行为，情节严重的，处二千元以下的罚款。构成违反治安管理行为的，由公安机关依法予以处罚。

第五十三条 违反本条例第二十一条第二款规定，向社会散布地震预测意见、地震预报意见及其评审结果,或者制造、散布地震虚假信息,构成违反治安管理行为的,由公安机关依法给予处罚。

第五十四条 违反本条例第二十三条第一款规定,建设工程未依法进行地震安全性评价,或者未按照经审定的地震安全性评价报告所确定的抗震设防要求进行抗震设防的,由县级以上人民政府地震工作主管部门责令限期改正;逾期不改正的,处三万元以上三十万元以下的罚款。

违反本条例第二十三条第二款规定,建设工程未按照县级以上人民政府地震工作主管部门依据地震小区划结果或者地震动参数区划图确定的抗震设防要求进行抗震设防的,由县级以上人民政府地震工作主管部门责令限期改正;逾期不改正的,处五千元以上五万元以下的罚款。

第五十五条 违反本条例第二十六条第一款规定,地震安全性评价单位有下列行为之一的,由县级以上人民政府地震工作主管部门责令限期改正,没收违法所得,并处一万元以上五万元以下的罚款;情节严重的,由颁发资质证书的地震工作主管部门依据国家有关规定吊销资质证书:

(一)超越资质许可的范围从事地震安全性评价活动的;
(二)以其他地震安全性评价单位的名义从事地震安全性评价活动的;
(三)允许其他地震安全性评价单位以本单位的名义从事地震安全性评价活动的。

违反本条例第二十六条第一款规定,未取得地震安全性评价资质的单位擅自从事地震安全性评价活动的,由县级以上人民政府地震工作主管部门责令停止违法行为,没收违法所得,并处一万元以上五万元以下的罚款。

第五十六条 违反本条例第二十六条第二款规定,未经执业资格注册认定的人员以注册地震安全性评价执业人员的名义从事地震安全性评价活动的,由自治区人民政府地震工作主管部门责令停止违法行为,没收违法所得,并处二千元以上二万元以下的罚款。

违反本条例第二十六条第二款规定,出租、转让注册执业证书的,由自治区人民政府地震工作主管部门责令停止违法行为,没收违法所得,并处五千元以上五万元以下的罚款;情节严重的,吊销注册执业资格。伪造、出售注册执业证书构成违反治安管理行为的,由公安机关依法给予处罚;构成犯罪的,依法追究刑事责任。

第五十七条 县级以上人民政府地震工作主管部门以及其他依照本条例规定行使监督管理职权的部门,有下列情形之一的,对直接负责的主管人员和其他直接责任人员,依法给予处分:

(一)不依法作出行政许可或者办理批准文件的;
(二)发现违法行为或者接到对违法行为的举报不予查处的;
(三)超出建设项目抗震设防要求确定权限,擅自确定或者随意降低抗震设防要求的;
(四)向社会散布地震预测、预报意见及其评审结果的;
(五)其他违反本条例的行为。

第五十八条 侵占、截留、挪用地震应急救援、地震灾后过渡性安置或者地震灾后恢复重建的资金、物资的,由财政部门、审计机关或者监察机关在各自职责范围内,责令改正,追回被侵占、截留、挪用的资金、物资;有违法所得的,没收违法所得;对单位给予警告或者通报批评，对直接负责的主管人员和其他直接责任人员，依法给予处分；构成犯罪的，依法追究刑事责任。

第九章 附 则

第五十九条 本条例自 2012 年 5 月 1 日起施行。2003 年 9 月 26 日广西壮族自治区第十届人民代表大会常务委员会第四次会议通过，根据 2010 年 9 月 29 日广西壮族自治区第十一届人民代表大会常务委员会第十七次会议《关于修改部分法规的决定》修正的《广西壮族自治区防震减灾条例》同时废止。

四川省第十一届人民代表大会常务委员会公告

(第71号)

《四川省防震减灾条例》已由四川省第十一届人民代表大会常务委员会第三十次会议于2012年5月31日修订通过,现予公布,自2012年10月1日起施行。

四川省人民代表大会常务委员会
2012年5月31日

四川省防震减灾条例

第一章 总 则

第一条 为防御和减轻地震灾害,保护人民生命和财产安全,促进经济社会的可持续发展,根据《中华人民共和国防震减灾法》等法律、法规,结合四川省实际,制定本条例。

第二条 在四川省行政区域内从事防震减灾规划、地震监测预报、地震灾害预防、地震应急准备与救援、地震灾后过渡性安置和恢复重建等活动,适用本条例。

第三条 防震减灾工作,实行预防为主、防御与救助相结合的方针。

第四条 县级以上地方人民政府应当加强对防震减灾工作的领导,将防震减灾工作纳入本级国民经济和社会发展规划,所需经费纳入本级财政预算,将防震减灾工作纳入政府目标绩效管理。

县级以上地方人民政府防震减灾工作主管部门或者机构,在本级人民政府领导下,会同发展和改革、公安、民政、财政、国土资源、住房和城乡建设、交通运输、铁路、水利、卫生、教育、农业等部门,按照职责分工,共同做好防震减灾工作。

第五条 县级以上地方人民政府应当加大对防震减灾的投入,统筹安排专项资金,用于地震监测台网建设、预警系统建设、避难场所建设、防震减灾知识宣传教育、地震灾害紧急救援队伍建设与培训、群测群防、建筑抗震性能鉴定与加固等工作。

省人民政府应当加大对民族地区、革命老区、贫困地区的防震减灾事业的扶持。

第六条 县级以上地方人民政府应当设立抗震救灾指挥机构,统一领导、指挥和协调本行政区域的防震减灾及抗震救灾工作。

县级以上地方人民政府防震减灾工作主管部门或者机构承担本级人民政府抗震救灾指

挥机构的日常工作,所需专职工作人员应当予以保障。

第七条 从事防震减灾活动,应当遵守国家有关防震减灾标准。

第八条 各级地方人民政府应当支持开展地震群测群防活动,鼓励、引导、规范社会组织和个人参加防震减灾活动。

对在防震减灾工作中作出突出贡献的单位或者个人给予表彰和奖励。

省防震减灾工作主管部门会同省财政部门确定群测群防工作队伍建设的保障机制。

第二章 防震减灾规划

第九条 县级以上地方人民政府防震减灾工作主管部门或者机构会同同级有关部门,根据上一级防震减灾规划和本行政区域的实际情况,组织编制本行政区域的防震减灾规划,报本级人民政府批准后组织实施,并报上一级防震减灾工作主管部门或者机构备案。

第十条 县级以上地方人民政府及其住房和城乡建设、国土资源、卫生、教育、民政、交通运输、通信、水利、农业等部门编制相关规划,应当包含地震灾害防御内容、体现防震减灾要求。

第十一条 防震减灾规划报送审批前,组织编制机关应当征求有关部门、单位、专家和公众的意见。

防震减灾规划报送审批文件中应当附具意见采纳情况及理由。

第三章 地震监测预报

第十二条 县级以上地方人民政府防震减灾工作主管部门或者机构,应当采取下列措施,提高地震监测能力和预测水平:

(一)制定、实施地震监测预测方案;
(二)强化短期与临震跟踪监测措施;
(三)编制地震监测台网规划,优化台网布局;
(四)建立大中城市地下深井观测网,建立完善空间观测系统;
(五)加强地面强震动监测台网建设;
(六)完善流动式地震监测手段;
(七)建立短期与临震震情跟踪会商制度,建立地震预测判定指标体系。

第十三条 下列工程应当建设专用地震监测台网并保持运行:

(一)油气田、矿山、石油、化工等重大建设工程;
(二)坝高100米以上,库容5亿立方米以上的水库;
(三)库容1亿立方米以上,水库正常蓄水区及其外延5千米范围内有活动断层通过的水库;
(四)库容1亿立方米以上,受地震破坏后可能对重要城镇、重要基础设施造成严重次生灾害的水库。

第十四条 本条例第十三条第一项规定的工程应当在投产前建设专用地震监测台网并

投入运行；第二项、第三项、第四项规定建设的专用地震监测台网应当在开始蓄水前1年投入运行。

本条例第十三条规定的工程尚未建设专用地震监测台网的，应当自本条例施行之日起及时补建专用地震监测台网并投入运行。

省防震减灾工作主管部门应当对专用地震监测台网的规划与建设给予监督和指导。

第十五条 下列建设工程应当设置强震动监测设施：

（一）核电站和核设施建设工程；

（二）最高水位蓄水区及其外延10千米范围内有活动断层通过、遭受地震破坏后可能产生严重次生灾害的大型水库；

（三）处于地震重点监视防御区、地震基本烈度7度以上（地震动峰值加速度大于或者等于$0.15g$）并位于活动断裂带区域内的特大桥梁；

（四）抗震设防烈度为7度（$0.10g$、$0.15g$分区）、8度（$0.20g$、$0.30g$分区）、9度（$0.40g$分区）地区，高度分别超过160米、120米、80米的公共建筑。

第十六条 有关项目审批部门在审批或者核准本条例第十三条、第十五条规定的建设工程的可行性研究报告或者立项申请报告时，应当征求同级防震减灾工作主管部门或者机构对该工程专用地震监测台网建设方案或者强震动设施设置方案的意见。

第十七条 省防震减灾工作主管部门负责提出全省烈度速报与预警系统规划建设方案，经省人民政府批准后组织实施。

市（州）区域烈度速报台网规划建设方案应当遵循统一规划、分级管理的原则，经省防震减灾工作主管部门同意后，方可组织实施。

第十八条 专用地震监测台网、强震动监测设施的建设资金和运行经费由建设单位承担。

第十九条 地震监测台网及强震动监测设施的设计、施工及采用的设备、软件，应当符合国家相关技术标准和规范。

第二十条 专用地震监测台网的地震监测数据信息应当实时传送到省防震减灾工作主管部门。

省防震减灾工作主管部门负责监测信息共享的管理与服务。

第二十一条 地方各级人民政府应当依法保护地震监测设施和地震观测环境。

第二十二条 地方各级人民政府防震减灾工作主管部门或者机构应当会同公安等有关部门，按照国家有关规定和标准设立地震监测设施和地震观测环境保护标志，标明保护要求。

国家未对地震监测设施保护的最小距离作出明确规定的，由地方人民政府防震减灾工作主管部门或者机构会同有关部门，通过现场实测确定。

第二十三条 新建、改建、扩建各类建设工程，不得对地震观测环境造成危害。建设国家重点工程，无法避免对地震观测环境造成危害的，建设单位在工程设计前应当征得县级以上防震减灾工作主管部门或者机构的同意，并按国家有关规定承担增建抗干扰工程或者拆迁、新建地震监测设施的所需费用。

新建地震监测设施建成并正常运行满一年后，原地震监测设施方可拆除。

对地震观测环境保护范围内的建设工程项目,县级以上城乡规划主管部门在依法核发选址意见书时,应当征求同级地方人民政府防震减灾工作主管部门或者机构的意见;不需要核发选址意见书的,城乡规划主管部门在依法核发建设用地规划许可证或者乡村建设规划许可证时,应当征求同级地方人民政府防震减灾工作主管部门或者机构的意见。

第二十四条 本省行政区域内的地震长期预报、地震中期预报、地震短期预报和临震预报,由省人民政府发布。

在已发布地震短期预报的地区,发现明显临震异常,情况紧急的,当地市(州)、县(市、区)人民政府可以发布48小时之内的临震预报,同时向省人民政府及省防震减灾工作主管部门和国务院地震工作主管部门报告。

第二十五条 县级以上地方人民政府防震减灾工作主管部门或者机构应当依照国家有关规定,及时向社会公告有关地震的震情和灾情。

第二十六条 发生地震谣言地区的县级以上地方人民政府防震减灾工作主管部门或者机构,应当及时予以澄清。

第四章 地震灾害预防

第二十七条 地震灾害预防,应当坚持工程性预防为主,工程性预防和非工程性预防相结合的原则。

第二十八条 确定省地震重点监视防御区由省防震减灾工作主管部门提出意见,报省人民政府批准。

第二十九条 地震重点监视防御区县级以上地方人民政府应当组织开展震害预测、地震活动断层探测工作,并将结果作为制定城乡规划与建设的依据,充分考虑当地的地震地质构造环境并采取工程性防御或者避让措施。

第三十条 新建、扩建、改建建设工程,应当达到抗震设防要求。县级以上地方人民政府防震减灾工作主管部门或者机构负责本行政区域内抗震设防要求的监督管理工作。

第三十一条 抗震设防要求按下列规定确定:

(一)重大建设工程和可能发生严重次生灾害的建设工程,应当按照国家和省规定的范围进行地震安全性评价,并按省以上防震减灾工作主管部门审定的地震安全性评价报告结果确定;

(二)开展了地震动参数复核或者地震小区划工作的地区的一般建设工程,按经审定的地震动参数复核或者地震小区划结果确定;

(三)其他一般建设工程,按照地震动参数区划图确定。

学校、医院等人员密集场所的建设工程,应当按照高于当地房屋建筑的抗震设防要求进行设计和施工。

地震灾区区域性抗震设防要求需要变更的,由省防震减灾工作主管部门按照规定报国家有关部门审批。

第三十二条 下列地区的一般建设工程,应当将地震动参数复核结果作为抗震设防要求:

（一）位于地震动参数区划分界线两侧各4千米区域的建设工程；

（二）地震研究程度及资料详细程度较差的边远地区的建设工程。

前款规定地区的范围，由市（州）、县（市、区）人民政府防震减灾工作主管部门或者机构提出并经省防震减灾工作主管部门确认后执行。

第三十三条 建设工程的抗震设防要求应当纳入基本建设管理程序。

设计单位应当按照抗震设防要求和抗震设计规范对建设工程进行设计。施工、工程监理单位应当按照抗震设计进行施工、监理。

重大建设工程和可能发生严重次生灾害的建设工程，有关项目审批部门应当将省以上防震减灾工作主管部门审定的地震安全性评价报告作为建设工程可行性论证、项目选址、工程设计、施工审批、施工监理和竣工验收的必备内容。

一般工业和民用建设工程，有关项目审批部门在进行立项申请、项目选址和施工图审批时，应当将项目有关文件抄送同级人民政府防震减灾工作主管部门或者机构备案。防震减灾工作主管部门或者机构应当在收到备案文件之日起10日内提出意见。

不符合抗震设防要求的，有关项目审批部门不予批复、核准或者备案。

第三十四条 县级以上地方人民政府应当组织住房和城乡建设、交通运输、水利、电力等相关主管部门依照国家有关规定，对已建成的工程开展抗震性能鉴定。建设工程产权人、使用人也可以委托具有相应资质的设计、检测单位对建设工程抗震性能进行鉴定。抗震性能鉴定和抗震加固费用，由委托方承担。

第三十五条 县级以上地方人民政府应当加强对农村公共设施和村民住宅抗震设防工作的领导，住房和城乡建设、防震减灾、国土资源、农业等有关部门应当按照各自职责做好农村公共设施和村民住宅抗震设防管理工作。

乡村基础设施、公用设施应当达到抗震设防要求。

县级以上地方人民政府应当安排专项资金，并制定相应政策，支持、鼓励农村村民对住宅采取抗震设防措施，逐步提高农村民居的抗震能力。

县级以上住房和城乡建设行政主管部门应当加强对农村民居建设管理，会同财政、防震减灾、国土资源等部门加强农村民居抗震设防的技术指导、工匠培训和信息服务等工作。

第三十六条 县级以上地方人民政府应当按照国家技术标准，规划建设应急疏散通道和应急避难场所。

已经建设或者指定为避难场所的广场、公园、城市绿地、学校、体育场馆、人防设施未经批准不得改变其功能。

第三十七条 地震重点监视防御区县级以上地方人民政府应当在本级财政和物资储备中安排适当的抗震救灾资金和物资。

第三十八条 承担地震安全性评价工作的单位和个人，应当具有地震安全性评价资质，并在资质许可范围从事地震安全性评价工作。

在本省行政区域承接地震安全性评价工作的单位，应当在工程建设项目所在地的市（州）、县（市、区）人民政府防震减灾工作主管部门或者机构备案。

第三十九条 县级以上地方人民政府应当建立和完善地震宏观测报网、地震灾情速报网、地震知识宣传网，在乡镇人民政府和街道办事处明确防震减灾工作人员。

第四十条 县级以上地方人民政府及其有关部门、乡（镇）人民政府、城市街道办事处、村（居）民委员会等基层组织，社会团体、学校、新闻媒体、企业事业单位等，应当组织防震减灾知识宣传教育、开展地震应急演练。

县级以上地方人民政府防震减灾工作主管部门或者机构应当会同有关部门指导、协助、督促有关单位做好防震减灾知识宣传教育和地震应急避险、救援演练工作。

第四十一条 涉及核工程、高速铁路、地铁、供电、供气、储油等重要工程设施，应当建立地震紧急安全自动处置系统。

第四十二条 地方各级人民政府鼓励和扶持防震减灾技术、装备的研究开发与推广运用。

第四十三条 地方各级人民政府应当建立由政府预案、政府部门预案、基层组织预案、企事业单位预案、重大活动预案组成的地震应急预案体系。县级以上地方人民政府防震减灾工作主管部门或者机构应当督促、检查、指导本行政区域地震应急预案的制订、修订和演练。

地震应急预案的制定单位应当将预案报送同级人民政府防震减灾工作主管部门或者机构备案。

第四十四条 县级以上地方人民政府抗震救灾指挥机构应当建立具备震情监视、灾情速报、信息传递、辅助决策、数据处理等功能的地震应急指挥技术系统。县级以上地方人民政府有关部门和单位应当向地震应急指挥技术系统提供相关信息。

第四十五条 省人民政府和地震重点监视防御区内的市（州）、县（市、区）人民政府应当依托公安消防、安全生产和其他专业救援队伍建立地震灾害紧急救援队伍。

鼓励县级以上地方人民政府有关部门、基层组织、企事业单位和社会团体建立地震灾害救援志愿者队伍。

第四十六条 省防震减灾工作主管部门负责会同有关部门对各类救援队伍的地震灾害紧急救援能力进行测评。

第四十七条 划定为年度地震重点危险区的县级以上地方人民政府抗震救灾指挥机构，应当组织有关部门加强地震应急准备工作，及时将应急准备工作情况报告上级人民政府抗震救灾指挥机构。

第五章 地震应急救援

第四十八条 地震应急救援工作遵从指挥机构统一领导、综合协调、分级负责、属地为主的原则。

第四十九条 破坏性地震临震预报发布后，有关区域进入临震应急期。

有关地方人民政府抗震救灾指挥机构应当公告地震可能影响的区域范围和程度，并组织有关部门采取下列应急措施：

（一）发布避震通知，必要时组织避震疏散；

（二）开展临震应急宣传；

（三）对交通、通信、供水、排水、供电、供气、输油等生命线工程和次生灾害源采取紧急防护措施；

（四）督促检查应急防范、抢险救灾与医疗救护等准备工作；

（五）加强震情及次生灾害的监视，及时向社会公布；

（六）其他应急措施。

第五十条 地震短期预报和临震预报在发布预报的时域、地域内有效。预报期内未发生地震的，原发布机关应当作出撤销或者延期的决定，向社会公布，并妥善处理善后事宜。

第五十一条 地震发生后，地震灾区进入震后应急期。

地震灾区县级以上地方人民政府除依法采取的紧急措施外，还应当采取下列措施：

（一）公告震情、灾情、抗震救灾动态信息；

（二）组织公民参加抗震救灾；

（三）情况紧急时，依法向单位和个人征用抗震救灾设施装备、场地和其他物资；

（四）其他应急措施。

第五十二条 省防震减灾工作主管部门应当及时向省人民政府及其抗震救灾指挥机构报告震情和灾情初判意见，提出采取地震应急处置建议，发布震情公告。

地震灾区、波及区的人民政府抗震救灾指挥机构应当收集、汇总地震灾情，及时报告上一级人民政府抗震救灾指挥机构和防震减灾工作主管部门或者机构，必要时可以越级上报。不得迟报、谎报、瞒报。

第五十三条 地震灾区的抢险救援队伍、医疗防疫队伍和参与救援的解放军、武警部队、民兵和预备役部队应当服从抗震救灾指挥机构的统一部署。

第五十四条 气象、水利、国土资源、卫生、环境保护等有关部门以及工程设施的经营管理单位应当加强对灾害监测、预防和应急处置的工作。

第五十五条 地震灾区乡（镇）人民政府、街道办事处、村（居）民委员会和企事业单位，应当组织灾区人员开展自救、互救。

第六章 地震灾后过渡性安置和恢复重建

第五十六条 省防震减灾工作主管部门会同省发展和改革、财政、住房和城乡建设、交通运输、民政等部门，按照国家有关规定开展地震灾害损失调查评估。

第五十七条 对地震灾区的受灾人员进行过渡性安置，可以采取就地安置与异地安置，集中安置与分散安置，政府安置与自行安置相结合的方式。

设置过渡性安置点应当考虑环境安全、交通、防疫、防火、防洪、基本农田保护等因素，配套建设必要的基础设施和公共服务设施，确保受灾人员的安全和基本生活需要。

过渡性安置点所在地的有关部门应当对次生灾害、饮用水水质、食品卫生、疫情等加强监测，组织流行病学调查，开展心理辅导，整治环境卫生。公安机关应当加强治安管理，维护社会秩序。

第五十八条 地震灾区人民政府及有关部门应当组织开展生产自救。

地震灾区人民政府及有关部门应当优先恢复对社会生活、生产有重大影响的交通运输、通信、供水、排水、供电、供气、输油等工程系统的功能，为恢复灾区人员生活和生产经营提供条件。

第五十九条 灾后恢复重建，应当坚持统一领导、分级负责；以人为本、尊重自然、遵循规律、科学规划、统筹兼顾；做到恢复功能与发展提高相结合，自力更生与多方参与、对口支援相结合。

第六十条 县级以上地方各级人民政府应当加强对地震灾后恢复重建工作的领导、组织和协调，通过政府投入、社会募集、市场运作等方式筹集地震灾后恢复重建资金。

县级以上地方各级人民政府应当加强对地震灾后恢复重建资金、物资、工程项目的监督检查，建立同步、全程监督机制和公告公示制度。

对灾后社会捐赠的资金和物资应当设立专户分类管理，对资金和物资的分配使用进行严格审批。

对捐建、援建的工程项目应当严格管理，不得擅自改变用途或者拆迁、拆除，如确需改变用途或者拆迁、拆除的，应当征得捐建方、援建方同意后，依法批准并报省级主管部门备案。

第六十一条 重大、较大、一般地震灾害发生后，根据实际需要，省发展和改革部门会同财政、交通运输、住房和城乡建设、民政、国土资源、防震减灾、农业、环境保护等部门与地震灾区的市（州）人民政府共同组织编制地震灾后恢复重建规划，报省人民政府批准后组织实施。

编制地震灾后恢复重建规划，应当征求有关部门、单位、专家和公众特别是地震灾区受灾人员的意见；重大事项应当组织有关专家进行专题论证。

第六十二条 地震灾区有重大科学价值的地震遗址、遗迹，由当地人民政府组织负责防震减灾工作主管部门或者机构等有关部门提出意见，经省人民政府防震减灾工作主管部门会同有关部门审核并报省人民政府批准后，由当地人民政府指定有关部门进行特殊保护。

地震遗址、遗迹的保护应当列入地震灾区的重建规划。

第六十三条 地震灾区的县级以上地方人民政府应当组织有关部门和单位，抢救、保护与收集整理有关档案、资料、文物，对因地震灾害造成遗失、毁损的档案、资料，及时进行补充和恢复，及时收集、整理抗震救灾中形成的各类档案。

第七章 法律责任

第六十四条 有下列行为之一的，由有权机关对直接责任人员和主管人员依法给予行政处分；构成犯罪的，依法追究刑事责任：

（一）履行防震减灾工作职责的部门在实施行政许可或者办理批准文件时，违反本条例规定的；

（二）批准未经抗震设防要求审定的建设工程立项施工的；

（三）擅自向社会发布或者泄露地震预测信息的；

（四）擅自改变捐建、援建工程项目用途或者拆迁、拆除的；

（五）迟报、谎报、瞒报灾情的；

（六）国家工作人员在防震减灾工作中，不服从命令、滥用职权、玩忽职守、徇私舞弊的；

（七）截留、挪用、贪污抗震救灾款物的。

第六十五条 违反本条例第十三条规定，未按照要求建设专用地震监测台网的，由县级以上地方人民政府防震减灾工作主管部门或者机构责令限期改正；逾期不改正的，对直接负责的主管人员和其他直接责任人员，依法给予处分。

第六十六条 违反本条例第十五条规定，未设立强震动监测设施的，由县级以上地方人民政府防震减灾工作主管部门或者机构责令限期改正；逾期不改正的，对直接负责的主管人员和其他直接责任人员，依法给予处分。

第六十七条 违反本条例第三十六条第二款规定的，由县级以上地方人民政府防震减灾工作主管部门或者机构责令停止违法行为，处 2 万元以上 10 万元以下的罚款；情节严重的，处 10 万元以上 20 万元以下的罚款。造成破坏的，恢复原状；造成损失的，依法承担赔偿责任。

第六十八条 违反本条例规定的行为，法律、法规已有处罚规定的，依照其规定处理。

第八章　附　　则

第六十九条 本条例下列用语的含义：

地震重点监视防御区，是指未来一定时间内，可能发生地震并造成灾害，需要加强防震减灾工作的区域。

地震重点危险区，是指未来一年或者稍长时间内可能发生 5 级以上地震的区域。

抗震设防要求，是指建设工程抗御地震破坏的准则和在一定风险水准下抗震设计采用的地震烈度或者地震动参数。

地震安全性评价，是指根据对建设工程场地条件和场地周围的地震活动与地震地质环境的分析，按照工程设防的风险水准，给出与工程抗震设防要求相应的地震烈度和地震动参数，以及场地的地震地质灾害预测结果。

地震动参数，表征地震引起的地面运动的物理参数，包括峰值、反应谱和持续时间等。

地震烈度区划图，是指以地震烈度为指标，将国土划分为不同抗震设防要求区域的图件。

地震动参数区划图，是指以地震动参数（如峰值加速度和地震动反应谱特征周期）为指标，将国土划分为不同抗震设防要求区域的图件。

地震动参数复核，是指采用最新基础资料和研究成果，对地震动参数区划图给出的某地地震动参数进行核实或者修正。

地震小区划，是指根据地震区划图及某一区域（场地）范围内的具体场地条件给出抗震设防要求的详细分布。包括地震动小区划和地震地质灾害小区划等。

第七十条 本条例自 2012 年 10 月 1 日起施行。

关于印发《地震灾害防御规划》的通知

中震财发〔2012〕11号

各省、自治区、直辖市地震局,各直属单位:

依据《中国地震局规划管理办法》(中震财发〔2008〕29号)、《关于印发国家"十二五"防震减灾规划体系的通知》(中震财发〔2008〕149号)和《中国地震局事业发展规划纲要》,中国地震局组织制定了《地震灾害防御规划》(编码GH/2-07),于2012年1月16日经中国地震局第一次局务会议审议通过,现予以印发,请遵照执行。

中国地震局
2012年2月13日

地震灾害防御规划

前 言

地震灾害防御是减轻地震造成的人员伤亡、经济损失和社会影响的最为有效的途径,是我国防震减灾三大工作体系的重要组成部分。为进一步推进地震灾害防御领域的科学发展,指导"十二五"期间本领域各项工作,依据《中华人民共和国防震减灾法》《国家防震减灾规划(2006—2020年)》《关于进一步加强防震减灾工作的意见》(国发〔2010〕18号)和"十二五"《中国地震局事业发展规划纲要》,制定本规划。规划期为2011至2015年。

第一章 现状分析

在党中央国务院的坚强领导下,在各级地震部门和全社会的共同努力下,震害防御工作全面拓展,社会抗御地震灾害的能力稳步提升。地震灾害严重是我国的基本国情,"十二五"期间,如何全面提高我国地震灾害综合防御能力,不断满足公众日益增长的地震安全需求,是全社会面临的重要问题。

一、需求分析

我国是世界上地震灾害最为严重的国家之一,全国49%的国土面积、50%的城市、

70%的百万人口以上大中城市，都位于七度及以上地震高烈度区，地震多、分布广、强度大、震源浅、灾害重是我国的基本国情。地震引起建筑物的倒塌破坏是导致人员伤亡的主要原因，做好震害防御工作，大力提高我国建筑物的抗震能力，是减轻人员伤亡的最根本途径，是以人为本执政理念的切实体现。

加强震害防御工作是经济建设的重要保障。当前我国社会处于高速发展时期，城市化进程与新农村建设步伐加快，重要基础设施及重大工程持续建设。做好震害防御工作，提高建设工程抗御地震的能力，降低地震灾害风险，是经济发展的迫切需求。

加强震害防御工作是构建和谐社会的需要。随着我国经济社会的快速发展，广大人民群众追求富裕、追求平安的愿望十分迫切，对生产生活和居住环境安全的要求越来越高。做好震害防御工作，减轻地震灾害及其对社会稳定的冲击，是构建和谐社会的需要。

加强震害防御工作是履行政府防震减灾管理职能的基本要求。防震减灾事关人民群众生命财产安全，事关社会稳定和国家安全，事关经济社会发展全局。震害防御是防震减灾工作的优先领域和实现减灾目标的根本途径。加强震害防御工作，落实防震减灾依法行政，改进政府防震减灾管理方式，最大限度地减轻地震灾害损失，不仅是全社会的共同期盼，更是提高党和政府执政能力的迫切需求。

二、工作现状

历经40多年的防震减灾工作实践，震害防御工作已经形成了较为完整的体系，特别是"十一五"期间，震害防御工作全面拓展，取得了显著成绩。

抗震设防要求法规和技术标准建设稳步推进。新修订的《中华人民共和国防震减灾法》进一步强化了抗震设防管理职能。《地震安全性评价管理条例》《建设工程抗震设防要求管理规定》等一系列法规规章的实施，以及相应的地方性法规、政府规章的出台，初步形成了一整套抗震设防法律法规体系，为抗震设防要求监管和保证建设工程抗震能力提供了基本的法律保障。《中国地震动参数区划图》《工程场地地震安全性评价》等国家强制性标准发布实施，建设、水利、电力、交通等相关行业抗震设计规范的制定，为建设工程抗震设防提供了技术支撑。

地震灾害防御监管体制逐步健全。各级政府和有关部门建立完善抗震设防管理规章制度，设定了地震安全性评价相关行政许可，搭建了抗震设防管理体系基本框架。作为抗震设防要求的主管部门，地震部门不断健全管理制度，许多省市县将抗震设防要求纳入基本建设管理程序或进入行政审批窗口，每年审批重大建设工程抗震设防要求2000多项；建立并实施地震安全性评价工程师制度，强化从业队伍管理。各行业主管部门严格建设工程抗震设防监管。各级地方政府不断强化对抗震设防的行政监管，基层地震部门抗震设防要求监管机构不断完善，监督管理作用不断增强。

地震灾害防御基础设施与支撑条件不断完善。强震危险区划、重大工程地震动输入等关键技术研究取得重要进展，为新一代地震区划图的编制和重大工程抗震设计提供了重要支撑。震害防御相关的探测设备和实验条件得到显著改善，形成了较为完善的震害防御基础探测和实验系统。国家强震动观测台网投入运行，在汶川等地震中获得了大量宝贵的强震动观测资料，为地震区划图、抗震设计规范编制和重大建设工程抗震设计等提供重要依据，同时也为全国地震烈度速报台网建设奠定了坚实基础。

地震灾害防御基础工作和公共服务不断拓展。大多数省会城市和 100 多个大中城市开展了地震小区划，天津、乌鲁木齐和唐山等近百个大中城市完成了震害预测，北京、天津、上海等 30 多个城市完成了地震活断层探测工作，全国地震活动构造探察计划开始实施，大部分重大建设工程开展了地震安全性评价工作，为城乡规划和重大工程建设提供了地震安全服务。开展了汶川、玉树地震灾区的地震动参数复核、地表破裂调查等工作，为灾区恢复重建提供了服务。

地震安全民居等社会防灾行动深入开展。2006 年全国正式启动地震安全民居建设，极大地提高了农村地区的抗震能力，减灾效果十分明显。2009 年开始在全国实施校舍安全工程，3 年内中小学校舍将完成抗震加固和改造。防震减灾科普宣传教育不断深入，全国建成国家级科普宣传教育基地 45 个，省级教育基地 66 个，科普示范学校 1800 多所，各地普遍开展防震减灾科普知识"进机关、进学校、进企业、进社区、进农村、进家庭"，增强了全社会防震减灾意识。

震害防御基层组织管理体制逐步健全。基层市县组织机构不断完善，管理队伍不断壮大，规模近万人。防震减灾监管能力不断提高，市县防震减灾工作由以群测群防和地震科普宣传为主，逐步向防震减灾社会管理和公共服务全面拓展，全国性震害防御基层社会管理体制机制初步形成。

三、主要问题和不足

通过全社会的共同努力，震害防御工作取得了长足进步。随着经济快速发展，社会地震安全需求不断增长，我国地震灾害综合防御能力还有待加强。

城乡建筑总体抗震能力有待提升。尽管城市新建房屋抗震设防监管基本得到落实，但老旧房屋、"城中村"等不规范建筑，尤其是 1989 年以前建造的未达到抗震设防要求的房屋还占相当比例，个别地区部分新建工程的抗震设防要求尚未得到有效落实。农村民居地震安全示范工程建设尚处于试点示范阶段，农村地区基本不设防的状况尚未根本改变。城乡公共建筑特别是人员密集的学校、医院及文化体育场馆等建筑尚需按照新的设防标准进一步提升抗震能力。

抗震设防要求体系和监管机制有待完善。城市各类建设工程抗震设防要求体系尚未健全，已有标准之间需要进一步协调。具有指导和约束意义的民居抗震法规、抗震设计规范及抗震鉴定标准尚未出台。重大建设工程抗震设防标准不统一，一些行业标准之间协调不够，尚未依法形成统一、覆盖全面的抗震设防要求体系构架。建设工程抗震设防监管机制尚不健全，在大部分地区，特别是农村和经济发展相对落后的地区，一般建设工程的抗震设防要求缺乏有效的行政监管。

震害防御政策法规标准亟待进一步完善和健全。新修订的《中华人民共和国防震减灾法》颁布实施后，震害防御法规、规章、规范性文件等法规体系亟待完善和健全。震害防御的行政监管政策措施和多部门的抗震设防行政执法检查制度有待完善，地震灾害保险政策与制度尚未建立。地震活动构造探察、震害预测、地震小区划等震害防御基础工作技术标准，地震安全民居工程、地震安全示范区建设等震害防御社会服务标准，相关设备的检测和市场准入制度等尚不完善。

震害防御社会服务亟须进一步拓展。防震减灾宣传教育、城乡工程建设抗震设防要求、震害防御科技成果、地震灾害分类信息、地震谣传识别与平息、震后恢复重建、地震灾害保险等震害防御领域公共产品缺少或单一，产品产出服务体系架构和发展思路缺乏科学规划，震害防御服务产品、服务方式、服务手段、服务标准不能适应现代灾害风险管理的需求，亟待进一步改革创新和拓展完善。震害防御服务体系尚未建立，服务渠道不畅、网络覆盖面不广，难以满足社会公众和政府的需求。重大工程地震安全性评价、震害预测等方面缺少相关基础资料的数据库，城市地震活动构造探察、地震区划等专项数据库有待完善、修正，已有的数据资料尚未实现共享服务。

震害防御基础工作相对薄弱。地震区划、地震安全性评价、结构抗震等技术，以及震害防御相关的观测、探测和测试等震害防御关键技术尚需进一步发展完善。地震预警技术、地震风险和社会影响评估技术亟须深入研究和推广使用。强震动观测资料积累、大中城市地震活动构造探察、地震带危险性研究、全国城乡震害防御现状调查等基础工作尚未全面开展，对城市建设、重大工程设施建设起关键作用的基础探测、基础资料、基础数据不足。

防震减灾宣传教育有待加强。科普作品体系和创作队伍建设略显不足，防震减灾科普作品形式有待进一步创新，科学权威、通俗易懂和喜闻乐见的科普精品较为缺乏。全社会防震减灾宣传教育深度广度不够，防震减灾科学知识普及率不高，社会公众防震减灾素质有待加强，防震避险、自救互救技能有待提高。

第二章　发展战略

震害防御是一项由各级政府、多个部门和广大社会公众共同推动的复杂工作。在各级政府的领导下，地震部门会同相关部门坚持以"地下清楚，地上结实，公众明白"为目标，加强政策研究，科学谋划发展战略，通过技术支撑、政策引导和示范带动，逐步形成政府、社会和公众共同参与的格局。

一、指导思想

以科学发展观为指导，以最大限度减轻地震灾害损失为根本宗旨，贯彻全面预防观，强化社会管理和公共服务，更加注重城乡统筹，更加注重区域协调，更加注重基层作用，加强集成化基础工作，丰富专门化技术产品，完善全覆盖服务体系，推进震害防御监督管理和政策引导，形成政府、社会、公众相结合的地震灾害风险管理机制，全面提升城乡地震灾害防御能力，为实现《国家防震减灾规划（2006—2020年)》目标作出贡献。

二、基本原则

坚持以人为本，以最大限度减轻地震造成的人员伤亡和经济损失为根本宗旨，减轻地震对社会稳定的冲击。

坚持全面防御，统筹城乡和区域地震安全协调发展，实现震害防御各项工作与经济社会发展同步推进。

坚持因地制宜，突出地震重点监视防御区和重点防御城市居民住宅和公共建筑等重点，统一规划，分层次设计，分阶段实施，整体推进。

坚持政府统一领导，部门分工负责，强化社会管理职能，动员全社会参与。

坚持创新发展，全面提升震害防御科技创新能力，完善技术支撑体系。

坚持依法行政，以市县地震机构作为震害防御监管与服务主体，履行地震部门法定职责。

三、发展目标

抗震设防要求监管机制进一步完善，部分地区初步实现全过程监管；地震活动构造探察、地震小区划等基础工作深入开展，震害防御公共管理和服务系统与技术平台初步建成，基本实现震害防御公共服务全覆盖，广泛服务于城乡规划与工程建设。震害防御关键技术创新发展，震害防御科技支撑能力显著增强。社会公众防震减灾素质进一步提高，城乡地震灾害防御能力全面提升。

初步建成覆盖全国的以集成化基础性工作、专门化技术产品、全覆盖服务为特征的省、市、县震害防御公共管理和服务系统与技术平台，县级以上地震机构具备震害防御监督管理和服务能力。

完成我国南北地震带、华北等中国主要构造区和地震带的1:25万活动断层分布图、1:5万地震活动断层条带状填图的编制工作，完成省会城市和地震重点监视防御区大中城市的地震活动构造探察、县以上城市与城镇地震小区划工作，完成重点监视防御区城乡建筑抗震能力普查工作。

建设地震安全民居示范村（点）5000个，地震安全示范社区3000个，防震减灾科普示范学校1000所，在不同地区选择不同类型和规模的20个企业进行地震安全示范企业试点，选择部分地区开展地震安全示范城市试点，有条件的地区全面实施地震安全民居工程，初步形成全面覆盖的地震安全示范工程网络体系。

建立建设工程抗震设防要求和地震安全性评价标准体系，制定或修订3个以上相关标准；颁布实施新一代全国地震区划图，建设地震区划图服务平台。

在地震重点监视防御区内新建地震工程综合实验场，建设生命线工程健康监测与诊断示范基地和地震紧急处置示范工程。

第三章 战略重点和工作布局

从防震减灾工作的根本宗旨和全面预防观的要求出发，强化工作重点，在全国范围内全面部署震害防御工作的基础上，在若干重点区域，有重点地部署与当地的震情和经济社会发展状况相适应的工作内容，促进震害防御工作健康有序发展。

一、战略重点

着力加强抗震设防监管与政策引导。完善抗震设防监管体制，健全抗震设防要求标准体系，充实抗震设防监管队伍，建设抗震设防管理信息平台，加强信息服务和政策引导，开展抗震设防全过程监管示范，全面落实城乡和建设工程抗震设防要求。

着力加强震害防御基础性工作和社会服务平台建设。通过集成化基础性工作获取震害防御基础信息，研发专门化地震危险性、风险性产品，完善震害防御社会服务技术系统，提供全覆盖震害防御社会服务，提升全社会地震风险管理水平，有效减轻地震灾害。

着力加强城乡地震安全示范工程建设及推广。加大地震安全示范社区、示范企业，地震安全民居示范工程及防震减灾科普示范学校建设力度，继续推进实施中小学校舍安全工程，推进开展其他学校、医院等人员密集场所抗震鉴定和加固工作，以示范为龙头，全面推进震害防御基础和能力建设，提高综合防震减灾能力。

着力加强震害防御实用技术研发和推广应用。研发和推广现代民居、校舍、公共设施抗倒塌经济实用技术，研发和推广减隔震、建筑物健康监测与诊断等实用技术，研发针对快速轨道交通、煤气管线等生命线工程的地震紧急处置关键技术，通过科技进步提升震害防御水平，减少地震造成的人员伤亡。

二、工作布局

（一）实施主体布局

以省、市、县地震机构为主体，承担抗震设防监管任务，组织地震安全示范工作。以省市地震机构、中国地震局直属任务性事业单位和直属研究所为主体，承担地震基础性工作、地震社会服务工作和政策引导。以直属研究所为主体，承担抗震设防要求技术支撑、震害防御服务产品研发、技术服务平台建设和实用技术研发工作。

（二）区域布局

认真贯彻实施全面预防观，统筹城乡、重点监视防御区和一般地区、东部及沿海经济发达和中西部地区的震害防御工作。

在地震重点监视防御区全面推进国家地震社会服务工程建设，开展抗震能力调查，开展集成化震害防御基础性工作，研发面向用户地震防御信息产品，提供全过程、全覆盖的服务工作，全面提升地震灾害风险管理水平。

在大城市、城市群经济圈除上述工作外，重点加强地震紧急处置技术示范和应用推广工作、加强重要建筑健康监测与诊断示范工作。

在南北地震带，建设地震工程实验场，开展地震动场地影响、盆地影响和地形地貌影响实验研究、地震结构响应和地震损伤研究，开展抗震技术原型实验，检验震害防御措施和技术，加强震害防御工作的科技支撑。

在桥梁类型丰富的省份，选择检测技术条件优越、研究基础较好的地区，研发大型桥梁健康监测诊断技术系统，建设大型桥梁健康监测诊断示范基地。

选择部分省、自治区、直辖市，通过健全震害防御法规体系和法制化监管程序，开展抗震设防要求全过程监管示范，带动和推进全国工程建设震害防御监管措施的有效落实。

在全国范围市县开展抗震设防要求信息管理与服务技术系统建设，开展人员技术培训，全面加强基层抗震设防监管工作能力。

在全国地震重点监视防御区和地震重点监视防御城市，选择典型市县，开展并实施地震安全示范城市、地震安全民居示范工程、地震安全示范社区、地震安全示范企业、防震减灾科普示范学校、防震减灾科普教育基地等建设，继续推进实施中小学校舍安全工程，推进开展其他学校、医院等人员密集场所抗震鉴定和加固工作，促进全面防御战略的实现。

依托国家级震害防御技术研究院所科研力量，强化震害防御技术研发基地建设，增强震害防御科技创新和技术支撑能力。

第四章　主要任务

为贯彻"十二五"震害防御工作的指导思想，实现发展目标，根据战略重点和布局的要求，"十二五"期间震害防御方面的工作任务主要围绕加强抗震设防监管、增强震害防御服务和多层次全面推进震害防御工作等方面布置。

一、加强抗震设防监管

健全抗震设防要求标准体系。加快新一代地震区划图编制和颁布实施，为一般工业与民用建筑提供抗震设防要求标准。制定抗震设防要求标准体系表，制定和颁布实施不同建设工程抗震设防要求标准，促进抗震设防要求在工程建设中得到落实。制定或修订完善震害防御工作技术标准，实行震害防御相关设备的检测和市场准入制度。

规范震害防御社会服务工作。建立各类建设工程地震安全性评价工作技术规范，制定地震安全示范社区、地震安全示范企业、地震安全民居示范工程、防震减灾科普示范学校及防震减灾科普教育基地建设与服务标准，制定各级地震部门提供社会公共服务工作的标准体系，提高防震减灾工作社会服务质量和服务范围。

全面加强建设工程抗震设防要求管理，提高依法行政、管理社会的能力。进一步加强重大建设项目抗震设防要求管理，建立重大建设项目依法进行地震安全性评价、抗震设防要求审定及工程设计、施工、验收等全过程抗震设防要求监管机制。全面加强一般建设工程抗震设防要求管理，着力推进城市地震活动构造探察、地震小区划和震害预测工作。加强公共建设项目、特殊建设项目抗震设防要求管理，保障人员密集场所、公共场所的地震安全。积极推进建设项目抗震设防要求管理纳入基本建设管理程序，建立市县抗震设防管理平台。

二、推进震害防御基础性工作

大力推进基础性工作，为提高全社会的震害防御能力提供有力的支撑。继续推进地震重点监视防御区的地震构造基础调查、大中城市地震活动构造探察与地震危险性评价等工作。开展我国海域地震区划方法和编制技术的实验研究。进行地震重点监视防御区内重要城市群地区的区域性区划图编制工作。开展不同地震灾区各类工程震害调查分析，继续推进地震重点监视防御区、大中城市和经济发达地区的城市地震活动构造探察、地震小区划与震害预测工作；在重点监视防御区和大城市进行示范试点，开展建筑物抗震能力的系统调查与评估。继续加强重大建设工程的地震安全性评价工作。

切实加强基础性工作的集成工作，完善、更新国家地震社会服务工程中城乡震害防御数据库。在现有城市地震活动构造探察、地震区划等专项数据库的基础上，收集地震构造基础探测、重大工程地震安全性评价、震害预测、抗震能力调查等方面基础资料，强化信息化入库工作，建设工程震害和建筑物抗震能力数据库，加强地震区划、地震小区划成果信息化与服务，提升基础工作服务于各层次震害防御工作的能力。

三、丰富专门化服务产品

通过大力发展特大地震及其地震危险性评估技术、工程抗震安全技术和破坏全过程模拟集成技术、地震风险评估技术、居民住宅和公共设施抗倒塌设计方法和建造加固技术、减隔震技术、工程结构健康监测和诊断技术，工程和城市生命线系统的自动紧急处置技术等，增强专业化服务产品的研发能力。

提供丰富的震害防御专门化服务产品，提供服务于社会公众和专业人员的地震分布、地震活断层分布、历史地震震害、强震动观测数据等方面的地震基础信息产品，形成服务于全社会抗震设防要求的地震区划与地震小区划、地震安全性评价等方面的服务产品，着力研发服务于建筑与重大工程抗震、减轻地震灾害的震害预测、实用抗震技术、地震风险管理、地震紧急处置等方面的专业化服务产品。

四、建设震害防御社会服务平台

在"十一五"期间建立的若干示范系统和技术支撑系统的基础上，搭建全国范围内地震社会服务工程的框架，全面推进国家地震社会服务工程的建设工作，建设城乡一体化震害防御服务平台。包括覆盖全国的城乡一体化震害基础数据收集与数据库、震害防御信息分析处理系统，以及震害防御信息服务系统建设，为全面实现国家地震社会服务体系的建设和服务功能的实现奠定基础。

五、夯实市县防震减灾工作基础

以贯彻落实《中国地震局关于加强市县防震减灾工作的指导意见》（中震防发〔2010〕96号）文件精神为主线，加强对市县防震减灾工作的指导和支持，切实解决制约市县防震减灾工作发展的突出问题，稳步推进各项基础工作。强化市县地震工作机构和队伍建设，重视加强干部培训，逐步提高市县地震工作队伍的业务素质；研究建立符合实际、便于操作和评价的市县防震减灾工作指标，推进市县防震减灾工作纳入政府责任目标考核体系；进一步明确市县防震减灾工作目标任务，制定配套的规范性文件，细化完善工作措施，夯实基础，着力提升社会管理和公共服务能力，推进市县防震减灾工作向更深层次、更宽领域、更高水平发展。

六、推进基层综合震害防御工作

全面推进地震安全示范社区建设，开展地震安全示范城市、示范企业建设试点，包括社区和企业防震减灾宣传教育平台建设，建设工程抗震能力鉴定、加固，建筑物抗震能力展示系统建设，地震应急物资储备库建设，地震应急演练设施设备建设，应急避难场所建设等。实施地震安全民居示范工程，进一步扩大地震安全民居示范试点范围，有条件的地区全面实施地震安全民居工程，开展民居抗震防震性能基本情况调查与评价，研发民居抗震防震技术，建设民居抗震防震技术服务网，加大民居抗震防震知识宣传和技术培训力度。继续推进实施中小学校舍安全工程，推进开展其他学校、医院等人员密集场所抗震鉴定和加固工作。加强防震减灾科普示范学校建设，通过开展防震减灾知识科学普及、组织应急演练等，促进提高科普示范学校建设质量，使中小学生防震减灾意识和防震避震能力明显增强。

七、加强震害防御宣传

加强科普作品体系和创作队伍建设，创新作品形式，努力打造精品。建立健全宣传体系，针对各级政府、社会、公众，以及城乡一般建设工程、公共设施、重大工程业主等不同对象，利用各种渠道和方式，大力普及地震灾害防御科学知识，提高各级政府和全社会地震安全素质，为做好震害防御各项工作，提高全社会地震灾害综合防御能力营造良好社会氛围。

八、推进地震灾害保险

做好地震灾害保险的基础性研究工作，协助有关部门，为未来建立科学合理的地震灾害保险制度创造条件。借鉴国外成熟的地震灾害保险相关经验，开展法律制度、保险政策等方面的调研，加强地震风险评估技术等研究，探讨建立分区、分类的保险费率模型。增强全社会地震灾害风险防范意识，开展各种宣传活动提高公众对地震灾害保险的认知程度，调动公众未来投保参保的积极性，扩大保险的覆盖面。

第五章　重大计划和专项

"十二五"期间是地震灾害防御工作的关键阶段，要采取相应的措施和行动，继续完善震害防御技术系统，深入开展基础性探测，着力研发震害防御关键技术，持续推进示范工程建设，全面提升国民防震减灾素质，带动各项规划任务的落实。

一、国家地震社会服务工程

国家地震社会服务工程震害防御部分旨在打造覆盖全国的城乡一体化基础数据收集与数据库、信息分析处理和信息服务等平台的震害防御系统，建立若干示范系统和技术支撑系统，搭建重点监视防御区范围内地震社会服务工程的框架，为建立完备的地震社会服务体系奠定坚实基础。

二、国家强震动观测台网与服务平台建设

依托中国地震背景场探测、国家地震专业基础设施专项等项目，在现有台网和中心的基础上，加密强震动观测台网，完善国家强震动台网数据管理系统，搭建覆盖全国、控制局部、具有联动功能的强震动观测信息管理与服务技术支持平台，提升我国获取近场强震动观测数据的能力和相应的社会服务水平。

三、中国地震活动构造探察

实施国家喜马拉雅计划之二——中国地震活动构造探察。对我国主要地震活动构造开展探测和详细地质调查观察，探明其空间展布、活动方式、平均运动速率、大地震期次，评价其长期强震危险性。完成南北带南段、中北段重点活动断裂1∶5万条带状填图，确定活动断裂的地震危险地段。开展天山边缘、青藏高原内部、东北、长江中下游、华南沿海等重点区域活动断裂填图，编制活动构造分布图、地震构造图以及地震危险性图，研究主要活动构造的强震破裂历史，确定未来潜在的强震危险构造与地震强度。

四、地震安全示范工程

因地制宜地开展地震安全示范社区、地震安全示范企业、地震安全示范城市、地震安全民居示范工程、防震减灾科普示范学校等示范工程创建工作，建设各级防震减灾宣传教育平台及民居防震抗震技术服务平台，开展建设工程抗震能力鉴定、加固，建立建筑物抗震能力展示系统，组建应急救援队伍及志愿者队伍，建设地震应急物资储备库、地震应急演练设施设备及应急避难场所，形成我国不同类型、不同规模的地震安全示范样板，推进防震减灾工作更加贴近群众、贴近生活、贴近实际。

五、地震工程实验场建设

在川滇地区选择合适的场地，建造或选取不同抗震、减震、隔震技术建筑物原型，配备观测、检测设备，布设专门结构强震台阵、断层影响观测台阵、场地影响台阵、地形影响台阵及衰减台阵，积累特殊结构类型、场地类型的地震反应数据，用天然地震检验工程减灾技术，推动和加速地震工程学和工程地震学的发展。

六、核心科学问题和关键技术

（一）城乡建筑抗震能力调查示范

调查不同类型建筑的基础数据，采用历史震害类比、振动台试验和数值模拟方法研究各类建筑地震易损性，建立建筑物空间分布数据库，评价各类建筑抗震能力差距，提出地震风险管理对策。

（二）特大地震危险性评估技术

解剖典型地区特大地震的构造背景，建立特大地震构造模型，综合利用相关资料，研究特大地震复发模型。研究地震动预测新方法，发展特大地震强地面运动综合预测技术。研究特大地震地表错动方式、同震错动量、地表破裂带宽度、地震滑坡等预测方法。研究改进特大地震危险性评价概率评估模型，开展工程应用与典型案例研究。

（三）核电工程厂址和结构地震安全分析理论与方法研究

综合分析地震环境、工程场地条件和结构抗震设计多方面的研究成果，形成我国核电工程建设的地震环境分析、岩土勘测、岩土与结构抗震设防及工程监测的理论与技术体系。

（四）多维地震风险评估关键技术研究

开展多空间和多时间尺度的地震危险性、地震易损性和地震风险评估技术研究，建立不同时空尺度下地震综合减灾能力评价指标和评估方法，为地震风险评估提供基本经验模型，研发多维地震风险评估系列工具。

（五）民居和校舍建筑抗地震倒塌关键技术研究

发展建立民居和校舍建筑结构抗倒塌能力评价方法，建立基于各控制性影响因素评价指标的民居和校舍建筑倒塌失效破坏模式，提出根本改善各类民居和校舍建筑抗倒塌能力的理论原则与方法，整合、发展建立基于地震反应性态的民居和校舍建筑抗倒塌设计与加固技术和方法。

（六）地震紧急处置关键技术研究

建立满足不同地区地震地质环境以及城市与重大工程功能要求的地震信息检测模式选择标准和条件，提出实现地震紧急处置的台网优化布局方案、紧急处置分级准则、服务时间概率分析方法和风险分析方法，探讨地震紧急处置信息与工程系统运营应急预案的接口条件，研发地震紧急处置联动技术。

（七）结构健康监测与诊断示范台阵

选取大型桥梁、超高层建筑等不同类型的建（构）筑物，利用由强震仪、位移计、风速仪等组成的结构健康监测与诊断系统，研制相关分析软件，编写相关技术规程或指南，开展结构健康监测与诊断。

七、支撑性标准体系研究

（一）抗震设防要求标准体系研究

研究抗震设防要求分类、要素和标准化对象，建立抗震设防要求标准体系表；研究制定城乡和各类建设工程抗震设防要求标准；研究建立地震小区划和各类建设工程地震安全性评价工作技术规范。

（二）强震动观测标准体系研究

研究建立健全强震动观测和应用服务标准体系，有效指导台站建设和强震动观测相关技术工作，实现强震动观测、管理和应用服务的标准化、程序化，提高观测质量和服务能力。

第六章　保障措施

本规划具有引领和约束效力。推动规划顺利实施，需要在各级政府领导下，地震工作主管部门会同相关部门正确履行职责，合理发挥资源配置的基础性作用，保障规划目标和任务的完成。

一、明确规划实施责任，做好任务分解

规划提出的发展目标和主要任务，要依靠政府主导、部门合作、行业实施、民众参与来实现。要通过完善的目标导向管理机制，创造良好的政策环境，发挥防震减灾相关部门和行业各单位的积极性和创造性。规划确定的各项任务，要明确工作责任和进度，并分解落实到位。

二、加强部门协调管理，做好统筹规划

积极与相关部门沟通，做好部门之间的协调，保障规划顺利实施。加强各级政府地震、建设、国土等部门和设计、勘察等其他社会组织的沟通与协调，建立统一标准、协调联动、科学有效的震害防御技术服务队伍，不断拓展震害防御社会服务领域，提高震害防御社会服务能力。

三、强化人才培养机制，做好人才保障

努力构建分层次、多类别、广渠道、有活力的震害防御人才工作格局，以市县地震机构为主体，完善震害防御体系建设，建立抗震设防监管队伍；以省级地震机构和中国地震局直属任务性事业单位为主体，提高震害防御工作及社会服务质量和水平，建立震害防御信息、技术服务队伍；以中国地震局直属研究所为主体，推进震害防御技术发展和科技创新，建立震害防御科技支撑队伍，为开创震害防御工作新局面提供人才保障。

四、实行评估评价考核，做好工作落实

建立规划评估制度，强化对规划实施情况跟踪分析。对主要约束性指标完成情况进行评估，并按年度提交规划实施进展报告，适时向行业公布。在规划实施的中期阶段，组织开展全面评估。制定有利于推动地震灾害防御工作发展的绩效评价考核办法，考核结果作为各级地震工作主管部门领导干部考核、奖励惩戒和选拔任用的重要依据。

（中国地震局办公室）

关于印发《防震减灾法制建设规划》的通知

中震财发〔2012〕12 号

各省、自治区、直辖市地震局,各直属单位:

依据《中国地震局规划管理办法》(中震财发〔2008〕29 号)、《关于印发国家"十二五"防震减灾规划体系的通知》(中震财发〔2008〕149 号)和《中国地震局事业发展规划纲要》,中国地震局组织制定了《防震减灾法制建设规划》(编码 GH/2-01),于 2012 年 1 月 16 日经中国地震局第一次局务会议审议通过,现予以印发,请遵照执行。

中国地震局

2012 年 2 月 13 日

防震减灾法制建设规划

第一章　现状分析

近年来,我国防震减灾法制建设成效显著。依靠法制,既是我国防震减灾事业发展的一条成功经验,也是必须长期坚持的一项重要原则。

一、地位作用

防震减灾法制是国家法律体系的组成部分,是事业发展的根本保障。加强防震减灾法制建设,提高依法行政能力,是"十二五"时期事业发展的重要内容。

(一)防震减灾法制是国家法律体系的组成部分

20 世纪 80 年代中期,我国开始防震减灾立法工作。截至 2011 年底,我国已形成由法律、行政法规、部门规章、地方性法规和省级政府规章组成的防震减灾法制框架体系。在灾害管理领域,防震减灾法律法规制定工作开展较早、体系较为健全,成为中国特色社会主义法律体系的重要组成部分,为促进相关领域的法制建设发挥了有益的作用。

(二)防震减灾法制是推进事业发展的根本保障

防震减灾法制始终适应并服务于经济社会和防震减灾事业发展。《中华人民共和国防震减灾法》的颁布实施,使防震减灾纳入了法制化管理轨道,具有里程碑意义。《地震预报管理条例》《地震监测管理条例》《地震安全性评价管理条例》《破坏性地震应急条例》的实施,使防震减灾各环节工作实现了法制化、规范化管理。法律法规为政府、部门进行防震减灾社会管理和公共服务提供了保障，有力地促进了事业发展。

（三）防震减灾法制是事业科学发展的重要内容

《国家防震减灾规划（2006—2020年）》指出，建立健全防震减灾法律法规体系，依法开展防震减灾工作，加强防震减灾法制建设。"十二五"《中国地震局事业发展规划纲要》在发展目标中要求，基本健全防震减灾法律法规；在战略方向中强调，加快各级防震减灾法制建设；在主要任务中提出，加强防震减灾法规建设，提高依法行政能力。推进防震减灾事业中长期规划和"十二五"规划的实施，必须做好法制建设各项工作。同时，只有推进防震减灾法制建设，依法促进防震减灾社会管理，动员全社会依法参与防震减灾活动，才能保证规划的全面贯彻实施，促进事业科学发展。

二、需求分析

加强防震减灾法制建设是加强法治政府建设和推进依法行政的要求，是依法加强防震减灾社会管理、全面贯彻落实防震减灾法、提升防震减灾综合能力和实现国务院确定的"十二五"防震减灾工作目标的重要保障。

（一）坚持依法行政加强社会管理的需要

党中央明确提出要推进依法行政，弘扬社会主义法治精神。国务院《全面推进依法行政实施纲要》明确提出，经过十年左右坚持不懈地努力，基本实现法治政府的目标；《国务院关于加强法治政府建设的意见》对于新时期推进法治政府建设提出了明确要求。中国地震局明确提出要坚持科学防震减灾、依法防震减灾、合力防震减灾；要按照建设法治政府的要求，全面履行管理职能；要坚持依法行政、加强社会管理。

（二）贯彻实施《中华人民共和国防震减灾法》的需要

新修订的《中华人民共和国防震减灾法》，对防震减灾法律制度进行了全面修改完善，新增了一系列法律制度，包括防震减灾规划、群测群防、地震预测、地震烈度速报台网建设、学校和医院等建设工程抗震设防要求、农村民居抗震设防管理、地震灾害紧急救援队伍建设等。"十二五"期间的防震减灾法制建设，必须围绕《中华人民共和国防震减灾法》的贯彻实施，提升立法质量，加大执法力度，增强普法实效，强化法制监督，为防震减灾事业发展提供更加有力的保障。

（三）提升防震减灾综合能力的需要

防震减灾工作必须以最大限度减轻地震灾害损失为根本宗旨，强化社会管理，拓展公共服务，全面提升防震减灾基础能力，推进防震减灾事业向更深层次、更宽领域、更高水平发展。科学、依法、合力是有机的统一，是新时期事业发展必须坚持的基本原则。进行社会管理和公共服务，必须以法制为依据。只有依靠法制，动员全社会积极、科学、有效地参与防震减灾活动，才能不断提升全社会防震减灾综合能力。

（四）实现防震减灾工作目标的需要

《国务院关于进一步加强防震减灾工作的意见》明确了2015年防震减灾工作目标，提出了地震监测预报、地震灾害预防、地震应急救援等防震减灾各项工作的具体指标。国务院文件从扎实做好地震监测预报工作、切实提高城乡建筑物抗震能力、强化基础设施抗震设防和保障能力、大力推进地震应急救援能力建设、进一步健全完善政策保障措施、加强宣传教育等方面提出了一系列工作措施。工作目标的实现和工作措施的落实，必须以强有力的法制作保障。

三、工作现状

在全国人大有关委员会和国务院法制办公室的高度重视和有力指导下，在地方各级人大和政府法制部门的大力支持下，健全立法、加强普法、严格执法、强化监督，防震减灾法制建设快速推进，为防震减灾事业科学发展奠定了良好基础。

（一）法制框架初步形成

截至目前，防震减灾领域的法律有 1 部，即《中华人民共和国防震减灾法》；行政法规有 5 部，即《破坏性地震应急条例》《地震预报管理条例》《地震安全性评价管理条例》《地震监测管理条例》和《汶川地震灾后恢复重建条例》；部门规章有 8 部。省、自治区、直辖市颁布了 36 部地方性法规和 45 部政府规章，大多数市、县制定了贯彻法律法规的规范性文件。

（二）普法工作全面开展

按照中共中央宣传部、司法部关于开展普法工作的总体要求，成立了普法领导小组，组织制定实施普法规划。通过召开新闻发布会、电视讲座、领导讲话、知识竞赛、巡回展出、街头宣传等形式，组织开展了丰富多彩的宣传普及活动，推进防震减灾法律知识进机关、进学校、进企业、进社区、进农村、进家庭。通过普法宣传，各级政府领导对防震减灾工作越来越重视，有关管理部门对防震减灾工作越来越关注，社会公众的防震减灾法律意识不断增强。

（三）行政执法稳步推进

各级地震工作部门建立健全执法规章制度，推进行政执法责任制，在地震监测设施和观测环境保护、建设工程地震安全性评价和抗震设防要求管理、地震应急预案管理等方面，开展了卓有成效的地震行政执法工作。近年来，全国实施行政许可事项 13000 余件，对违法行为实施立案调查 1500 余件，实施行政处罚 300 余件，获得赔偿 40 余件，赔偿金额 8919 万余元，通过法院实施强制执行 70 余件。执法工作的开展有力地维护了法律的尊严，保障了防震减灾工作的顺利开展。

（四）法制监督不断深入

全国人大对防震减灾法的实施高度重视，密切关注。近年来，进行实地执法调研、执法检查和行政检查的省份近 20 个。防震减灾法修订后，2010 年，全国人大教科文卫委员会组织开展了法律实施情况调研。全国各省、自治区、直辖市人大开展防震减灾执法检查 60 余次，省政府开展行政检查 200 余次。通过对执法活动的监督，既保证了法律法规的全面正确执行，又依法保护了当事人的合法权益。

（五）法定职责不断强化

各级地震工作部门采取有力措施，全面履行法律赋予的职责。中国地震局会同国务院有关部门编制了《国家防震减灾规划（2006—2020 年）》，各省、自治区、直辖市编制了当地防震减灾规划。加大地震监测台网建设力度，依法管理地震监测、预测和预报工作。加强建设工程抗震设防要求的管理。推进各级政府、各部门、各单位地震应急预案的制定与修订。推进地震紧急救援工作。汶川、玉树地震灾害发生后，各级政府和政府相关部门依法开展抗震救灾和恢复重建工作。

四、主要不足

防震减灾法发布实施以来，在中国地震局党组的高度重视下，法制工作队伍建设得到了进一步加强，法制工作经费投入有所增长。中国地震局成立了政策法规司，机构、人员和职能得到强化。各省级地震工作部门采取合署办公的方式均建立了法制工作机构，各直属单位也确立了相应的机构承担普法工作。天津、山西、内蒙古、山东等建立了专门地震行政执法机构。目前，各省级地震工作部门均有1至2人负责法制工作。经过政府法制部门的资格认定，省级地震工作部门申领行政执法证件的人数为580余人，市、县地震工作部门为4000余人。省级地震工作部门近200人，市、县地震工作部门600余人申领了地震法制监督证。

尽管防震减灾法制建设取得了显著成就，但距离建设法治政府、推进依法行政的要求还有一定差距，还存在一些问题和不足。

配套法规规章尚不健全。在国家立法方面，随着防震减灾法全面修订，一些配套行政法规需要予以修订。法律法规的配套部门规章需要健全，监测预报、震灾预防、应急救援等各业务领域的部门规章尚需完善。在地方立法方面，地方性法规需要全面修订，政府规章需要健全。立法质量需要提高，法律制度的可操作性、针对性、实效性需要增强。

依法行政意识尚不够强。普法工作在一些地方、一些单位不够深入，重形式、轻实效。各级地震工作部门工作人员尊重法律、崇尚法律和遵守法律的氛围有待进一步形成。一些工作人员在管理防震减灾事务中存在惯性思维，办事凭经验，对法律制度的约束力重视不够，依法行政意识和能力不强。

法定职责履行尚不到位。依法管理防震减灾社会事务的能力还相对薄弱，不敢于执法、不善于执法，不敢于管理、不善于管理，不敢于监督、不善于监督的现象，还一定程度地存在。地震工作部门与政府其他相关部门依法管理防震减灾工作的协调配合机制尚待进一步完善，部门合作、部门联动的途径有待进一步拓展。行政效率有待提高，行政执行力有待加强。

行政执法工作尚不全面。在执法内容上主要集中在地震监测设施和观测环境保护、地震安全性评价、抗震设防要求管理等方面。执法手段单一，注重行政处罚、行政许可，对行政检查、行政监督等其他行政措施重视不够。

法制工作保障尚不充足。省级地震工作部门法制机构与其他机构合署办公，职能发挥不全面，法制工作人员少，执法队伍不健全，法制工作经费不足。市县地震工作部门作为主要执法主体，熟悉管理、业务和法制工作的综合人才严重不足。法制建设研究工作机构尚未建立，研究人才匮乏，研究工作的广度和深度不够。

第二章　发展战略

按照国务院关于加强法治政府建设的要求，健全立法，加强普法，严格执法，强化监督，为促进防震减灾事业科学发展提供坚实的法制保障。

一、指导思想

认真贯彻落实科学发展观，围绕防震减灾中心工作，以最大限度减轻地震灾害损失为根本宗旨，以提升防震减灾能力为目的，以推进防震减灾法实施为主线，坚持有法可依、有法必依、执法必严、违法必究，全面提升依法行政能力，依法强化社会管理和公共服务，为促进防震减灾事业科学发展提供有力的法制保障。

二、基本原则

立行并重。防震减灾法制建设，立是基础，行是关键。坚持立行并重的原则，就是要在完善立法的同时，全面推进依法行政，认真履行法定职责，严格地震行政执法，保证防震减灾各项法律制度全面落实。

权责统一。防震减灾法律法规赋予了各级地震工作部门管理防震减灾工作的职权。在履职过程中，各级地震工作部门必须实现权力和责任的统一，按照建设法治政府的要求，做到有权必有责、用权受监督、违法受追究、侵权须赔偿。

管做分开。各级地震工作部门在管理地震监测预报、震灾预防、应急救援等工作中，要处理好管理部门和事业单位的关系，业务指导和项目实施的关系，内部管理和外部管理的关系，做到管做分开。

上下联动。法制建设需要中国地震局和地方各级地震工作部门有机结合，整体推进，上下联动。中国地震局在推进国家立法和依法行政的同时，要加强对地方防震减灾法制建设的指导和监督；地方各级地震工作部门应当根据各地实际，在推动地方立法的同时，重点推进防震减灾法律法规的全面实施。

研究先行。研究是法制建设的基础。建立法律制度，开展普法宣传，推进行政执法，强化法制监督，都必须进行深入的研究，把握政策，研究先行，适度超前，保持法制建设的延续性、前瞻性。

三、发展目标

到 2015 年，防震减灾法制框架基本完善，各领域工作做到有法可依；执法水平明显增强，法定职责全面履行；法制监督普遍开展，防震减灾工作得到有效监督；普法工作深入有效，全国地震系统和全社会的防震减灾法制意识明显增强。努力形成各级地震工作部门依法行政、全社会依法参与防震减灾活动的良好局面，为防震减灾事业发展提供有力的法制保障。

立法。完成 1 部行政法规的制定工作，完成 1 部行政法规立法后评估工作，开展 1 项行政法规预研究工作，完成 5 部部门规章制定工作，基本完成防震减灾地方性法规新一轮制修订工作。

执法。各省、自治区、直辖市地震局全部建立行政执法管理制度、行政执法责任制和执法人员管理机制，立案受理的违法行为全部得到查处，行政执法案件全部实行备案，防震减灾法定职责全面履行。

普法。各单位全部成立普法领导机构，全部制定普法规划，每年确定 1 个法制宣传教育主题，各级地震工作部门管理人员全部参加法制培训，各级地震行政执法人员全部通过法制业务培训。

监督。各级地震工作部门健全防震减灾法制监督工作机制。力争全国人大开展 1 次防震减灾执法检查，开展 2 次执法调研，中国地震局会同有关部门开展 2 次综合行政检查，各省、自治区、直辖市开展 1 次执法检查、2 次执法调研，1 次综合行政检查。行政复议案件和行政诉讼案件全部实行备案管理，规范性文件全部实行合法性审查。

四、战略重点

健全法制框架体系。"十二五"期间，防震减灾立法工作的重点在于健全体系、提升质量。国家立法方面，在推进配套行政法规制定和修订的同时，必须将加强部门规章的制定作为立法的重点予以推进。地方立法方面，重点在完成地方性法规的全面修订，同时大力推进政府规章制定和较大的市地方立法工作。

推进法定职责履行。要实现地震行业管理的规范化，增强自身的素质与能力；要实现防震减灾社会管理的法制化，促进防震减灾法律法规的全面实施；要实现防震减灾公共服务的多元化，拓展服务途径、提高服务质量，提高地震工作部门的社会公信力。通过全面推进法定职责履行，依法管理社会、服务社会，增强全社会防御地震灾害的整体能力。

开展法制监督检查。要健全防震减灾法制监督机制，重点在于各级地震工作部门要主动配合、积极协助各级人大、有关行政主管部门，开展防震减灾法律法规执法检查和行政检查活动，按照权责统一的原则，督促各级政府、有关部门切实履行防震减灾法赋予的职责。要探索和拓展层级和层间监督的途径，加强对地震工作部门法定职责履行的监督。

强化全局法制培训。各级地震工作部门要按照中央和当地要求，制定"六五"普法规划，以全面提升依法行政意识和能力为出发点，创新普法工作方式，与相关业务培训有机结合，有计划、有步骤地开展全局系统法制培训工作。

五、工作布局

在中国地震局层面，着力加强国家防震减灾立法工作，组织开展和指导全局系统法制培训，推进法定职责履行，建立法制监督检查机制，配合全国人大开展执法检查活动，组织开展综合行政检查，对地方防震减灾立法、执法、普法和监督工作进行分类指导。

在省级地震工作部门层面，着力加强地方性法规和配套政府规章的制定，加强和规范行政执法，积极开展法制监督检查活动，承上启下，全面推进依法行政。

在市、县地震工作部门层面，着力加强防震减灾普法工作，开展地震行政执法工作，发挥防震减灾社会管理和公共服务的窗口作用。

第三章　主要任务

落实防震减灾法制建设发展战略，必须进一步完善法律制度，提升法制意识，提高执法能力，履行法定职责，强化法制监督。

一、健全立法，完善法律制度

推进行政法规的制定。建立业务主管部门起草、法制工作部门审查、局务会议审议的立法工作机制。形成立法研究先行、法规规章制定、规范性文件配套的良性循环。全面总结汶川、玉树地震应急救援工作的经验，推进《地震应急救援条例》制定工作。

加快部门规章的制定。健全与防震减灾法律法规相配套的部门规章，重点加强防震减灾规划管理、监测预报、震灾预防、应急救援和监督检查等方面的规章制定工作，逐步实现防震减灾各领域规范化管理。

推进地方性法规和政府规章制定。尚未制定地方性法规的省、自治区、直辖市5年内完成制定工作，其他省、自治区、直辖市5年内完成地方性法规修订工作。积极研究探索新的立法领域，对各地已有一定立法基础和实践经验，而制定地方性法规尚不成熟的项目，先行制定政府规章。一些实施多年行之有效的政府规章逐步上升为地方性法规。

加强规范性文件制定。各级地震工作部门按照法制统一的原则，对防震减灾法律法规确立的有关制度进行细化、实化，在地震监测台网管理、预测意见管理、震情会商管理、地震安全性评价管理、地震活动构造探察管理、地震应急救援管理和行政检查等方面制定相关规范性文件。法制工作部门加强规范性文件的合法性审查。

二、加强普法，增强法制意识

强化法制宣传教育。按照中央的要求，成立"六五"普法领导机构，组织制定实施《地震系统法制宣传教育第六个五年规划》，深入开展普法宣传教育工作。不断丰富法制宣传教育形式，充分利用各种媒体和现代化手段，增强法制宣传教育的广度和深度。推进防震减灾法律知识进机关、进学校、进企业、进社区、进农村、进家庭。运用党校、行政学院以及各种会议等平台，做好各级政府及有关部门领导干部的宣传普及工作。

加强全系统法制培训。建立健全防震减灾法制学习与培训制度，完善长效机制。坚持领导干部带头学法，将依法行政知识和法律知识列入地震系统各级领导班子理论中心组学习、局管干部培训、后备干部培训、新任干部培训和公务员培训的内容。组织执法人员学习公共法律法规和专业法律法规，全面掌握执法程序，提高执法水平。创造条件和机会，保证法制工作者参加各种形式的法制培训。

三、严格执法，加大执法力度

加强执法队伍建设。按照权责明确、行为规范、监督有效、保障有力的要求，建立以中国地震局指导，省级地震工作部门管理，市、县地震工作部门为主的地震行政执法体制。严格行政执法主体和行政执法人员资格制度，按照主体合法、职权法定、权责统一的原则，规范行政执法主体。加强执法资源整合，建立专兼职相结合的执法队伍。

规范行政执法行为。围绕加强社会管理，深入开展行政执法工作。按照防震减灾法律法规赋予的执法职权，加大地震监测台网建设、地震监测设施和观测环境保护、抗震设防要求、地震安全性评价、地震应急救援、地震遗址遗迹保护等领域行政执法力度，全面落实各项执法职责。依法公开执法依据、执法程序和执法监督措施。科学规范防震减灾行政处罚、行政许可等具体行政行为中的裁量权，细化裁量基准和适用规则。

创新行政执法方式。认真贯彻实施行政许可法，完善行政许可和审批方式，规范行政许可和审批行为。认真落实受理行政许可和审批申请一个窗口对外、一次性告知，统一、集中、联合办理的行政许可和审批制度。统一行政许可文书格式，积极创造条件，推行网上办理行政许可。探索联合执法、委托执法的途径。开展案例研究，推广行之有效的执法经验。

四、创新管理，履行法定职责

全面推进各级地震工作部门法定职责履行。各级地震工作部门根据防震减灾法律法规的规定，坚持权责统一的原则，对各自的法定管理职责进行全面清理。制定具体可行的工作措施，有计划、有步骤地推进法定职责履行。建立目标岗位责任制，加强对法定职责履行的监督检查。各级地震工作部门结合实际，为政府防震减灾法定职责的履行出谋划策，做好服务。加强协调配合，推进其他相关部门法定职责的履行。

强化防震减灾社会管理。各级地震工作部门按照提高社会管理科学化水平的要求，结合防震减灾工作实际，创新社会管理方式，厘清社会管理层次，强化社会管理措施。依法强化地震监测台网规划、布局、建设和运行的管理，强化地震监测设施和观测环境的保护，强化地震信息检测、汇交、共享和使用的管理，强化地震预测、震情会商、震情速报和震后判定的管理。依法强化地震区划图制定、发布、实施和应用的管理，强化地震安全性评价资质单位和从业人员的管理，强化建设工程抗震设防要求确定和使用的管理，强化防震减灾知识宣传普及的管理。依法履行抗震救灾指挥机构日常工作职能，强化地震应急预案的管理，强化地震灾害紧急救援队伍建设、培训和调用的管理，强化地震灾情信息搜集、速报和发布的管理，强化地震灾害损失调查评估的管理。

拓展防震减灾公共服务。各级地震工作部门立足社会对地震安全的需求，强化服务意识，拓展服务领域，增强服务实效。依靠专业技术，丰富信息产品，为政府决策服务。运用基础探测成果，着眼城市规划和国土利用，为城市发展服务。通过农村民居抗震设防技术培训和指导，推广示范工程，为农村发展服务。按照抗震设防的需要，结合规划选址和勘察设计实际，为工程建设服务。宣传防震避震知识，传播防震减灾文化，为社会公众服务。公开震情灾情信息，正确引导舆情，为维护稳定服务。积极参与国际紧急救援，为国家整体外交服务。推进科技创新，促进成果转化，为公共服务提供技术支撑。

五、强化监督，促进法律实施

加大法制监督力度。积极向全国人大汇报工作，力争在"十二五"期间，由全国人大常委会组织开展全国防震减灾执法检查。配合全国人大教科文卫委员会开展防震减灾法实施调研活动。会同全国人大和国务院有关部门，适时开展防震减灾综合行政检查。针对建设工程抗震设防、地震应急救援等开展专项检查活动，推进相关工作。

各省、自治区、直辖市地震工作部门积极配合本级人大开展执法检查和执法调研，配合本级政府开展综合行政检查，会同政府相关部门组织开展专项行政检查。

各级地震工作部门的法制机构对同级有关部门贯彻实施防震减灾法律法规的情况进行监督，及时发现和纠正执法中的偏差和不当行为。认真办理人大代表议案或建议，自觉接受司法、监察、审计监督和舆论监督，对反映的问题认真对待，及时处理。

六、深入研究，夯实法制基础

培育法制研究队伍。依托现有科研院所，整合现有资源，推进防震减灾法制研究机构的建立。加强法制研究人才的培养，充分吸收防震减灾各方面的专家参加法制研究，健全完善法制研究专家库。

开展法制预研究。适应防震减灾事业发展的新形势，针对新一代地震区划图发布实施、地震预警信息发布、地震活动构造探察结果应用等，开展法制预研究，为处理相关工作领域的社会问题和法律问题提供参考。

深入开展立法研究。开展《地震预报管理条例》立法后评估研究，评价有关法律制度的实际执行效果，分析有关法律制度在新形势下面临的问题，研究提出完善有关法律制度的建议和对策。开展地震重点监视防御区管理、地震灾害损失调查评估管理、地震灾害保险等方面的法制预研究，为国家立法奠定基础。

加强依法行政能力评价研究，探索建立依法行政评估体系，全面推进依法行政总体目标的实现。开展执法和法制监督研究，探索执法方式和考核形式，分析法制监督形式和效果，为执法和法制监督工作提供决策依据。

加强法律对比研究，借鉴国际上防灾减灾领域的成功经验。学习我国其他行业的相关管理措施和法律制度，提升防震减灾法制建设水平。

第四章　重大专项工作

"十二五"期间，通过实施防震减灾法制建设重大专项，完善立法，加强普法，强化法制监督和法制研究，提高地震系统法制工作的能力和水平，全面贯彻防震减灾法律法规，推进依法行政。

一、法制框架完善

制定《地震应急救援条例》。在地震监测预报、震灾预防、应急救援和监督检查方面制定5部部门规章。

二、法制宣传教育

制定实施《地震系统法制宣传教育第六个五年规划》。举办省局管理人员和市县地震工作部门法制培训班。编制适应地震工作部门特点和实际需要的法制宣传教育读本，编制防震减灾法制宣传材料，创作法制宣传作品。利用全国防灾减灾日、防震减灾法实施日、全国法制宣传日等时机，集中开展宣传活动和"送法下基层"活动。针对不同的群体，举办法制讲座和法制研讨班，提高公众的防震减灾法制意识。

三、法制监督检查

会同全国人大教科文卫委员会开展防震减灾法实施情况调研，提出进一步推进法律实施的建议。会同全国人大和国务院有关部门，开展防震减灾综合行政检查，推进防震减灾法律法规和国务院文件的贯彻落实。会同国务院有关部门开展防震减灾专项检查，推进相关工作的开展。

四、法制建设研究

适应防震减灾事业发展的新形势，针对新一代地震区划图发布实施、地震预警信息发布、地震活动构造探察结果应用等，开展法制预研究。开展《地震预报管理条例》立法后评估研究。开展地震重点监视防御区管理、地震灾害损失调查评估管理、地震灾害保险等方面的法制预研究。开展行政执法和法制监督模式研究。开展国际法制对比研究。

第五章　保障措施

规划的顺利实施，需要各级地震工作部门高度重视和有力领导，需要健全的工作体系和必要的经费保障，需要学习和借鉴国外先进经验。

一、强化法制工作领导

各级地震工作部门按照国务院《全面推进依法行政实施纲要》和《国务院关于加强法治政府建设的意见》的要求，成立推进依法行政领导机构，加强对依法行政工作的领导和组织协调。将法制建设和依法行政摆在重要位置，加强领导，强化监督，确保工作措施的落实。

二、健全法制工作体系

根据地震工作部门实际，以推进职能履行为目的，完善省、自治区、直辖市地震局法制工作机构。推广现有成功经验，条件成熟的地区，探索建立省局执法总队、市局执法支队、县局执法大队的地震行政执法队伍。探索与其他相关部门开展联合执法模式。立足法制工作的实际需要，加强培训，提升法制人才综合素质，努力建设一支高素质的防震减灾法制工作队伍。

三、加大法制工作投入

各级地震工作部门将防震减灾法制工作经费纳入年度财政预算，确保法制工作的正常开展。加大地震行政执法和法制监督工作投入力度，保证必要的执法和监督工作经费，改善执法和监督工作条件。加大法制宣传、法制研究和人才培养等基础工作投入力度，促进防震减灾法制建设可持续发展。

四、加强国际国内交流

开展防震减灾法制建设的国际合作与交流，加强法律对比研究，借鉴国外先进的管理经验；深入研究我国防灾减灾相关领域的法律制度，借鉴相关行业的有效措施，提升防震减灾法制工作水平。

（中国地震局办公室）

关于印发《防震减灾国际合作与交流规划》的通知

中震财发〔2012〕13号

各省、自治区、直辖市地震局,各直属单位:

依据《中国地震局规划管理办法》(中震财发〔2008〕29号)、《关于印发国家"十二五"防震减灾规划体系的通知》(中震财发〔2008〕149号)和《中国地震局事业发展规划纲要》,中国地震局组织制定了《防震减灾国际合作与交流规划》(编码GH/2-12),于2012年1月16日经中国地震局第一次局务会议审议通过,现予以印发,请遵照执行。

中国地震局
2012年2月13日

防震减灾国际合作与交流规划

第一章 现状分析

一、发展现状

"十一五"期间,根据我国防震减灾事业发展和国家外交的要求,防震减灾国际合作与交流以增强地震科技自主创新能力和提高地震科技竞争力为重点,在拓展合作与交流领域、提升合作与交流层次、提升合作与交流水平、扩大国际影响、引进国外技术和加强人才培养、推动我国地震学家走向国际科技舞台和防震减灾科技高技术产品的发展等方面,开展了大量卓有成效的工作。为推进我国防震减灾事业发展,营造更加开放的防震减灾国际合作与交流环境,促进我国防震减灾科技进步和服务国家整体外交提供了有力的支撑,初步形成一个全方位、多层次和高水平合作的良好局面。

(一)合作领域逐步拓展

截止到"十一五"末,我国已与60多个国家和地区建立了地震科技合作关系,并与其中40余个国家签订了政府间地震合作协议,初步形成了较为完整的政府部门间地震合作框架体系。

在过去五年间,合作和交流的广度、深度不断增加。我国先后与美国、日本、法国、俄罗斯、韩国、意大利、西班牙、澳大利亚和新西兰等国开展了一批重要双边防震减灾合作活动,在地球动力学、地球物理学、测震技术、地震发生机理及预测、地震地质学、地震工程学和地震灾害应急管理等领域的合作，有力地推动了我国相关领域科研水平。援建阿尔及利亚、印尼、老挝和缅甸地震台网项目已顺利完成，援建巴基斯坦地震台网项目已完成布局规划、台址勘选和3个台站的安装，援建萨摩亚地震台网项目已正式签署对内对外合同，进入台址勘选阶段。与东北亚、东盟、南亚、中亚和南太平洋等区域组织的防震减灾科技合作明显增强。举办多期发展中国家地震观测技术、应急管理搜索救援培训班。广泛深入地开展汶川等灾难性地震应急与研究方面的合作。地方和民间防震减灾科技合作与交流呈现空前活跃的势头，地方单位参与防震减灾国际合作与交流的热情显著增强，涉及的领域不断拓展。

（二）合作层次不断提高

防震减灾合作与交流在我国整体外交中的地位显著提升，海地地震、巴基斯坦洪灾等国际救援行动和境外地震台网建设等，直接服务于国家整体外交。2007年11月19日，回良玉副总理访问阿尔及利亚期间，出席了援建阿尔及利亚地震台网交接仪式，该项目得到了中阿双方主管部门的高度评价。包括防震减灾合作在内的中美科技合作是中美关系的三大支柱之一，为稳定和推动两国关系的发展作出了贡献。中欧双方在科技合作中采取"主动携手"战略，将加强科技合作作为双方关系发展的重点，成为中欧全面战略伙伴关系的重要基石。中俄防震减灾合作有利于增强双方的防震减灾科技创新能力，防震减灾领域的合作成为科技外交、灾害外交的重要领域。

（三）合作水平显著提升

积极参与和组织重大防震减灾国际合作项目是防震减灾国际合作的标志性成就。先后参与的一系列国际或区域的重大防震减灾合作项目，顺利执行国家重点、重大国际合作项目30多项，中美、中法等部门间合作项目进展顺利。伽利略全球卫星导航计划、印度洋海啸预警系统建设、国际对地观测计划、全球地震模型计划等，为我国及时分享和利用世界先进科研成果提供了重要条件。

（四）国际影响日趋扩大

2008年在北京成功举办了有3000多人参加的第十四届世界地震工程大会。2000年以来，在华举办、承办了数十个重要国际会议和专题研讨会。参加国际大地测量与地球物理联合会、国际地震学和地球内部物理学学会、美国地球物理联合会年会等重要会议的专家不断增加，报告质量不断提高，活动能力进一步提升，影响力不断扩大。

与国际大地测量与地球物理联合会等近20个重要国际组织及东北亚、东盟、南亚、中亚和南太平洋等区域组织的合作得到进一步巩固和发展。目前，已有10多位科学家在国际有关地震科技组织担任重要职务，国际组织对我国在地震领域的国际活动倚重增加，提高了我国地震学家参与高水平国际合作与交流的能力，增强我国地震科技界在国际上的影响力。

（五）智力引进成效显著

近年来，防震减灾国际合作在引进优秀人才、培养我国本土尖子人才方面发挥了日益重要的作用。"十一五"期间，来华工作和交流的海外地震科技工作者超过2000人次，其中世界知名地震学家的数量呈快速增长势头。我国防震减灾科技人员作为访问学者、客座研究员、交流学者或参加有关国际学术活动出国人数超过2500人次。"十一五"以来，选派各类人员到国外参加专业培训，培训人数超过200人次。在平等互利的基础上，中外防震减灾科技人员在日益紧密的合作和交流中，建立了更加广泛的合作基础和更加坚实的互信关系。

（六）台港澳合作势头良好

海峡两岸的地震学家开展了汶川地震研究、海峡联合观测和海峡两岸联合探测等一批科研合作项目。两岸各类学术研讨会富有成效，人员交往持续增加。粤港澳合作稳步推进，粤港澳地震科技研讨会为三地的科技人员搭建起了学术交流的平台，粤港地震数据交换成功实现。粤港澳在几十个重大项目，如香港新机场、青马大桥地震风险评估等取得了互利共赢的效果，不仅促进了三地地震科技的交流，也大大提高了各方服务于本区域经济社会发展的能力。

二、需求分析

防震减灾国际合作与交流是防震减灾工作的重要组成部分，有效利用全球科技资源，做好防震减灾国际合作与交流，是防震减灾事业发展和国家整体外交的重要需求。

（一）跟踪世界地震科学前沿，把握科技发展规律

防震减灾能力的提升必须依靠地震科学的发展，地震科学涵盖地质学、地球物理学、大地测量学和工程地震学等多门学科，并与其他学科相互渗透，交叉融合，持续发展，紧密跟踪世界地震科学前沿是国际合作最重要的任务之一。国际上围绕防震减灾的新技术、新方法不断出现，如空间对地观测技术、地壳应力观测技术、洋底地震观测技术、形变观测技术和地震灾害快速评估及响应技术，已不同程度地发挥减灾实效，引进、消化、吸收这些技术是国际合作的重要内容。同时，地震科技问题日益复杂，很多都是全球性问题，如地球动力学、地震发生机理等问题，其范围、规模常常超出一个国家的能力，开展国际合作是地震研究和技术发展的内在要求，也是跟踪世界地震科学前沿，准确把握防震减灾科技发展的特点和规律的重要途径。

（二）开展防震减灾合作交流，融入全球化进程

信息、技术和人才等要素的流动不仅将在全球更广泛的范围内展开，而且也将不断改变要素配置的方式，各个国家的发展将不可避免地融入全球化的进程之中。防震减灾科技全球化步伐进一步加快，网络、通信和信息技术的进步为地震科研的全球化提供了便利。地震科学数据、防震减灾科技信息、防震减灾科技人才和设施等防震减灾资源在全球范围内的共享成为现实。不同国家间实验室联合体、虚拟网络、合作中心等新型研发模式层出不穷，势必引发地震科技创新模式的全球性转变。以合作与竞争互动为特征的地震学家研究群体，成为当今地震科学研究的主导性力量。近年来，地震领域国际大科学计划和工程不但在数量上快速增加，合作深度也是前所未有。支持和鼓励我国地震科学家参与国际重大地震科学研究，使防震减灾科技融入全球化的进程，是我国地震学界在国际上占有一席之地的必然要求。

（三）利用全球地震信息资源，提升自主创新能力

防震减灾科技全球化为发展中国家利用全球地震信息资源、加快地震科学技术进步提供了机会和更多可能。原始创新、集成创新和引进消化吸收再创新，都要求进一步扩大对外开放，坚持国际合作。加强合作与交流，坚持以我为主，为我所用，更好地发挥引进的

作用，提高自主创新能力。充分利用国际资源，充分了解、掌握他人的智慧、成就和经验，不断完善体制机制，增强自身实力。

（四）加强关键领域合作交流，适应事业发展要求

党中央、国务院对防震减灾工作提出新的明确要求，把最大限度地减轻地震灾害损失作为防震减灾工作的根本宗旨。在"十二五"期间，将开展一批以加强地震监测预报、地震预警体系建设、生命线工程紧急自动处置技术研究、地震灾害保险机制的建立、城市地震活动构造探察等为主要内容的重大建设项目。目前，我国的防震减灾能力还落后于一些发达国家，其中一些领域在我国尚处于起步阶段，甚至是空白，距实现国家2020年防震减灾目标仍有较大的差距。引进国外关键人才、技术和设备，学习借鉴外方经验，建立健全相关机制、体系和网络，既是我国防震减灾事业发展的重要需求，也是防震减灾国际合作的重要任务。

（五）发挥灾害外交特殊作用，服务国家整体外交

21世纪以来，重大灾害频发，特别是地震灾害，灾害外交已成为国际热点，是大国展示实力、宣传人道主义的重要舞台。防震减灾外事工作作为国家外交战略的一个组成部分，在服务国家外交战略、维护国家利益方面起到独特而重要的作用，为展示中国是负责任大国，坚持以人为本，高度关注国际人道主义事务的形象提供有力的支撑。

（六）重视国际学习培养交流，促进人才队伍建设

随着世界各国抢占新的科技制高点的竞争日益加剧，特别是对高端科技人才为代表的科技资源的争夺日益激烈，发达国家将进一步通过吸引人才，加强在科研领域的领先地位，主导科学发展方向与研究布局。这必然要求我们更加积极主动地参与国际地震科技人才的竞争。通过防震减灾国际合作与交流，建设高层次人才队伍，推动地震科技人才队伍达到国际先进水准。

第二章　发展战略

一、指导思想

以邓小平理论和"三个代表"重要思想为指导，深入贯彻落实科学发展观，以最大限度减轻地震灾害损失为根本宗旨，配合国家防震减灾"十二五"重点任务，坚持以我为主，以外促内，实行走出去引进来并举，多渠道，多层次、全方位推进国际合作与交流，努力提高合作实效，不断扩大国际影响，促进地震科技进步，着力培养领军人才，严格规范外事管理，为防震减灾事业发展和国家整体外交服务。

二、基本原则

贯彻"大国是关键，周边是首要，发展中国家是基础，多边是重要舞台"的外交战略。以我为主，以外促内，平等合作，互利共赢。归口管理，注重效益，实行走出去、引进来并举，多渠道、多层次、全方位开展合作与交流。

三、发展目标

"十二五"期间，防震减灾国际合作与交流的总体目标是：推动我国防震减灾走国际化发展道路，促进防震减灾科技自主创新能力的提高，国际合作内容不断深化，合作形式不

断创新，人才建设重点突破，国际合作规模稳步发展，统筹协调机制逐步完善，积极参与国际地震灾害救援行动，为防震减灾事业和国家整体外交作出新的贡献。

国际合作内容不断深化。围绕"十二五"发展重点，形成一批以我重大项目为依托的国际合作项目，促进防震减灾工作的开展和重大项目的实施。推动东北亚地震、海啸、火山合作研究计划的开展和执行，发挥我国数据优势和地域优势，深化与欧洲国家、美国、日本等地震强国的防震减灾科技国际合作。积极参与国际大科学计划，跟踪世界防震减灾科技的新成果、新动向，强化国际合作与交流的实效性。推动国际科技合作计划项目的申报工作，组织好重大国际科技合作项目，提升合作层次，力争达到国际项目水准。积极组织和参加国际组织的活动，参与规则制定，增强影响力。

合作形式不断创新。巩固和发展已有双边关系，拓展新的合作渠道，继续推动地震科技国际合作基地、联合研究中心、培训中心等合作实体建设，推动与国外具有一定资质的企业、社团等非政府组织的合作，积极参加国际联合研究体网络、应急管理以及搜索救援国际网络，深化与周边国家和地区间的合作，拓展并加强在联合观测、数据交换和跨边境研究项目等领域的合作。

人才建设重点突破。加大对科研人员参与国际合作与交流的支持，对高层次科研人员和中青年科研人员"走出去"予以倾斜，支持国家留学基金委项目，支持中青年科研骨干中长期赴外工作、学习、培训，大力培养、储备国际化科研力量。组织对西部中高级防震减灾管理人员境外培训和年青科技人员基本科学素养的培训等。对高端急需人才引进予以强化支持，引进关键技术领域领军人才，支持在国际组织中任职，依托重点合作实体、项目建设国际化的人才团队。鼓励高水平科学家来华展开合作，依托国家重大科技项目、重点实验室和国际合作基地等，加大对发展中国家人员的防震减灾专业培训和人才培养，提升我国地震科技的影响力。加大中国国际救援队的国际交流和培训力度，配合完成中国国际救援队2014年复测工作。

国际合作规模稳步发展。"十二五"期间，积极推动重大国际合作项目立项，在不断提高合作效益的基础上，国际合作与交流出访人数达到2500人次，接待来华交流人数达到2000人次，与"十一五"期间基本持平。选拔150位左右青年人才，在境外进行短期培训。

统筹协调管理机制逐步完善。国际科技合作资源的统筹协调得到明显提高，初步形成重要外事活动、防震减灾重大项目与重点国际合作项目相互协调、衔接和配合的局面，完善国际合作项目、出访来访、涉外资金使用的统筹协调和量化管理机制。

第三章 主要任务

一、围绕发展重点，促进防震减灾工作开展和重大项目实施

防震减灾国际合作与交流要紧密围绕"十二五"中心工作，突出重点，对以下工作有计划、有目的地给予积极、有力的支持。

（一）加大合作交流力度，引进吸收关键技术和新方法

加强在地震监测、地壳形变监测、地磁监测、地震预警、地震卫星、地震风险评估、

抗震设计和加固技术、工程健康监测和诊断、生命线自动紧急处置等关键技术和标准方面，与先进国家和地区的交流与合作，提高能力。

积极推动在测震、形变、电磁和流体观测数据处理方法和技术及标准方面的合作与交流，完善相关数据处理平台建设。掌握国际上可能对地震预测预报突破有潜在意义的技术和方法，加强地震预报研究的合作与交流，鼓励国际同行参加我国地震危险性研究和地震会商。加强与美国、日本、智利和我国台湾地区的合作与交流，学习和借鉴其在抗震设防法律法规与技术标准制定、政府监督管理、民居抗震设防与监管，以及学校、医院等公共场所工程抗震设防等方面的成功做法与经验。进一步了解研究美国、新西兰、日本等国地震灾害保险制度，促进我国地震灾害保险制度的建立。

（二）拓展合作交流渠道，提升防震减灾公共服务水平

加强在快速地震信息发布与震后地震信息产出方面的合作与交流，开展在地震、活断层、地形变、电磁、流体等领域的地震信息产品服务的合作与交流，学习先进国家地震区划、小区划、地震安全性评价、震害预测、实用抗震技术和地震风险管理等方面的专业化服务，借鉴在防震减灾宣传、科普教育方面先进经验和做法。通过合作与交流，促进防震减灾公共服务系统建设，完善国家和省级数据信息平台，促进宣传教育基础设施建设，丰富宣传教育资源，提高宣传教育专业水平。

（三）密切配合重大项目，促进重点工作科技水平提高

配合中国地震局"十二五"期间实施的重大建设项目和科技计划，在项目编制、设计、实施、评估等各个环节中，在国际合作与交流方面提供全方位支持，并对各项目的国际合作与交流统一协调，统一组织。

二、强化合作与交流实效性，促进地震科技创新发展

与发达国家顶尖级大学和科研机构展开地震科技国际合作，引进先进的研究理念、观测技术和数据处理方法，建设一流的合作研究基地，培养与国际地震科技发展接轨的一流人才，提高地震科技合作的实效性。

（一）开展前沿领域合作交流，密切跟踪国际地震科技动向

要密切关注世界地震科技的新成果、新动向，加强地震科技基础研究和前沿技术领域的国际合作，积极参与或组织国际大科学计划，有组织应对、跟踪国际地震科技发展的热点问题。广泛深入研究、消化国际地震科技新成果，保障一批重大国际科技合作项目的顺利实施，通过国际合作，切实提高防震减灾自主创新能力。

（二）利用地震数据资料优势，推动地震观测技术研究发展

要根据我国对外交流的相关政策，基于我国地震监测台网和已开展数据交换的现状，充分考虑国内外地震资料交换与共享工作的发展趋势，编制地震数据国际交换方案和相关标准。

充分利用中国地震局所拥有的地域优势和数据优势，积极拓展数据共享的渠道，在保证国家安全的前提下，通过与国外数据的交换，实现防震减灾数据的共享。重点引进国外先进的数据处理技术和方法，提高对观测资料的解释水平和利用率。用国际先进的理论指导观测计划，通过深入合作解决一批地震科学发展中的关键问题，提升综合研究的能力，为我国防震减灾事业的发展提供重要的技术支持。

（三）自主建设与国际合作结合，搭建一流合作交流研究平台

以中国地震局现有的国家和部门重点实验室、培训基地等为基础，按照自主建设与寻求多种形式的国际合作相结合的模式，重点建设一批设备一流，开放共享的国际合作研究基地。重视科研基础设施的建设与科学研究基地的建设紧密结合，密切跟踪国际先进的管理和运行机制，使其在防震减灾事业发展中真正发挥效益。

（四）积极参与国际科技竞争，培养我国地震科技领军人才

积极参与国际科技竞争，着眼于培养世界水平的科学家，加强对科技领军人才、创新型人才的引进和培养力度，建立引进和培养相结合、国内培养和国际交流合作相衔接的开放式人才培育体系。依托国际交流合作项目，建设一批高层次创新型科技人才培养基地。

围绕防震减灾重点领域、重点学科和重点科技问题，积极开展以我为主，以外促内的国际学术交流与合作的实践，通过国际组织、国际会议、双边和多边交流活动，促进培养组建一批高素质、国际型的地震科技创新团队，支持重点领域科学家参加国际科学计划。

着眼于提升地震系统未来人才竞争力，每年选拔30位左右青年人才，送到国外一流大学和科研机构深造，进行定向专门培养。在国际交流活动中特别注意年轻一代的培养引导和约束，让科技人员特别是年轻科技人员尽快熟悉国际交流的基本原则。

（五）加强合作战略政策研究，优化防震减灾国际合作布局

建立专门研究小组，跟踪国际前沿，建立资料、文献和研究数据库，充分发挥科技委外籍委员的作用，为我国防震减灾重大科技问题的决策提供支撑。加强国别研究，针对不同国家的优势领域和对华政策，制定相应的国际合作发展战略，指导我国防震减灾国别国际合作的执行和调整。

三、发挥地缘优势，提升区域合作层次

中国是世界上大陆地震类型最齐全、历史地震记录最悠久的国家之一，中国大陆水平和垂直运动强烈，现代地壳运动性质多样，地貌清晰，是研究大陆内部构造变形以及强震发生规律的天然实验场。利用地缘优势、自然资源优势以及一些学科领域的特色和优势，开展太平洋西北边缘、青藏高原和天山等地区的国际地震科技合作。促进与台港澳等地的地震科技交流向具有实效性的合作发展。

（一）加强西太平洋地区合作交流，促进板块俯冲带地震动力学研究

太平洋西岸板块俯冲带的地震动力学过程，不仅是中国大陆东部地区，特别是华北和东北地区地震活动的主要因素之一，也是东北地区深地震活动和火山活动的主要原因，而发生在海域的特大地震往还会造成破坏性极大的海啸。2011年日本东海地震和2004年印度尼西亚地震引起的海啸使各国对地震海啸的研究进一步重视。促进中国、日本、韩国三国加强合作研究与交流，做好地震、火山和海啸等自然灾害防御工作。开展与日本、韩国、俄罗斯、朝鲜、蒙古、菲律宾等国家的防震减灾合作，研究太平洋西岸板块俯冲带的地震动力学过程对中国大陆东部地区的影响。

（二）利用青藏高原地域优势，逐步主导大陆动力学国际合作研究

作为世界屋脊的青藏高原是研究大陆动力学和大陆碰撞的天然实验场，对很多国外优秀的地震科学家有非常大的吸引力，是开展国际合作的有利条件。在政策容许的基础上加大在这一地域的国际防震减灾合作力度，利用这样的合作机会带动我国的地震科技水平，

提高创新能力，逐步使我国在大陆地震动力学方面的研究达到发达国家同期水平。

（三）**加强东南亚地区合作交流，拓展地震监测地震科技服务输出**

加强与东南亚地区的交流与合作，巩固并发展境外台网建设方面的合作与交流，扩大品牌效应的影响，以多种合作方式积极促进地震与海啸监测台网的建设。完成援建巴基斯坦、萨摩亚地震观测台网项目，争取其他援建周边国别地震观测台网项目，进一步发挥我国在国际防震减灾领域的重要作用。开展与东南亚地区的地震数据交换工作，发挥境外台网在防震减灾和科学研究中的作用。积极拓展防震减灾服务，在工程地震安全性评价、地震小区划等方面发挥我国的优势，为国际防震减灾作出贡献。

（四）**继续开展中亚地区合作交流，促进中亚天山地震动力学研究**

天山造山带是现今世界上最为活跃的陆内造山带，被公认为是研究陆内造山的天然实验场。积极推进以天山动力学为主题的国际地震科技合作研究项目。联合开展中亚天山中长期地震预测研究，编制天山地区新一代地震区划图。建立与中亚五国共享的中亚天山地震数据库、交换平台和标准体系，逐步形成开放的地震信息交流机制。建立中亚地震应急救援技术系统与数据库，实现与中亚国家的地震部门间的应急联动机制。

（五）**深化台港澳地区合作交流，加强两岸三地地震合作的实效性**

巩固台湾海峡联合地震观测网，提升对台湾海峡地震活动的监测能力。联合开展地震预警和台湾海峡深部构造探测科学计划项目研究，积极推动地球物理场、地球形变场等学科项目的联合研究，继续办好海峡两岸地震科技交流研讨会。

开展内地与港澳地区地震数据交换工作，积极推动建立粤港、粤澳地震应急联动机制，建设粤港澳地震速报、烈度速报网络系统，推进港澳地区抗震设防标准与内地一体化进程，在南海地震海啸监测及研究等领域开展合作，继续办好粤港澳地区地震科技研讨会，积极参与港澳地区地震科技服务项目。

四、**参与国际减灾事务，扩大国家防震减灾工作影响**

（一）**参与国际组织活动，提升中国在国际地震界的影响力**

在已有的国际合作与交流基础上，积极参加对科学发展有利、对国家利益有利的国际组织的活动。积极参加国际科学联合会理事会框架下的国际学术组织活动，继续加强与国际大地测量与地球物理学联合会之间的合作，并积极参加与其所属的相关委员会的活动。充分发挥在国际地震学与地球内部物理学协会、国际地震工程协会等国际学术组织中的国际影响力，充分发挥在联合国搜救与救援顾问团等国际减灾与人道主义事务方面国际组织中的影响力，继续发挥在亚洲地震委员会中的主导作用。进一步加强与联合国国际减灾战略、联合国人道主义事务办公室等国际组织的合作与交流。鼓励专家在国际组织任职并发挥重要作用，不断提高我国的国际地位和国际影响力。

积极参与全球地震模型项目、亚太经济合作组织地震模拟项目、地震可预测性合作研究计划、国际大洋钻探计划、国际大陆科学钻探计划等国际项目，鼓励专家积极参加其各种学术交流活动。

积极参加全面禁止核试验条约组织及其相关基础研究活动。做好核查地震台阵建设后续合作工作，积极参与核查国家数据中心相关工作。充分利用全面禁止核试验条约的国际监测系统全球台网的数据资源和运维管理经验，促进我国的地球物理研究。

（二）组织和参加国际会议，加强与国际地震科技界的交流

鼓励积极参加主流国际科学会议，鼓励在国际会议上做主旨报告、邀请报告、参加会议学术委员会、组织和主持专题讨论等，鼓励专家在国际高水平刊物发表文章，担任编委。通过参与学术交流提升中国地震科技发展的影响力，形成合作项目，产出科技成果。在参加国际学术会议的组织中注重实效、注重质量，建立相关的考核机制。协调、管理在华主办必要的大型国际会议，支持各单位结合实际，举办承办方式灵活、低成本、目标集中、短小务实的专题研讨会。

（三）开展境外台网建设和国际救援，服务于国家整体外交

巩固并发展境外台网建设和国际救援方面的合作与交流，扩大品牌效应，为国家外交提供有力的支持，进一步发挥我国在国际防震减灾领域的重要作用。

通过双边合作获取韩国、日本等国家和地区地震观测数据，初步形成环华地震观测台网，为促进我国防震减灾工作作出实效。

巩固我局在国际救援组织中的地位，积极参加国际救援组织相关活动，加强救援队伍建设，配合完成中国国际救援队2014年复测任务。同时，提高国（境）外大地震的快速反应工作机制，结合相关科研项目，提高灾情的科学判断力和水平。

积极参加联合国搜索与救援顾问团的决策和政策制定，适当参与联合国搜索与救援顾问团的建设和其他相关事务。重点推进亚太地区搜索与救援的合作与交流，参与如上合组织等亚太区域性重要会议、演练和培训，巩固发展与韩国、日本、新加坡、澳大利亚、新西兰等亚太搜救强国的合作关系。继续做好联合国灾害评估队和亚太人道主义、合作伙伴方面的合作。

（四）拓展防震减灾国际服务范围，增强专业队伍的竞争力

鼓励支持国内防震减灾技术研发国际化，提高技术创新能力，培育具备开展防震减灾服务国际竞争力的专业队伍，充分利用各种国际交流与合作渠道，积极拓展防震减灾国际服务范围。

鼓励支持地震观测设备、地震灾害减轻技术设备的国际联合比测、研发，指导支持与地震相关国产设备、技术的走出去，支持与地震相关国产设备参加国际展览、展销等。从国际合作与交流渠道支持培育相关专业队伍建设。鼓励、支持竞争、承担国际防震减灾研究、实验和应用项目，指导、扶持对发展中国家的防震减灾经验、技术和设备的输出与转化。

五、促进人员交流培训

（一）鼓励高水平科学家来华带动科技创新团队建设

重点围绕防震减灾发展的战略目标，通过多种渠道，加大资助国外优秀专家学者来华从事地震科研及技术开发工作的力度。通过与国外优秀科学家的合作，带动地震科技创新团队建设。通过授予荣誉称号、给予科技奖励等方式，表彰为中国地震事业发展作出突出贡献的高级国际人才。鼓励有影响的国际一流专家来华从事国际合作研究。

（二）扩大对发展中国家防震减灾专业人员国际培训

加强我国防震减灾"软实力"的影响，探索"南南合作"新模式。积极争取商务部、外交部、科技部的支持，以我为主，扩大对发展中国家的人员培训的国别范围、专业范围，

提高层次，向发展中国家介绍我国行之有效的防震减灾政策、管理和服务模式，促进与发展中国家在防震减灾领域的合作和交流。继续支持救援领域的应急官员培训和地震监测、震灾防御、地震科技等方面的国际培训。同时积极与国际组织合作，吸纳利用国际资源，参与或组织对发展中国家的国际防震减灾专业培训。

通过学位教育、联合培养、短期培训等方式，培养发展中国家、周边国家的年轻科技人才，扩大中国在这些国家的影响。特别鼓励以合作项目的形式开展硕士及以上的学位教育，提升我国地震科技发展的影响力。

第四章　保障措施

一、加大开放力度

国家地震行业重大项目、国家科技支撑项目、地震行业专项等在实施过程中，应明确对防震减灾国际合作的需求，研究提出合作领域、合作任务、合作方式，通过国际合作切实提高项目科技水平。原则上，除涉及国家安全和敏感技术领域外，按照对等开放和有效管理的方针，允许国外高水平地震科研机构的科学家承担或参与我局科技项目的任务和课题。制定地震数据信息国际合作交换的规范，建立地震数据交换机制。初步建立我国防震减灾的部分计划、项目向国际同行咨询、评议的机制。

二、发挥投入效益

争取加大防震减灾国际合作的外事经费投入力度。积极争取国家科技合作重大项目和援外项目，引导防震减灾重大项目国际合作经费的使用。鼓励和支持局属科研机构通过各种渠道争取国内外科研基金的投入，充分利用国外地震科技资源。支持各单位设立本单位防震减灾国际合作专项，用于本单位开展的重点国际合作与交流。引导、吸引社会各界对防震减灾国际合作的投入，形成多渠道多层次投入体系。

三、加强统筹协调

紧密围绕监测预报、震害防御、应急救援和地震科技等工作体系的建设，以防震减灾任务需求为第一导向，为进一步提高国际合作对防震减灾事业发展的保障和促进作用，强化国际合作与防震减灾工作体系之间的协调，实现监测预报、震害防御、紧急救援和地震科技等国际合作项目计划、立项、审批、执行等环节的相互衔接。

整合优化国内外防震减灾合作与交流资源，构建统一协调的高水平防震减灾国际合作平台。强化对局属各单位防震减灾国际合作与交流的引导，充分发挥各单位的优势和积极性，兼顾地方对国际合作与交流的需求，扩大国际合作与交流的影响面和受益面。

四、加强队伍建设

按照国家外交战略、方针、政策、规定的要求，按照防震减灾事业对防震减灾国际合作的需求，研究提出防震减灾国际合作专职干部的业务指标体系，初步制定外事干部需知需会标准，引入准入机制，要求所有专职外事干部达到业务标准。加大外事干部政策、业务、语言等方面的培训力度，加强外事工作业务区域交流与协调，对新任外事干部实行上岗培训。

五、严格规范管理

按照国家有关规定，加强因公出国（境）团组的管理，完善因公出国（境）计划报批制度和量化管理机制,严格因公出国(境)任务审批。加强经费预算管理,继续开展因公出国(境)经费预算、核销、检查管理工作。进一步加强对跨地区跨部门(双跨)团组、培训团组、出国(境)证件的管理,规范中国地震局人员在国际组织任职的管理。建立健全因公出国(境)团组报告评审和评估机制。

(中国地震局办公室)

关于印发《地震应急救援规划》的通知

中震财发〔2012〕14 号

各省、自治区、直辖市地震局，各直属单位：

依据《中国地震局规划管理办法》（中震财发〔2008〕29 号）、《关于印发国家"十二五"防震减灾规划体系的通知》（中震财发〔2008〕149 号）和《中国地震局事业发展规划纲要》，中国地震局组织制定了《地震应急救援规划》（编码 GH/2－08），于 2012 年 1 月 16 日经中国地震局第一次局务会议审议通过，现予以印发，请遵照执行。

中国地震局
2012 年 2 月 13 日

地震应急救援规划

第一章　现状分析

21 世纪以来，全球强震频发，灾害惨重。我国四川汶川、青海玉树和日本、印度尼西亚、海地、巴基斯坦、新西兰等一系列强震，都造成了重大人员伤亡和财产损失。如何提升和发挥应急救援手段，科学有效应对地震，减轻地震灾害对经济社会的冲击和影响，日益成为国际社会和政府间广泛关注和协调应对的重大问题。

一、地位作用

党中央明确提出通过全方位推进应急管理体制和方式建设，显著提高应急管理能力，最大限度地减少突发公共事件造成的危害，最大限度地保障人民生命财产安全。基于我国多震灾的基本国情和相对薄弱的灾害综合防御能力，持续加强地震应急救援工作体系建设，对于最大限度地减轻地震人员伤亡和经济损失，十分重要，非常必要。在汶川、玉树地震等抗震救灾中，应急救援工作取得显著成效，凸显了其在保障国家公共安全方面的重要地位，特别是应对大震巨灾方面不可替代的重要作用。《中华人民共和国防震减灾法》《破坏性地震应急条例》《国家地震应急预案》等，进一步明确了各级政府、相关部门、社会组织、军队和公民的地震应急救援权责义务。有效应对突发地震灾害事件，强化我国地震应急救援能力建设，已成为事关和谐社会建设和经济社会发展全局的重大政治问题、民生问题、安全问题和社会问题，成为党和政府以人为本、科学发展执政能力建设的重要方面，成为国家公共安全和责任型、服务型、效能型政府建设的重要内容。

二、需求分析

2000年以来，特别是汶川地震后，党中央国务院更加重视防震减灾事业发展，更加重视应急救援工作体系建设，更加重视高效有序处置国内外突发重特大地震灾害，迫切需要解决我国地震应急救援能力不能完全有效满足政府社会需求的矛盾，以最大限度地减轻地震灾害对人民群众生命财产安全和经济社会发展的危害。

党和政府执政能力建设需求。保护好人民群众生命财产安全，促进实现人与自然和谐相处，是党和政府以人为本执政能力建设的重要内容。随着我国综合国力和国际地位不断上升，高效的地震应急救援能力，已成为党和政府科学应对、有力处置国内外突发地震事件，最大限度地减轻地震灾害损失的重要手段，成为保障我国公民安全，彰显社会主义制度优越性，履行国际人道主义义务的重要方面。

贯彻落实《中华人民共和国防震减灾法》的需求。地震应急救援工作体系建设是一项系统工程，需要政府社会协同、人民群众广泛参与。落实《中华人民共和国防震减灾法》赋予政府、部门、军队、企事业、公众等地震应急救援的权责义务和法定任务，需要规划统筹、资源整合，形成科学、依法、统一、合力推进地震应急救援工作的局面。

科学有效应对突发地震灾害的需求。我国地震多、强度大、分布广、伤亡重，随着经济社会发展和城镇化进程加速，破坏性地震及其所形成的灾害链，使应急救援的能力和时效面临严峻挑战，对社会经济建设和公共安全的影响加剧。有力有序有效的地震应急救援行动，需要震前、震后各阶段的准备和行动相协调，需要预案、物资、队伍等各环节的措施相适应，需要政府、部门、军队、公众的应急救援行动相联动。

社会管理和公共服务的需求。处置突发重特大地震灾害的应急救援行动，犹如打一场时效性极强的现代化局部战争，需要迅速快捷的信息获取、处置和服务能力，灾情快速评估、准确研判能力，科学有效的人员、装备、物资集结、调运和保障能力，政府、部门、军队、公众的统一行动能力，前后方组织、协调和响应能力，以及机动有力、训练有素的专业队伍等。依赖于震前有效宣传、预案演练、体制机制和队伍建设以及应对准备等，依赖于震后快速动员、迅速应对和有力行动，这些都对加强震前应急救援社会管理和公共服务及震后应急管理和应急服务提出迫切需求。

三、工作现状

我国党和政府历来高度重视地震应急救援能力建设。特别是进入21世纪以来，作为国家公共安全、政府应对国内外突发地震事件能力建设的重要内容，地震应急救援事业得到长足发展，形成了党委领导、政府负责、部门协作、分级响应、属地管理、社会参与的地震应急救援管理体制，建立了国家地震应急救援法律法规体系和地震应急预案体系，初步建立了政府主导、部门合作、区域联动、军地协同和全社会共同参与的协调联动机制，组建了国家和地方地震灾害紧急救援队、地震现场应急队和其他专业队伍，志愿者队伍建设初具规模，全国共有地震救援志愿者10余万人。初步建立了国家和省级地震应急指挥技术系统，建立了国家地震紧急救援训练基地，推动了大中城市地震应急避难场所建设，26个省181个地级市规划并建设了地震应急避难场所。国家和地方地震应急救援能力逐步提高。2008年和2010年，我国政府两次启动国家地震应急一级响应，科学实施了汶川、玉树两次重特大地震灾害的应急救援行动，全面检验了我国地震应急救援综合能力。作为联合国安理会常任理事国和负责任大国，我国政府多次派出中国国际救援队赴印尼、巴基斯坦、海地、新西兰、日本等国地震重灾区，实施地震紧急救援和国际人道主义救助，提高了我国的国际地位。

在各级党委、政府的统一领导下，地震部门依法履行地震应急救援管理职责，为政府提供地震应急决策咨询和震情灾情信息服务，提供抗震救灾指挥技术支撑，组织开展地震应急预案修订、地震应急检查、应急演练、救援队伍建设、社会志愿者队伍建设，做好国家重大活动和重要时段的地震安全应急保障等，取得明显成效，地震应急救援社会管理和公共服务能力得到普遍提高。汶川地震后，中国地震局科学全面总结了地震应急救援工作，针对震前应急准备、震后应急救援行动等主要环节明确了目标，对存在的薄弱环节和亟待解决的重大关键问题，采取了相应措施，为科学有序推进国家地震应急救援体系建设，进一步提升我国地震应急救援能力奠定了基础。

四、存在问题

现阶段，我国地震应急救援工作体系建设的主要矛盾，仍是地震应急救援能力不能满足突发重特大地震灾害高效应对处置的需要。主要表现在：一是地震应急预案的针对性、实用性和可操作性尚待提高；二是各级抗震救灾指挥机构和办事机构的履职能力亟待全面增强；三是地震应急灾情获取和通信保障能力亟须加强，地震应急指挥服务保障系统亟待健全；四是对大震巨灾次生灾害叠加效应的认识和评估手段有限，部门间协同和信息共享还不够；五是各级各类地震紧急救援队伍的建设、管理、培训、协调和联动等还需强化，志愿者队伍能力建设亟待推进；六是全民地震应急防震避险能力需要增强，地震应急避难场所规范化建设亟须推进，基层地震应急救援能力亟待加强；七是地震应急救援科技支撑能力亟待提升，相关理论、技术和装备等亟待创新发展。

第二章　发展战略

一、指导思想

以邓小平理论和"三个代表"重要思想为指导，全面落实科学发展观，以最大限度地减轻地震灾害损失为根本宗旨，坚持科学、依法、统一和合力推进地震应急救援工作，以提升应对大震巨灾的地震应急救援能力为目标，进一步加强地震应急救援工作体系建设，健全完善地震应急救援体制机制法制，提高应急救援社会管理和公共服务水平，为防震减灾事业的发展作出新贡献。

二、基本原则

协调资源、优化配置。坚持中央、地方、基层上下贯通，政府、军队、专业救援力量、社会救援力量紧密协作，注重系统内外统筹协调，部门之间相互配合，社会资源优化配置，形成纵向联动、横向协调、专群结合、共同应对的工作局面。

创新管理、强化服务。深化地震应急救援工作行业管理和社会管理，完善管理制度，创新管理机制，发挥社会管理职能。着眼政府、社会和公众对地震应急救援决策服务、科技服务和公共服务需求，强化服务意识，创新服务方式，健全服务体系，提高服务效能。

突出重点、应对巨灾。在整体推进各地应急救援体系建设和发展的同时，突出重点，支持强震多发区、地震重点监视防御区、大中城市、人口稠密和经济发达地区的地震应急救援能力建设。以应对大震巨灾为目标，规范各方面的任务和行为准则，确保地震应急救援工作依法、有序、科学发展。

依靠科技、整体提升。紧密依靠科技进步，注重实用化高新科技手段的应用，着力提升地震应急救援工作的科技含量、技术水平和创新能力。重点扶持地震应急救援领域的理论创新、关键技术、实用技术研究、装备研发和成果转化等。

合理布局、分类指导。地震应急救援是一项长期艰巨的任务，要合理布局当前和长远、局部和全局、地震重点监视防御区和其他地区、城市和农村、西部和东中部、重点和一般等工作，把握中央与地方、区域之间、城乡之间工作发展水平，加强分类指导，从我国经济社会发展水平和应急救援工作实际出发，有序推进、平衡发展。

政府主导、社会参与。充分发挥政策导向作用，引入市场机制，调动各方面参与地震应急救援工作的积极性。促进政府管理和社会参与相结合、军地应急救援行动相结合、地震应急救援专业力量和志愿者力量相结合，加强基层地震应急救援能力建设，提高地震应急救援工作的社会化程度。

三、发展目标

（一）总体目标

在各级党委政府领导下，健全完善政府主导、部门合作、区域联动、军地协同和全社会共同参与的应急救援协调联动机制，建立较为完善的应急救援法制体系、全面覆盖的应急预案体系、全国一体化的应急指挥体系和精干高效的专业救援系统，夯实地震应急救援工作的基层基础，建设地震应急救援队伍、救援物资储备体系和应急避难场所，有效提升全社会的地震应急救援能力和水平。到2015年，专业地震应急救援支撑与服务能力基本满足应对重大地震灾害事件的需求，应对特大地震灾害事件能力显著提高。

（二）指标体系

应急预案覆盖率。县级以上人民政府及其抗震救灾指挥机构组成部门和乡、镇人民政府地震应急预案覆盖率达到100%，基本实现街道、社区、村以及交通、铁路、水利、电力、通信、学校、医院、核电、工矿企业等应急预案的全覆盖。

应急响应能力。地震发生后，各级地震应急部门快速响应，各级各类应急救援队伍迅速启动。震后30分钟内各级应急指挥技术系统启动并提供基础信息服务；震后1小时内给出初步快速评估结果，7级以下地震的结果精度控制在数量级范围内，7级以上地震的结果根据破裂过程、仪器烈度等参数动态修正；震后1小时内启动地震应急救援行动，震后2小时内地震灾害紧急救援队、地震现场应急队等赶赴地震灾区。

灾情获取能力。建立天空地一体的地震灾情获取系统，震后2小时内获取人员伤亡和房屋破坏信息，震后3小时内提供灾情预评和破坏范围初步估计结果，震后12小时内获取极灾区的破坏图像，震后24小时内获取灾区的高分辨率遥感图像。

现场处置能力。震后2小时内组成现场指挥组织体系；24小时内实现地震现场应急通信前后方实时畅通和现场应急队伍全覆盖；地震现场应急队具备48小时自我保障能力；国家和省级地震部门迅速启动支援灾区市县地震部门应急能力行动，提升灾区市县地震部门

24小时内恢复应急工作能力。

紧急救援能力。建立健全国家、省、市、县四级地震专业救援队伍体系，震后6小时内专业救援队伍的机动覆盖率由国土面积的33%提升到90%；建立较为完善的地震紧急救援物资储备与调配体系，实现救援行动自我保障。

应急避险能力。开展地震重点监视防御区和地震危险区的风险评估，编制地震灾害风险图和应急对策；应急避难场所基本满足灾民的避险需求，学校、医院等人员密集场所设置规范的应急避险通道，配备救生避险设备。在地震重点监视防御区建立社区群众自救互救组织，开展培训演练，增强群众的应急避险和自救互救能力。

灾害评估能力。震后24小时内划定人员搜救重点区域，提供极重灾区初步范围、极震区最大烈度、房屋破坏比率等；48小时内提供重灾区初步范围；72小时内提出重点排查乡镇和村庄社区，初步确定地震灾区范围和区域等级；6级及以下地震3天内初步给出地震调查烈度分布，6级以上地震5天内初步给出地震调查烈度分布。

科技支撑能力。重点解决灾情预判、灾情获取、协调指挥、人员搜救、灾害评估等关键技术，显著提升3小时内灾情预判精度、24小时内灾情获取能力和72小时内人员搜救能力。加强卫星航空遥感、地理信息系统、全球定位系统和物联网等高新技术的应用。

四、战略方向

（一）加强法制建设，规范应急救援行为

全面贯彻落实《中华人民共和国防震减灾法》，完成《破坏性地震应急条例》的修订，建立健全部门规章、地方法规、规范性文件和应急救援标准，形成较为完备的地震应急救援法律法规体系。进一步健全应急救援工作规则、应对程序和行为准则。深化地震应急预案体系建设，建立预案的编修备案和检查评估长效机制。大力开展法制宣传教育和培训演练，不断增强政府部门、社会组织和群众的应急救援意识和依法作为能力，营造地震应急救援工作体系建设良好法制氛围，促进形成政府社会科学、依法、统一、合力推动地震应急救援事业发展的大好局面。

（二）健全基础设施，提高支撑保障能力

强化西部、夯实中部、完善东部地震应急基础设施建设。建立健全一体化全国多层级地震应急指挥技术系统，强化系统的机动指挥能力、多手段集成能力、灾情准确判断能力、应急对策生成能力、全时候应急通信能力；强化专业救援队伍国内外紧急救援行动及保障能力、地震现场应急队灾区应急处置和协同能力；推进市县地震应急救援组织、技术、装备、队伍体系建设，落实应急救援准备和条件保障。

（三）创新社会管理，形成事业发展合力

加强多部门、跨区域、军地的地震应急救援联动，注重城乡统筹发展，拓展应急救援工作的社会基础，突出应急救援综合能力建设。强化各级地震专业救援队伍和现场应急队制度化、标准化建设，提升应急救援队伍的实战能力。强化地震应急准备，提升应对处置水平。建设地震应急救援示范城市和示范社区。扩展社会参与度，构建应急救援社会资源动员网络。积极参加国际人道主义救援行动，扩大我国国际影响力。

（四）拓展公共服务，满足政府社会需求

健全服务网络、保障服务供给，实现地震应急救援公共服务城乡全覆盖，形成地震应急救援为政府服务制度化、社会服务常态化、灾区服务定向化的崭新格局。专业地震救援队伍加强一专多能训练，参与多灾种的紧急救援。开展各区域的地震灾害风险评估和应急能力评价，提供区域地震灾害风险图和应急对策。国家和省级地震救援训练基地，为各级专业救援队伍提供训练服务，开设救援技能培训公共课，针对社会公众和志愿者开展不同层次的培训。建立地震应急救援公共服务网络，震前开展防震避险技能普及，震后快速发布地震灾害、重点搜救区域、地质构造、地震烈度等信息。

（五）推进科技进步，提升应急救援效能

加强理论创新、加快技术研发、注重成果转化，着力提升科技对地震应急救援能力建设的支撑作用。开展地震应急救援区划、灾情获取、协调指挥、搜索救援、灾害评估、联动服务等关键技术研究，推进应急救援相关装备研制，建设应急救援相关实验系统。

第三章　主要任务

一、健全地震应急救援指挥体系

（一）推进各级抗震救灾指挥机构建设

制定指挥机构及办事机构的文件、会议、检查、新闻发布、信息共享和联络员等制度，完善应急准备、信息共享、协作联动、快速响应、灾情发布、国际支援、专家咨询等工作流程，完善公众服务网络建设。

（二）健全地方各级地震应急救援机构

加强省级地震局应急救援管理部门和承担应急救援事业单位的建设，推进市级地震工作部门设立应急救援管理机构，实现各级地震应急救援机构、编制、职责、人员、经费"五落实"。加强基层地震应急管理责任，积极推进在街道办事处、乡镇、企业、学校等基层设立地震应急管理责任人。

（三）完善地震应急指挥服务保障系统

持续开展应急基础数据更新工作，升级完善国家和省级地震应急指挥中心和前方指挥平台，开展"动中通"卫星应急通信技术系统建设；开展市县地震应急指挥中心的试点和示范建设；依托多种手段建设国家与省级应急指挥中心、地震现场、应急专家组、相关行业专家协同四个层面的信息交换平台。

二、加强地震应急预案体系建设

（一）推进地震应急预案编修订

推进乡镇级以上政府、县级以上政府部门、交通、铁路、水利、电力、通信等基础设施和学校、医院等人员密集场所，次生灾害源、大中型工矿企业、危险物品等生产经营单位，以及街道、社区（村）和重大活动地震应急预案动态编制与修订，提高地震应急预案的适应性和可操作性。

（二）健全完善地震应急预案管理制度

制订地震应急预案管理办法、地震应急检查办法、各级各类地震应急预案编制指南、地震应急预案培训大纲、地震应急预案评估办法和地震应急演练指南等。

（三）推进地震应急演练常态化

组织开展区域、部门、军地间的地震应急演练，大力推进企业、学校、社区等的地震

应急演练。每年防灾减灾日、唐山地震纪念日或其他重要地震纪念日选择重点地区开展综合性应急演练。

三、加强地震应急救援队伍建设

（一）加强地震现场应急队建设

强化国家和省级现场应急队建设，建立上岗备案制度，优化人员结构，配置仪器设备，强化现场应急的信息获取、通信、机动、防护、保障等各项能力，开展国家地震现场应急队综合训练场地建设，加强培训演练，提高现场应急队快速反应能力和工作能力，引导市县地震部门建立现场应急队，发挥其第一响应作用。

（二）加强地震灾害紧急救援力量建设

深化国家和省级地震灾害紧急救援队建设，完善装备保障，提高远程机动能力，满足同时开展跨区域和多点实施救援任务的需求。积极引导和支持有条件的地区，建立地市级地震专业救援队。建立专业地震救援队伍的培训、考核、测评、上岗、备案和奖励制度。建立健全军地地震应急救援协调机制，充分发挥解放军、武警部队在抗震救灾中的中坚作用。完善地震灾害救援队伍调用机制和军地、区域、省际地震救援协作联动机制。建立退役专业地震紧急救援队员的应急招募制度。

（三）强化各级各类救援队的地震救援技能培训

扩建国家地震灾害紧急救援训练基地，建设省级地震应急救援训练中心（基地），针对专业救援队员开展日常性的地震救援训练和轮训。积极鼓励和引导各类专业力量参与地震应急救援培训，提高地震废墟搜索与救援能力。

（四）推进地震应急救援志愿者队伍建设

进一步规范和协调志愿者和民间救援力量。动员社会公众，特别是大专院校学生积极参与地震应急救援志愿者组织，积极开展应急救援技能培训公共课，分级开展自救互救、协助救援和专业救援培训，经考核发给相应资格证书，提高志愿者的专业素质。

（五）加强地震应急救援专家队伍建设

建立地震应急救援专家数据库，完善专家咨询、应急会商和信息共享机制。

四、强化地震应急救援协作机制

（一）强化地震应急协作区联动机制

完善 6 个应急协作区的应急联动工作机制，加强区域内的应急协作和区域间的协作，推进政府部门间的联动工作，明确各部门在大震巨灾中的联动职责。

（二）建立抢险救援部际工作机制

联合总参、武警总部、公安部、安监总局以及交通运输部、铁道部、卫生部、民航局等部门单位研究建立抢险救援部际工作机制，研究专业救援队伍派遣联合发布命令的方案和现场联动指挥机制，制定抢险救援服务准备工作预案。

（三）建立地震灾害调查评估会同工作机制

中国地震局会同有关部门，提出会同调查评估工作机制方案，建立跨部门的地震灾害损失调查评估制度，统一地震灾害调查评估方法和标准，实行评估结果统一上报制度。

五、强化地震灾情获取信息网络

（一）完善地震灾情速报网络

建立覆盖全国乡村、社区的地震灾情速报人员网络，建设"国家、省、市、县"四级联动的灾情速报平台。建立地震灾情速报政策激励机制、保障机制、经费保障机制和奖励制度。

（二）探索建立地震灾情信息共享机制

与中央媒体、门户网站等建立合作关系，建立与各驻地记者站的地震信息直通报讯机制。与公安、武警、民政、安监、通信、建设、交通、铁路、电力、水利等部门监控系统及110、119、120、114等社会服务热线探索建立灾情信息互通机制。

（三）建立地震灾情社会动员网络

建立卫星遥感图像快速获取网络系统、无人机灾情获取网络系统、重大工程定点灾情监控网络系统、短波灾情应急通信网络系统。

六、推进地震重点区应急准备

（一）年度地震危险区应急准备

每年根据确定的年度地震危险区开展针对性的应急准备，开展应急风险评估，制定专项应急预案，加强应急救援队伍建设，建立应急避险服务系统，开展重点地区、重点时段、重大活动的应急检查，做好应急救援物资储备，确保地震应急救援工作有力、有序、有效展开。

（二）建设地震应急救援示范区

选择有代表性的地市开展地震应急救援示范项目建设，建设市、县地震应急平台，开展应急能力评价，建立市、县地震应急指挥系统和基层社区信息获取机制，建立市、县专业地震应急救援队伍和社区应急救援志愿者队伍，建设市、县物资储备和应急避难场所。

第四章　重大计划和专项

针对我国防震减灾工作对地震应急救援体系发展的需求，基于"十二五"期间我国地震应急救援工作的开展战略、总体目标、战略重点、工作布局和主要任务，开展地震应急理论研究，发展应急救援关键技术，设置以下重大计划和专项，作为地震应急救援事业发展的主要支撑平台。

一、地震应急救援基础设施工程

实施国家地震社会服务工程和国家地震基础设施专项建设规划，提升应急救援支撑和服务能力。

（一）地震灾情获取速报系统

与相关部门合作，建设2套机载的雷达和光学地震灾情调查空中应用平台，建设15个省级的无人机灾情获取平台。建立省级短信息灾情获取与处理系统和无线公网救援定位系统。在20个大中城市和150个县市布设示范性灾情监控系统。建设国务院抗震救灾指挥部灾情速报平台，构建省级地震灾情速报平台和市、县级灾情速报终端。为国家级和省级地震现场应急队配备单兵地震应急工作装备系统。更新地震应急基础数据库，数据覆盖率达到80%以上。

（二）地震紧急响应系统

在31省（自治区、直辖市）建设和主要减灾部门专家进行灾情协商的专家协同平台，构建省级灾情协同评估与决策系统。建设地震应急遥感技术平台和专项信息服务产品生成系统。建设国际救援响应技术系统。

（三）应急协同联动服务系统

构建省级抗震救灾指挥部和省应急办公共安全平台的信息接入，完成各省内指挥部成员单位和抗震救灾指挥部之间的信息接入。建设省级前方地震应急移动指挥平台，为前方现场指挥部提供信息支撑。建设地震应急预案实施动态信息服务平台。建设150个市地震应急指挥技术系统，为灾区政府提供可靠的应急指挥手段。

（四）应急通信保障系统

在国家指挥部和各省指挥部之间建立地震应急通信专用信道，在省级指挥部和地市指挥部之间建立地震应急通信专用信道，建立全国地震应急无线通信网。新建和完善各省级、重点地市的现场应急通信系统（具备卫星、短波、集群功能），具备高机动性，保障现场与各方的应急通信。

（五）紧急救援保障系统

改扩建国家地震紧急救援训练基地和国家陆地搜寻与救护基地（兰州）。选择地震重点危险区建立若干省级地震应急救援训练基地或中心，对相关队伍和人员进行专业性的地震救援培训。建立地震专业救援队联动网络和救援指挥系统。与相关部门合作，建立救援队快速投运机制。为国家级和省级地震救援队配置现场救援指挥系统。

（六）地震应急装备保障系统

为国家和省级地震应急队配备便携救援设备、灾情采集仪、地震监测仪器、房屋鉴定设备、灾害调查设备、应急通信设备、便携营具、应急车辆等应急装备。建设国家地震现场应急队综合训练场地，开展技能和装备操作培训。

二、地震应急救援示范区建设

在东、中、西部地区各选择2个地级市，开展地震应急救援示范区建设，带动和促进全国基层地震应急救援体系的建设。

（一）地震应急平台建设

完善地震应急基础数据库，建立评估决策技术系统、灾情监控系统和无人机灾情获取系统，建设地震现场移动指挥平台。在城市主要建筑物上，部署可实时探测建筑物变形程度的震害监控仪，监控信号及时汇总到地震应急指挥中心。进行应急救援资源基础调查，开展区域风险评估和应急救援能力评价。

（二）地震应急救援队伍建设

组建市、县级地震专业救援队和应急队，配备专业仪器装备，建设救援训练中心。建立地震救援志愿者队伍，每年度开展自救互救培训演练，每个社区和村至少建立一个灾情速报点。

（三）地震应急保障系统建设

按照地震灾害风险评估结果，建立供水、排水、供电等功能齐备避难场所和地震应急物资储备库。

三、地震应急响应与现场处置技术研究

以灾情服务为核心，采取开放式、多学科交叉研究的方式，拓展高新技术方法的应用，

在"十二五"期间产出地震应急救援实用化科技成果。

（一）区域地震应急能力分析研究

研究我国各地的区域应急特征，建立地震应急救援能力评估的指标体系和评估模型，开展省、地市、县、社区四级应急模式的示范性研究。开展地震重点区的地震应急风险评估研究。

（二）地震灾情获取关键技术研究

研究利用短信、电话、电力网、通信网、交通网、社会监控、台站等多种手段实时获取和处理灾情的关键技术，研制实时启动、监控、传送信息的灾情监控技术与装备，研究航空遥感、无人机遥感和卫星遥感数据获取、存储管理、分析处理、震害信息自动提取、断层信息提取、产品制作和分发的关键技术，开展多种遥感信息源（光学、微波和激光雷达）震害提取及断层识别技术及应用系统集成技术研究，研究灾情分析与展示模型、灾情信息的发布模式、地震灾情数据服务技术。

（三）地震应急指挥保障技术研究

研究多方协同决策技术、智能动态决策方案验证技术、救灾队伍和物资需求调度技术、地震应急专题图件快速生成技术、应急决策响应技术、数据拓展技术等。研究基于情景假定的预案编制技术、应急演练仿真和培训技术、应急救援资源梯次化配置技术、应急预案效能预评估技术、大震巨灾预案重构技术等。

（四）地震现场处置和救援技术研究

研究区域震害评估参数修正技术、基于震源破裂模式和过程以及地形地貌特征的地震影响场分析技术、极震区烈度快速判断技术、全球地震巨灾损失快速评估与响应技术等。研究地震现场应急通信保障技术、救援力量分配部署技术、次生灾害源排查和处置技术、震后建筑剩余抗震能力快速评估技术、灾区工程结构的系统可靠性分析技术、基于北斗系统的地震现场调度与救援服务技术等。

（五）地震紧急救援装备研发

研制基于量子纠缠原理的人体心跳信号的探测装置、基于电磁诱导透明技术的探生装置、便携式中小型挖掘与吊装装备、机器人生命探测仪、基于手机信号的生命搜索仪、高精度地下结构探测设备等。

四、地震应急救援实验室建设

实施国家地震专业基础设施专项建设规划，建设为地震应急救援体系长远发展提供基础技术支持的实验室支撑。

（一）地震废墟救援技术模拟实验室

开展工程结构的地震破坏和地震破坏模式研究，建立地震破坏的快速判断方法和地震破坏模式快速判断方法。建立基于工程实验的灾区小比例尺模拟实物场景，开展建筑物三维结构破坏分析，研究废墟救援建筑结构支撑技术，为地震救援提供科学支持。

（二）应急协同试验和灾情仿真实验室

开展灾区实景获取、灾区建模与仿真技术研究，对灾情的分布情况和救援过程进行多方案并行仿真研究。研究建立各部门协同契合技术，开展多部门灾害协同评估和协同决策，修正和协调救灾行动方案，为地震应急救援行动提供及时的优化决策支持。

（三）地震灾害紧急救援装备检测鉴定实验室

研究针对地震灾害紧急救援装备的检测鉴定关键技术及相关装备，研究制定地震救援装备的系列检测鉴定标准，建立检测鉴定标准工作规程，建立国家地震灾害救援装备检测鉴定实验室。

（四）地震应急遥感技术实验室

建立卫星、航空、航天遥感分析处理技术系统，建设专业化遥感地震灾害分析与评估平台。建设连接我国军用和民用卫星地面接收和分析处理部门、主要航空遥感获取部门的100兆专用通信网络。开展埋压人员集中点的快速判断方法和安全救援道路的快速划定方法等，为震后快速实施应急救援行动提供宏观快速的支撑手段。

五、地震应急救援技术标准研究

我国在地震应急救援领域的技术规范和标准目前还较少，不能满足实际应急救援工作的需要，应尽快加以研究、制定和颁布。

（一）地震应急救援标准体系研究

研究地震应急救援标准体系框架，用于指导今后10年地震应急救援体系的标准化建设工作。

（二）地震应急救援标准编制

编制地震灾情速报、应急预案、应急指挥、应急准备、现场应急工作、灾害评估、紧急救援和救援装备等方面的10余项技术规范或标准。

第五章 保障措施

本规划是我国防震减灾规划的重要组成部分，也是我国"十二五"期间地震应急救援工作的指导性文件和项目建设依据。为保障本规划的顺利实施，确保预期目标和主要任务的完成，推动地震应急救援体系又好又快发展，必须从法制、人才、经费、科技和交流合作等方面提供切实保障。

一、法制保障

建立适应经济与社会发展需求的地震应急救援法规与标准体系，提升地震应急救援的社会化服务和管理水平。完善地震应急救援法规和技术标准体系建设，制定管理条例和配套实施细则，出台地震行政规章，规范应急救援工作管理、应急救援技术、应急救援项目执行，确保规划项目的实施。

二、人才保障

加强地震应急救援专业人才培养和激励机制建设，将地震应急救援人才培养纳入国家防震减灾人才队伍建设发展规划，重点培养、大力引进高层次、复合型、高技能的领军人才和青年科技人才。建立应急救援专家库，充分尊重和发挥专家的作用，为应急管理和应急救援工作提供技术指导和智力支持。

三、经费保障

拓宽地震应急救援投入渠道，形成国家、地方政府、企业及全社会多元化的投入机制。建立科学的投入渠道，适应财政体制改革，依法保障公共财政对地震应急救援事业的长期稳定投入，在规划的执行过程中要积极争取国家防灾减灾政策支持和科技投入。鼓励企业、社会组织（团体）和个人积极参与，建立全社会共同参与的投入机制。鼓励有基础、有条件的地区开展地震应急救援产业建设。

四、科技保障

鼓励支持科研院所、高等院校、企事业单位和应急救援队伍针对应急管理和应急救援中急需解决的技术性难题进行研究攻关；引进、消化吸收国内外先进救援技术和装备。

五、交流合作

进一步加强与联合国救灾组织、相关国际组织和各国应急管理部门在应急救援领域的交流与合作。学习借鉴国际成功的应急管理体系建设模式和经验，指导我国地震应急救援体系建设，提高我国应急管理人员的技术水平和应急能力。

（中国地震局办公室）

关于印发《地震监测规划》的通知

中震财发〔2012〕15 号

各省、自治区、直辖市地震局，各直属单位：

依据《中国地震局规划管理办法》（中震财发〔2008〕29 号）、《关于印发国家"十二五"防震减灾规划体系的通知》（中震财发〔2008〕149 号）和《中国地震局事业发展规划纲要》，中国地震局组织制定了《地震监测规划》（编码 GH/2-05），于 2012 年 1 月 16 日经中国地震局第一次局务会议审议通过，现予以印发，请遵照执行。

中国地震局

2012 年 2 月 14 日

地震监测规划

第一章 现状分析

地震监测是应对地震灾害的基础工作，是监视地震事件和测定发震时刻、震中位置、地震强度和地震烈度等的直接手段，是地球科学研究的基础。我国地震监测台网按照管理属性分为国家级台网、区域级台网、流动台网和专用台网，按照观测手段分为测震台网、地形变台网、地电磁台网、地下流体台网和地震烈度台网。

一、现有条件

近年来地震监测工作取得了显著进步，监测系统实现数字化和网络化。台网运行、产出与服务水平进一步提高，监测科技支撑能力不断增强，与发达国家和地区在地震监测基础设施和能力方面的差距逐步缩小。

（一）测震台网

建成了由国家测震台网、区域测震台网、流动测震台网、专用测震台网组成的中国测震台网，包括 1 个国家测震台网中心、31 个区域测震台网中心、152 个国家测震台、792 个区域测震台、2 个小孔径测震台阵、2 个海洋测震台、19 个流动测震台网。

除西藏和青海外，我国大陆地区测震能力基本达到 3.0 级，部分地震重点监视防御区、人口密集的主要城市和东部沿海地区达到 2.0 级，首都圈等人口密集地区达到 1.5 级。汶川地震后 13 分钟完成速报，玉树地震后 11 分钟完成速报，地震速报时间普遍缩短到 10 分钟。震后 2 小时内给出震源机制解，5 小时内初步给出地震破裂过程，48 小时内给出国内 6.0 级及以上余震序列精定位结果，提供国内 5.0 级及以上地震、国外 6.0 级及以上地震波形数据的快速服务。

（二）地形变台网

建成了国家地壳运动台网，包括 260 个地壳运动基准台和 2000 个地壳运动区域站；建成了国家重力台网，包括 65 个重力台和 3000 个流动重力观测站；建成了 226 个地倾斜观测站、93 个洞体地应变观测站、125 个钻孔地应变观测站和 25 个跨断层形变观测站，232 个跨断层场地。生成中国大陆地壳运动图和中国大陆重力变化图，获取中国大陆地壳应力变化。对部分地震断层进行观测，获取断层活动变化信息。

（三）地电磁台网

建成了国家地磁台网，包括 48 个基准台、78 个基本台、58 个区域台和 468 个流动站。建成了 89 个地电阻率台站、135 个地电场台站和 14 个极低频交变台站。生成中国大陆地磁图，获取中国大陆和区域地磁场变化信息。提供地电场、地电阻率变化信息。

（四）地下流体台网

建成了 508 个地下水位台，395 个地热台、275 个氡观测站、79 个汞观测站以及 95 个气体和水化学离子观测站。建成了由 25 个水化学和气体组分测点组成的首都圈流动观测网，建成了由 16 个土壤气体组分测点、12 个水化学组分观测井（泉）构成的西北地区流动观测网。建成由 4 个台站、9 个测项构成的四川西昌台阵和由 4 个台站、15 个测项构成的甘肃天祝台阵。获取区域地下流体物理和化学参数变化数据，提供承压含水层水位、深层水温、地球化学观测分项时间序列和大震效应信息。

（五）地震烈度台网

在北京、天津、兰州、乌鲁木齐和昆明五个城市建成了 310 个地震烈度台，进行地震烈度速报试验。结合现有测震台网和强震动台网，开展地震预警与烈度速报关键技术研究，研发地震预警、烈度速报、地震参数自动速报、大震烈度速报等系统，建设实时数据流、测试评价、信息发布平台，并在福建省和首都圈地区进行了试验示范。

二、问题和不足

（一）地震监测能力不平衡

全国地震监测台网布局与强震活动的主体区域不相适应，台网总体监测能力不平衡，西部地区地震监测能力不足，监测系统服务于中长期地震趋势判定的能力不足，地震重点监视防御区、重大生命线工程区域等加密监测不够，全国地球物理场流动观测时空分辨率不够。监测系统的整合与集成不足，部分台站观测环境受到严重干扰，台网运行保障能力不足，台网整体效能发挥不够理想。

（二）地震监测服务功能不完善

地震监测数据共享的体制机制尚未健全，尚未建立对外数据服务的管理规制，限制了地震监测数据效益的发挥。地震监测信息还不能很好地满足政府和社会的需要，数据处理和产品产出不足，尚未形成专业化的地震信息产品体系，台网的数据产出与服务能力亟待增强。

烈度速报能力和预警能力亟待形成。地震烈度速报系统尚处于区域性试验阶段，未建立国家地震烈度速报与预警系统，城市和重大工程、区域和全国性地震早期预警系统亟待建设。

（三）地震监测科技基础不坚实

地震科技基础性工作相对薄弱，地球内部结构探测、走时表研究、震级研究、仪器性能检测和地震定位等方面的研究尚需进一步深入开展。地震科技与地震监测工作实际结合不够，科学研究针对性不强，对提升监测能力的支撑不足。观测技术研发前瞻性不够，观测技术研究成果储备不足。

（四）台网资源整合不充分

部分现有台站手段单一，集成不足，台站基础设施效益发挥不够充分。在台站基础设施建设方面给予了大量投入，但部分台站手段较少，多手段综合台站比例不高，台站资源利用率偏低。流动台网与固定台网观测数据整合有待加强。部分水库监测台网未纳入区域地震台网统一管理，效益发挥不足。国家强震动台网传输方式多为有线电话拨号，缺乏观测信号的实时传输能力，服务地震速报和数据快速产出的能力有待提高。

第二章　发展战略

部分现有台站手段单一，集成不足，台站基础设施效益发挥不够充分。在台站基础设施建设方面给予了大量投入，但部分台站手段较少，多手段综合台站比例不高，台站资源利用率偏低。流动台网与固定台网观测数据整合有待加强。部分水库监测台网未纳入区域地震台网统一管理，效益发挥不足。国家强震动台网传输方式多为有线电话拨号，缺乏观测信号的实时传输能力，服务地震速报和数据快速产出的能力有待提高。

一、指导思想和基本原则

以科学发展观为指导，以最大限度减轻地震灾害损失为根本宗旨，针对防震减灾任务和地球科学对地震监测的要求，在全面评估现有监测手段、台站和台网的基础上进行优化布局和功能设计，统筹国家、区域、流动及专用台网，构建多学科、高精度和高时空分辨的多维监测网络，强化地震监测社会管理和公共服务，提升地震监测能力和水平，充分发挥地震监测在防震减灾工作和地球科学研究中的基础性作用。

二、发展目标

到 2015 年，基本形成多学科、多手段的覆盖我国及海域的综合观测系统，全面提升监测能力、大震应急能力、服务于地震预测预报的地球结构探测和地球物理基本场监测能力、监测数据产出和服务能力，显著提升观测质量和地震监测社会管理能力。

青藏地区能够监测 2.5 级以上地震，其他地区能够监测 2.0 级以上地震，人口稠密和经济发达地区能够监测 1.0 级以上地震，海域地震监测能力稳步提升。试行国内地震 2 分钟自动速报服务，国内地震正式速报时间为震后 10 分钟；全球 7 级以上地震正式速报时间为震后 10～30 分钟。震后 48 小时内提供基于流动台网的余震信息服务；国内大地震震源机制解速报时间 1 小时，破裂过程速报时间 2 小时。提高测震、地形变、地电磁、地下流体观测的分辨率和观测质量，获取全国一年尺度以及大华北、南北地震带、天山地震带等重点监视区半年尺度的地壳形变场、重力场和地磁场动态变化图像，初步形成服务于地震预测预报、震害防御、应急救援和地震科技的监测产品体系和平台。建立国家地震烈度速报与预警系统,建成南北地震带中南部、华北地震活动区北部、东南沿海地震带北部、新疆西南地震区南部等地震预警重点监测区域内的地震预警骨干台网,增强地震速报能力和震源机制速报能力,基本形成全国范围的地震烈度速报能力,形成地震多发重点地震监视防御区域的地震预警能力,初步形成其他地区的地震预警信息获取能力。在人口稠密和经济发达地区震后20分钟内完成地震烈度速报。加强监测系统的总体功能设计,以"十二五"为契机,使中国地震监测系统走上全面、协调、可持续发展的轨道。

第三章 战略重点和工作布局

一、战略重点

从"十二五"地震监测工作的指导思想和基本原则出发,针对提升地震台网运维能力、应急响应能力、地球内部结构探测能力、监测产品服务能力、监测业务管理能力的需求,有重点地设置任务,循序渐进地推进地震监测的科学发展。

(一)强化综合观测和基本场控制

有重点地提升地震监测能力。进行台网区域布局和技术布局优化,以提升对中国大陆地球物理基本场的控制能力为重点,形成全国成场的布局,大力发展多地球物理量的综合观测,提升监测数据的科学解释能力。以地震重点监视防御区为重点,改善东西部监测能力不平衡的现状,并形成区域成网的布局。开展局部地区的精细观测,满足对地球动力学问题进行精细分析的需要。

(二)提供及时准确的速报信息

以提高地震速报能力、提高应急流动监测能力、初步形成地震预警能力为重点,全面提升地震应急响应能力。针对地震重点监视防御区优化台网布局,切实解决应急能力不足问题,提高监测系统技术指标,全面提升信息获取能力,完善台网数据常规产出和震后快速产出方案,提高速报信息的准确性和时效性。研发地震预警与烈度速报关键技术与系统,建立台网烈度速报和预警技术标准,研究制定地震速报和烈度速报技术方案,逐步在重点地区开展面向社会的地震烈度速报和预警系统试点。

(三)提升强震监测能力

以服务地震预测预报和地球科学研究为主要目标,提升地球内部结构的探测能力。针对地震重点监视防御区、年度地震危险区的深部结构问题,提供各类深部结构的探测结果。结合强地震孕育模型,完善观测系统,实现对地震重点监视防御区可能强震孕育过程的追踪,进一步提升监测的目的性和实效性。

(四)丰富数据产品和服务

以数据产品和服务为切入点,提升地震监测公共服务水平。丰富基本地球物理场数据产品,定期产出全国应力应变场、地磁场、重力场等的基础背景图。加强基础设施建设,适应海量、实时地震数据处理和服务的需求,规范数据产品流程化产出,提高数据服务能力。

(五)健全运行维护质量保障体系

把质量保证和监测相关的社会管理能力提升作为重点。逐步完善各级各类台网中心和台站运行管理模式。建立规范的观测仪器、软件的入网与退出制度，开展设备和软件标准化及计量检定。加快推进技术升级和更新换代。完善区域维修维护中心，加强台网运行的技术监控和日常维修维护。建立有效的监督管理和技术服务体制机制，进一步强化和规范专用地震监测台网的建设和运行。

二、工作布局

（一）区域布局

"十二五"期间，针对华北地区、长江三角洲地区、东南沿海地区、南北地震带、南北天山地区等地区的震情和防震减灾需求，规划监测工作布局。

在华北地区，加强地震监测预报实验，建立地震预警和烈度速报示范区。在长江三角洲地区，为实施城市群地震安全工程提供监测支撑，推进海域地震监测，开展烈度速报和预警能力建设。在东南沿海地区，为实施城市群地震安全工程提供监测支撑，推进海域地震监测，形成闽粤烈度速报和预警示范区。在南北地震带，注重地震预报实验，为实施地震重点监视防御区城市地震安全示范工程提供监测支撑，建设川滇及陕甘宁交界地区地震烈度速报与预警示范区。在南北天山地区，加强地震监测预报实验，开展烈度速报能力建设。在黄河中上游流域地震重点监视防御区，为实施城市地震安全工程提供监测支撑，进行地震烈度速报和地震预警能力建设。在长江中上游流域、黄河上游流域及西南地区大型水电工程近场区，加强地震安全工作，加强水库诱发地震的监测与研究。在国家重大生命线工程沿线，加强地震监测设施建设，保障重大生命线工程地震安全。根据地震危险区划分结果进行针对性专用预警系统建设，为相关的企业和社会地震预警系统提供技术支持。在青藏高原地区，加强新构造活动的监测，不断提高地震监测能力。在黑龙江、吉林、云南、海南等特殊地质地区，加强地震监测设施建设，确保对火山、地热异常区等特殊地质地区的监测。

（二）运行布局

国家测震台网中心和数据备份中心、国家地壳运动台网中心、国家重力台网中心、国家地磁台网中心、国家形变台网中心、国家地电台网中心、国家地下流体台网中心、国家地震烈度速报和预警中心等国家级台网中心承担地震监测的数据汇集、数据管理、数据处理和数据服务任务。以国家地震数据备份中心实现全国地震观测数据动态异地备份，保障地震观测数据安全。区域各类监测台网中心和区域地震预警中心承担区域地震监测数据的汇集、管理、分析处理与服务任务。

完善国家、省、市县三级地震监测台网业务的一体化管理体制，保障各项监测业务的正常运行。各级地震部门实施行业管理，统一台网布局、统一技术标准、统一质量监督、统一数据共享，实施分级管理。依据中国地震局制定的行业管理规章、国家或行业标准，中国地震台网中心和各学科中心、省级地震监测相关部门分别负责全国和本省台网的布局规划、运行维护、质量监控、数据服务、技术指导等。

完善监测业务管理体系，建立全局监测系统各层级之间的管理权限和业务分工机制，加强和发挥学科协调组、技术管理组、省级监测业务协调员的技术咨询、监督管理以及联系纽带作用，实现对地震监测的全过程管理。

第四章　主要任务

为强化地震监测社会管理和公共服务，提升地震监测的能力和水平，进一步发挥地震监测在防震减灾工作以及国民经济和国防建设中的基础性作用。"十二五"期间重点推进下列任务。

一、强化基础，科学规划监测体系

确定科学及任务目标和技术要求，在对现有监测方法和台网全面评估的基础上，对各监测手段的效能进行全面系统评估，科学遴选监测方法和手段，进一步优化功能和布局设计，实现固定与流动台网空间监控能力互补和监测手段方法匹配协调。

重视地震监测的基础性。优化地震固定台网，完善流动台网并高频定期观测，建立壳幔精细结构模型，编制新一代中国大陆震相走时表。进一步提高震情灾情速报质量，丰富速报信息，推进直通式信息发布服务，推进地震预警。建立地震台网技术维护基地，加强仪器研制生产的引导和监管。

强化地震监测的创新性。研发地震新型传感器，获取更加丰富的地震信息；引进新的空间对地观测技术，克服地面传统监测手段的局限，获得空间大尺度连续成场监测信息；发展地震噪声应用研究，捕获地下介质变化的动态信息。

二、面向需求，优化监测台网布局

围绕服务于地震预测、震情灾情速报、震害防御、地震应急和地震科技等综合需求，优化台网布局和功能设计，构建多学科、高精度和高时空分辨的监测台网。

（一）国家台网

加强国家测震台网中心、国家重力台网中心、国家地磁台网中心、国家形变台网中心、国家地电台网中心、国家地下流体台网中心等建设，完善数据汇集、存储、处理分析和服务技术系统。建设国家地震数据备份中心，实现全国地震数据异地备份。

对国家台网逐台进行效能评估，确定国家测震基准台，优化台网整体布局并提高空间分辨力，增设深井观测降低观测背景噪声。完善国家测震台站、国家地壳运动台站、国家重力台站和国家地磁台站，同时完善地形变、地电和流体等台站。

充分利用测震和强震动台站，针对我国大陆及周边地带、海域发生的强震，建设国家地震烈度台站和速报预警中心，形成国家烈度台网，实现地震烈度速报，提供地震预警信息服务。

（二）区域台网

按照集成建设的原则，加强区域级地震台网中心建设，完善数据汇集、存储、处理分析和服务技术系统。对区域台网逐台进行效能评估，在南北地震带、天山地震带、首都圈、东南沿海等重点防御地区和活动构造带优化台网布局，并提高空间分辨力，增设深井观测降低观测背景噪声。完善区域级测震台站、地壳运动台站、重力台站、地磁台站、地形变、地电和流体等台站。充分发挥市县台站在区域地震监测中的作用，做好相关的人员技术培训和质量控制。

充分利用区域内测震和强震动台站，针对区域内强震构造特征，初步建成平均台站间距小于 45 千米的地震烈度速报台网，同时建设区域级地震烈度速报和预警中心，实现地震烈度速报，提供地震预警信息服务。改造传输方式，完善北京、天津、昆明、兰州、乌鲁木齐五个城市的烈度速报台网。

（三）流动台网

将地球物理场和地球化学流动观测整合为基本场观测网、地震监测重点区域观测网和年度危险区观测网相互配合的三级观测网络，逐步实现全国地球物理场和地球化学的多手段、大区域、定期协同观测，数据综合分析处理，提供中国大陆、重点区域和年度危险区地球物理场和地球化学背景动态变化结果，为不同时间尺度的地震预测服务。

完善包括测震、地壳运动、重力等手段的应用于地震应急现场的流动台网，提升数据传输能力，为余震监测、震后趋势判定和科学研究提供服务。

（四）专用台网

改善现有多极管理机制。广泛利用国土资源、气象、水利、石油等部门的探测资料，扩大地震监测的渠道和范围。加强对水库、油田、核电站、矿山等专用地震台网的技术服务和管理，加强对社会志愿者观测点的引导，使其成为专业台网的有效补充。

三、整合资源，丰富公共服务产品

提高现有监测产品的服务水平并不断拓展范围，根据防震减灾任务需求设计和研发新产品。提供地震速报和烈度速报信息，为政府决策服务；公布震情信息，建立与电视新闻等媒体的信息直通渠道，为社会公众服务；提供高精度重力、地磁、空间电磁环境、核试验侦查等产品，为国防安全服务；提供地震动分布图，研发地震预警等技术，为经济建设服务；建立地震监测数据的国家共享机制，为社会各界科学研究服务。

提供震源机制和破裂过程等新参数信息服务，生成重力、地磁、地倾斜、地应变、地热和地脉动等地球物理基本场高精度和高分辨率的动态变化数据信息。

建设地震公共安全预警信息发布系统，在破坏性地震波到达前数秒内自动进行紧急预警，服务于大中城市、大型企业、生命线工程、金融企业、计算机网络、核电站和高速铁路等的地震安全。

四、重视创新，攻关核心科学问题和关键技术

基于数字地震波形，发展实时地震学。研究宽频带数字地震记录的震级标度理论，实现与国际震级标度接轨。研究利用数字地震记录确定测震台站场地效应的原理和方法，开展台站场地效应普查，获取台站随频率变化的场地效应信息。分析空间磁场、温压等因素对地球噪声细微变化的影响，开展地球噪声信号研究。

探索新观测理论，建立新观测模式，拓展地震观测技术，发展地震预警技术。研发信号自动检测、辨识理论技术，提高地震事件检测和处理的正确率及精度，提高地震震群、连续发生地震的处理能力。提高测定震源深度的准确性。研发主动源探测、次声波观测、海底地震观测等技术。研发利用单台地震波初至快速测定震级的技术，研发地震预警烈度计算方法和可靠性判定技术。

研发新型传感器，研制绝对重力仪、钻孔综合观测仪、便携式流动测震仪、井下电磁观测仪、星载电磁观测仪、高稳定气体观测仪和适用于高温高压环境的深井水位、水温观测仪。

五、提升效益，加强运行维护和社会管理

逐步完善各级各类台网中心和台站运行管理模式，建立地震台站分级分类制度。推动

建立有人看护、无人值守、在线监控、远程维护的台站运维机制，逐步实现对仪器故障、数据通信中断、仪器参数错误等的自动检测和远程修复。

建立专用仪器设备认证制度，严格执行专用仪器设备质量检测和入网要求。建立仪器中试制度，研发相关技术和测试方法，研究建立测震、烈度速报、电磁、地下流体、地形变、深井综合观测等技术评测体系。

建立和完善国家及区域仪器维护维修中心，建设专业化的仪器维护维修队伍。建立仪器维护维修流程和管理机制，明确省级地震局和维护维修中心的职责，提高仪器维护维修的时效性。

完善地震参数测定与速报管理规定，健全地震目录统编与发布制度，规范余震序列处理与发布工作。完善测震、地形变、电磁和地下流体台站建设技术规范，建立烈度速报和预警台站、深井观测台站等的建设技术规范，建立流动台站布设技术规范。

第五章 重大计划和专项

加强对市县和专用地震监测台网的技术指导与管理，加大对地震监测设施和地震观测环境的保护，规范外国组织和个人来华从事地震观测活动的审批和管理。

为实现发展目标，落实规划主要任务，"十二五"期间重点推进以下重大计划和专项的实施。

一、国家地震烈度速报与预警工程

依托现有地震观测基础设施，在重点区域内布设同时配备加速度计和速度计的地震基准站，在全国范围内布设仅配备加速度计的地震基本站。建设国家级、区域级地震烈度速报与预警中心，配以相应的地震预警信息系统，加快地震基本参数自动速报，拓展震源参数和震源过程等地震速报信息，在全国范围内实现地震烈度速报功能，在重点监测防御区基本实现地震预警功能，在其他地区初步实现地震预警功能。为政府和相关部门防震减灾指挥决策提供依据。在破坏性地震波到达前提供预警信息服务，为公众及时逃生避险减少伤亡和燃气、供电、高速铁路、核电站等生命线工程快速处置提供支撑。

二、中国综合地球物理场观测

实施国家"喜马拉雅"计划之三——中国综合地球物理场观测。开展中国重力场和地磁场探测，获取重力场和地磁场分布图。开展精密卫星定位和水准观测，获取现今地壳运动速度场图像。开展跨断层卫星定位、水准和重力等观测，监测主要活动断层的形变。开展流动地球化学观测，获取主要地震构造区的地球化学背景。

对全国2370个地壳运动观测站、3187个重力观测站、1300个地磁观测站进行定期复测，在南北地震带、大华北、天山地震带等重点监视区，利用地壳运动、重力、地磁等观测手段相互配合开展区域强化监测，在年度地震危险区根据地质构造特点和趋势分析意见，进行多手段的震情强化跟踪监测。

三、地震背景场探测与构建

完善与强震活动主体区域及地震重点监视防御区相匹配的我国监测台网布局，加强深井观测台网建设，开展我国海域地球物理观测网建设，加快火山、水库和矿山地震等观测系统建设，形成高精度和高时空分辨率的测震、强震动、地壳运动、重力、地磁、地电、地壳应变和地下流体等台网。实施中国地震背景场探测项目，推进中国地震应力环境观测网络和中国大陆构造环境监测网络等建设。

四、核心科学问题和关键技术

利用深部探测结果和地震台站的大量观测资料，构建完整的壳幔三维速度模型，编制新一代全国区域震相走时表，进一步提高地震定位的精度。利用新的观测资料和科学积累，参照国际标准，发展新一代震级标度。发展包括震源机制解、辐射能量等的新地震参数的测定功能，显著改善地震目录的质量。加强地震电磁卫星等新的观测系统数据应用研究。

发挥市场优势，并根据防震减灾工作的基础性和公益性特点，多渠道推进新型传感器的研发，推进绝对重力仪、钻孔综合观测仪、便携式流动测震仪、井下电磁观测仪、星载电磁观测仪和适用于高温高压环境的深井水位、水温观测仪等仪器的研制。

开展针对监测地壳运动过程的地形变数据综合解译方法研究，进行地磁背景噪声分析改进方法及数据质量检定技术研究，进行主动源探测、次声波观测、海底地震观测等技术研究。进行地震数据实时预处理及事件检测技术研究，以及地震烈度速报与预警技术研究。

第六章 保障措施

在典型构造活动区，联合开展测震、形变、电磁和流体等多手段的共点观测，研究地震孕育与断层活动、深部流体和电磁异常之间的内在联系，研究各观测量之间的关联度和协调性，建立地震异常综合响应解释模型，提升多学科监测网的融合能力。

一、切实加强监测人才的培养与监测队伍建设

在事业单位人事制度改革中，监测部门与人事部门沟通配合，扎实推进地震监测队伍的改革与建设，把有利于加强地震监测工作，有利于调动监测人员的积极性，有利于保障地震监测工作持续稳定发展作为改革的目标。完善监测工作评价与激励机制，促进监测队伍的建设和发展。

二、加大继续教育培训力度

建立科研人员与业务人员的合作促进机制，开展定期或不定期的台站观测岗位、台网与网络运行等各类技术与管理培训，组织开展多种形式的技术交流，鼓励在职教育和培训，支持研究所和高等院校在地震监测相关专业方面的研究生教育。

三、加强在实践中培养人才

通过地震科技支撑计划、行业专项等重大项目的实施，以及援外台网建设、赴地震现场开展监测等工作，加强在实践中培养中青年业务骨干；通过开展台站观测质量周、全国地震速报竞赛等活动，增强基层队伍的实战技能；积极组织中青年人才进行国际交流与合作。

四、积极开展院所合作、局所合作计划

鼓励学科专家开展自由探索，参与国家重大科学计划，组织开展国际学术交流，培养一批活跃在国际科学舞台上的拔尖监测和科研人才。

（中国地震局办公室）

关于印发《地震标准化与计量规划》的通知

中震财发〔2012〕25号

各省、自治区、直辖市地震局,各直属单位:

依据《中国地震局规划管理办法》(中震财发〔2008〕29号)、《关于印发国家"十二五"防震减灾规划体系的通知》(中震财发〔2008〕149号)和《中国地震局事业发展规划纲要》,中国地震局组织制定了《地震标准化与计量规划》(编码 GH/2-02),于2012年4月5日经中国地震局第3次局务会议审议通过,现予以印发,请遵照执行。

中国地震局
2012年4月11日

地震标准化与计量规划

第一章 现状分析

随着防震减灾事业发展和国家标准化战略的实施,地震标准化与计量工作经过十余年的发展已取得了明显成效,标准化和计量组织机构不断健全,地震标准体系框架基本建立,从业人员标准化和计量意识不断提高,地震标准化和计量工作的基础、支撑和保障作用逐步显现。汶川地震后,党和国家对防震减灾工作提出了新的要求,推进防震减灾事业向更深层次、更宽领域和更高水平发展,需要进一步加强地震标准化与计量工作。

一、需求分析

管理、技术和服务工作只有遵循统一的标准,才能够保证工作质量和效能,实现共同效益最大化。针对我国地震多、分布广、灾害重的基本国情,地震标准化工作必须准确把握国家对防震减灾工作和标准化工作的新要求,为推动防震减灾事业科学发展和最大限度减轻地震灾害损失提供有力保障。

(一)贯彻《中华人民共和国防震减灾法》及相关法律法规

《中华人民共和国防震减灾法》明确规定,从事地震监测预报、地震灾害预防、地震应急救援、地震灾后过渡性安置和恢复重建等防震减灾活动,应当遵守国家有关防震减灾标准。

(二)实施国家标准化发展战略

《国家标准化战略纲要》提出了加强标准化与经济社会协同发展和政策协调的战略新任

务，要求应用标准化的理念和手段促进公共安全等社会事业的发展。《标准化事业发展"十二五"规划》指出，标准化具有基础性、战略性和系统性，服务、支撑和引领发展是标准化的核心任务，对公共安全、防灾减灾、社会管理和公共服务等公益科技服务的标准化工作提出了明确要求。

（三）强化防震减灾社会管理与公共服务

加强防震减灾社会管理与公共服务，满足社会和公众的地震安全需求，是提高国家防震减灾综合能力的必然要求。实施地震标准化，有利于各级政府和防震减灾部门履行防震减灾法定职能，有利于社会有效参与防震减灾活动，有利于最大限度减轻地震灾害损失。

（四）支撑防震减灾基础能力建设

标准是社会发展和科技进步的重要技术支撑。防震减灾基础设施建设，需要以地震标准作为技术依据规范建设、科学运行和发挥效益。防震减灾科技进步转化为防震减灾现实生产力，需要以技术标准为载体。根据发展需要，适时提高技术标准要求，有利于促进科技进步。为不断提升标准化工作水平，更好发挥标准化作用，需要加强标准与标准化研究。

二、发展现状

地震标准化工作在"十一五"期间取得了长足发展，地震标准体系研究力度增强，标准编制、发布、宣贯和实施监督正逐步制度化，地震计量工作受到重视并取得了一定进展。

（一）地震标准化和计量组织机构逐步健全

自1996年以来，先后成立了全国地震标准化技术委员会、全国地震计量技术委员会等组织对地震标准化与计量进行技术归口管理，中国地震局于2010年成立政策法规司，对地震标准化与计量工作实施归口管理。管理机构和技术组织的逐步健全为地震标准化与计量工作的长远发展提供了制度和组织上的保障，标准化工作机制初步建立。

（二）地震标准体系基本建立

编制了《地震行业标准体系表》，已发布实施地震标准96项，其中，国家标准26项，行业标准58项，地方标准12项。此外，其他行业发布了与地震相关的标准80多项，一些企业还制订了相关标准20余项。这些标准涉及防震减灾社会管理、公共服务和基础能力建设等方面，基本涵盖了地震监测预报、震灾预防、应急救援和地震科技等领域，初步形成了以国家标准、行业标准为主体，地方标准、企业标准为补充的地震标准体系。

（三）地震标准宣传和贯彻力度不断加强

中国地震局相关部门及时组织编写和出版宣贯教材，开展集中培训、宣传展示和知识竞赛等活动，不断加大地震标准学习宣传和贯彻实施的力度。各级防震减灾部门和广大防震减灾科技人员的地震标准化意识和实施标准的自觉性得到大幅提高。

（四）地震标准化的作用和效益初步显现

现行26项地震国家标准在相关领域得到了广泛应用，取得了明显的社会效益，特别是5项强制性国家标准，有效地规范了抗震设防管理、地震安全性评价、地震烈度评定、地震震级使用和地震观测环境保护等方面的行为，促进了防震减灾事业的健康发展。发布实施的58项地震行业标准，有效配合和支持了中国地震局重大项目实施和相关业务管理。

（五）地震计量工作得到重视

地震计量基础设施建设已列入《国家防震减灾规划（2006—2020年）》和有关重大项

目计划，地震行业有 7 个单位拥有计量检定机构，计量专业从业人员近 50 人，拥有计量实验室、计量标准装置研发实验室和少量标准计量装置。一些单位正在积极开展标准计量新装置的研制，对部分地震观测仪器实施了计量管理。

三、主要问题和不足

尽管地震标准化与计量工作取得了显著进步，但与社会地震安全需求和防震减灾事业发展需要相比，仍存在相对滞后和不适应的问题。

（一）地震标准化进程落后于防震减灾事业发展

通用性和基础性标准空缺较大，难以满足指导相关标准编制的需求；地震监测预报领域标准数量相对较多，但需要更新与拓展；特殊工程、重要设施、农居工程、公共建筑等领域的抗震设防标准仍较薄弱；地震应急救援领域标准的制修订工作处于起步阶段；防震减灾社会管理和公共服务领域，还缺乏相应的管理和服务规范与标准。

（二）地震标准体系需要进一步研究与完善

已建的地震标准体系尚不能完全覆盖防震减灾活动的各个领域，标准与标准之间还存在内容交叉，技术要求和指标以及技术操作规程和方法不配套等现象。

（三）地震标准化工作的管理力度亟待加强

地震标准化制度建设尚处于起步阶段，2010 年制定的《地震标准化管理办法（试行）》还需建立配套的规章制度、实施细则和工作流程等。地震行业标准化意识还相对薄弱。地震标准的研究、制定、宣贯、实施和监督等工作机制，需要进一步建立和完善。地震标准化工作重制定、轻实施、少监督的状况没有得到根本改变。

（四）地震计量工作相对滞后

现有地震计量标准装置数量少且种类单一；计量技术发展滞后，在线或现场计量处于空白；计量基础设施建设和法规建设，落后于地震科技发展；防震减灾基础能力建设和管理，还没有实现法定计量管理；已有计量标准装置运行维护困难，计量技术设施利用不充分。

第二章　发展战略

服务和支撑防震减灾事业发展，是地震标准化工作的核心任务。通过实施地震标准化和计量管理，实现防震减灾管理和服务的规范化，促进防震减灾部门有效履行社会管理和公共服务职能，规范和引导全社会防震减灾活动，全面提升国家防震减灾综合能力。

一、指导思想

以科学发展观为指导，贯彻国家标准化发展战略，以最大限度减轻地震灾害损失为根本宗旨，以规范防震减灾社会管理、公共服务和基础能力建设为目标，全面推进地震标准化和计量工作，进一步建立健全标准化工作体制机制，加强标准基础研究和国内外交流合作，完善地震标准体系和量值传递溯源体系，不断提高标准质量和作用效能，有效规范全社会防震减灾活动，为提高防震减灾效能和提升地震安全水平提供有力支撑。

二、基本原则

按照防震减灾事业的发展要求，结合地震标准化和计量工作特点，推进地震标准化和计量工作应遵循以下原则：

统筹规划，科学合理。根据国家标准化和计量工作的总体要求，深入实施国家标准化发展战略，立足防震减灾工作现实和发展需求，统筹规划地震标准化和计量建设，使发展速度与发展质量相协调，有计划重点和分阶段步骤实施规划目标任务。

重点突出，支撑发展。以规范防震减灾基础能力建设和支撑防震减灾社会管理和公共服务为重点，以保障地震公共安全为核心，不断建立健全地震标准体系，强化标准实施与监督，充分发挥标准化对事业发展的支撑作用。

协调一致，实用有效。建立科学民主的工作机制，加强制度建设，严格工作程序，促进地震标准体系结构合理和层次分明，标准间互相协调、互为补充，实现防震减灾活动中有关基础、建设、技术、管理、服务等领域地震标准的协调性，提升地震标准的科学性、适应性和有效性。

多方参与，共同推进。以政府为主导，充分发挥行政和市场机制作用，吸纳相关部门、企事业单位和社会力量积极参与和共同推进。加强对地方地震标准化工作的指导，鼓励地震地方标准和企业标准的研究与制修订。

三、战略方向

全面实施标准化。从国家到地方全方位加强，从技术到管理和服务全领域开展，从制定到实施全过程推进。

着力推进三个同步。标准研究与科技工作、项目预研同步；标准制定与成果转化、项目建设同步；标准实施与业务运行、行业管理同步。

努力实现三个转变。从注重技术标准到技术、管理和服务三位一体的转变；从注重标准制定到立行并重的转变；从注重标准数量到注重质量和效益的转变。

第三章 总体目标与指标体系

以最大限度地减轻地震灾害损失为根本宗旨，结合当前防震减灾事业发展和地震标准化工作实际，合理确定"十二五"时期可实现的阶段目标。

一、总体目标

到2015年，基本建立适应我国防震减灾事业发展的地震标准化工作体系和标准研究、制定、实施和监督的人才队伍；建立较为完善的以国家标准和行业标准为主体，地方标准和企业标准为补充，覆盖防震减灾各工作领域的地震标准体系；地震标准的数量和质量基本满足防震减灾社会管理、公共服务和基础能力建设的需要；逐步建立与完善地震计量技术体系，不断强化地震计量管理；地震标准化和计量工作对防震减灾事业发展的支撑保障作用显著增强。

二、指标体系

地震标准体系。制修订《地震行业标准体系表》《地震监测预报标准分体系表》《地震灾害预防标准分体系表》《地震应急救援标准分体系表》。

基础、通用和综合类地震标准。制修订基本术语、信息分类分级、图形符号与标志等标准5项。

重点领域关键标准和重要标准。制修订 10 项地震监测预报标准、10 项地震灾害预防标准、10 项地震应急救援标准、10 项空间对地观测等领域的技术标准。

工作机制和队伍建设。中国地震局组织实施的重大建设项目标准化符合性审查率达到 100%，国家标准和行业标准复审周期不超过 5 年，新发布地方标准和企业标准的按时备案率达到 100%，各直属事业单位、省级防震减灾部门初步建成一支专兼职相结合的标准化与计量工作队伍，基本建立地震标准化和计量技术服务平台。

第四章 主要任务

落实地震标准化与计量工作发展战略，必须优化地震标准体系结构，强化防震减灾社会管理和公共服务领域标准化建设，加快重点领域关键标准和技术规程编制力度，充分发挥地震标准化与计量工作的效能。

一、建立健全地震标准体系

根据防震减灾工作领域拓展和不断增长的地震安全社会服务需求，对已有的地震标准体系表及其分体系表进行修订，研究制定新的分体系表，使标准体系结构合理、覆盖全面、内容衔接，适应防震减灾事业发展需要。建立与"十二五"中国地震局重大建设和科技项目相配套的技术标准、规范或规程。

二、完善地震标准化工作机制

健全和完善地震标准化的管理机构、技术组织和实施监督体系，建立并实施标准研究、制修订、宣贯培训、实施监督和实施效果评价等系列管理制度，理顺管理架构，形成上下贯通、部门合作、社会参与、规范管理的良好运行机制。积极鼓励、指导地方和企业制定地震标准，做好地方标准和企业标准的备案工作。积极参与国际地震标准化活动，紧密跟踪国际地震标准化动态，推动我国地震标准向国际地震标准转化，增强在国际地震标准领域的话语权。

三、促进防震减灾社会管理和公共服务

通过实施防震减灾社会管理、公共服务和基础能力建设标准化，规范全社会防震减灾活动，促进全社会防震减灾行动科学、统一、协调、高效。为加强重大工程和重要建筑物的地震安全管理，提供防震减灾知识、灾害预防信息和地震科学数据等公共服务，引导社会各界参与防震减灾各项活动等，提供系列相关标准。

四、加大地震标准化实施监督力度

加大地震标准宣贯培训与实施监督检查力度，充分发挥部门、行业、企业的积极性，在地震监测预报、震灾预防、应急救援、地震科技等各个领域，逐渐形成按标准生产、依标准运行、靠标准管理的良好局面。

五、加强地震计量工作

统筹管理现有地震计量实验室和工作队伍，充分利用社会公用计量资源，制定地震计量监督考核机制，建立地震计量工作体系。开展地震计量量值溯源体系的研究，加强地震计量基础设施建设，研发标准计量装置，制定计量检测规程规范，培养计量技术人才，逐步开展地震计量检测检验和地震仪器设备质量认证认可。

第五章　重大计划和专项

通过实施地震标准化与计量重大计划和专项，开展地震标准化基础研究，制修订一系列防震减灾相关标准，包括防震减灾日常管理和即将实施重大建设项目的相关标准等，规范地震标准的实施与监督管理，开展地震计量基础设施建设和计量检测技术研究。

一、地震标准研究与制修订

（一）地震标准化基础与应用研究

开展地震标准化发展战略研究，标准化工作的原则、方法和实验等研究，标准实施跟踪与效益评价研究，标准化相关政策、法规和措施研究，以及地震国际标准化研究等。加强术语、分类、分级、图形符号、量和单位、导则、指南、规定等基础标准研究。

（二）地震标准体系完善

分析现有地震标准体系的适用性和协调性，构建与我国防震减灾事业发展相适应的地震标准体系框架，修订地震标准体系表。研究与编制《地震监测预报标准分体系表》《地震灾害预防标准分体系表》《地震应急救援标准分体系表》，明确地震各领域各层级标准化对象，确定重点领域关键标准及系列标准。

（三）防震减灾相关标准制修订

基础、通用和综合类标准。包括地震震级、基本术语、台网分级分类、建设定额、数据信息共享发布和档案文献等系列标准。

社会管理和公共服务相关标准。地震监测管理与服务标准，包括地震观测环境保护、专用地震监测台网建设、水库诱发地震及火山活动监测、观测数据产品与服务规范等；震害防御管理与服务标准，包括《中国地震动参数区划图》和《工程场地地震安全性评价》修订，建设工程抗震设防风险水准、地震安全性评价、活动构造探察、农居地震安全技术服务等标准；应急救援管理与服务标准，包括应急预案编制、应急准备、灾害损失评估、现场救援行动、地震救援队伍建设、地震救援装备配置和地震救援训练基地建设等系列标准或规范。

基础能力建设标准。包括各类地震观测台网、台站设计和建设技术要求，灾情速报和应急指挥平台技术系统等建设规范；地震观测相关的传感器、输出接口、数据采集器等技术要求；各类观测台网运行规范或规程和各类观测方法规范；各类观测数据的格式、处理和数据库建设等系列标准。

应急业务管理工作规范。包括地震灾情速报工作技术规定，灾情信息服务和灾情评估技术规范，与地震现场应急相关的规范，灾害范围分区、烈度快速评定和灾害快速评估等技术规范。

重大建设项目相关标准。包括地震烈度速报和预警系统、卫星监测等重大项目建设系列标准。

（四）地震标准应用和计量技术服务网络平台建设

建设地震标准应用和计量技术服务网络平台，为标准查询、宣传培训、实施交流、研究探讨、社会监督和计量检定检测提供信息化服务。

二、地震计量检测技术研究

（一）新型仪器检测技术研究

研究数字化地震观测仪器的计量检测方法，研制相应的计量标准装置。

（二）现场计量检测技术研究

开展现场或在线计量检测技术研究，提高地震观测仪器量值传递过程的有效性。重点支持地震动、土动力性能、地形变、地下流体等仪器的现场计量检测方法研究和现场计量标准装置研制。

（三）地震计量规程规范制修订

确定首批检定地震仪器目录，对首批检定地震仪器目录中缺少计量检定规程或校准规范的地震观测仪器，制定相应的计量检定规程或校准规范。对现有的计量检定规程或校准规范进行修订，以适应地震仪器装备的更新、改造和升级等计量工作新要求。

三、地震计量基础设施建设

（一）地震计量中心建设

将地震计量中心作为法定计量机构，开展地震测量量值的溯源和传递工作，承担地震计量检测检定技术服务和仪器装备质量鉴定认证工作。建设内容包括地震计量中心的实验场地及配套设施、地震动观测仪器计量技术系统、地震观测仪器计量技术系统和地震标准与计量数据管理系统。

（二）现有计量检测实验室改造

改造现有计量检测实验室的计量标准装置、工作环境和条件，以满足计量需求。

（三）地震计量检测技术研发实验室

建立地震计量技术研发实验室，为研究地震计量检定方法和研制新的计量标准器具提供环境和条件。

（四）地震仪器质量检测中心建设

建立地震仪器质量检测中心和地形变观测基准与检定比测场地，采用地震行业专业计量标准和先进的测试手段，检测地震专用仪器设备的主要技术指标及环境适应性。

第六章 保障措施

规划的顺利实施，需要各有关部门及单位的高度重视和紧密配合，加强机构和队伍建设，投入必要的经费，与国内外相关行业合作，加快地震标准化与计量工作进程。

一、加强工作机构和队伍建设

健全和完善地震标准化的组织管理，明确职责任务，加强标准制修订的组织、实施与监督。积极探索地震标准化人才培养的途径，大力吸引更多的高层次专业技术人员和管理人员参与标准化工作，培养和造就一批既有专业知识又有标准化知识的复合型人才，形成地震标准化的制修订和推广应用工作的基本队伍和骨干力量。加强标准化制度建设与政策研究。

二、保障工作经费投入

积极争取国家有关部门支持，进一步加大地震标准化财政支持力度，形成稳定的财政资金投入渠道。运用市场机制，广泛吸纳社会力量参与，鼓励引导企业和社会团体积极参与标准化活动，将标准的研究和制定工作纳入项目立项、预研、实施和业务管理各阶段，形成多渠道支持地震标准化建设的格局。

三、加强国内外交流与合作

加强地震行业与相关行业在标准化方面的合作与交流，以及地震行业内部各单位与其他部门、地方及行业之间的协调配合，发挥各自优势、履行各自职责，努力加快地震标准化进程。加强对国际地震权威机构发布的相关标准的跟踪研究，密切与国际地震标准化组织及相关机构的联系，积极参与国际标准化活动。

附：

"十二五"地震标准研究与制修订项目参考目录

序号	标准或规范名称	备注
一	基础、通用、综合类标准	
1	地震震级的规定	国家标准，修订
2	防震减灾术语 第2部分：专业术语	国家标准，修订
3	中国地震烈度表	国家标准，修订
4	地震台网分级标准	行业标准，研制
5	地震台网分类标准	行业标准，研制
6	地震台网建设定额标准	行业标准，研制
7	地震数据发布与共享标准	行业标准，研制
8	地震信息发布规范	行业标准，研制
二	防震减灾基础能力建设相关标准	
9	地震观测台网设计技术要求	行业标准，研制
10	地震台站建设工程设计标准	行业标准，研制
11	强震动台站（阵）建设技术标准	行业标准，研制
12	地震灾情速报网络建设规范	行业标准，研制
13	地震灾情速报平台建设规范	行业标准，研制
14	地震现场应急指挥平台建设规范	行业标准，研制
15	地震应急指挥技术系统建设规范（省、市、县三级）	行业标准，研制
16	地震观测传感器技术标准	行业标准，研制
17	地震传感器输出接口技术要求	行业标准，研制
18	地震观测公用数据采集器技术要求	行业标准，研制
19	强震动观测仪器标准	行业标准，研制
20	国家测震台网运行规范	行业标准，研制
21	国家地磁观测台网运行规范	行业标准，研制
22	国家重力观测台网运行规范	行业标准，研制
23	国家地电观测台网运行规范	行业标准，研制
24	国家地形变观测台网运行规范	行业标准，研制
25	国家地下流体观测台网运行规范	行业标准，研制
26	区域测震台网运行规范	行业标准，研制
27	区域地磁观测台网运行规范	行业标准，研制
28	区域重力观测台网运行规范	行业标准，研制
29	区域地电观测台网运行规范	行业标准，研制
30	区域地形变观测台网运行规范	行业标准，研制
31	区域地下流体观测台网运行规范	行业标准，研制
32	强震动观测技术规程	行业标准，研制
33	地震测震方法规范	行业标准，研制

续表

序号	标准或规范名称	备注
34	地形变观测方法规范	行业标准，研制
35	地下流体观测方法规范	行业标准，研制
36	地震流动观测工作规范	行业标准，研制
37	测震数据处理及数据库规范	行业标准，研制
38	地震观测数据处理及数据库规范	行业标准，研制
39	强震动观测数据交换格式	行业标准，研制
40	地震应急基础数据库规范（省、市、县三级）	行业标准，研制
41	地震应急遥感数据库建设规范	行业标准，研制
三	应急业务管理工作规范	
42	地震灾情速报工作管理规定	行业标准，研制
43	地震灾情信息服务技术规范	行业标准，研制
44	地震灾情评估技术规范	行业标准，研制
45	地震现场应急工作管理规定	行业标准，研制
46	地震现场应急工作队建设规范	行业标准，研制
47	地震现场应急通信技术规范	行业标准，研制
48	地震应急遥感工作大纲和技术指南	行业标准，研制
49	地震现场后勤保障要求	行业标准，研制
50	地震灾害范围分区技术规范	行业标准，研制
51	地震烈度快速评定技术规范	行业标准，研制
52	地震灾害快速评估技术规范	行业标准，研制
53	地震应急遥感震害评估技术规范	行业标准，研制
54	灾区无人机航拍及地震震害评估技术规范	行业标准，研制
四	防震减灾社会管理和公共服务相关标准	
（一）	地震监测管理与服务	
55	地震观测环境保护标准	国家标准，修订
56	专用测震台网建设标准	国家标准，研制
57	专用强震动监测台网建设标准	国家标准，研制
58	水库诱发地震监测相关标准	国家标准，研制
59	火山活动监测相关标准	国家标准，研制
60	地震观测专业产品与服务规范	行业标准，研制
（二）	震害防御管理与服务	
61	中国地震动参数区划图	国家标准，修订
62	工程场地地震安全性评价	国家标准，修订
63	建设工程抗震设防风险水准要求	行业标准，研制
64	地震安全性评价服务规范	行业标准，研制
65	活断层探测系列技术标准	行业标准，研制

续表

序号	标准或规范名称	备注
66	农居地震安全技术服务工作标准	国家标准，研制
（三）	应急救援管理与服务	
67	地震灾害事件与应急响应分级标准	国家标准，研制
68	地震应急指挥工作流程	国家标准，研制
69	政府、部门、企事业、社区地震应急预案编制导则	国家标准，研制
70	重大活动与人员密集场所地震应急预案编制导则	国家标准，研制
71	地震重点监视防御区地震应急准备技术规范	行业标准，研制
72	地震重点监视防御区地震风险评估技术规范	行业标准，研制
73	地震重点监视防御区地震救灾对策技术规范	行业标准，研制
74	地震应急预案演练与评估指南	行业标准，研制
75	地震应急准备能力评价技术规范	行业标准，研制
76	地震应急信息和图件服务技术规范	行业标准，研制
77	地震应急避难场所建设和应急避险相关标准	国家标准，研制
78	地震灾害损失经济学评估规范	行业标准，研制
79	基础设施、工业企业地震灾害损失评估规范	行业标准，研制
80	震区重点目标危急度评估规范	行业标准，研制
81	震后灾区人员埋压重点区域评估规范	行业标准，研制
82	震后建、构筑物安全快速鉴定系列标准	行业标准，研制
83	地震次生灾害排查与监测预警技术标准	行业标准，研制
84	地震救援现场行动指南	行业标准，研制
85	救援现场常用标志与标识标准	行业标准，研制
86	地震救援队地震响应标准工作程序	行业标准，研制
87	倒塌建（构）筑物内搜索与营救标准工作程序	行业标准，研制
88	救援现场安全评估及危险品侦检作业程序	行业标准，研制
89	救援现场信息传送及发布工作程序	行业标准，研制
90	救援现场紧急医疗处置工作指南	行业标准，研制
91	救援行动结束与撤离标准工作程序	行业标准，研制
92	地震灾害紧急救援队建设标准	国家标准，研制
93	地震灾害紧急救援队分级测评标准	国家标准，研制
94	地震灾害紧急救援队训练与考核标准	国家标准，研制
95	地震灾害紧急救援队队员岗位资格认证标准	国家标准，研制
96	地震应急救援志愿者系列规范	国家标准，研制
97	地震救援队装备建设标准	国家标准，研制
98	地震救援队后勤保障标准	国家标准，研制
99	地震救援现场行动基地建设指南	国家标准，研制
100	地震救援装备及器材维修检测标准	国家标准，研制

续表

序号	标准或规范名称	备注
101	地震救援装备库房建设标准	国家标准，研制
102	地震救援训练基地建设规范	国家标准，研制
103	地震救援训练教官资格评定标准	国家标准，研制
五	重大建设项目相关标准	
（一）	地震烈度速报和预警系统建设系列标准	
104	仪器烈度标准	行业标准，研制
105	地震烈度观测设备标准	行业标准，研制
106	地震烈度速报台站建设标准	行业标准，研制
107	地震烈度速报系统建设标准	行业标准，研制
108	地震预警系统建设标准	行业标准，研制
109	地震烈度速报技术规范	行业标准，研制
110	地震预警信息发布技术规范	行业标准，研制
（二）	非成像遥感技术地震应用标准	
111	非成像遥感地震应用数据库设计与建库规范	国家标准，研制
112	非成像遥感地震应用数据处理流程规范	国家标准，研制
113	非成像遥感地震应用数据产品标准	国家标准，研制
114	非成像遥感地震应用数据分类编码	国家标准，研制
115	非成像遥感地震应用数据接口标准	国家标准，研制
116	非成像遥感地震应用数据共享交换规范	国家标准，研制
117	感应式磁力仪检验方法	行业标准，研制
118	电场探测仪检验方法	行业标准，研制
119	磁通门磁力仪检验方法	行业标准，研制
120	GNSS 掩星接收机检验方法	行业标准，研制
121	高能粒子探测器检验方法	行业标准，研制
122	三频信标机检验方法	行业标准，研制
123	非成像遥感地震应用数据格式	行业标准，研制
124	非成像遥感地震应用数据元数据标准	行业标准，研制
125	非成像遥感数据真实性检验流程规范	行业标准，研制
（三）	高分辨率遥感数据地震行业应用标准	
126	高分辨率遥感活动构造调查工作规范	行业标准，研制
127	近地表红外辐射监测与地震异常信息提取技术规范	行业标准，研制
128	高分辨率遥感地震构造形变场监测技术规范	行业标准，研制
129	高分辨率遥感地震应急应用技术规范	行业标准，研制
130	高分辨率遥感数据库建设标准	行业标准，研制

（中国地震局办公室）

关于印发《防震减灾社会管理与公共服务规划》的通知

中震财发〔2012〕27号

各省、自治区、直辖市地震局,各直属单位:

依据《中国地震局规划管理办法》(中震财发〔2008〕29号)、《关于印发国家"十二五"防震减灾规划体系的通知》(中震财发〔2008〕149号)和《中国地震局事业发展规划纲要》,中国地震局组织制定了《防震减灾社会管理与公共服务规划》(编码GH/2-03),于2012年4月5日经中国地震局第3次局务会议审议通过,现予以印发,请遵照执行。

中国地震局
2012年4月11日

防震减灾社会管理与公共服务规划

第一章　现状分析

防震减灾社会管理和公共服务既统一又有所区别,防震减灾社会管理主要体现在规范性上,突出职能部门的规范和行使社会防震减灾行为的主导作用,而防震减灾公共服务主要是满足公众对防震减灾基础知识、避险技能、居所设防、救助物资和成灾信息等地震安全需求,强调服务于公民的知情权和安全权。建立防震减灾社会管理和公共服务体系,是适应社会发展要求,落实科学发展观,提高防震减灾成效,促进社会和谐的重要措施。

一、需求分析

加强防震减灾社会管理与公共服务是全面贯彻落实防震减灾法的需求。防震减灾法对各级政府、相关部门、社会组织和公众参与防震减灾活动的权责和义务进行了规范,确定了防震减灾规划、地震监测预报、地震灾害防御、地震应急救援、地震灾后过渡性安置和恢复重建、监督管理等防震减灾全过程的法律制度,为依法推进我国防震减灾事业科学、全面、协调和可持续发展奠定了法制基础。全面贯彻落实好防震减灾法,对进一步加强防震减灾社会管理和公共服务能力建设提出迫切需求。

加强防震减灾社会管理与公共服务是政府职能转变和构建公共服务型政府的需求。为适应我国改革开放的不断深入以及经济社会发展的新形势和新要求,党中央明确要求,加快政治体制改革,各级政府要强化社会管理和公共服务职能,更加关注民生和国家公共安全，建设法治政府和服务性政府。防震减灾是我国社会建设和公共安全能力建设的重要内容，是各级政府社会管理和公共服务能力建设的重要方面，按照政府职能转变的要求，防震减灾社会管理和公共服务的广度、深度、能力和水平等亟待加强。

加强防震减灾社会管理与公共服务是实现国家防震减灾根本宗旨的需求。实现新时期防震减灾目标，对于保护好人民群众生命财产安全和社会主义现代化建设成果至关重要。动员、组织全社会力量投入防震减灾实践，是全面有效提升国家防震减灾综合实力的根本途径。分目标、分阶段增强防震减灾能力，需要科学、系统、完备的防震减灾社会管理和公共服务予以保障。

加强防震减灾社会管理与公共服务是国民经济和社会发展的需求。防震减灾是国家公共安全的重要内容，是国民经济和社会发展的安全保障。建设小康社会和保障社会主义现代化建设成果，需要动员社会公众，依靠全社会力量持续增强我国的防震减灾综合能力，规范和引导社会防震减灾行为，不断提高公众防震减灾素质和能力，进一步健全社会综合防震减灾工作体系，最大限度地保障人民群众生命财产安全，保障社会安定有序。

二、工作现状

防震减灾法律法规体系初步形成，为依法开展防震减灾社会管理和公共服务奠定了扎实基础。目前，我国已颁布了《中华人民共和国防震减灾法》和《地震监测管理条例》《破坏性地震应急条例》《地震预报管理条例》《地震安全性评价管理条例》等法律法规，制定了8项部门规章和84项国家和行业地震标准，各省、市、区也依据国家有关法律法规，结合当地实际，出台了一系列具有较强针对性和操作性的地方防震减灾法规和规章，为防震减灾各项工作提供了法律依据，明确了防震减灾社会管理和公共服务的主体和内容。同时，通过广泛、深入和持久的防震减灾法制宣传教育，以及人大、各级政府和有关部门的执法检查，依法规范了各级政府、有关部门、社会组织和公民个人的防震减灾行为，社会防震减灾法制意识显著提高，防震减灾法制环境得到很大改善。

建立了政府领导、部门协同、属地管理和社会参与的防震减灾工作体制。近年来，市县防震减灾工作在地震行政执法、抗震设防监管、地震应急救援、地震监测和科普宣传等方面做了大量工作，取得了显著进展，为我国防震减灾事业发展作出了积极贡献。市县防震减灾机构作为基层防震减灾职能部门，具有覆盖面广、熟悉基层情况、与群众联系密切的优势，是防震减灾社会管理和公共服务的重要力量和组织保障。

确定了防震减灾工作奋斗目标，明确了防震减灾社会管理和公共服务的根本任务。我国防震减灾工作经过长期的实践，形成地震监测预报、震灾预防、应急救援和地震科技的工作体系，提出了2020年我国防震减灾工作目标和战略要求，制定了"十二五"国家防震减灾规划体系，确定了全国地震重点监视防御区（2006—2020年），这些都对防震减灾社会管理和公共服务提出具体的目标任务和工作要求，是推进防震减灾社会管理和公共服务的重要依据。

防震减灾各业务领域取得扎实进展。在监测预报方面，目前我国已建成覆盖全国的数字化和网络化地震监测网络，可产出丰富的各类地球物理和地球化学等地震动态信息，地震监测能力不断提高，建立了长、中、短、临渐进式的预报思路。在震灾预防方面，抗震设防要求法规和技术标准建设稳步推进，监管体系逐步健全，基础设施和支撑条件不断完善，基础工作和公共服务不断拓展，地震安全民居等社会防灾行动深入开展。在应急救援方面，形成了政府负责、部门协作、分级响应、属地管理和社会参与的应急管理体制，建立了地震应急救援法律法规体系、地震应急预案体系和区域联动协调机制，组建了国家和地方的地震灾害紧急救援队、地震应急队和志愿者队伍，建立了国家和省级应急指挥技术系统，建设了国家地震紧急救援训练基地，推动了城市地震应急避难场所建设。此外，还建成了全国防震减灾信息网络系统，建立了防震减灾基础数据库。综上进展是防震减灾社会管理和公共服务的重要基础。

地震安全作为国家安全的组成部分，得到各级党委、政府和社会各界的高度重视。国务院和地方各级人民政府经常召开防震减灾工作会议或专题会议，研究部署防震减灾工作，一些地方人民政府把防震减灾工作纳入政府工作目标考核体系，列入政府的重要议事内容。同时，随着国家经济社会发展和人民生活水平的提高，社会各界更加关注防震减灾工作，民众更加关心自身生存环境的地震安全，形成十分有利于防震减灾社会管理和公共服务的社会氛围。

加强社会管理和公共服务成为当前政府职能转变的重要任务，按照政府职能转变的要求，更加关注民生和公共安全，国家政策和公共资源更多地投入社会管理和公共服务领域。防震减灾是惠及全体国民的公益事业，作为政府履行社会管理和公共服务职能的重要内容，纳入了国民经济和社会发展总体规划，中央和地方政府逐年加大防震减灾事业投入，实施了一系列防震减灾重大计划和项目，为扎实推进防震减灾社会管理和公共服务提供了坚实基础。

三、主要问题和不足

防震减灾法律、法规、标准和配套制度等体系有待进一步健全完善。法定职责履行尚不到位，法律法规的配套部门规章需要健全，监测预报、震灾预防、应急救援等各业务领域的部门规章尚需完善。各级地震行政执法和监督检查工作机制有待进一步建立和健全。防震减灾标准和配套制度体系覆盖面不够、数量不多和适用性不强，影响了防震减灾社会管理和公共服务职能的发挥。

防震减灾社会管理有待加强。防震减灾规划体系建设需不断推进，政府防震减灾工作目标责任制亟待落实，监测预报的社会管理有待加强，抗震设防要求体系和监管机制有待完善，地震安全性评价管理有待进一步规范，各级抗震救灾指挥机构和办事机构的履职能力亟待全面增强，地震应急预案的针对性、实用性和可操作性尚待提高，大震巨灾的应对能力尚需增强。

防震减灾公共服务有待加强。地震活动构造探察等基础工作成果的服务亟待加强，地震安全民居需从示范区域向全国推广，灾情快速获取和灾害损失评估尚不能完全满足大震巨灾应对的需求，防震减灾科普宣传的深度和广度不够，地震灾害保险尚未走上正轨。地震速报的时效和内涵与社会公众需求仍有差距，地震烈度速报和预警服务刚刚起步，预测预报的公共产品不够丰富，防震减灾数据信息共享机制不够健全。

防震减灾社会管理和公共服务的基层基础薄弱，组织不健全，人员配备和经费投入不足，履职能力不强，社会管理和公共服务的社会组织亟待培育，防震减灾全社会动员机制亟待完善。

第二章　发展战略

一、指导思想

以邓小平理论和"三个代表"重要思想为指导，深入贯彻落实科学发展观，以最大限度减轻地震灾害损失为根本宗旨，强化社会管理，拓展公共服务，落实各级政府责任，打牢基础，创新机制，转变观念，建立适应国民经济和社会发展需求的防震减灾社会管理与公共服务体系，提升防震减灾社会管理和公共服务的能力与水平，增强社会全面预防地震灾害的能力。

二、基本原则

创新发展。从社会发展对公共安全的迫切需要出发，把握当前社会转型对政府转变职能的要求，更加重视履行社会管理和公共服务职能，努力明确各级政府的责任目标，开展能力评价，纳入政府年度考核，大力推进防震减灾社会管理工作体制机制的创新，建立与社会主义市场经济相适应的防震减灾公共服务体系。

依法行政。充分发挥防震减灾社会管理和公共服务效能，鼓励、引导和规范社会各界积极参与防震减灾的行为，保障社会防震减灾行动的高效有序，必须依法管理、依法监督、依法保障。

依靠科技。充分运用现代科技手段，在地震活动构造探察、建构筑物减隔震、地震安全民居、地震预警和地震应急救援等技术应用方面，大力推进地震科技进步和科技成果的转化应用，实现防震减灾社会管理和公共服务方式的科技现代化，切实提升科技创新的贡献率。

循序渐进。处理好当前与长远、局部与全局、重点与一般之间的关系，从我国经济与社会发展水平和防震减灾工作的实际能力出发，探索建立符合我国国情和震情的防震减灾社会管理和公共服务模式，既不能急于求成，又不能超越现实。

第三章　总体目标和要求

一、总体目标

建立与社会发展相适应的防震减灾社会管理和公共服务体系。防震减灾社会管理向更深层次推进，防震减灾法律法规基本健全，各级地方政府防震减灾工作责任制逐步落实，基层地震机构管理防震减灾工作的能力显著提升。防震减灾公共服务向更宽领域拓展，集信息服务和技术服务为一体，全面服务于防灾减灾、重大工程、地球科学研究、资源开发和国防建设等领域，防震减灾公共服务产品的数量和质量能基本满足社会不同层面的需求。

二、总体要求

防震减灾社会管理能力明显提升。防震减灾法律法规和技术标准体系健全完善，防震减灾社会管理有法可依和有章可循。完善防震减灾社会管理决策、实施和监督反馈工作机制，实现防震减灾社会管理从静态预防向动态预防转变，基本建立起防震减灾社会管理体系。

防震减灾公共服务能力明显提高。防震减灾公共服务产品的数量和质量能基本满足不同层面的需求，公共服务网络能全面覆盖城市和乡村，建成集信息服务和技术服务为一体的防震减灾公共服务体系。

防震减灾社会管理和公共服务基础进一步打牢。防震减灾基层建设得到加强，基层组织具备防震减灾社会管理和公共服务的管理知识和服务能力。建立防震减灾社会协同和社会动员机制，鼓励引导志愿者和社会组织自觉依法依规开展防震减灾活动，民众积极主动参与各项防震减灾事务，形成资源有效整合，社会协同合作和广泛参与的防震减灾社会管理架构。

第四章 战略重点和工作布局

一、战略重点

树立防震减灾社会管理和公共服务理念，完善防震减灾社会管理和公共服务的相关法律、法规和技术标准，加强监督检查，加强防震减灾社会管理和公共服务基础能力建设，切实增强地震部门履行防震减灾社会管理和公共服务职能的能力，创新社会管理和公共服务方式，建立健全适应社会发展要求的防震减灾社会管理和公共服务体制和机制。

二、工作布局

继续推动防震减灾工作从行业管理向社会管理的进步。加快防震减灾法制、法规体系建设和标准体系建设，制订完善国家防震减灾规划体系，建立能力评价指标体系，完善监测预报社会管理制度，强化抗震设防行政监管职能，进一步规范地震安全性评价管理，依法履行抗震救灾指挥机构职责，完善地震应急预案管理制度并发挥其效益。

继续推动防震减灾工作从行业自身服务向公共服务的进步。建立地震监测数据共享平台，丰富地震监测预报公共服务产品，推动地震安全民居建设，推进设立地震灾害保险，加强科普宣传教育，提供地震预警信息，建立地震灾情信息共享机制和灾害损失评估会同工作机制。

健全防震减灾社会管理和公共服务基层组织。进一步加强基层组织的机构和队伍建设，基层组织具备防震减灾社会管理和公共服务的管理知识和服务能力。建立防震减灾社会协同和动员机制，积极引导和规范社会组织防震减灾社会管理和公共服务的行为，充分发挥社会组织和公众参与的重要作用。

建立防震减灾社会管理和公共服务的监督和评估机制。建立有权必有责，有权必受监督，违法必受追究的监督检查机制，建立面向基层、面向民众的以社会公众评价为核心的评估机制，保障防震减灾社会管理和公共服务的科学决策、有效实施和良性发展。

第五章 主要任务

在中央和地方政府领导下，各级防震减灾主管部门统筹管理，与各级政府相关部门协调联动，建立与社会发展相适应的防震减灾社会管理和公共服务体系，动员社会组织和个人全面参与，充分发挥全社会资源优势，强化社会管理和拓展公共服务，全面提升社会管理和公共服务能力。

一、强化防震减灾社会管理

防震减灾工作需以强化社会管理为手段，推进防震减灾从行业管理向社会管理的跨越，完善社会管理机制，落实各级政府责任，提高管理社会的能力，形成全社会共同推进防震减灾事业发展的合力。

（一）加强防震减灾法制建设，健全法制保障体系

加快防震减灾社会管理和公共服务专项法规、规章或规范性文件的制定，明确防震减灾社会管理和公共服务的主体、原则、内容和程序，规范防震减灾社会管理和公共服务平台建设，完善防震减灾社会管理和公共服务公开、保障、监督和责任追究制度，为各级防震减灾工作部门社会管理和公共服务提供指导和依据。加紧制定和修订防震减灾有关法规和规章，推进地方法制建设，进一步明确相关法律制度的实施办法和操作规范，健全地震行政许可、行政执法和法制监督工作规程。增强防震减灾行政管理的针对性、可操作性和社会协同，完善防震减灾法规体系和配套规章制度。

抓紧防震减灾标准的修订，增强标准的科学性、实用性和可操作性，提高防震减灾标准与相关的国家标准以及行业标准的协调一致性。加快制定防震减灾社会管理和公共服务中急需的标准，推进防震减灾技术标准宣贯普及和实施应用，切实发挥地震标准化在防震减灾社会管理和公共服务中的支撑作用。

（二）编制防震减灾规划体系，发挥引领约束作用

依据防震减灾法编制国家防震减灾规划体系，明确我国各级各类防震减灾工作的目标任务和工作重点，为防震减灾工作部署和决策提供依据，引领和指导防震减灾事业发展。加强规划的实施监管，推行规划届中评估。通过评估，客观反映规划的发展指标、主要任务和保障措施等方面的进展及落实情况，评价相关部门在规划实施中的作用和责任，及时发现问题，采取有力措施，确保规划顺利实施。

（三）建立防震减灾指标体系，落实政府目标责任

以地震安全为长远目标，建立包括城乡规划地震安全服务、抗震设防行政监管、地震安全民居、地震监测能力、应急救援准备、国民防震减灾素质、灾后恢复重建、地震科技创新、公共财政投入和地震机构建设等指标的防震减灾能力评价体系。明确工作任务和各级地方政府的职责，开展能力评价，纳入政府年度考核，促进2020年防震减灾奋斗目标的实现。

（四）强化抗震设防行政监管，提高震灾抗御能力

加强与相关部门配合，强化工程建设抗震设防行政监管。建立健全地震行政监管审批工作机制，把有关地震行政监督审批事项纳入基本建设管理程序，推进地震行政审批事项进入政务服务中心，设立地震行政审批服务窗口。规范地震行政审批程序，完善审批、核准和登记备案等地震行政管理制度。推进抗震设防要求与各行业抗震设计规范的衔接。促进抗震设防要求和抗震设防措施的落实。规范地震安全性评价管理，确保地震安全性评价报告质量。加强公共建设项目和特殊建设项目抗震设防要求管理，保障人员密集场所和公共场所的地震安全。推进实施地震安全校舍和地震安全医院工程建设，逐步把学校建成地震应急避难场所。制定扶持政策和引导措施，推广地震安全农居经验，推进地震安全民居建设，推进城市建、构筑物的抗震性能普查鉴定及加固改造。

（五）完善地震监测预报管理，规范监测预报行为

对地震监测台网进行统一规划，建立健全地震台网运行、质量检测技术保障体系。加强对市县、专用和社会地震监测台网管理，加大对地震监测设施和地震观测环境的保护，规范外国组织和个人来华从事地震观测活动的审批和管理。充分发挥地震中长期预测的作用，指导和加强地震重点监视防御区、地震重点危险区的防震减灾工作。严格执行地震预报统一发布制度，正确引导社会组织和个人依法开展地震预测研究，规范地震预测意见发布行为。加强地震谣传信息的监控和处置，及时快速平息地震谣传，维护社会稳定。

（六）落实地震应急救援准备，提升应对处置水平

强化各级政府抗震救灾指挥机构及其办事机构的建设，完善工作制度，规范工作程序，建立专家咨询机制，推动政府主导、部门合作、区域联动、军地协同和全社会共同参与的地震应急救援协调联动机制的建立。完善地震应急现场工作和地震灾害紧急救援管理，加强地震灾害紧急救援队建设，强化其他行业救援队伍、预备役和志愿者的专业培训。

按照应对大震巨灾的需要，进一步完善地震应急预案体系，提升预案的可操作性和实用性。落实预案的备案和督查制度，强化地震应急检查，开展地震应急演练，推进应急避难场所建设，落实各项地震应急物资的储备。建立部门合作的地震灾害损失调查评估机制，建立统一的灾害损失评估结果报送和公布制度。

（七）做好基层防震减灾工作，构建社会防御基础

推动地方各级政府及防震减灾主管部门建立良好的政策环境，强化基层防震减灾工作和部门的职责，加强基层防震减灾机构和队伍建设，加大对基层防震减灾工作的投入和培训力度，为基层组织履行职责、防震减灾社会管理和公共服务提供保障。增强基层防震减灾部门管理社会的能力，提高公共服务质量。充分发挥基层防震减灾工作机构在抗震设防监管、科普宣传教育、地震应急准备和基础能力建设等方面的基础作用。

加强对社会组织的引导，建立健全社会动员机制，加强防震减灾知识和技能的培训，提高社会防御能力，构建社会防御基础。推动志愿者队伍建设。开展专业知识和公共服务能力的培训。健全和完善基层组织机构，完善防震减灾动员机制。

积极扶持社会组织参与防震减灾公共服务。建立公开、公平、高效和有序的准入机制，鼓励社会组织参与防震减灾技术服务、科普教育、产品研发等活动，引入市场机制和竞争机制，优化资源配置，发挥社会力量，建立多元化和社会化的公共服务体系，促进防震减灾公共服务能力和水平的不断提高。

二、拓展防震减灾公共服务

以增强公共服务意识、加强公共服务职能、丰富公共服务产品、扩大公共服务覆盖面、打造公共服务平台、提高公共服务效能为目的，努力建立惠及全民的公共服务体系。

（一）注重新闻宣传作用，加强社会舆论服务

建立健全新闻宣传工作制度，建立新闻发言人和职能部门官员专家相互配合的新闻发布机制，建立快速响应、密切协调和分级处置的地震突发事件新闻宣传工作机制。建立与电视新闻等媒体的信息直通渠道，为社会公众提供高效便捷的震情信息服务，使公众关心、了解、支持和参与防震减灾工作。把重视舆论和倾听舆情作为各级防震减灾部门的重要工

作，加强社情民情舆情服务，及时采取有效措施，回应社会诉求，平息地震谣传，努力维护社会安定。

（二）搭建公共服务平台，实现政务信息公开

加强各级防震减灾部门门户网站建设。按照《中华人民共和国政府信息公开条例》的要求，公开政务信息，通报重大工作部署和进展情况，提供防震减灾法律、法规、规划和预算等相关信息查询，解答民众咨询，积极听取社会各界和广大民众的意见，加强社会协商和互动，凝聚社会共识，建立健全公众参与、专家咨询和部门决策三者相结合的决策机制，确保防震减灾社会管理和公共服务决策科学合理。

（三）开展科普宣传教育，增强社会减灾意识

加强与相关部门配合，制定切实有效的科普宣传政策。全力推动防震减灾科普宣传进机关、进学校、进企业、进社区、进农村、进家庭，实现全面覆盖和家喻户晓。着力做好防震减灾科普作品创作，力争创作一批艺术水平较高、制作精良、有广泛社会影响的防震减灾科普作品。充分发挥大众媒体的作用，提高防震减灾宣传效果。积极推进防震减灾科普教育基地、科普示范学校、科普示范社区的建设，建立完善防震减灾科普教育服务平台。

（四）提供防御综合服务，改善城乡设防现状

提供地震活动构造分布、历史地震震害等方面的基础信息，提供地震动参数区划图、震害预测成果、地震安全性评价成果等服务产品，为城乡规划和国民经济建设提供服务。开展农村民居抗震防震性能基本情况调查与评价，研发农村地震安全民居抗震防震技术，强化宣传与服务，建设民居抗震防震技术服务网，加大民居抗震防震知识宣传和技术培训力度，实施地震安全民居工程。

（五）推进地震灾害保险，提供巨灾风险防范

做好地震灾害保险的基础性研究工作，协助有关部门，为未来建立科学合理的地震灾害保险制度创造条件。借鉴国外成熟的地震灾害保险相关经验，开展法律制度、保险政策等方面的调研，加强地震风险评估技术等研究，探讨建立分区分类的保险费率模型。增强全社会地震灾害风险防范意识，开展各种宣传活动提高公众对地震保险的认知程度，调动公众未来投保参保的积极性，扩大保险的覆盖面。

（六）挖掘地震科技潜力，丰富公共服务产品

发挥地震观测和数据优势，提供地震速报、烈度速报和灾害损失快速评估信息，为政府减灾决策服务；宣传普及地震科学基础知识；提供高精度重力、地磁、空间电磁环境和突发事件侦查等产品，为国防安全服务；提供地震预警及紧急自动处置、活动构造探察、地震风险评估、隔震、减震、工程抗震性能鉴定及结构损伤探测等技术服务，为经济建设服务；提供地震基础数据，开放重点实验室等地震科技基础设施，为地球科学等不同科技领域服务。

（七）整合行业信息资源，提高公共服务效能

制定防震减灾信息获取、储存和使用的相关制度，建立稳定的基础信息服务队伍。充分利用行业现有信息资源，开放地震数据，完善防震减灾信息化流程和结构。依托已有地震信息基础设施，建设国家防震减灾信息公共服务平台。建设电子政务和政府信息公开平台，做到政务工作迅速、高效、有力，为社会公众提供迅捷的信息服务。

第六章 重大专项工作

通过实施防震减灾社会管理与公共服务相关研究，防震减灾工作纳入政府责任目标考核指标体系建立与示范，以及基层防震减灾工作管理机制创新，推进与社会发展相适应的防震减灾社会管理和公共服务体系的建立。

一、社会管理与公共服务相关研究

在党委领导、政府负责、社会协同、公众参与的社会管理格局下，进一步研究防震减灾社会管理和公共服务的主体、边界、途径和目标，明确定义和内涵。分析和正确把握新形势下现代服务型政府和社会公众对防震减灾的需求，找准防震减灾在社会管理和公共服务中的定位。从强化防震减灾行业的社会管理职能、意识和依法管理的角度，研究提出加强防震减灾社会管理的新举措和新办法。从基本公共服务均等化的角度，进一步研究防震减灾公共服务与基本公共服务的关系以及现阶段面临的挑战，推动政府职能转变，从健全公共服务体系、增加公共服务产品、改善公共服务手段等方面，研究提出加强防震减灾公共服务的政策措施。

二、政府责任目标考核指标体系建立与示范

在对近年来防震减灾工作纳入政府责任目标考核工作进行调研分析的基础上，建立适应经济社会发展水平和地震安全形势的分区、分时、分类指标体系，并选择部分地区开展防震减灾政府责任目标考核示范工作。通过考核指标体系建立与示范，在全国范围内逐步实现防震减灾工作纳入政府主体工作，实现同部署、同检查、同落实、同考核的机制，形成各部门依法履职，密切协作，齐抓共管的工作格局。将防震减灾法律法规赋予的任务量化分解，明确指标，落实责任，为防震减灾重点工作任务的顺利完成提供措施保证，加快提升防震减灾社会管理、公共服务和基础能力。

三、中国地震局与国家部委合作专项

中国地震局发挥防震减灾主管部门作用，联合国家部分部委，选择重点合作方向和领域，建立部局合作机制，通过双方签订合作协议，明确合作内容和责任，加强相关社会管理职能统筹协调和衔接，促进完善行业公共服务机制，实现科技优势互补，强化资源共享和人才培养。在合作领域设立专项，共同出台行业相关法规、标准和政策，联合开展攻关研究，实现关键环节的科技突破，协同推进行业领域防震减灾技术系统建设和示范应用。不断完善国家防震减灾社会管理和公共服务"政府主导、部门合作、行业实施和公众参与"的格局，合力实现最大限度地减轻地震灾害损失的目标。

四、中国地震局与省级人民政府合作专项

围绕国家区域统筹协调发展战略，努力为社会提供均等化的防震减灾公共服务。从国家防震减灾整体布局出发，在国家或省级重点经济发展区域，探索适应不同区域经济社会发展特点的防震减灾能力建设新思路和新方法。中国地震局与部分省级人民政府建立防震减灾局省合作机制，明确双方负责部门和人员，形成定期沟通协商制度，强化中央财政和地方各级财政共同投入支持。局省合作首先重点支持该区域防震减灾社会管理和公共服务能力建设，全面实现防震减灾纳入区域内各级政府责任目标考核，强化抗震设防监管，大

力推进地震安全民居建设，完善地震应急准备和应急避难场所等基础设施建设，广泛开展科普宣传"进机关、进学校、进企业、进社区、进农村、进家庭"，全面提升公众防震减灾素质；同时，双方共同支持区域防震减灾基础能力建设。

五、基层防震减灾机构建设与管理创新

在现有制度架构下，广泛展开调研，探索可行的市县等基层防震减灾机构建设与工作机制，建立独立建制主管市县防震减灾工作的政府部门，建立稳定的事业财政支持渠道，积极探索推进防震减灾转移支付。积极开展市县防震减灾工作主管部门与辖区内省级直属台站的合作与共建，推进资源共享和优势互补。重视加强干部培训，逐步提高基层防震减灾工作队伍的素质。广泛开展示范社区、示范区（县）、示范城市创建工作和志愿者队伍建设，进一步激发社会公众参与防震减灾活动的积极性，推进基层防震减灾社会管理和公共服务创新，提升全社会防御地震灾害的能力。

第七章　保障措施

防震减灾社会管理与公共服务规划经中国地震局发布，具有引领和约束效力。推动规划顺利实施，需要在各级政府领导下，防震减灾主管部门会同相关部门正确履行职责，合理发挥资源配置的基础性作用，保障规划目标和任务的完成。

一、加强组织和领导

加强宣传教育，切实提高认识。通过加强对各级地震工作部门干部职工的教育，使行业干部职工充分认识防震减灾社会管理和公共服务对提高防震减灾工作成效的重要意义和作用，树立良好的社会管理和公共服务意识。把防震减灾社会管理和公共服务作为地震系统一项重要的工作来抓紧抓好，明确工作任务和目标，扎实稳妥推进。防震减灾社会管理和公共服务涉及面广，社会敏感度高，对社会关心的重大事项必须根据统一部署和基本原则，审慎应对，防止处置不当造成负面影响。

二、加大各级政府投入

建立健全稳定的防震减灾社会管理和公共服务各级政府财政投入机制，投入水平随经济和社会发展逐年提高。努力设立财政转移支付项目，加大西部地区、多民族地区、经济欠发达地区和地震重点监视防御区市县防震减灾工作的投入，打牢防震减灾社会管理和公共服务的基础。

三、加强人才队伍建设

防震减灾社会管理和公共服务既有管理属性，也有科技属性，需构建一支规模适度、业务素质高、管理能力强、服务意识强的管理团队和专家团队。同时，按照防震减灾科技服务、信息服务、政策服务等要求，建立防震减灾部门会同宣传、科技、文化、教育、法制、新闻等部门和社会组织共同推进防震减灾公共服务工作机制，形成满足社会不同层面和各族群众公共服务需求的防震减灾公共服务专兼职人才队伍，营造部门协同和社会参与的防震减灾公共服务格局。

四、加强绩效考评和监督

建立健全防震减灾社会管理和公共服务绩效考评和监督检查机制，以社会满意、群众满意为根本标准，探索科学的考评方式，逐步建立地震工作部门、社会组织和公众共同参与、协调互补的绩效考评机制，对防震减灾社会管理和公共服务全过程进行监测评估。充分发挥社会监督和舆论监督的作用，完善层级监督和行政监察工作制度，建立健全多层次、全方位、多主体参与的防震减灾社会管理和公共服务监督体系，对在防震减灾社会管理和公共服务中滥用职权、侵害群众利益或不认真履行职责、推诿扯皮的，要依法依规严肃查处。

（中国地震局办公室）

关于印发《防震减灾宣传规划》的通知

(中震财发〔2012〕28号)

各省、自治区、直辖市地震局,各直属单位:

依据《中国地震局规划管理办法》(中震财发〔2008〕29号)、《关于印发国家"十二五"防震减灾规划体系的通知》(中震财发〔2008〕149号)和《中国地震局事业发展规划纲要》,中国地震局组织制定了《防震减灾宣传规划》(编码GH/2-04),于2012年4月5日经中国地震局第3次局务会议审议通过,现予以印发,请遵照执行。

中国地震局
2012年4月11日

防震减灾宣传规划

第一章 现状与需求

一、发展现状

防震减灾宣传工作是伴随着我国防震减灾事业的发展逐步开展起来的。在此过程中队伍有所加强,内容逐渐丰富,形式日趋多样,范围逐步拓宽,能力不断提高,在动员社会参与防震减灾活动,引导社会舆论,增强全社会防震减灾意识,提高社会公众应急避险和自救互救能力,科学应对地震灾害事件,最大限度减轻地震灾害损失方面发挥了应有的作用。

"十一五"期间,各地认真贯彻落实全国防震减灾工作会议精神,大力推进防震减灾宣传工作,取得了显著成绩,全国防震减灾宣传工作格局初步形成。截至目前,地震系统已有10余个单位设置了相对独立的防震减灾新闻宣传机构,有27个单位设有专职或兼职人员从事新闻宣传工作,有27个单位制定了《地震新闻发布制度》《地震新闻工作暂行规定》或《地震应急新闻工作预案》。全国31个省级地震部门明确了新闻发言人,21个单位建立了新闻发布制度,8个单位有年度新闻宣传工作计划。大部分单位建立了门户网站,部分单位还建立了与宣传部门和新闻媒体等沟通合作和突发地震事件快速联动机制。

设立了一些专门从事科普工作的管理机构和相应的辅助机构,出台了一些相应的管理政策和预案,建成了国家及省、市、县防震减灾宣传教育基地220多处、防震减灾科普示范学校1900余所、防震减灾科普示范社区150多个，积极开展了地震科普知识下乡、防震减灾科技夏令营、科普知识竞赛、广场宣传、电视专访、出版报纸专刊、宣传片播放、科普讲座和宣传资料编印发放等多种形式的宣传活动。

经过长期的努力，防震减灾宣传工作有了长足的进步，在新闻报道、科普教育、社会动员和地震应急宣传等方面积累了一些经验和做法，经过汶川、玉树地震灾害事件的实际检验，在保护人民生命财产安全，稳定社会，减轻地震灾害损失程度方面发挥了重要作用。

二、主要不足

现阶段防震减灾宣传工作在机制建设、队伍规模、硬件和产品等方面与新形势下党和政府的要求、社会公众的需求、防震减灾事业发展的需求存在一定的差距。

机制不健全。与相关行业、媒体的联动机制不够完善，与社会资源结合不够，未能充分地利用现代化传播手段、发挥媒体和网络作用，不能很好适应社会发展的需求。

基础相对薄弱。经费投入相对不足，基础设施有待加强；机构不够完善，人才队伍建设滞后，专业人才缺乏。

宣传产品匮乏。宣传作品的产出品种不多，质量不高；门户网站容量不足、内容简单和更新周期长，缺乏有说服力的评论和科普文章。

宣传力度不够。防震减灾宣传工作偏于保守和顾虑较多，舆论引导不够及时和充分，防震减灾宣传教育普及率较低，公众防震减灾意识和心理承受能力有待进一步提高。

三、需求分析

提升国民防震减灾素质的需求。我国汶川地震和玉树地震，以及日本"3·11"地震，凸显了国民防震减灾素质在应对大震巨灾时的举足轻重的作用。提高国民防震减灾素质，是使全社会高度关注防震减灾工作，提高国民的安全意识，促使社会公众自觉掌握防震减灾科学知识、逃生避险和自救互救的技能方法的根本途径。

最大限度减轻地震灾害损失的迫切需求。广泛深入地开展多种形式的防震减灾宣传活动，促进社会公众的防震减灾意识不断提高，才能科学应对地震灾害事件，有效避免出于恐震惊慌造成的伤害，有效开展抗震救灾行动，取得明显的减灾实效。

满足社会公众知情权的需求。正确把握好和服务好舆论，使社会各界和公众真实客观、快速及时和科学理性地了解地震事件和防震减灾工作，更好地理解和支持防震减灾事业发展。

适应新时期媒体传播形式和公众社会心理变化的迫切需求。当今社会数字技术、网络技术和新兴媒体快速发展，媒体传播方式显著变化，社会公众思想的独立性、选择性、多变性和差异性明显增强，要求防震减灾宣传必须转变传统的工作方式，适应新时期媒体传播的特点和规律，满足社会公众心理的需求变化，扩大覆盖面和影响力。

第二章 发展战略

一、指导思想

以科学发展观为指导，以提升国民防震减灾素质为要务，以最大限度减轻地震灾害损失为根本宗旨，围绕防震减灾中心工作和文化建设，贯彻预防为主的方针，积极稳妥和科学客观地开展宣传工作，拓展防震减灾宣传公共服务，不断满足公众的知情权和对防震减灾知识的需求，使公众更好地了解、支持和参与防震减灾工作，掌握和运用防震减灾知识，增强防震减灾的实际效果。

二、总体目标

防震减灾宣传体制建设和机制运行合理。宣传工作队伍得到壮大，宣传工作基础条件和技术平台初步完善，科普教育普及率总体达到较高水平，舆论服务能力有较大的提高，宣传产品丰富，宣传能力基本满足国家防震减灾工作的需要。

国民防震减灾意识进一步提高。更多公众了解防震减灾工作和地震知识，不轻信地震谣传，遇震能有效运用应急避险和自救互救的技能，能够主动参与和积极支持防震减灾各项活动。全社会对防震减灾参与程度明显增强，防震减灾社会基础得到进一步打牢。

三、战略重点

建立健全防震减灾宣传工作机制，加强防震减灾宣传能力建设，提高全社会防震减灾知识的普及率和应急避险技能。加强部门协调联动机制建设和宣传活动组织策划；努力形成以防震减灾部门为主体，宣传、教育、科技等有关部门和社会主流媒体协同配合，全社会广泛参与的防震减灾宣传工作格局；抓好宣传基础设施建设、宣传人才培养和队伍建设，增强宣传作品创作、共享和储备能力；大力开展各种形式的宣传活动，尤其是重点防御区的强化宣传活动，形成有序有效的社会参与的宣传局面。

四、工作布局

国家层面工作布局。建立功能比较齐备的全国防震减灾宣传基础平台和重点科普教育基地；建立防震减灾宣传研究和创作团队，使之具备指导全国因时因地因势开展防震减灾宣传活动的能力和宣传资源的整合、开发、协调和共享能力；建立新闻宣传工作队伍和信息发布系统，使之具备实时汇集处理和发布地震震情信息、地震灾情信息、应急救援动态的能力；强化防震减灾事业宣传作品创作，满足新时代防震减灾公共服务的要求。

省级层面工作布局。建立防震减灾宣传基础平台、科普场所和宣传教育中心，建立防震减灾宣传和创作团队，开发数字化宣传产品，采取多种形式开展防震减灾宣传活动，在地震重点监视防御区适时开展应急或强化宣传活动。

市县级层面工作布局。结合各地实际，按需建立防震减灾宣传基础平台、科普场所、宣传中心和工作队伍。开展科普宣传和应急避险演练，开展城市社区志愿者和农村三网一员培训等活动，推进地震科普知识进机关、进学校、进企业、进社区、进农村、进家庭。

第三章 主要任务

一、健全宣传联动机制

建立健全应急宣传机制。细化分级分类处置的新闻宣传预案，建立突发事件快速响应机制，完善新闻发言人和职能部门官员专家相互配合的新闻发布机制，建立舆情服务工作机制，形成良好的防震减灾舆论宣传氛围。

健全部门宣传联动机制。与教育部门合作，进一步完善中小学防震减灾宣传教育工作机制，提升中小学生应急避险技能和应对地震灾害事件的心理承受能力。与科技和科协等部门合作，拓宽防震减灾宣传与科技服务渠道，提升防震减灾科普宣传在国家科普工作中的地位和比重。与宣传、新闻、文化等部门协调，组织好各种常规的大型科普宣传活动、重大地震事件的舆情服务工作，推进防震减灾文化的发展。加强与新闻媒体和网站的沟通，不断拓宽合作深度和广度，丰富合作形式，拓展宣传渠道和阵地。形成政府领导、部门协同、社会参与的防震减灾宣传工作机制。

二、强化宣传作品创作

加强宣传作品创作。结合社会关注的防震减灾有关问题，创作防震减灾事业宣传作品，全方位介绍我国防震减灾工作。针对中小学生、城乡居民、企事业单位职工以及机关领导干部等不同群体，创作出版相应的科普系列读本。增强作品的科学性、趣味性和实用性，形成覆盖不同受众的防震减灾作品系列。

办好期刊及简报。对现有防震减灾期刊适度扩大规模，强调新闻性，增强科普性，提高防震减灾宣传工作服务社会的功能。办好各种信息简报，全面了解防震减灾相关舆情信息。

创作影视作品。发挥专业影视制作队伍在策划、创意和制作方面的优势，加强与动漫制作公司和影视公司的合作，组织创作一批创意新颖、制作精良，具有较高艺术性、科学性、趣味性的专题片、纪录片、教学片和动画片，发挥影视作品影响范围广和艺术感染力强的优势，提高防震减灾宣传效果和社会影响。

开发数字化宣传产品。对现有作品和历史资料进行数字化改造，利用网络信息技术进行数字宣传产品开发，创作适用于网络信息平台的宣传作品，利用多媒体、虚拟和人机交互等信息技术，建立虚拟防震减灾科普馆，使公众通过人机交互等方式掌握防震减灾科学知识。

三、开展宣传演练活动

结合当前防震减灾工作实际情况，宣传党和国家有关防震减灾的方针政策，宣传防震减灾法律法规、规章、规范性文件、重要决策部署的贯彻及执行情况，宣传防震减灾工作重要会议、重大地震事件和重大活动，宣传防震减灾工作成就、重要进展和经验典型，宣传对外交流与国际合作等方面的重要情况。

积极组织和参与"科技活动周""世界地球日""防灾减灾日"和"科技下乡"等活动，结合"农村安居工程"和学校"安全教育周"等，指导和协助有关部门和单位开展科普宣传和应急避险演练活动；开展城市社区志愿者和农村"三网一员"培训活动，指导他们进行科普宣传工作；组织防震减灾科普报告团，开展地震科普知识进机关、进学校、进企业、进社区、进农村、进家庭活动。

在地震重点监视防御区和多震区适时开展强化及应急科普宣传活动。动员当地所有宣传力量，集中一个时段开展全域的防震科普宣传活动，根据不同的对象开展有针对性的应急演练。

在各级党校和行政学院，面向各级领导干部和普通公务员，加强防震减灾科学知识、避险救助、法律法规和应急指挥等教育培训。在信息服务平台开展防震减灾在线教育，在科普教育基地开展干部专题培训。

建立防震减灾行业开放日制度，定期组织社会公众参观各级防震减灾部门、研究所、地震灾害应急救援基地和地震台站等，学习防震减灾知识，了解和体验防震减灾工作。

四、加强宣传队伍建设

加强防震减灾宣传队伍建设，将宣传人才培养纳入防震减灾人才培养规划中统筹考虑。整合、协调现有宣传队伍，引进和培养新闻传播、科普教育、艺术设计等专业技术人才。健全完善新闻发言人团队、网评队伍，逐步形成一支专兼职结合、精干高效的新闻及科普宣传团队。通过项目合作、培训班等多种形式，提高专职人员业务素质和创新能力。

鼓励专家学者承担科学普及和宣传教育工作，充分发挥科学家及科研人员的作用，运用自己的知识和专长承担宣传教育工作，成立防震减灾科普宣讲团，加强组织管理，通过科普讲座和专家访谈等多种形式，大力普及防震减灾科学知识。

建立防震减灾宣传志愿者队伍，积极参加防震减灾科普宣传等工作，主动防范地震谣言和传言散布。加强"三网一员"建设，完善农村地区防震减灾宣传网，建设能够长期深入边远贫困地区和少数民族地区开展防震减灾宣传活动的义务宣传员队伍。

五、构筑基础设施支撑

建立与完善新闻宣传工作平台和信息发布系统。以各级防震减灾部门门户网站为依托，丰富网站内容，提高时效性和知识性，扩大网站的容量和加强后台技术支撑能力。以新闻资料、地震背景数据库为基础，以防震减灾业务系统和有关专业网站为载体，以人工和自动等不同形式，建设公众交流共享平台。以防震减灾新闻宣传职能部门为主导，在省级以上地震部门和有条件的市级地震部门，充分利用现有条件，依托各级地震应急指挥中心或台网中心，以新闻宣传数据库、信息发布和网站信息支持为主要内容，建设防震减灾新闻宣传工作平台以及集信息采集、编辑、播放和传输功能为一体的信息发布系统。

优化整合基础设施资源，提升支撑科普宣传的能力。建成一批特色鲜明、形式多样、设施先进、效果显著的防震减灾科普场馆和基地。形成以国家级为龙头、省级为骨干、市县级为基础的科普展馆与基地网络。利用新建、改建博物馆和科技馆的时机，利用社会力量，整合社会资源，建设防震减灾科普展厅。利用防震减灾科研机构、监测台站、实验室等场所，推进防震减灾业务实践与科普教育相结合，突出行业特色与科技内涵，建设一批开放型科研场所和观测台站。保护和利用典型地震遗迹遗址，建设防震减灾科普教育基地、院校教学实践基地和对外科学交流基地。利用中小学素质教育实践基地，普及防震减灾知识，开展地震应急自救互救训练。

六、开展国际交流合作

组织考察发达国家科普教育工作，学习借鉴发达国家在媒体传播和科普宣传战略、作品创作、场馆建设、社会动员和组织管理等方面的成功经验和做法。积极探索国际合作的方法和途径。组织开展国际学术交流，进行国际间的防震减灾科普巡展、影视展播等交流活动。联合开展防震减灾宣传作品创作和基础设施建设。积极开展对外宣传，向国外介绍我国的防震减灾工作，让我国优秀的防震减灾科普作品走出国门，提高我国防震减灾工作的国际影响力。

第四章 重大计划与专项

"十二五"期间，实施国民防震减灾素质提升计划，完善宣传工作基础条件，丰富宣传产品，强化防震减灾科普宣传教育，增强全社会的防震减灾意识和能力。

一、防震减灾科普宣传行动

（一）新媒体宣传

利用电视、网络、手机等现代媒体开设专版、专栏和专题，介绍国际防震减灾动态、我国防震减灾工作和防震减灾科学知识。

（二）采访线建设

组织各级新闻媒体记者到全国防震减灾工作一线采访报道，全面宣传介绍防震减灾事业的发展成就、先进人物事迹、科学技术进步和目前存在的艰辛困难，让社会公众客观实际地了解和理解我国防震减灾工作的真实情况。

（三）大型宣传活动

利用全国防灾减灾日等特定时段，每年确定一个宣传主题，在全国组织开展一次大型活动，带动各地防震减灾科普宣传活动的开展。

二、防震减灾科普宣传精品创作

创作一批反映防震减灾重大工程建设、重要科研成果、台站风貌、典型事例等宣传作品。创作重点防震减灾科普题材影视作品，为各级公共电视台、科普教育基地、影院和社会宣传活动提供播映资源、同时为正在开展的地震安全民居、地震活动构造探察和壳幔精细结构探测等重大项目提供强有力的配合和支持。

三、防震减灾科普宣传基础建设

（一）新闻宣传平台和发布系统

扩大各级防震减灾部门门户网站的容量和加强后台技术支撑能力。以新闻资料和地震背景数据库为基础，以防震减灾业务系统和有关专业网站为载体，以人工和自动等不同形式，建设公众交流共享平台。

在省级以上防震减灾部门和有条件的市级防震减灾部门，充分利用现有条件，依托地震应急指挥中心或台网中心，以新闻宣传数据库、信息发布、舆情监视引导、网站信息支持为主要内容，建设防震减灾新闻宣传工作平台和集信息采集、编辑、播放和传输功能为一体的信息发布系统。

（二）防震减灾门户网站

加强防震减灾门户网站建设。以政务信息公开、社会服务和媒体需求为出发点，结合防震减灾工作实际，逐步建立健全服务性强、信息量大、形式多样、特点突出、互动程度高的防震减灾门户网站。设立防震减灾科普专栏，开展网络防震减灾科普宣传。建立规范的、吸引力强、影响力大的防震减灾科普网站。

（三）防震减灾虚拟科普馆

建设全国防震减灾科普网络系统。集成各类防震减灾科普信息，对防震减灾科普作品进行数字化处理，为社会宣传提供网络服务。在省级以上防震减灾部门建设网上虚拟防震减灾科普馆。

（四）防震减灾宣传教育基地

科普展馆和基地体系建设。依托各类专业和社会资源，建成一批特色鲜明、形式多样、设施先进和效果显著的防震减灾宣传教育场馆和基地，形成以国家级为龙头、省级为骨干、市县级为基础的防震减灾科普展馆和防震减灾宣传教育基地体系。

示范学校建设。形成国家、省、市、县四级防震减灾科普示范学校网络体系。建立"防震减灾科普示范学校"申报认定和评选机制。在全国县级行政区域实现防震减灾科普示范学校全面覆盖，防震减灾科普示范学校在校学生接受防震减灾宣传教育比例达到100%。

（五）全国宣传资料交流平台

建设以中国地震局新闻和科普资料库为核心的各级宣传资源库。按照社会和公众的需求，配备必要的基础和硬件设施，定期更新完善宣传资料库，加大资料的储备力度，对防震减灾宣传资料进行开发和转化，实现数字化、集成化和系列化，不断满足宣传工作的需要。

（六）国家防震减灾宣传作品制作中心

建设功能健全的国家宣传作品制作中心，承担创作创意新颖且制作精良，具有较高艺术性、科学性和趣味性的防震减灾宣传作品的任务。

第五章 保障措施

本规划经中国地震局发布，具有引领和约束效力。推动规划顺利实施，需要防震减灾工作主管部门会同相关部门正确履行职责，合理发挥资源配置的基础性作用，保障规划目标和任务的完成。

一、明确规划实施责任

规划提出的发展目标和主要任务，要依靠部门合作、行业实施和民众参与来实现。要发挥防震减灾部门和相关部门各单位的积极性和创造性，明确工作责任和任务，分级管理，分解落实。

二、完善经费投入机制

建立稳定的防震减灾宣传财政投入机制。设立防震减灾宣传工作专项经费纳入年度预算，形成稳定的经费投入机制，为防震减灾宣传提供资金支撑，保证宣传工作正常开展。

三、建立评价指标体系

建立健全防震减灾宣传评估制度。研究建立防震减灾宣传机构、宣传教育基地、发布中心、平台功能、宣传项目、宣传活动和宣传实效等评价指标体系，研究制定防震减灾宣传监督评估的政策法规和评估办法等。

四、建立考核激励机制

建立防震减灾宣传工作考核激励机制。对优秀的防震减灾新闻科普宣传工作者和作品，在防震减灾行业各种表彰奖励和职称评定中予以适度倾斜。

制定防震减灾宣传展教品生产技术标准和使用规范，积极扶持相关企业参与防震减灾宣传教育产品研发、生产和销售，鼓励其为防震减灾宣传基础设施提供技术服务。

（中国地震局办公室）

地震与地震灾害

本部分包括四方面内容：一是2012年全球$M \geq 7.0$地震目录；二是2012年中国大陆及沿海地区$M \geq 4.0$地震目录；三是对中国及全球2012年地震活动的综述、中国及世界地震灾害情况简介；四是将2012年中国各地地震活动及破坏性地震震害的宏观考察加以记载。

2012年全球 $M \geqslant 7.0$ 地震目录

序号	月	日	时:分:秒	纬度/°	经度/°	深度/km	震级 M	地点
1	1	11	02:36:59.1	2.50	93.20	24	7.2	北苏门答腊西海岸远海
2	2	2	21:34:37.2	-17.70	167.20	20	7.1	瓦努阿图（新赫布里底）地区
3	2	26	14:17:16.8	51.75	96.00	10	7.0	俄罗斯西伯利亚地区
4	3	14	17:08:34.4	41.00	144.95	20	7.2	日本本州东海岸远海
5	3	21	02:02:49.8	16.85	-98.10	25	7.7	墨西哥格雷罗海岸近海
6	3	26	06:37:07.4	-35.10	-71.90	30	7.3	中智利海岸近海
7	4	11	16:38:35.9	2.31	93.08	21	8.6	北苏门答腊西海岸远海
8	4	11	18:43:08.0	0.78	92.56	18	8.2	北苏门答腊西海岸远海
9	8	14	10:59:37.8	49.66	145.41	610	7.2	萨哈林
10	8	27	12:37:24.6	12.24	-88.62	34	7.4	萨尔瓦多附近海域
11	8	31	20:47:33.0	10.77	126.76	31	7.5	菲律宾群岛地区
12	9	5	22:42:07.6	10.08	-85.52	34	7.9	哥斯达黎加海岸远海
13	10	1	00:31:33.2	1.98	-76.36	165	7.0	哥伦比亚
14	10	28	11:04:05.2	52.78	-131.94	20	7.9	夏洛特皇后群岛地区
15	11	8	00:35:49.6	14.09	-92.00	41	7.6	危地马拉附近海域
16	11	11	09:12:36.9	22.88	95.91	10	7.0	缅甸
17	12	7	16:18:19.5	37.78	144.16	32	7.6	日本本州东海岸远海

注：本资料根据全国统一编目（正式报）地震目录数据整理而成。在经纬度中，正数值表示东经和北纬，负数值表示西经和南纬。

（中国地震台网中心）

2012年中国大陆及沿海地区 $M \geqslant 4.0$ 地震目录

序号	月	日	时:分:秒	纬度/°N	经度/°E	深度/km	震级 M	地点
1	1	3	15:39:57.0	39.94	77.34	9	4.0	新疆阿图什
2	1	5	03:37:00.1	41.28	83.77	9	4.2	新疆库车
3	1	8	14:20:05.0	42.10	87.50	7	5.0	新疆和硕
4	1	25	07:34:15.2	43.33	94.17	8	4.3	新疆伊吾
5	2	2	05:16:57.3	40.50	122.40	9	4.2	辽宁盖州
6	2	10	02:57:00.5	44.85	93.10	7	5.3	新疆巴里坤
7	2	11	00:19:34.7	44.27	83.74	7	4.0	新疆乌苏
8	2	16	02:34:21.5	23.95	114.50	10	4.7	广东东源
9	2	17	23:44:23.3	32.35	82.80	30	5.3	西藏革吉
10	2	20	21:52:34.7	35.79	79.70	7	4.2	新疆和田
11	2	20	21:59:24.7	35.90	79.80	10	4.6	新疆和田
12	2	20	22:18:03.1	35.78	79.70	10	4.7	新疆和田
13	3	2	00:05:31.8	39.77	74.18	15	4.2	新疆乌恰
14	3	2	21:40:08.2	39.70	74.25	10	4.9	新疆乌恰
15	3	3	01:12:34.1	34.01	83.75	5	4.3	西藏改则
16	3	3	05:30:44.4	40.52	77.19	8	4.0	新疆阿图什
17	3	5	01:11:45.6	30.10	101.80	5	4.1	四川康定
18	3	9	06:50:06.6	39.45	81.35	30	6.0	新疆洛浦
19	3	21	14:14:08.2	34.26	91.81	11	4.1	青海格尔木
20	3	25	18:06:13.4	33.48	88.95	7	4.2	西藏尼玛
21	4	10	16:08:35.7	34.50	82.35	10	4.8	西藏日土
22	4	13	14:47:58.7	39.94	75.20	7	4.0	新疆乌恰
23	4	15	04:31:21.7	29.28	100.08	10	4.0	四川稻城
24	4	18	13:43:21.0	48.18	121.98	5	4.0	内蒙古牙克石
25	4	18	22:47:58.7	39.94	77.16	7	4.2	新疆阿图什
26	4	18	22:49:33.8	39.97	77.17	7	4.1	新疆阿图什
27	4	26	06:49:57.0	36.39	82.52	10	4.0	新疆于田
28	5	3	18:19:36.0	40.58	98.62	8	5.4	甘肃金塔
29	5	5	13:58:36.1	33.20	95.58	13	4.0	青海杂多
30	5	11	18:18:09.1	37.75	102.00	16	4.9	甘肃肃南
31	5	12	09:34:42.0	38.24	89.48	8	4.6	新疆若羌
32	5	13	07:05:22.2	43.84	88.53	10	4.2	新疆乌鲁木齐
33	5	19	17:57:37.6	33.58	87.02	6	4.2	西藏尼玛

续表

序号	月	日	时:分:秒	纬度/°N	经度/°E	深度/km	震级 M	地点
34	5	19	22:02:33.5	33.86	87.12	8	4.6	西藏尼玛
35	5	22	05:38:34.0	38.10	77.05	5	4.6	新疆泽普
36	5	27	19:19:01.0	31.47	103.95	20	4.0	四川什邡
37	5	28	04:50:20.0	31.04	83.32	17	4.5	西藏仲巴
38	5	28	10:22:52.2	39.71	118.47	22	4.7	河北唐山
39	5	29	18:09:46.9	33.21	89.41	8	4.1	西藏尼玛
40	6	1	20:32:20.8	39.86	75.05	7	5.0	新疆乌恰
41	6	4	07:19:12.9	35.89	79.82	6	4.5	新疆和田
42	6	12	21:40:39.5	28.10	104.28	9	4.5	云南盐津
43	6	15	05:51:25.9	42.17	84.22	10	5.3	新疆轮台
44	6	18	03:05:12.9	39.61	117.56	5	4.0	天津宝坻
45	6	24	15:59:33.5	27.71	100.69	11	5.7	云南宁蒗
46	6	28	03:36:17.6	36.31	79.22	8	4.6	新疆和田
47	6	30	05:07:31.5	43.42	84.74	7	6.6	新疆新源
48	6	30	05:11:45.2	43.43	84.80	9	4.6	新疆和静
49	6	30	08:46:48.9	43.41	84.83	5	4.1	新疆新源
50	6	30	15:35:55.9	43.38	84.58	11	4.3	新疆新源
51	7	1	03:43:21.2	28.51	96.37	11	4.3	西藏察隅
52	7	2	05:48:09.7	43.47	84.71	8	4.0	新疆尼勒克
53	7	2	06:17:59.4	31.72	103.51	18	4.0	四川茂县
54	7	4	03:11:39.7	30.09	88.09	8	4.6	西藏谢通门
55	7	15	11:41:59.8	32.89	87.39	7	4.0	西藏尼玛
56	7	15	11:42:20.8	33.52	88.46	7	4.6	西藏尼玛
57	7	20	20:11:51.1	33.04	119.57	15	4.9	江苏宝应
58	7	21	09:05:17.8	43.36	82.72	9	4.0	新疆新源
59	7	23	00:44:17.7	29.78	88.01	14	4.8	西藏谢通门
60	7	23	04:29:39.9	36.23	87.21	7	4.9	西藏尼玛
61	7	30	00:05:32.5	23.08	101.22	10	4.2	云南宁洱
62	8	1	17:52:19.4	39.73	75.50	32	4.8	新疆乌恰
63	8	5	22:10:28.9	30.29	94.84	20	4.3	西藏波密
64	8	7	08:17:54.5	30.33	94.89	10	4.1	西藏波密
65	8	7	17:43:25.0	39.45	77.40	12	4.4	新疆伽师
66	8	9	13:49:54.6	30.36	94.88	9	4.1	西藏波密
67	8	9	21:11:58.4	28.23	86.65	35	4.0	西藏定日
68	8	11	17:34:20.6	39.99	78.18	16	5.2	新疆阿图什
69	8	12	18:47:07.7	35.94	82.56	28	6.3	新疆于田

续表

序号	月	日	时:分:秒	纬度/°N	经度/°E	深度/km	震级 M	地点
70	8	15	04:33:00.5	35.91	82.48	7	4.1	新疆于田
71	8	25	18:57:45.2	33.84	122.02	15	4.4	黄海
72	8	26	13:18:23.2	35.27	89.91	8	4.8	青海治多
73	8	31	13:52:11.2	23.81	114.67	6	4.1	广东河源
74	9	1	14:47:10.0	43.44	84.67	8	4.2	新疆新源
75	9	4	15:47:06.9	37.05	78.77	7	4.0	新疆皮山
76	9	7	11:19:41.5	27.51	103.97	14	5.7	云南彝良
77	9	7	11:58:00.5	27.58	104.01	9	4.4	云南彝良
78	9	7	12:16:30.0	27.56	104.03	14	5.6	云南彝良
79	9	7	13:12:46.2	27.54	104.00	14	4.4	云南彝良
80	9	10	05:20:34.0	37.04	78.77	10	4.2	新疆皮山
81	9	10	22:03:14.2	39.14	74.18	42	4.2	新疆阿克陶
82	9	11	11:20:16.6	24.67	99.18	8	4.5	云南施甸
83	9	11	11:21:20.4	24.66	99.18	14	4.9	云南施甸
84	9	14	11:21:46.0	43.63	82.34	6	4.5	新疆伊宁
85	9	18	07:28:34.7	23.34	100.08	14	4.2	云南景谷
86	9	21	18:09:22.7	40.44	77.37	8	4.0	新疆阿图什
87	9	22	09:03:06.0	32.39	89.40	7	4.2	西藏尼玛
88	9	27	20:38:39.4	37.56	95.82	15	4.1	青海海西
89	10	1	07:04:41.6	41.46	81.81	25	4.0	新疆新和
90	10	3	02:37:37.6	26.98	93.06	7	4.5	西藏错那
91	10	6	17:27:36.3	41.01	88.31	8	4.1	新疆尉犁
92	10	13	15:08:38.7	37.52	95.77	11	4.2	青海海西
93	10	14	16:15:25.7	32.40	84.56	5	4.0	西藏改则
94	10	15	07:07:59.4	25.15	101.90	10	4.4	云南禄丰
95	10	19	10:44:16.5	30.14	102.86	26	4.1	四川天全
96	10	21	12:09:04.6	43.45	89.29	6	4.3	新疆吐鲁番
97	11	2	14:32:30.1	35.57	88.39	6	4.1	西藏尼玛
98	11	5	21:07:55.8	28.48	86.17	60	4.0	西藏聂拉木
99	11	10	22:19:33.6	29.32	105.22	25	4.2	四川隆昌
100	11	11	06:01:32.9	29.32	105.23	22	4.3	四川隆昌
101	11	11	08:59:00.3	29.31	105.24	12	4.2	四川隆昌
102	11	14	19:42:56.0	26.49	102.52	13	4.2	四川会东
103	11	15	08:00:27.6	32.78	92.24	5	4.0	青海格尔木
104	11	20	10:24:25.3	38.43	106.34	21	4.6	宁夏永宁
105	11	26	13:33:48.8	40.35	90.45	10	5.3	新疆若羌

续表

序号	月	日	时:分:秒	纬度/°N	经度/°E	深度/km	震级 M	地点
106	11	27	00:36:51.0	32.71	88.41	6	4.1	西藏尼玛
107	12	1	23:16:44.2	31.85	104.18	24	4.3	四川北川
108	12	7	22:08:41.5	38.73	88.01	10	5.0	新疆若羌
109	12	13	02:58:25.5	27.04	102.75	10	4.2	四川宁南
110	12	16	18:29:30.7	40.04	77.91	7	4.5	新疆阿图什
111	12	18	22:26:07.8	33.25	84.25	7	4.2	西藏改则
112	12	26	07:09:30.5	39.46	74.76	15	4.1	新疆乌恰

注：本资料根据全国统一编目（正式报）地震目录数据整理而成。

（中国地震台网中心）

2012 年地震活动综述

一、2012 年中国地震活动概况

据中国地震台网测定，2012 年我国大陆地区共发生 5.0 级以上地震 16 次，低于 1950 年以来 24 次的年均水平，已连续 3 年 5.0 级地震频次低于平均值。发生 6.0 级以上地震 3 次，分别为 3 月 9 日新疆洛浦 6.0 级、6 月 30 日新疆新源、和静 6.6 级和 8 月 12 日新疆于田 6.3 级地震，6 级以上地震频次略低于 1950 年以来 4 次的年均水平。5.0 级以上地震活动频次与 2011 年（17 次）基本持平，主要分布在大陆西部地区。自 2010 年 4 月 14 日青海玉树 7.1 级地震后至 2012 年 12 月 31 日，中国大陆 7.0 级地震已平静了 992 天。2012 年中国台湾地区共发生 5.0 级以上地震 5 次，最大为台湾屏东 6.0 级地震。2006 年 12 月 26 日台湾南部海域 7.2 级地震后，台湾地区 7.0 级地震平静已达 6 年，2012 年为台湾地区地震活动相对平静的年份。

2012 年中国地震活动有以下特点：

2012 年中国大陆 5.0 级以上地震频次显著偏低，共发生 5.0 级以上地震 16 次。2011 年为 17 次，2010 年为 18 次，连续 3 年 5.0 级地震频次低于年平均 24 次，且逐年下降。

5.0 级地震表现出上半年丛集活动，下半年弱活动的现象。1—6 月，中国大陆共发生 10 次 5.0 级以上地震。其中，3 月 9 日，发生新疆洛浦 6.0 级地震；6 月 1 日，发生新疆乌恰 5.0 级地震；6 月 15 日，发生新疆轮台 5.3 级地震；6 月 30 日，发生新疆新源、和静 6.6 级地震；特别是自 6 月 1—30 日的 30 天内，连续发生了 3 次 5.0 级以上地震，显示出丛集活动的特征。而 7—12 月强度和频度均有所下降，共发生 6 次 5.0 级以上地震，其中最大地震为 8 月 12 日新疆于田 6.3 级地震。

新疆地区中强地震活跃。2011 年 11 月以来新疆地区地震活动水平较高，共发生 13 次 5.0 级以上地震，其中包括 2011 年 11 月 1 日新疆尼勒克巩留 6.0 级地震、2012 年 3 月 9 日新疆洛浦 6.0 级地震、6 月 30 日新疆新源、和静 6.6 级地震以及 8 月 12 日新疆于田 6.3 级地震。从时间上看，2012 年新疆地区共发生 11 次 5.0 级以上地震，其中 1—3 月发生了 4 次 5.0 级以上地震，平静 84 天后 6—8 月发生了 5 次 5.0 级以上地震，之后又平静 106 天，在 11—12 月发生了 2 次 5.0 级以上地震，呈现时间不均匀的特征。从空间上看，主要集中在天山中部（3 次）和南天山西段（3 次）地区。

大陆东部 6.0 级地震平静显著。自 1820 年第四活动期以来，大陆东部 6.0 级以上浅源地震最长的平静时间为 14.9 年，截至 2012 年 12 月 31 日，1998 年张北 6.2 级地震后大陆东部地区 6.0 级地震已经平静近 15 年，为 1820 年以来最长平静时间，2006 年河北文安 5.1 级地震后，华北地区 5.0 级地震平静约 6.5 年。

东南沿海地震带自 1999 年台湾海峡 5.0 级地震后，进入了长时间的 5.0 级地震平静，截至 2012 年 12 月 31 日已平静约 13 年。

二、2012 年全球地震活动概况

2012 年全球发生 7.0 级以上地震 17 次，低于全球 7.0 级以上地震年均 20 次的水平，其中包括 2 次 8 级以上地震，分别为 4 月 11 日 16 时 38 分苏门答腊北部附近海域 8.6 级地震和 18 时 43 分苏门答腊北部附近海域 8.2 级地震，维持 2004 年以来全球每年都发生 8.0 级地震的状态。苏门答腊北部附近海域 8.6 级和 8.2 级地震位于阿尔卑斯喜马拉雅地震带东侧，均为走滑型地震事件，且最大烈度均为Ⅸ度（USGS）。2012 年全球 7.0 级以上地震频次相较于 2011 年（25 次）显著偏低，主要分布在环太平洋地震带。

2012 年全球 7.0 级以上地震活动有以下特点：

2012 年全球 7.0 级以上地震活动水平低于 2011 年的水平。强度上，2012 年全球发生 2 次 8.0 级地震，与 2011 年 1 次 9.0 级地震相比，有所降低。频次上，2012 年全球发生 7.0 级以上地震 17 次，低于 2011 年 25 次 7.0 级以上地震的水平。

2012 年全球 7.0 级以上地震活动在时空上不均匀。空间上，7.0 级以上地震主要分布于环太平洋地震带，共发生 15 次 7.0 级以上地震。除此之外，1 月 11 日、4 月 11 日苏门答腊北部附近海域分别发生 7.2 级和 2 次 8.0 级地震（8.6 级和 8.2 级）；2 月 26 日俄罗斯西伯利亚地区发生 7.0 级地震，11 月 11 日缅甸发生 7.0 级地震。时间上，在 1—4 月全球共发生 10 次 7.0 级以上地震，5—7 月全球 7.0 级地震出现 119 天平静，8—12 月全球共发生 10 次 7.0 级以上地震。2012 年全球 7.0 级以上地震在时间上呈现活跃—平静—活跃的特征。

2012 年，全球发生 7 级以上地震 17 次，其中 7.0~7.9 级 15 次，8.0 级以上 2 次，最大地震为苏门答腊北部附近海域 8.6 级地震。

（中国地震台网中心）

2012年中国大陆地震灾害情况述评

一、2012年中国地震概况

2012年中国境内共发生5.0级以上地震21次（大陆地区发生16次，海域和台湾地区发生5次），其中6.0～6.9级地震3次，5.0～5.9级地震18次（表1），最大地震为2012年6月30日在新疆维吾尔自治区伊犁哈萨克自治州新源县、巴音郭楞蒙古自治州和静县交界发生的6.6级地震。

表1 2012年中国 $M \geqslant 5.0$ 地震一览表

序号	日期	纬度/°N	经度/°E	震级	地点
1	1月8日	42.1	87.5	5.0	新疆维吾尔自治区和硕县
2	2月10日	44.9	93.1	5.3	新疆维吾尔自治区巴里坤县
3	2月17日	32.4	82.8	5.3	西藏自治区革吉县
4	2月26日	22.8	120.8	6.0	台湾屏东县
5	3月2日	39.7	74.3	4.9	新疆维吾尔自治区乌恰县
6	3月9日	39.4	81.3	6.0	新疆维吾尔自治区洛浦县
7	4月9日	24.1	122.3	5.5	台湾花莲县附近海域
8	5月3日	40.6	98.6	5.3	甘肃省金塔县与内蒙古自治区额济纳旗交界
9	6月1日	39.9	75.1	5.0	新疆维吾尔自治区乌恰县
10	6月6日	22.4	121.4	5.6	台湾台东县附近海域
11	6月10日	24.5	122.3	5.9	台湾宜兰县附近海域
12	6月15日	23.7	121.6	5.3	台湾花莲县附近海域
13	6月15日	42.2	84.2	5.3	新疆维吾尔自治区轮台县
14	6月24日	27.7	100.7	5.7	云南省宁蒗县与四川省盐源县交界
15	6月30日	43.4	84.8	6.6	新疆维吾尔自治区新源县与和静县交界
16	8月11日	40.0	78.2	5.2	新疆维吾尔自治区阿图什市
17	8月12日	35.9	82.5	6.3	新疆维吾尔自治区于田县
18	9月7日	27.5	104.0	5.7	云南省彝良县与贵州省威宁县交界
19	9月7日	27.6	104.0	5.3	云南省彝良县
20	11月26日	40.4	90.5	5.0	新疆维吾尔自治区若羌县
21	12月7日	38.7	88.0	5.1	新疆维吾尔自治区若羌县

二、2012 年中国大陆地震灾害情况

2012 年，大陆地区共发生地震灾害事件 11 次（表 2），其中重大地震灾害事件 1 次，较大地震灾害事件 1 次，一般地震灾害事件 9 次。地震共造成 86 人死亡，1331 人受伤，直接经济损失 82.88 亿元。

全年地震灾害事件共造成中国大陆地区约 179 万人受灾，受灾面积约 68257 平方千米；造成房屋毁坏 2275889 平方米，严重破坏 651454 平方米，中等破坏 12639627 平方米，轻微破坏 6183549 平方米。

表 2 2012 年中国大陆地震灾害损失一览表

序号	时间		地点	震级 M	人员伤亡/人		直接经济损失/万元
	日期	时分			死亡	受伤	
1	1月8日	14:20	新疆维吾尔自治区和硕县	5.0	0	0	4208.11
2	3月9日	06:50	新疆维吾尔自治区洛浦县	5.9	0	0	52325.1
3	5月3日	18:19	甘肃省金塔县与内蒙古自治区额济纳旗交界	5.3	0	0	861.61
4	6月15日	05:51	新疆维吾尔自治区轮台县	5.4	0	0	4547.01
5	6月24日	15:59	云南省宁蒗县与四川省盐源县交界	5.7	4	442	77154
6	6月30日	05:07	新疆维吾尔自治区新源县与和静县交界	6.6	0	52	199032.1
7	7月20日	20:11	江苏省高邮市与宝应县交界	4.9	1	3	1542.6
8	8月12日	18:47	新疆维吾尔自治区于田县	6.3	0	0	4958.02
9	9月7日	11:19	云南省彝良县与贵州省威宁县交界	5.7	81	834	477104
		12:16	云南省彝良县	5.6			
10	11月26日	13:33	新疆维吾尔自治区若羌县	5.3	0	0	636.18
11	12月7日	22:08	新疆维吾尔自治区若羌县	5.0	0	0	6388.19
			合计		86	1331	828756.92

三、2012 年中国大陆地震灾害主要特点

西部地震集中，灾害损失严重。2012 年西部地区发生的地震灾害事件占全年总数的 91%，死亡人数比例和直接经济损失比例更是占全年总数的 100% 和 99.8%，而西部省份中，尤以云南、新疆、贵州 3 省（自治区）受灾最重，占全年总损失的 96.5%（表 3）。

表3 2012年中国大陆各省份地震灾害损失一览表

省份	死亡/人	受伤/人	直接经济损失/万元
江苏	1	3	1542.60
四川	1	48	26424.00
贵州	—	2	46714.00
云南	84	1226	481120.00
甘肃	0	0	861.61
新疆	0	52	272094.71

注：两省（自治区）交界地震在灾害事件统计中按每省各1次统计。

小震大灾突显，地质灾害严重。2012年9月7日发生的云南省彝良县5.7级、5.6级地震灾害，造成了重大人员伤亡和严重经济损失，分析其特点是一个典型的小震大灾的地震事件。因地震地质灾害死亡的人员比例占总死亡人数的80%以上，滚石崩塌造成灾区道路中断，严重影响抗震救灾工作进展。

（中国地震局震害防御司）

各地区地震活动

首都圈地区

1. 地震活动概况

2012年首都圈地区共发生1.0级以上地震240次，2.0级以上地震36次，3.0级以上地震6次，4.0级以上地震2次，最大地震为5月28日河北唐山4.8级。

2. 地震活动特征

（1）2012年首都圈地区1.0级、2.0级、3.0级和4.0级以上地震活动相对于2011年均有不同程度的增加。5月28日河北唐山发生4.8级地震，打破了自2010年4月9日河北丰南4.1级地震后首都圈地区长达780天的4.0级地震平静。2004年以来唐山余震区4.0级以上地震具有2年左右准周期活动特征，这次4.8级地震的发生符合这一规律。以往唐山余震区及附近地区中等地震具有成组或成对特征，6月18日宝坻4.0级地震与唐山4.8级构成成组活动。

（2）首都圈地区1.0级以上地震活动的空间分布特征为：西部地区小震活动主要分布在晋冀蒙交界地区；中部北京地区小震活动相对集中，发生2.0级以上地震3次；东部地区与2011年相比地震活动水平明显增加，共发生4次3.0级以上地震，其中5月28日河北唐山发生4.8级地震、6月18日宝坻发生4.0级地震。

（中国地震台网中心）

北京市

1. 地震活动概况

2012年北京市行政区内共记录到$M_L \geq 1.0$地震74次。其中$M_L 1.0 \sim 1.9$地震64次，$M_L 2.0 \sim 2.9$地震8次，$M_L 3.0 \sim 3.9$地震2次。最大地震为2012年4月26日门头沟和2012年4月28日朝阳$M_L 3.0$地震。

2. 地震活动特征

（1）地震频次与往年平均水平相比略高。2012年，北京市行政区发生$M_L \geq 1.0$地震74次，高于1970年以来66次的年平均水平；发生$M_L \geq 2.0$地震10次，略低于1970年以来约11次的年平均水平；发生$M_L \geq 3.0$地震2次，等同于1970年以来约2次的年平均水平。

（2）$M_L \geq 4.0$地震继续平静。1970年以来，北京市行政区$M_L \geq 4.0$地震平均3~4年发生1次。自1996年12月16日顺义$M_L 4.5$震群以来，本地区已16年未发生$M_L \geq 4.0$地震。

（3）2012年4月26日门头沟和2012年4月28日朝阳$M_L 3.0$地震，是本地区本年度最显著的地震活动。北京行政区1998年以来平均每年发生1次$M_L \geq 3.0$地震（2004年、2005年和2008年除外，其中2008年最大地震为4月29日海淀$M_L 2.9$地震，震级稍偏小），该地震属于本地区正常的地震活动。

（北京市地震局）

天津市

1. 地震活动概况

2012年，天津市行政区内共记录到1.0级以上地震12次，其中1.0～1.9级地震8次，2.0～2.9级地震2次，3.0级地震2次，最大地震为6月18日宝坻4.0级地震。

2. 地震活动特征

总体来说，2012年天津市 $M \geqslant 1.0$ 地震数目和强度均明显高于2011年，其中 $M \geqslant 3.0$ 地震有2次，主要分布在宝坻断裂上。2012年度宝坻断裂和沧东断裂北段地震活动有所增强。

（天津市地震局）

河北省

1. 地震活动概况

2012年河北省共发生地震1328次，M_L1.0以下地震462次，M_L1.0～1.9地震715次，M_L2.0～2.9地震140次，M_L3.0～3.9地震10次，M_L4.0～4.9地震0次，M_L5.0～5.9地震1次。最大地震是2012年5月28日河北唐山的 M_L5.1（M_S4.8）地震。

2. 地震活动特征

（1）2012年5月28日唐山发生的 M_L5.1（M_S4.8）地震打破了华北自2011年1月12日黄海 M_L5.2地震之后15个月的平静。截至6月13日，共发生余震81次，最大余震为5月29日5时00分 M_L3.7地震，其中 M_L1.0以下地震18次，M_L1.0～1.9地震51次，M_L2.0～2.9地震10次，M_L3.0～3.9地震2次。

（2）地震活动频度高于2011年度，但 M_L1.0以下地震地震频度较2011年度降低，M_L1.0以上地震地震频度均高于2011年度。地震活动强度也明显高于2011年度。地震能量释放仍然维持2004年以来的低水平状态。

（3）地震主要分布在张家口—渤海地震带与河北平原地震带，小震活动仍主要集中唐山老震区与邢台老震区。

（河北省地震局）

山西省

1. 地震活动概况

2012年山西省共发生 $M_L \geqslant 1.0$ 地震776次，其中1.0～1.9级地震684次，2.0～2.9级地震77次，3.0～3.9级地震15次，最大地震是2009年3月28日原平 M_L4.7级地震。

2. 地震活动特征

大同盆地2次，忻定盆地1次，太原盆地4次，临汾盆地4次，运城盆地1次，东部山区2次，西部山区1次。地震活动具有以下特点：

（1）地震频度偏低。山西地区 $M_L \geqslant 3.0$ 地震共有15次，明显小于年平均频度18次地震的活动水平，2010年、2011年、2012年频度三年持续走低。

（2）年度活动强度低。从2008年以来，地震活动水平经历了由强到弱的变化过程，2012度不论 $2.0 \leqslant M_L \leqslant 2.9$ 地震还是 $3.0 \leqslant M_L \leqslant 3.9$ 地震，地震次数、强度为近四年来最低，年度最大地震水平呈下降趋势，全年无 $M_L \geqslant 4.0$ 地震。

（山西省地震局）

内蒙古自治区

1. 地震活动概况

2012年，内蒙古自治区发生 $M_L \geq 1.0$ 地震455次，其中 $M_L 1.0 \sim 1.9$ 地震180次，$M_L 2.0 \sim 2.9$ 地震218次，$M_L 3.0 \sim 3.9$ 地震51次，$M_L 4.0 \sim 4.9$ 地震5次，$M_L 5.0 \sim 5.9$ 地震1次。最大地震是2012年5月3日内蒙古自治区阿拉善盟额济纳旗与甘肃省酒泉金塔县交界发生的 $M_S 5.4$ 地震，其次是2012年4月18日呼伦贝尔市扎兰屯市与牙克石市交界发生的 $M_L 4.3$ 地震。以上地震次数统计均为可定位地震且不包含阿拉善盟额济纳旗与甘肃省酒泉金塔县交界 $M_S 5.4$ 地震的余震序列。

$M_S 5.4$ 地震的余震：截至2012年5月8日08时，共计发生余震632次，其中 $M_L 0.1 \sim 0.9$ 地震539次，$M_L 1.0 \sim 1.9$ 地震72次，$M_L 2.0 \sim 2.9$ 地震15次，$M_L 3.0 \sim 3.9$ 地震5次，$M_L 4.0 \sim 4.9$ 地震1次，最大余震为5月3日18时35分发生的 $M_L 4.3$ 地震。

2. 地震活动特征

（1）$M_L \geq 3.0$ 级地震频度出现较大上升。2012年发生 $M_L \geq 3.0$ 地震51次，与2011年37次相比，地震活动频度有较大上升。其中，特别是2012年发生 $M_S 5.4$ 中强地震1次，2012年发生 $M_L 4.0 \sim 4.9$ 地震5次，这对 $M_L \geq 3.0$ 地震频度上升有一定影响，而2011年仅发生 $M_L 4.0 \sim 4.9$ 地震2次。

（2）地震活动强度西部和东部地区强、中部地区弱。2012年发生的6次 $M_L \geq 4.0$ 地震分布显示，最大地震位于西部地区阿拉善盟额济纳旗，震级为 $M_S 5.4$；次大地震位于东部地区呼伦贝尔市，震级为 $M_L 4.3$ 地震。6次 $M_L \geq 4.0$ 地震，4次分布在内蒙古自治区的西部地区，2次分布在东部地区。中部地区没有发生 $M_L \geq 4.0$ 地震，2012年6月19日巴彦淖尔市乌拉特前旗、五原县与鄂尔多斯市杭锦旗交界发生 $M_L 3.6$ 地震为该区的最大地震，相对西部和东部地区强度较弱。

（3）发生1次中强地震。2012年5月3日18时19分，在内蒙古自治区阿拉善盟额济纳旗与甘肃省酒泉金塔县交界发生 $M_S 5.4$ 地震，震源深度8千米。阿拉善地震局派出工作队赶赴现场考察。震区人员稀少，没有人员伤亡和较大财产损失。东风航天城发射架晃动，人员震感强烈。内蒙古自治区额济纳旗马鬃山苏木4户房屋出现裂缝，阿拉善右旗额肯呼都格镇有感。

（4）中小地震丛集、有序活动区。2012年地震活动出现4个丛集活动区：阿拉善盟与甘肃、宁夏交界地区，地震活动活跃，地震呈北东和北西交互分布状态；呼和浩特至蒙晋交界地区，地震活动呈东西向条带分布状态；赤锡交界地区，地震呈北西分布状态；呼伦贝尔市扎兰屯地区，地震活动呈北北东向条带分布状态。

（内蒙古自治区地震局）

辽宁省

1. 地震活动概况

2012年辽宁省及其邻区（38°~43.5°N，119°~126°E）共发生 $M_L \geq 2.0$ 地震210次，其中2.0~2.9级地震184次，3.0~3.9级地震21次，4.0~4.9级地震5次。2012年度辽宁省及其邻区最大地震为5月28日唐山 $M_L 5.1$ 地震，境内最大地震为2月2日营口盖州 $M_L 4.7$ 地震。

2. 地震活动特征

（1）震群和中等地震持续活跃。2012

年辽宁省及其邻区的4.0级地震和震群活动延续了2008年以来的活跃态势，共发生4.0级以上地震5次（1970年以来年均2次），分别为2月2日营口盖州M_L4.7地震和M_L4.3地震、4月4日辽阳灯塔M_L4.1地震、7月12日营口盖州M_L4.2地震以及11月1日营口盖州M_L4.0地震。其中2月2日盖州M_L4.7震群和4月4日灯塔M_L4.1震群为2012年度辽宁省显著地震事件。空间上，这些4.0级地震（震群）集中分布在辽阳灯塔和营口盖州地区。

（2）小震空间分布格局发生变化。2011年辽西地区无3.0级以上地震发生，2012年辽西—辽蒙交界地区中小震活动较活跃，先后发生5月27日内蒙古科尔沁左翼后旗M_L3.3地震、9月9日凌源M_L3.2地震、10月7日喀左M_L3.0地震、11月11日朝阳M_L3.8地震和11月23日北票M_L3.1地震。相比之下，北黄海地区小震活动相对平静，2012年该区无3.0级以上地震发生。

总之，2012年度辽宁地区中小地震活动高于正常的背景水平，4.0级地震主体活动地区集中在辽阳灯塔和营口盖州，辽西—辽蒙交界地区3.0级地震较活跃。

（辽宁省地震局）

吉林省

1. 地震活动概况

2012年吉林省共发生1.0级以上地震8次（其中有2次位于吉林省与内蒙古自治区交界），其中1.0～1.9级地震4次，2.0～2.9级地震3次，3.0～3.9级地震1次。除发生在吉林省与内蒙古自治区交界但位于内蒙古自治区行政区内的3.2级地震外，吉林省内最大地震为3月30日发生在伊通的2.4级地震。全年地震释放能量为4.7×10^9焦耳。

2012年吉林省地震活动频度下降，强度减弱。西部地震活动平静，除在通榆与内蒙古交界处发生3.2级和1.4级地震外，松原老震区没有发生地震。中部在伊通—舒兰断裂带发生3次地震，其他2次发生在抚松和敦化。

2. 地震活动特征

（1）地震活动水平较低，表现为频度下降及强度减弱。1999年以来吉林省内2.0级以上地震年均频度为23次，2012年发生2.0级以上地震3次，因此地震活动水平较低。

（2）地震活动时间及空间分布特征不明显。吉林省西部地震活动平静，除在通榆与内蒙古交界处发生3.2级和1.4级地震外，松原老震区没有发生地震。中部在伊通—舒兰断裂带发生3次地震，其他2次发生在抚松和敦化。在时间上，地震活动也没有明显规律性。

（3）长白山火山地震活动水平继续降低。2012年长白山火山小震频度为40次，为近4年来的最低值。2012年记录到的火山地震最大震级仅为1.7级，地震强度也降低。

（吉林省地震局）

黑龙江省

地震活动概况

2012年黑龙江省记录可定位地震77次，地震活动主要分布在黑龙江省西部地区，其中$M2.0～2.9$地震6次，未发生$M3.0$以上地震，最大地震为12月14日塔河$M2.6$地震。2012年黑龙江省$M2.0$以上地震活动主要在12月，记录到2次，最大震级为$M2.6$。

（黑龙江省地震局）

上海市

1. 地震活动概况

2012年上海市行政区内共记录到$M1.0$以上地震6次,最大地震为2012年4月2日23时27分发生在上海市徐汇区的$M1.9$地震。

2. 地震活动特征

(1) 2012年上海市行政区共发生了6次地震,其频度较2011年显著增强,强度也较2011年明显提高。

(2) 2012年上海市的6次地震,主要分布在上海市偏北部地区,3次发生在上海宝山,2次发生在上海崇明。

(3) 2012年上海周边地区地震活动较为活跃,自2012年7月20日江苏宝应发生$M5.3$地震后,苏中沿岸及近海海域地震活动有增强趋势,上海地区地震活动也同步增强。

(上海市地震局)

江苏省

1. 地震活动概况

2012年江苏省及其邻近海域共发生$M_L≥2.0$地震109次,其中$M_L≥3.0$地震15次,$M_L≥4.0$地震4次,最大震级地震为7月20日扬州市高邮、宝应交界$M4.9$地震($M_L5.3$)。

2. 地震活动特征

2012年江苏省地震活动水平较高,为1990年以来江苏陆地地震活动水平最高的一年。

最大地震为7月20日扬州高邮、宝应交界$M_L5.3$地震,此处还发生了2次$M_L4.0$以上显著地震:一次为4月8日江苏金湖$M_L4.1$地震,此次地震造成震中区附近部分市民有明显震感;另一次为8月25日南黄海海域$M_L4.8$地震,该地震距陆地相对较远,沿海城市居民没有明显震感。

7月20日20时11分在扬州市高邮、宝应交界发生的$M4.9$地震,是江苏省自1990年2月10日常熟5.1级地震后,20多年来陆地发生的最大震级地震,共记录到余震85次,其中$M_L≥4.0$余震1次,$3.0≤M_L≤3.9$余震4次,$2.0≤M_L≤2.9$余震24次,$M_L2.0$以下余震56次,最大震级的余震为7月20日20时24分发生的$M_L4.2$地震。

(江苏省地震局)

浙江省

1. 地震活动概况

2012年浙江省共发生$M_L≥1.0$地震8次,最大地震为2012年11月17日浙江庆元$M_L3.0$地震。

2. 地震活动特征

地震强度及频度均高于2011年水平,浙江庆元发生以$M_L3.0$地震为最大地震的震群活动,地震活动空间分布表现为南强北弱。

珊溪水库持续小震活动。杭、嘉、湖地区地震活动频度明显高于往年。

(浙江省地震局)

安徽省

1. 地震活动概况

2012年,安徽省内共记录到地震256次,其中$M1.5$以上地震11次,$M2.0$以上地震3次,最大地震为2012年8月11日铜陵$M2.8$地震。

2. **地震活动特征**

与 2011 年度相比,地震活动频次和强度均明显降低。地震活动主要分布在霍山地区和下扬子地块,从时间分布上看,下半年地震活动水平明显高于上半年,11 次 $M1.5$ 以上地震中有 10 次发生在 8—12 月。

(安徽省地震局)

福建省及其近海地区（含台湾地区）

1. **地震活动概况**

2012 年,福建省及其近海地区发生 $M_L \geq 1.0$ 级地震 501 次,其中 $M_L 1.0 \sim 1.9$ 地震 418 次,$M_L 2.0 \sim 2.9$ 地震 72 次,$M_L 3.0 \sim 3.9$ 地震 10 次,$M_L 4.0 \sim 4.9$ 地震 1 次,最大地震为 4 月 15 日仙游 $M_L 4.1$ 地震;台湾海峡地区发生 $M_L \geq 2.0$ 地震 25 次,其中 $M_L 2.0 \sim 2.9$ 地震 21 次,$M_L 3.0 \sim 3.9$ 地震 4 次,最大地震为 4 月 8 日海峡南部 $M_L 3.8$ 地震;台湾地区发生 $M_L \geq 3.0$ 地震 130 次,其中 $M_L 3.0 \sim 3.9$ 地震 73 次,$M_L 4.0 \sim 4.9$ 地震 44 次,$M_L 5.0 \sim 5.9$ 地震 11 次,$M_L 6.0 \sim 6.9$ 地震 2 次,最大地震为 2 月 26 日屏东 $M_L 6.0$ 和 6 月 10 日宜兰海域 $M_L 6.0$ 地震。

2. **地震活动特征**

(1) 2012 年福建及其近海地区地震活动水平相较于 2011 年显著增强,发生最大地震为 4 月 15 日仙游 $M_L 4.1$ 地震,$M_L 1.0 \sim 3.0$ 地震频次水平亦显著上升。2012 年度地震活动水平最高地区位于仙游,发生仙游 $M_L 4.1$ 震群活动,其中 $M_L 1.0 \sim 1.9$ 地震 228 次,$M_L 2.0 \sim 2.9$ 地震 42 次,$M_L 3.0 \sim 3.9$ 地震 5 次,$M_L 4.0 \sim 4.9$ 地震 1 次。

(2) 2012 年台湾海峡地区地震活动强度水平与 2011 年相当,地震频次水平略有提升,其中 $M_L 3.0$ 地震相对集中于台湾海峡南部地区。台湾海峡地区延续了 2008 年以来 $M_L \geq 4.0$ 地震平静状态。

(3) 2012 年台湾地区地震活动水平相较于 2011 年显著上升,发生 2 次 $M_L \geq 6.0$ 地震活动。$M_L \geq 5.0$ 地震主要相对集中分布在台湾东部及近海地区。台湾地区 7.0 级以上地震持续平静超过 6 年。

(福建省地震局)

江西省

1. **地震活动概况**

2012 年江西省共发生 $M_L 1.0$ 以上地震 80 次,其中 $M_L 1.0 \sim 1.9$ 地震 53 次,$M_L 2.0 \sim 2.9$ 地震 26 次,$M_L 3.0$ 以上地震 1 次,即 4 月 28 日寻乌 $M_L 3.7$ 地震。

2. **地震活动特征**

(1) 地震活动水平总体较 2011 年度减弱,未发生 $M_L 4.0$ 以上地震。从空间分布来看,地震仍然主要分布在赣北瑞昌—九江地区、赣中萍乡—广丰一带和赣南寻乌—安远地区。

(2) 赣南小震频次较 2011 年度有所降低,但地震活动强度有所增强。4 月 28 日寻乌 $M_L 3.7$ 地震打破了赣南地区 $M_L 3.0$ 地震长达 80 个月的平静。

(江西省地震局)

山东省

1. **地震活动概况**

2012 年,山东内陆及其邻区共发生地震 275 次,其中 $0.0 \sim 0.9$（M_L,下同）级地震 2 次,$1.0 \sim 1.9$ 级地震 146 次,$2.0 \sim 2.9$ 级地震 102 次,$3.0 \sim 3.9$ 级地震 25 次,最大为 7 月 31 日长岛 3.9 级地震和 8 月 8

日莱州 3.9 级地震。3 级地震活动主要分布在胶东半岛及其近海海域，沂沭带及其北西向分支断裂以及冀鲁豫交界地区地震活动相对平静。2012 年地震释放应变能与 2011 年相当，但 3.0 级地震频次、震群或序列增多且空间分布出现集中有序图像。

2. 地震活动特征

根据地质构造和地震活动情况，将山东地区分为 4 个构造分区，即：胶东半岛及北部海域地区、南黄海北部海域地区、沂沭带及其北西向分支断裂地区和鲁西地区。统计对比这 4 个构造分区近年来的活动情况，可以看出 2012 年度山东地区地震活动存在以下特点：

（1）胶东半岛及北部海域微震活动频繁，3.0 级地震相对集中，地震活动成群性明显，共发生 5 次震群序列活动。

（2）南黄海北部海域地震活动有所增强。

（3）沂沭带及其北西向分支断裂地震活动相对平静，自 2011 年 5 月 20 日安丘 3.7 级地震后，再次出现 3.0 级地震平静。

（4）鲁西地区 2012 年 3 月 21 日河南范县发生 3.0 级地震之后地震活动处于相对减弱状态，出现 3.0 级地震平静现象。

（山东省地震局）

河南省

1. 地震活动概况

2012 年，河南省地震台网共记录 2.0 级以上地震 19 次，其中 3.0 级以上地震 1 次，年度最大地震为 9 月 12 日河南济源 3.0 级地震。

2. 地震活动特征

2012 年河南省地震主要分布在太行山断裂带和濮阳地区。相对于 2011 年，2.0 级以上地震活动频次明显增加，但地震释放的总能量明显减弱。2012 年，聊兰带上的地震活动持续增强。

（河南省地震局）

湖北省

1. 地震活动概况

2012 年湖北省共发生 $M1.0$ 以上地震 116 次，其中 $1.0 \leq M < 2.0$ 地震 96 次，$2.0 \leq M < 3.0$ 地震 18 次，$3.0 \leq M < 4.0$ 地震 2 次，最大地震为 2012 年 10 月 31 日秭归县屈原镇 $M3.2$ 地震。

2. 地震活动特征

2012 年湖北省地震活动水平较 2011 年有所减弱。2012 年最大地震为 10 月 31 日秭归屈原镇 $M3.2$ 地震，而 2011 年为 9 月 10 日在湖北阳新与江西瑞昌交界地区 $M4.6$ 地震。地震主要分布在湖北西部地区的巴东—秭归和东部地区的大冶、阳新等地。

（湖北省地震局）

湖南省

1. 地震活动概况

2012 年湖南省共发生 $M_L \geq 1.0$ 地震 219 次，其中 1.0~1.9 级地震 122 次，2.0~2.9 级地震 82 次，3.0~3.9 级地震 15 次。

2. 地震活动特征

从地震活动空间看，主要集中分布在湘北、湘中和湘南地区。最大地震分别为 4 月 20 日在湘西永顺 $M_L3.2$ 地震和 5 月 19 日常德澧县 $M_L3.2$ 地震，这两次地震的最高烈度为 IV 度。湖南及邻区地震活动水平相对增强。

（湖南省地震局）

广东省

1. 地震活动概况

2012年广东省地震台网共记录到广东省及其近海发生 $M \geq 1.0$ 地震222次，其中 $M1.0 \sim 1.9$ 地震186次，$M2.0 \sim 2.9$ 地震32次，$M3.0 \sim 3.9$ 地震2次，$M4.0 \sim 4.9$ 地震2次，最大为2012年2月16日发生在东源的 $M4.8$ 地震，另外一次4.0级地震为8月31日发生在河源的 $M4.0$ 地震。

2. 地震活动特征

总体上，广东省及其近海2012年度的地震活动明显增强，特别是河源地区发生本年度东南沿海地震带最强的 $M4.8$ 地震，广东省地震主要活动特征表现为：

2012年度广东省及近海地震活动明显增强，自2008年汶川地震以来，整个东南沿海地震带及广东省地震活动持续减弱，但2011年以来有转折增强的趋势，2012年度增强的态势显著，特别是河源地区，2012年度的2次4.0级以上地震都发生在河源地区。

广东省地震活动仍然主要集中在南澳、河源、阳江三个老震区，以上三个老震区发生了2012年度74%的 $M \geq 2.0$ 地震，高于2011年度的62%，说明2012年度的地震更加集中。从2.0级以上频次来看，河源地区增加显著，该地区最强地震为4.8级；南澳地区延续了2010年以来增加的趋势，但强度都不高，最强地震为2.6级；阳江地区地震活动水平有所减弱，2012年度与2011年度相比2级以上频次减少，最强地震为2.6级。

(广东省地震局)

广西壮族自治区

1. 地震活动概况

2012年，广西壮族自治区地震台网共记录广西壮族自治区陆地及北部湾 $M_L 0.0$ 以上地震383次，其中 $0.0 \sim 0.9$ 级102次、$1.0 \sim 1.9$ 级207次、$2.0 \sim 2.9$ 级70次、$3.0 \sim 3.9$ 级4次，最大地震为1月8日百色市平果县和2月7日河池市东兰县的两次 $M_L 3.2$ 地震。

2. 地震活动特征

地震主要分布在桂西北和桂东南地区，地震频次较2011年有所下降，而地震强度与2011年相当。

(广西壮族自治区地震局)

海南省

1. 地震活动概况

2012年海南省及其邻近海域共发生 $M_L \geq 1.0$ 地震20次，其中 $M_L 1.0 \sim 1.9$ 地震12次，$M_L 2.0 \sim 2.9$ 地震7次，$M_L 4.0 \sim 4.9$ 地震1次。最大地震是11月5日万宁近海 $M_L 4.1$（$M3.6$）地震，震源深度6千米，震中距离陆地约50千米，万宁市、琼海市和陵水县部分人员有不同程度震感，无房屋破坏和人员伤亡。其次是12月28日文昌市北部锦山镇 $M_L 2.9$ 地震，震源深度8.7千米，文昌市冯坡—锦山—铺前镇一带部分人员有不同程度震感，无房屋损坏和人员伤亡。

2. 地震活动特征

地震主要分布在琼东北地区的海口、文昌、琼海三市及琼州海峡，共发生地震9次，其中在铺前—清澜断裂带附近发生了7次 $M_L 1.0 \sim 2.9$ 地震，最大为文昌锦山 $M_L 2.9$ 有感地震；其次是在琼东南及其近海地区，共发生地震4次，即万宁近海 $M_L 4.1$ 有感地震，琼中 $M_L 1.4$ 地震、陵水 $M_L 1.7$ 地震、$M_L 1.8$ 地震；再次是琼西南地区的乐东及其近海发生的 $M_L 2.8$ 地震、$M_L 2.3$ 地震、$M_L1.8$ 地震和 $M_L1.6$ 地震以及三亚 $M_L1.6$ 地震、昌江 $M_L1.7$ 地震与儋州近海 $M_L1.9$ 地震。

（海南省地震局）

重庆市

1. 地震活动概况

2012 年重庆市及其周边地区（重庆市行政边界 5 千米范围内）共发生 $M_L \geqslant 1.0$ 地震 208 次，其中 1～1.9 级地震 189 次，2～2.9 级地震 17 次，3～3.9 级地震 2 次，最大地震为 2012 年 12 月 28 日万盛 3.1 级地震。

2. 地震活动特征

地震主要分布在荣昌、石柱、巫山、巫溪、綦江—万盛等地。与 2011 年度相比，2012 年地震活动水平略有增强。

（重庆市地震局）

四川省

1. 地震活动概况

2012 年四川省共发生 $M_L2.0$ 以上地震 1927 次，其中：$M_L2.0$～2.9 地震 1700 次；$M_L3.0$～3.9 地震 197 次；$M_L4.0$～4.9 地震 29 次；$M_L5.0$～5.9 地震 1 次（交界 1 次）。

2. 地震活动特征

四川省地震活动空间分布图像显示，2012 年度 $M_L2.0$ 以上地震活动主体地区为龙门山断裂的汶川余震区、鲜水河—安宁河和龙门山断裂交会区域、川东南及川滇交界地区等。此外，川北马尔康一带、川甘青交界和川西区域也有小震活动。$M_L4.0$ 以上地震分布：鲜水河—安宁河和龙门山断裂交会区域、川滇交界、川北壤塘和川西等地有活动。其中：4 月 15 日稻城 4.5 级地震的发生打破了川藏交界自 2007 年 7 月以来持续近 5 年的 4.0 级地震平静；6 月 24 日云南宁蒗—四川盐源 $M5.7$ 地震为四川区域最大地震；川东弱震区的隆昌、梓潼等地出现震群活动。汶川余震区仍持续活跃，继续呈现起伏性平稳衰减态势：2008 年 5 月 12 日至 2012 年 12 月 31 日，四川台网共记录到汶川余震 98037 次，其中：$M5.0$～5.9 余震 41 次；$M6.0$～6.9 余震 8 次；最大余震仍为 2008 年 5 月 25 日青川 $M6.4$ 地震。汶川余震继续沿整个余震区分布，表明仍处于余震调整期：2012 年度记录余震 7058 次，余震仍然沿整个余震区南段、中段和北段较均衡展布，表明汶川余震区仍处于余震调整期。其中：$M_L3.0$ 以上余震 137 次，$M4.0$～4.9 地震 2 次。突出余震有：7 月 28 日崇州与汶川交界 $M4.0$ 和 12 月 1 日北川 4.3 级地震。

（四川省地震局预报研究所）

贵州省

1. 地震活动概况

2012 年贵州省内共记录到地震 423 次，其中 $M2.0$～2.9 地震 20 次，$M3.0$～4.9 地震 0 次，$M5.0$～5.9 地震 1 次。最大地震是 9 月 7 日发生在贵州省毕节市威宁县与云南省昭通市彝良县交界 $M5.7$ 地震。

2. 地震活动特征

（1）地震活动空间分布集中。除 9 月 7 日发生在云贵交界的 5.7 级地震序列外，地震主要集中在贵州西部北盘江流域的董菁水电站、光照水电站及罗甸龙滩水电站库区附近和盘县、水城、兴仁、安龙及金沙等地。

（2）地震活动时间分布不均匀。贵州

省内 $M2.0$ 以上地震频次较高的月份是 9 月。9 月 7 日云贵交界 $M5.7$ 地震后，后续弱震活动比较频繁。

（贵州省地震局）

云南省

1. 地震活动概况

2012 年云南省及其周边地区（$21°\sim29°N$，$97°\sim106°E$）共发生 $M\geq3.0$ 地震 36 次，其中 3.0～3.9 级地震 22 次，4.0～4.9 级地震 11 次，5.0～5.9 级地震 3 次。云南省内 5.0 级以上地震分别为 6 月 24 日宁蒗—盐源 5.7 级地震、9 月 7 日彝良—威宁 5.7 级和彝良 5.6 级地震。

2. 地震活动特征

（1）川滇交界—滇东北地区 5.0 级地震活跃，2012 年分别发生了 6 月 24 日宁蒗 $M5.7$、9 月 7 日彝良 $M5.7$、$M5.6$ 地震。

（2）$M\geq4.0$ 级地震从滇西—滇中—滇东北呈北东向条带分布，该条带延续 2003 年以来的 $M\geq5.0$ 地震条带。

（3）地震活动从平静到活跃：前 5 个月异常平静，之后异常活跃。2011 年 12 月 6 日巧家 4.1 级地震至 2012 年 6 月 12 日盐津 4.5 级地震，云南省的 4.0 级地震平静了 189 天，自 2012 年 6 月盐津地震开始，$M\geq4.0$ 地震活动状态出现了显著的转折，短短 5 个月时间内 $M\geq4.0$ 地震已达 14 次，且强度逐渐增大，直到 11 月 11 日缅甸 7.0 级地震的发生。

（云南省地震局）

陕西省

1. 地震活动概况

2012 年陕西省共发生地震 172 次，发生在宁强（属于汶川 8.0 级地震余震区）的地震 53 次，其中 $M_L0.0\sim0.9$ 地震 7 次，$M_L1.0\sim1.9$ 地震 38 次，$M_L2.0\sim2.9$ 地震 5 次，$M_L3.0\sim3.9$ 地震 3 次，最大震级 $M_L3.7$ 地震；发生在陕西省其他地区的可定震中地震 119 次，其中 $M_L0.0\sim0.9$ 地震 28 次，$M_L1.0\sim1.9$ 地震 75 次，$M_L2.0\sim2.9$ 地震 14 次，$M_L3.0\sim3.9$ 地震 2 次，最大震级 $M_L3.6$。M_L3 以上地震分别是 2012 年 6 月 16 日彬县 $M_L3.0$ 地震和 2012 年 8 月 18 日镇安 $M_L3.6$ 地震。

2. 地震活动特征

2012 年陕西省地震活动频繁，但活动水平不高，相对 2011 年，地震强度和频度降低，空间分布变化不大。其中，关中东部小震继续活跃，活动水平有所降低，主要集中在合阳、大荔、潼关与山西交界地区；关中西部小震活动略有增强，主要沿北西向分布；陕南地震频次明显降低，主要沿东西向分布。时间上，除宁强地震外，上半年地震频次高于下半年，1—7 月地震平均月频次为 13 次，3 月为年内最高（16 次）；8—12 月地震月频次均不高于 7 次，10 月和 12 月为年内最低（4 次）。汶川地震后，特别是 2009 年 9 月以来，省内 $M_L3.0\sim4.0$ 地震比较活跃，2011 年 9 月以后活动减弱。

（陕西省地震局）

甘肃省

1. 地震活动概况

2012 年甘肃省共发生 $M_S\geq2.0$ 地震 108 次。其中，2.0～2.9 级地震 94 次，3.0～3.9 级地震 12 次，4.0～4.9 级地震 1 次，5.0～5.9 级地震 1 次，最大地震为 5 月 3 日发生的金塔 5.4 级地震。5 月地震活动频次较高达到21次，3月份地震活动水平较低仅4次，其余月份地震频次5～15次；除4月、6月、8月、12月无3.0级地震以外，其余月份均有3.0级地震发生。

2. 地震活动特征

地震活动在空间上延续了2009年以来甘肃地区地震活动格局，2.0级以上地震主要集中分布于祁连山地震带西段和东段的古浪周围；3.0级地震主要分布在祁连山中西段地区。

（甘肃省地震局）

青海省

1. 地震活动概况

2012年青海省及其邻区发生$M_L \geq 2.0$以上地震747次，其中2.0～2.9级地震645次，3.0～3.9级地震84次，4.0～4.9级地震18次，境内最大地震为8月26日治多4.8级地震，邻区最大地震为5月11日甘肃肃南、青海门源交界的4.9级地震和5月12日新疆若羌4.9级地震。2012年青海省内未发生$M_S \geq 5.0$地震。2012年青海省地震活动强度比2011年地震活动弱。

2. 地震活动特征

2012年青海省及邻区地震活动空间上主要分布在祁连地震带，柴达木—共和盆地地震带，唐古拉地震带中、东段，阿尔金构造带的东、西两端和青海东南部地区，其中3.0级以上地震空间分布在青海西南部的青藏交界一带、青海省北部的茫崖行委—德令哈市北—甘肃省肃北—肃南一带和海南藏族自治州共和县—兴海县一带，青海省中部中等地震活动相对偏弱，4.0级以上地震活动呈现"周边强，内部弱"的特点。

（青海省地震局）

宁夏回族自治区

1. 地震活动概况

2012年宁夏回族自治区共发生$M_L 2.0$以上地震71次，其中$M_L 2.0$～2.9地震60次，$M_L 3.0$～3.9地震10次，$M_L 4.0$以上地震1次，最大地震为11月20日银川市永宁县$M_L 4.9$地震。

2. 地震活动特征

（1）与近两年地震活动相比，2012年宁夏回族自治区弱震活动频次略为偏低，但强度有所增强。空间上弱震活动仍集中在地震多发的区域，如石嘴山以北一带、银川至灵武一带、中宁至同心和海原至固原一带。

（2）2012年11月银川市永宁县望远镇发生$M_L 4.9$显著地震，震源深度为6千米。银川市周边市民震感强烈，但没有造成人员伤亡。截至12月31日，共记录到余震26次地震，其中$M_L 1.0$～1.9地震17次，$M_L 2.0$～2.9地震7次，$M_L 3.0$～3.9地震2次，最大地震为12月4日银川市$M_L 3.5$地震。

（3）2012年1月、4月和8月吴忠灵武地区发生3次$M_L 3.0$左右地震，地震活动仍持续活跃。另外，12月同心窗分别发生$M_L 3.7$地震和$M_L 3.3$地震。

（宁夏回族自治区地震局）

新疆维吾尔自治区

1. 地震活动概况

2012年新疆维吾尔自治区及其邻区共发生$M 2.0$以上地震1097次。其中$M 2.0$～2.9地震861次，$M 3.0$～3.9地震180次，$M 4.0$～4.9地震41次，$M 5.0$～5.9地震13次，$M 6.0$～6.9地震2次，无$M 7.0$以上地震。6月30日新源—和静发生的$M 6.6$地震为2012年度新疆最大地震。

2. 地震活动特征

（1）2012年新疆维吾尔自治区发生6.0级以上地震3次，另2次6.0级以上地震分别是3月9日洛浦发生的M6.0地震和8月12日于田发生的M6.2地震。强震活动水平高于常年平均水平。

（2）各级地震的活动水平均高于常年平均水平，但低于2008年活动水平。

（新疆维吾尔自治区地震局）

重要地震与震害

2012年1月8日
新疆和硕5.0级地震

一、地震基本参数

发震时刻：2012年1月8日14时20分
微观震中：42.09°N，87.47°E
宏观震中：新疆维吾尔自治区和硕县乌什塔拉回族乡以南
震　　级：5.0级
震源深度：27千米
震中烈度：Ⅵ度

二、烈度分布与震害

通过对灾区震害调查，宏观震中位于和硕县乌什塔拉回族乡以南；极震区烈度为Ⅵ度，Ⅵ度区西自塔哈其乡祖鲁门苏勒村一带，东至微观震中附近，北自乌什塔拉回族乡哈布其格恩阿门，南到博斯腾湖以北。灾区总面积776平方千米。土木结构的房屋在本次地震中普遍受损，砖木结构房屋产生了轻微甚至中等程度的破坏。

本次地震造成直接经济损失4208.11万元。

（新疆维吾尔自治区地震局）

2012年2月10日
新疆巴里坤5.3级地震

一、地震基本参数

发震时刻：2012年2月10日2时57分
微观震中：44.85°N，93.11°E
宏观震中：新疆维吾尔自治区巴里坤县
震　　级：5.3级
震源深度：7千米

二、烈度分布与震害

地震发生后，新疆维吾尔自治区地震局立即启动应急预案，派出哈密地区地震局前往震区巴里坤县了解灾情。经了解，巴里坤县城有轻微震感，三塘湖乡和震中附近边防哨卡震感强烈，无房屋破坏情况和其他经济损失。

（新疆维吾尔自治区地震局）

2012年2月16日
广东东源4.8级地震

一、地震基本参数

发震时刻：2012年2月16日2时34分
微观震中：23°54′N，114°30′E
宏观震中：广东省河源市东源县锡场镇
震　　级：4.8级
震源深度：13千米
震中烈度：Ⅵ度
断层类型：走滑正断层型
地震类型：构造地震
余震情况及特点：截至2012年3月30日，共记录余震184次，最大震级为2月17日3.5级。序列分析认为该次地震活动为主震—余震型。

二、烈度分布与震害

本次地震震中位于河源市区西北方向

约30千米，新丰江水库库区西北边缘。广东省内东至潮州、西至江门、北至韶关、南至莞深均有感。没有造成人员伤亡和房屋倒塌等严重损失。

本次地震的宏观震中位于锡场镇西南约3千米处。经过地震现场灾害评估调查，划定出地震烈度分布图，极震区烈度为Ⅵ度弱。Ⅵ度弱的等震线范围包括锡场镇、杨梅村、三洞村、厚洞村；等震线长轴方向为北西340°，长约10千米；短轴约8千米。Ⅴ度等震线长轴方向北西335°，长约42千米；短轴约28千米。

震区房屋建筑类型主要有框架结构房屋、砖混房屋和土坯房，以泥砖房最为普遍，主要分布于锡场镇所辖自然村。框架结构和砖混房屋在此次地震中基本未受影响，没有发现明显震害。土坯房本身抗震性能差，在此次地震中受到一定影响，其主要震害反映为：少数房屋屋檐局部瓦片被震落；少数房屋墙体出现裂缝，其中多数为旧有裂缝受震裂宽或拉长；个别房屋墙体歪闪。

新丰江水库大坝距震中东源县锡场镇约30千米。经过现场初步调查，水库坝体未见任何震害情况。长深高速路高架桥桥墩未见任何破坏，交通运输一切正常。

（广东省地震局）

2012年3月2日
新疆乌恰5.0级地震

一、地震基本参数
发震时刻：2012年3月2日21时40分
微观震中：39.70°N，74.15°E
宏观震中：新疆维吾尔自治区乌恰县
震　　级：5.0级
震源深度：11千米

二、烈度分布与震害
地震发生后，新疆维吾尔自治区地震局立即启动应急预案，派出4人现场工作队前往震区乌恰县了解灾情。经了解，乌恰县乌鲁克恰提乡和吉根乡震感强烈，无房屋破坏情况和其他经济损失。

（新疆维吾尔自治区地震局）

2012年3月9日
新疆洛浦6.0级地震

一、地震基本参数
发震时刻：2012年3月9日6时50分
微观震中：39.4°N，81.3°E
宏观震中：新疆维吾尔自治区洛浦县
震　　级：6.0级
震源深度：30千米

二、烈度分布与震害
通过对灾区震害调查，本次震中位于洛浦县境内，未能确定烈度圈，仅有个别Ⅵ度调查点。地震影响范围内受灾房屋结构类型主要为土木结构（笆子墙）和砖木结构。土木结构类型房屋占受灾房屋面积90%，大多数房屋地震后墙体墙泥震落，土坯砌筑的墙体出现局部倒塌的现象。砖木结构房屋抗震性能优于土木结构，受灾比例较小，仅少数老旧砖木结构房屋由于年久失修、场地条件较差等因素产生局部破坏。

地震主要波及和田与阿克苏地区9个县（市）及兵团农一师10个团场或单位。经评估，地震造成直接经济损失约52325.1万元。

（新疆维吾尔自治区地震局）

2012年5月3日
内蒙古额济纳旗、
甘肃金塔交界5.4级地震

一、地震基本参数

发震时刻：2012年5月3日18时19分
微观震中：40.6°N，98.6°E
宏观震中：内蒙古自治区阿拉善盟额济纳旗与甘肃省金塔县交界
震　　级：5.4级
震源深度：8千米
震中烈度：Ⅵ度

余震情况及特点：截至5月8日08时，共记录到余震632次，其中4.0~4.9级1次，3.0~3.9级5次，2.0~2.9级15次，1.0~1.9级72次，0.1~0.9级539次，最大余震为5月3日18时35分发生的M_L4.4地震。余震大致分别在主震东南方向50千米的范围内。

二、烈度分布与震害

本次地震微观震中位于北纬40.6°、东经98.6°，宏观震中位于内蒙古自治区阿拉善盟额济纳旗马鬃山苏木与甘肃省金塔县交界处。位于内蒙古自治区一侧的马鬃山苏木面积1.5万平方千米，人口只有百余人，当地牧民房屋中土坯房约占70%，其余为砖木结构房屋，是内蒙古自治区面积最大、人口最少、条件最艰苦的地方。

本次地震有感范围广、震中区域震感强烈、地面晃动主要以西北为主。牧民反映地震时先听见轰隆声音，大约持续一分钟，随后房屋和地面开始摇晃，人站立不稳、无法行走。

额济纳旗马鬃山苏木梧桐沟牧点土坯结构房屋出现了山墙裂缝、贯通裂缝和剪切裂缝等Ⅶ度破坏特征。但由于房屋数量太少未单独划分Ⅶ度区，因此调查区域均按Ⅵ度区处理。Ⅵ度面积为2200平方千米，在内蒙古自治区境内约占65%（1450平方千米）。Ⅵ度区震感及破坏特征为：土坯和砖木房屋出现墙皮脱落、墙壁裂缝，门垛部分晃落等破坏情况。

震区地广人稀、交通不便，在震中区50千米范围内共有14户居民，牧民的生产、生活用房虽有不同程度损坏，但对其生产、生活没有重大影响；受损房屋多为土木结构的老旧房屋，地震也未造成人员和家畜伤亡。

（内蒙古自治区地震局）

2012年6月1日
新疆乌恰5.0级地震

一、地震基本参数

发震时刻：2012年6月1日20时32分
微观震中：39.78°N，74.93°E
宏观震中：新疆维吾尔自治区乌恰县
震　　级：5.0级
震源深度：10千米

二、烈度分布与震害

地震发生后，新疆维吾尔自治区地震局立即启动应急预案，派出5人现场工作队前往震区乌恰县了解灾情。经了解，乌恰县城、康苏镇、库孜滚河水库震感强烈，无房屋破坏情况和其他经济损失。

（新疆维吾尔自治区地震局）

2012年6月15日
新疆轮台5.4级地震

一、地震基本参数

发震时刻：2012年6月15日05时51分

微观震中：42.17°N，84.23°E
宏观震中：新疆维吾尔自治区轮台县
震　　级：5.4
震源深度：20 千米
震中烈度：Ⅵ度

二、烈度分布与震害

通过震害调查，宏观震中位于轮台县以北 35 千米的无人区；极震区烈度为Ⅵ度，Ⅵ度区长半轴为 21 千米、短半轴为 10.5 千米，面积 714 平方千米。灾区房屋结构类型主要可分为土木结构、砖木结构、砖混结构。产生震害房屋均为老旧土木结构房屋，房屋年久失修，多数已存在不同程度开裂，或基础腐蚀严重等结构缺陷，在地震作用下墙体裂缝增大或局部倒塌。

本次地震灾区主要涉及轮台县轮台镇、群巴克镇、阳霞镇、轮南镇、塔尔拉克乡、野云沟乡、策大雅乡、阿克萨来乡、哈尔巴克乡、草湖乡、铁热克巴扎乡，库车县二八台农场，受灾人口约 6700 人、1675 户，失去住所 578 户、2313 人。经评估，地震造成直接经济损失约 4547 万元。

（新疆维吾尔自治区地震局）

2012 年 6 月 24 日云南宁蒗—四川盐源 5.7 级地震

一、地震基本参数

发震时间：2012 年 6 月 24 日 15 时 59 分
微观震中：27.7°N，100.7°E，
宏观震中：
震　　级：5.7 级
震源深度：11 千米
震中烈度：Ⅶ
余震情况：截至 6 月 27 日 21 时，距离最近的泸沽湖地震台记录到 518 次余震，其中：1.0 级以下地震 337 次，1.0～1.9 级地震 139 次，2.0～2.9 级地震 34 次，3.0 级以上地震 7 次，4.0 级以上地震 1 次。最大余震为 6 月 26 日 14 时 21 分发生的 $M_L4.0$ 地震。

二、烈度分布与震害

四川省数字强震动观测台网在灾区附近共有 2 个观测点获取了主震加速度记录，最大水平峰值加速度记录为盐源泸沽地震台记录得到的 95.4 厘米/秒^2。

震源机制解利用四川台网震中距 250 千米内宽频带波形记录进行全波形反演，震源机制解的参数显示：断层错动类型主要以正断为主，兼一定走滑分量。

余震的震中分布图显示，余震主要沿四川盐源县泸沽湖镇山垮村、云南宁蒗自治州落水—永宁—瓦拉片一线呈北西向分布，基本与永宁断裂展布一致。

云南宁蒗—四川盐源 5.7 级地震发生在川滇活动构造区，该区域是地震相对活跃地区，历史上曾发生过 2001 年四川盐源泸沽湖镇 5.8 级地震。根据地质资料和现场考察，结合本次地震震源机制解、余震震中分布特征的结果，判定该次地震的发震构造为永宁弧形断裂。

震害情况：

（1）人员伤亡。根据政府有关部门统计，截至 2012 年 6 月 27 日，本次地震在四川境内共造成 1 人死亡，3 人重伤，45 人轻伤。估计本次地震造成的四川境内户外避难人数共计 4766 人。

（2）受灾范围。地震造成四川、云南部分地区受灾。四川灾区涉及 2 个县、10 个乡镇，受灾面积 1869 平方千米，灾区人口约 55911 人。

（3）主要震害和烈度分布。云南宁蒗—四川盐源 5.7 级地震的震中烈度达Ⅶ度，主要分布在云南宁蒗彝族自治州永宁

乡和四川盐源县泸沽湖镇、木里县依吉乡、屋角乡等乡镇，震中烈度区长轴大致呈N40°W向展布。

Ⅶ度区：在四川境内主要包括盐源县前所乡和泸沽湖镇的部分地区，面积69平方千米。区内房屋破坏较为严重，土木及木结构房屋部分屋架歪斜，部分墙体局部倒塌，多数墙体开裂、梭瓦；砖混结构房屋个别墙体开裂严重，少数墙体开裂明显。

Ⅵ度区：在四川境内主要包括盐源县和木里县的部分乡镇，面积为784平方千米。区内土木和木结构房屋除个别年久失修者倒塌外，主要以破坏和基本完好为主，震害现象主要为墙体开裂，少量梭瓦；砖混结构房屋，极个别墙体出现贯通裂缝，少数墙体出现显见裂纹。

本次地震还造成了其他一些经济损失。各级人民政府对灾区共计投入地震救灾资金776万元。以上合计本次地震的直接经济损失总额约为26424万元，其中盐源县约为23628万元，木里县约为2796万元。

（四川省地震局）

2012年6月30日新疆新源、和静交界6.6级地震

一、地震基本参数

发震时刻：2012年6月30日05时07分

微观震中：43.43°N，84.77°E

宏观震中：新疆维吾尔自治区新源县、和静县交界处

震　　级：6.6级

震源深度：10千米

地震烈度：Ⅷ度

二、烈度分布与震害

通过对灾区震害调查，宏观震中位于新源、和静交界处；震区主体位于伊犁盆地阿吾拉勒山南北两侧的巩乃斯河、喀什河河谷地区，极震区烈度为Ⅷ度。Ⅷ度区西以国道217，东至班禅沟，等震线长轴呈北西西向，该烈度区长半轴为25千米、短半轴为13千米，面积1129平方千米，包括新源县和静县巩乃斯乡与那拉提镇东部；Ⅶ度区西起新源县坎苏乡，东至和静县额勒再特乌鲁乡，北自塔城地区乌苏市赛力克提牧场北，南至和静县额勒再特乌鲁乡北，Ⅶ度区长半轴为64千米、短半轴为45千米，面积7916平方千米。Ⅵ度区西自新源县喀拉布拉乡，东至昌吉回族自治州呼图壁县雀尔沟镇，北自塔城地区乌苏市西大沟镇，南至和静县巴音乌鲁乡，Ⅵ度区长半轴为149千米、短半轴为84千米，面积31570平方千米。

灾区土木结构房屋老旧失修，抗震能力差，破坏现象主要表现为纵横墙体交接处出现竖向裂缝，房屋局部基础下沉，墙体外闪倒塌等；砖木结构房屋以农民自建房为主，多为黏土砌筑，木质屋盖，许多房屋纵横墙体间无拉接、砌筑质量较差；砖混结构房屋在本次地震中表现出良好的抗震性能，未见明显破坏。

本次地震共造成52人受伤，灾区人口约552503人、110500户，房屋毁坏和较大程度破坏造成失去住所共计110415人，22083户。经评估，地震造成直接经济损失约19.9亿元。

（新疆维吾尔自治区地震局）

2012年7月20日南黄海4.9级地震

一、地震基本参数

发震时刻：2012年7月20日20时11

分 51 秒

　　微观震中：33.04°N，119.5°E

　　宏观震中：江苏省宝应县

　　震　　级：4.9 级

　　震源深度：15 千米

　二、烈度分布与震害

　　此次地震极震区烈度为Ⅵ度，涉及高邮、宝应、兴化，江苏全省范围均有震感，其中金湖、建湖、涟水等地震感强烈，南京、扬州、泰州、镇江、淮安、连云港等地震感明显。另外，安徽、上海、浙江等部分地区均有震感。地震造成 1 人死亡（宝应县）、3 人轻伤（宝应县、高邮市、兴化县各 1 人）。据统计，震中区房屋倒塌 113 间，严重损坏 200 余间，多数农户厨房烟囱掉砖或倒塌。此次地震造成的直接经济损失为 1500 多万元。

（江苏省地震局）

2012 年 8 月 11 日 新疆阿图什、伽师交界 5.2 级地震

　一、地震基本参数

　　发震时刻：2012 年 8 月 11 日 17 时 34 分

　　微观震中：39.97°N，78.18°E

　　震　　级：5.2 级

　　震源深度：8 千米

　二、烈度分布与震害

　　地震发生后，新疆维吾尔自治区地震局立即启动应急预案，派出 4 人现场工作队前往震区了解灾情。经了解，本次地震震感强烈，无房屋破坏情况和其他经济损失。

（新疆维吾尔自治区地震局）

2012 年 8 月 12 日 新疆于田 6.2 级地震

　一、地震基本参数

　　发震时刻：2012 年 8 月 12 日 18 时 47 分

　　微观震中：35.85°N，82.58°E

　　震　　级：6.2 级

　　震源深度：30 千米

　　震中烈度：Ⅶ度

　二、烈度分布与震害

　　通过对灾区震害调查，极震区烈度为Ⅶ度，为推测烈度区，等震线长轴呈近北东东向，该烈度区长半轴为 34 千米、短半轴为 20 千米，面积 1008 平方千米，主要位于高山无人区，海拔高度大于 5000 米；Ⅵ度区西起策勒县博斯坦乡，东至民丰县叶亦克乡，北自于田县奥依托格拉克乡吐木亚村以北，南至于田县阿羌乡中部，Ⅵ度区长半轴为 87 千米、短半轴为 67 千米，面积 9308 平方千米。

　　产生震害房屋均为老旧土木结构房屋，面积约占灾区房屋总面积的 15%，房屋年久失修，多数已存在不同程度开裂，或基础腐蚀严重等结构缺陷，在地震作用下墙体裂缝增大或局部倒塌。

　　本次地震灾区主要涉及和田地区于田县、策勒县和民丰县。受灾人口约 24361 人，受灾 6960 户。地震未造成人员伤亡，由于房屋毁坏和较大程度的破坏，共造成失去住所 573 户、2004 人。经评估，地震造成直接经济损失 4958.02 万元。

（新疆维吾尔自治区地震局）

2012年11月26日新疆若羌5.5级地震

一、地震基本参数

发震时刻：2012年11月26日13时33分

微观震中：40.4°N，90.5°E

震　　级：5.5级

震源深度：8千米

震中烈度：Ⅵ度

二、烈度分布与震害

通过对灾区震害调查，宏观震中位于若羌县罗布泊镇及附近地区。极震区烈度Ⅵ度，仅确定Ⅵ度调查点。震区主体位于罗布泊湖中心地带，周边20千米范围内为无人区。罗布泊镇民居以土木和砖木结构为主，部分土木结构和少量砖木结构房屋破坏程度达到中等以上，公用砖混结构房屋以轻微破坏为主。国投新疆罗布泊钾盐有限责任公司产区及生活区以框架结构建筑为主，以轻微破坏为主，少数达到中等破坏程度。

本次地震灾区主要涉及若羌县罗布泊镇及附近的国投新疆罗布泊钾盐有限责任公司。罗布泊镇全镇人口6000余人，地震未造成失去住所人员。经评估，地震造成直接经济损失约636.18万元。

（新疆维吾尔自治区地震局）

2012年12月7日新疆若羌5.1级地震

一、地震基本参数

发震时刻：2012年12月7日22时08分

微观震中：38.7°N，88.0°E

震　　级：5.1级

震源深度：9千米

震中烈度：Ⅵ度

二、烈度分布与震害

通过对灾区震害调查，宏观震中位于若羌河、瓦石峡河中下游居民聚集区的绿洲地带。极震区烈度为Ⅵ度，仅有Ⅵ度调查点。震区主体为若羌县城城区及其周边和瓦石峡镇周边农区。灾区土木结构的房屋在本次地震中普遍受损；砖木结构房屋产生了轻微甚至中等程度的破坏；砖混结构房屋仅少数出现轻微程度的破坏；框架结构的房屋主要为县城内新建的居民住宅楼、公用房屋及医院，仅少数填充墙体出现一定程度的破坏。

本次地震灾区主要涉及若羌县若羌镇、吾塔木乡、铁干克里克乡、瓦石峡镇。受灾总人口约29751人、9091户，失去住所246户、812人。经评估，地震造成直接经济损失约6388.19万元。

（新疆维吾尔自治区地震局）

防震减灾

这一部分收载中国地震局系统、各级政府防震减灾工作的建设与进展,全面记录政府、专业队伍、社会各界的作用和贡献,从中可看到我国防震减灾事业的发展。

2012年防震减灾工作综述

一、震情跟踪工作扎实开展

根据震情形势发展，及时安排部署全国震情跟踪工作，明确工作目标和重点任务，确定牵头单位和责任部门，制定工作方案和监督考核制度，并认真组织执行。持续加强强震跟踪工作，加密观测台网，缩短复测周期，开展震情动态研判。加强前兆和宏观异常核实，注重发挥市县地震部门和台站在短临跟踪中的作用。加强监测台网运行管理，保障观测数据服务于震情研究。完善会商机制，按照理清资料、深入研究、加强论证的思路，注重新技术方法和观测资料的应用，增加学科会商和区域专题会商，强化自下而上、由学科到综合、从区域到全国各个环节和过程的工作。

二、规划实施统筹推进

"十二五"防震减灾规划体系确定的各项规划全部发布实施。促进并实现防震减灾规划与国土资源等10项国家专项规划、20个省主体功能区规划的协调对接，积极推进防震减灾需求纳入正在编制的《国家空间信息基础设施建设中长期规划》。国家烈度速报与预警工程进入立项评估阶段，福建示范系统投入试运行。国家科技支撑计划、863计划专项、地震行业专项等加大对预测预警、灾害评估、基础探测、海洋地震和空间对地观测等领域支持力度。陆态网络、子午工程通过国家验收并投入使用，地震背景场探测、社会服务工程、专业基础设施、极低频探地工程等项目建设稳步推进。

三、开放合作不断拓展

区域合作进一步扩大，积极跟进国家重点区域发展的重大决策部署，为区域经济发展建设提供保障和服务，与内蒙古、云南和江西等省（自治区）人民政府签署战略合作协议，与陕西、湖北、广东的战略合作启动实施，落实对口援疆资金2000余万元，显著提升了新疆州县防震减灾能力。部际合作进一步深化，与铁道部、中科院签署科技合作协议，共同解决地震安全关键问题，促进地震科技进步。会同中宣部召开全国防震减灾宣传工作电视电话会议，联合印发指导意见，共同部署防震减灾宣传工作。国际合作交流日益广泛，已与67个国家建立多边和双边合作，援外台网建设顺利完成，我国地震工作在国际上的作用与影响不断扩大。

四、管理服务成效明显

面向社会，着眼需求，积极履行防震减灾社会管理和公共服务职能。国家应急救援条例制定扎实推进，22个省（自治区、直辖市）完成了24部地方性法规制修订，省级法规实现全覆盖，半数以上较大市制定了地方性法规规章。区划图国家标准通过技术审查，新发布1项国家标准、8项行业标准。依法审定重大工程抗震设防要求170项，各省（自治区、直辖市）审定5078项，抗震设防要求管理进一步加强。国家地震应急预案发布实施，中国地震局机关应急预案修订完成。救援力量形成了军队、武警、消防等多方参与、协调配合的格局，地震应急协调联动机制继续完善。

强化速报能力建设，国内地震初步实现2分钟自动速报。启动了30多次不同层次的地震应急响应，特别是及时有效应对了云南彝良地震，为抗震救灾、恢复重建、社会稳定提供支持。服务城乡建设地震安全，开展近30条活断层探测，编制完成8条活断层填图、20个城市地震构造图与断裂分布图，成果得到广泛应用。校安工程三年任务完成98%以上，抗震农居已建成730多万户、惠及3000多万人。利用平安中国、媒体走基层、科技列车行等公益活动，以及"5·12"防灾减灾日等重要时段，深化防震减灾社会宣传。

五、市县工作显著加强

深入市县开展调研，广泛听取基层意见建议，研究加强市县工作的措施。召开防震减灾目标责任制和基层防震减灾示范工作现场会，推广先进工作经验。150多个县新成立地震机构，部分市县地震部门人员编制得到充实。21个省和205个地市实施防震减灾工作政府目标责任考核，8个省将考核纳入法制化管理。各地建成示范社区近千个、示范县10余个，示范城市创建活动也在积极推动。市县防震减灾工作组织领导更加有力，工作体系日臻健全，工作条件不断改善，工作措施逐步实化。市县地震部门依法行政、服务社会，开展大量富有成效的工作，发挥越来越重要的作用。

六、各项改革逐步深化

突出重点，攻坚克难，扎实推进关键领域改革。经营性国有资产改革进入实施阶段，印发经营性国有资产管理办法，明确改革目标、进程、重点和纪律要求，确定改革试点单位。事业单位分类改革清理规范意见得到中编办批复同意，为深化改革奠定了基础。调整完善10个单位的内设机构和下属事业机构。地震台站管理改革扎实推进，规范台站机构设置，实行台站分级和监测岗位上岗资格管理。干部人事制度改革继续深化，积极探索领导班子目标责任制考核和差额推荐考察。

（中国地震局办公室）

防震减灾法治建设与政策研究

2012年防震减灾法治建设工作综述

一、立法工作不断推进

(一) 积极推进《地震应急救援条例》制定工作

在全面总结汶川地震和玉树地震应急救援工作实践,借鉴国外地震应急救援管理经验的基础上,通过组织立法论证、调研和征求意见,研究起草行政法规《地震应急救援条例》。2012年2月,组织召开专题研讨会,研究条例的起草思路、立法原则、主要内容与框架等;6月,邀请国务院法制办农林司有关人员,赴云南开展立法调研;6月中旬至7月底,征求地震系统各单位及有关专家学者的意见,共收到意见建议310余条;9月至10月,就新修改的征求意见稿向国务院抗震救灾指挥部成员单位、相关中央机关及其直属机构共60个单位征求意见,其中30个单位提出修改建议76条。经过认真梳理吸纳意见,结合各项调研和研讨的成果,形成条例征求意见稿,内容包含总则、应急准备、紧急救援、监督管理和法律责任等,调整并规范应急救援管理体制,基本覆盖当前地震应急救援工作的主要方面。

(二) 开展《地震应急预案管理办法》制定工作

在大量前期工作的基础上,组织起草部门规章《地震应急预案管理办法》,于2012年12月印送国务院抗震救灾指挥部成员单位及监察部、人力资源和社会保障部等共41个部门、单位征求意见,加快推进《地震应急预案管理办法》制定工作。

(三) 不断拓展地方立法领域

各地继续认真贯彻2011年召开的防震减灾法实施座谈会会议精神,地方性法规的制修订工作取得进展。广西、广东、四川、西藏、新疆、内蒙古、安徽7个省(自治区)完成省级防震减灾条例的制修订工作,北京、河北、福建、宁夏、湖南等省(自治区、直辖市)积极开展调研和论证。从全国来看,22个省(自治区、直辖市)完成了防震减灾条例制修订工作。

在制定涵盖防震减灾主要工作的省级防震减灾条例基础上,山东、江苏、甘肃、安徽制定关于地震监测设施和观测环境保护的政府规章,山西、山东制定关于应急救援的政府规章,广东、黑龙江、宁夏、青海、山东、云南制定关于重点监视防御区管理的政府规章,山东制定关于地震活动断层调查的政府规章,天津市制定第一部规范地震群测群防活动的政府规章。另外,在建设工程场地地震安全性评价方面,已有25部省级地方政府规章,3部省级地方性法规,基本实现全覆盖。

（四）推动较大的市法制建设工作

加大对较大的市的防震减灾法制建设的跟踪与指导力度。2012年3—4月，对49个较大的市的立法、普法、执法、法制监督以及执法队伍建设等情况进行摸底调查，收集基础资料，了解各市基本工作情况。9月，在济南召开了防震减灾法制建设暨较大的市法制工作交流会。会议首次邀请较大的市地震部门共同研究防震减灾法制工作，是进一步夯实防震减灾工作基础，深入服务基层的一次大胆尝试和创新，有利于推进较大的市法制建设工作。目前，较大的市共制定5部地方性法规，27部地方政府规章，内容基本涵盖了地震安全性评价、抗震设防要求、观测环境和监测设施保护等主要工作。

二、执法监督不断强化

着力加强和规范地震行政执法，督促落实执法责任制、执法评议考核制度、过错责任追究制度、执法监督制度和案件报备制度。各省、市、县地震部门细化执法流程，明确执法环节和实施步骤。目前，地震系统共有5400余人取得了行政执法证，1000余人申领执法监督证，11个省、39个较大的市建立执法队，市、县地震执法队近600支，基本建成专兼结合、以兼为主的行政执法工作队伍。

加大法制监督力度。2012年7—8月，配合全国人大教科文卫委员会先后赴黑龙江和内蒙古开展防震减灾专题执法调研。《关于我国地震监测工作情况的调研报告》在全国人大刊物上登载，报送全国人大常委会领导、中办、国办等有关部门，以及各省份人大。各地也不断加大监督检查力度，上海、河北、陕西人大开展地方性法规执法检查。通过检查，总结经验，发现问题，推进法定职责履行，促进防震减灾法律法规的全面实施。

三、法制宣传更加深入

为贯彻落实中央关于"六五"普法和《中国地震局关于进一步加强依法行政的意见》，不断强化依法行政观念和法律意识，编制地震系统"六五"普法规划，明确要求普法工作要结合实际，体现防震减灾工作特色，坚持法制宣传与贯彻落实方针政策相结合、与社会管理实践相结合、与科普知识宣传相结合、与干部培训相结合，把握重点内容、重点对象、重点时段，以"法律六进"活动为抓手，开展地震系统普法工作。各省局也按照规划要求成立普法工作领导小组，制定各自的"六五"普法规划。

地震系统按照各级规划要求，大力开展普法工作。5月，举办第二期全国市县防震减灾法制培训班。各地也开展形式多样的普法工作。在"12·4"全国法制宣传日，以"坚持依法行政，创新社会管理，运用法治思维和法治方式推动防震减灾事业发展"为主题，开展地震系统法制宣传教育活动，努力提高地震系统依法行政意识和能力。

（中国地震局公共服务司（法规司））

2012 年防震减灾政策研究工作综述

2012 年发布实施第一个指导防震减灾政策研究和工作体系建设的《防震减灾政策研究规划》，围绕规划目标任务的落实，按照"打基础、建机制、提能力、强服务"的思路，政策研究工作取得新成效。

一、推进政策研究工作体系建设，夯实工作基础

在国家社科基金重大项目研究实施过程中，依托系统相关单位软科学研究力量，加强组织协调和资源统筹，凝聚、锻炼了一支精干队伍。在年度政策研究课题组织中，加大对有研究经历和经验课题组的倾斜力度，有重点地支持培养研究团队，防震减灾政策研究的核心力量正在形成。组织举办政策研究培训班，邀请北京大学和中国科技发展战略研究院的专家讲授政策研究调查方法等内容，对地震系统部分从事政策研究工作的领导和工作人员进行培训。通过培训，开阔了政策研究工作视野，提高了政策研究人员实践能力和业务素质。

二、加强政策研究组织管理，健全工作机制

在组织国家社科基金重大项目和政策研究重点课题实施中，不断探索课题管理方式与组织模式，逐步形成了地震系统内外联合、省市县地震部门上下联合、省局与直属单位横向联合等组织模式，充分发挥了各方面的作用。国家社科基金项目按计划推进，取得预期成果。2010 年立项的 3 个政策研究全局性重点课题顺利完成并验收；"加强社会管理"政策研究重点课题成果出版，成为市县工作培训的辅助教材；首次支持系统外科研单位开展防震减灾政策研究。

三、提高政策研究成果质量，开展决策服务

围绕社科基金项目研究目标任务，开展相关调查研究，总结农村地震安全民居项目经验及存在的问题，向中央政策研究室提出了"关于大规模实施农村民居地震安全工程的建议"，推进农村地震安全问题研究阶段成果应用。组织开展片区贯彻落实重大部署研究，赴宁夏和甘肃调研，分别召开全国及西北片区贯彻落实防震减灾重大决策部署跟踪研讨会，调研了解国发〔2010〕18 号文件，加强监测预报工作和市县工作的 2 个意见，以及 2012 年度全国地震局长会议的工作部署落实情况。加大对基层创新实践经验总结工作力度，安排部署了专题课题，支持广东、四川、河南、云南等省局开展示范城市、示范市县建设、政府目标责任考核、地震保险制度等政策研究，总结基层鲜活经验，及时推介。

四、努力拓展服务平台,提升服务能力

组织召开防震减灾政策研究成果交流与研讨会,围绕加强和创新防震减灾社会管理、强化公共服务主题,进行了有关研究成果交流与政策研讨,促进了转化成果应用。初步建成政策研究信息数据库,收集梳理了近年来政策研究成果及有关政策信息,积极服务于重要文件起草及相关课题研究。发挥《政策研究参阅》和《防震减灾政策研究与法制建设》等刊物的作用,及时跟踪事业发展动态,为各级领导提供信息服务,为各单位提供交流平台,推进系统政策研究工作。

(中国地震局公共服务司(法规司))

2012 年地震标准化建设工作综述

服务防震减灾工作体系建设，向国家标准化管理委员会报批 3 项国家标准，推动发布 1 项国家标准，发布 8 项行业标准。新一代区划图国家标准通过技术审查。总结地震专业救援队建设和地震现场工作经验，开展地震应急救援专业标准体系表研究。完成 12 项行业标准的复审工作，组织实施 21 项地震行业标准制修订计划，申报 5 项 2013 年地震行业公益性科研专项项目。截至 2012 年底，国家质量监督检验检疫总局、国家标准化管理委员会和中国地震局共批准发布实施地震标准 93 项，其中国家标准 27 项，地震行业标准 66 项。

完善标准化工作制度，健全全国地震标准化技术委员会工作机制，优化修订流程，规范标准复审程序，加强标准制修订和科研项目衔接，梳理标准类行业专项科研成果，探索局所合作新模式，提高行业专项贡献率，为事业科学发展提供标准支撑。发布"十二五"《地震标准化与计量规划》，印发《地震标准实施与监督管理暂行规定》，建立《地震标准实施与监督管理暂行规定》工作制度。

一、国家标准化管理委员会批准发布 1 项国家标准

GB/T 29428.1—2012《地震灾害紧急救援队伍救援行动 第 1 部分：基本要求》。

二、中国地震局批准发布 8 项行业标准

（1）DB/T 45—2012《地震地壳形变观测方法 地倾斜观测》。
（2）DB/T 46—2012《地震地壳形变观测方法 洞体应变观测》。
（3）DB/T 47—2012《地震地壳形变观测方法 跨断层位移测量》。
（4）DB/T 48—2012《地震地下液体观测方法 井水位观测》。
（5）DB/T 49—2012《地震地下液体观测方法 井水和泉水温度观测》。
（6）DB/T 50—2012《地震地下液体观测方法 井水和泉水流量观测》。
（7）DB/T 51—2012《地震前兆数据库结构 台站观测》。
（8）DB/T 11.3—2012《地震数据分类与代码 第 3 部分：探测数据》。

三、新增 1 项地方标准

（1）福建省地方标准：DB35/T 1308—2012《地震仪器烈度表》

（中国地震局公共服务司（法规司））

地震监测预报

2012年地震监测预报工作综述

一、深入推进意见落实，助推监测预报工作科学发展

按照中国地震局党组落实关于《中国地震局关于加强地震监测预报工作的意见》（以下简称《意见》）的重要批示，全面总结经验和成效，结合新形势、新任务需要，提出了加强科研支撑、加大经费投入、推进预报实践探索等13方面的重点工作，力求巩固扩大《意见》落实成效，努力创建利于监测预报持续良好发展的体制机制氛围。

在中国地震局党组的正确领导、机关各司室和局属各部门、各单位高度重视下，制定印发了中国地震局各研究所承担的监测预报工作职责和任务；落实了科研对监测预报工作的重要支撑；推进了预测会商的改革创新；夯实了监测工作基础，推进了台网的扩能增效。

二、扎实推进改革创新，震情跟踪工作取得实效

以强震监视跟踪为重点，强化监视分析与科学研判，积极推进会商机制改革，年度震情跟踪工作取得良好实效。

周密部署震情跟踪工作。围绕年度危险区跟踪，开展专题研究和跟踪落实，提高危险区跟踪的科研含量和科学水平。全面总结近10年来地震大形势预测的成果与经验，深入推进7级以上强震的中长期预测研究。着力加强强震跟踪工作，大力推进新技术方法和观测资料的应用探索，努力提高强震预测的科学基础。

深化会商机制改革。推进周月会商机制改革，进一步细化了资料处理分析和考核等工作要求，启动了新疆局等4个单位的周月会商改革试点，部署全国其他省局改革准备工作。年度会商机制改革方面，强化学科和区域专题会商，加强前兆异常核实与危险区论证，进一步夯实全国趋势会商的基础。建成并启用了视频分析会商业务试验系统，取得了良好的异地会商会议预期效果。

加强部署指导，组织应急演练，圆满完成全国两会、高考和党的十八大等重大活动重要时段的震情保障任务。2012年度震情跟踪工作取得了较好的成效，年度震级最大的新疆新源和静6.6级地震，灾害最重的云南彝良5.7级地震不仅都发生在危险区内，而且震前新疆维吾尔自治区地震局和云南省地震局都作了一定程度的短期预测，采取了工作措施，得到了中国地震局党组和地方政府的充分肯定。

三、深挖台网扩能增效，提升服务能力

紧紧围绕"两个能力"建设，进一步规范台网运行管理，加强产出应用，扎实推进重点项目实施，台网服务能力和水平显著提升。

健全完善台网的管理规章制度，提高台网运行效能。重点完善了地震速报、台网仪器停测、产品产出和台站管理改革等规章制度，进一步规范了台网运行管理，全年测震台网和前兆台网运行率分别达到了 95% 和 98%。修订完善资料评比办法，加强对资料分析和产出应用的引导，资料质量的监控评价更趋合理。

积极推进重大项目规划建设，稳步提高台网监测能力。背景场探测、极低频探地工程进展顺利，圆满完成了年度设备采购、土建等建设任务。陆态网络通过国家组织的验收并投入运行使用，在防震减灾及地球科学研究领域正逐步发挥效益。

积极推进国家地震烈度速报与预警工程立项工作。修订完善了项目建议书，完成向国家发展和改革委员会的报送工作。通过福建和首都圈烈度速报与预警示范系统建设，掌握了自动连续定位和误触发排除等关键技术，研制了预警试验软件，完成了仪器烈度、台站建设、观测设备等技术标准初稿的编制，为项目实施做好了前期技术储备。

实施了地球物理场综合观测的优化整合。按照"全国成场、区域成网"的思路，紧密结合预测研究需求，统筹任务与资源，科学规划了全国监测预报三个战略区与年度危险区有机衔接的地球物理场综合观测布局。稳妥推进台站优化改造项目和仪器设备更新升级，实现重点台站基础设施和老化仪器的升级更新，推进仪器定期更新机制建设。上述重点项目的规划与实施，进一步夯实了监测基础，有效提高了台网的监测能力。

加强台网产品产出服务，台网应用效能逐步提升。全年完成大震应急产出 41 次，为地震快速应急处置提供了科学依据。建立了常规化、多层次的产品产出服务体系，17 个省局开展了数据资料分析简报编制，5 个学科中心产出了 50 份台网数据跟踪简报和 28 份地震事件简报。建立了 GNSS 数据与产品共享服务平台，初步建立了多单位协同、多层次产品产出与服务的工作机制。上述数据产品实现了良好的共享服务，并及时提交震情监视、分析会商以及科研服务。

深挖台网潜能，提升服务能力。地震速报水平进一步提高。完成了"自动地震速报综合触发平台"的开发，基本实现国内地震 2 分钟左右完成自动速报。信息保障与综合服务能力进一步提升。完成第一期 12322 防震减灾综合信息平台和手机信息服务平台的研发和试运行。地震科学数据共享平台获得国家重点科技平台认证并进入正式运行。推进了全局信息化建设工作。完成年度火山监测任务，推进《水库地震监测管理办法》的贯彻落实，完成三峡水库 175 蓄水地震监测服务。

四、不断加大人才培养的力度

重视和加强人才培养，以人才引进、项目培养、业务培训、学科交流等多种方式，加

大对监测预报人才的培养的力度,特别是领军人才和青年人才的培养和选拔。成功举办第二届全国地震速报竞赛暨岗位创先争优活动,以赛促学、促练,取得良好成效,提升了速报岗位技术人员的专业技能水平。

(中国地震局监测预报司)

2011 年地震监测预报工作质量全国统评结果（前三名）

一、监测综合评比

（一）省级测震台网

第一名：福建台网（福建省地震局）
第二名：安徽台网（安徽省地震局）　新疆台网（新疆维吾尔自治区地震局）
第三名：广东台网（广东省地震局）　河北台网（河北省地震局）
　　　　湖南台网（湖南省地震局）

（二）国家测震台站

第一名：松潘台（四川省地震局）
第二名：延边台（吉林省地震局）　湟源台（青海省地震局）
　　　　巴塘台（四川省地震局）
第三名：兰州台（甘肃省地震局）　乌加河台（内蒙古自治区地震局）
　　　　昆明台（云南省地震局）　南京台（江苏省地震局）
　　　　乌什台（新疆维吾尔自治区地震局）
　　　　库尔勒台（新疆维吾尔自治区地震局）

（三）地壳形变学科

第一名：泰安台（山东省地震局）
第二名：乾陵（泾阳）台（陕西省地震局）　乌什台（新疆维吾尔自治区地震局）
　　　　姑咱台（四川省地震局）
第三名：张家口台（河北省地震局）　包头台（内蒙古自治区地震局）
　　　　宜昌台（湖北省地震局）　临汾（侯马）台（山西省地震局）
　　　　湖州台（浙江省地震局）

（四）电磁学科

第一名：高邮台（江苏省地震局）
第二名：蒙城台（安徽省地震局）　乾陵台（陕西省地震局）
第三名：马陵山台（山东省地震局）　新沂台（江苏省地震局）
　　　　海安台（江苏省地震局）

（五）地下流体学科

第一名：聊城台（山东省地震局）
第二名：乌鲁木齐台（新疆维吾尔自治区地震局）　盘锦台（辽宁省地震局）
　　　　保山台（云南省地震局）
第三名：庐江台（安徽省地震局）　下关台（云南省地震局）

洱源台（云南省地震局）　　西昌台（四川省地震局）
平凉台（甘肃省地震局）

（六）流动观测

第一名：中国地震局第二监测中心
第二名：安徽省地震局
第三名：云南省地震局

二、监测单项评比

（一）省级测震台网

1. 省级测震台网系统运行

第一名：河南台网（河南省地震局）
第二名：福建台网（福建省地震局）　　安徽台网（安徽省地震局）
第三名：青海台网（青海省地震局）　　江西台网（江西省地震局）
　　　　新疆台网（新疆维吾尔自治区地震局）

2. 省级测震台网地震速报

第一名：四川台网（四川省地震局）
第二名：湖北台网（湖北省地震局）　　新疆台网（新疆维吾尔自治区地震局）
第三名：陕西台网（陕西省地震局）　　湖南台网（湖南省地震局）
　　　　安徽台网（安徽省地震局）

3. 省级测震台网地震编目

第一名：广东台网（广东省地震局）
第二名：福建台网（福建省地震局）　　安徽台网（安徽省地震局）
第三名：河北台网（河北省地震局）　　上海台网（上海市地震局）
　　　　云南台网（云南省地震局）

（二）国家测震台站

1. 国家测震台系统运行

第一名：延边台（吉林省地震局）
第二名：松潘台（四川省地震局）　　沈阳台（辽宁省地震局）
　　　　南京台（江苏省地震局）
第三名：湟源台（青海省地震局）　　红山台（河北省地震局）
　　　　深圳台（中国地震局驻深圳办事处（深圳防震减灾科技交流培训中心））
　　　　巴里坤台（新疆维吾尔自治区地震局）　　高台台（甘肃省地震局）
　　　　巴塘台（四川省地震局）　　太原台（山西省地震局）

2. 国家测震台资料分析

第一名：乌加河台（内蒙古自治区地震局）
第二名：松潘台（四川省地震局）　　兰州台（甘肃省地震局）
　　　　延边台（吉林省地震局）

第三名：呼和浩特台（内蒙古自治区地震局）　巴塘台（四川省地震局）
　　　　湟源台（青海省地震局）　高台台（甘肃省地震局）
　　　　洱源台（云南省地震局）　乌鲁木齐台（新疆维吾尔自治区地震局）

3. 国家测震台大震速报

第一名：红山台（河北省地震局）
第二名：南京台（江苏省地震局）
第三名：太原台（山西省地震局）　昆明台（云南省地震局）

（三）区域前兆台网

1. 系统运行

第一名：山西省地震局
第二名：天津市地震局　江苏省地震局
第三名：山东省地震局　安徽省地震局　新疆维吾尔自治区地震局

2. 产出与应用

第一名：天津市地震局
第二名：北京市地震局　山西省地震局
第三名：河南省地震局　河北省地震局　海南省地震局

3. 技术管理

第一名：江苏省地震局
第二名：重庆市地震局　河南省地震局
第三名：江西省地震局　广东省地震局　湖北省地震局

（四）地壳形变学科

1. 区域水准测量

第一名：中国地震局第二监测中心 108 组
第二名：中国地震局第一监测中心 207 组
第三名：中国地震局第二监测中心 107 组

2. 流动重力观测

第一名：安徽省地震局
第二名：江苏省地震局
第三名：四川省地震局　新疆维吾尔自治区地震局

3. 断层形变场地观测

第一名：中国地震局第二监测中心（水准）
第二名：中国地震应急搜救中心（水准）
第三名：山西省地震局　江苏省地震局（水准）

4. 断层形变观测台站（水准）

第一名：临汾台（山西省地震局）
第二名：南通台（江苏省地震局）
第三名：清源台（辽宁省地震局）　虾拉沱台（四川省地震局）

5. 摆式仪倾斜观测台站

第一名：乾陵台（VS，陕西省地震局）

第二名：涉县台（VS，河北省地震局）　西昌小庙台（VS，四川省地震局）
　　　　北京台（VS，中国地震局地球物理研究所）
第三名：木奇站（SQ-70，辽宁省抚顺市局）　宁波台（VS，浙江省地震局）
　　　　温泉台（SSQ-2I，新疆维吾尔自治区地震局）
　　　　楚雄台（VS，云南省地震局）　马陵山台（VS，山东省地震局）

6. 水管倾斜观测台站

第一名：张家口台（河北省地震局）
第二名：包头台（内蒙古自治区地震局）　十堰台（湖北省地震局）
　　　　蓟县台（天津市地震局）
第三名：延庆台（北京市地震局）　库尔勒台（新疆维吾尔自治区地震局）
　　　　淮北台（安徽省地震局）　攀枝花台（四川省地震局）

7. 重力潮汐台站

第一名：黄梅台（湖北省地震局）
第二名：高台台（甘肃省地震局）
第三名：乌什台（新疆维吾尔自治区地震局）　泰安台（山东省地震局）
　　　　牡丹江台（黑龙江省地震局）

8. 洞体应变台站

第一名：包头台（内蒙古自治区地震局）
第二名：湖州台（浙江省地震局）　怀来台（河北省地震局）
　　　　姑咱台（四川省地震局）
第三名：嘉峪关台（甘肃省地震局）　宜昌台（湖北省地震局）
　　　　信阳台（河南省地震局）　云龙台（云南省地震局）

9. 钻孔应变台站

第一名：泰安台（山东省地震局）
第二名：徐州台（江苏省地震局）　宽城台（河北省地震局）
第三名：昔阳台（山西省地震局）　锦州台（辽宁省地震局）
　　　　库尔勒台（新疆维吾尔自治区地震局）

10. 钻孔分量应变台站

第一名：高台台（甘肃省地震局）
第二名：格尔木台（青海省地震局）
第三名：通化台（吉林省地震局）　佘山台（上海市地震局）
　　　　西昌小庙台（四川省地震局）

（五）电磁学科

1. 地电阻率

第一名：大同台（山西省地震局）
第二名：海安台（江苏省地震局）　乾陵台（陕西省地震局）
　　　　新沂台（江苏省地震局）　合肥台（安徽省地震局）
第三名：临汾台（山西省地震局）　红格台（四川省地震局）

固原台（宁夏回族自治区地震局）　通渭台（甘肃省地震局）

2. 地电场

第一名：高邮台（江苏省地震局）

第二名：蒙城台（安徽省地震局）　大同台（山西省地震局）
　　　　榆树台（吉林省地震局）　延庆台（北京市地震局）
　　　　马陵山台（山东省地震局）

第三名：夏县台（山西省地震局）　南京台（江苏省地震局）
　　　　兴济台（河北省地震局）　嘉峪关台（甘肃省地震局）
　　　　平凉台（甘肃省地震局）　宝坻台（天津市地震局）
　　　　绥化台（黑龙江省地震局）

3. 地磁基准

第一名：红山台（河北省地震局）

第二名：喀什台（新疆维吾尔自治区地震局）　邕宁台（广西壮族自治区地震局）
　　　　乌鲁木齐台（新疆维吾尔自治区地震局）

第三名：武汉台（湖北省地震局）　乾陵台（陕西省地震局）
　　　　蒙城台（安徽省地震局）　兰州台（甘肃省地震局）
　　　　德都台（黑龙江省地震局）

4. 地磁秒采样

第一名：喀什台（新疆维吾尔自治区地震局）

第二名：乾陵台（陕西省地震局）　蒙城台（安徽省地震局）
　　　　马陵山台（山东省地震局）

第三名：乌加河台（内蒙古自治区地震局）　静海台（天津市地震局）
　　　　榆林台（陕西省地震局）　红山台（河北省地震局）
　　　　奉节荆竹台（重庆市地震局）

5. FHD 观测

第一名：高邮台（江苏省地震局）

第二名：盐城台（江苏省地震局）　红山台（河北省地震局）
　　　　泰安台（山东省地震局）

第三名：广平台（河北省地震局）　新沂台（江苏省地震局）
　　　　淮安台（江苏省地震局）　武汉台（湖北省地震局）
　　　　乌什台（新疆维吾尔自治区地震局）

6. 流动地磁

第一名：云南省地震局

第二名：安徽省地震局

（六）地下流体学科

1. 水氡

第一名：平凉台北山 2 泉（甘肃省地震局）

第二名：新 10 泉（新疆维吾尔自治区地震局）　宁波台（浙江省地震局）

下关台（云南省地震局）
第三名：金州台（辽宁省地震局）　庐江台（安徽省地震局）
　　　　温泉台（新疆维吾尔自治区地震局）

2. 水位

第一名：平凉 C11 井（甘肃省地震局）
第二名：山龙峪井（辽宁省地震局）　苏 16 井（江苏省地震局）
　　　　高村井（天津市地震局）　沈家台井（辽宁省地震局）
第三名：海口台（海南省地震局）　苏 21 井（江苏省地震局
　　　　周至井（陕西省地震局）　腾冲台（云南省地震局）
　　　　宁德台（福建省地震局）　豫 14 井（河南省地震局）
　　　　保山台（云南省地震局）　石柱鱼池台（重庆市地震局）
　　　　罗源洋后里井（福建省地震局）

3. 水温

第一名：沈家台（浅）（辽宁省地震局）
第二名：甘南台（黑龙江省地震局）　镇川台（山西省地震局）
　　　　万州溪口（重庆市地震局）　昌平台（浅）（中国地震局地壳应力研究所）
第三名：张道口台（天津市地震局）　洱源台（云南省地震局）
　　　　庐江台（安徽省地震局）　腾冲台（云南省地震局）
　　　　新 04 井（新疆维吾尔自治区地震局）　昆山井（江苏省地震局）
　　　　平凉台（甘肃省地震局）　泉州一井（福建省地震局）
　　　　大灰厂井（北京市地震局）

4. 气氡

第一名：庐江台（安徽省地震局）
第二名：聊城台（山东省地震局）　保山台（云南省地震局）
　　　　夏县台（山西省地震局）
第三名：宁德台（福建省地震局）　西昌台（四川省地震局）
　　　　平凉台（甘肃省地震局）

5. 水汞

第一名：下关台（云南省地震局）
第二名：平凉台（甘肃省地震局）　洱源台（云南省地震局）
第三名：聊城台（山东省地震局）　怀来台（河北省地震局）

6. 气汞

第一名：聊城台（山东省地震局）
第二名：保山台（云南省地震局）　句容台（江苏省地震局）
第三名：五大连池台（黑龙江省地震局）　庐江台（安徽省地震局）
　　　　西昌台（四川省地震局）

7. 氦气

第一名：聊城台（山东省地震局）

第二名：江川台（云南省地震局）
第三名：五大连池台（黑龙江省地震局）

三、分析预报评比

（一）分析预报综合评比

1. 一类单位

第一名：新疆维吾尔自治区地震局

第二名：云南省地震局

2. 二类单位

第一名：安徽省地震局

第二名：内蒙古自治区地震局

3. 三类单位

第一名：吉林省地震局

第二名：湖北省地震局

（二）日常分析预报

第一名：新疆维吾尔自治区地震局

第二名：云南省地震局　中国地震台网中心

第三名：安徽省地震局　吉林省地震局

（三）年度会商报告

1. 一类局

第一名：新疆维吾尔自治区地震局

第二名：甘肃省地震局

第三名：云南省地震局

2. 二类局

第一名：安徽省地震局

第二名：山东省地震局

第三名：广东省地震局　内蒙古自治区地震局

3. 三类局

第一名：青海省地震局

第二名：陕西省地震局

第三名：黑龙江省地震局　重庆市地震局

4. 局直属单位

第一名：中国地震局地震预测研究所

第二名：中国地震台网中心

第三名：中国地震局地壳应力研究所　中国地震局第二监测中心

四、信息网络评比

（一）台网中心及区域中心系列

1. 综合排名
第一名：中国地震台网中心
第二名：云南省地震局　新疆维吾尔自治区地震局
第三名：山东省地震局　天津市地震局

2. 网络运行单项
第一名：云南省地震局
第二名：中国地震台网中心　宁夏回族自治区地震局
第三名：新疆维吾尔自治区地震局　安徽省地震局

3. 信息服务单项
第一名：中国地震台网中心
第二名：云南省地震局　新疆维吾尔自治区地震局
第三名：山东省地震局　陕西省地震局

（二）直属单位系列

1. 综合排名
第一名：中国地震局第二监测中心
第二名：中国地震局地壳应力研究所

2. 网络运行单项
第一名：中国地震局第二监测中心
第二名：中国地震局地壳应力研究所

3. 信息服务单项
第一名：中国地震局地壳应力研究所
第二名：中国地震局第二监测中心

（三）市县地震局与台站节点系列

1. 市县综合评比
第一名：楚雄州（云南省地震局）
第二名：通海县（云南省地震局）　秦皇岛市（河北省地震局）
　　　　武汉市（湖北省地震局）
第三名：石河子市（新疆维吾尔自治区地震局）　许昌市（河南省地震局）
　　　　濮阳市（河南省地震局）　大理州（云南省地震局）
　　　　长治市（山西省地震局）

2. 台站节点综合评比
第一名：通海台（云南省地震局）
第二名：宝坻台（天津市地震局）　泰安台（山东省地震局）
　　　　下关台（云南省地震局）

第三名：秦皇岛台（河北省地震局）　克拉玛依台（新疆维吾尔自治区地震局）
　　　　固原台（宁夏回族自治区地震局）　银川台（宁夏回族自治区地震局）
　　　　中卫台（宁夏回族自治区地震局）

（中国地震局监测预报司）

2012 年中国测震台网运行观测概况

一、中国测震台网基本情况

通过中国地震局"十五"重大工程项目"数字地震观测网络"的实施，建成由 1 个国家地震台网和 32 个区域地震台网组成的覆盖全国的地震监测台网。全国地震运行台站达到 1006 个，其中包括国家台站 148 个，区域台站 806 个，火山台站 33 个，2 个台阵 19 个台点。

国家测震台站和区域测震台站配置的地震计主要包括 JCZ – 1 甚宽带地震计，CTS – 1、STS – 2、KS – 2000 系列、BBVS 系列、CMG 系列、FBS – 3 系列、BKD – 2、GS – 13、JDF 系列和 DS 系列等宽带地震计，以及 FSS – 3 系列短周期地震计等。各台站配置的数据采集器主要包括 EDAS 系列、TDE、SMART – 24R、Q680 和 DM24 等。各区域测震台网中心到国家测震台网中心使用 SDH 行业专网传输数据。各区域测震台网根据台站当地通信条件分别选用 SDH、DDN、CDMA、GPRS、ADSL、无线超短波、扩频微波和卫星等通信信道进行台站到区域台网测震中心的数据传输。国家测震台网中心使用"十五"期间自行开发的国家测震台网常规数据处理软件，各区域测震台网中心使用"十五"期间广东省地震局开发的 JOPENS 常规数据处理软件。四川台网、云南台网等还配置了自行研制的分析处理软件。

二、测震台网实时数据交换情况

包括国家测震台站、区域测震台站、火山测震台站和科学台阵在内的 1006 个台站的实时观测数据首先汇集到各区域测震台网中心，再通过流服务器汇集到国家测震台网中心。此外，国家测震台网中心还实时接收 14 个境外台、近实时接收全球地震台网（GSN）77 个台站的观测数据。

国家测震台网中心向 32 个省级测震台网中心转发相邻区域台站的实时数据，向五大区域自动地震速报中心转发其负责区域内台站的实时数据，向中国地震局地球物理研究所测震备份中心和广东国家地震速报备份中心实时转发全部固定台站的实时数据。

根据国家测震台网中心基于流服务器实时数据接收情况的统计，系统总体运行率 99%，全国测震实时数据汇集与交换流服务器运行率达 100%，国家测震台站平均实时运行率达 97%，全国测震台站平均实时运行率达 95.98%。

三、测震台网数据存储情况

2012 年，完成全国测震台站 10211GB 和国家台站 1586GB 原始连续波形数据的存储，完成 31.5GB 流动台站连续波形数据的存储和 1703GB 强震原始连续波形的存储，并对所有波形数据进行了磁带库归档。

向 ISC 和 NEIC 提供 24 个国际交换台目录 4624 条，震相 29 万余条。向美国提供 600 个地震 17.4GB 波形数据服务。

四、全国地震速报、编目及产出情况

全国测震台网按照《地震速报技术管理规定（2008 年修订）》要求，共完成地震速报 727 次，其中国家台网速报 178 次。其中，对 3 月 9 日新疆洛甫 6.0 级地震、3 月 21 日墨西哥 7.6 级地震、4 月 11 日印度尼西亚附近海域 8.6 级和 8.2 级地震、6 月 24 日云南宁蒗 5.7 级地震、6 月 30 日新疆新源 6.6 级地震、8 月 12 日新疆于田 6.2 级地震、9 月 5 日哥斯达黎加 7.9 级地震、9 月 7 日云南彝良 5.7 级地震等国内外破坏性地震进行了准确、快速的速报。5 月 28 日唐山 4.8 级地震人工速报仅用时 6 分 45 秒，为历年最快。

全国测震台网按照《测震台网运行管理办法（试行）》要求，对各台网报送的快报目录和正式目录进行统一编目，全年产出国家台网快报目录 732 条，全国统一快报目录 46200 条，国家台网正式目录 4662 条，震相数据 106 万条，统一正式目录 70648 条，其中首都圈 1331 条，为地震预报及相关科研工作提供了完整的目录资料。

根据《地震监测台网应急产出和服务工作方案（修订）》要求，中国地震台网中心联合中国地震局地球物理研究所、中国地震局地震预测研究所、福建省地震局、云南省地震局、中国地震局地壳应力研究所、中国地震局地质研究所等多家单位，协调合作，圆满完成年度破坏性地震震后应急产出任务。2012 年共完成国内外大震应急产品产出与服务 41 次，产出的震源机制、破裂过程、应力触发、烈度分布等专业产品为震后应急工作提供了技术支持和保障。

（中国地震局监测预报司）

2012 年中国地震前兆台网运行年报

一、台网分布与运行概况

中国地震前兆台网主要由地壳形变、电磁、地下流体三大学科台网组成，包括固定观测台网和流动观测台网两大部分。2012 年，我国地震前兆台网以 708 个地震观测台/站、35 个区域地震前兆台网中心、5 个学科台网中心和 1 个国家地震前兆台网中心为运行主体，分别负责台站观测、区域前兆台网运行、学科台网质量监控、全国前兆台网运行监控与数据服务。同时，以流动形变台网、流动地磁台网和流动重力台网为补充，共同组成了由定点观测和流动观测构成的地震前兆观测台网。主要任务是为地震预报以及相关学科领域的科学研究提供观测数据。

2012 年，有 35 个区域地震前兆台网（以下简称"区域台网"）共 708 个观测台站向国家地震前兆台网中心（以下简称"国家中心"）报送数据。其中国家台 233 个，区域台 261 个，市县台 211 个，企业台 3 个。

全国各区域台网向国家中心报送观测数据的仪器共 2347 套。其中，模拟观测仪器 79 套，人工观测仪器 300 套，数字化观测仪器 1968 套（"九五"时期仪器 485 套，"十五"时期仪器 1483 套）。测项数 3478 个，测项分量数 6351 个。另有 50 套不定期观测的地磁绝对观测仪器未纳入统计。

按观测学科统计：

地壳形变观测台网承担着我国大陆地壳形变的监测任务，由形变和重力观测台网组成。其中形变观测台站 247 个，观测仪器 535 套（占总数的 22.80%），测项分量 1960 个；重力观测台站 39 个，观测仪器 39 套（占总数的 1.66%），测项分量 196 个。

电磁观测台网承担着我国大陆电磁场的监测任务，由地磁和地电观测台网组成。其中地磁观测台站 155 个，观测仪器 236 套（占总数的 10.06%），测项分量 862 个；地电观测台站 129 个，观测仪器 187 套（占总数的 7.79%），测项分量 1129 个。

地下流体观测台网承担着我国大陆地下流体的监测任务。观测台站 416 个，观测仪器 981 套（占总数的 41.80%），测项分量 1210 个。

综合起来，全国地震前兆台网观测台站、观测仪器基本情况统计见表 1。

表 1 地震前兆台网台站/仪器统计表

学科		台站/个	仪器/套				
			模拟	人工	"九五"	"十五"	小计
地形变	重力	39	0	0	11	28	39
	形变	247	15	23	128	369	535

续表

学科		台站/个	仪器/套				
			模拟	人工	"九五"	"十五"	小计
电磁	地磁	155	5	35	21	175	236
	地电	129	0	3	40	144	187
地下流体		416	44	214	221	502	981
辅助观测		333	15	25	64	265	369
合计		1319	79	300	485	1483	2347

台网各类运行指标统计：

全国各区域台网有 2347 套观测仪器每天向国家中心报送数据，其中有 2145 套观测仪器纳入了区域台网的运行管理评价，占报送观测数据仪器的 91.39%（2011 年为 80.90%）。

2012 年 1—12 月，全国各区域台网仪器的平均运行率为 98.08%（2011 年为 98.00%），平均数据汇集率为 98.16%（2011 年为 98.19%），平均数据连续率为 97.60%（2011 年为 96.18%）。其中，全国各区域台网参评仪器的平均运行率为 98.73%（2011 年为 98.00%），平均数据汇集率为 99.44%（2011 年为 98.19%），平均数据连续率为 98.45%（2011 年为 96.18%）。

二、台网管理概况

2012 年，全国地震前兆台网运行管理工作继续以强化规范运行和台网产出为目标，台站、区域中心、学科中心和国家中心各环节工作协调配合，积极推进台网观测、台网运行、产出与服务、技术管理等各方面的工作。

1. 台网运行管理监控

2012 年，继续推进前兆台网质量监控体系的建设与完善，在台网运行质量监控方面取得了突出的成绩。2012 年，全国地震前兆台网继续按照现有运行质量监控思路，由国家中心负责监控全国区域地震前兆台网的运行管理工作，各学科台网中心负责台站观测数据质量的监控，区域中心负责本区域台网的运行质量监控。依据新的评比办法对区域地震前兆台网运行管理进行评比，评比采用年评比和月评比相结合的方式。国家中心每月 15 日前完成月评比工作，同时将评比结果在国家前兆台网中心网站上公布。区域中心通过月评比报告及时掌握上月本区域台网的总体运行情况，发现运行中存在的问题并及时更正。

同时各省级地震监测主管部门组织制定区域台网运行管理考评办法，明确奖励与惩罚措施，对区域台网的技术管理、系统运行和产出应用等工作进行定期检查与年度考评。

2. 进一步规范产品产出，发掘深层次的前兆产品

2012 年由国家前兆台网中心牵头，联合 5 个学科台网中心、各流动中心和 GNSS 应用中心，对前兆台网产出产品进行了全面梳理，在此基础上，完成了《地震前兆台网产出与汇集服务技术约定》和《前兆台网产品产出工作细则》的修订，进一步规范了产品产出。促进了产品产出的规范性和及时性，同时也进一步整合了全国前兆台网产出的各种产品，提升了前兆台网的效能。目前，各学科台网仍在不断的探索和研究新的产品。

3. 推进前兆台网监测数据异常跟踪分析工作

为进一步贯彻落实《关于加强地震监测预报工作的意见》，加强地震前兆监测人员数据分析及产品产出工作，更好地促进地震前兆监测，2012年7月份，国家地震前兆台网中心组织召开了数据异常跟踪简报产出工作启动会，在原有甘肃、新疆、山西三个试点省局工作的基础上扩大到了北京、辽宁、四川、云南等17个省局。本次试点范围基本覆盖到了全国地震多发和地震危险区，同时也兼顾到了省局的监测人员力量。

2012年12月，在云南昆明组织召开了前兆数据异常跟踪分析总结工作会议，系统总结前兆台网观测数据跟踪分析工作推进情况，提出2013年度工作要求。对照2012年度前兆台网数据跟踪分析工作，总结各试点单位在工作过程中的检验与成绩，讨论在工作流程、报告内容、数据异常核实可靠性以及配套使用软件等环节上存在的突出问题与改进方案。为后续工作的开展奠定了良好的基础。

4. 观测数据整合工作取得了实质性的进展

全国前兆台网"九五"系统接入改造任务已于2011年完成，于2012年3月顺利通过中国地震局组织的验收。为做好前兆观测系统接入的后续工作，全面整合前兆数据系统，提高前兆数据管理和应用水平，并为前兆台网高效、稳定运行打下坚实基础。

2012年，实施了前兆观测数据整合工作。在中国地震台网中心牵头组织和中国地震局地球物理研究所、中国地震局地壳应力研究所、山东省地震局等单位的通力协助下，经过全国各单位一年的努力，观测数据整合工作取得了实质性的进展。

5. 专题工作会议

为了规范前兆台网运行管理工作和提高运行质量，及时纠正运行管理过程中存在的问题，国家中心和各学科台网中心定期集中对区域台网技术人员进行技术培训工作。培训内容包括观测技术、数据处理方法、技术系统维护、工作要求等。同时各区域台网根据需要，定期组织台站工作人员进行培训或经验交流。

2012年，全国地震前兆台网在全国范围内组织了三次专题会议：

（1）5月7—12日，在重庆召开了"2011年度全国地震前兆台网评比暨产出与应用研讨会"。本次会议的主要内容为：①总结交流台网运行工作；②审定2011年度全国地震前兆台网预评比结果；③数据异常跟踪简报工作部署及相关要求；④台网运行年报编写出版要求及问题讨论。此外，还就"九五"接入改造后续工作、前兆仪器设备更新改造规划编制和台网维护维修体系建设方案进行了汇报与部署。

（2）9月20—24日，在湖南长沙召开了"前兆数据处理系统等专业软件与历史数据迁移培训会"。会议主要内容为：①前兆台网数据处理系统、数据管理系统、历史数据整理工具和数据对比与归档软件等前兆专业软件新功能的培训；②历史数据迁移有关工作要求培训；③前兆基础信息填写规范化要求培训；④非标仪器接入数据转换软件培训等。

（3）12月5—8日，在云南昆明召开了"全国地震前兆台网2012年度产出工作总结与研讨会"。本次会议主要内容为：①介绍前兆台网产出数据产品的必要性及前兆台网监测数据异常跟踪分析工作的推进情况；②学科台网中心、国家前兆台网中心介绍2012年度各自单位的监测运行与产出工作的情况；③参与观测数据异常跟踪试点工作的17个省局，分别介绍2012年度地震前兆台网观测数据分析跟踪工作推进与简报产出的情况；④总结了近半年来地壳形变、电磁、地下流体台网监测数据异常跟踪分析工作的情况，并对下一阶段的工作进行了部署。

三、台网运行综合指标

根据相关管理办法和技术要求，各省级区域前兆台网中心应认真履行区域前兆台网前兆仪器运行维护工作，及时监控台网的运行情况。

区域台网观测数据连续率为区域前兆台网所有观测台项数字化原始数据及模拟实测数据的年连续率的平均值，是评价观测数据质量的指标之一。

根据全国地震前兆台网向国家地震前兆台网中心汇集数据的到达情况，统计各区域前兆观测仪器产出的原始观测数据连续率、汇集率及仪器运行率。除汇集率外，在该表统计中将观测仪器故障引起的数据缺失也计算在内。该表包括两方面的数据，一为全台网所有仪器的情况，二为参加评比的仪器运行情况。

2012年，全国地震前兆台网运行仪器共计2347套，其中有2145套仪器参加运行评比，占台网仪器比例的91.39%（2011年为80.90%）。在新实施的评比办法中增加参评仪器数量分之后，各区域台网积极申请参评仪器，使得参评仪器比例较2011年有较大的提高。参评仪器占运行仪器比例大于80%的区域台网有28个（2010年为9个）。参评仪器占运行仪器比例小于80%的区域台网有7个区域台网，分别是北京、中国地震局地壳应力研究所、甘肃、福建、广西、湖南、四川，其中福建、甘肃和四川参评比例较少，分别为52%，66.7%和45.54%，以上三个省的地方台仪器占有较高的比例。

（1）台网数据汇集率。

2012年，全台网数据汇集率为98.16%。参评仪器的数据汇集率为99.44%。

（2）观测仪器运行率。

2012年，全台网仪器运行率为98.08%。参评仪器运行率较全台网仪器运行率为98.73%。

（3）台网数据连续率。

2012年，全台网仪器数据连续率为97.60%。参评仪器数据连续率为98.45%。

四、专项工作

2012年度前兆仪器更新改造项目：

1. 基本情况

本项目来源于"中国地震局2012年度防震减灾技术升级与更新"专项中关于地震前兆台网仪器更新改造项目，主要针对未列入"十一五"中国地震局背景场探测工程、超年限运行、效能评估仪器评估不合格、故障频发及不适合当前台网运行标准的台站的观测系统（测量仪器、装置系统、鉴定系统）进行更新、升级和改造，保障观测系统的正常运行，保障台站产出高质量观测数据。

本项目由中国地震台网中心牵头各学科及各片区中心组织实施。中国地震台网中心作为牵头单位，协同各学科完成对本年度更新改造仪器的确定和上报，并协助中国地震局监测预报司做好组织相关专家对各片区仪器更新改造实施计划的可行性的审定和批复工作。

本次项目采用统一招标的形式实施。通过招标确定中标厂商后，各片区中心与仪器厂商签定仪器购买合同。中国地震台网中心对此次项目各片区的执行情况进行跟踪和监督，并于 2012 年年底对本项目进行了验收。

台站观测系统更新、改造后，提升 17 个形变台站 19 套仪器、20 个地磁台站及 2 个地电台站观测仪器和系统技术性能，符合形变、地磁和地电场台站观测系统运行的技术要求指标。抑制形变、地磁和地电观测干扰影响，产出高质量的观测数据，在地震监测预报、科学研究中使这些台站产出的观测数据可靠、可用。

2. 建设内容

2012 年前兆台网仪器更新改造项目涉及形变和电磁两大学科。具体更新改造内容如下：

形变台网的倾斜、应变观测仪器更新改造共涉及 9 省局 17 个台站 19 套仪器，拟上新仪器为五类、五种型号。

（1）对老化严重或已停测的光记录水平摆仪器进行更新。

云南省地震局云县台，安徽省地震局佛子岭台，新疆维吾尔自治区地震局石场台，山西省地震局定襄台、昔阳台，河北省地震局丰宁台，辽宁省地震局本溪台、朝阳台共 8 套，更新为秒采样的 VP 型宽频带倾斜仪。

（2）对部分"九五"期间上的数字观测水管仪进行更新。

云南省地震局云龙台、永胜台 2 套仪器；湖北省地震局宜昌台 1 套仪器。共 3 套，更新为 DSQ 型仪器。

（3）对部分"九五"期间上的数字观测伸缩仪进行更新。

云南省地震局云龙台、永胜台 2 套 SS–Y 型伸缩仪。

（4）钻孔应变观测仪器。

部分仪器效能评估"不合格"、观测环境合格的钻孔应变观测站更新：广西壮族自治区地震局灵山台、邕宁台。对现已缺少 2 个分量及以上的分量应变仪、环境合格的台站——辽宁营口台、吉林敦化台钻孔应变仪拟更新为四分量应变仪 4 套。

（5）跨断层水准观测仪器。

对河北省地震局易县台、安徽省地震局合肥台跨断层形变水准观测仪器进行更新。拟更新为数字水准仪（含 3m 条形码因瓦标尺），共 2 套。

电磁台网的质子矢量磁力仪和地电仪的更新改造，共涉及 12 个省份的 22 个台站的 22 套仪器或观测系统。拟上仪器型号分别为 FHD–2B 和 ZD8BI 两种型号。

地磁台网此次更新的仪器全为 FHD–1。此次更新共涉及 10 个省局 20 个台站的 20 套全套仪器、主机或线圈系统。拟上的新仪器为 FHD–2B 全套仪器、主机或线圈系统。

2012 年度重点解决九五相对观测设备 FHD–1 质子磁力仪的升级改造问题。该仪器需要更新的部分主要有主机和线圈系统两部分。对于主机和线圈均不正常者，对仪器进行整体更新，否则只更新工作不正常的部分。涉及 20 个台站 20 套仪器。其中：

（1）全套更换者 10 个台站：北京市地震局平谷台、东三旗台，宁夏回族自治区地震局银川台，四川省地震局成都台，陕西省地震局乾陵台、周至台、泾阳台，河北省地震局承德台、新乐台，内蒙古自治区地震局满洲里台。

(2) 只更新线圈者9个台站：江苏省地震局连云港台、新沂台，河北省地震局红山台、昌黎台，山东省地震局郯城台、菏泽台，甘肃省地震局嘉峪关台、兰州台和天水台。

(3) 只更新主机者1个台站：福建省地震局漳州台。该台的仪器虽然也是"十五"期间上的设备，但因福建省地震局"十五"实施的进度远远超前于全国台网，因此当时采用的仪器型号与台网最终选定的型号不同，不能入网管理，需要更换主机，其线圈系统不需更换。

地电台网此次共更行2套观测系统，分别为安徽省地震局黄山台和河南省地震局周口台。新上的仪器为ZA8BI及配套观测装置和辅助设备。

前兆观测数据整合项目：

为做好前兆观测系统接入的后续工作，全面整合前兆数据系统，提高前兆数据管理和应用水平，并为前兆台网高效、稳定运行打下坚实基础。前兆观测数据整合工作内容主要包括：

(1) 第二阶段历史数据迁移，将已停测仪器的历史数据、观测日志、地磁产品数据等迁移到"十五"数据库中。

(2) 区域中心、学科中心和国家中心前兆历史数据一致性校核。

(3) 前兆台网基础信息填写规范化。

(4) 非标准仪器接入关键技术研究。

(5) 前兆专业软件完善。

在中国地震台网中心牵头组织和中国地震局地球物理研究所、中国地震局地壳应力研究所、山东省地震局等单位的通力协助下，经过全国各单位一年的努力，观测数据整合工作取得了实质性的进展：

(1) 编写并由中国地震局监测预报司印发了《前兆台网观测数据整合实施方案》，明确了工作内容、技术路线和要求，制定了数据整合时间表，保证了此项工作的有序、规范开展，保证了工作质量。

(2) 举办了前兆技术系统运行管理培训和交流会议。面向台站和台网一线工作人员就前兆台网数据库系统、专业软件系统、观测系统和数据通信网络系统等运行维护等方面进行了培训，提高了一线工作人员业务素质和台网运行质量，为本次数据整合工作奠定基础。

(3) 经过多次研讨、意见征求和修改完善，编写完成了《前兆台网基础信息填写规范化要求（试用稿）》（以下简称《要求》），已下发全国各单位施行。各单位正在组织力量按《要求》规范化填写前兆台网基础信息，按计划各单位至2013年一季度基本完成，随后，国家地震前兆台网中心将组织专家进行检查。

(4) 完善了前兆台网历史数据整理工具软件和数据对比与归档软件，已下发全国各单位使用。

(5) 自2012年初以来，各单位对前兆历史数据进行了细致的收集、整理和入库。对散落在台站、个人等处的前兆历史观测数据重新进行收集，将各种格式的数据按统一格式要求进行整理，不少省局还需将历史上的纸介质数据重新录入数据库中。然后，按照国家地震前兆台网中心检查反馈的修改要求，对历史数据迁移清单进行了核对和修改，确保了清单的全面性和正确性。

历史数据迁移共完成"九五"仪器约580套（时间为1999—2011年，约12年）、模拟人工仪器约530套（时间为1980—2011年，约30年）、其他仪器（非标仪器、地方仪器）约150套（时间为2000—2011年，约10年）、停测仪器约1020套（时间为10~20年），合计约2280套仪器近万个分量（原始数据、预处理数据、产品数据等）的历史数据进行了迁移。据不完全统计，迁移的数据个数超过200亿个。

（6）国家中心、前兆各学科台网中心当前正在进行数据迁移准备工作，包括数据的整理和数据入库软件的开发等。

（7）完成了《关于前兆台网特殊仪器设备接入"十五"系统存在问题及解决措施的研究报告》，开发了前兆非标仪器接入数据转换软件，实现了前兆台网约50套非标仪器的接入，解决了全国前兆台网在网运行的非标仪器接入问题。

（8）制定了区域中心、学科中心和国家中心历史数据一致性校核技术方案，开发了数据一致性校核软件程序，正按计划进行数据一致性校核工作，目前已完成了10个省局的数据校核，预计至2013年一季度可完成此项工作。

（9）完善了前兆数据处理系统和数据管理系统等前兆专业软件，并于9月部署到全国前兆台网各级节点，保证了前兆专业软件系统能满足数据整合工作要求。

通过此次数据整合工作，各单位对前兆历史数据重新整理了一遍，凡是能抢救的前兆历史数据（模拟纪录图纸除外）都进行了抢救，其效益将会在今后逐步显现。后续仍需督促各单位按《前兆台网观测数据整合实施方案》的要求完成工作，并组织力量对各单位完成情况进行检查，对发现的问题进行研究解决。

GNSS数据落地与产品产出项目：分数据落地和数据产出两部分内容。

1）GNSS原始数据共享项目进展（数据落地）

中国项目背景：

建设中国地震局"陆态网观测数据分中心"，实时地获取"陆态网"的GNSS观测数据，在局系统相关单位内部，形成有效的数据共享和管理制度。实现充分发挥地震大地测量观测资料在地震监测预报方面的能力，推进其在数据产品产出、产品服务、地震趋势研究、相关防震减灾方面的应用工作，在局系统内部达到GNSS观测数据共享目标。

进展情况：

数据共享项目分网络建设、数据采集、数据存储和数据分发。网络建设由中国地震台网中心信息部负责；数据采集由中国地震局地震预测研究所负责；数据存储和数据分发由前兆部负责。

具体执行进展如下：

（1）完成平台搭建，包括硬件环境和软件环境。已搭建主存储服务器和备份存储服务器。部署完毕Linux操作系统和oracle数据库。

（2）完成数据存储建设。实现sftp文件存储建设，以及oracle数据库存储。完成系统所需数据表、基础表和私有表建设。

（3）完成数据安全模块建设。保障系统安全运行与监控。

（4）数据推送模块。实现系统高效稳定地推送数据至各分中心，达到数据及时共享的目标。

预期目标：

（1）建设中国地震局"陆态网"观测数据分中心。

按照服务地震行业、面向业务需求、统一标准、集中管理的要求，管理"陆态网"观测运行数据，记录日常异常数据。通过集约式和平台式的管理模式，最终建立了一个中国地震局地震行业的核心数据库，一个数据综合管理平台。

（2）数据共享（本期以与湖北省地震局数据共享为目标）。

以中国地震台网中心为"中国地震局陆态网观测数据分中心"管理单位，服务中国地震局系统内部各相关的单位，对陆态观测业务体系内的各种信息、数据进行各种归类、合并、分析整理，建立中国地震局系统陆态网数据逻辑模型和最小数据集标准，在统一数据交换规范的基础上来保证数据的一致性，为中国地震局建立陆态观测数据共享中心。

（3）数据产出。

基于"陆态网"GNSS观测数据和重力观测数据，定期为监测预报和地震科学研究相关单位及人员提供GNSS站高精度坐标及速率的时间序列、GNSS快速星历与精密星历的产出、中国大陆活动块体运动速度场、地震重点监视区断层运动速率图、中国大陆地壳运动图、全国应力场变化图、电离层电子密度变化图、利用高动态GNSS进行大震后的破裂过程与变形分析结果等GNSS数据产品产出服务。

2）GNSS数据产品产出项目进展（产品产出）

项目背景：

该项目主要目标是建设GNSS系列数据产品常态化、地震事件应急状态下的发布和共享服务平台，并提供数据高速绘图、初步分析与交互功能，面向地震系统单位及广大地震工作者开放服务，推进GNSS数据产品在地震预报中的应用。

同时依照相应的数据共享与管理办法，采取用户权限控制的形式，通过Web网站向其他行业部门提供数据共享服务。

（中国地震局监测预报司）

2012年中国地震背景场探测工程进展综述

一、项目概况

（一）项目简介

中国地震背景场探测项目是国家地震安全计划的组成项目之一，该项目主要建设内容包括观测台网、科学探测系统、数据处理与加工系统3系统。

观测台网建设固定台站594个，4个流动观测系统。测震台网建设台站136个，1个流动观测系统；重力台网建设台站14个，1个流动观测系统；地磁台网建设台站31个，1个流动观测系统；地壳形变台网建设台站17个，1个流动观测系统；地电台网建设台站63个；地体台网建设台站93个；强震动台网建设台站240个。

科学探测系统购置400套宽频带数字地震仪系统、100套高频带流动地震观测仪器系统以及4套车载流动单元系统。

数据处理与加工系统建设测震和前兆数据中心2个；购置测震、重力、地磁、形变、地电、地下流体6个系统数据处理设备以及相关软件。

项目总投资为42970万元。全部为中央投资。其中建筑工程费11106万元，设备费23546万元，其他费用8318万元。

（二）年度工程与投资

2012年度项目主体工程应基本完成。各建设单位征租地工作应全部完成，基建工程应基本完成，统一采购设备完成第二批付款，自行采购设备应全部完成招标工作，大部分设备到货并完成安装调试工作，初步开展全国台网联调工作，部分省局进入试运行阶段，并做好项目验收前的准备工作。项目2012年度投资预算总额为2.1亿元，主要用于征租地费、基建工程费、设备费等。

二、工程进度

（一）进度描述

截至2012年12月底，台站征租地工作完成率为95%；基建完成率达到63.8%；设备采购方面，背景场项目统一采购专业设备的工作已全部结束。

（二）分项进度

1. 观测台网

（1）固定台站。

观测台网需勘选台站594个（吉林长白山综合台已取消，并得到中国地震局批复，目前各建设单位的台站勘选、土地预审工作已经全部完成；需进行征地的台站共147个（黑龙江同江台、呼玛台、饶河台、望奎台用地方式由征地改为租地，并得到中国地震局批复，辽宁大鹿岛台用地方式由征地改为租地，浙江松阳、仙居、南麂岛台用地方式由征地改为租地。已经完成129个，占需要征地台站数量的87.76%，其中内蒙古、广东、四川、甘肃、青海等省（自治区、直辖市）个别台站征租地手续正在办理中，应加快进度，保证项目整体顺利进行；18个正在谈判，占需要征地台站数量的12.24%；需要进行租地的233个台站中，已经完成了232个，占需要租地台站数量的99.57%，剩余1个台站的租地工作继续进行谈判。西藏、吉林、宁夏、广西、甘肃、新疆等省（自治区、直辖市）建设单位已经完成了379个台站的基建工作，占全部台站建设任务的63.8%，包括河北、天津、上海、内蒙古、河南、湖北等省（自治区、直辖市）单位的118个台站基建工作已经展开，占全部台站建设任务的19.87%。台站基建开工及完工率总计为83.67%。统一采购设备供货方面，测震、强震动设备除部分不具备安装条件的台站外，大部分台站已供货；前兆设备重力、地磁、流体大部分设备已供货，形变、地电部分设备供货。

（2）流动观测系统。

流动测震：承建单位为北京市地震局、天津市地震局、吉林省地震局、黑龙江省地震局、上海市地震局、浙江省地震局、安徽省地震局、江西省地震局、湖北省地震局、湖南省地震局、广西壮族自治区地震局、海南省地震局、西藏自治区地震局，主要任务为流动观测设备采购与集成，此项工作的专业设备采购，主要由法人单位组织。目前已完成测震流动专业设备采购任务，且所有流动台网设备都已完成供货，并完成了设备培训工作。

流动地磁：承建单位为中国地震局地球物理研究所、安徽省地震局、云南省地震局、甘肃省地震局，主要任务为流动观测设备采购与集成。目前，中国地震局地球物理研究所已完成流动地磁专业设备采购合同签订工作，大部分通用设备已完成采购并供货。除中国地震局地球物理研究所外，其他建设单位已完成流动地磁观测车辆采购工作。

流动重力：承建单位为湖北省地震局、中国地震局第一监测中心、中国地震局第二监测中心、中国地震应急搜救中心。全部完成流动重力台网新建和改建标石共计300个点的基建工作，目前已初步验收完毕。

流动形变：承建单位为中国地震局第一监测中心、中国地震局第二监测中心、湖北省地震局，主要任务为建设3个流动形变检定场，采购一批流动观测仪器。目前，流动形变专业设备统一采购合同已经签订，并支付了首付款，全部专业设备已到货，其他通用设备车辆等采购工作也已基本完成。检定场基建已全部完成15座光电测距和15个GPS仪器检测墩建设。

2. 数据处理与加工系统

承建单位为中国地震台网中心、中国地震局地球物理研究所、湖北省地震局、甘肃省地震局，主要建设任务为6个学科中心研制数据处理软件并采购相关硬件。中国地震台网中心完成了测震和前兆数据处理系统软件的采购，测震学科中心、流体学科中心和地电学科中心（中国地震台网中心部分）服务器、工作站等硬件已采购完毕，并已完成供货。

截至12月，中国地震台网中心按照合同要求将背景场项目数据处理系统前兆软件第一包与第二包的首付款、测震第一批款支付给中标厂商。

3. 科学探测台阵

承建单位是中国地震局地球物理勘探中心和中国地震局地球物理研究所，主要建设任务为采购400套宽频带地震观测系统和100套高频地震观测系统，并研制相关软件。

科学台阵设备采用进口设备，由中国地震局地球物理勘探中心负责采购，2012年设备款已支付完毕。目前，已对到货的首批进口设备（地震计、数据采集器）进行验收，其中数据采集器150套；通用设备采购工作方面，国内太阳能供电设备首批货已收到，目前正在进行验收。国内设备无线通信单元已全部到货，正在进行验收前准备工作。

（中国地震局监测预报司）

2012年流动观测工作概况

流动测量：区域精密水准测量、跨断层场地红外测距、流动重力测量，作业范围涉及陕西、甘肃、宁夏、青海及川滇等地区。

区域精密水准测量：按《国家一、二等水准测量规范》要求，2012年4月至8月在陕甘宁青川滇等区域采用一等水准测量的方法对水准路线中的每个测段进行往返观测，测段间以特制的铁质尺桩或尺台作为转点尺承。完成13条路线（段）共计为1183.7千米的测量任务，完成率为107.6%。其中一级品为624.7千米、占总任务量的52.8%，二级品为471.6千米、占总任务量的39.8%，三级品为87.4千米、占总任务量的7.4%，无不合格成果。水准观测全年平均每千米高差中数偶然中误差$m_\Delta = \pm 0.37mm$。观测成果通过中心质量检查，质量优良。

跨断层场地水准测量：2012年3月、7月、11月在陕西南部、甘肃河西、甘肃天水武都地区完成跨断层场地水准测量67场地，177处次，共计572个测段，任务完成率为100%。其中优级品为538个测段、占总测段数的94.1%，良级品为28个测段、占总测段数的4.9%，可级品为6个测段、占总测段数的1.0%，全年共重测9个测段，无不合格成果。全年平均每千米高差中数偶然中误差为$m_\Delta = \pm 0.19mm$。

跨断层场地红外测距：按《DI2002测距仪距离测量技术规定》（试行稿）要求，2012年7月在甘肃河西地区采用上下午分光段对各场地的每条观测边进行单测回双向观测。共完成12个场地，12处次，75条测边，任务完成率为100%。其中优级品49条测边、占总测边数的65.3%，良级品25条测边、占总测边数的33.3%，可级品1条测边，占总测边数的1.4%，无不合格成果。全年平均每千米观测相对中误差为$m_S = 1/312$万。

重力测量：按《地震重力测量规范》要求，2012年5月、10月在甘肃河西地区进行为期两期的重力测量，利用两台相对重力仪采取逐点联测，往返闭合的方法进行重复观测。第一期完成了河西地区181个测点、190个测段的流动重力监测任务。B053重力仪自差均值为$7.0 \times 10^{-8} m \cdot s^{-2}$，B054重力仪自差均值为$6.4 \times 10^{-8} m \cdot s^{-2}$，两台仪器互差均值为$6.2 \times 10^{-8} m \cdot s^{-2}$，平差后测网单位权中误差为$\pm 10.0 \times 10^{-8} m \cdot s^{-2}$，点值中误差为$\pm 9.0 \times 10^{-8} m \cdot s^{-2}$。

第二期完成了河西地区185个测点、195个测段的流动重力监测任务。B053重力仪自差均值为$7.8 \times 10^{-8} m \cdot s^{-2}$，B054重力仪自差均值为$7.2 \times 10^{-8} m \cdot s^{-2}$，两台仪器互差均值为$7.2 \times 10^{-8} m \cdot s^{-2}$，平差后测网单位权中误差为$\pm 10.0 \times 10^{-8} m \cdot s^{-2}$，点值中误差为$\pm 8.3 \times 10^{-8} m \cdot s^{-2}$。

两期共完成366个测点，任务完成率为103.4%。

2012年度，利用常规和流动测量资料进行震情跟踪分析的同时，在《地球物理学报》《大地测量与地球动力学》《地震研究》等刊物上发表论文37篇。

在观测资料分析处理与应用研究方面，采取流动形变与定点连续前兆相结合，增强震情跟踪分析的时效性、科学性。

（中国地震局监测预报司）

2012 年地震信息网络建设

2012 年度信息网络工作以落实加强监测预报工作意见为主线，以提升防震减灾信息公共服务能力为核心，以"网络、数据、服务"三大平台建设和发展为重点，以强化信息网络管理为抓手，加强信息基础设施建设，推动信息资源整合，努力推进防震减灾各项业务信息化，健全信息安全体系，全面提升防震减灾信息化建设水平。

在网络基础设施与信息安全方面，组织完成了全国十五信息网络核心路由、交换机以及核心存储等基础设施升级改造，组织完成了 2013—2014 年度国家台网中心和各省级信息节点信息基础设施改造可研报告的编制、上报与评审工作；按照国家信息化工作领导小组和办公室工作要求，7 月 12 日参加了工信部组织的全国信息系统安全大检查启动会议，部署了地震监测预报系统信息安全工作检查，组织完成了监测预报信息安全检查报告与上报工作。

在信息资源基础平台方面，作为 23 个国家科技基础条件平台之一，组织完成了 2012 年度国家科技基础条件平台地震科学数据共享平台（11 个分中心）的升级改造工作；按照国家科技基础条件平台中心要求，组织参加了数据信息质量整改工作会议，集中开展了京区各数据共享单位的数据整合与共享整改工作；8 月组织参加了 2012 国家科技基础条件平台绩效考核评审工作会议，地震科学数据共享工作绩效考评报告获得好评。

在防震减灾信息服务平台方面，组织完成了"中国地震信息网"的改版和升级工作；完成了第一期地震速报信息发布平台 12322 的研发和试验运行工作，已在北京地区地震系统内部统一提供高效和权威的地震自动和终报地震信息服务；完成了面向北京地区的地震应急人员的"地震综合信息服务平台"移动手机专用终端研发和应用工作，研发了基于 Android、IOS 两种操作系统的移动综合地震信息接收终端，功能主要集成了全球地震信息表单、GIS 信息系统显示、大震应急产出以及参数设置等功能；协同局办公室，建立了与中央电视台主要电视媒体之间的合作与联系，并就有关防震减灾综合信息报道方式和内容等方面达成了初步共识。

在业务信息化与新技术应用方面，组织完成了参加第一批试验的中国地震局机关、中国地震台网中心、四川省地震局、云南省地震局、新疆维吾尔自治区地震局、河北省地震局以及安徽省地震局 7 个单位的 100M 光纤链路以及中国地震局视频分析会商业务试验系统建设和业务研发应用工作；选择了条件和技术成熟的浙江省地震局、上海市地震局，开展了以刀片服务器、存储和软件管理系统为基本单元的虚拟化平台构建和物理服务器应用业务整体迁移虚拟化服务器等系列虚拟化技术试验，推动了云计算的跟踪研发和成果应用；积为探索极端条件下的数据通信传输和语音通信技术，组织开展了基于 VSAT 系统、中国移动多媒体广播电视网（CMMB）以及 NANAMETRICS 合作的 LIBRA 卫星通信业务合作研究项目，并初步搭建了基于卫星传输系统的野外应急观测实验系统平台，该系统组网快、功耗低，可以满足任何通信条件和恶劣环境下的数据、语音和视频传输工作

在防震减灾信息化组织管理与人员培养方面，按照国家信息化领导小组和办公室的统

一部署和要求，积极推动中国地震局防震减灾信息化领导小组和办公室筹建工作，并于2012年10月24日正式成立了由局领导负责、监测预报司牵头以及各司室参加的中国地震局防震减灾信息化领导小组和信息化办公室，以全面领导和推动防震减灾信息化建设工作，并于2012年10月31日召开了防震减灾信息化领导小组和办公室工作会议，中国地震局副局长、防震减灾信息化领导小组组长阴朝民同志出席会议并作了重要讲话，对全局的信息化建设工作作了重要指导和具体部署。

（中国地震局监测预报司）

各省、自治区、直辖市，中国地震局直属单位监测预报工作

北京市

1. 震情

2012年1月，制定印发《北京市2012年度震情跟踪工作方案》，统一部署全市震情跟踪工作，对监测台网运行维护、震情应急值班、异常落实上报、震情分析会商、通信网络维护、重大活动和节假日期间震情保障等工作提出明确要求。10月，下发《关于做好党的十八大期间震情监视应急保障及安全稳定工作的通知》，编印《中国共产党十八大北京市地震安全保障工作手册》，全力做好党的十八大期间的地震安全保障工作，并圆满完成各项地震安保任务。

共完成地震速报12次，其中北京地区5次，天津地区2次，河北地区5次。启动应急响应4次。

召开日常会商54次、加密会商7次、紧急会商5次，上报各类会商意见84份，完成《震情通报》12份，及时准确落实宏观异常12次。

5月、10月分别召开了年中和2013年度地震趋势会商会，重点对北京市2012年下半年及2013年度震情趋势进行分析会商，提出相应的地震趋势判定意见。选派震情跟踪与分析预报人员先后参加中国地震局组织召开的2012年年中、2013年度全国地震趋势会商会、华北东北地震趋势会商会，2013年度全国、华北、首都圈地区地震趋势会商会，并作相关研究预测报告，提出震情预测意见。

2. 台网运行管理

制定完成《北京市地震局地震速报工作管理办法（试行）》，完善了测震台网日常运行绩效的奖惩制度，为提高测震台网运行时效性和质量提供制度保障。重新编制《北京市地震台网工作手册》，建立健全各项规章制度。北京市地震前兆台网仪器运行率达到99%，数据汇集率达到99%以上，数据连续率达到96%。北京市测震台网中心系统全年运行率为99.86%，台站平均运行率为97.66%。

北京市测震台网全年共完成地震快报编目1564条，地震正式编目297条，观测数据达2.6T。撰写、报送台网运行报告12期，地震观测报告12期，编印《2012年度北京市测震台网年报》1份。存储了全年台网产出的单台24小时连续波形、单小时所有台站波形、事件波形、标定波形和标定数据处理结果。

北京市地震前兆台网全年共产出前兆观测数据3.5G；产出台网观测月报12份，学科月报300份，台网年报1份，学科年报36份；产出2012年度《前兆数据异常跟踪简报》12期，《地震前兆观测简报》3期。

3. 台网建设

完成昌平地震台站优化改造和房山台环境优化改造项目申请材料的组织编制、评审及上报工作；全市新建宏观观测站点11个；新建地倾斜观测站4个。通过学科组专家评议，同意海淀区地震局和昌平区地震局压磁应力测项撤销申请2项；完成仪器升级改造任务6项。

测震台网完成1个台站的环境改造，更换4个台站的数据采集器和3个台站的地震计；对5个台站进行了环境优化改造，有效改善了台站观测环境；另外，还更换了部分台站蓄电池，保证台网技术系统的可靠运行。

（北京市地震局）

天津市

1. 震情

组织制定《2012年震情短临跟踪工作方案》和《强化震情监视工作方案》，围绕震情发展变化，组织开展震情短临跟踪与研判。坚持周、月、年震情会商会制度，积极与唐山、廊坊、沧州、秦皇岛、承德联合开展震情会商，召开各级各类会商80次。开展前兆异常核实工作，及时对天船井水位低值异常、宁河地拱起异常和宝坻水味异常等9起异常进行现场调查和分析，做到"异常核实不过夜"。强化特殊时段震情监视工作，制定震情保障专项工作方案，部署加密会商和应对突发震情的应对措施，严格实行异常零报告制度，完成党的十八大、2012天津夏季达沃斯论坛、第九届大运会、发展中国家科学院第23届院士大会等国内外重大活动期间的地震安全保障工作。

10月25日，天津市地震局组织召开天津市2013年度地震趋势会商。会议听取各学科的地震趋势报告，形成2013年度华北、首都圈、天津及邻近地区地震活动趋势及值得注意地区判定意见。

2. 台网运行管理

强化台网运行管理和维护，前兆、测震、强震动、GNSS台网观测数据连续率均达到99%，实现地震台网运行的及时、平稳、可靠。地震观测资料在全国地震观测资料年度统评中获得较好成绩，有9个测项获得前三名，其中前兆台网产出与应用测项获得第一名。编制出台《天津市地震局年度地震监测预报观测资料质量评比办法》《天津市地震局地震监测预报工作奖励办法》《天津市地震局地震观测设施与数据资料使用管理规定》3项规章制度，从质量考核、奖惩机制、资源管理等具体工作入手，切实落实方案中的要求，把工作做到实处。妥善处理6起特高压输变电线路影响台站观测环境事件。

3. 台网建设

认真落实台网优化和台站改造任务，实施静海台、徐庄子台、张道口台、宁河台等4个前兆台站避雷改造工程，完成宝坻新台地电外线路架设，新建独流、双塘等4个强震动台站，完成潘庄、赵本、殷溜和东丽湖等4个强震台站搬迁工作，改进王匡、尤古庄2个测震台站数据传输方式,完成 45 个强震动台站的电源改造任务。组织开展测震台网和强震动台网软、硬件升级工作,及时排除仪器设备故障,2012 年维修维护台站仪器 200 次。天津市公安局与天津市地震局联合加大台站环境保护力度,设立 108 个地震观测环境保护警示牌,妥善处理张道口 GPS 观测点搬迁工作。

4. 监测预报基础和应用研究工作

强化监测预报管理基础,认真落实《中国地震局关于加强监测预报工作的意见》和《关于贯彻和落实〈关于加强地震监测预报工作意见〉若干重点工作安排的意见》,制定《天津市地震局加强监测预报工作方案》,对加强地震监测预报各方面工作提出具体措施和方案。依托台站优化改造项目,在塘沽地震台实现有人看守、无人值守和远程监控,进一步探索"大台管小台、小台管无人值守台"的管理模式。建立监测、预报双岗综合值班制度,完善和充实监测预报管理数据库,对监测预报工作各环节的资料进行整理、归纳和存档。天津市地震系统科技人员积极开展监测预报应用研究工作,开展"水位固体潮加卸载响应比计算与应用"等多项专题研究,在宝坻地震台进行井下、地表对比观测实验,积极探索监测预报实际应用研究。

(天津市地震局)

河北省

1. 震情

一是地震观测质量稳中求进。根据 2012 年度公布的结果,河北省在 2011 年度地震监测预报资料质量评比中参评项目有 112 项,参评台站优秀率 100%,获得学科评比前三名共 17 项。二是震情跟踪工作扎实开展。针对河北省的地震形势和震情跟踪任务,制定《2012 年度河北省震情跟踪方案》,并专门成立震情跟踪领导组和震情跟踪工作组。根据中国地震局年初确定的重点危险区,重点加强晋冀蒙交界地区和环渤海地区的震情监视工作。按时组织召开了年中、年度地震趋势会商会,对华北地区和晋冀蒙交界地区的震情趋势进行了预测,坚持长中短临预报相结合,建立异常和预测意见登记及上报制度。三是台站规范化管理工作有序推进。2012 年进一步加大台站管理交流的力度,组织张家口—香山台结对子并进行业务互访;带领承德、秦皇岛、红山和石家庄等中心台长组成考察团到福建省地震局漳州、平潭、厦门和龙岩等台站交流访问,通过一系列交流活动,进一步加强与有关省局、台站的交流与合作,使基层台站同志开阔眼界,学习了好的管理经验和技术思路。

2. 台网运行管理

河北省区域地震前兆台网 2012 年在运行的台共计 69 个,在运行的观测仪器共计 179 套,测项分量共计 383 个。台网平均运行率为 95.5%、平均连续率为 95.26%、平均完整率 95.13%,年产出数据量约 10G。河北省数字遥测地震台网按时完成了大震速报和各类测震、强震台网的数据处理、报送和归档服务任务。2012 年,完成地震速报 10 次,处理编报地震及爆破事件 1570 条,向中国地震局 APNET 网报送快报 40 余期。

随着河北省经济建设的高速发展，部分台站的观测环境和观测条件受到严重干扰。河北省地震局组织专家编写了《河北省地震局宽城地震台地震观测项目迁建方案》，以《中华人民共和国防震减灾法》和《地震监测环境保护条例》为依据，与有关县政府多次沟通并达成共识，争取了搬迁土地和赔偿款，依法保护台站监测环境。

2012年，全年组织多期各类业务培训，培训人数达80余人次。本年度河北省地震局参加"第二届全国地震速报竞赛暨岗位创先争优活动全国总决赛"竞赛活动，获得团体第二名。

3. 台网建设

一是完成华北片区前兆仪器改造实施项目，片区仪器更新改造共涉及5家单位13个监测台站的13个观测项目，分别是北京市地震局、河北省地震局、山东省地震局、山西省地震局、河南省地震局，项目总投资147.8万元。二是完成唐山烈度速报试验台网150个台站的设备安装调试，完成中心处理软件安装。

（河北省地震局）

山西省

1. 震情

一是开展强震强化监视跟踪工作，加强党的十八大期间的震情保障，建立跨行业地震异常研判专家组；二是制定印发《山西省地震局关于加强地震监测预报若干重点工作安排的意见》；三是创新管理，与各台站签订目标责任书，开展目标责任考核，将监测预报工作纳入各市政府年度防震减灾重点工作目标责任书；四是出台《山西省地震局值班制度》；五是推进项目建设，完成离石台优化改造项目、前兆仪器升级改造项目、市县重点台站优化改造项目、中国地震局背景场项目、钻孔应变组网观测试验与应变实时监视系统项目、建设长治备份台网中心项目、极低频项目等年度任务。

召开年度地震趋势会商会1次，年中会商会1次，周、月会商会52次，临时、紧急、加密、应急会商会12次。

10月18日召开山西省2013年度地震趋势会商会。山西省地震局机关各部门、直属各单位及山西省各市地震局、各专业地震台站等有关单位共计80余名代表参加了会议。会议听取了预报中心提交的山西省2013年度地震趋势的研究报告，各市地震局、各地震专业台站共19个单位进行了交流发言，最终形成较为一致的趋势会商意见。

2. 台网运行管理

山西数字测震台网全年总体运行率为94.41%，向中国地震台网中心速报地震9次（包括天然地震和非天然地震），其中省内7次，省外2次。山西前兆台网在运行的台站共计19个，仪器总数82台套，全年平均运行率98.68%，数据连续率98.24%，完整率97.84%。预处理完成率100%。山西信息台网运行节点21个，全年网络运行率99.644%，信息服务运行率99.763%，综合运行率为99.789%。

制定出台《山西省地震局值班制度》。

执法处理了下达枝水准测线、天镇台、偏关子台、保德子台、原平 GPS 测点的观测环境破坏事件。完成太原基准地震台迁建方案编写、论证，确定了先勘选、后设计的程序。

3. 台网建设

完成离石台优化改造项目；完成定襄地震台和昔阳地震台的宽频带倾斜仪（VP）升级改造项目；完成省财政市县重点台站优化改造项目；完成钻孔应变组网观测试验与应变实时监视系统项目 5 套钻孔应力仪的仪器安装及试运行；建设长治备份台网中心；完成五台地震科技中心建设。

（山西省地震局）

内蒙古自治区

1. 震情

5月3日，甘肃省酒泉市金塔县与内蒙古自治区阿拉善盟额济纳旗交界发生 5.4 级地震后，内蒙古自治区地震局及时启动地震应急工作程序，召开应急会议，了解震情灾情，部署震情监视工作，并责成阿拉善盟地震局组成地震现场工作组，赴现场开展工作。

10月17—18日，内蒙古自治区地震局在呼和浩特市召开2012年度内蒙古自治区地震趋势会商会。会议组织与会专家和分析预报人员对2013年度内蒙古自治区地震趋势判定、短临预报工作思路及重点监视区强化跟踪措施进行认真的讨论，确定 2 个地震重点监视区和 1 个值得注意地区以及 3 个需要关注的地区。

2. 台网运行管理

2012年优化改造满洲里地震台地磁观测仪器，将该台"九五"期间安装的质子磁力仪（FHD－1）仪器更新为"十五"数字化的质子磁力仪（FHD－2）。

完成乌兰浩特地震台优化改造工程，通过中国地震局验收。

在2011年度全国地震监测预报工作质量全国统评工作中，包头市地震台监测单项评比洞体应变观测、乌加河地震台监测单项评比国家台资料分析、包头市地震台监测单项评比水管倾斜观测等9个测项获得中国地震局前三名。

7月3—6日，承办2011年度全国强震动观测评比会议，国家强震动台网中心、各省（区、市）地震局代表以及评比专家组共70余人参加了会议。经专家评议，内蒙古自治区地震局荣获强震动观测运行维护优秀奖和强震动观测记录优秀奖。

3. 台网建设

与广东省地震局合作完成内蒙古自治区地震自动速报系统建设，汇集和共享内蒙古自治区及周边350多个地震台实时数据，实现内蒙古自治区境内和周边地区4.0级以上地震3分钟内速报，提高了内蒙古自治区地震定位的精度和速度。

背景场项目按照预定部署安排完成全部土建工程，并开始采购通用设备进入安装阶段。

改造八一台地下流体观测站和西山咀地震台观测系统；为呼和浩特、乌加河、阿尔山地震台安装防雷装置；为包头市地震局、乌加河、呼和浩特、阿古拉、乌海等地震台配置和更新备份设备；更新部分台站的 UPS 供电系统；及时更换和维修遭受雷击受损观测设备。

陆态网络项目，2012年上半年拨专款对内蒙古自治区6个GNSS观测点进行维修，保证了系统连续、稳定运转。

4. 监测预报基础和应用研究工作

2012年内蒙古自治区地震局共有2个课题获得中国地震局"星火计划"支持，3个课题获得中国地震局"三结合"项目支持，同时向自治区科技厅申报内蒙古自然科学基金项目2项。组织和推荐科技人员参加内蒙古自治区自然科学学术年会，6人参选论文入选第七届内蒙古自治区自然科学学术年会优秀论文，其中，获一等奖1个，二等奖1个，三等奖4个。

（内蒙古自治区地震局）

辽宁省

1. 震情

2012年2月2日，辽宁省营口老边区、盖州市、大石桥市交界连续发生3次有感地震，最大震级4.2级，7月12日和11月1日在同一地区又相继发生2次3.0级以上地震；本溪、新民等地也多次发生地震。面对紧张复杂的震情形势，辽宁省地震局围绕2012年辽宁省防震减灾工作任务，牢固树立"震情第一"的观念，强化震情跟踪及地震预报工作意见的落实。两次下发关于进一步加强辽宁省地震监测预报工作的通知，要求辽宁省各级地震部门加强宏观观测和震情值班工作，落实工作措施和细则，要以高度的责任感和扎实细致的工作完成震情跟踪相关工作。在做好震情跟踪的基础上，进一步完善辽宁省震情会商制度，初步建立监测、预报、科研、实验有机结合的工作机制，规范辽宁省各市地震局、各地震台月会商意见报送方式。同时为加强震情跟踪会商工作，分别召开辽蒙交界地区地震联防协作单位地震趋势会商会和华北东北地区2012年年中地震趋势会商会，准确地把握了辽宁省的震情形势。

2. 台网运行管理

辽宁省各级地震部门逐步完善监测台网运行维护保障体系，规范辽宁省地震监测系统运行目标、内容、工作量、绩效考核目标和经费预算程序；为提高辽宁省地震速报岗位人员速报技能，组织辽宁省各地震监测台站60余名速报技术人员参加的辽宁省地震速报岗位资格考试。

3. 台网建设

全面完成东北片区地震前兆台网仪器更新改造实施工作和鞍山地震台优化改造工作；完成中国地震背景场探测项目（辽宁部分）各项工作的组织实施和极低频探地（WEM）工程地震预测分系统的施工设计、基础设施建设和部分设备采购任务；完成辽宁省地震重点监视防御区烈度速报台网建设项目（项目主要包括新建台站18个、改造升级台站37个、台网中心建设及通信网络建设等）。监测管理工作进一步规范，辽宁省监测台网稳定运行，地震观测资料质量明显提高。在全国地震观测资料质量评比中，共有143个测项参加了评比，获前三名9项，优秀130项，优秀率97.2%。

（辽宁省地震局）

吉林省

1. 震情

做好震情监视与地震观测资料质量的跟踪检查。1月组织召开2011年度吉林省地震台站观测资料质量评比会；4月组织完成吉林省地震台站参加全国地震观测资料质量评比工作，共有6个观测项目获得国家评比奖励，延边地震台测震综合观测获得第二名，2项单项评比分别获第一名和第二名，榆树地震台地电场观测获得第二名，通化地震台钻孔应变观测获得第三名，分析预报综合评比和日常评比首次获得全国评比第一名和第三名；严格落实周、月和年度会商制度，及时开展宏观和微观异常核实工作，10月在长春召开年度吉林省地震趋势会商会。完成吉林省地震前兆台网历史观测数据归类和整合工作。

2. 台网运行管理

加强地震台网管理，推进重点项目实施。3月完成吉林省"十二五"地震监测规划、地震预测预报规划和地震科技规划的编制工作。6月举办吉林省测震台站观测技术培训班，吉林省地震台站共有40人参加培训。7月组织完成吉林省测震学科、前兆学科观测质量效能评估工作。推进吉林省地震监测经常性项目标准化管理，完成2011年度地震监测经常性项目考评工作，完成并签订2012年度地震监测经常性项目任务书。组织吉林省地震局所属事业单位地震与火山监测中心开展目标管理改革试点工作，推进事业单位年度绩效考评目标化管理；下发《吉林省地震局关于推进台站目标化管理的实施方案》，逐步推进地震台站管理量化考核工作。

3. 台网建设

按照年度全国重点台站优化改造方案，完成延边、合隆两个地震台站优化改造工作，进一步完善台站基础设施和观测环境。3月吉林省"九五"期间地震数据采集系统停止运行，数字化设备实现在"十五"数据库管理平台下运行。5月完成延边地区汪清、龙井、朝阳川三个地下水观测井数字化观测设备的安装工作，延边地区实现地震地下水数字化观测。完成敦化地震台钻孔应变观测设备更新工作，11月台站完成70米应变观测井的钻井工程，同时更新钻孔应变仪器并投入运行。吉林省地震背景场观测项目如期完成年度任务，长白山火山站完成400米深井的钻井工程，新增汪清和临江2个测震台站完成基础建设，完成榆树地震台、四平地震台地电场观测线路的架设工作。长春市地震速测速报中心测震台网能力提升项目通过验收。7月组织完成《长白山天池火山监测预警系统工程建设项目建议书》编制工作，并上报中国地震局。

（吉林省地震局）

黑龙江省

1. 震情

2012年，黑龙江省地震局监测预报各部门，结合具体情况，合理分工，较好地开展各项工作。由黑龙江省地震监测中心负责黑龙江区域测震、前兆、强震台网和应急、信息中心运行和维护，由黑龙江省地震分析预报与火山研究中心负责全省地震分析预报工作，由各有人值守专业台站完成各自地震监测设备维护和资料产出，各学科质量管理组负责监测资料质量监控和技术支持，在牡丹江地震台积极探索台站承担区域维护任务模式，各部门分工合作，较好完成年度监测预报工作。

10月19日，在哈尔滨召开黑龙江省2013年度地震趋势会商会。同日，黑龙江省地震预报评审委员会召开会议，审定并通过《黑龙江省2013年度地震趋势预测意见》，并同意将预测意见上报中国地震局。

2. 台网运行管理

测震台网运行率为95.93%，台网每月统计台站数据完整性平均值为96.22%。主要影响运行率事件为：①漠河地震台由于国家背景场项目漠河台山洞扩建停测1年；②北林地震台由于当地变电器设备故障停测3个月；③抚远地震台由于数采设备故障停测3个月。按规定进行台网数据归档、台网与台站仪器设备巡检与维护、填报运行维护日志、编报月报年报等工作。

黑龙江区域地震前兆台网所属前兆台站每月产出模拟电子月报、模拟纸介质月报、相关学科观测月报、相关学科月标定检查报表，每年产出各学科观测年报。区域前兆台网中心每月产出区域地震前兆台网观测月报、直属台站学科观测月报，每年产出区域地震前兆台网年报及直属台站学科观测年报。黑龙江区域地震前兆台网2012年运转基本正常，仪器运行率年平均为99.86%，平均连续率为95.33%，平均完整率为97.77%。

重新修订《黑龙江区域前兆台网管理办法》。

派出40余人次参加中国地震局监测预报司组织监测预报类培训。2012年7月在齐齐哈尔市组织全省地震观测质量交流会，来自黑龙江省地震监测中心和各台站30余名技术人员参加交流培训，对2011一年度观测质量进行总结，对新规范进行解读，对提高观测质量方法进行交流和研讨。2012年11月在哈尔滨举办前兆台网培训班，对台站前兆手段技术人员共计40余人进行培训。此外，对友谊县地震台2人、宾县地震台1人、加格达奇地震台1人、牡丹江地震台1人进行测震专业技术知识专门培训。

各级地震部门积极协调相关部门，依法对地震监测设施和观测环境进行保护。黑龙江省地震局分别就哈满铁路、哈佳铁路对地震观测影响与建设方进行商洽；2012年12月，黑龙江省地震局和佳木斯地震局共同邀请国内测震、形变领域专家赴佳木斯就风力发电对佳木斯台测震、形变观测影响进行论证；2012年牡丹江市地震局联合市公安局、市规划局、市国土资源局等部门联合发文，划定牡丹江地震台观测环境保护范围，地震监测设施和观测环境保护提出明确要求。

黑龙江省测震台网编辑地震目录报告12期、编辑整理黑龙江省测震台网运行月报12期、上报中国地震局信息网络评比相关月报资料12期。监测并提交数据库省内及周边地区地震428个，按规定速报地震3个，备份光盘730张，硬盘6块，事件CD光盘24张，台网值班工作日志6本，年产出数据总量约1T。

黑龙江省地震前兆台网区共产出25个台站（点）、90套仪器、280个测项分量观测数据，计算加工数据测项分量数110个，产出数据量约为50GB。这些资料为黑龙江省地震监测预测、地震应急、地震安评、地球物理学科学研究等工作提供数据服务。

3. 台网建设

（1）黑龙江省地震背景场探测项目。

完成牡丹江地震台形变观测墩工程、北安前兆台井房及土建等施工任务、完成望奎深井测震台钻井工程、同江国家测震台观测山洞爆破被覆等施工、饶河台摆房建设、漠河重力台山洞防水被覆等施工（除洞口护坡外）。完成大部分专业设备和通用设备采购合同签订及付款。

（2）黑龙江省地震深井综合观测网项目。

完成项目初步设计编写工作并通过评审，黑龙江省发改委已批复。完成项目有关招投标工作，已签订施工合同。

（3）五大连池地震火山监测台网改造项目。

完成向阳台深井钻井、封井施工和井房及庭园建设。完成供电线路建设与避雷系统建设。完成火山台网中心装修、办公设施购置安装、设备购置架设及软件安装调试等工作。

4. 监测预报基础和应用研究工作

开展监测预报方面科研项目10余项，其中中国地震局行业科研专项项目1项，星火计划项目4项，黑龙江省科技攻关项目2项，中国地震局监测预报司"三结合"项目1项。这些科研项目开展，有力支撑地震监测预报工作开展，取得较好效果。

（黑龙江省地震局）

上海市

1. 震情

2012年上海市地震局贯彻中国地震局进一步加强监测预报工作意见的精神，始终围绕提高观测资料质量中心任务，全面推进监测预报各项工作。推进"十二五"防震减灾规划项目的开展，抓好中国地震背景场探测项目的建设工作，深入分析比对综合深井产出的观测资料，不断拓展地震数据公共服务产品。

2. 台网运行管理

测震台网运行率达96%，前兆台网运行率达95%。测震台网处理地震事件160余次，发布短信地震信息约170多条，其中速报地震24次；转发EQIM速报地震137次（其中国内地震36次，国外地震101次）；向EQIM发布上海及邻近地区的速报地震4次。前兆台网完成 365 份监控日报、12 份前兆台网月报以及 1 份年报。

为进一步规范地震速报工作，5 月上海市地震局修订了《上海市地震局地震速报技术管理规定》，修订后的规定共有 9 条速报技术规定和震情报告、短信规定用语、短信发送范围等 7 个附件。

为进一步提高地震速报质量，上海市地震局印发了《上海市地震局地震速报工作检查考评办法》，重点检查考评地震速报工作完成情况、短信息发布情况、速报信息交换平台（EQIM）等监测系统运行状态监控和地震编目快报完成情况等。

共组织观测人员共 12 批 15 人次参加中国地震局组织的各类学科的业务知识和岗位技能的培训，培训内容包括各学科地震分析预报人员培训、地震台网和台站观测岗位资格培训、台网技术骨干培训、数据分析处理技术培训等。进一步提高了观测人员特别是青年观测人员的业务知识水平和操作技能。

在"2011 年度全国资料质量评比结果"中，上海市地震监测中心的"省级测震台网编目"和佘山地震台的"钻孔分量应变台站"获得全国第三名。

13 项地震监测预报科研课题获得局科技专项立项，4 项地震科技星火计划项目和 1 项上海市科委科技攻关项目正在实施。

3. 台网建设

中国地震背景场探测项目按照中国地震局核定的项目进度计划，2012 年底基本完成项目主体工程，完成大部分设备安装调试工作，初步开展了全国台网联调工作。

崇明地震观测环境台优化改造项目于 1 月底完工，并于 11 月 21 日顺利通过中国地震局监测预报司在上海组织的项目验收。

（上海市地震局）

江苏省

1. 震情

10 月，江苏省地震局组织省地震预报研究中心、省地震监测中心、省地震工程研究院以及各设区市地震局和省属地震台在南京召开年度地震趋势会商会，经过认真研究和充分讨论，并提请江苏省地震预报评审委员会评审通过，形成江苏及邻区 2013 年度预测意见。

2. 台网运行管理

加强地震观测资料质量管理，在全国地震观测资料评比中，江苏省有 24 个观测项目获得前三名，位列各省局之首，其中省地震局前兆台网技术管理、高邮地震台电磁学科、地电场和 FHD 观测等 4 项获第一名，位于全国各省级地震局之首。

切实提高地震速报能力，在高邮、宝应 4.9 级地震及金湖 3.6 级地震，溧阳 2.5 级地震、苏州 1.9 级地震等近 10 次有感地震应对处置中，江苏省地震局均第一时间向省委、省政府上报震情信息，为领导决策部署、快速应急处置发挥了重要作用。

3. 台网建设

对徐州地震台形变观测、江宁地震台地电观测、南京地震台高淳观测基地地电场、溧阳曹山水准测量等观测场地及环境受到干扰和影响，依法同工程建设方签订保护协议，保证地震监测工作正常进行。

4. 监测预报基础和应用研究工作

"国家地震背景场探测"项目、"国家地震社会服务工程"项目和省重点项目——"地震监测台站加密和应急系统扩建"项目，按进度要求完成相应的年度任务。江苏省研制的地震速报软件、地震观测仪器"电磁波观测系统""FHD-2型质子磁力仪"继续在全国地震观测领域得到较广泛的应用。江苏省地震局与中国地质科学院正合作共建亚洲第一深井——东海科学钻探5180米深井地震观测项目。江苏省地震局2012年度共发表论文48篇，其中有3篇被SCI、EI收录。获得国家自然科学基金、省科技支撑计划等项目资助10多项。《防灾减灾工程学报》进入《中文核心期刊要目总览》，在国内外防灾减灾科研领域的影响力不断扩大。

（江苏省地震局）

浙江省

1. 震情

浙江省各级地震部门牢固树立震情意识，时刻保持清醒认识和高度警惕，坚持上下协同，切实加强震情值守，较好地完成了党的十八大、浙江省第十三次党工会以及春节、国庆等重大节日期间的震情保障工作。2012年，浙江省地震监测台网中心共处理地震警报4000余次，分析处理地震事件500多个；成功完成浙江省内地震速报4次；组织召开各类地震趋势会商会71次。浙江省观测资料质量继续保持稳步上升势头，在全国地震系统观测资料评比中，湖州地震台获形变综合评比第三名、洞体应变单项评比第二名；宁波地震台获形变摆式仪器单项评比第二名、流体水氡评比第三名。

2. 台网运行管理

浙江省地震基础设施建设持续推进，浙江省地震台站总数已达133个，测项涉及测震（含强震）、形变、流体、电磁四大学科。以此为依托，浙江省地震监测预报能力进一步加强。在省、市、县三级地震部门的共同努力下，2012年浙江省各级地震台网（站）保持连续稳定运行：浙江省数字测震台网实时运行率98.25%，24个正式运行台站运行率为99.17%，12个固定台站运行率97.56%；数字前兆台网除个别台站因雷击造成停记外，未出现长时间断记事件，2012年仪器运行率、数据连续率、完整率超过98%；信息服务系统运行率超过99%，完成"浙江地震信息网"的升级改版。为全面加强台网运行管理，浙江省地震局加大对人员业务培训力度，深入实施台站管理改革，制定出台《浙江省地震局地震监测台站管理办法》及其实施细则。

3. 台网建设

"十二五"重点项目建设工作已经全面启动，其中浙江省防震减灾公共服务信息系统（一期）主体工程已经建设完成；浙北地震前兆观测实验场项目仪器安装完毕并开始试运行；地震构造环境探测工程项目建议书已获论证通过；浙江省公众防震避险实训基地项目获省发改委批复正式立项。兰溪地震台项目建设克服诸多困难，经过多方协调，工作得到进一步推进。

4. 地震监测预报基础和应用研究工作

浙江省地震局组织完成了科技公益项目"浙北地区地壳三维速度结构研究"和"浙江省地震应急指挥联动系统数据交换关键技术研究"的验收；组织申报并成功立项浙江省科技计划项目1项、中国地震局科技"三结合"项目1项。针对浙江水库地震多发的实际情况，加大水库地震研究和地震前兆异常落实，先后举办2次水库地震专题研讨会，聘请国内专家分专项进行分析研讨。10月，浙江省地震局在杭州组织召开浙江省2013年度地震趋势会商会。会议对2013年度浙江省及邻区地震趋势进行研判，并形成《浙江省2013年度地震趋势预测意见》。

（浙江省地震局）

安徽省

1. 震情

2012年，面对复杂的震情形势，安徽省地震监测预报工作坚持变压力为动力、化挑战为机遇，制定应对方案，全面提升地震监测能力、不断加强震情分析研判、密切省内外协作联动机制，取得了显著成效。在第二届全国地震速报竞赛中，安徽省地震局参赛队伍取得全国第四名的好成绩；在全国地震监测预报工作质量统评中，安徽省参评的59个项目有22项进入前三名，其中4项第一名，为历年来最好成绩；在2012年全国监测台网运行经常性项目评比中，安徽省位列全国第三名。

2. 台网运行管理

测震台网包含子台数量35个、设备40套、测震分析专业软件7套、数据服务器12台（套），2012年度更新数据采集器、地震计、光纤收发器等主要设备21台，外出维修维护仪器设备达39次，检测维修设备12台，设备维修远程巡检33次，有效保证了台网正常运行，整体运行率达到98%以上。前兆台网在网运行的仪器共计100套，测项分量共计245个，观测仪器运转正常，产出的观测数据主要精度指标均符合规范要求，各节点台站仪器运行稳定，整体运行率达到99.07%。形变固体潮记录清楚，同震效应明显，地磁噪声水平低，信道运转正常，数据报送率为99.7%。流动观测网2012年圆满完成安徽省8个跨断层流动形变场地、296个流动重力测段、104个流动地磁测点的地震流动监测工作。

安徽省地震局继续健全和完善各项规章制度，制定《安徽省地震监测预警能力建设项目财务管理实施细则》《关于加强地震台站综合管理工作的若干规定》《前兆台网异常跟踪简报产出工作实施方案》《异常跟踪简报流程》等规章制度。

安徽省地震台网技术人员参与全国地震监测技术各类培训和省际交流20余次。承办地下流体学科改造固体氡气源装置使用方法培训班、华东南片区流体台网新仪器试运行技术研讨会、全国地震背景场探测项目测震台网应急流动专业设备培训会、华东片区台网仪器方位角普查校正与研讨会等会议，举办苏鲁皖闽四省地震监测工作经验交流研讨会、前兆仪器并网及管理系统升级、体应变观测技术等培训班。

历时近五年的合肥地震台环境保护工作得以圆满解决。安徽省地震局紫蓬山地电观测项目用地获批，用于土地补偿和恢复建设的经费顺利到账，为紫蓬山数据备份中心建设打下了坚实的基础。此外，黄山台妥善解决了困扰台站地电观测项目多年的难题；泾县台受京福高铁建设影响观测环境一事，已经初步落实；蒙城台依法处理影响地电观测环境的建设项目。全年未出现影响地震观测环境的重大事件，为观测数据产出质量提供了保障。

共速报安徽省及周边地区地震6个，台网产出编目范围内地震目录262条、测震台网观测数据1.06T、前兆台网观测数据16G，产出台网运行报告12期、地震观测报告12期、异常跟踪简报7份、台网年报1份。承担中国地震局测震台网青年骨干培养专项一项、中国地震局"三结合"课题3项、省地震局科研基金青年课题一项、合同制课题17项，全年公开发表论文共28篇。

3. 台网建设

新建池州市测震台，增上蚌埠市监测中心测震、桐城地震台钻孔应变等观测设备，对金寨05井、含山19井、芜湖28井、怀远地震台进行数字化改造，在滁州市、安庆市新增2个强震动台站。另外，滁州市建成包含36个台站的区域烈度速报和预警系统，覆盖所辖各区县。

完成安徽省地震局台网大厅技术系统的搬迁工作，新建成台网技术系统以多种新型技术和高端技术平台为支撑，全面实现KVM虚拟化技术升级、磁盘阵列容量扩充、核心机房重要参数实时监控和各学科服务器统一化、规范化管理。特别是在全国台网范围内，首创性的运用重要服务器双机热备集群技术，极大提高了突发性状况的应对能力。此外，利用中国地震局前兆台网仪器设备更新项目，对黄山地震台地电阻率外线路进行改造，更新黄山地震台地电阻率仪、合肥形变台短水准仪、佛子岭地震台宽频带倾斜仪等仪器设备。

4. 监测预报基础和应用研究工作

评审立项2项地震科研基金重点项目、7项地震科研基金青年项目和37项科研合同制项目。获批中国地震局地震科技星火计划项目3项、测震台网青年骨干培养专项1项、监测预报科研"三结合"课题4项、老专家基金项目1项，省科技计划项目1项，获批协作承担地震行业科研专项经费项目2项，累计获得12项局外项目，获资助经费接近200万元。

（安徽省地震局）

福建省

1. 震情

2012年，福建省地震局牢固树立震情第一的观念，着力加强地震监测基础设施建设，改革创新地震会商制度，加强现代化台站建设，强化地震短临跟踪，不断提升地震速报水平和地震会商水平，监测预报工作取得新进展。

10月，福建省2013年度地震趋势会商会在福州召开，与会专家就福建省2013年度地震趋势作了专题报告，并就闽台地震活动近期出现的态势进行广泛而深入的研讨，提出了2013年度闽台地区地震趋势意见。

2. 台网运行管理

测震台网平均实时运行率为98.47%，平均数据完整率为98.32%，全年处理报警事件369个，速报地震51个，转发国家台网中心速报地震信息77条，分析地震事件5666个，编报地震1378个，分析震相数190196个，归档台网数据2285G。

前兆台网仪器平均运行率96.87%，数据连续率98.19%，数据完整率95.52%，全年产出模拟和人工观测数据5MB，"九五"数字化观测数据2.35G，"十五"数字化观测数据50GB。

强震动观测台网共记录到23次地震事件，共获取69条加速度波形记录，完成0份烈度速报报告，完成936台次台站仪器远程通信检查。

加强全省地震监测手段管理，要求各地震台站认真做好地震监测工作，严格执行技术规范，保证提供连续、可靠、及时的观测数据，规范会商报告编写和评比工作，进一步加大台站管理改革力度制定《福建省地震局地壳形变观测资料质量评比办法》《福建省年度地震趋势研究报告评比办法（试行）》《福建省地震信息网络运行评比办法（试行）》《福建省地震局关于进一步加强地震台站管理工作的意见》《福建省地震局地震台站年度考核办法（试行）》和《关于地震监测预报工作质量统评奖励办法（试行）》，加强制度建设，有力推进监测预报工作。

按照中国地震局的要求及福建省地震局的计划安排，2012年继续稳步推进台站职工业务培训工作。为增强培训效果，采用台站职工到中心跟班学习的方式，有前兆观测测项的10个台站已全部轮训；派出参加中国地震局系统学科专业培训达6人次，做到强化对台站一线技术人员的培训。

依据《地震监测管理条例》，认真做好地震台站监测环境保护工作。2012年，重点对政和石屯GPS台站环境保护与政和县人民政府达成共识，共同做好石屯GPS台站的搬迁有关工作，有关建设前期工作正在进行中；做好福州地震台网城门台搬迁工作，与空军部队有关单位已协商做好有关工作；做好福州农大GPS台站环境保护工作，已落实有关保护工作意见。

福建省地震台网获省级测震台网综合评比第一名、系统运行第二名、地震编目第二名；宁德地震台获水位评比第三名、气氡评比第三名；泉州市地震局台获水温评比第三名；罗源地震办台获水位评比第三名。其余台站各观测项目全部获得优秀好成绩。

3. 台网建设

配合完成"防震减灾二期工程"重点项目有关分项目的全部验收工作，工作的重点是烈度速报台网和GPS台网项目，配合发财处完成项目总体验收工作。

根据中国地震局统一部署和福建省地震局工作安排，9月底开始重新启动背景场项目建设工作，8个台站的仪器采购工作正常进行，福州水化站、莆田地震台开始有关测项基础设施的建设工作，其他台站的有关建设工程审核手续正在进行中。福建省防震减灾二期工程台站建设和仪器安装工作已全面完成，进入试运行；福州地震台全部前兆观测项目仪器安装已完成，已进入试运行。

继续加强福建省地震宏观观测网建设工作，动态性地在地震重点监视防御区和值得注意地区增建了若干个宏观测报点，使福建省地震宏观观测网测报点个数达近百个，并同时加强各级地震宏观点的建设。

已建立南平台、永安台台站科普宣传基地，正在积极普及和推进中；长江台已完成全部建设工作，进入验收收尾工作，平潭台已完成二期工程建设工作，培训中心已投入运行。东山台建设已通过招标，投入工程建设阶段；泉州台已全面开展观测山洞的改造建设工作，台站搬迁土地有关工作正在进行中；南平台、邵武台已完成台站安全护坡建设；宁德地震台已全部完成台站改造项目规划设计，已上报待评审；邵武地震台已完成台站改造项目规划设计，预算核算进行中。

（福建省地震局）

江西省

1. 震情

2012年，江西省政府办公厅转发《2012年江西省震情监视跟踪工作方案》，提出26项工作任务，并逐一分解落实到省地震、发改、财政、住建等13家省直部门及相关市县政府。江西省地震局与地震重点危险区和重点监视防御区所在的11个县（市）签订《2012年度震情监视跟踪工作责任书》。加强对前兆异常的落实工作和地震监测数据的分析，建立赣皖苏鄂四省震情联防工作机制，提高地震会商的频率和质量。强化对党的十九大、全国"两会"等重大活动和重要时段的震情监视与跟踪工作，多次召开紧急会商会，对江西省震情形势进行跟踪分析。妥善处理4月28日寻乌3.6级有感地震事件等，深入震区开展现场调查工作，及时发布震情信息，有效维护了社会稳定。

2. 台网运行管理

7月10—14日，中国地震局党组成员、副局长阴朝民一行在江西省副省长谢茹陪同下，赴江西省重点危险区市县和地震台站督查防震减灾和震情跟踪工作，有力地推动了江西省台网运行与观测环境保护工作。着力推进地震监测预报目标管理，规范台网运行管理。以监测预报目标管理为重点，连续6年坚持开展监测预报目标考核。向各业务单位下达2012年度监测预报工作绩效目标，细化工作方案，明确工作责任，台站运行率和台网运行率连年保持在98%以上，观测资料质量得到明显提高，地震速报、年度会商报告、地震信息网络和九江台气汞观测等多次在全国评比中保持前列，测震台网和前兆台网评比进入全国前三名。

3. 台网建设

通过省防震减灾应急指挥中心技术系统设计、背景场探测和社会服务工程等项目实施，加大对地震重点危险区和重点监视防御区所在市县会商系统建设改造力度，为重点危险区内的1市4县及赣州市、寻乌县建成震情会商系统。及时为相关市县安装远程视频会商系统，为开展震情跟踪监视和应急指挥提供了技术支撑。扎实推进江西背景场探测项目、台站优化环境改造和前兆仪器更新改造项目的实施。落实地方配套经费，完成宜春地震台优化环境改造。

4. 监测预报基础和应用研究工作

与中国地震局地壳应力研究所签订《科技交流与合作框架协议》，在南昌建立地震前兆观测技术中试实验研究基地，在地震速报、前兆观测、预测预警技术研究方面进行全面合作，启动实施地震前兆观测技术中试实验研究项目。与东华理工大学核工学院开展合作，在九江地震台开展气氡对比观测实验研究。

（江西省地震局）

山东省

1. 震情

制定实施震情跟踪方案，坚持周、月会商和临时会商制度，实施监测预报联席会议制度，提高了会商质量。加强对年度重点地区、郯庐带的强化研究，及时落实各类地震异常，较好把握了重点地区和多次显著性地震后的地震趋势。根据震情变化开展"强化地震监测主题月"活动，认真完成全国"两会"、山东省十次党代会、党的十八大等特殊时段和节假日的震情保障工作。

山东省2013年度地震趋势会商会于10月在济南召开，会议提出2013年胶东半岛及其两侧海域地震趋势意见。

2. 台网运行管理

制定《山东省地震监测台网事故评定规定》和《台站分级分类管理办法》，建立完善台网观测月报制度，有效提高了各级台网运行效率和观测资料质量，在全国地震观测资料质量统评中取得17项全国评比前三名的优异成绩。山东省地震台网中心监测处理地震事件208次（其中，山东省内陆及近海M_L2.0以上122次，3.0级以上26次），处理非天然地震501次，向山东省委、省政府发送震情快报14期。加强地震观测环境保护，科学确定郯城风电场、靖边—潍坊输变电等工程项目对地震观测环境的影响范围。

3. 台网建设

经山东省政府批准，编制印发《山东省地震监测台网建设规划（2012—2020年）》。积极推进山东省地震信息共享基础工程等项目实施，滨州市、泰安市地震台网中心完成升级改造，东平、垦利等县（市）完成地震监测和应急指挥中心建设。邹城台、青岛台开展优化改造项目，中国地震局地壳应力研究所在安丘台挂牌成立野外科研观测基地，马陵山台申报国家地震仪器比测基地进展顺利，促进了地震观测台网扩能增效。积极推进山东省防震减灾"十一五"规划监测类项目的实施。积极做好潮涟岛、泰安、嘉祥等地背景场探测项目实施工作。完成安丘、陵阳、大山等极低频台站的基础设施建设任务和环境复核工作。

4. 监测预报基础和应用研究工作

加大对外科技交流合作工作力度，与中国地震局地壳应力研究所、山东省国土资源厅、山东理工大学等单位签署科技交流合作协议，与中国地震局地壳应力研究所合作的"郯庐断裂带原地应力重复观测及孕震信息挖掘研究"项目完成野外施工和现场观测，与山东省测绘局合作的"山东省卫星定位连续运行综合应用服务系统与山东省地壳运动GPS观测网络并网"项目顺利实施。承担的国家科技支撑计划项目"面向公众的地震监测预警技术研究与集成示范""多省区域灾情联动会商技术研究"落实经费并顺利启动，在研的国家自然科学基金等其他项目取得阶段性进展。新获得山东省自然科学基金项目3项、中国地震局星火计划项目1项、"三结合"项目3项。《山东省地震动强度（烈度）实时速报系统研究》取得重要成果，获得2012年度山东省科技进步奖二等奖。举办10余场学术讲座，组织人员赴日本、韩国、美国和我国台湾地区开展科技交流。首次举办全省地震系统科技管理业务培训班。完成山东地震学会换届工作。

（山东省地震局）

河南省

1. 震情

2012年2月，河南省地震局制定下发本辖区震情短临跟踪区震情跟踪方案，各有关市地震地震局均上报了本单位短临跟踪方案。党的十八大期间，河南省地震局按照中国地震局统一部署，制定特殊时段震情保障工作方案，通过各单位密切配合，该项工作圆满完成。3月、4月、7月和10月分别对台站观测、数据传输、异常核实等诸环节工作，进行全面认真地检查，更新了河南省地震宏观测报点数据库。

10月，组织召开河南省年度地震趋势会商会，提出2013年河南省地震趋势会商意见，对震情短临跟踪工作进行部署。

2. 台网运行管理

河南省测震台网目前共有数字化台站23个。其中，国家台3个，分别为洛阳台、信阳台、南阳台；区域台20个，分别为商城台、浚县台、卢氏台、周口台、大安台、驻马店台、林州台、安阳台、濮阳台、清丰台、焦作台、济源台、延津台、商丘台、航海台、尖山台、平顶山台、许昌台、薄壁台、范县台。模拟台站1个，即鹤壁台。河南台网2012年参评台站平均实时运行率为99.69%。

河南区域地震前兆台网由1个区域中心，24个前兆台站组成，其中国家级台站1个，省级台站7个，市县级台站16个，按观测类别划分，包括重力观测台站1个（郑州），形变观测台站4个，地磁观测台站5个，地电观测台站2个，地下流体台站16个，辅助观测台站15个。2012年河南区域地震前台网在运行观测仪器运行率平均为98.64%。其中形变学科仪器平均运行率为 99.19%，电磁学科仪器平均运行率为 99.61%，地下流体学科仪器平均运行率为 97.13%。

河南省辖区域内没有出现观测环境受损现象，各类观测站点运行正常。

2012 年度河南省地震局防震减灾优秀成果二等奖 3 项，三等奖 3 项。

3. 台网建设

为进一步加强豫鲁冀交界地区震情跟踪工作，河南省地震局在郑州地震台荥阳子台新上一套 CZB－1 型竖直摆钻孔倾斜仪系统，该仪器于 2012 年 3 月 7 日安装调试完成并开始试运行，10 月 8 日连入河南省地震局数据库，坚持报送数据至今。该套仪器记录的地球固体潮、地震事件波向清晰、完整，观测资料已经在日常会商和年度会商中应用，观测资料连续、稳定、可靠，现已并入河南省地震局台网试运行。

市县地震台站建设方面，在建、拟建台站有郑州上街台、濮阳县地震台、周口商水台、平顶山鲁山台等，另有一些台站建设计划已经列入本市的台网建设规划。为做好市县台网建设指导工作，河南省地震局正在编写河南省地震监测台网规划，现已形成初稿，先后批复同意焦作、濮阳、新乡 3 个市的中长期地震台网规划。

周口地震台地电阻率观测项目于 2012 年由中国地震局电磁学科组牵头进行数字化改造。河南省地震局成立项目管理组和实施组，负责项目管理和实施工作。项目实施组对线路、线杆、电极、电源、避雷进行全面改造。11 月，华北片电磁学专家组一行来台现场查看，安装仪器，并进行系统检查和测试，各项指标完全符合规范要求。经过一个多月试运行，数据正常，顺利通过专家组验收。

4. 监测预报基础和应用研究工作

中国地震局评定的 2012 年度"地震监测、预报、科研"三结合课题中，河南省地震局共有两个项目通过专家评审，获得资助资格，分别是"华北平原地震带中南部地震活动动力背景及震情跟踪分析研究报告"和"地磁 DI 经纬仪辅助观测系统的研发与应用"。

地震星火科技项目中，河南省地震局共有两个项目通过专家评审，获得资助资格，分别是"河南省区域地震台网背景噪声特征研究"和"基于剪切波速的城市三维地质模型"。

（河南省地震局）

湖北省

1. 震情

及时组织应急会商，启动应急会商共 17 次，较好的应对南漳 3.0 级地震、秭归 3.2 级震群等突发地震事件。及时提供震后趋势判定、信息上网、震区震情跟踪、应急值守等保障工作。

皖中南及邻区地震危险区的震情跟踪。组织编制危险区震情跟踪方案，并在牵头单位安徽省地震局召开的首次会商会上进行了交流。组织开展危险区的震情形式跟踪分析，参与安徽、江西、江苏省地震局主办的会商交流工作。

党的十八大震情保障。按照中国地震局统一部署，做好党的十八大期间安保工作，组织制定震情跟踪保障方案，印发湖北省地震部门并监督落实。

2. 台网运行管理

2012年，湖北监测台网运行情况良好。其中，湖北测震台网总体运行率平均为98.02%；湖北前兆台网总体运行率平均为99.77%。

（1）三峡地震监测系统运行管理。

地震监测重点站网络实行二十四小时专人管理，并严格按照有关规定进行操作，确保网络安全、有效、稳定地运行。井网的总体运行平稳，运行率为91.22%。

2月，长江三峡地震监测系统2012年度工作会议暨2011年委托运行合同验收会议在宜昌召开。2011年的运行质量得到三峡总公司的认可，委托运行合同顺利通过验收。2012年度运行经费已经按计划到账。

（2）三峡项目改造。

同长江三峡勘测研究院共同完成长江三峡工程诱发地震监测系统技术升级改造土建及总体集成项目。其中，湖北省地震局负责地震监测总站、地下水动态观测井网、地壳形变监测网络改造及整个系统联调工作。

截至2012年底，所有改造项目均已完成，正在组织开展系统技术测试工作。

3. 台网建设

（1）郧县台、丹江台维修改造。中国地震局正式批复湖北省地震局郧县地震台改造方案。编制郧县台和丹江台改造具体方案，选定了施工队伍。完成丹江台电力、围墙、房屋维修以及丹江台宿舍楼维修等项目的实施，工程质量验收合格。

（2）恩施地震台观测条件综合改造工程。为改善台站办公条件，提高观测质量，自筹经费修建恩施地震台综合观测楼。9月中旬完成恩施地震台综合观测楼的设计、招标等工作，9月20日正式开工建设。

4. 监测预报基础和应用研究工作

（1）年初和年中召开两次台长工作会议，总结半年和年度工作情况，部署台站有关工作。

（2）组织召开2012年度湖北省地震观测资料质量检查评比会议，湖北省40多个台（点、网）、18个观测项目的观测资料参加评比。

（3）组织编写2011年度地震监测工作考评和2012年度地震监测工作任务书。组织人员积极编写"三结合"课题，2012年共上报"三结合"课题项目9项。

（4）组织安排湖北省地震台站和监测中心共29人次参加全国地壳形变、地下流体、电磁、地电、前兆效能评估、数字地震学、防雷、水库地震监测等各类培训。7月中旬，举办湖北省地震资料分析处理及预报管理培训班，主要针对各市地州与台站业务骨干人员，30多个单位共41人参加了培训。

（湖北省地震局）

湖南省

1. 震情

2012年，湖南地震监测预报工作以震情应急为重点，着力在健全完善相关管理制度、加强台站和台网运行管理、推进重点项目建设和台站改造、做好日常分析会商和震情跟踪研究等方面下功夫，地震监测基础能力得到加强。多次现场考察有感地震，并分别于5月、11月召开湖南省年中和2013年度地震趋势会商会，会上针对大陆东部出现的显著地震活动及省内永顺$M_L3.2$、长沙县高桥镇$M_L2.9$、澧县$M_L3.2$等有感地震活动特点，依据观测资料对省内地震趋势进行分析研究，对2013年湖南省地震活动得趋势判定意见。

2. 台网运行管理

认真执行《地震台网运行经常性项目管理办法》，加强台网运行管理，湖南省测震、前兆各学科观测系统运行稳定，产出资料连续可靠，地震速报率达到100%；监测系统运行维护项目总体执行情况良好，湖南省监测系统仪器运行率达到98%以上，各测震台站波形连续率和前兆数据连续率达到98%。对2012年32次$M_L2.0$以上地震按要求进行速报，准确及时测定地震参数，地震目录、波形和前兆观测资料通过在线和离线方式为分析研究用户提供服务。举办湖南省前兆数据分析处理培训班，PhotoShop软件基础、分析预报软件、台站及节点网络日常维护培训班。

地震监测预报工作质量取得较大进步。湖南省地震局测震台网的综合评比和地震速报两个参评项目获得2011年度全国地震系统评比第三名。

3. 台网建设

全面完成国家地震背景场探测工程年度任务，新建清江数字前兆台及澧县、临澧、石门、汉寿、安乡5个强震台，改造临湘数字测震台、湘阴地下流体前兆台2个台站，落实怀化测震台规划用地。推进水库地震台网建设，建立郴州东江水库数字化地震监测台网，完成资兴、宜章、汝城3个子台土建工程；基本落实怀化托口水库地震监测台网建设任务。推进地方虚拟台网建设，利用"十五"数字地震观测网络项目建设成果，相继建成郴州、湘潭、岳阳3个虚拟台网。开展台站优化改造，完成津市地震台办公楼及台站环境整体改造，启动益阳地震台改造工程。

4. 监测预报基础和应用研究工作

组织开展自然科学基金、星火项目、行业专项基金、省科技厅计划项目、湖南省地震局防震减灾科研课题和优秀成果等申报工作；陈立军研究员的全球地震柱地震层析成像课题研究获湖南省地震局防震减灾科技课题资助。

（湖南省地震局）

广东省

1. 震情

广东省测震台网、强震台网、国家自动速报备份中心3大观测系统运行产出正常，地震自动超快速报系统已开始试运行。

坚持综合分析预报，召开会商会100余次，提交震情分析报告150多期。对省内出现的重大前兆异常及时予以落实；

组织召开东南沿海地震带地震趋势会商，对广东省源4.8级地震后东南沿海地震带可能面临的地震形势做深入分析；10月，召开广东省2013年度地震趋势会商会，回顾2012年华南地区及广东省的地震活动情况，系统分析地震活动性和前兆资料特征及异常变化，对广东省2013年度地震活动趋势作出综合判定。

2. 台网运行管理

广东省地震局监测工作涉及测震台网、前兆台网、国家地震速报功能备份中心、华南区域地震仪器维修中心、区域软件系统维护、流动监测（水准、重力）及8个专业台站。

（1）地震监测台网。

2012年度，广东测震台网继续保持连续可靠运行。全年平均运行率为96.41%，全年平均数据完整性为96.06%，台网中心运行率为99.9%。对运行率偏低的台站进行升级改造，其中部分使用CDMA传输的台站都升级为光纤专线。

广东地区（包含邻省30千米内及省界延长线涵盖的南海海域）记录地震4414条，地震编目产出地震快报目录4404条，产出地震正式报目录4415条，其中$M_L<1.0$地震3316条，$1.0 \leq M_L<2.0$地震927条，$2.0 \leq M_L<3.0$地震148条，$M_L \geq 3.0$以上地震23条。陆区最大地震为2月16日的广东河源4.8级地震。

广东测震台网2012年速报监控责任区内的地震事件7次。

及时转发国内$M>5.0$，国外$M>6.0$地震信息，高质量完成地震台网运行月报、地震台网观测周报、月报的编辑报送，按时完成每月地震台网观测评比资料的报送。

（2）前兆台网运行。

广东地震前兆台网在12月底完成第二阶段停测仪器历史数据迁移，共迁移9套停测仪器历史数据，共27个测项分量，所有技术系统和观测仪器运行正常。2012年全网仪器运行率为98.42%，连续率为98.65%，完整率为98.61%。2012年产出数字化和模拟数据约2000M。

（3）培训情况。

2012年派出省级及相关台站科技人员25人次参加中国地震局及各学科组举办的各类培训班。12月，广东省地震局在新丰江中心地震台举办"地震工作档案整理及归档"专题培训班。

（4）观测环境保护。

湛江地震台测震项目搬迁项目吴川吉兆台测震机房改造及测震钻井工程建设全部完成。积极处置新丰江地震台和平地电观测环境受河源碧桂园建设项目干扰问题，多次与河源市政府及碧桂园项目建设方商讨解决方案。对从化测震台、汕头东山湖取水点等受影响问题及时进行协调处置。

（5）资料和科研成果。

3月，组织广东省2011年度观测资料质量评比，共有62台项参评，其中14项为试评，优秀率达96.8%。在2011年度地震监测预报工作质量全国统评中，广东测震台网获综合评比第三名和编目单项第一名；前兆台网首次进入全国评比前三名，获技术管理单项第三名；分析预报年度会商报告获二类局第三名。

与广州市国土资源和房屋管理局共同开展 GPS 观测数据共享工作。

3. 台网建设

（1）进一步完善监测台网，提高监测效能。

①广东省"十一五"重点项目。完成海洋地震观测阳江台阵和新丰江地震监测台阵的设备安装、通信接入和系统联调；完成广东省测震台站的方位角普查校正工作；在海洋地震观测阳江台阵 10 个子台进行井下地震计方位角比测。完成九江、虎门和黄埔三座大桥的桥梁强震动监测系统的野外维护和管理工作。完成"广东省地壳运动监测网络"项目中河源、徐闻 GPS 基准站的土建、设备安装和系统联调工作。"中国大陆构造环境监测网络"韶关 GNSS 基准站通过验收。

②中国地震背景场探测项目（广东部分）。除南鹏岛地震台用岛申请仍在审批过程中外，其余各个台站建设征租地手续已全部办完。2 个测震台站（德庆台、南鹏台）和 5 个强震台站（潮阳台、东里台、揭东台、惠来台、田心台）的工程基建工作全部完成，并完成仪器采购。

③广东省"十二五"重点项目。启动省"十二五"重点项目"珠江三角洲地震预警台网建设"，编制完成《珠江三角洲地震预警台网建设工程方案》，与珠海、汕头、河源、惠州、梅州、汕尾、潮州、揭阳 8 个市地震局签署台址勘选协议。

④前兆项目。完成广东省地震前兆观测专业和地方台站的仪器维护。完成 2012 年度华南片区前兆维修中心的工作任务。

（2）大力推进技术系统和观测环境升级改造。

技术系统升级。开发 JOEPNS 的新版本 JOPENS5.2；对区域台网日常地震分析软件 MSDP 进行升级；完成"国家地震速报备份系统"的软件升级开发工作；完成多款地震数据采集器实时数据流接口软件的开发；开发震情速报传真自动发送到省委政府的操作软件。

完成海洋地震观测阳江台阵和新丰江地震监测台阵的设备安装、通信接入和系统联调工作。完成广东省测震台站的方位角普查校正工作。

台站观测环境优化改造。完成澎岛台传输设备的改造。2012 年已将花都、上川岛、汕尾、连州、潮州、惠州、田心、阳春、阳西、阳江、阳东、龙川、紫金 13 个台站升级为光纤传输。

4. 监测预报基础和应用研究工作

"地震自动速报与预警技术研究"和"粤港澳地区三维结构成像研究"进入结题阶段；完成"水库地震序列基本统计特征及与加卸载过程关系研究"和《中国震例：2004 年 9 月阳江 4.9 级地震的震例总结》的出版定稿；开展"水文地质结构对水库诱发地震影响的实验研究"研究；完成中国地震局定向跟踪研究任务"东南邻近海域大地震危险趋势与震后影响研究""全国地震中长期危险性预测和华东南强震危险跟踪预测"；"珠江三角洲地区地震背景噪音瑞利面波群速度成像研究"获广东省科技厅立项。

（广东省地震局）

广西壮族自治区

1. 震情

组织实施 2012 年度短临地震跟踪方案、元旦、春节、全国"两会"、五一节、端午节、国庆节期间和党的十八大的震情跟踪保障方案,组织召开广西地震趋势会商会,编制 2012 年广西重点地区震情跟踪工作方案。在重点监视防御区召开年中会商会,将会商会与当地震情情况紧密结合。共召开 48 次周会商、12 次月会商、3 次临时会商、3 次专题会商,编写纪要 54 期。应邀参加区外会商会 4 次。

2. 台网运行管理

运行情况概况。在春节、全国两会、党的十八大等特殊时段,第一时间对台网设备进行全面认真排查,确保仪器正常运转,保证观测资料准确可靠,为特殊时段震情服务提供有力保障。据统计,全年维修维护台站供电线路、通信传输设备、数据采集等故障共 28 次,测震台网平均运行率为 96.5%,继续保持较高的运行率。

规章制度。编制《广西壮族自治区地震局地震监测"十二五"发展规划》《广西壮族自治区地震局"十二五"地震科技发展规划》;印发《广西地震科学基础研究项目实施方案》《北部湾地震烈度速报与海啸预警技术研究项目实施方案》专项管理办法;制定广西地震台站地震监测设施和地震观测环境保护工作方案;印发《广西壮族自治区地震局关于进一步加强地震台站管理工作的意见》《地震台站建设和运行管理办法(试行)》;编制《地震台站年度巡检工作方案》;制定《编制全国地震震中分布图的工作方案》。

环境保护。邕宁地震台地震监测环境受南宁市邕宁区防洪堤工程和五象新区龙岗片区路网工程干扰一事,经过与南宁市政府的平等协商,就邕宁地震台监测环境保护工作达成协议,南宁市政府同意在原址划拨 110 亩核心保护区用地,另址划拨 20 亩测震搬迁用地。

培训情况。全年有针对性地选派年轻骨干参加全国地震系统举办的业务培训、学科培训、综合培训班,共计 22 次。

科研成果。建设广西地震自动速报系统,以实现 1~2 分钟内地震参数的自动测定,为领导决策提供依据;组织人员参加第二届全国地震速报竞赛暨岗位创先争优活动全国总决赛,参赛队员龙政强荣获个人技能三等奖。"龙滩水库诱发地震活动特征分析与中强地震预测"项目通过科技成果鉴定,结果为"国内领先,国际先进"。

3. 台网建设

完成"龙滩强震台网监控系统技改"项目,并于 11 月 12 日通过业主验收;完成自 2011 年下半年开始实施的"岩滩水库地震监测台网工程"建设任务,并于 11 月 21 日顺利通过业主组织的项目竣工验收;广西地震背景场测震项目有条不紊按计划推进,于 8 月 10 日率先完成测震台站的工程验收,地震专业仪器设备全部采购到位,仪器设备安装准备就绪;重点地区建设博白、凤山等 7 个数字地震台站建设进展顺利,博白地震台站率先高质量建成并投入试运行,树立"百日"建成地震台的典范;岑溪地震台已于10月26日破土顺利开工;完成梧州、贺州市地震局测震虚拟台网的设计、仪器设备的采购工作;大厂台网、龙滩台网运行管理托管事宜商洽成果喜人,两台网业主同意在原经费基础上提高分别提高50%和30%。

4. 监测预报基础和应用研究工作

2012年先后发生平果3.2级地震、东兰3.2级地震、平南3.0级地震、崇左2.5级地震、龙滩库区多次2.5级地震等显著地震事件,造成一定社会影响,引起自治区领导高度重视。震后高效处置了这些显著地震事件,并向自治区党委、政府上报《东兰县3.2级地震震后趋势分析报告》《关于印度尼西亚8.6级、8.2级地震对中国大陆和我区地震形势可能影响的分析报告》《关于近期我区小震活动情况的报告》等5份论据充分、分析透彻、深入浅出的分析报告,为自治区党委、政府应急决策提供重要依据。

完成《广西壮族自治区简明地震信息手册》内容编写;建立分析预报应急数据库系统;编制全国地震震中分布图。

2012年申报科技厅课题8项,中国地震局课题6项。同时,在研的10项课题推进顺利,两项课题通过验收。

(广西壮族自治区地震局)

海南省

1. 震情

海南省地震局结合地震会商意见,围绕预测目标,时刻跟踪关注区域地震动态增强和前兆突发异常,及时落实宏观、微观异常,做好周、月会商,年中会商等中、短、临震地震分析预测预报工作。

2012年本区最大地震是11月5日海南万宁市东部近海约50千米处$M_L4.1$地震,万宁、琼海、陵水等市县部分群众有不同程度震感;海南岛陆最大地震是12月28日文昌市锦山镇$M_L2.9$地震,冯坡—锦山—铺前镇一带部分群众有感。

2. 台网运行管理

2012年,海南省地震局以震情为中心,牢固树立"震情第一"观念,实行24小时震情值班,落实震情跟踪及宏观异常调查,对重大异常迅速进行核实、研判。加强台网运行管理,采取措施提高观测资料质量和台网运行效率,改造儋州西流地下流体观测台,接入区域中心,海口地震台正式启用背景场"十五"观测方式的WYY-1型气象三要素观测仪,谭牛台安装气象三要素观测仪器并试运行。对定安台、澄迈台采用了新的隔离供电电源,对所有CDMA的通信信道进行了升级改造,由原来的无线CDMA传输升级为现在的无线3G传输,使信号速率更快,频带更宽,观测连续率得到明显提升。全年各台网运行情况良好,总运行率95%以上。海南区域地震前兆观测台产出数据总量约为16.20G,测震观测台产出数据总量为807.78G。地震上网共410次,编写地震月报目录36份。在2012年全国地震观测资料评比中,海南省海口地震台水位观测资料和区域前兆台网中心资料产出与应用分别获得第三名。

3. 台网建设

2012年,海南省地震局完成地震背景场项目中的临高测震台、西沙地磁台、五指山形变台、琼中和翁田地电台的台站土建及设备采购工作。

4. 监测预报基础和应用研究工作

2012年,海南省地震局加强对科技工作的管理,组织申报防震减灾优秀成果奖及各类科研课题,参与科学课题研究。支持技术人员申报和承担中国地震局和海南省科研课题,获得并完成中国地震局"星火计划"项目1项。自筹资金资助科研课题12项。以第一作者公开发表学术论文10篇,其中SCI核心期刊收录1篇。

(海南省地震局)

重庆市

1. 震情

认真落实中国地震局关于加强监测预报工作的意见,强化重大节假日,特别是加强党的十八大、三峡水库试验性蓄水期间的地震监测力度,加密地震观测,开展动态研判,确保敏感时期震情监视工作平稳有序。坚持月会商、周会商、节假日会商和特殊时段会商制度,对异常进行及时追踪和落实。

2. 台网运行管理

2012年度台网运行情况良好,测震台网台站平均运行率为99.57%,台站平均数据完整率为99.70%,前兆台网中心技术系统运行率在99%以上,台网运行仪器平均运行率为99.9%,观测数据平均连续率99.87%,数据平均完整率为99.72%。全年向中国地震台网中心EQIM速报地震7个,年内向重庆市委、市政府发送震情值班信息29期。测震台网编目快报909个,正式目录906个。年内向中国地震台网中心报送各类会商报告共69期,其中,周会商报告52期,月会商报告12期,临时会商或加密会商报告5期。重庆市地震局主办全国测震台站培训会1次,先后协办西南、华南片维会和港震公司培训会议以及"2011年度全国地震前兆台网评比暨产出应用研讨工作会议"和"形变学科统评会"。年内为MDI一体化等43个重大建设工程提供了抗震设计数据。

3. 台网建设

完成石柱应用级备份中心的测试工作,推进重庆市烈度速报台网和重庆市背景场探测项目建设。指导协助区县(自治县)地震台站建设,完成12个区县(自治县)信息节点建设和11个台站的防雷改造任务。建设有信息节点的区县(自治县)扩展到27个。

4. 监测预报基础和应用研究工作

基础课题研究方面,"远场大震对重庆地区超长建筑结构的影响与抗震应用"被列为市科技攻关计划重点项目,获资助金额30万元;"利用面波和接收函数联合反演三峡库区重庆段台站下方岩石圈纤细速度结构"被列为中国地震局地震星火科技计划项目；"华蓥山活动断裂带中南段震源深度特征研究"被列为中国地震局测震台网青年骨干培养专项项目；"三峡库区重庆段地壳 S 波衰减成像研究"获中国地震局2013年度震情跟踪青年课题支持；"重庆地区中强震前后区域应力场变化特征研究"获中国地震局2013年老专家科研基金支持。项目、课题申报和结题管理方面，年内承担参与局所合作研究的项目，包括1个国家自然科学基金项目，1个地球动力学国家重点实验室项目，2个地震行业科研专项项目和2个市级科技计划项目，总经费超过130万元。科技成果运用方面，组织"三峡库区重庆段地震监测系统"成果申报市级科技进步奖，该项成果已取得"重庆科技成果转化促进会"颁发的科学技术成果证书。

（重庆市地震局）

四川省

1. 震情

贯彻《中国地震局关于加强地震监测预报工作的意见》，落实地震监测质量目标管理责任制，做好地震台网监测月评和综合评比工作，制定完善相关工作制度，加强地震监测质量管理。发挥西南片区地震仪器维修中心作用，维护前兆信息收集传输畅通，审定地震监测环境行政审批181项，及时修复因灾受损台站，制定《关于贯彻落实加强地震监测预报若干重点工作安排意见的实施意见》，拟定《四川省地震烈度速报与预警工程项目建议》，协同做好陆态网络与网络工程区域GPS联测工作，保障四川省地震监测系统正常运行。推进中国地震背景场及极低频探测项目，推进崇州台、燕子沟台建设，协助做好国家地震预报实验场西昌基地建设前期相关工作。全省地震监测质量较大幅度提升，在全国评比获得前三名18台项。组织制定四川地区、川滇协作区、川藏协作区震情跟踪工作方案，落实震情跟踪强化措施；召开川滇及川藏协作区震情研讨暨跟踪工作会议，会同研判震情形势，强化震情监视。修订《震情会商机制试点改革方案》，推进震情会商机制改革。调查核实宏观异常现象39起，组织例行会商49次、紧急加密会商14次，认真分析研究各方意见，较好地把握全省震情趋势。

四川省2012年年度地震趋势会商会于10月在成都召开。组织召开四川省地震预报评审委员会会议，会议确定了2012年度四川省地震趋势会商结论意见。

2. 台网运行管理

（1）运行情况概况。

前兆台网：2012年四川区域地震前兆台网有59个观测台点，其中，国家级台站9个，区域级台站（点）24个，市县级台站（点）26个。四川区域地震前兆台网有电磁学科观测台站16个，形变学科观测站16个，重力学科观测站4个，流体学科观测站36个。2012年度四川区域前兆台网观测仪器套数为213套，共计441个测项分量。日常工作有数据监控、入库、检查和数据交换；数据量约为50M/天。完成前兆数据中心服务器、数据库及软件维护，并按时报送四川前兆台网12期月报、6期异常跟踪简报、1期年报。2012年台网仪器的平均运行率为97.62%，从学科上来看，形变（含重力）仪器运行率为99.40%、地磁96.83%、地电97.66%、地下流体97.26%。年数据产出约为52G，数据总量为242.1G。完成2012年度前兆仪器更新改造项目，升级成都台质子磁力仪FHD-2B。完成历史数据整理和迁移工作，涉及"九五"和模拟仪器共252套，包括原始数据、预处理数据和产品数据共727个测项。数据起始日期最早是从1971年开始，在运行仪器数据迁至日期为2012年12月31日。

测震台网：四川数字测震台网通过"5·12"汶川地震恢复重建，台站由原来的52个扩展为60个，台网中心的台站数据接入、数据处理、数据存储、数据服务、综合业务管理和中心配电系统六大能力也得到全面升级改造。2012年共分析处理地震19991条，速报地震294次，产出地震数据3808GB，发送地震速报短信116次，接收人次97429次，维护台站47次，台网运行率达到96.52%，中心运行率达到99.99%。台网定期产出《地震月报目录》和《地震观测报告》。完成科学台阵探测项目年度计划任务、宁蒗—盐源5.7级地震应急任务、西南片区地震仪器维修中心年度任务、西南片区测震台网32台地专设备的维修任务、四川、云南共43个台站的方位角普查与校正。

流动测量：跨断层流动场地水准、基线观测，年度施测6周期，共23处场地短水准观测，8处场地短基线观测。流动重力：年度观测两周期，观测点位165测点，173测段。流动地磁观测：年度观测一周期，测点数60对。蠕变动态观测站：共计6处，即虾拉沱、恰叫、沟普、龙灯坝、老乾宁、紫马跨，年度连续观测。完成"网络工程"和"陆态网络"GNSS基准站和区域站观测任务。

2012年度四川省136个测项参加全国地震监测质量评比，获得全国前三名24项，再创历史新高。

（2）规章制度建立健全情况。落实地震观测质量目标责任制。根据《观测质量目标考核办法》，继续与各监测单位负责人签订《地震观测质量目标责任书》，将地震监测质量紧密纳入单位年度目标动态考核，与奖惩挂钩，增强了责任意识。完善监测质量评比办法。四川省地震局测震学科组依据中国地震局下发的《测震台网运行管理细则》《地震速报技术管理规定》《测震台网运行管理办法》等相关技术要求，编写了《四川省测震台网运行管理细则》等7个技术管理文件，增强了监测质量评比的科学性和可操作性。前兆台网中心根据中国地震局印发的相关管理办法和相关技术质量要求，结合本省实际情况，制定《四川区域前兆台网中心与台站运行值班制度》《四川区域地震台网观测系统与技术系统管理与维护制度》《四川区域前兆台网数据管理与服务制度》《四川区域前兆台网数据产品产出制度》《四川区域前兆台网登记与备案制度》《四川区域前兆台网资料归档制度》等一系列规定和要求，分发至台网中心及各个台站，规范台网中心和台站的日常工作。坚持月评制度，加强数据传输和信息沟通。坚持开展台站质量月评工作，通过"四川地震监测预报网站"及时公布检评结果，实现与中国地震局网上评比对接，保证全省各观测手段网上评比顺利进行，促进数据共享，方便前兆短临信息收集，实现各单位信息沟通，为四川省地震监测预报系统技术与管理人员提供学习和交流的平台。

（3）培训情况。2012年度安排50余名台站观测人员和中心技术人员参加中国地震局组织的各类技术培训（观测岗位考核培训班、数字化观测技术规程培训班、项目管理岗位培训班、学科观测质量培训班等），举办四川省测震台站培训班和前兆管理系统升级与使用培训会，70余名台站人员接受了培训。

（4）观测环境保护依法行政，切实保护地震监测环境。完成建设项目地震观测环境影响审批181项。发文在四川省开展地震监测设施和观测环境保护备案工作；妥善处理江油地震台因过境路建设地震监测环境受破坏相关事宜；妥善处置甘孜州蔡阳水电站可能对新建燕子沟地震台监测环境造成影响的相关事宜；现场调研，并执法西南交通大学峨眉地震台监测预报环境受干扰事件。

3. 台网建设

经汶川地震灾后重建改造完成后的四川数字测震台网，台站由原来的52个扩展为60个，台网中心达到了接入测震台站不低于300个；提供不低于2000路台站实时波形数据服务；具备了在线连续波形数据不低于3个月，事件波形数据不低于3年的存储能力；中心供电系统得到了充分的保障；实现了对全川测震网络和设备进行综合监控管理的目标。通过地震背景场观测项目，对成都和攀枝花两个国家台进行了地震计的升级改造。四川地震前兆台网在地震背景场观测项目中，改造16个前兆台点，其中重力台网3个台站、地磁台网6个台站、形变台网1个台站、地电台网3个台站、地下流体台网3个台站；通过极低频地震预测分系统项目，建设了6个电磁台和省局数据节点。还自筹经费完成了攀枝花川－05井的"九五"水位、水温、气氡、气汞仪器的数字化改造，完成石棉川－02井的"九五"水位、水温数字化改造。四川GPS观测网络经由"十五"和汶川地震灾后重建两次规模性的建设，由"十五"时的14个地面GPS基准站扩展到现在的38个地面GNSS基准站（恢复重建新建川西12站、改建12站、自筹资金新建川东12站及西昌美姑和海南2站），加上中国大陆构造运动监测项目在川建设的25个GNSS基准站，四川地区GNSS基准站总数达到了63个。

组织完成安县、北川台网中心的系统调试以及宜宾、雅安台网的系统升级改造工作。

4. 监测预报基础和应用研究工作

加强对已有地震监测手段的监测工作，进一步开展完善"四川省GPS观测网络系统"和"卫星热红外接收系统"，充分有效地对地壳形变监测和地表温度变化进行监测，为地震预报研究提供基础资料。进一步开展西南构造区强震预测预警技术和指标研究、四川地下流体与强地震关系研究和预测方法研究，开展水库地震研究以及监测设备的研究，为地震分析预报提供基础分析研究工具。开展基础应用性的研究课题，以提高地震预测预报水平。2012年，按时完成"则木河跨断层形变异常与地震跟踪研究""姑咱气氡稳定性研究"两项"三结合"课题研究。应用测震观测资料，发表7篇文章：在《国际地震动态》上发表《S波偏振方法在确定汶川8.0级地震震源深度中的应用》；在《地震地磁观测与研究》上发表《四川青川$M_L \geq 4.0$地震前小震短临活动特征》《sPn震相计算近震震源深度研究》；在《四川地震》上发表《四川地区震源参数和台站场地响应初步研究》《用经验格林函数方法研究台站的场地响应》《四川地区震源参数和场地响应初步研究》，在《地震研究》上发表《云南姚安地震序列震源参数研究》。应用前兆观测资料，在《四川地震》上发表3篇文章：《成都地震台前兆观测典型干扰排除》《攀枝花南山台洞体应变仪干扰因素的识别与排查》《SD-3A 型自动测氡仪故障检修》。

(四川省地震局)

贵州省

1. 震情

2012 年 9 月 7 日 11 时 19 分,贵州省毕节市威宁彝族回族苗族自治县、云南省昭通市彝良县交界发生 5.7 级地震,12 时 16 分云南省昭通市彝良县再次发生 5.6 级地震,造成震区重大人员伤亡和经济财产损失。地震造成贵州省 2 人受伤,32 个乡镇不同程度受灾,倒塌民房 36 户 88 间,严重损坏民房 1562 户 2415 间,紧急转移安置 27497 人,造成直接经济损失 46714 万元。贵州省地震局 11 时 19 分 48.7 秒收到第一个地震的地震波,迅速启动内部应急预案,全体工作人员进入应急状态。11 时 23 分 43 秒完成第一个地震速报,依次短信、传真、电子文档上报;11 时 24 分与中国地震台网中心完成速报数据交换及收到台网中心的速报结果;11 时 35 分以《震情简报》传真省政府应急办和中国地震局办公室报告地震基本要素;11 时 37 分,召开地震应急及震情跟踪会议,布置地震应急工作,震情监测组实时跟踪分析余震情况,及时与云南省地震局和中国地震台网中心联系,进行震情会商并把会商结果上报贵州省人民政府和中国地震局;12 时 16 分 5.6 级地震发生,及时以震情简报形式报告省政府应急办和中国地震局办公室。同时震情监测组与毕节市政府和威宁县政府联系,询问了解震情灾情,要求当地政府及时报告震情灾情。地震发生后,贵州省立即启动应急预案,成立现场工作组赶赴震区,了解震害情况,指导当地政府抗震救灾和开展地震灾害调查及地震流动监测工作。有力有序有效开展应急处置,将地震造成的损失降到最低程度。认真落实贵州省领导重要指示,跟踪震情变化,发布和上报震情灾情,开展地震灾害评估,综合分析地震原因和发展趋势,迅速上报研判结果等。

2. 台网运行管理

贵州省地震局数次到安顺、遵义等地震台检查指导工作,维护维修相关仪器设备;完成中国地震背景场项目地震观测设备的采购等工作;督促兴义台恢复监测工作;协调凯里台环境改造项目;完成贞丰台原台址交接等工作;改进完善新贞丰台、晴隆台防雷设施,达到相应标准;指导六枝台建设和水城台、德江台的维修、改造工作;及时处理地震台网主服务器断电后重新运转和数据恢复工作,到锦屏县三板溪水电站检查水库地震监测台网运行工作,对三板溪水电站水库地震监测台网提出限期整改意见。

3. 监测预报基础和应用研究工作

编制完成贵州省年中及 2013 年度地震趋势研究会商报告,参加西南片区和全国年度地震趋势会商会;针对 2012 年 4 月 11 日印度尼西亚 8.6 级地震及一系列地震活动情况,及时上报会商意见并采取应对措施;向乌江水电开发有限公司等电站发文,督促落实《水库地震监测管理办法》;建设 VPDN 的专用网络,保障流动监测设备数据的正常入网;加强台网监控，密切跟踪南北地震带震情；完成年度地震目录编制等工作。

（贵州省地震局）

云南省

1. 震情

云南省地震局采取有效措施，加强震情跟踪工作，正确把握云南震情趋势。成立云南省震情跟踪工作领导小组、专家组和工作组。建立制定年度震情跟踪方案体系，首次成立由相关州市地震部门牵头的3个重点危险区跟踪预测工作组，加强震情跟踪预测和协作区工作。14次派出震情跟踪工作检查组到相关州市指导工作。组织参加川滇交界东部协作区震情跟踪工作。进一步加强地震群测群防工作，群测群防队伍人数已达1.7万余人。

2012年共召开震情研讨会、会商会、预报评审委员会会议、震情跟踪工作会等90余次，派出400人次的专业技术人员落实上报各类异常220项。上报《震情反映》14期，其中报告短期预测意见的2期，报告云南省近期震情形势和预测判定意见，并提出加强地震监测预报工作的意见建议。在2011年度全国地震监测预报质量评比中，云南省获得34个前三名，获奖数量连续第9年保持全国第一。

2. 台网运行管理

2012年，云南省区域测震台网、地震前兆观测台网和行业网的运行率均在97%以上，云南省强震动台网和活断层技术系统年均运行率达99.5%以上。云南台网速报处理触发地震事件1492次，编目地震20735个，发送地震短信息22万余人次。完成地壳形变、地球重力、地磁场、GNSS台网观测与数据处理，按计划完成水库监测台网建设与运维。

汇编云南地震监测管理规定，认真贯彻落实《中国地震局水库地震监测管理办法》。组织开展《云南地震监测数据管理办法》起草调研工作。建立信息通报反馈渠道与机制。

组织举办云南省群测群防工作培训、市县地震数据共享与信息服务工作培训及前兆"九五"并"十五"观测系统管理培训。积极组织云南省监测和信息工作一线人员参加中国地震局举办的各类学习培训。

主动开展台站观测环境保护，积极与当地政府协调，妥善处理昭通台、云县台、嵩明台及绥江县地震局观测环境保护问题。

3. 台网建设

争取中国地震局支持云南省台站技术系统升级与更新工作，组织实施滇西3个台站形变仪器更新改造，完成"九五"前兆系统并入"十五"系统运行的改造等工作。组织实施建水、贵阳两台的改造工作。完成剑川、腾冲两台优化改造项目。

（云南省地震局）

陕西省

1. 震情

2012年，陕西省地震局贯彻《中国地震局关于加强监测预报工作的意见》，进一步落实《陕西省地震局关于落实〈中国地震局关于加强地震监测预报工作的意见〉的实施意见》，提出《陕西省地震局关于进一步贯彻落实〈中国地震局关于加强地震监测预报工作的意见〉若干重点工作的意见》。

编制《陕西省2012年震情跟踪工作方案》，召开会商会59次，落实各类地震异常19次，上报震情报告149期。探索震情会商机制改革，初步提出《陕西省地震局震情会商机制改革方案》。完成党的十八大、陕西省十二次党代会等重要时期的震情安保任务。

2. 台网运行管理

加强台网运行管理，强化数据共享，各类台网及信息网络、西北区域地震自动速报中心、仪器维修中心运转正常，设备运行率在96%以上。陕西地震监测台网共监测地震事件2781次，速报37次，地震速报时间缩短到5分钟之内，发送地震短信18万条。西安市开展了地震烈度速报系统建设试点。新增地震信息网络节点12个，西安、渭南、宝鸡实现县区信息节点全覆盖。

完成麻街跨断层水准观测场地、临潼GPS台和麟游测震台的观测环境保护工作。

3. 台网建设

根据陕西省地震监测台网整体布局和区域特点，推进区域中心台建设，制定区域中心台设置方案，重新明确台站工作任务，整合各监测台站的人力和技术资源，强化中心台职能。

落实地震观测质量目标责任制，与陕西省地震局有人值守台站签订任务经费承包书，定量考核指标，明确责任任务。正在推进背景场前兆分项目、强震分项目、测震分项目和陇县形变台建设项目。

承办"背景场项目地磁DI仪测试和培训会"。选派1人次赴韩国参加地震监测台网建设、管理考察，选派2人次进行继续教育学习，2人次参加观测岗位培训，2人次参加陆态网第二期基准站运行培训会，1人次参加"中国地震烈度速报与预警工程可研报告"项目高级研修班学习。

（陕西省地震局）

甘肃省

1. 震情

加强地震监测台网运维和管理，强化仪器设备维修更新改造，开展地震监测设施和地震观测环境保护，保证了台网连续、可靠运行。地震预测预报以年度地震重点危险区为核心,开展了不间断的震情跟踪与分析研判,2012年度对发生在省内的4起显著地震事件,作出了较准确的震后趋势判定,为政府决策提供了可靠的依据。

2012年度甘肃地震趋势会商会通过充分论证,系统预测了甘肃及边邻地区中强以上地震的危险性和强震发生的可能性,确定2012年度甘肃省地震重点危险区,提出可能发生地震的震级。

2. 台网运行管理

2012年度甘肃省测震台网运行率达到95.22%,速报国内外地震40个,完成地震编目5169条,识别各类震相17万多条,存储各类波形数据2370GB,刻录DVD数据光盘880张,及时向中国地震局预测研究所、各市州地震局提供观测资料1000份;前兆台网运行率达到99.93%,数据完整率达到98.93%,2012年产出数据约70GB,向中国地震台网中心报送和交换数据50GB;强震动台网平均运行率达到91.3%,获得强震动记录事件18个;信息网络正常运行率达到99.7%,满足信息发布、地震速报、地震目录和前兆资料的查询。

制定出台《甘肃省地震局加强地震监测预报工作意见》《甘肃省地震监测规划(2011—2015年)》《甘肃省地震局监测预报工作质量评比奖励办法》和《甘肃省地震局地震观测数据共享管理规定》等规章制度。

参加中国地震局举办的各种技术骨干业务培训60人次;甘肃省地震局组织监测预报业务培训153人次。

甘肃省地震局将台站保护相关资料向14个市州国土资源、建设、公安、测绘等部门进行了备案,制作地震监测设施和地震观测环境保护警示牌180块。对武威、平凉、通渭、临夏、永昌、安西、兰州、天祝等地震台站受干扰事件进行行政执法。

2012年度在全国地震观测资料质量评比中获前三名19台项,其中第一名3台项,第二名3台项,第三名13台项。

3. 台网建设

对武都汉王地震台地电阻率井下观测系统进行技术改造。利用甘肃省地震局自主研制的SA-12T型野外台站专用电源,更新20个测点的供电电源。新建高性能计算机系统(HPC),系统拥有60个计算节点、1个胖节点、4个I/O节点和2个管理登陆节点,总CPU核心数1104个,总内存2160GB,配置40TB的共享光纤磁盘阵列,理论峰值计算能力9.2万亿次,实测Linpack效能81%。

4. 监测预报基础和应用研究工作

流动重力观测租用中国地震局统一管理的2台加拿大生产的CG5型高精度数字相对重力仪,对兰州—天水—武都及兰州—武威—白银重力网126个重力点的两期流动重力重复观测任务。跨断层流动短水准观测使用德国蔡司厂生产的数字水准仪DiNi 12(No.310162)及条码铟钢水准标尺(No.14111 & 14112)仪器,完成布设于兰州市及祁连山中、东段及周缘地区12处/次、38个测段、9.12千米线路的三期定期重复观测任务。大地电磁测深完成祁连山中东段地区12个测点/次的野外测量任务。

2012年度获得中国地震局震情跟踪合同制青年课题3项,获得"地震监测、预报、科研"三结合课题4项。获得甘肃省地震局地震科技发展基金项目11项,监测预报项目达到60%。监测预报岗位科研人员发表论文共41篇,其中SCI 1篇,EI 1篇。

完成天水地电井下综合观测项目与 SA-12T 型野外地震台站专用电源技术验收工作。加强地震观测技术服务，完成"天水地电井下综合观测"项目数据服务流程，在甘肃省地震局内部开展了地电阻率深井观测资料应用研究及预报实践。

产出的地震观测资料应用于甘肃及周边地区的震情跟踪和地震趋势判定，在 5 月 3 日金塔 5.4 级地震，5 月 11 日肃南 4.9 级地震震后趋势判定中得到应用。

（甘肃省地震局）

青海省

1. 震情

2012 年，青海省地震局制定下发《2012 年度青海省震情跟踪工作方案》和《2012 年度青海东南部—青甘川交界地震重点危险协作区震情跟踪工作方案》，对地震重点危险协作区、青海省及邻近地区的震情跟踪工作作出部署，《方案》要求震情跟踪工作的组织机构、人员职责、工作程序必须落到实处。地震预测预报工作扎实稳步向前推进，紧盯震情，科学研判，对重点时段、重大活动期间的地震形势作出准确的判断，得到青海省委、省政府的高度肯定。《2012 年青海省年度趋势会商报告》在全国地震系统三类局获第一名。

2. 台网运行管理

青海省地震前兆台网运行率达 98.6%，青海省区域中心核心网络运行率达 100%，测震台网仪器运行率达 97.7%，强震动台网运行率达 98.8%。地震观测资料持续提高，各项指标均达到或超过中国地震局的规范要求，在 2012 年全国地震观测资料评比中在此取得历史性突破，有 6 个项目获得前三名，为青海省历年来取得的最好成绩。在 2012 年青海省台站地震观测资料评比中，有 46 个台（项）获得优秀。

（青海省地震局）

宁夏回族自治区

1. 震情

加强监测预报管理，研究制定宁夏回族自治区震情跟踪方案，统筹力量，抓好地震监测、异常跟踪、震情会商和谣言应对等工作；认真筹办 2012 年全国地震监测处长暨《关于进一步加强地震监测预报工作的意见》（以下简称《意见》）落实会议，与各省局会议代表加强工作交流，研讨贯彻落实中国地震局《意见》精神的主要经验和举措，并向中国地震局阴汇报相关工作，积极争取技术支持和经费保障。

严格执行震情分析、会商制度，加强与相邻省局的业务联系，互通震情信息，共享震情跟踪资料，及时对各项前兆异常进行认真核实、分析会商，顺利完成第三届宁洽会暨中阿经贸论坛地震安保任务和永宁县4.5级有感地震紧急处置工作。

2. 台网运行管理

强化地震观测系统运维保障，集中解决海原台、固原台集中供暖问题，完成海原台办公楼、宿舍楼优化改造任务，解决大武口强震台观测环境遭侵扰事件，切实提高观测资料质量。

3. 台网建设

不断优化宁夏地震监测台网，努力运用现代科学技术，推动监测手段创新，完成宁夏地区地震背景场探测工程年度建设任务。完成六盘山断裂带 GPS 观测项目站点勘选工作。与中国地震局地质研究所签订合作协议，加强南北地震带北段构造变形监测、中长期地震预测等科研合作，并在宁夏回族自治区地震局设立地质所研究生野外教学实习基地；与中国地震局地震预测研究所合作，参与中国地震局"十二五"重大科研项目"遥感地震监测与应急应用示范先期攻关"项目；与中国地震局地球物理研究所达成意向，启动了"中国地震科学台阵探测"二期工程准备工作；与中国科学院物理研究所加强合作，召开了"颗粒介质前兆探测方法实施和规范化研究""砂层应力观测与分析预测方法"研讨会，组织专家对宁夏地震局勘选的4个砂层应力站点进行论证分析，顺利完成了站点土建和仪器架设任务。

4. 监测预报基础和应用研究工作

在2011年度全国地震监测预报工作质量评比中，宁夏回族自治区地震局强震动观测运行维护获全国第一名，网络运行获全国第二名，银川台、中卫台、固原台台站节点和固原地电阻率4项获得全国第三名。年内共承担309万元、18项的在研课题任务，新申报科研课题16项；吴忠市城市活断层探测与地震危险性评价项目进入全面实施阶段，固原市城市活断层探测与地震危险性评价项目已经启动，年内发表学术论文22篇，科研成果获省局级防震减灾优秀成果一等奖、二等奖各1项。

（宁夏回族自治区地震局）

新疆维吾尔自治区

1. 震情

2012年，新疆维吾尔自治区地震局要求各责任单位根据实际情况制定更加周密细致的工作方案并予以落实。加强全疆"三网一员"宏观测报管理工作，适时组织检查抽查，对存在的问题要求各地（州、市）地震局认真整改。大力推进前兆维修中心和分中心建设。喀什地震台、阿克苏中心地震台承担了本区域和相邻区域的震情跟踪工作，每季度组织召开联席会商会。乌苏市地震局、博州地震局和巴州地震局，加强与所在地专业地震台站的合作，联合开展震情跟踪和研判工作。

新疆维吾尔自治区地震局将天山地区强震趋势研讨会常态化。完成新疆维吾尔自治区地震局周、月震情会商改革。共召开3次新疆维吾尔自治区强震形势研讨会。建成地震远程可视会商系统并与中国地震台网中心联合召开远程可视会商会。全年开展短临跟踪和异常落实工作20多次。10月，2013年度新疆维吾尔自治区地震趋势会商会在乌鲁木齐市召开。会议讨论形成2013年度全区地震趋势预测意见，并组织地震预报意见评审委员会对预测意见进行评审。

2. 台网运行管理

完成呼图壁电磁综合观测试验场并投入运行。完成"主动源探测"项目立项研究、技术论证、场地勘选和施工方案确定。完成"九五"模拟数据迁入"十五"数据库。

加强流动观测资料分析，派出技术骨干前往内地参加GPS数据处理和应用学习班，"陆态网络"GNSS站观测数据分析研究成果3月已应用于新疆维吾尔自治区地震局月震情会商中。分批次、有针对性地选派40人次参加学习和培训。7—8月组织"测震岗位知识培训暨台站交流学习"活动。

3. 台网建设

优化改造天山流动形变观测网络，完善新疆维吾尔自治区野外地球物理场观测体系。"背景场"项目测震台网除三十里营房台缓建外，其余新建、改建台站均完成基建工程。地磁台网新建且末地磁台，已完成基础建设任务。地电台网新建柯坪地电阻率台，委托阿克苏中心台完成了柯坪地电阻率台建设、验收等工作。地下流体台网涉及13个台站，其中改建12个。除新21号井遭遇暴雨泥石流灾害损毁外，其余台站建设已全部完成，陆续开始采购设备。强震动台网共新建5个台，已经全部完成基建工程并通过验收。石场地震台山洞改造已按照方案实施完成。

4. 监测预报基础和应用研究工作

在年代学实验室、泥火山、空间观测等专业领域开展技术合作；开展北天山地区主动源探测科学试验场建设、天山地球动力学研究、噪声成像合作研究；建设"中国地震局地震预测研究所新疆泥火山深部流体地球化学综合观测站"。加强新疆维吾尔自治区流磁观测，开展"新疆重点监测地区岩石圈磁场分布模型和磁异常变化分布模型"的研究，着力解决我区防震减灾事业的关键性科技难题。

（新疆维吾尔自治区地震局）

中国地震局地球物理勘探中心

1. 震情

2012年，完成华北强震强化监视跟踪2期复测和地震重力测网中古内蒙古测网、山西测网和冀鲁豫测网2期复测及陕西关中测网和宁夏测网1期复测工作。

共计测量重力测点730个点、重力测段808段，总计81个闭合环；新建测点或改造测点32个。野外观测中对变化较大的测点、测段在现场立即进行异常核实，对即将被破坏的测点选建了新点，并且进行了新老测点之间的联测工作，确保了流动重力观测资料的连续性。

野外观测小组和室内工作小组及时将每期重力观测数据进行整理与计算，根据重力资料对各测区地震趋势进行分析研究、会商讨论，在 APnet 网上共发布会商结论 12 次。开展年中、年度地震趋势会商，并参加河南省地震局、重力学科组和中国地震局的年中、年度会商会。

2. 台网运行管理

730 个测点均正常观测，包括 12 个被杂物覆盖的测点和 6 个即将被破坏的测点。

健全重力观测资料及预报意见保密制度。

8 人次参加中国地震局监测预报司举办的重力数据新软件使用、地震地质、地震台站形变和流体监测等培训班。

2011 年重力观测资料与处理结果及时与中国地震台网中心、中国地震局地震预测研究所、中国地震局重力学科组、宁夏回族自治区地震局、内蒙古自治区地震局、陕西省地震局、山西省地震局、山东省地震局、河北省地震局和河南省地震局等兄弟单位共享。

3. 台网建设

对 6 个新建测点与老点进行了四程联测。

对华北强震强化监视跟踪测网、内蒙古测网、山西测网和冀鲁豫测网中已遭到破坏的测点进行维护与改造，共新建临时点 14 个，分别为开封、南乐、四间房、灵宝、康家会、岚县、一平垣、车鸣峪、土沟、耳字壕、固阳、东河、桥头、石门口等。

4. 监测预报基础和应用研究工作

通过与湖北省地震局重力室、中国地震局第二监测中心重力室交流学习，进一步加强重力观测技术及其数据处理方法的研究；提交年中、年度地震趋势研究报告各 1 份；在核心期刊上发表文章 1 篇。

（中国地震局地球物理勘探中心）

中国地震局第一监测中心

1. 震情

2012 年，中国地震局第一监测中心按照中国地震局震情跟踪工作部署，制定监测实施方案保障各项工作顺利开展。完成区域精密水准测量 2219 千米，跨断层综合场地观测 257 千米，GPS 观测 509 个测点，重力观测 55 个测段。唐山地震台实现 GPS 站连续观测，与唐山市地震局联合实施唐山发震断层（5 号断层）断层气（CO_2）的观测。

加强日常震情跟踪分析，以科技创新为动力开展地震预测工作，完成月会商、中期会商和年终会商以及地震应急会商、临时会商、重要会商和节假日会商等 25 次，日常监测与特殊时期震情值班和节假日震情值班相结合，加强地壳形变异常落实工作。

2. 监测预报基础和应用研究工作

承担的科研项目包括中国地震局行业专项 1 项、"星火计划" 2 项、中国地震局地震研究所基金项目 3 项，参与国家科技支撑项目 1 项、自然基金 1 项，其他课题 6 项。2012 年开展 GPS 研究方向论证及研究工作。数据处理方面，计算了 1999 年以来的中国地壳运动观测网络和中国大陆构造环境监测网络 260 个 GNSS 基准站和相关 IGS 站的连续观测数据、网络工程区域网和陆态网络区域网及喜马拉雅项目、华北强震跟踪、山西网、跨断层场地等流动监测网络流动观测资料。分析研究方面，利用 IGS 基准站时间序列变化讨论日本 M_W9.0 级地震对中国大陆 GNSS 基准站的同震影响，分析 GNSS 连续站高程分量观测时间序列，为 GNSS 连续运行站质量管理和评估以及数据应用等提供了理论参考，并开展地基 GNSS 气象学研究、GNSS 高频数据处理等。基于东部形变数据共享网站，提供中国大陆及周边地区 GNSS 连续站和流动站数据产品，包括 GNSS 连续站时间序列及其衍生产品、中国大陆 GNSS 运动场及其衍生产品、强震期间的 GNSS 测站地面运动及其频谱分析结果。

发表论文 22 篇，其中 EI 收录 2 篇。加强学术交流，先后聘请中国地震局地震预测研究所、中国地震局第二监测中心等外单位专家来中心进行学术交流。

（中国地震局第一监测中心）

中国地震局第二监测中心

中国综合地球物理场观测——鄂尔多斯周缘地区项目。完成精密水准观测 470.3 千米；水准路线踏勘与补埋，踏勘完成 9128 千米，水准点补埋 516 座；重力测点踏勘与补埋，踏勘完成 149 座，重力测点补埋完成 21 座；GPS 区域站观测，完成 300 个测点。

常规地震监测。完成跨断层场地水准测量 124 处次；完成跨断层场地红外测距 75 条边；完成区域精密水准测量 1184 千米；完成流动重力测量完成 2 期 358 点次。

华北强震强化监视跟踪项目。对 4 处跨断裂综合剖面继续进行监测，完成水准观测 243.4 千米，GPS 观测 41 个点，重力观测 42 个点。完成 100 个 GPS 区域站点的观测。

中国地壳运动观测网络第六次重力测量项目。完成重力测量 107 个测点。

召开 2012 年年中、2013 年度地震趋势会商会。针对不同尺度（类型）的地壳运动变形背景、近期态势和地震活动状况，努力开拓和利用各种观测资料综合研究取得的地震预测和科研项目成果。充分利用 GPS、水准、重力、跨断层以及定点连续形变前兆等多手段、不同时空尺度形变观测资料，提交震情报告和预测意见。

参加西北片区和中国地震局 2012 年年中地震趋势会商会以及形变学科年度会商会；参加陕、甘、宁、青、新等省（区）的年中和年度地震趋势会商会。

（中国地震局第二监测中心）

台站风貌

新丰江中心地震台

新丰江中心地震台位于广东省河源市新丰江水库大坝下游的庄田村，始建于1960年，占地89亩，属区域综合台站。新丰江中心地震台下辖新丰江遥测地震台网、新丰江测量站、和平地电站、黄子洞水化站。其中，新丰江遥测地震台网是我国第一个区域遥测地震台网；新丰江测量站是我国唯一室内跨断层形变观测台站，国家Ⅱ类台，现为模拟观测；和平地电站是华南地区唯一地电阻率观测台站，国家Ⅰ类台，为数字化观测台站。新丰江中心地震台现有地震遥测、强震观测、地电阻率、大地电场、地磁、水氡、水位、短基线、短水准、GPS观测项目。

1964年，建立了以地应力测量为主的我国第一个地震前兆监测台网，包括地形变测量、地应力测量、地电阻率观测、水化学观测。特别是双塘台开展的地应力测量。2001年进行了台站优化改造，2010年又新建了专家楼和新办公楼。如今，台站已建成了环境园林化、观测手段综合化、工作环境现代化、工作手段信息化的美丽台站。

几十年来，已开展的工作有：地震监测，1∶100000和1∶50000构造地质制图，地面地球物理探测，大地水准测量，三角测量和天文方位角观测，断层位移和地应力测量，强震观测，地电阻率观测，大地电场观测，水化学观测，大坝模型测试，岩石力学观测等。

（中国地震台网中心）

桂林地震台

桂林地震台是国家Ⅰ类基本台，建于1972年，是广西首批专业地震台站之一，迄今已有40年的历史。目前台站主要承担全国大震速报任务和监视广西地震区域地震活动。

桂林地震台位于广西桂林市郊区，有两个台址。早期台址位于距桂林市中心25千米的南郊雁山镇。雁山台址的台基为石炭系灰岩，由于台基建在桂林—南宁断层的破碎带上，导致记录到的地震波形发生畸变，周期偏大而振幅偏小，波形成组出现，测定的地震震级普遍偏低。同时，在地倾斜和地电的观测中，发现了许多与环境条件无关的干扰源。因此于1984年9月搬迁至桂林市东郊尧山脚下（桂林市金鸡路21号），迁址后的台站距离桂林市中心约9千米，海拔172米。尧山台址的基岩属泥盆系中统东岗岭阶上部厚层状灰岩，岩石致密，完整。岩层走向为北东16°，倾向东南，倾角30°左右。台址以东约2千米为北东向的尧山断层，以北800米为北西向断层，两断层在该台址附近交会。台址既是在大断层的附近，又避开了岩溶强烈发育区，岩石完整好，为厚层状灰岩，是一个良好的地震观测地质环境，对监测桂东北地区的地震活动十分理想。

桂林地震台为副处级单位，共有在职人员5人，均具备本科以上学历，其中硕士学历2人，中级职称2人，人才层次及队伍结构合理，担负着日常震情值班、地震速报、震情跟踪、信息报送、仪器运行维护维修、科普教育宣传等任务。同时，台站还有环境卫生维护职工2人，退休职工4人。

桂林地震台只设一个测震观测手段，但观测仪器设备齐全，先后安装使用过DD-1型短周期地震仪、DK-1中周期宽频带地震仪、SK中周期光记录基式地震仪、763长周期地震仪等模拟地震仪和513强震仪。

桂林地震台数字化改造从90年代末开始。"九五"期间，中国地震局对桂林地震台进行了数字化技术改造，改造内容主要是对测震仪器设备的更新，采用CTS-1甚宽带数字地震仪替代原来的模拟地震仪，自此，桂林地震台成了47个国家级数字地震台站之一，并作为35个大震速报台之一承担全国的大震速报任务。

自2010年以后，桂林地震台的仪器设备得到了进一步的提升。2010年3月，桂林地震台将原CTS-1型地震仪更换为宽频带、大动态范围、高灵敏度、低噪声的CTS-1E型地震计。该地震计能更好地传达动力学和运动学特征。2012年3月根据国家地震烈度速报与预警工程项目的总体布置，局台网中心组织技术人员在桂林地震台新增了1台（套）强震动观测仪器设备。目前，桂林地震台安装有测震、强震观测仪器设备共2台（套）。

桂林地震台多次在评比中收获荣誉。在全国地震观测质量评比中获得优秀奖7次，在全国地震监测预报质量单项评比中获得优秀奖11次。在全区地震观测质量评比中获得优秀奖11次、二等奖5次、一等奖1次，同时在首届全区地震速报竞赛广西地区初赛中获得三等奖，在2013年度广西及其邻区地震趋势会商报告评比获得三等奖。

（中国地震台网中心）

海口地震台

海口地震台位于1605年琼山7.5级大地震极震区内，是全国最早开展地下流体数字化观测的台站之一，也是海口地区内唯一的地下流体前兆观测Ⅰ类专业台站。海口地震台是2001年4月由原海口地震台与海口水化台合并组建成现海口地震台，负责完成两个台站的工作任务。有ZK26井一口，以地下流体为主要观测手段。海口地震台既是一个流体综合观测台站，同时也是海南省区域前兆台网中心。

海口地震台现有工作人员7人，其中高级职称1人，中级职称3人。同时肩负着海南省前兆台网运行维护和地下流体、地磁、形变资料的分析会商工作。

1995年3月，开始实施地下流体数字化观测技术改造项目。随后开展水位、水温、逸出氡3个测项的综合观测，启用数字化设备。2001年6月完成数字化改造。

海口地震台在数字化观测和资料分析方面积累了一些的经验，从2003—2009年，在全国水温观测资料评比中，连续六年5次取得前三名，其中2个第二名，3个第三名。2009—2011年水位3次进入前三名，区域前兆台网中心在2010—2011年台网管理类评比中2次获得第三名。

海口地震台多年来一直承担海南省及其邻区地下流体周、月、年度的会商工作，撰写流体学科会商报告20多篇，从2010年开始还完成区域地磁、重力、形变学科的会商报告4篇，完成区域前兆台网年报、月报40余篇；参与完成中国地震局监测预报司"三结合"项目3项，中国地震局"星火计划"1项，海南省重点项目1项，海南省地震局合同制课题5项；完成有关技术报告11项，在平息地震谣言事件中，多次接受省市等多家新闻媒体专访；在各类学术刊物上发表论文15篇；取得海南省地震局防震减灾优秀成果奖3项。

（中国地震台网中心）

湟源地震台

湟源地震台位于青海省西宁市湟源县波航乡，海拔2829米，距离县城9千米，距离省会西宁市60千米。台站地处青藏高原东沿，日月山和拉脊山交汇复合处北缘，台基属加里东期侵入岩、片麻状黑云母花岗岩，岩体完整性好。

湟源地震台是中国地震局基本台站之一，1986年扩建为国家2类测震台，后于1999年改造为全国28个区域有人值守数字地震台之一，承担着青海省大震速报任务，于2008年并入全国数字地震台网，观测手段有地震观测、流体观测、形变观测、FHD地磁观测。

湟源地震台测震项目在青海省地震观测资料质量评比中连续14年获得第一名、其中2008年获得了全国地震监测预报质量单项评比第一名，2010年获得了全国评比综合第一名、资料分析第二名、系统运行第三名，2011年获得了全国评比综合第二名、资料分析第三名、系统运行第三名。突破了湟源地震台乃至青海省地震台站在全国地震观测资料评比中的最好成绩。

湟源地震台其他测项在青海省地震观测资料质量评比中也是名列前茅。模拟水氡获得2010年度、2012年度评比第一名，2008年度、2009年度评比第二名；地磁FHD观测获得2009年度、2010年度、2012年度评比第一名，2011年度评比第二名；水温观测获得2009年度、2010年度评比第一名，2011年度、2012年度评比第一名；分量钻孔应变观测获得2009年度、2011年度、2012年度评比第一名，2010年度评比第二名；钻孔倾斜观测获得2012年度评比第一名，2010年度评比第二名；信息通信获得2009年度、2012年度评比第一名，2010年度第二名。另外，湟源地震台监测成果先后获得青海省防震减灾优秀成果一等奖1次，三等奖4次。

湟源地震台连续3年被青海省地震局评为先进集体，多人多次被青海省地震局评为先进个人。其中台长白占孝同志被中国地震局评为2009年全国监测预报先进个人，2012年被评为青海省创先争优优秀共产党员。

同时，湟源地震台坚持以科学发展观为指导，积极在业务技术上开拓创新，自2005年至今，湟源地震台共申请课题 12 项，其中中国地震局"三结合"课题 2 项，青海省地震局课题 9 项，地方课题 1 项，其中一项课题被评为青海省防震减灾优秀成果奖三等奖。

（中国地震台网中心）

固原地震台

固原地震台位于固原市原州区文化巷 242 号，隶属宁夏回族自治区地震局，始建于 1964 年，属国家基本地震台，国家 I 类水化台。

台站现有职工 9 名，其中高级工程师 2 名，工程师 1 名，助理工程师 5 名，技术员 1 名。

固原地震台观测手段涵盖测震、地电、地下流体、地壳形变四大学科，共有观测仪器 21 台套，45 个测项。固原地震台下辖 6 个子台，分别设在原州区、西吉、泾源，均为无人值守子台。

测震子台有 3 个，分别为海子峡、泾源、西吉火石寨，海子峡测震台为国家基本台，泾源台和西吉火石寨为区域测震台。海子峡、泾源采用光纤通信，西吉台采用 CDMA 通信。

地电台有 1 个，为彭堡地电台。该观测项目有视电阻率和大地电场，仪器为 ZD8B 和 ZD9A-2 型。

地下流体观测点有 2 个，一个是西吉县王民流体井，观测项目有水温和水位，并有气象三要素辅助观测；另一个是硝口泉点，观测项目有气氡、二氧化碳、甲烷、氦、氯离子、电导率、碳酸根离子和重碳酸酸根离子。

海子峡综合点除测震外还有钻孔体应变观测和 FHD 地磁观测；泾源县卧龙山洞安装有垂直摆，水管仪、伸缩仪等形变仪器。

固原地震台成功预测了 1998 年 7 月 29 日宁夏海原 4.7 级地震、2001 年 5 月 21 日宁夏同心 4.5 级地震、2006 年甘肃岷县 5.2 级地震，宕昌 4.7 级地震，山丹民乐 6.1 级地震。

固原地震台 11 次荣获宁夏回族自治区地震局先进集体，2003 年获得中国地震局全国地震台站工作先进集体，获得宁夏地震局防震减灾优秀成果三等奖 1 项，四等奖 3 项，气氡观测资料获得全国评比第三名；2011 年固原台地电阻率荣获全国地震观测资料评比第三名，台站节点综合评比荣获全国地震观测资料评比第三名。

（中国地震台网中心）

地震灾害预防

2012年地震灾害预防工作综述

一、推进抗震设防基础性工作

一是积极推进新一代区划图的修订。2012年是新一代区划图编制工作的收官之年,多次向相关部委、地方政府、行业专家和社会公众广泛征求意见。先后组织召开3次修订工作组全体会议,对252条反馈意见逐条进行了认真分析,对70%的意见进行采纳或部分采纳,并重点对不宜采纳的意见进行了专门研究。区划图送审稿已通过地震标准化委员会技术审查,即将交国家标准化委员会,进入审查发布程序。

二是深化抗震设防要求和地震安全性评价行业管理。指导地方探索抗震设防要求全过程监管,推动81.6%的地级市将抗震设防要求管理纳入基本建设管理程序,74.5%地级市的地震部门进驻了当地政府政务服务中心,有效保证了建设工程地震安全。发布地震安全性评价工程师《执业管理办法》和《继续教育管理办法》,印发《关于规范省级地震安全性评定委员会组成的指导意见》《关于规范地震安全性评价报告评审工作经费管理的指导意见》等,对地震安全性评价报告质量进行了检查,并对检查结果进行了通报。

三是稳步开展活断层探测等基础性工作。2012年强化与财政部沟通,推动全国地震重点监视防御区、华北、南北带等重点区域活动断层探测工作,现已探明活断层75条。指导各地推进城市活断层探测和区域深部构造探测工作,现有20个城市处于项目实施阶段,福建省已经完成省域范围的深部构造探测工作,并取得了很好的成果和经验。全国强震动台网运行状况良好,1/3以上台站实现了网络通信,部分设备完成了更新换代,获取强震动观测记录1608组,为核电、水利及轨道交通等社会各领域用户提供强震动数据。

二、引导科普宣传工作向纵深发展

一是以全国防震减灾宣传工作电视电话会议为契机,积极推进防震减灾科普宣传工作。中国地震局与中宣部联合召开了全国防震减灾宣传工作电视电话会议。会后,两部门联合印发了相关文件,明确了进一步做好防震减灾宣传工作的基本原则、重点任务和主要措施,全面部署"十二五"期间防震减灾宣传工作,14个省局与省委宣传部下发了相关配套文件。国家"十二五"《防震减灾宣传规划》印发,6个省局出台了"十二五"防震减灾宣传工作专项规划,其余各省防震减灾宣传工作规划在省防震减灾工作规划中得到落实。

二是整合社会资源，举办形式多样的宣传活动。在"5·12"防灾减灾日等多个重要时段，组织全国各地开展宣传教育活动，开展了历时半年的"平安中国"防灾宣导系列公益活动，推出我国首部防震减灾知识动画电影《今天·明天》，举办防灾文化动漫影视创意争霸赛。推动将防震减灾社会宣传纳入中宣部及科技部等九部委联合开展的科技列车行活动，地震专家深入基层传播防震减灾科普知识。新增18个国家防震减灾科普教育基地，逐步实现了以更加新颖和大众化的方式开展防震减灾宣传教育的模式。

三是充分利用新媒体加强宣传效果，制作丰富的宣传产品。充分利用多媒体传播特点，组织拍摄了抗震设防服务西藏经济社会发展的专题片《天路下的秘密》。探索利用商业模式，与Discovery亚太区中国团队合作，拍摄抗震农居工程题材纪录片《家园》。出版了一批汉、维吾尔、哈萨克、朝鲜、蒙古等文字的宣传作品。

三、提升基层防震减灾能力

一是科学谋划基层防震减灾工作。12月召开了全国市县防震减灾工作指导委员会工作会议。会议总结了近年来市县防震减灾工作进展，研究讨论了新时期加强市县防震减灾工作的思路和措施，对省地震局和市县地震部门的落实措施作了全面部署。

二是推动建立目标考核责任制。防震减灾目标责任制逐步建立，示范社区、示范县、示范城市逐步创建，基层防震减灾机构不断健全、人员不断扩充，基层工作呈现出快速发展的良好局面。组织召开了全国防震减灾目标责任制现场工作会，交流总结了经验并部署了具体工作。各地积极响应，已有21个省（区、市），包括直辖市的60个区、205个地市开始了责任目标考核，8个省纳入地方条例予以确认，进一步巩固完善了"党委领导、政府负责、部门配合、社会参与、法制保障"的格局。新建市县级地震机构150多个，全国市县机构年度业务经费达7亿多元。加强了对市县地震部门的防震减灾考核工作，通过建立地震系统内部考核机制，充分调动基层地震工作主管部门的能动性。

三是广泛开展基层示范建设。全国累计地震安全示范社区已达到近千个，创建内容更加丰富，逐步拓展到新建社区的科学选址、指导商品房开发企业提高抗震设防水平、社区与多单位联合开展应急演练和引导群众群测群防等方面。组织召开了全国基层防震减灾示范现场会议，制定印发了《地震安全示范社区暂行管理办法》，成立了地震安全示范社区评估专家组，考核认定了64个国家地震安全示范社区。工作方式逐步从地震部门主导，转变为地震部门指导、地方政府支持、街道、社区或企业为主的格局。四川、陕西、山东等地建成了10余个防震减灾综合能力示范县，防震减灾示范城市也正在创建过程中。

四是稳步推进农居工程和校安工程建设。全国已有30个省（区、市）开展了农居工程示范试点建设，共建成730多万户，惠及3000多万人。新疆维吾尔自治区自开展地震安全农居建设以来，新建地震安全农居经受了地震检验，取得了5级地震"零伤亡"、6级地震"零死亡"的减灾实效。中小学校舍安全工程，地震部门在抗震设防要求技术服务、配合教育部门实施督查管理和在中小学校中开展防震减灾宣传等方面做了大量工作，目前3年任务基本完成，校安办印发了关于建立长效机制的文件，标志着校安工程阶段性任务的顺利完成。

四、加强抗震设防要求管理工作

加强对省级地震部门依法监管抗震设防要求的指导，在学校、医院等人员密集场所建设工程抗震设防要求确定、重大工程场地地震安全性评价报告审定等方面提供政策咨询，努力推动地方地震部门建立完善抗震设防要求监管机制；履行国家地震安全性评定委员会办公室职能，组织开展海南洋浦乙烯石化项目、北京地铁 16 号线项目等 127 项地震安全性评价报告的审查，依法确定抗震设防要求；履行城市总体规划部际联席会议成员单位职责，参与南京、呼和浩特等 13 个城市总体规划的审查，推进防震减灾法规政策在规划中的落实；参与大渡河双江口、金沙江向家坝等 5 项水电工程防震抗震研究设计专题审查，确保抗震设防要求在抗震设计中落实；组织实施《核电厂抗震设计规范》修订，召开工作会议，确保核电工程抗震设计科学合理。

加强强震动观测台网运行维护管理。组织强震动观测年度评比工作，完成区域强震动台网中心挂牌，建立健全强震动观测台网的管理、评价体系，为强震动观测工作健康、持续发展奠定良好基础；组织专家或利用各级强震动中心，开展各省强震动台网运行情况的实地抽查或远程检查，确保强震动台网正常运行；加强与各省级地震局和强震动观测仪器生产厂家沟通，探索仪器设备维修的高效、经济途径，降低维修成本，保证仪器正常运转；举办强震动观测技术培训班，提高观测人员的业务能力。

五、开展地震安全性评价工作

加强地震安全性评价个人执业资格和单位资质管理，完善地震安全性评价规章制度，建立廉政风险防范体系。加强与人力资源和社会保障部相关司室沟通协商，组织完成 1000 余人参加的 2012 年度一级、二级地震安全性评价工程师资格考试，根据人力资源和社会保障部确定的合格标准，全国共 19 人获得一级地震安全性评价工程师资格证书。对 2010 年单位资质重新认定以来，57 家甲、乙级资质单位管理和开展地震安全性评价工作的情况进行检查，重点审验资质单位机构人员状况、工作业绩、项目开展情况以及遵守法律、法规的情况以及资质单位 2010 年 10 月 1 日以来开展地震安全性评价工作的情况，抽检报告 305 份，并召开专题会议对审验结果进行通报。

积极推进《地震安全性评价收费管理办法》贯彻落实，指导各省制定本地区地震安全性评价收费标准，规范地震安全性评价收费行为。起草《地震安全性评价工程师执业管理办法》《地震安全性评价工程师继续教育管理办法》，进一步规范地震安全性评价工程师执业行为和继续教育工作，规范行业管理。

编制"地震安全性评价报告评审""抗震设防要求确定""地震安全性评价单位资质许可"和"地震安全性评价人员资质许可"等职权权力运行流程图，明晰责任任务，规范工作程序。

六、实施活动断层探测与填图

全力推进《中国地震活断层探察》《我国重点监视防御区活断层地震危险性评价项目》实施。继续推进"中国地震活断层探察——华北构造区""中国地震活断层探察——南北地震带南段""我国重点监视防御区活断层地震危险性评价"项目的实施,要求牵头单位、各协作单位和项目负责人加强管理、明确责任,高质量完成好项目任务。及时召开年度工作会议,对项目各专题实施情况进行检查,督促项目质量和进度,多次组织专家及时开展野外工作检查、指导。2012年,开展探测工作的活动断层近30条,总长度近1500千米;采用地球物理探测手段的联合剖面近1000千米;验收通过地质填图共25条断层。梳理历史工作成果,做好成果转化工作。完成八五、九五以来的工作成果整理出版。

指导、推进宁夏、四川、河北、黑龙江等地开展城市活断层探测与地震危险性评价工作。

推进防灾基础标准化工作,对不适应现代技术和需求的标准进行修订。依据科研项目开展情况,将成熟技术向标准化推进。继续推进震害预测技术标准修订工作,3月和11月分别召开修订工作会议,研究讨论标准草案。《1∶50000活动断层填图》和《活动断层填图数据库》两项地震行业标准初稿编制完成,已按照要求提交,做好征求意见的准备工作。

(中国地震局震害防御司)

各省、自治区、直辖市地震灾害预防工作

北京市

1. 抗震设防要求管理

按照应该进行地震安全性评价工作的项目不漏、需要进行部门审查的工程全审,能够直接依据《中国地震动参数区划图》进行抗震设计的项目全放过的原则,2012年对北京市政府网上审批平台中的984个项目进行了审查。所有重大项目完成"地震安评"工作排查;对应办理地震安评审查手续的256个重大项目提出办理要求;对应开展地震安全性评价的34个项目,进行地震安全性评价工作监管、报告审定及抗震设防要求确认;对无须办理手续的工程项目严格按照《中国地震动参数区划图》进行监督检查,未发现违规现象;积极参加市政府秘书长牵头的协调会,2012年共参加市政府项目协调会几十次,包括立项、选址、项目推进等方面,涉及协调项目300余项。

2. 地震安全性评价管理

北京市具有甲级地震安全性评价资质单位7家,乙级地震安全性评价资质单位4家,无丙级地震安全性评价资质单位。北京市地震局定期对地震安全性评价资质单位进行监督检查。

3. 活动断层探测工作

完成穿越北京市城区5条主要活动断裂的探测工作。主要探测断裂为:①黄庄—高丽营断裂,探测长度55千米;②顺义—良乡断裂,探测长度50千米;③南苑—通县断裂,探测长度35千米;④南口—孙河断裂,探测长度58千米;⑤东北旺—小汤山断裂,探测长度23千米。

4. 防震减灾科普基地和示范区建设

利用地震专业台站、公共安全馆、科技馆、社区活动场所、地下民防工事等场地建设宣传教育基地,在宣传方式上进行创新和探索,一批互动和体验项目获得市民好评。截至2012年底,北京市共建成国家、市级、区县级防震减灾科普教育基地35个,社区宣传站70多个,年接待25万人次。

4月,北京市地震局召开评审会,组织专家对申报北京市地震安全社区的单位进行评审认定。朝阳区的惠新北里社区,丰台区的三角地第二社区、枫竹苑社区,海淀区的世纪新景园、怡丽北园、亮甲店社区,昌平区的东关南里、望都家园、云趣园、南农社区,大兴区的丽园、枣园社区,通州区的颐瑞东里、玉桥东里南社区和门头沟的绮霞苑社区被批准命名为北京市地震安全社区。

5. 防震减灾社会宣传教育工作

制作各种宣传品30多万册,在"5·12"防灾减灾日、科技周、宣传演练等重点时段

发放。组织防震减灾知识"进社区、进乡村、进学校"活动，定期开展不同层级、不同形式的业务培训和应急演练。2012年，各区县组织各类宣传活动约300场；举办各种讲座培训班约160场（次）。

6. 区县防震减灾工作

在中国地震局组织的2012年度全国市县防震减灾工作考核中，海淀区地震局和昌平区地震局被评为综合考核先进单位；朝阳区地震局被评为优秀单位；朝阳区地震局被评为地震应急救援工作先进单位。

（北京市地震局）

天津市

1. 抗震设防要求管理

天津市地震局、天津市建设交通委等部门联合加强建设工程抗震设防要求管理，完善抗震设防要求监管机制和程序，将防震减灾许可事项纳入天津市企业发展共享服务平台，依法审批萨马兰奇纪念馆等重大建设工程抗震设防要求行政许可事项33件。组织专家就GB 18306—2001《中国地震动参数区划图》（征求意见稿）中涉及天津市区划部分进行研讨，向天津市各区县人民政府征求修改意见，并上报天津市政府。

2. 地震安全性评价管理

组织完成全国2012年地震安全性评价工程师资格考试报名工作。根据《天津市二级地震安全性评价工程师资格考试实施办法》，天津市地震局、天津市人力资源和社会保障局联合印发《关于2012年度天津市二级地震安全性评价工程师资格考试工作安排及有关问题的通知》，对天津市报名和考试工作进行部署和安排，组织开展全国地震安全性评价工程师资格考试，2人获得一级地震安评工程师资格。督促天津市地震安全性评价资质单位天津市地震灾害防御中心和中国地震局第一监测中心完成资质审验自查。对天津市健康产业园、民园体育场改造等40余项新建重点建筑进行地震安全性评价，确保新建、扩建、改建建设工程达到抗震设防要求。

3. 活动断层探测工作

完成"天津近海海域隐伏活动断层探测和地震危险性评价"项目专家验收，开展天津市断裂活动性与区域地壳稳定性评价。完成《天津市活动断层探测与地震危险性评价》专著1部。

4. 防震减灾社会宣传教育工作

天津市委宣传部、天津市地震局联合印发年度防震减灾宣传工作要点，共同组织召开全国防震减灾宣传工作电视电话会议天津分会场会议，安排部署2012年防震减灾宣传重点工作任务。天津市委宣传部、市政府应急办、市民政局、市地震局及市气象局等多家委办局合作，在"5·12"防灾减灾日、"7·28"防震减灾宣传周、天津科技周期间，组织开展大型宣传活动，举办专题讲座70场，发放资料22万份。各区县、各单位以各种形式开展防震减灾科普宣传，红桥区将地震科普纳入党校教学内容；天津人民广播电台、天津政务网、北方网、《城市快报》等新闻媒体开设专题节目和专栏，宣传防震减灾知识；公交集团利用车载电视宣传防震减灾知识。建设完成天津地震台网中心大楼防震减灾科普展厅和天津滨海防震减灾科普教育基地，实现天津市防震减灾科普教育网站上线并投入使用。和平区新建7个科普宣教基地。

5. 其他工作

做好重大项目建设地震服务工作，先后对空军杨村机场迁建选址、天津市健康产业园、蓝星天津化工新材料产业园、天津港南疆LNG项目、民园体育场及周边地区保护利用提升改造工程等重大项目提供地震服务，保障重大项目建设顺利实施。

天津市在全国首批完成中小学校舍安全工程。各区县加大地震小区划工作力度，蓟县将小区划面积扩大到57平方千米。和平区防震减灾示范区全面建成，地震小区划成果得到应用。在2012年全国市县防震减灾工作考核中，滨海新区、和平区被评为先进单位，东丽区被评为优秀单位。

(天津市地震局)

河北省

1. **抗震设防要求管理**

2012年河北省本级和11个设区市全部纳入建设项目抗震设防要求管理程序，开办了抗震设防要求行政审批具体业务，河北省地震局共办理行政审批事项47项。制作完成《河北省农村民居声像片》，并进行发放。继续协助有关部门推进全省中小学校舍安全工程。

2. **地震安全性评价管理**

送审地震安全性评价报告205份，出具省安评委评审意见170份，召开安评报告评审会5次，会审报告41份。建设工程地震安全性评价结果审定和抗震设防要求确定45项。完成地震安全性评价人员二级职业资格核准2项，河北省1家丙级地震安全性评价资质认定、1家乙级资质单位申报材料的审核工作、4名二级地震安全性评价工程师注册工作、3名一级地震安全性评价工程师注册工作。完成全省2012年度二级地震安全性评价工程师资格报名、条件审查、考务工作，参加考试考生55人。组织召开2012年度全省资质单位工作座谈会。组织河北省部分市、县开展针对2007年新修订的《河北省地震安全性评价管理条例》执法检查。

3. **震害预测工作**

推进河北省震害预测和小区划工作开展。11个设区市的震害预测工作基本完成。组织召开"河北省2012年度灾情趋势预测与减灾对策研讨会"，省发改、民政、农业、国土等30多家理事单位的理事或代表参加会议。研讨会结束后，组织完成《河北省2012年度灾情趋势预测与减灾对策报告》并上报省政府。

4. **活动断层探测工作**

完成秦皇岛市、唐山市、邢台市、保定、张家口、石家庄市等活断层项目验收工作，河北省城市活断层探测和地震危险性评价项目全部完成。

5. 防震减灾社会宣传教育工作

向河北省地震系统印发《河北省防震减灾宣传规划（2011—2015年）2012年实施方案》，提出工作要求和进度要求。加强"六进"宣传渠道的建立。组织开展"5·12"防灾减灾日、科技周、科普日、安全生产月、"7·28"防震减灾宣传周、国际减灾日等重点时段的防震减灾宣传活动。组织相关单位参加全国防震减灾宣传工作电视电话会议。组织开展并完成"科技工作者科普社会责任科普论坛"和"科普广场大型宣传活动"。

6. 其他工作

组织完成国家社会服务河北震害防御信息系统和省"十一五"地震安全项目2012年度任务。起草并向河北省各建设示范城市和示范县印发《国家地震社会服务工程河北省分项目实施意见》指导各建设单位执行，并签订数据采集技术协议。组织开展地震群测群防示范点人员培训。

（河北省地震局）

山西省

1. 抗震设防要求管理

2012年10月召开抗震设防要求经验交流会，对10年来抗震设防要求管理进行总结回顾，明确了今后工作目标和要求。

受理地震安全性评价项目496项，进行抗震设防要求许可审批476项。

2. 地震安全性评价管理

组织完成2012年度二级地震安全性评价工程师考试。

与省物价局联合制定安评收费标准，配合省物价局完成对省局2个安评单位的监审、调研和新收费方案论证工作，于11月份正式发文实施新标准。

完成安评报告编写标准（大纲）和地震安全性评价项目数据库建设方案。

3. 活动断层探测工作

国家地震社会服务工程系统建设山西部分完成12个县（市、区）数据调查收集工作和服务中心软件、设备的采购；完成应急前方指挥平台进口设备的招标和实施，完成联动数据库数据收集整理，完成"地震应急预案管理信息系统""短信息灾情收集与传送""基于协同环境的次生灾害评估软件"和"基于协同环境的互动辅助决策和优化系统"招标与合同签署。

临汾市活断层探测项目完成野外工作；长治"晋获断裂地震活动和断裂探测项目一期"通过验收，2期300万元经费已基本落实，2013年实施2期探测工程。临汾市震害预测项目进展顺利，2013年进行项目竣工验收。

4. 防震减灾社会宣传教育工作

深化防震减灾"六进"活动；七月份组织地震科普夏令营。5月11日，与太原市合作在太原新影都剧场举行纪念汶川特大地震四周年暨"平安中国"活动启动仪式。"7·28"

防震减灾宣传周期间与省科技馆在迎泽公园举行了防震减灾宣传巡回展览及"7·28"防震减灾宣传周启动仪式；与省红十字会在小店区联合组织地震应急和救护知识培训，100余人参加。活动期间分别组织在山西晚报和山西政府网站进行专家访谈，举行农村民居抗震知识挂图发放仪式，组织专家进机关开展讲座11人次。开展省级防震减灾示范社区和示范学校的评定工作。积极开展示范创建活动，制定方案，将太原市小店区作为试点，省局下拨2万元启动经费，小店区投入50余万元活动经费，组织开展各项活动。

（山西省地震局）

内蒙古自治区

1. 抗震设防要求管理

制定并印发规范性文件《内蒙古自治区建设工程地震安全性评价结果审定及抗震设防要求确定行政许可实施办法（试行）》，对内蒙古自治区工程场地地震安全性评价结果审定及抗震设防要求的确定给予明确规定。

与内蒙古自治区发改委联合下发《内蒙古自治区地震安全性评价收费实施办法》，明确内蒙古自治区工程场地地震安全性评价收费标准。

完成内蒙古自治区地震安全性评定专业委员会换届工作。

5月，鄂尔多斯市地震局抗震设防要求审核项目进驻政务服务中心审批大厅，审批内容为一般建筑工程和重大建筑工程的抗震设防要求审核。选派2名工作人员进驻审批大厅开展审批工作。

2. 地震安全性评价管理

审批建设工程场地地震安全性评价报告68个，其中，国家地震安评委评审安评Ⅱ级工作报告1个，内蒙古地震安评委评审67个。

组织一级地震安全性评价工程师考试报名工作。内蒙古自治区有8人取得一级地震安全性评价工程师资质证。

6月召开内蒙古自治区地震安全性评价资质单位负责人工作会议。

3. 活动断层探测工作

乌海市活断层探测项目完成浅层探测65千米，深部反射探测钻孔191个、探测60千米、开挖探测槽3个；地震小区划完成钻孔16个，已完成项目进度40%。包头市活动断层探测项目通过包头市发展和改革委员会立项批复。赤峰市中心城区活动断层探测和震害预测工作列入全市综合防灾减灾能力"十二五"专项规划。

4. 防震减灾社会宣传教育工作

防灾减灾宣传周期间，集中开放了内蒙古防震减灾科普基地、包头防震减灾科普基地、赤峰防震减灾科普基地、乌海市防震减灾科普基地、乌兰察布市防震减灾科普基地、二连浩特市防震减灾科普基地，各级各类防震减灾科普教育基地共接待参观群众2700余人。

5月7日，组织内蒙古电视台、《内蒙古晨报》等10家媒体13名记者参观了内蒙古防震减灾科普基地。内蒙古自治区地震局副局长出席了媒体见面活动，并接受内蒙古电视台、呼和浩特电视台等新闻媒体采访。

5月12日，参加内蒙古电台"5·12"防灾减灾日直播活动和内蒙古电台农村牧区广播的访谈节目，通过直播向听众介绍防震减灾科普知识，并与主持人、听众进行互动交流。

编写《防震减灾知识通俗读本》第七章《内蒙古防震减灾工作概况》并筛选插图，首批印刷2万册。利用蒙文版《防震减灾知识通俗读本》向蒙古族聚居区、蒙校等集中开展宣传活动。

5. 其他工作

10月12日，中国地震局和内蒙古自治区人民政府在呼和浩特市签署了《共同推进防震减灾综合能力建设合作协议》。根据协议，中国地震局和内蒙古自治区人民政府将共同推进内蒙古防震减灾综合能力建设。

9月22日，内蒙古自治区十一届人大常委会第三十一次会议表决通过《内蒙古自治区防震减灾条例》，于2012年12月1日起施行。本次条例修订在建设工程抗震设防要求纳入基本建设管理程序、地震灾区开展受灾群众心理援助工作、少数民族聚居地方地震灾后恢复重建应当尊重当地群众意愿等方面取得了突破。

10月29日，中共内蒙古自治区委员会宣传部、内蒙古自治区地震局、内蒙古自治区教育厅、内蒙古自治区科技厅、内蒙古自治区科学技术协会5个单位开展联合评审，根据参评学校的申报材料和盟市党委宣传部门、地震部门、教育部门和科技部门的推荐意见，确定兴安盟扎赉特旗音德尔第一小学等17所学校为内蒙古自治区防震减灾科普示范学校。

经内蒙古自治区科技厅、内蒙古自治区党委宣传部、内蒙古自治区科协联合评审，内蒙古自治区地震局被评为2012年度内蒙古科技活动周暨内蒙古自治区第十一届科普活动宣传周先进集体。

内蒙古自治区地震社会服务工程项目数据收集已完成总体进度的85%，数据库建设同步推进。完成硬件采购和第一批软件招标工作，各类项目档案收集工作同步开展。

呼包鄂地震动速报项目（一期）全部建成，资料已归档，系统运行正常，具备验收条件。

（内蒙古自治区地震局）

辽宁省

1. 抗震设防要求管理

认真执行《抗震设防要求管理办法》，对交通、电力、通信、水利、输油气管线等重大建设工程和可能发生严重次生灾害的建设工程，加大地震安全性评价和抗震设防要求管理和监督力度。对沈阳中韩科技园等60余项建设工程进行了抗震设防要求审批；制定《省外资质单位开展地震安全性评价管理办法》，全面规范资质单位开展地震安全性评价工作。同时，辽宁省各市都把抗震设防要求管理纳入重要工作日程，并列入基本建设管理中。大连市发改委、经信委、规划局、地震局联合制定《抗震设防要求纳入大连市建设项目管理程序实施细则》，规定重大建设项目抗震设防要求是项目选址、立项、批准实施的必备要件，不落实抗震设防要求的项目，审批部门一律不予批准建设；沈阳市要求重大建设工程抗震设防审批严格执行一次性告知和限时办结制度，严格遵守"一个窗口受理、一个处室审校、一个领导签字、一个公章办结"流程；鞍山市在公共行政服务中心信息网和防震减灾信息网对抗震设防审批（许可）、处罚等事项，明确了职责、程序、结果等进行公示；本溪市将建设工程抗震设防要求审批权限下放到各园区管委会和各区；铁岭市把全市各县（市）区抗震设防监管工作均纳入政府行政审批程序，并对全市 35 个建设工程抗震设防要求采用情况实行备案管理。丹东市积极推进农村民居地震安全工程试点工作，在宽甸县长甸镇小孤山村新建 10 户示范房屋。

2. 地震安全性评价管理

进一步加强地震行政许可管理。对辽宁省 20 名具有二级安评师职业资格的从业人员予以注册；对辽宁东港市地震工程研究所丙级地震安全性评价资质单位进行认定；组织全局地震行政执法人员参加省政府行政执法人员资格考试，25 人获得地震行政执法资格。同时，辽宁省各市地震行政执法人员也相继参加了当地的政府行政执法人员资格考试。

3. 防震减灾法制建设

按照中国地震局 2012 年防震减灾目标责任制现场工作会议精神，辽宁省政府同意将防震减灾工作纳入 2013 年政府绩效管理考核体系，切实发挥政府领导防震减灾工作的核心作用。辽宁省各地区地震部门积极与当地政府协调将防震减灾工作纳入政府绩效考核体系。各市加大防震减灾法制建设力度，《锦州市建设工程抗震设防要求管理办法》《葫芦岛市地震安全性评价和抗震设防管理办法》相继出台；《大连市地震安全性评价管理办法》草案已组织有关部门会签，《大连市防震减灾条例》列入大连市未来 5 年立法计划中；沈阳市进一步规范了区、县（市）建设工程抗震设防要求备案管理工作办法。

4. 防震减灾社会宣传教育工作

下发《关于进一步做好防震减灾宣传教育工作的通知》，对防震减灾宣传工作提出更高要求；依据《辽宁省防震减灾条例》，与省教育厅联合下发《关于进一步加强中小学校防震减灾宣传教育工作的通知》，要求各级地震和教育行政部门充分认识加强防震减灾宣传教育的重要性，把中小学校作为防震减灾宣传的重要阵地；为贯彻落实好中国地震局和中宣部联合下发的《关于进一步做好防震减灾宣传工作的意见》，与中共辽宁省委宣传部联合转发了此意见，并要求各市宣传、地震部门以此意见为指导，以宣传国家防震减灾政策、防震减灾知识为重点确定宣传目标和任务。各级地震、宣传、科技、文教等部门协调配合，以防震减灾宣传"六进"为平台，在"5·12"防灾减灾日、"7·28"防震减灾宣传周、"应急宣传周"等重点时段，充分利用公共媒体和社会资源，采取多种形式，开展大量防震减灾科普宣传活动。加强防震减灾科普教育基地建设，沈阳市科学宫防震减灾科普馆在全国首批荣获"国家防震减灾科普教育基地"称号；沈阳市在"十二五"防震减灾规划中，启动一区一县一个防震减灾科普馆建设项目，截至 2012 年底已有 7 个区、县完成本区域防震减灾科普馆建设，占全市区、县总数的 50%。

（辽宁省地震局）

吉林省

1. 抗震设防要求管理

加强行政审批窗口管理，根据政务大厅要求，清理了吉林省地震局的行政许可项目。吉林省有5个市、8个县进入政务大厅，3个市、10个县将抗震设防要求管理纳入基本建设管理程序。

2. 地震安全性评价管理

推进重大建设工程地震安全性评价工作，2012年共对20项重大工程依法开展了地震安全性评价工作。加强地震安全性评价资质单位、从业人员管理，完成2012年度二级地震安全性评价工程师考试，对取得二级地震安全性评价工程师人员进行了注册。

3. 活动断层探测工作

松原市活断层探测项目经松原市发改委批准立项，探测工作有序实施。积极推进延吉市、吉林市城市活断层探测项目立项工作。

4. 防震减灾社会宣传教育工作

利用各部门资源开展防震减灾宣传工作。与吉林省委宣传部联合转发中国地震局、中央宣传部《关于进一步加强防震减灾宣传工作的意见》；与吉林省科技厅联合在四平市举办了2012年吉林省科技活动周；与吉林省教育厅联合下发《关于加强吉林省学校防震减灾工作的通知》；与吉林省委党校签订《关于建立党政领导干部防震减灾工作培训长效机制的协议》；组织吉林省、市（州）防震抗震减灾工作领导小组成员单位收听收看全国防震减灾宣传工作电视电话会议。广泛动员吉林省直相关部门及市县地震机构共同开展防震减灾宣传活动。在"5·12"防灾减灾日宣传期间，各地抓住时机，以媒体宣传、专题讲座、地震应急演练、广场宣传等形式，开展形式多样的宣传活动。"5·12"防灾减灾日，吉林省地震局在净月公园开展宣传活动，在长春人民广播电台开展了防震减灾知识讲座和热线解答。

5. 其他工作

创建5所省级防震减灾科普教育基地，其中吉林省科技馆等3个机构被认定为国家级防震减灾科普教育基地；创建70所省级防震减灾科普示范学校并于5月19日授牌；创建9个省级防震减灾安全社区，其中长春市二道区东盛街道亚泰社区等4个社区被认定为国家级地震安全示范社区。推进将吉林省市（州）防震减灾工作纳入政府责任目标考核体系，吉林省政府已将防震减灾工作作为72个考核指标之一，纳入吉林省政府年度目标绩效考核体系。

（吉林省地震局）

黑龙江省

1. 抗震设防要求管理

2012年，黑龙江省共完成各类工程地震安全性评价报告评审及抗震设防要求确认项目

62项。

2. 活动断层探测工作

开展大庆市城市活断层探测与地震危险性评价项目，对相关资料进行收集、分析和处理，设计详细项目方案。在工作区开展地震勘探、钻孔探测、深部地震构造背景探测等工作。进行地质调查及大比例尺条带填图。启动工作区地震构造图及目标区活动断层分布图编制工作，启动断层活动性鉴定与危险性评价，并开始建立活断层信息管理系统。

3. 防震减灾社会宣传教育工作

由黑龙江省减灾委组织，黑龙江省地震局联合省教育厅、省公安厅、省民政厅、省国土资源厅、省水利厅、省农委、省林业厅、省卫生厅、省安全生产监督管理局等单位在哈尔滨市爱建学校举办以"弘扬防灾减灾文化，提高防灾减灾意识"为主题的"5·12"防灾减灾日宣传活动。

7月28日，在开发区景观广场举办防震减灾宣传活动。

4. 其他工作

2月，《黑龙江省防震减灾条例》重新修订并颁布实施。3月，《黑龙江日报》刊登黑龙江省副省长于莎燕署名文章《贯彻实施防震减灾条例推动平安和谐龙江建设》。5月，举办黑龙江省防震减灾法制工作培训班。

为建立救灾资源共享机制，黑龙江省地震局与民政厅联合起草并下发《关于地震灾情信息共享有关工作要求的通知》，并进一步落实《省民政厅、省地震局关于建立地震灾情信息共享工作机制的通知》，发挥地震灾情信息共享机制在开展救灾工作中的重大作用，实现民政与地震部门震情速报资源整合。

（黑龙江省地震局）

上海市

1. 地震安全性评价管理

2012年，继续对重大建设工程和电力轨交、桥梁等生命线工程开展工程场地地震安全性评价，共完成金山区金廊公路（松江界—亭枫公路）新建工程——大泖港大桥工程、500kV三林—静安线路装设并联电抗器工程、中国博览会会展综合体项目（北块）——主场地等9个工程地震安全性评价报告的审定和抗震设防要求的确定。

继续做好安评资质管理，联合浙江省、江西省、福建省共同举办了二级安评工程师资格考试，并对通过资格考试的人员进行注册。对上海神龙防灾技术有限公司丙级安评资质延续的申请进行审查，作出延续其资质一年的决定；完成北京勘察技术工程有限公司到本市开展安评从业的资质申请备案。

2. 防震减灾社会宣传教育工作

以领导干部、社区居民、中小学生为重点，宣传防震减灾法制和防灾避险知识。在防灾减灾宣传周期间，举办知识竞赛、广场宣传咨询活动，向群众发放各类宣传资料共计6

万余份、主题演练活动 160 场，累计 19 万人参与；联合市教委，举办第 17 届上海市中学生防震减灾知识竞赛，参赛范围首次扩展到职业学校，全市共有 600 多所学校参与，覆盖学生达 17 万人；编写完成面向上海市民的防震减灾知识读本初稿。

"上海地震科普网"上线试运行，以寓教于乐的方式，向网民全方位传递地震科普知识，让人们通过游戏、视频等多媒体形式掌握地震知识和避震逃生技能。

曹杨社区防灾减灾科普体验馆、青浦区青少年实践中心地震科普馆、闵行区防震减灾科普馆等陆续建成，具有地震和海啸灾害防范实训功能的"上海市公共安全教育实训基地"项目正在推进。

科学指导示范学校开展防震减灾科普知识和避险技能教育，出台了《关于印发〈上海市防震减灾科普示范学校教育指导意见（试行）〉的通知》，从指导思想、总体目标、基本原则、主要教育内容提要和保障措施五大方面对本市示范学校开展防震减灾教育工作提出指导意见。

制定《上海市地震局新闻发布管理办法》《上海市地震局地震信息发布管理办法》，地震信息和新闻发布工作得到进一步规范和加强。

强化地震信息日常编辑和发布工作，加强网络舆论引导，快速权威发布地震信息，适时适度宣传防震减灾科普知识。全年编印《上海防震减灾报》12 期。刊登局内外工作信息动态、科普文章 200 余篇、照片 80 余张；编印《上海地震舆情反映》19 期，反映上海市地震舆情动态；更新"上海地震信息网"内容 500 次，全年访问量 101241 人次；更新"上海地震科普网"内容 100 次，访问量逾 4 万。在新浪网、腾讯网、东方网、新民网 4 个上海市地震局官方微博设立"震情信息""微科普""历史上的今天""热点地震""工作动态"等常规栏目，全年共发布微博 2112 条，"粉丝"数达 122715 人。

结合国内外突发地震事件以及各类科普宣传活动，开展防震减灾新闻宣传工作，2012 年共接受中央及沪上主流媒体采访 55 次。

3. 其他工作

完成地震烈度速报网络和地震灾情快速判定系统项目建议书的编制，对全市各道路中心线、边界线、各区行政分界线及 360 余万幢建筑数据进行梳理，建立了上海市建筑物、道路等基础数据库和震害矩阵，为地震烈度速报网络和地震灾情快速判定系统建设项目做技术准备。

根据中国地震局要求开展上海市《国家地震社会服务工程——上海市社会服务工程》项目数据收集协调工作，选择青浦区和崇明区作为样本区县进行数据统计，已完成所有房屋建筑样本的数据采集。

（上海市地震局）

江苏省

1. 抗震设防要求管理

加强对江苏省建设工程抗震设防和地震安全性评价工作的依法管理。13 个省辖市和 40

个县（市、区）地震局进入政府行政审批中心，严格审批、审核工程建设项目，在源头上把好抗震设防要求关。农村民居地震安全工程结合苏南发达地区和苏中、苏北地区的实际，建立相应的示范点进行推广。中小学校舍地震安全工程开展"回头看"活动，省地震局与省教育厅联合下发文件要求位于郯庐断裂带和茅山断裂带附近的学校开展校舍场址地震安全评估与排查工作。加大地震安全示范社区创建力度，全年共有101个社区申报省地震安全示范社区。

2. 地震安全性评价管理

对一般工业与民用建筑按国家颁布的地震动参数区划图规定的抗震设防要求进行抗震设防；重大建设工程和可能发生严重次生灾害的建设工程，基本上按规定开展地震安全性评价工作。有300多项重大工程或生命线工程依法开展了地震安全性评价。省、市地震局联合开展地震安全性评价结果在建设工程抗震设计中使用情况检查，加强建设工程抗震设防要求监管。

3. 活动断层探测工作

城市活断层探测工作进展顺利，已有南京、徐州、苏州等10个城市完成或正在开展城市活断层探测，数量在全国各省份中名列前茅。南通、盐城、无锡等市开展了城市震害预测或城市基底轮廓断裂构造探测工作。

4. 防震减灾社会宣传教育工作

利用电视、电台、报纸和防震减灾门户网站等大众传媒，"中国江苏"在线访谈、12322防震减灾公益服务平台及微博等新兴媒体宣传科学减灾理念，展示防震减灾业务、服务、科研工作，展示江苏省防震减灾工作者风采，使社会各界了解、关心、支持和参与防震减灾事业发展。广泛深入宣传新修订的《江苏省防震减灾条例》，为贯彻实施工作营造良好氛围。全省开展各类宣传活动200多次，受众达百万人次。江苏省12322防震减灾公益服务平台接受市民电话咨询5万多次。参与"平安中国"防灾宣导系列公益活动，江苏省地震局创作的动画片《皮皮历震记》获得首届"平安中国"防灾文化动漫影视创意争霸赛最佳动画作品奖。建成省级防震减灾科普教育基地47个，其中国家级科普教育基地8个，新增徐州地震科普馆为国家级科普教育基地；建成防震减灾科普示范学校173所，约占全国总数的1/10。

（江苏省地震局）

浙江省

1. 抗震设防要求管理

以法律法规为依据，不断增强抗震设防要求监管力度。浙江省安评委2012年依法审定重大建设工程和生命线工程160余项。各市、县（市、区）地震部门及时向本级政府汇报，积极与发改等部门沟通，完善抗震设防监管程序，丽水市所有县（市、区）都与本级政府或发改部门联合发文，加强抗震设防监管；宁波市派出工作人员进驻市经济发展服务中心，负责"委托窗口"包括抗震设防要求在内的各事项的办理;《绍兴市重大建设工程地震安全性评价管理暂行办法》已经发布;舟山市地震安全性评价行政许可事项进入市行政审批中心办证大厅统一受理。依法行政制度建设逐步完善,执法队伍建设逐步加强,有120人通过了省级培训和考核。各市校安工程基本完成。农村抗震民居示范点建设继续推行,湖州市吴兴区南山村示范小区建设完成,平湖市农村新社区民居抗震设防研究示范区通过浙江省科技厅验收认定。城市地震安全示范社区建设开始启动,并在宁波北仑、嘉兴平湖开展示范试点。

2. 防震减灾法制建设

积极贯彻《中华人民共和国防震减灾法》,努力推进防震减灾法制建设。2012年,浙江省地震局联合省人大赴湖州、绍兴等地开展专题调研,在征求各市县地震部门和省级40多个部门意见后,将《浙江省防震减灾条例(送审稿)》和立法说明报送省人大、省政府。《浙江省防震减灾条例(送审稿)》已列入浙江省人大2013年二类立法预安排计划。

3. 防震减灾社会宣传教育工作

以全国防震减灾宣传工作电视电话会议精神为指导,努力引导和培育先进的防震减灾文化。2012年,浙江省防震减灾科普馆建成并开始对外开放。5月,浙江省地震局联合省教育厅、团省委、省科协等部门开展防震减灾知识网络竞赛,各级地震部门积极组织中小学生踊跃报名参与,参赛人数达16万。省、市、县三级地震部门充分利用"5·12"防灾减灾日、"7·28"防震减灾宣传周等宣传契机,多层次、多渠道、全方位地开展防震减灾知识宣传。据统计,全省地震部门共举办各类广场宣传活动近100场;发放各类宣传资料和宣传品20多万份;发送手机短信5万余条;悬挂宣传横幅、条幅200多条;展出展板约3000块;举办各类防震减灾科普知识讲座近100场。

4. 市县防震减灾工作

浙江省各市、县(市、区)党委政府进一步加强对防震减灾工作的组织领导,嘉兴、杭州、衢州等市组织召开全市防震减灾工作会议。温州、湖州、丽水等市根据人员变动和工作需要,及时调整了防震减灾工作领导小组成员,确保工作有序衔接。强化防震减灾"平安市县"考核工作,该项工作得到浙江省平安办领导肯定。各市、县(市、区)地震部门工作机构建设成果明显。浙江省11个地市已经全部在科技局挂牌成立了地震局,90个县(市、区)中已有42个在科技局挂牌成立了地震局。各级财政对防震减灾的投入明显提升,88个县(市、区)已将防震减灾工作经费作为独立科目纳入政府财政年度预算。省、市、县三级上下联动、浙江省"一盘棋"的工作格局进一步得到夯实。

(浙江省地震局)

安徽省

1. 抗震设防要求管理

安徽省16个市级地震部门均进入同级政府政务服务窗口,并将抗震设防要求管理纳入基本建设审批程序，新增县级行政审批窗口15个，安徽省开展一般建设工程抗震设防要求核定近万项；编印发放1000套农村建房防震知识挂图，指导农村民居地震安全示范工程建设，铜陵市政府实施地震安全农居财政直补到户的政策，成效显著。2012年安徽省建成农村民居地震安全示范点137个，总面积629.8万平方米，惠及5.33万户，新建示范点8个，新建86.5万平方米，惠及农户0.49万户。召开地震安全示范社区现场会，安徽省已建成41个地震安全示范社区，指导新建地震安全示范社区35个。省政务服务中心地震行政审批窗口无超时办件，群众满意度为100%，窗口被评为党员先锋岗。

2. 地震安全性评价管理

对安徽省192个重大建设工程和可能发生严重次生灾害的建设工程开展地震安全性评价。组织参加全国一级地震安全性评价工程师资格考试，2人获得一级地震安全性评价工程师资格，通过率和通过人数在全国地震系统47个单位中排名第一。联合省人力资源和社会保障厅组织了二级地震安全性评价工程师资格考试工作，2人通过考试并获得执业资格。为华东冶金地质勘查研究院审核、发放了丙级地震安全性评价资质证书。与省物价局联合推进完成《地震安全性评价收费标准》修订工作。

3. 活动断层探测工作

滁州市完成地震小区划及滁城震害预测项目，铜陵市完成地震小区划暨铜南断裂探测项目。两个城市的地震小区划工作均已通过国家地震安全性评定委员会评审。合肥市投资1680万元启动城市活断层探测项目。铜陵市城乡建（构）筑物抗震性能普查重大项目已经立项并列入财政预算，3000米国家地质科学钻孔铜陵地震综合观测项目通过可行性研究。六安市启动实施地震小区划项目。

4. 防震减灾法制建设

完成《安徽省防震减灾条例》修订工作，于2012年10月1日正式实施。安徽省地震局通过街头宣讲、培训班、座谈会等形式，开展《安徽省防震减灾条例》学习宣贯。印发《安徽省地震系统法制宣传教育第六个五年规划（2011—2015年）》，确立指导思想、工作原则，明确主要任务和工作措施，建立了保障制度。组织完成第九期安徽省防震减灾行政执法人员资格认证培训，为安徽省历年来规模最大的一次，122名学员全部通过考试，获得执法资格，合格率100%。安徽省地震局政策法规处在2012年度"安徽省政府法制和城管执法系统法制宣传教育工作评选活动"中被评为先进集体。

5. 防震减灾社会宣传教育工作

利用《中华人民共和国防震减灾法》颁布实施纪念日、"5·12"防灾减灾日、科技活动周、"7·28"唐山地震纪念日、国际减灾日、法制宣传日等重点宣传时段，组织开展多种形式的宣传咨询活动。活动期间，地震部门编印、下发各类宣传材料129万份，组织各类宣传活动816场次，举办讲座592场次。安徽省地震局联合省委宣传部、省教育厅、省科技厅、省民政厅、省科协、团省委，举办了防震减灾知识网络竞赛。安徽省各地及北京、福建等省外公众2.4万余人参加了网络竞赛答题活动，多家主流新闻媒体进行了报道。与省教育厅、省科协联合推进防震减灾科普教育基地和科普示范学校建设，安徽省新建4个科普教育基地，成功申报2个国家科普教育基地，认定3个省级基地。至此，安徽省已有22个科普教育基地、8个国家级和省级防震减灾科普教育基地。组织安徽新视野科教文化传播有限公司成功申报"国家防震减灾科普产品研发生产示范基地",填补了国内这一领域空白。召开防震减灾科普示范学校现场会,指导新建53所示范学校。截至2012年底,安徽省已建有51所省级、189所市级防震减灾科普示范学校。

6. 市县防震减灾工作

安徽省地震局加大对市县地震部门指导、管理、支持力度。累计投入752.05万元支持市县防震减灾工作发展,同比增加366.05万元,增幅达94.8%。六安、池州、蚌埠等6市所辖18个县(区)增设或升格地震工作机构,增加人员编制40名。滁州、六安、亳州、蚌埠等市新建监测综合楼竣工并投入使用,池州市地震信息中心建设工程即将破土动工,宣城市地震监测中心启动实施;滁州市、县两级地震部门征得事业后备发展用地39亩,所辖6个县(市)综合楼建设竣工在即。合肥、池州、阜阳、马鞍山、安庆、淮南等地地震部门工作经费增幅超过50%。合肥、亳州等11个市召开防震减灾工作会议。铜陵市委常委会议、阜阳市政府常务会听取防震减灾工作汇报,芜湖、马鞍山等6个市召开防震减灾工作领导小组会议,六安、蚌埠等27个市、县(区)政府印发文件35份,对防震减灾工作作出具体安排。省市县三级地震工作融为一体,共同发展新局面已经形成。

在中国地震局组织的2012年度全国市县防震减灾工作考核中,安徽省推荐的3个市、4个县地震部门全部获评先进单位。在60家市级先进单位中,安徽省推荐的3个市局名列前25名,滁州市地震局获得第4名的好成绩。

7. 其他工作

新建群测群防点36个,增加防震减灾助理员360人,截至2012年底安徽省共有群测群防网点578个,防震减灾助理员1660人,实现了乡镇、街道全覆盖。全程参与省校安办开展的校舍安全加固改造工程质量大检查活动,3次赴亳州,对市直和3县1区的校舍安全工程建设情况进行督导,安徽省地震局包保单位的年加固改造任务已100%完成。

积极开展各类基础地理信息数据库建设,建立和完善相关行业数据库,推进数据共建共享工作和数字城市建设。将GIS相关项目列入省信息化专项资金项目指南,进一步提升GIS技术应用水平。成立GIS培训中心,与各高校开展深入合作,组织2所高校GIS专业学生教学实践活动。成功举办安徽省第三届大学生GIS技能大赛,安徽省15所高校,1423名大学生参赛。作品涵盖应急、市政、环保、气象、地震、农业等诸多GIS应用领域。在全国决赛中,安徽省GIS大赛推选的作品获得一等奖、二等奖各1项、三等奖5项。组织省直各厅局、高校、企业搜集整理安徽省GIS应用成果,编纂《安徽省地理信息系统应用成果(1995—2010年)专辑》,组织技术人员参加第七届海峡两岸GIS发展研讨会及2012中国地理信息产业大会,积极获取GIS行业前沿资讯。

(安徽省地震局)

福建省

1. 抗震设防要求管理

加大行政执法力度,确保重大建设工程和受地震破坏后可能产生严重次生灾害的工程依法开展地震安全性评价工作。结合"造福工程",推进石结构房屋改造。2012年,福建省委省政府将"造福工程"列入为民办实事项目,在100个省级重点扶持的"造福工程"集中安置区建设中,把石结构房纳入建设范围。大力支持省重大水利工程项目。及时跟踪各重大水利工程项目,做好安评服务工作,提高"水利工程"安评质量,2012年完成德化县彭村水库、龙岩坪坑水库大坝等水库安评项目。"校安工程"扩容工程规划改扩建校舍面积35.91万平方米,截至12月底,已开工36.7万平方米,占102.2%,已竣工23.34万平方米,占65%。

2. 地震安全性评价管理

组织做好二级地震安全性评价工程师资格考试工作。4月,福建省公务员局、福建省地震局在福州组织了2012年度二级地震安全性评价工程师资格考试。来自广东、江西、浙江、上海和福建5省(市)共83名从事地震安全性评价的人员报名参加了考试。在巩固以往地震安全性评价工作成果的基础上,重点加强高速公路和水利工程的地震安全性评价工作。2012年福建省地震安全性评定委员会共审核地震安全性评价项目130项。

3. 震害预测和活动断层探测工作

晋江滨海新区地震小区划报告通过评审。国家地震安全性评定委员会和福建省地震安全性评定委员会于6月19日在福州联合召开评审会,对福建地震地质工程勘察院承担完成的《晋江滨海新区地震小区划报告》进行评审。专家组一致同意《晋江滨海新区地震小区划报告》通过评审。《福州市琅岐岛地震小区划项目设计方案》通过专家论证。9月25日在福州市组织召开了《福州市琅岐岛地震小区划项目设计方案》论证会,对福州市琅岐岛地震小区划项目设计方案进行论证并通过。陆海联测炸测实验在7—8月实施了第三期爆破探测,在福建武平—永定—漳浦和宁化—永安—惠安两个探测剖面,即惠安、南安、大田、永安、宁化、漳浦、永定、武平共8个野外爆破点进行人工爆破观测。同时,联合中科院等有关单位和台湾海洋大学开展海洋地震的初步探测,并首次获得珍贵的海底观测纪录。

4. 防震减灾社会宣传教育工作

组织参加全国防震减灾宣传工作电视电话会议,并抓好贯彻落实。会后,与福建省委宣传部联合起草印发《关于进一步做好防震减灾宣传工作的意见》,向福建省250个相关单位传达贯彻执行。加强数字地震科普馆宣传和推广。在福建省地震局官方微博上建立数字地震科普馆链接,及时解答民众提问,开展宣传效果跟踪工作。在福建省中小学校特别是防震减灾科普示范学校、各类地震科普展馆以及展厅中安装使用数字地震科普馆。"福建省数字地震科普馆"被中国地震局评选为"十一五"以来最具应用实效的十项科技成果之一。拍摄制作《地震预警》宣传片,与中央电视台科教频道合作制作《人工地震》科教专题片,并在央视《走近科学》栏目播出。创新防震减灾科普宣传形式,开发制作扑克牌宣传品,发放量超过5万副。

5. 其他工作

完成福建省地方标准《地震仪器烈度表》制定工作。福建省地震局联合省标准研究院,组织开展福建省第一个地震行业地方技术标准《地震仪器烈度表》制定工作。8月,召开

《地震仪器烈度表》标准专家论证会,11月,福建省质监局召开标准审定会。《地震仪器烈度表》经立项、起草、征求意见、评审和审定,于2012年11月27日公布,2013年3月1日起施行。

(福建省地震局)

江西省

1. 抗震设防要求管理

积极拓展地震科技服务领域,开展了鄱阳湖生态经济区、苏区振兴规划等重大工程地震安全服务。强化行政和科技服务,42个市县防震减灾局进驻政府行政服务中心。各地陆续依法将抗震设防要求纳入基建审批程序。实施了直流输电项目赣江大跨越等一批重大工程行政许可,依法实施1000余项抗震设防要求行政许可、50多项重大工程地震安全性评价。进一步规范行政许可,九江市、鹰潭市和庐山市、瑞金市等12个市县出台了本级政府加强防震减灾工作和抗震设防要求管理规范文件。服务民生工程建设,与省教育、住建部门联合,共同推进江西省校舍地震安全工程、农村危房改造工程建设,按照抗震设防要求完成30.4万农村危房改造,3124所中小学校完成校舍安全工程,建成地震安全民居示范点720个,惠及4万余户。

2. 防震减灾社会宣传教育工作

江西省地震局会同省委宣传部联合印发《关于进一步做好防震减灾宣传工作的意见》。与省教育厅连续四年联合开展"防震减灾科普宣传教育活动周"活动,组织开展江西省中小学校地震紧急避险与自救互救综合演练等系列活动,利用家校互通平台等渠道,促进学校防震减灾科普教育与家庭、社会教育有效结合。推进示范工程建设,截至2012年底,江西省已建成地震安全示范社区56处,各级防震减灾宣传教育示范学校138所。防震减灾科普教育基地40个,其中国家级科普教育基地3个、省级7个。

3. 市县防震减灾工作

着力推进江西省编办《关于市、县(市、区)地震工作机构有关问题的通知》文件贯彻落实。截至2012年底,共有9个设区市、41个县(市、区)独立设置防震减灾局,35个合署办公。继续安排省级专项经费,有重点地支持市县地震机构基础能力建设。多地提高防震减灾年度预算,安排专项经费。推进市县"六个一""九个一"工程取得阶段性成果,按照省政府工作部署,就行政服务窗口建设、地震安全示范社区建设、防震减灾科普宣传教育基地建设等工作,组织开展目标考评验收。九江、宜春、南昌3市和25个县(市、区)基本落实到位,赣州市和23个县(区)进展80%,市县工作条件得到切实改善。

(江西省地震局)

山东省

1. 抗震设防要求管理

举办地震行政审批服务工作培训班，开展地震行政审批服务红旗窗口创建活动，认定命名了48个红旗窗口。推进国家地震社会服务工程山东震害防御系统项目实施，完成12个县（市）农村和6个城市数据采集项目，基础数据采集项目基本完成。

2. 地震安全性评价管理

审批确定了日照机场等850余项重大建设工程的抗震设防要求。龙口等13个地震小区划项目通过国家安评委评审，聊城等12个地震小区划项目通过省安评委初审，鄄城等"十二五"首批5个地震小区划项目开始启动。对威海中威地震工程有限公司申请地震安全性评价资质升级，对山东同方防震技术有限公司、潍坊安评工程地震研究院有限公司申请乙级资质进行了实地考察、评估和初审。对部分一级、二级地震安全性评价工程师注册进行了初审和审查。会同山东省人社厅完成2012年度二级地震安全性评价工程师资格考试地方性法规试题的命题和二级地震安全性评价工程师资格考试考务工作，确定2012年度二级地震安评师考试合格分数线。派员参加了中国地震局2012年度一级地震安全性评价工程师考试命题工作。

3. 防震减灾法制建设

《山东省地震监测台网管理办法》正式施行，山东省防震减灾工作领导小组办公室印发了《山东省地震监测台网管理办法》法定职责；认真抓好宣传贯彻工作，以《大众日报》领导专访等形式开展普法宣传，调查了全省依法应当建设地震强震动监测设施的建设工程基本情况。启动《山东省地震应急避难场所管理办法》立法工作并完成初稿。制定《山东省防震减灾地方立法规划（2013—2017年）》和《山东省地震标准化"十二五"发展规划》。

4. 防震减灾社会宣传教育工作

指导山东省地震系统开展防震减灾知识进机关、进学校、进社区、进企业、进农村"五进"活动。"5·12"防灾减灾日期间，山东省地震局举行了社会公众开放日活动，会同济南市地震局在泉城广场举办了防灾减灾大型图片展。积极策划推动山东省政府印发了山东省地震局、山东省教育厅、山东省公安厅、山东省应急办《关于加强全省幼儿园应急疏散演练工作的意见》，建立了全省各级各类幼儿园每年至少开展一次应急疏散演练活动的制度。加强新闻宣传，组织开展新闻媒体"走基层"采风活动，10余家媒体集中播出、刊发了防震减灾知识和事业发展成就。深化与山东省委宣传部的联系协调，组织收看全国防震减灾宣传工作电视电话会议，联合印发《关于贯彻落实中震防发〔2012〕49号文件进一步做好我省防震减灾宣传工作的通知》。与山东省教育厅、山东科协联合命名了第五批151所省级地震科普示范学校，山东省新增4个国家级防震减灾科普宣教基地。积极推进地震安全示范工作，命名了首批4个省级地震安全示范企业和第三批78个省级地震安全示范社区，"十二五"首批10处农村民居地震安全示范工程启动。诸城等首批4个防震减灾基层基础工作示范县通过验收。

（山东省地震局）

河南省

1. 抗震设防要求管理

河南省人民政府重点项目建设办公室召开2012年重点项目联审联批工作会议，河南省地震局被列入联审联批成员单位。

强化农村民居抗震设防监管。河南省农村民居示范点达276个，示范户30243户。济源市人民政府在第二批百村富民工程建设中列支20万元用于对农村民居地震安全工程建设示范村进行奖补。地震安全农居工程在前几年试点的基础上深入推广。利用阳光工程将农村建设工匠防震抗震技术培训纳入培训计划，接受培训达3228人次。建成城市地震安全示范社区17个，国家级地震安全示范社区2个。

截至2012年底，河南省共有14个市40个县将抗震设防要求审批纳入基本建设程序，分别占全省的78%和37%，4月安阳市地震局下发《关于统一规范开展确定抗震设防要求核准工作的通知》，对各县市区抗震设防要求核准工作进行统一规范，制定统一的办理文书，并对各县市区抗震设防要求管理人员进行了集中培训。

2. 地震安全性评价管理

2012年，河南省完成7个丙级地震安全性评价资质单位的审验工作，对2个甲级资质单位、1个乙级资质单位进行安评报告质量检查，对存在质量问题的单位下发整改意见通知书，限期整改，取得明显效果。共对423项建设工程开展地震安全性评价工作。组织专家开展对"哈密—河南±800kV特高压直流输电工程黄河大跨越"等多项重大项目建设工程的地震安全性评价现场工作检查，对野外施工方案和工程设防水准提出具体计算要求。

4月，河南省地震局组织河南省地震安全性评价工程师培训班和资质单位负责人会议，组织部分专家和河南省安评资质单位讨论安评市场合理价格，完成"河南省各类工程项目地震安全评价收费建议"，就不同建设工程地震安全性评价收费价格达成共识，统一安评收费标准，下发《关于提高地震安全性评价工作质量有关事项的通知》，对各类工程项目地震安全性评价的工作质量及建议价格提出明确要求。加强安评工作现场工作检查和评审管理，切实提高安评工作质量。

进一步治理安评扩大化，3月8日，河南省地震局向各安评资质单位下发通知，提出具体要求。省政府第120号令中明确规定了必须进行地震安全性评价的建设工程，强制要求120号令规定范围以外的建设工程进行地震安全性评价属于违法违规行为。

3. 震害预测工作

开展地震应急基础数据库收集工作，积极协调系统外力量，收集河南省学校（高、中、小学校及学前教育）、医院、加油站、气站、汽车站、火车站、供电站（营业所）、工厂、企业、事业单位、培训机构、水库、道路（县道、乡道）经纬度信息，各地市提供的建筑物、救灾物资储备等数据。对数据真实性进行审核，为提高灾害快速评估和指挥辅助决策水平奠定基础。

4. 活动断层探测工作

新乡市活断层探测，二期工作有序进行。安阳城市地震活断层探测与地震危险性评价二期项目于11月16日通过验收。9月1日中国地震局组织专家在河南省南阳市对"南水北调渠首区地震安全科学探查"项目进行总验收并一致同意通过验收。焦作市活断层探测工作于9月21号开工，项目进展顺利。

5. 防震减灾社会宣传教育工作

印发《2012年河南省防震减灾宣传工作要点》，提出了切实加强防震减灾文化建设、进一步开展防震减灾法制宣传教育、充分利用有利时段开展防震减灾科普教育等7项主要任务。与省教育厅、省公安厅合作，起草《关于加强河南省中小学幼儿园应急疏散演练工作的意见》，河南省人民政府办公厅以（豫政办〔2012〕120号）文转发各市、县人民政府、省政府各部门。组织召开全国防震减灾宣传工作电视电话会议河南分会场会议。与省教育厅、省科技厅验收并命名防震减灾科普示范学校30个，省地震局命名防震减灾科普教育基地1个。与《河南科技报》创办防震减灾专版，出版16期，刊登稿件126篇。联合大河报、大河网举办记者、网友探访洛阳地震台活动。与海燕出版社合作，编辑出版防震减灾科普知识丛书5本，即《小学低年级防震减灾知识读本》《小学高年级防震减灾知识读本》《中学防震减灾知识读本》《农村防震减灾知识读本》《城镇社区防震减灾知识读本》。与郑州市二七区科技局合作，拍摄了防震减灾科教片《地震来了怎么办?》，受到广泛好评。

6. 其他工作

2012年，河南省防震减灾工作纳入省政府目标考核体系。对推进河南省防震减灾工作向更深层次、更宽领域、更高水平发展，尤其对解决防震减灾的重点和难点工作起到推动作用。

（河南省地震局）

湖北省

1. 抗震设防要求管理

推进抗震设防要求管理纳入基本建设管理程序，指导安陆、赤壁等新成立的市县地震部门将抗震设防要求纳入基本建设管理程序，武汉市完成一般工民建工程行政审批967项，鄂州市310项，十堰110项，宜昌市82项，咸宁市49项，黄冈市47项；积极实施地震安全农居工程，组织各市县196个村（含居民22777户）参与申报2012年农村民居地震安全工程示范村，根据"武汉城市圈防震减灾平安计划"资助咸宁、英山、黄梅、罗田、孝昌等地农居示范村。组织各市县地震部门开展国家级地震安全示范社区推荐、检查、申报工作，鄂州市燕矶镇池湖社区、兴山县古夫镇龙珠社区被评为国家级地震安全示范社区。湖北省地震局对《武汉市轨道交通管理条例（草案修改稿）》提出了修订完善意见，推进重大生命线工程抗震设防措施落实，参加襄阳市城乡建设总体规划评审，参加华能随州电厂等工程初步可行性论证。

2. 地震安全性评价管理

完成省地震安全性评定委员会换届工作；完成黄冈市抗震设防管理所和湖北地安建设

工程咨询有限公司 2 个丙级地震安全性评价资质单位的中期检查和法人变更登记等工作；指导宜昌市地震局依法完成对北京吉奥星地震工程勘测研究院在湖北开展地震安全性评价的资质备案和项目登记工作；与省人力资源和社会保障厅联合完成 2012 年度二级地震安全性评价工程师考试的组织工作。组织省地震安全性评定委员会对湖北省境内 57 项新建、扩建、改建建设工程的地震安全性评价结果进行审定并出具批复意见，科学确定重大建设工程的抗震设防要求。

3. 活动断层探测工作

"武汉城市圈防震减灾平安计划"中"活断层探测试点工程"已完成武汉、房县等地区十几条剖面的野外调查；武汉市地震办向武汉市发改委申报"武汉市经济技术开发区地震动参数小区划"与"武汉市活动断层探测"项目。

4. 防震减灾社会宣传教育工作

举办湖北省首个防震减灾宣传活动周启动仪式，指导武汉市地震办完成地震应急避难场所告知卡发放工作，在"5·12"防灾减灾日、科技周、科普日、"7·28"防震减灾宣传周、国际减灾日期间，湖北省地震系统开展了防震减灾宣传活动；组织编印《地震基础知识》和《地震应急避险与自救》等宣传资料，深入社区、学校开展了多次防震减灾科普宣传活动。协助中国地震局及中央电视台摄制组在鄂州拍摄《地震·家园》农居纪录片。加大地震科普基地的建设力度，完成九宫山地震科普教育基地建设，完成宜昌地震科普教育基地的设计及基建工作，指导武汉市东西湖区、襄阳、黄冈、荆州等地完成地震科普教育基地建设，组织完成 2012 年度国家级防震减灾科普教育基地申报工作，其中武汉市妇女儿童活动中心获得国家级防震减灾科普教育基地称号；完成湖北省第二批防震减灾科普示范学校资料审核和初步认定工作。防震减灾宣传受众达到 300 万人次，地震科普教育基地接受参观 20 万人次。

5. 其他工作

湖北省人民政府于 4 月出台《关于〈湖北省防震减灾条例〉的实施意见》，办理省政府交办的《第十一届全国人民代表大会第五次会议第 2731 号建议》答复工作。

（湖北省地震局）

湖南省

1. 抗震设防要求管理

推进地震安全性评价管理责任制，强化抗震设防要求管理。湖南省地震局审批重大建设工程抗震设防要求 149 项，市州地震工作部门确认审批一般建设工程抗震设防要求 690 项，县级地震工作机构确认审批一般建设工程抗震设防要求 1032 项。继续推进农村民居防震保安示范工程建设，新增洪江托口镇、岳阳胥家桥村 2 个省级农村民居地震安全工程示范点，湖南省 51 个示范点共建成地震安全示范农居 2593 户，累计达 10464 户；完成国家地震安全社会服务工程震害防御部分数据收集工作；湖南省地震局与部分市州地震局推进建设工程抗震设防要求行政许可网上审批工作，行政许可效能得到提升，项目业主满意度提高。积极参与湖南省校舍安全工程建设，组织地震专家对有关市县进行校舍安全工程督察。

2. 地震安全性评价管理

湖南省共有地震安全性评价乙级和丙级资质单位各一家，共注册一级地震安全性评价工程师3人，二级地震安全性评价工程师11人。举办一期湖南省抗震设防要求管理和地震安全性评价技术培训班，组织一次二级地震安全性评价工程师考试，2人获得通过；加强与发改、住建等部门的联系协调，参与多项重大建设、保障房、廉租房等工程建设的可研、设计审查工作。组织审定155项重大建设工程场地地震安全性评价报告。与省物价局联合制定出台《湖南省地震安全性评价收费管理实施办法》。

3. 防震减灾社会宣传教育工作

认真贯彻落实全国防震减灾宣传工作电视电话会议要求，联合湖南省委宣传部向各市州、县市区党委宣传部、地震局（科技局），省防震减灾工作领导小组各成员单位，省文化厅、省新闻出版局、省国税局、湖南行政学院、省科协、省红十字会、省直各新闻单位转发中国地震局、中宣部《关于进一步做好防震减灾宣传工作的意见》，并制定具体的防震减灾宣传方案，提出工作要求；继续推进防震减灾宣传阵地建设，新增市级防震减灾科普教育基地1个，新增省级防震减灾科普教育示范学校28所，共建成各级科普示范学校169所；协调省内党报、电视台等主流媒体，集中组织开展"5·12"防灾减灾日、国际减灾日、科技活动周、"7·28"防震减灾宣传周等重要时段的防震减灾社会宣传，取得较好成果。

4. 其他工作

湖南省人大法工委召开《湖南省实施〈防震减灾法〉办法》修订立法项目论证会，防震减灾地方立法工作取得实质性进展；湖南省政府及长沙、湘潭、株洲、衡阳、郴州、常德、娄底、邵阳、张家界9个市政府相继制定出台《"十二五"防震减灾事业发展规划》。长沙、邵阳、常德三市人民政府召开全市防震减灾工作会议，出台《关于进一步加强防震减灾工作的实施意见》《关于进一步加强防震减灾工作的通知》等文件；长沙、岳阳、湘潭、株洲、衡阳、郴州、常德、娄底、怀化等市分别以政府常务会议或防震减灾领导小组会议的形式研究部署防震减灾工作；湖南省委省政府首次将省地震局纳入绩效评估范围，常德的临澧，株洲的炎陵、茶陵、攸县、醴陵、株洲，娄底的新化、冷水江、涟源、双峰，邵阳的洞口、绥宁、城步、武冈、大祥，湘西自治州的泸溪，张家界的桑植等县市区均将防震减灾工作纳入政府目标考核范围。

（湖南省地震局）

广东省

1. 抗震设防要求管理

加强市县抗震设防管理。9月印发《关于下放部分建设工程抗震设防管理行政审批权限的批复》，为市县地震局进入行政审批大厅依法行政提供法律依据，扫清地方政府进行抗震设防管理的障碍。10月印发《关于明确建设工程地震安全性评价结果审批权限的通知》，决定将佛山市行政区域范围内，高度在100米以下的民用建筑工程场地地震安全性评价报告审批职能，下发给佛山市地震局，为市县加强抗震设防管理提供法律依据。

积极为广东省各类建设规划的编制和修订提供咨询服务。分别为广州、河源等9个地市修订建设规划和总体规划，提供防震减灾方面的意见，为各阶段的城市规划提供抗震设防技术服务。按照广东省委省政府要求，落实《关于提高我省城市化发展水平的意见重点工作分工方案》的实施方案，并编写城市化发展中防震减灾工作总体目标及近期建设目标。

2. 地震安全性评价管理

建立完善地震安全性评价报告审查制度。建成安评报告评审专家库，采用计算机程序随机抽取专家进行评审。要求从事地震安全性评价的资质单位加强安评报告审核，每个安评报告必须有3个具有安评从业资格证的技术人员盖章署名。增加地震安全性评价报告会审次数，加强安评工作现场抽查力度。

2012年度完成地震安全性评价报告行政审批432项。接受广东省监察厅在线监督，无黄牌或红牌现象，提前办结率达到99%。在广东省30多个厅局排名中一直保持中上水平。

3. 震害预测工作

开展广州市震害预测项目升级。通过招标方式确定广东省地震工程实验中心为项目承担单位。该项目在原有成果的基础上进行数据更新和软件升级，形成满足更多需求的公共服务产品。截至2012年底，实验中心联合广州市城市规划勘测设计研究院完成建筑物补充调查和地图信息复核完善，联合香港城市大学深圳研究生院完成软件系统升级，研发了震害预测项目公众版。

4. 活动断层探测工作

推动深圳市活动断层探测二期工作，协助深圳地震局编制技术方案，完成项目立项，预计项目于2013年实施。完成"珠江三角洲地震构造勘查及地震危险性分析"项目前期工作，编制完成技术方案及经费预算。

5. 防震减灾社会宣传教育工作

贯彻落实广东省核电建设联席会议精神，3月份联合深圳市、阳江、江门、汕尾四市政府及中广核集团在四地举办"地震与核安全科普宣传活动周"，四个城市有近5000公众参观，多家新闻媒体报道，通过宣传活动让社会公众了解到发展核电的客观需求、核电安全基本常识及地震与核电安全的关系。组织编制《地震与核安全知识》手册，下发资料5000余册。

6. 其他工作

（1）创新服务平台建设。

积极探索具有广东特色的震害防御类产品。按照成熟一个开发一个原则，先期研发4类具有广东特色的产品，为社会提供约39项地震安全服务。结合广东省社会地震安全服务工程和震害防御工作成果，建立震害防御服务产品体系，细分为15类240余项服务，落实实施主体、经费预算和计划进度，丰富创新服务平台产品。

（2）国家地震社会服务工程。

广东省社会地震安全服务工程是国家社会地震安全服务工程的子工程，包含震害防御系统和应急救援系统，其中震害防御系统涉及6个中心城市和12个示范县农村，将建成省级城乡震害防御系统。已经基本完成社服工程要求的基础数据采集工作，完成广州、深圳、东莞、中山四个城市数据采集；完成番禺等11个示范县农村数据采集；完成阳江、东莞所辖的4个示范县的特征农居收采集工作。

(3) 全国中小学校舍安全工程专项检查。

2012年是中小学校舍安全工程建设的收官之年。广东省地震局作为省校安办成员单位，协助省校安办共同推动校安工程建设，落实省政府关于中小学校舍安全工程分片包干督查要求，先后对潮州、揭阳市进行5次专项督查，向省校安办提交督查报告5份，行程近9000千米，走访揭阳市、潮州市全部的13个县（市、区），督办40多所学校近百项建设工程，召开多次反馈会，有力地推动两市校安工程进展，确保工程进度。通过督办找出校安工程建设中存在的问题，对潮州、揭阳存在的C、D级危房进行跟踪监督，督促政府采取措施，完成D级危房彻底拆除，对工程建设过程存在的纰漏进行弥补，确保建设一所，达标一所，让校安工程落到实处。

(4) 农村民居地震安全示范工程。

加强农村地区抗震设防宣传，完成"十一五"农村民居地震安全示范工程。截至2012年底，广东省19个地市（除深圳、珠海）完成249个农村民居地震安全示范村建设，其中省级示范村3个，市级示范村38个，实际受惠农户近7万户。各地市举办上百场次农村建筑工匠技术培训班和宣传科普知识讲座。完成农居示范工程基础资料收集，建立农居示范工程数据库。完成三套适用于粤东西、粤北农村地区抗震房屋的施工图纸设计，免费供农民使用。

(5) 建（构）筑物抗震性能普查项目。

完成广东省重点监视防御区内的县级以上城市建（构）筑物抗震性能普查项目，涉及广州、深圳等13个地市，53个县（市、区），共计调查建筑物57.3万栋，总建筑面积为12.6亿平方米。采取地毯式普查方式，对工作区范围内的所有建筑逐栋调查，提取建筑物的建设年代、结构类型、平面规则性、立面连续性、层高、抗震设防标准，以及建筑物的经纬度、门牌号等重要信息，拍摄建筑物正面和侧面照片近100万张，普查总信息量超过200G。在普查项目数据库的基础上率先推出建（构）筑物抗震性能普查服务产品。

（广东省地震局）

广西壮族自治区

1. 抗震设防要求管理

依法对355个重大建设工程和可能发生严重次生灾害的建设工程进行地震安全性评价行政许可。依法将一般建设工程纳入基本建设管理程序，并由市县地震部门进驻当地政务服务中心，对一般建设工程行使"建设工程抗震设防要求的确定"行政许可，确保一般建设工程达到国家强制性要求。全年各市地震部门批复行政许可1755项，各县（市、区）地震部门批复行政许可5419项。修订后的《广西壮族自治区防震减灾条例》自2012年5月1日起施行，明确赋予市县地震部门的抗震设防要求监督管理权限，要求各级政府将防要求管理纳入基本建设管理程序，明确要求县发展改革、住房城乡建设等有关部门应当将抗震设防要求纳入建设工程项目竣工验收内容。广西校安工程三年规划目标任务全面完成，累计投入工程资金97.2亿元，比原规划多投入18%，加固、改造和新建的校舍面积约占到全区中小学校舍面积的12%。自治区城乡建设部门结合农村危房改造推进农村民居防震保安工程建设，制定各种农村危房改造工程建设管理办法和建设技术导则，组织两期由各市、县（区）房改办工作人员参加的农村危房改造培训班，同时筹措资金培训农村建筑工匠1万余人，2012年广西壮族自治区共完成20万户农村危房改造任务。

2. 地震安全性评价管理

依法行使"建设工程地震安全性评价资质认定"和"地震安全性评价人员执业资格核准"行政许可，不断加强对从业单位地震安全性评价资质和从业人员执业资格管理。加强建设工程地震安全性评价结果评审，对地震安全性评定委员会委员进行培训，不断提高技术服务能力，优化安评报告评审流程。完成贺州市城区地震小区划。与自治区人力资源和社会保障厅联合下发《关于做好2012年度二级地震安全性评价工程师资格考试工作的通知》，组织二级地震安全性评价工程师资格考试。

3. 活动断层探测工作

对3个建设工程场地进行断裂活动性鉴定，分别是广西天然气支线管网项目贵港市天然气专供管道、百色工业园区工程场地（五塘、六塘）和合浦核电项目。

4. 防震减灾社会宣传教育工作

加强部门联动，联合自治区教育厅下发《关于组织2012年全区"5·12"防灾减灾日期间防震减灾宣传工作的通知》。在河池市金城江区、罗城仫佬族自治区县、环江毛南难族自治区县开展防震减灾科普知识巡展活动。获"广西优秀科普作品一等奖""2012年广西科技活动周优秀组织奖"等奖励。在南宁市举办全区防震减灾科普知识宣传教育培训班。各级地震部门与广西日报、广西人民广播电台、广西电视台等主要媒体进一步加强合作，联合开展宣传。全面拓展面向公众的防震减灾宣传教育，并纳入文化、科技、卫生"三下乡"活动中。各地防震减灾示范学校和科普基地陆续设立并投入使用。柳州市地震科普馆获准升格为国家级防震减灾科普教育基地，实现了广西壮族自治区国家级防震减灾教育基地零的突破。

（广西壮族自治区地震局）

海南省

1. 抗震设防要求管理

推进抗震设防要求全程监管技术服务系统建设，已进入系统调试验收阶段。该系统是全国首个同时为社会公众提供地震区划、抗震设防要求、活断层分布、历史地震震害等地震专业方面的信息服务以及建设工程项目的抗震设防全程监管相结合的信息服务平台。海南省地震局以重大工程地震安全性评价环节为抓手，依法开展、强化建设工程抗震设防要求监管。省发展和改革委等部门将抗震设防要求纳入前置审批条件，保证抗震设防要求有效监督，省住房和城乡建设厅、省工业与信息化厅、省交通运输厅、省水务厅等部门认真落实抗震设计审查，确保抗震设防要求落到实处。

开展行政审批事项目录清理工作，新增市县防震减灾规划备案、地震火山应急预案备案、一般建设工程抗震设防备案等19项行政审批事项，向市县下放4项审批事项。海口、三亚等16个市县将抗震设防要求纳入了基本建设管理程序，12个市县将地震行政审批纳入政府联合审批，保障抗震设防要求落到实处。2012年依法依规审批省重点工程项目38项。

加强与财政厅、住房与城乡建设厅、乡镇政府协同配合，将农居地震安全工程建设与农村危房改造、水库移民搬迁改造相结合，继续推进地震安全工程建设，加强农村地区抗震设防能力。及时调整省农居工程技术服务专家组；2012年开展农村民居地震安全工程和地震群测群防培训班36期，参加培训人数近1200人次；完成农居技术服务网农居技术服务交通工具的采购和发放，为海南省各市县农居技术服务中心、乡镇农居技术服务站发放农居技术服务摩托车共239辆；开展农村隔振技术应用试点，在海口市美兰区完成海南省首个隔振技术在高烈度地区应用的抗震农居示范户建设；完成农居地震安全工程项目申报工作，海南省全年申报抗震农居典型示范户2919户，核准通过2664户，海南省91%以上的行政村均建有抗震农居典型示范户。

2. 地震安全性评价管理

2012年，海南省共完成32项地震安全性评价报告评审，完成"华信洋浦石油储备基地项目（一期工程）工程""洋浦—马村成品油管道工程""海南矿业股份有限公司昌江石碌铁矿资源深部开采工程""海南省博物馆（二期）工程场地地震安全性评价""100万吨/年乙烯及炼油改扩建工程"等一批重大项目工程场地地震安全性评价工作。

3. 活动断层探测工作

继续组织开展铺前—清澜地震活动断层探测工作，完成野外地质调查和钻孔联合剖面探测。在对铺前—清澜断裂带开展航卫片判断和野外调查的基础上，根据断错地貌及地表断裂迹象调查，在铺前—清澜断裂的南段及中段开挖2个大探槽，均揭示了铺前—清澜断裂带断错底层的地质依据，1个探槽及1个剥落剖面获得该断裂带晚更新世活动的依据。在海口—文昌地区实施三江、清澜和铺前三条钻孔测线，共实施钻孔52个，钻孔进尺1694.5米，三江钻孔联合剖面揭示铺前—清澜断裂带断错晚更新世地层；清澜湾钻孔联合剖面揭示该断裂带断错全新世早期地层；在获取该断裂带晚第四纪以来断层活动的地质依据和断错年代方面取得重要进展。

4. 防震减灾社会宣传教育工作

海南省各市县加强防震减灾新闻宣传和科普宣传工作，结合新闻单位"走基层、转作风、改文风"等活动，组织各级各类媒体深入防震减灾工作第一线进行采访报道，以农村民居地震安全工程建设试点、地震应急救援体系建设等工作为重点，引导基层开展宣传报道。利用"5·12"防灾减灾日、省科技活动月、防震减灾宣传周等契机，通过召开专题讲座、开展地震应急演练、播放宣传片、在电视台及报刊等新闻媒体开设专栏、张贴海报、展出展板、发放科普读物、现场咨询答疑等形式，全面开展防震减灾科普宣传教育活动。海口市地震局联合南国都市报开展一次全民参与的防震减灾知识竞赛活动；三亚市地震局创新防震减灾宣传载体和形式，与天涯镇政府联合举办"5·12"防灾减灾日防震减灾宣传文艺晚会。

不断推进地震安全综合示范工作。印发《海南省地震安全综合示范建设工作方案》和《海南省地震安全综合示范工作认定暂行办法》，推进地震安全综合示范社区创建。

5. 其他工作

3月1—14日，海南省抗震救灾指挥部首次对海南省18个市县政府2011年度防震减灾工作进行全面综合考核，评出先进市县5个，合格市县6个，不合格市县7个。海南省政府对考核先进的市县政府予以通报表彰，对考核不合格的市县政府予以通报批评。通过此次考核，摸清了海南省市县防震减灾工作存在的问题，提高市县政府对防震减灾工作的重视程度，为下一步开展市县防震减灾综合示范建设，推动海南省防震减灾事业发展打下基础。

（海南省地震局）

重庆市

1. 抗震设防要求管理

重庆市14个区县（自治县）地震工作部门开展抗震设防审批工作，5个区县（自治县）由政府发文确定监管程序，依法审批48项重大建设工程。大力推进农村民居地震安全及中小学校舍安全工程，自2010年以来，建设符合抗震设防要求的"巴渝新居"15万余户，实施农村危旧房改造近30万户，重建和加固校舍面积531万平方米。

2. 地震安全性评价管理

重庆市备案的5个从业单位资质和从业人员执业资格均符合规定要求。

3. 防震减灾社会宣传教育工作

与重庆市科委、教委和科技事业发展基金会联合主办组织"重庆边远地区青少年防灾应急教育科普"活动，活动从9月持续到12月底。深入酉阳、黔江、巫山等10余个边远区县展映中国首部以"防灾应急"为主题的科普动漫电影《今天明天》，惠及10万余名中小学生和当地群众。集中力量抓好宣传产品开发和阵地建设，充分发挥门户网站、主流媒体和12322防震减灾公益服务热线作用，开发以防震减灾为主题的小游戏4款，被中央及市级新闻报刊、网络媒体报道10余次，12322公益热线接受市民咨询12000多人次。"5·12"防灾减灾日期间，共有30多个区县（自治县）开展大型宣传活动，14个区县（自治县）开展综合性应急演练，有近18万师生参与。宣传活动期间，共发放资料20余万份，接受群众咨询2万多人次。

制定《重庆市科普示范学校认定与管理办法》，指导北碚、黔江、九龙坡等区县创建国家级科普教育基地。组织评审市级地震科普示范校，全市创建科普教育基地25所，科普示范学校61所，科普示范社区30个。

4. 其他工作

正式启动重庆市抗震防灾规划编制项目，重庆市人民政府成立重庆市抗震防灾规划编制工作领导小组，组织召开领导小组会议和专家会议，完成《重庆市抗震防灾规划编制工作指导大纲》《重庆市抗震防灾规划管理信息系统技术方案》和《重庆市区县抗震防灾规划管理信息系统工作指导大纲》编写工作。

（重庆市地震局）

四川省

1. 抗震设防要求管理

四川省抗震设防行政审批窗口审定重大建设工程抗震设防要求217项，13个市（州）和53个县级将抗震设防要求纳入行政审批。绵阳、乐山、甘孜、雅安等7个市（州）防震减灾部门成为本级政府规划委员会成员。宜宾、凉山的建设工程抗震设防要求管理办法被列入年度政府规范性文件制定计划。阿坝州开展了抗震设防行政执法检查；成都市防震减灾局联合市建委和规划局开展了震后建设工程抗震设防检查；德阳市城区住房抗震性能普查项目全面展开。

做好校安工程督查工作，5月按照四川省政府统一部署，对甘孜州学校安全工程进展与质量情况进行检查。服务经济社会建设，抽调人员参加省发改委成立的川藏铁路工作领导小组，组织、督促工程院按照省政府要求，做好相关技术服务工作。先后选派人员、组织专家参与西藏自治区玉曲河中波水电站、金沙江向家坝水电站等15个水电建设项目抗震设防专题审查。组织有关部门和专家先后为都江堰市、马尔康市、攀枝花仁和区等7个县（市）、乡镇政府搬迁选址提供技术咨询意见。

2. 地震安全性评价管理

做好地震安全评价管理，会同省人社厅举办了首次地震安全性评价工作实务培训班，12个市、20个县防震减灾部门以及相关行业约80人参训。协助省人社厅组织开展二级地震安全性评价工程师资格考试，5人获取注册资格。

3. 活动断层探测工作

四川省地震局承担的为期3年的中国地震活断层探察——南北地震带中南段"玉农希（八窝龙）断裂1∶5万条带状活动断层填图""理塘—义敦断裂1∶5万条带状活动断层填图"两大项目进入关键性阶段。为更好地完成此项任务，项目组于8月上旬邀请国内知名专家赴理塘、巴塘、康定等地现场实地考察并指导工作。专家组肯定了项目组所取得的阶段性成果并提出建设性意见。

凉山州会东、冕宁、盐源等县投入专项经费开展地震活断层探测工作，为抗震设防管理提供科学依据。

4. 防震减灾社会宣传教育工作

联合四川省人大、四川省政府法制办等15家单位，共同举办防震减灾日大型宣传活动，共发放宣传资料9000余份；开展赛思特杯防震减灾网络知识竞赛；选派专家报告团成员赴市（州）政府机关、学校、企业举办防震减灾科普讲座；全省各地集中开展丰富多彩的防震减灾宣传教育活动。各地累计张贴、悬挂宣传挂图、横幅845副，展示展板75块，发放宣传资料（图册）53800余本，接受群众咨询3740余人次，共有45个学校、社区通过素质教育平台播放宣传图片，受众达8万余人。

5. 其他工作

推进政策法制工作。5月31日，四川省人大第十一届人大常委会第三十次会议审议通过《四川省防震减灾条例》，并于同日以第71号公告公布。市县抗震救灾指挥机构技术平台建设规范，列入省标委2012年度地方标准立项计划。组织申报了5项地震行业标准制定项目。继续加强防震减灾工作纳入政府目标考核体系研究。组织召开四川省贯彻落实防震减灾宣传工作会议精神电视电话会。

10月，四川省在全国首家启动了"省防震减灾示范县"创建认定工作，印发命名认定办法，组织来自12个厅局的专家认真评选，并将评选结果报省政府常务会审定通过，崇州、西昌等5个县（市、区）获首批命名。全国基层防震减灾示范工作现场会在成都崇州市召开。

（四川省地震局）

贵州省

1. 抗震设防要求管理

贵州省地震局主动与贵州省发改委重大项目办对接地震安全性评价工作，简化办事程序，对仁怀茅台机场项目、中天·会展B区项目、中石油久长油库建设工程、铜仁碧江（大兴）500KV输变电工程等24个项目抗震设防要求作出审批。

贵州省地震局起草《贵州省农村民居地震安全工程实施方案》报省政府批准后印发实施。协商贵州省财政厅下拨资金，首批选择在威宁、望谟、罗甸、盘州和晴隆5个县开展农村民居地震安全示范工程建设。

2. 防震减灾社会宣传教育工作

完成《地震科普知识宣传片提纲》起草工作。完成《防震减灾画册》科普项目申报工作。配合开展贵州省防震减灾基础知识培训班与宣传工作，并协调省级主流媒体进行大量宣传。开展《贵州省防震减灾科普片》拍摄工作。

对贵州省活动周集中宣传进行了精心安排，印发实施《关于做好首个"全省'5·12'防震减灾宣传活动周"有关工作的通知》《关于在全省中小学校组织开展防震减灾知识宣传教育和避震逃生应急疏散演练活动的通知》《中小学校防震减灾知识宣传教育和避震逃生应急疏散演练参考方案》和《中小学校防震减灾知识宣传教育参考材料》。5月12日，贵州省地震局在筑城广场举行了活动周系列宣传活动，开展地震应急通信演练，创建首个贵州省防震减灾科普教育基地并授牌，组建首个贵州省防震减灾科普志愿者队伍并进行授旗、培训。

（贵州省地震局）

云南省

1. 抗震设防要求管理

组织召开云南省地震系统震害防御管理工作会议。联合云南省住房和城乡建设厅、云南省发展和改革委员会等部门制定《云南省建设工程抗震设防管理工作检查实施办法》。完成昆明市新机场快速交通配套一期工程抗震设防专项验收。

加强与住房和城乡建设等部门沟通协调，推进农村民居地震安全工程和校舍安全工程建设与监管。按照国家级和省级标准，开展地震安全示范社区创建工作，选择曲靖市麒麟区南宁街道瑞东社区作为第一个试点社区，获得国家和云南省认定并挂牌。

联合云南省住房和城乡建设厅等9部门出台《关于进一步加快推进我省减隔震技术发展与应用的通知》，与省住建厅共同承办云南省减隔震技术现场推广应用工作会议，为减隔震技术的推广运用打下基础。

制定下发一系列文件，在明确职能职责做好服务、加强重大建设工程抗震设防监管、建立地震安全性评价项目报送制度及严格执行相关法律法规等方面提出要求。

2. 地震安全性评价管理

定期向云南省人民政府报送云南省南北高速公路大通道建设重点项目、蒙文砚高速公路地震安评工作进展情况。组织完成2012年云南省二级地震安全性评价工程师资格考试。云南省地震局作为第一批省级14个厅局之一，进驻省投资项目审批服务中心，开展"地震安全性评价审定和抗震设防要求确定"行政审批业务，为推进州（市）、县（区）地震工作管理部门进入当地政府审批大厅，落实建设工程抗震设防监管打下基础。

3. 防震减灾社会宣传教育工作

云南省地震局与省委宣传部联合印发《关于进一步加强防震减灾宣传工作的实施意见》。云南省共有19所学校被评定为省级防震减灾科普示范学校。以"5·12"防灾减灾日、科技活动周、"7·28"防震减灾宣传周、国际减灾日、"11·6"云南省防震减灾宣传日为契机，运用不同载体组织开展形式多样的大型宣传活动。3月，在新浪网平台开通云南省地震局官方微博，并荣登2012年云南省十大政务机构微博影响力榜。通过官方微博发布震情、灾情、科普知识等信息1000余条，受众数量达数百万人次。高效开展震后应急宣传，及时召开新闻发布会。充分发挥防震减灾网、电视和平面媒体的作用，增强防震减灾宣传实效。

（云南省地震局）

陕西省

1. 抗震设防要求管理

陕西省防震减灾工作领导小组对各类开发区及移民搬迁建设工程抗震设防要求开展专

项检查。组织召开了陕西省建设工程抗震设防要求备案管理研讨会，制定印发《陕西省建设工程抗震设防要求备案管理办法》。陕西省各市县强化一般建设工程抗震设防要求备案管理，西安、咸阳、宝鸡、延安、汉中5个市及44个县区将建设工程抗震设防要求管理纳入基本建设程序，约有2960项一般建设工程进行了抗震设防要求备案。对关天经济区六市一区政府实施防震减灾目标责任管理。西安、咸阳、宝鸡、渭南、铜川五市将防震减灾工作纳入政府综合或专项目标考核。对市县工作开展了专项培训。

陕西省地震局联合陕西省校安办对汉中市中小学校舍安全工程进展情况进行督查。继续推进农村民居地震安全示范工程建设，陕西省累计建成地震安全示范点83个，地震安全社区68个。西安率先开展防震减灾示范区县创建工作，走在全国前列。

2. 地震安全性评价管理

陕西省地震局对辖区内43项重大建设工程依法开展地震安全性评价。加强对安评工程师执业资格的规范管理，组织召开陕西省地震安全性评价工作资质单位安评工作研讨会。组织完成2012年陕西省二级地震安全性评价工程师资格考试相关工作。

3. 活动断层探测工作

陕西省"十一五"防震减灾重点项目咸阳地震活断层探测项目通过验收，咸阳地震活断层探测地理信息数据库建立完成。汶川地震灾后恢复重建项目宝鸡、汉中市活断层探测项目通过验收。

陕西省地震局召开了西安、宝鸡、汉中等市地震活断层探测和小区划成果及数据库应用培训班，关中四市地震活断层探测和小区划成果在国土利用规划、重大工程选址、建设工程抗震设防等工作中得到应用。

地震背景场探测、社会服务工程、杨凌示范区地震小区划、渭南活断层探测及西安烈度速报系统建设项目等"十二五"重点项目有序推进。

4. 防震减灾社会宣传教育工作

陕西省委宣传部、陕西省地震局联合召开防震减灾宣传工作电视电话会议，印发《关于进一步做好全省防震减灾宣传工作的实施意见》。陕西省地震局与文化厅签署了"促进陕西防震减灾文化宣传合作协议"，加强防震减灾科普产品共享。陕西省开展各类防震减灾宣传活动1500多场次，受众达到200万人。新增国家级防震减灾科普示范基地2个，省级3个，市级1个，县级15个。新增科普学校144所。协助中国地震局拍摄了大型科普纪录片《家园》。

（陕西省地震局）

甘肃省

1. 抗震设防要求管理

依法加强重大建设工程和学校、医院等人员密集场所抗震设防要求监管，落实校安工程抗震设防要求，牵头组织对张掖市校安工程的督导检查。加强一般性建设工程抗震设防要求监管，甘肃省市县地震工作部门制定出台了一系列加强建设工程抗震设防要求管理办法和规范性文件，联合建设、规划等部门开展了抗震设防要求专项检查，审批确认抗震设防要求 1600 项。加强农村民居抗震设防管理，甘肃省地震局不断完善"甘肃省农居地震安全技术服务网络系统"，各市州地震部门联合有关部门组织开展了农村工匠培训 5000 人次，为省政府年度部署的 16 万户农村危房改造、2.25 万户棚户区改造、0.86 万户垦区危房改造、新建 100 个乡镇及社区体育健身中心、新建 3.23 万套房廉租住房和 2.91 万套公用廉租房以及校舍安全工程、游牧民定居工程的抗震安居房建设提供了地震安全技术咨询与服务。2012 年度，新增农居地震安全示范点 110 个，示范户 29221 户。

2. 地震安全性评价管理

依法加强地震安全性评价监督管理，制定修订《地震安全性评价资质单位监督管理办法》《地震安全性评价报告评审办法》和《入驻省政府政务大厅首席代表选派管理办法》等规章制度。完成第三届地震安全性评定委员会换届工作。组织完成二级地震安全性评价工程师职业资格考试前期资格审查、定卷、准考证制作及资格考试等全部工作。配合甘肃省人大常委会完成平凉、天水、陇南、甘南、酒泉、张掖、金昌等市州《甘肃省地震安全性评价管理条例》执法检查。甘肃省人大常委会致函甘肃省人民政府办公厅要求进一步加强对《甘肃省地震安全性评价管理条例》和防震减灾法规宣传力度、进一步健全完善建设工程抗震设防监管机制、制定技术标准、全面推进地震安全农居工程、加强培训等意见。对 88 项重大项目开展了地震安全性评价，确定了科学合理的抗震设防要求。

3. 防震减灾社会宣传教育工作

2012 年 4 月，甘肃省人民政府办公厅《关于进一步加强防震减灾宣传教育工作的意见》印发执行；6 月，甘肃省地震局、甘肃省广播电影电视局《关于切实加强防震减灾公益广告宣传工作的通知》印发执行；甘肃省地震局、甘肃省教育厅《关于加强中小学防震减灾宣传教育工作的通知》印发执行。甘肃省地震局与甘肃省教育厅、甘肃省科学技术协会对甘肃省 35 所防震减灾科普示范学校进行认定。甘肃省酒泉市防震减灾科普教育基地被认定为国家防震减灾科普教育基地。

甘肃省各级地震部门会同宣传、教育、民政、卫生等部门开展了内容丰富，形式多样的防震减灾法制和科普宣传，展出展板 800 余块，悬挂横幅 98 幅，发放宣传资料 35 万余份，应急演练学生 9 万人次，科普竞赛 8 万人次，专家接受媒体专访 48 人次，解答公众咨询 15 万人次，防震减灾教育覆盖 35 万人次，社会公众、中小学师生防震减灾意识明显增强，自救互救和应急避险能力普遍提高。

（甘肃省地震局）

青海省

1. 抗震设防要求管理

2012 年，青海省地震局依法对青海省农村危房改造工程、新改扩建工程抗震设防开展地震安全性评价监管工作，对青海省的中小学校进行地震安全排查鉴定和专项督查。由青海省地震局牵头负责的海北藏族自治州校舍安全工程督查工作走在全省前列。

2. **地震安全性评价管理**

完成52项重点建设项目工程场地地震安全性评价、评审和批复工作，玉树灾后重建项目安评工作，效果显著。青海省地震局联合省教育厅、省科协对15所防震减灾科普教育示范学校和5个地震安全示范社区首次开展系统评审。

3. **活动断层探测工作**

积极组织推进海西蒙古族藏族自治州德令哈市活断层探测和天峻县城地震小区划项目，完成大柴旦镇、都兰县、乌兰县等县城地震小区划的论证专项工作。

4. **防震减灾社会宣传教育工作**

以全国防震减灾宣传工作会议为契机，与青海省委宣传部联合印发贯彻实施意见，进一步推动青海省防震减灾宣传工作。

充分利用科技周、国际减灾日、科技列车青海行等重点宣传时段，主动寻求合作，借助青海省科技厅、司法厅、民政厅、省科协等有关部门组织的大型宣传平台，开展形式多样的防震减灾法制和科普知识宣传教育工作，收到了良好效果。进一步加强对学校、社区等人员密集场所的宣传力度，联合青海师范大学、省红十字会、省科协共同举办防震减灾文化进校园大型宣传活动，探索了一种全新的宣传模式。

充分利用电视、报纸、互联网等多种载体开展防震减灾知识宣传。组织开展各类科普讲座33场，发放地震科普读物近万套、宣传资料数万份，累计受众达数十万人次。

5. **其他工作**

制定了青海省各州（地、市）防震减灾目标责任细则，明确了各级政府和各部门所承担的防震减灾工作任务，促进防震减灾事业的健康发展。对除玉树州之外的七个州（地、市）防震减灾工作进行考核。组织完成《青海省地震安全性评价管理条例》修订工作并颁布实施。将《青海省防震减灾条例》纳入了青海省政府和省人大立法调研计划。不断完善防震减灾法规体系建设，制定实施《青海省防震减灾科普教育示范学校管理暂行办法》《青海省地震安全示范社区管理办法》等管理办法，制度体系进一步健全。

（青海省地震局）

宁夏回族自治区

1. **抗震设防要求管理**

协助完成全国地震区划图宁夏部分的修订，并开展宣传贯彻工作，抗震设防要求作为基本建设管理程序和工程质量监管体系的重要组成部分，一般工程、重大生命线工程的抗震设防能力得到有力保障。狠抓中小学校舍和农居地震安全工程，推动地震安全示范社区创建工作，2012年有10个乡村获得"农村民居地震安全工程示范村"称号，18个社区获得"宁夏回族自治区地震安全示范社区"称号。

2. 防震减灾社会宣传教育工作

组织宁夏回族自治区相关部门、各级防震减灾领导小组成员单位和新闻媒体负责人，参加全国防震减灾宣传工作电视电话会议，进一步明确了防震减灾宣传工作的主要方针和任务。"5·12"防灾减灾日期间，在宁夏回族自治区电信系统大屏幕播放防震减灾公益宣传片，组织各市县（区）通过悬挂标语、摆放展板、张贴挂图等多种形式，开展防震减灾宣传教育。扎实推进防震减灾知识"六进"活动。

3. 其他工作

开展《宁夏回族自治区防震减灾条例》修订调研工作，与人大教科文卫委员会、政府法制办联合调研四川、云南、贵州等地防震减灾立法情况，召开《宁夏回族自治区防震减灾条例》座谈会，《宁夏回族自治区防震减灾条例（修订草案）》经自治区人民政府常务会议讨论通过，提交自治区人大常委会审议。

引入绩效考核理念，创新考核评价机制，对市县地震局、下属事业单位和地震台站进行了年度综合考评。固原市地震局、银川市地震局荣获2012年度全国地市防震减灾工作先进单位称号，平罗县地震局荣获2012年度全国县级防震减灾工作先进单位称号。

（宁夏回族自治区地震局）

新疆维吾尔自治区

1. 抗震设防要求管理

2012年，继续推动新疆维吾尔自治区防震减灾法制建设和行政许可工作。出台了《新疆维吾尔自治区实施〈防震减灾法〉办法》。完成2012年有关规范性文件的清理和公布、行政复议、行政诉讼案件的统计。完成新的防震减灾执法证、监督证的换发工作。认真履行行政许可职责，进一步加强新疆维吾尔自治区抗震设防管理工作，完成69个重大建设项目的抗震设防要求审批。加强和完善地震安全性评价单位来新疆维吾尔自治区开展地震安全性评价的备案工作。焉耆盆地北缘、阜康断裂、柴窝堡南缘断裂等活断层填图工作顺利进行；完成沙湾县、新源县等地震小区划工作。完成新疆维吾尔自治区2012年度二级地震安全性评价工程师考试、注册工作。

2. 震害防御基础性工程

震害防御基础性工程的服务工作稳步推进。完成新疆维吾尔自治区安居富民工程、重要建（构）筑物抗震防灾工程以及中小学校舍安全工程等重大民生工程年度任务，开工建设安居富民工程32.12万户，竣工31.48万户。学校、医院抗震防灾工程投入资金10.76亿元，开工建设145.9万平方米，竣工96.3万平方米，这些工程的实施完成提高了新疆维吾尔自治区的抗震防灾能力，减灾效果明显，先后经受住了洛浦县6.0级地震、新源县与和静县交界6.6级地震等多次破坏性地震的考验。

3. 防震减灾社会宣传教育工作

继续做好防震减灾科普宣传和新闻宣传工作。以学习宣传贯彻《新疆维吾尔自治区实施〈中华人民共和国防震减灾法〉办法》为主要内容，开展了防震减灾知识进学校、进社区等活动。利用各类媒体做好日常宣传，在新疆维吾尔自治区2012年"两会"召开期间，向自治区政协机关报《亚洲中心时报》联系供稿，以系列报道的方式全面展示新疆维吾尔自治区防震减灾工作。发挥科普教育基地宣传作用，提升讲解人员素质，培养讲解人员针对不同人群进行不同侧重的讲解、示范的能力，2012年新疆维吾尔自治区各级各类科普基地接待参观人员上万人次。继续抓好重点时段的各类宣传，下发文件指导地州市地震部门共同做好节点宣传工作，在"5·12"防灾减灾日、"7·28"防震减灾宣传周、科技活动周、科普日、国际减灾日等期间，采取上街、广场宣传、悬挂横幅、发放科普小册子资料的形式宣传。进一步做好地震应急期的宣传报道工作，2012年新疆维吾尔自治区连续发生了多次5.0级以上地震，社会关注度明显提高，针对这种情况，新疆维吾尔自治区地震局制定了地震突发事件新闻宣传工作方案，及时与相关媒体取得联系，通报有关情况，发送相关信息。做好媒体采访接待与和问题解答工作。

（新疆维吾尔自治区地震局）

地震灾害应急救援

2012年地震应急救援工作综述

一、大力推进地震应急预案体系建设

新修订的《国家地震应急预案》（以下简称《预案》）正式印发实施。《预案》宣贯工作全面展开，通过文件、媒体、网站等多种方式解读新预案。在贯彻落实新预案方面率先垂范，加强国务院抗震救灾指挥部日常信息工作，及时向指挥部成员单位通报地震活动及灾害情况。依照《预案》新要求，牵头组织开展了机关地震应急预案的修订工作，已经局务会议审议通过。进一步加强和规范地震应急预案管理，组织起草了《地震应急预案管理办法》，并修改完善"政府地震应急预案国家标准"。各地进一步加快地方预案修订步伐，天津、山东等地完成了当地预案修订工作，甘肃等10个省（区、市）举行了形式多样的军地联合地震应急演练。河北、湖北、贵州、西藏等会同本地区有关部门开展了地震应急工作检查。

二、健全完善地震应急救援体制机制

按照国务院领导的重要指示精神和要求，为打造"中国特色、世界一流"的专业地震救援队伍，国家地震救援队不断完善队伍管理、努力提升综合救援能力，召开了年度国家地震灾害紧急救援队重大事项联席会议，并按照队伍扩编工作要求，进一步明确了队伍组织机构和职责，拟任命救援队总队领导和部分干部。谋划应急救援体系发展，召开地震应急救援理论、方法和技术研讨会，讨论地震应急救援理论顶层设计，搭建理论框架，部署研究发展方向，为地震应急救援体系完善与发展，奠定坚实的理论基础。规范中国地震局机关地震应急响应工作的程序，确定震后的应急响应级别确定、响应级别签发等环节工作流程。

三、深化地震应急准备和风险评估工作

根据全国地震趋势会商意见，印发《关于做好2012年度地震重点危险区地震应急准备工作的通知》，要求重点危险区各单位加强地震重点危险区和注意地区的应急准备工作，落实各项应急对策措施，提高应急备灾能力，有力、有序、有效处置可能发生的地震事件。组织各地震重点区开展风险评估工作，北京市（省、区）等11个地震局试点开展2012年

度重点危险区地震风险评估,并完成评估报告。在甘肃省 21 个县开展市县地震应急准备能力评价试点工作。

四、建立健全应急救援标准体系

大力支持和发展应急救援领域标准的申请和制定。开展地震服务标准(震时避险服务系列)、《地震灾情应急评估》《地震灾害紧急救援队救援行动〈第一部分"基本要求"〉》及《地震灾害救援队伍建设》国家标准的编制工作,部分标准通过了地标委的审查。组织中国地震局地质研究所、中国地震台网中心、中国地震应急搜救中心等单位申报标准工作,启动《地震灾害救援队伍救援能力分级测评》《地震烈度图绘制》等标准的申请立项工作。推进地震救援装备技术标准化建设,颁布实施了针对液压动力工具、起重气垫系统和内燃机动力工具 3 个关于地震救援装备检测规程的行业标准。

五、推进地震应急救援能力建设

2012 年,中国地震局加强地震应急救援能力建设工作。落实地震现场工作重心前移的要求,组织开展震害评估等技术方法研究,编制地震现场震害调查、损失评估等工作指南、手册和图册,初步完成地震灾害评估软件和震后恢复重建工程资金初评估软件的研制,建立全球和中国震害评估数据库等,进一步实现地震现场工作科学化、规范化。重视历史资料留存,组织完成《1966—1989 年地震灾害损失资料汇编》和《2006—2010 年地震灾害损失评估报告汇编》的编辑出版。建立地震灾害调查评估师制度,规范灾害调查评估工作,提升灾害调查评估结果权威性和准确性,完成对地震系统各级灾害调查评估岗位资格认定工作。加强协调沟通,充分发挥地震应急指挥技术协调组、地震灾害损失技术协调组和地震应急遥感工作技术协调组的专家指导作用,各技术协调组召开年度工作会议和技术研讨会,商讨提升地震应急服务保障能力新方法和新途径。开展地震应急重点任务青年基金的组织工作,并资助 10 个青年基金项目。推进应急指挥技术系统的日常化运转,强化应急服务保障能力,发挥震时和平时的重要作用。完善"地震应急指挥服务保障领导机构",整合相关单位的力量和资源,开展省级指挥系统实地调研,完善地震应急指挥系统功能,规范应急服务产品快速产出流程。各级地震部门加强现场应急队伍建设,全面施行地震灾害调查上岗资格制度,中国地震局认定首批高、中和初级评估师、评估员,并组织开展有针对性的培训和演练,有力地提升了各级各支队伍的应急能力。

(中国地震局震害防御司)

各省、自治区、直辖市地震灾害应急救援工作

北京市

1. 地震风险评估体系建设

进一步规范北京市地震风险评估工作，制定《北京市地震风险评估实施细则》，组织开展北京市 2012 年地震风险评估工作，编写《北京市 2012 年地震风险评估报告》，并报送北京市突发事件应急委员会、中国地震局。

2. 地震应急预案的编修工作

吸取汶川、玉树地震的应急处置经验，修订完成《北京市地震应急预案》，进一步增强预案的针对性和实操性。

3. 首都圈地区地震应急协作联动机制建设

为强化首都圈地区应急准备工作，2012 年 5 月，北京市地震局组织召开首都圈地区地震应急准备工作会议，邀请北京市、天津市、河北省应急办领导参加，将地震应急联动纳入政府应急联动层面。会议讨论 2012 年首都圈地区地震应急联动工作方案等 8 项制度，制定 2012 年联动工作方案和演练方案。

4. 地震应急救援准备

2 月，北京市地震局组织市应急办、市发展改革委、市教委、市民政局、市规划委、市市政市容委、市安全监管局、市体育局、市园林绿化局、市民防局等单位组成市应急避难场所联合检查组，对全市应急避难场所规划与建设情况进行检查，并形成北京市应急避难场所建设工作检查情况报告，上报市政府。

4 月，北京市地震局联合市发展改革委、市民政局、市安全监管局制定《北京市地震应急工作检查管理办法》，进一步规范地震应急检查工作。

5 月，北京市地震局、海淀区政府联合举办"纪念'5·12'防灾减灾日家庭地震应急演练现场会"，北京市海淀区近千个家庭参加地震应急演练竞赛活动，延庆区、通州区、昌平区等区县开展防震减灾应急演练工作。此外，北京市地震局还开展北京市地震现场工作队现场灾害损失评估桌面演练、全市地震灾情速报员演练、市地震现场工作队集结演练等。

5. 地震应急避难场所工作

北京市新建应急避难场所 10 处。截至 2012 年底，北京市共建设地震应急避难场所 81 处，总面积约 1520.98 万平方米，可疏散人数约 265.49 万。

10 月，全国第一个应急避难场所互动软件由北京市应急办、市地震局共同开发制作完成。软件包括北京市应急避难场所分布情况介绍、应急避难场所功能展示，以及应急避难场所互动等内容。

10 月，《北京市地震应急避难场所运行指南》地方标准（二类项目）通过专家评审。

6. 地震灾情速报网络建设

建设 12322 防震减灾公益服务短信平台，开通北京市各区县地震局 12322 防震减灾公益服务短信平台。制定《区县地震局 12322 防震减灾公益服务短信平台管理办法》，使地震灾情速报工作得到进一步加强。

7. 地震灾害损失评定工作

2 月，印发《北京市地震应急指挥部关于成立北京市地震灾害损失评定委员会的通知》，正式成立北京市地震灾害损失评定委员会，负责评定北京市辖区内破坏性地震的灾害损失结果。

8. 应急救援队伍建设

5 月，北京市政府在大兴区南海子公园举行北京市"5·12"防灾减灾日主题宣传活动。在活动中为武警北京市总队地震灾害应急救援队授旗和揭牌。7 月，编写完成驻京部队救援队组建方案，上报市政府。

通过在网上公开招募和审核，组建首支 40 余人的具备现场应急工作相关专业知识的北京市地震应急志愿者服务队伍。5 月，召开市地震应急志愿者服务队成立大会。

（北京市地震局）

天津市

1. 应急指挥技术系统建设

加大应急响应信息平台建设，完善 12322 短信平台及服务热线制度建设，制定热线服务规范用语、短信平台发布规程等多项制度。建立应急期间信息联合发布机制，对天津市有影响的地震发生后将通过天津市气象预警信息平台、天津市公安局"12110"短信报警平台，及时、快捷、准确地向公众发布地震相关信息，稳定社会。加强应急指挥能力建设，强化应急指挥技术系统运行维护，完善抗震救灾指挥部成员单位沟通机制。

2. 地震应急救援准备

健全完善预案体系，编制基层地震预案编修框架指南，强化对各级各类学校、企事业单位、社区等基层地震应急预案修编工作的指导，进一步督促区县开展乡镇（街道）地震应急预案修订备案工作。依据新修订的《国家地震应急预案》要求，积极开展天津市地震应急预案修订准备工作。开展地震灾害应急风险评估和应急对策工作，制订有针对性的地震应急准备工作方案。加强区域协作联动，制订首都圈地震应急联动信息通报制度。举办天津市抗震救灾指挥部地震应急桌面演练，天津市领导、天津市 13 个部门的领导及 8 个专项指挥部参加演练，进一步检验预案的针对性和可操作性。与天津市应急办、市发改委等部门联合开展应急工作检查，重点对地震应急预案执行落实开展监督检查，确保应急工作落实到位。推进应急避难场所建设，滨海新区增设 103 个应急避难场所，河北区增设 1 个应急避难场所。

3. 应急救援队伍建设

推进应急救援队伍能力建设，加强武警天津总队地震应急救援队建设。完善地震灾情速报网络，速报员规模达 3000 余人。

4. 应急救援条件保障建设

各区县各部门积极开展应急物资保障体系和物资储备库的建设，逐步实现社会储备与专业储备的有机结合。

5. 地震应急救援行动

天津市及周边地区先后发生 5 月 28 日唐山 4.8 级、6 月 18 日宝坻 4.0 级和 8 月 26 日宝坻唐山交界 3.3 级地震。3 次地震均对天津市各区县造成不同程度的影响，其中唐山 4.8 级造成天津市震感强烈。地震发生后天津市地震局及时启动地震应急预案，加强对区县地震应急工作指导，有序开展地震应急处置工作，有效地维护社会稳定。

（天津市地震局）

河北省

1. 应急指挥技术系统建设

河北省地震应急指挥技术系统运维获 2012 年度全国评比第二名。升级地震现场应急工作技术系统设备，对应急卫星通信等进行维护升级。配合国家地震系统数据库运维中心对地震应急基础数据库进行 3 次全面检查，并备份、更新基础数据库 9 类 23744 条数据。

2. 地震应急救援准备

启动《河北省地震应急预案》修订工作，印发《首都圈地区地震应急定期工作交流制度》《首都圈地区地震系统应急装备、物资储备调用方案》。组织召开"地震重点区应急准备工作会议"，河北、山西、山东等 5 省（区）地震应急管理人员参加，印发《地震重点监视防御区应急准备工作方案》《地震协作区应急准备制度》《地震协作区应急响应工作流程》。协作区应急响应流程属国内首例，为全国地震系统各联防区的应急工作开展提供参考借鉴。

7月 9—12 日，河北省地震局承办"中国地震局地震应急救援理论方法和技术研讨会"，首次明确提出"加强地震应急理论体系建设"的指导思想和工作目标。

联合河北省教育厅、省考试院等部门，切实保障全省 1.6 万个考场、45.9 万考生顺利高考。圆满完成党的十八大地震应急安保任务。

首次以河北省政府名义组织开展河北省地震应急工作检查。历时 3 个月，分自查整改和实地检查两个环节。省政府应急办、地震局、教育厅、安监局和国土厅 5 部门人员赴张家口、唐山、邢台、邯郸 4 市开展实地检查。河北省政府办公厅印发《关于全省地震应急工作检查有关情况的通报》。

联合武警河北总队、张家口武警支队、宣大高速公路管理处、各中小学等部门和单位，采用线上线下等多种方式开展地震应急知识宣传。

推广《人民防空工程兼作地震应急避难场所技术标准》《地震应急避难场所标志》等标准应用，召开地震应急避难场所培训班。唐山、张家口、邢台和邯郸市分别完成 5 处、

30 处、28 处和 4 处地震应急避难场所标准化建设；唐山、张家口、邯郸等地完成多个人防工程兼作应急避难场所建设。

编制完成符合省情的三级河北省地震应急时刻表；3 月 12—14 日，牵头组织河北省政府应急办、省民政厅和各市地震应急管理人员参加应急管理培训暨桌面演练；6 月 24 日—7 月 10 日，组织省政府应急办、省地震局 3 名人员参加第三期赴日研修班并展示河北省项目成果。

3. 应急救援队伍建设

向省、市两级救援队发放教材 1000 套；以主会场加视频分会场形式为省军区开展地震应急专题讲座，参训数千人；起草地震应急救援队管理办法，进一步完善省地震紧急救援队联络机制。

在全国率先开展地震灾害损失初级评估师资格认定工作，河北省地震系统 26 名同志通过评审取得初级评估师资质。6 月 11—14 日，在廊坊举办全省地震应急工作培训班，近百人参训，首次纳入中国地震局基层重点培训计划。结合 JICA 项目组织两期培训班，来自省市两级应急办、民政、地震部门的 50 名人员参加。

唐山市地震局举办地震应急救援志愿者医疗救护培训班，并为考试合格者颁发中国红十字会红十字急救员证。

4. 地震应急救援行动

妥善处置 5 月 28 日唐山 4.8 级地震、6 月 18 日天津河北交界地区 4.0 级地震、8 月 30 日张家口 2.9 级地震，未发生人员伤亡和影响社会稳定情况。

唐山 4.8 级地震应急结束后，河北省地震局将"特殊地区小震的应急应对"作为典型事例认真总结经验，为全国大中城市人员密集地区小地震实践的处置提供有益借鉴；并在"唐山英才学校应急避震成功案例"深入调研和总结基础上，组织编写全省中小学校地震应急避险逃生演练模板。

（河北省地震局）

山西省

1. 应急指挥技术系统建设

2012 年正式开通 12322 防震减灾公益服务热线的语言服务；更新人口、经济、地理信息、学校、医院、地质灾害危险源等基础数据。新购置一批 DEM 和遥感数据，完成基于公里格网的新的数据库系统和管理系统。购置 2 套包括山西省 11 市、110 多县（市、区）的基础地图并全部进行电子扫描。承担"山西地震安全信息服务工程"和"国家地震社会服务工程"中的应急项目建设任务。

2. 地震应急救援准备

《山西省地震局地震应急预案（试行）》在地震灾害分级、组织机构、工作机制、应急响应、应急行动流程、应急保障 6 个方面进行补充完善。

组织有关单位分组演练8次，综合演练3次，应对处置2次。演练中，根据实际，制定演练方案，确定演练方式，明确演练要求，突出实战效果。根据存在问题，提出整改意见，明确整改期限。以太原基准地震台为现场，模拟演练两次。组织地震现场工作知识问答考试，以提高实战准备和基础知识训练。

开展各级地震应急演练4000余次，临汾、运城、阳泉组织较大规模地震综合演练。

根据国家发改委重点支持"应急避难场所、救援队伍、救援训练、通信指挥、技术保障"防灾救灾项目建设，组织申报国家发改委4个应急避难场所建设项目，分别为太原迎泽公园Ⅰ类、临汾尧都广场Ⅰ类、临汾平阳广场Ⅱ类、朔州应县清宁公园Ⅱ类。已建成Ⅱ类以上应急避难场所7处，正在建设2处、拟建4处。

3. 应急救援条件保障建设

为山西省地震灾害紧急救援二队采购救援装备；8月组织召开山西省地震灾害紧急救援队工作会议。截至2012年底，山西省共有2支省级地震救援队，21支市级地震救援队，17支县级地震救援队，队伍人数达到3839人。

（山西省地震局）

内蒙古自治区

1. 应急指挥技术系统建设

对应急指挥系统数据库系统及ArcGIS图形数据库进行部分更新和改进；对应急卫星设备进行检查；完成内蒙古自治区地震局MCU的设备升级、维修和调试、软件升级及人员培训。更换视频会议系统及数字会议系统设备，保证应急联动时与中国地震局和各省局的视频联调；对卫星设备进行重新定位及隔离度测试。

在2011年的全国应急指挥系统评比中获得地震应急指挥平台单项和应急指挥中心综合考核优秀奖。

2. 地震应急救援准备

编制《内蒙古自治区地震局地震危险区地震灾害应急风险评估与应急对策工作报告》和《内蒙古自治区地震局2012年重点危险区应急准备工作方案》，对地震危险区可能造成的地震灾害损失和人员伤亡作出预测，提出地震应急救援处置方案，为政府统筹规划地震应急救援工作提供建议。

与河北省地震局、山西省地震局联合制定《晋冀蒙交界地区地震应急工作流程》《晋冀蒙交界地区地震应急协作联动方案》《晋冀蒙交界地区地震应急信息通报制度》，基本建立三省（区）地震应急协作联动机制。

7月，内蒙古自治区地震局组织开展地震综合应急演练，召开应急工作部署会、震情会商会和新闻发布会，架设流动监测台、强震台、无线电台和卫星通信设备，编写《灾害地震快报》，绘制地震烈度分布图，做好灾害评估等环节。本次演练首次增加了在内蒙古自治区地震局官方微博上发布信息等项内容。

3. 应急救援队伍建设

扩编、更新内蒙古自治区地震局地震现场工作队人员；开展地震现场工作队员培训，组织应急人员学习修订后的《国家地震应急预案》；完善现场工作队应急装备。

与武警内蒙古总队联合建立应急专家库，定期派专家对武警内蒙古总队应急救援队进行防震减灾知识及技能传授，对专业训练、场地建设和职业资格鉴定等工作进行指导。

乌海市、包头市开展地震应急综合演练；包头市地震局成立地震应急管理科。

4. 应急救援条件保障建设

进一步落实《关于印发省级地震现场应急装备建设指导意见的通知》精神，完善地震现场工作队数码照相机、应急地图册、应急服装等装备，提高内蒙古自治区地震局现场工作队地震应急能力。

5. 地震应急救援行动

额济纳旗与甘肃省金塔县交界发生5.4级地震后，内蒙古自治区地震局第一时间开展应急处置，向内蒙古自治区党委、政府报送震情信息和受影响情况，提供决策部署建议，与阿拉善盟地震局等相关部门联系了解灾情进展，同时利用内蒙古自治区地震局官方网站、微博等做好网络舆情的收集和处置工作，指导阿拉善盟地震局现场工作组完成地震灾害损失评估、科学考察、震情趋势判定等处置工作。

（内蒙古自治区地震局）

辽宁省

1. 应急指挥技术系统建设

推进地震应急基础数据库建设。完成国家地震社会服务工程项目中，震害防御数据获取与数据库平台建设、地震应急联动协同数据库建设及前方指挥车系统集成建设；完成辽宁省地震重点监视防御区防震减灾能力调查与评估项目中，辽宁省地震重点监视防御区目标区防震减灾能力基础数据调查、评估工作，并建立目标区防震减灾能力评价体系，已组织专家验收。

2. 地震应急救援准备

完成《辽宁省地震应急预案》修订，辽宁省政府办公厅于2012年2月印发。部分市县相继完成预案的修订和完善工作。沈阳市在组织完成市、区、县（市）两级政府应急预案修订的基础上，完成200多个乡（镇）街道应急预案的修编工作，启动重点企（事业）单位、大型公共场所、学校和社区地震应急预案编制的试点工作。

5月，与武警辽宁省总队联合组织抗震救灾应急演练，开展了现场应急、抢险救援、应急保障、救援装备汇展等演练环节，检验了武警地震应急救援队伍的实战能力。7月，辽宁省地震局由14人组成地震现场工作队参加在大庆联合举办的东北三省地震应急模拟实战演练。2012年，辽宁省14个地级市及两个直管县都与相关部门开展地震应急演练。

辽宁大连永嘉尚品天城被中国地震局批准为国家地震安全示范社区，这是国内首个室内外兼具的社区应急避难场所。大连市劳动公园应急避难场所建设工程项目正在积极推进中。2012年，大连市地震安全社区规划面积133万平方米，在建地震安全社区面积113万平方米。

3. 地震应急救援行动

2月2日在营口盖州发生4.2级地震，震感范围较大，引起市民恐慌。辽宁省地震局按照应急工作流程，迅速启动快速评估系统、灾情速报系统及现场工作队等工作。辽宁省政府领导到辽宁省地震局应急指挥中心了解震情，并赴地震现场指挥。

（辽宁省地震局）

吉林省

1. 应急指挥技术系统建设

对现有地震应急基础数据库进行较大范围的更新，更新5幅1∶1万DLG格式基础地理图，更新吉林省1∶5万乡界数据。

2. 地震应急救援准备

修订《吉林省地震局地震火山应急预案》。参加2012年都东北三省区域协作联动演练——黑龙江区演练。开展吉林省地震局内地震应急拉练活动6次。截至2012年底，吉林省各市（州）设置地震应急避难场所118个，面积543.8万平方米，可容纳248.16万人。

3. 应急救援队伍建设

调整和补充吉林省抗震救灾指挥部部分成员，重新调整指挥部成员单位联络员队伍。选派10名救援队员到国家地震救援训练基础进行为期2周的专业化培训。

（吉林省地震局）

黑龙江省

1. 应急指挥技术系统建设

开展地震应急指挥中心日常运维管理工作，模拟触发地震，调试指挥技术系统并做好记录，向中国地震局备案。"十二五"地震应急救援规划项目立项。黑龙江省地震社会服务工程有序进行。

2012年，更新了黑龙江省地震事件目录，更新了地震应急基础数据库中经济、建筑、危险源等数据。

2. 地震应急救援准备

黑龙江省直各部门、各市（地）、县（区）、人员密集场所、企事业单位及社区均开展了预案修订工作，重点推进社区和台站应急预案修订，使预案体系更加完备和细致。7月，完成东北三省暨内蒙古东部四盟（市）地震应急联动预案编制。

7月25日，"东北三省"地震局（所）应急协作演练在大庆市林甸县举行。

利用"5·12"防灾减灾日、"7·28"防震减灾宣传周等重要时段，大力宣传应急避险、自救互救等常识。

12322防震减灾公益服务热线运行正常。

继续推进应急避难场所建设工作，与各有关部门对避难场所标准、设备进行完善。

3. 应急救援队伍建设

现场工作队向专业化方向发展，黑龙江省地震局调整和充实现场工作，增置现场工作装备，调整技术人员结构，增强现场工作能力。大庆、黑河和鹤岗等市（地）地震局积极争取当地政府支持，组建各自现场工作队，使现场工作力量得到补充。

积极争取、落实经费，加大对武警应急救援队建设力度。选送5名救援队军官参加中国地震局搜救中心培训。聘请中国地震局工程力学研究所专家，对全体救援队官兵进行地震专业培训。2012年，黑龙江省各市（地）、县消防支队和大队全部建立综合应急救援队。省安监、林业、油田和矿山等单位和行业也加强专业救援队建设，13市（地）所在地和部分县（市）组建志愿者队38支。

4. 应急救援条件保障建设

黑龙江省地震局地震应急物资储备库由应急救援工作分管局长负责应急物资指导与监督，应急救援处处长负责应急物资储备与管理，设有应急物资储备库1间，由应急救援处专人负责管理。

5. 地震应急救援行动

6月18日，在黑龙江省萝北县与俄罗斯交界处发生4.8地震。震中距黑龙江省最近居民点约12千米。鹤岗市全境，佳木斯、双鸭山、伊春等市部分地区有强烈震感。萝北县太平沟乡、环山乡、名山镇和大马河林场有房屋破坏和财产损失。

地震发生后，黑龙江省地震局立即开展应急处置工作，及时召开紧急会商会判定地震趋势，安排省、市、县及台站各级部门加强震情监视和应急值守，注重新闻发布和震情监视，安排专家接受媒体采访，做好特殊时期舆论引导指挥现场工作队抵达震区开展应急处置、监测设施恢复、危房排查、震灾评估等工作，并为政府科学决策做好参谋助手。

（黑龙江省地震局）

上海市

1. 应急指挥技术系统建设

2012年，上海市地震局启动上海市地震应急处置集成平台协作项目的研发工作，该项目与现有的应急指挥集成平台整合，构筑上海市地震应急评估模型，提供地震灾害判定的显示等功能，研发出一套符合上海自身情况的评估、辅助决策系统。

依托上海社会服务工程项目，从测绘院、统计局、教育局、统计局等部门获得数据，现已完成相应数据的更新工作，提高数据库的实时性、准确性。同时，还对学校、医院等属性数据进行空间化，使得数据更直观、更好地服务于上海地震应急工作。

2. 地震应急救援准备

11月，召开区（县）地办《区（县）地震应急预案》修订与编制动员部署会议，为正式启动预案修订与编制工作提前做好准备。

启动上海市地震应急工作检查。设立上海市地震应急检查工作组，并于7月组织召开2012年第一次工作会议，研究并落实工作组成员及职责，并部署后续工作。

4月，2012年度华东地震协作区应急救援联合演练在江西省婺源县举行。上海市地震局现场工作队参与震害调查、机制演练、流动监测、新闻应对等多方面的演练。

6月，上海市地震局组织上海市、区（县）地震应急联合演练，会同各区（县）地震办公室开展地震快速反应、紧急拉动、现场卫星通信等项目演练。

12月，上海武警特种救援队受邀参与上海市闵行区2012年度防震减灾应急演练，开展生命探测、仪器搜索、高空救援等科目的实战演练。

2012年，上海市地震局专门召开2次区县联络员工作会议，研究部署"三网一员"工作，要求各区（县）从有利于对口管理、有利于应急工作需要、有利于队伍相对稳定出发，根据本地特点和实际进行试点和推广，结合社区和民政工作，因地制宜，稳步有序推进。目前上海市各乡、镇、街道已经普遍设立防震减灾助理员岗位，"三网一员"工作正在有序推进中。

2012年，由上海市民防办公室牵头，上海市进一步推进地震应急避难场所建设。制定并印发《城市应急避难场所建设技术规范》，开始进行近中期《应急避难场所建设规划》的编排工作；要求各区（县）建设避难场所示范工程。

3. 应急救援队伍建设

2012年，上海市地震局以"年轻化、专业化"为目标，进一步加强现场队员的技能培训工作。于3月、12月分别组织现场队工作培训，组织现场队员进行体能和军事训练，同时开展地震现场工作专业培训，努力从多方面提升现场队员素质，达到地震现场工作要求。

上海武警特种救援队授旗成立后，召开上海武警特种救援队组建后的第一次工作会议，决定联合成立上海武警特种救援队联席会议，负责领导和管理救援队日常工作。8月，上海武警特种救援队联席会议第一次工作会议在上海市地震局召开，会议研究救援队架构及负责人安排，明确救援队工作任务分工和调动方式，对下一步工作进行布置。10月，联席会议第二次工作会议在武警九支队召开，与会双方共同研究救援队建设所需经费及纳入上海应急体系等问题。

4. 应急救援条件保障建设

根据地震现场应急要求，上海市地震局于2012年启动地震应急通信指挥车购置项目。经过前期调研，方案论证，优化评审，形成最终技术方案并获得批准。为保证通信车采购事宜的公开、公正、合规，上海市地震局专门委托招标公司对应急通信车采购进行公开招标，于10月与中标单位签订合同，按进度推进项目进行。

2012年，上海市地震局制定计划，为局现场队全体购置配套应急服装，包括应急头盔、具有防护功能的现场应急服装、皮靴、手套等，以及现场工作需要的应急专用包。

5. 地震应急救援行动

7月20日在江苏省高邮市、宝应县交界处发生里氏4.9级地震。地震发生后，上海市地震局根据华东地震应急联动协作区地震应急预案，于当晚22时派出13名队员组成的地震现场工作队赶赴高邮市。抵达震中所在地后，立刻参与到测震、强震观测，现场灾害评估和烈度调查工作中，进行逐户排摸，认真勘察，圆满完成现场指挥部的任务。

（上海市地震局）

江苏省

1. 应急指挥技术系统建设

2012年11月，江苏省地震局、江苏省应急办、江苏省发改委、江苏省民政厅、江苏省安监局组成5个检查组，对13个省辖市的地震应急救援体系建设进行全面检查，达到预期效果。

2. 地震应急救援准备

省、市、县三级政府及相关部门制定破坏性地震应急预案，全省共编制地震应急预案13000多件，部分县市深入乡镇一级，连云港、徐州、南通等市的所有行政村全部编制地震应急专项预案。扬州、徐州、常州、镇江等市政府以及10多个县（区）级政府分别举行防震减灾应急救援综合演练。3支省级地震灾害紧急救援队、市级综合救援队或地震救援队等多支救援队加强培训和演练。

3. 应急救援队伍建设

加强军地协作，江苏省地震局与南京军区朱德警卫团联合举办第二期全省地震灾害应急救援技术培训班。加强全省地震应急工作的区域协作联动机制建设，苏南、苏北两个地震应急协作联动区相关工作积极有序开展。

4. 应急救援条件保障建设

江苏省新建应急避难场所109个，13个省辖市和部分7度半以上抗震设防市（县）已建成至少1个中心（Ⅰ类）应急避难场所，基本完成全省地震应急避难场所规划建设，建设数量和质量均位于全国前列。

5. 地震应急救援行动

高邮、宝应交界4.9级地震发生后，江苏省委、省政府高度重视，及时部署各项应对处置工作。震区各级党委政府迅速启动地震应急预案，党委、政府领导深入第一线指挥，有关部门迅速行动，各负其责、密切配合，积极应对处置，全力维护社会稳定。各级地震部门强化震情监测、及时落实异常，准确把握震情趋势发展，统一宣传口径，及时发布权威信息，正确引导舆论与维护社会安定，地震现场工作队伍第一时间赶赴震区开展地震现场工作。经过积极有效的快速处置，震区群众的情绪震后2~3个小时即得到安定，当天晚上震区社会秩序就基本稳定，不到1天社会秩序就恢复正常。震区倒塌或损坏的建筑基本上是农村老旧民房，而进行抗震设防措施的建设工程和农村民居完好无损。

（江苏省地震局）

浙江省

1. 地震应急救援准备

浙江省各级地震部门坚持常备不懈，着力建立健全应急工作机制，切实做好应急准备工作。应急检查趋于常态化，2012年浙江省地震局、浙江省安监局等有关部门对丽水市、温州市进行地震应急检查，并开展相关演练，促进基层地震应急制度的进一步完善。举办各级、各类地震应急演练30余次，参与人数超过12万人，有效增强广大民众的自救互救能力，提高地震部门自身的整体素质和应急水平。4月，浙江省地震局协助浙江省政府成立浙江省特种专业应急救援队，使得浙江省拥有两支省级地震救援队伍，救援力量形成武警、消防等多方参与、协调配合的格局。

2. 地震应急救援行动

7月20日，江苏扬州发生4.9级地震，湖州、嘉兴、杭州等地有震感。浙江省各级地震部门迅速进入应急状态。浙江省地震局立即启动华东片区地震应急联动机制，组织5人现场工作队奔赴灾区协助开展震后现场调查；受影响的湖州、嘉兴、杭州等市地震部门主动联系新闻媒体，发布震情信息，安抚群众紧张情绪，有力地保持社会稳定。

丽水庆元3.0级地震、舟山定海2.6级地震等地地震发生后，各地市地震局充分重视，迅速到岗赶赴震区，及时总结材料汇报。

（浙江省地震局）

安徽省

1. 应急指挥技术系统建设

完成安徽省地震监测与应急指挥中心核心机房相关设备搬迁、建设及软件系统、数据库的安装工作。安徽省地震局应急指挥技术系统成功地应对江苏高邮4.9级地震、铜陵2.8级地震应急工作。参与华东协作区地震应急协同演练和安徽省地震现场应急通信指挥演练并提供技术支持。对各项数据进行排查纠错与更新，制作安庆、合肥等四市1:10000全要素数据，收集安徽省大量高分辨率卫星遥感影像数据。继续加强对市级地震应急分中心现场、远程巡检等维护工作；对各市地震应急基础数据库进行更新、整理和入库。编写14个市的地震应急指挥技术系统设计、建设方案和省地震局新大楼应急技术系统实施方案。组织或参与各类演练共14次。申请中国地震局应急青年课题1项，即"基于Google Maps API的基础数据属性空间化研究与实现"。参与安徽省国家地震社会服务工程项目、安徽省"十二五"防震减灾规划应急指挥技术系统的可研报告编写、"滁州市小区划震害预测GIS系统"建设工作、中国地震局"星火计划"攻关项目"基于数据库和GIS技术的会商平台系统"、安徽省地震局"十二五"信息节点建设等项目。

2. 地震应急救援准备

安徽省地震局与省政府应急办牵头,会同民政厅、教育厅于2012年12月赴淮南、六安、铜陵、池州四市开展地震应急预案落实情况检查。本次检查除听汇报、看材料、实地检查外,还设定震级和灾情及应急响应等级,通过观摩地震模拟演练、现场点评并提问的方式检验各市的震灾快速反应、协同应对能力。4月,安徽省地震局现场工作队参加在江西省上饶市举行华东区域地震应急联动演练,并顺利完成全部演练科目。8月,安徽省地震局在大别山区举行安徽省地震现场应急通信指挥演练。来自安徽省近20个单位组成的4支地震应急通信分队共50余名队员参加演练。各分队按应急拉练、现场指挥、山地越野、视频采集、分组行动展开演练,现场指挥部通过视频系统分阶段进行信息集成,并向后方指挥部进行视频直播。

2012年,安徽省基本实现中小学应急疏散演练和地震应急科普宣传的全覆盖。5月,铜陵市举行"市四大班子"领导参加的市级行政中心地震应急综合演练。因区划调整,合肥市新建19个灾情速报信息站,现共建成86个灾情速报信息站,实现所有乡镇全覆盖。滁州市对《滁州市地震应急预案》进一步细化,以市政府名义下发《滁州市地震应急分级预案》,同时,编制《滁州市地震应急指挥简明手册(口袋书)》,并发到全市各级领导手中。

3. 应急救援队伍建设

为全面提升安徽省救援队的作战能力和救援水平,举办第一期地震应急救援队轮训班,省消防、武警、预备役救援队骨干和各市地震局现场工作分队骨干、重点区各市救援队骨干共60余人参加培训;组织武警、消防、预备役8名救援骨干赴国家地震紧急救援训练基地参加培训。为提高地震现场的应急通信指挥联动能力和服务水平,成立安徽省地震现场工作队应急通信分队。马鞍山市成立皖南六市的第一支地震灾害紧急救援队,并举办地震应急救援专业知识培训。

4. 应急救援条件保障建设

顺利完成安徽省地震局应急装备库的升级改造和搬迁工作,新装备库占地200余平方米、规划合理、设施齐备。新增视频通信、3G单兵、数码发电机、各类帐篷等装备800余件,并向安徽省地震应急救援训练基地和3个协作区队长单位各分拨价值约20万元的救援装备。

5. 地震应急救援行动

7月20日,江苏扬州市发生4.9级地震。安徽部分地区有感。地震发生后,安徽省地震局干部职工立即开展各项应急处置工作。根据华东地区地震应急联动机制,安徽省地震局于当日派出现场工作队10人赶往扬州,成为第一个抵达震区的外省应急队伍。在震区,全体队员连续完成震灾评估、烈度调查、灾评复核、流动监测、科学考察等各项工作任务。

(安徽省地震局)

福建省

1. 地震应急救援准备

截至2012年底,福建省共制定省、市、县(区)三级政府地震应急预案98部,各级抗震救灾指挥部成员单位地震应急预案2176部,各类生命线工程、学校、社区、人员密集场所、重点企事业单位等的地震应急预案8135部,形成省、市、县(区)三级地震应急预案体系,进一步加强福建省防震减灾社会动员能力。

福建省地震局贯彻落实中国地震局《地震应急工作检查管理办法》,联合福建省应急办、发改委、民政厅、安监局等部门联合组成检查组在三明市联合开展地震应急工作检查。其他各设区市也由设区市政府牵头,各自开展地震应急检查工作。

9月27日,福建省地震局作为福建省政府抗震救灾指挥部牵头单位,组织省武警消防总队、省军区、省武警森林总队、省武警总队和省武警总队医院等省级地震救援队成员单位,在省武警直属支队某中队训练场开展省级地震紧急救援队联合演练。特邀国家地震灾害紧急救援队教官对演练活动进行考核评估。本次演练受到新闻媒体的广泛关注,福建卫视、福建电视台、新华社、福建日报等传统媒体安排记者跟踪采访演练并发布新闻,海峡都市报更是开辟一个专版对本次演练进行专题报道;新华网、人民网、中国共产党新闻网等网络新闻媒体上均有刊发配图新闻。中华人民共和国中央人民政府网站、中华人民共和国国防部网站、福建省人民政府网站等政府官方网站上都对本次演练进行报道。此次演练取得良好的宣传效果。

11月24日,晋江市成功举行灾民应急安置演习。这次演习以模拟台湾海峡发生6.3级地震后,在市政供电、供水、有线通信、广播中断,市民生活秩序出现混乱的背景下迅速开展大面积安置无家可归人员的实战演习。演习历时9个小时,约1600人参加演习。省、泉州市应急专家和晋江市、镇(管委会)及已建(在建)的18处应急避难场所负责人和福建日报、海峡都市报、泉州晚报、东南早报、晋江经济报、晋江电视台等新闻媒体应邀莅临现场采访观摩。

福建省地震局组织研发的《市县地震快速反应系统》已在福建省及全国30多个市县,包括上海市地震局、成都市地震局等地震部门推广。

2012年,福建省地震局组成检查组赴平潭综合实验区、漳州市、宁德市等地区检查地震应急避难场所建设情况及调研地震应急避难场所管理使用情况。完成"基于百度地震应急避难场所查询系统"建设并上线投入使用。

9月,福建省地震局组织召开2011年度全省地震应急救援工作评比会议,在每年度的地震应急救援工作评比中,将应急避难场所建设列为专项评比,以此来提高各地对地震应急避难场所建设的重视,进一步推动各地地震应急避难场所建设。

福州、厦门、泉州、漳州、莆田、龙岩、南平、三明、宁德等九设区市重视并积极推进"三网一员"的建设,完成对社区、乡镇、村居的"三网一员"培训工作。

2. 应急救援队伍建设

12月,福建省地震局组织召开福建省抗震救灾指挥部成员单位联络员会议,41家成员单位的联络员及其他有关人员共50多人参加会议。

5—6月，福建省地震局组织设区市地震局、部分县（市、区）地震办应急救援工作管理人员赴国家地震紧急救援培训基地、中国地震台网中心、唐山培训。7月，福建省地震局选派15名技术骨干赴京参加在国家地震紧急救援训练基地举办省级地震救援队技术骨干培训班。在培训中共有7名学员获得表彰，其中有4名为福建学员。5月和8月，福建省地震局选派2名应急技术骨干，赴北京国家行政学院参加应急管理培训。10月，组织省地震灾害紧急救援队队员近100人在武警指挥学院接受地震现场应急搜救培训。

截至2012年底，福建省共有各级地震救援队伍87支，总人数达4524人，其中省级地震救援队4支，队伍人数528人，市级地震救援队10支，队伍人数1229人，县级地震救援队73支，队伍人数2857人。

福建省地震局应急救援处与福州市消防特勤大队在福建省军民共建工作中表现突出，于2012年12月被福建省人民政府、福建省军区评为军民共建"三挂钩"工作先进集体。

多次组织、支持厦门蓝天地震救援队志愿者进行应急培训工作。

8月，福建省地震局、省红十字会等单位在福州市共同组织进行第二届应急救护技能大赛，15支来自各设区市、各大院校的志愿者队伍参加比赛。

2012年，福清地震应急救援志愿者大队被评为首届福建省直机关志愿者服务优秀组织。

福建省地震灾害救援队一期配备986万元的专用设备。汶川特大地震发生后，福建省委、省政府高度重视福建省防震减灾工作，省财政投入3356.84万元，用于灾情获取、快速机动、侦检、搜索、营救、医疗和后勤保障等地震救援所需二期装备的购置。经过两期装备建设，第一支省救援队配置现场救援急需的专用设备装备，达到重型救援队的标准。从2010起，省财政连续5年，每年投入不少于1000万元，用于4支省级地震救援队的建设。

根据福建省政府办公厅《关于进一步加强福建省地震灾害紧急救援能力建设的通知》要求，各市、县级地震救援按照福建省地震局编制的装备配置方案进行配备。通过建设，福建省基本实现省级救援队有救援三栋倒塌楼房人员能力，市级救援队有救援二栋倒塌楼房人员能力，县级救援队有救援一栋倒塌楼房人员能力的"三、二、一"救援能力要求。

3. 地震应急救援行动

4月24日，宁德市古田县大桥镇隆德洋村发生一起山体滑坡，有6名人员被埋压，需紧急救援。福建省地震局立即派员随省地震救援队搜救分队一同赶赴现场救援。连续搜救48个小时后，找到5名遇难者的遗体，得到宁德市、古田县和大桥镇三级政府的高度评价和当地群众的赞扬，也为福建省地震救援队开展山体滑坡救援积累宝贵的经验。

（福建省地震局）

江西省

1. 应急指挥技术系统建设

全力争取中国地震局和江西省政府政策支持，积极推动局省合作共建。12月6日，中国地震局与江西省政府签订合作共同推进江西省防震减灾综合能力建设合作项目。江西防震减灾工作在更深层次、更宽领域得到更大力度支持。实施完成江西省防震减灾应急指挥中心暨台网加密与扩建项目主体工程建设，江西省"十二五"防震减灾规范重点项目"江西省防震保安服务工程"立项实施，扎实推进中国地震背景场探测项目和国家地震社会服务工程江西建设任务。通过省防震减灾应急指挥中心技术系统设计、背景场探测和社会服务工程等项目实施，推进地震应急技术平台建设和自主创新，方法技术更加先进、成果产品更加实用、高效，有力服务地震应急处置和辅助决策。

健全与广电、通信单位的地震信息发布机制，与江西省广电局、江西省通信管理局等部门联合建立地震信息发布绿色通道。实现在地震突发事件（地震或者地震谣传）后，启动地震信息绿色通道，将地震基本信息或者辟谣通告第一时间通过广电媒体和手机短信向社会公众发布。在2月16日广东河源4.8级地震、4月28日江西寻乌3.0级等地震事件处置应对中，把握宣传主动权，有力维护社会稳定。

2. 地震应急救援准备

衔接《国家地震应急预案》，实施新一轮政府地震应急预案修订，修订《江西省地震局应急预案》，强化预案科学性和执行力，强化第一时间响应、应急信息发布等关键环节，调整机构设置和人员分工，提高预案针对性和操作性。切实做好新修订的《破坏性地震应急条例》宣贯工作。从装备配置、技能培训着手，推动现场工作队和专业救援队规范化、标准化建设。完善区域、军地、部门三个层面的联动响应机制。推进省市县三级视频指挥系统和地震灾情速报平台建设，更新完善应急数据库，丰富震后产品产出，为各级政府震后决策提供有力支撑。

3. 应急救援条件保障建设

健全地震应急区域联动机制。4月，在江西婺源组织华东地震应急联动协作区综合应急演练，江西、上海、江苏、浙江、安徽和福建等省市应急办、地震部门同志参加。参加首次赣鄂湘地震应急联动演练，拓展联动格局。加强专业应急能力建设，开展规模演练50多次。加强与武警、消防协作，落实救援装备保障，组织培训300人次。各地建成地震应急避难场所315处。8个设区市建成地震应急指挥中心，省市县地震部门之间、地震部门与政府之间的平台互动能力大大增强。

（江西省地震局）

山东省

1. 应急指挥技术系统建设

完善省市级地震应急指挥中心技术系统和地震应急基础数据库，研制市县版地震灾害预测和应急辅助决策软件。青岛、济南、烟台、泰安、潍坊、威海、临沂、东营等市积极推进县级"地震监测和应急指挥中心"建设，45个建成并投入使用。

2. 地震应急救援准备

修订《山东省地震应急预案》，并由山东省政府印发。会同山东省委高校工委、山东省教育厅印发《关于加强全省高等院校地震应急预案修编工作的意见》，修订印发《山东省地震系统地震应急预案》《山东省地震局地震应急行动细则》。召开山东省地震应急救援工作会议，开展地震应急工作检查，会同应急办等部门对淄博市、滨州市和莱钢进行实地抽查。指导鲁西、鲁中、鲁东3个应急协作联动区开展有关工作。培育验收章丘三涧溪村为首个省级地震应急管理示范村。

3. 应急救援队伍建设

第二支和第三支省级地震灾害专业救援队伍——武警山东总队地震救援队、龙矿集团地震救援队先后成立，省级地震专业救援队伍人数发展到325名。选送10名队员到国家训练基地受训，组织100多名队员参加JICA中日合作地震应急救援能力强化训练。

4. 应急救援条件保障建设

为17个市装备地震现场3G单兵视频传输设备，继续推进地震应急技术系统、应急物资储备库、应急避难场所和12322防震减灾热线建设。

5. 地震应急救援行动

稳妥处置1月1日莱州3.2级地震等13次有震感地震事件，及时向山东省委、省政府报送地震基本情况，有序开展震情会商，指导有关市地震局及时开展震后应急各项工作，维护社会稳定。

（山东省地震局）

河南省

1. 应急指挥技术系统建设

编制上报省"十二五"防震减灾规划应急指挥中心建设项目和国家防灾减灾能力中应急指挥中心建设项目。配合中国地震局应急指挥技术协调组在河南省地震局调研和技术研讨，进一步完善指挥系统数据库。组织河南省地震局参评中国地震局应急指挥系统评比工作，获优秀奖。

已建成安阳、三门峡、新乡、郑州、焦作市级地震应急指挥技术系统，濮阳市地震应急指挥技术系统正在建设。有部分市地震局与人防部门指挥系统共用。河南省地震局已完成省辖市地震应急指挥系统项目建议书编制，并上报省发展和改革委员会，等待项目批复后实施。

完成社会服务项目验收工作，对地震应急数据进行完善补充。

2. 地震应急救援准备

截至12月，18个省辖市全部制定本级地震应急预案，28个省直部门制定本单位的地震应急预案；519个省辖市局（委、办）、141个县（市、区）政府、42个县（市、区）地震机构、1254个乡（镇、办事处）、996个重要企事业单位、5057个社会基层组织制定《地震应急预案》。预案总数达到7997件。2012年开始《河南省地震应急预案》和《河南省地震系统应急预案》修订工作。

河南省地震局结合地震应急避难场所的实施，对部分单位的地震应急工作进行检查。

9月、11月，分别由轮值单位开封市地震局、许昌市地震局牵头组织开展豫北、豫南地震快速应急联队年度演练。河南省地震局应急指挥中心每月、每季度、每半年开展一次视频指挥系统演练，定期加强同中国地震局、兄弟省局等单位的联通互通。

为给社会公众提供一套系统的、科普的、高品位的防震减灾文化产品，2012年河南省地震局和海燕出版社、河南科学技术出版社联合出版防震减灾科普知识系列丛书。

2012年底，各省辖市特别是位于值得注意地区按照每个行政村、社区应有1~2名灾情速报员的要求，建立、充实灾情速报员队伍，并将人员情况报河南省地震局备案。河南省地震局印发文件，建立定期报送信息制度，将地震灾情速报员队伍建设工作纳入年度考核。

2012年《国家发展改革委关于下达2012年防灾减灾能力建设中央预算内投资计划的通知》批复在河南省新建9个Ⅰ类避险避难场所，投资金额2700万元。项目进展顺利，部分建设单位完成初步设计工作，预计13年底整体项目竣工。

3. 应急救援队伍建设

河南省18个省辖市均成立防震抗震指挥机构，部分县（市）也成立地震应急指挥机构。

河南省组建豫北、豫南两支地震应急联队，河南省地震局和18个省辖市地震局成立地震现场工作队，部分县（市）地震部门也成立地震现场工作队。

2012年河南省地震局对省公安消防总队、省武警总队进行地震灾害专业救援队伍信息的调查，并就调查情况与相关负责人进行沟通探讨，明确各自在地震应急救援中的责任和义务，进一步加强专业救援队伍建设，帮助解决救援队在训练场地和装备损耗方面存在的问题，增进合作机制的深化落实。

截至2012年底，河南省郑州、鹤壁、安阳、濮阳等14个省辖市相继成立志愿者队伍，志愿者注册人数达到27921人。

4. 应急救援条件保障建设

为保证地震现场应急工作的需要，河南省地震局配备地震现场应急所需的基本装备。各省辖市地震局在当地市政府的大力支持下，完善地震应急装备，配备喷涂有"地震应急"标志的应急专用车辆、应急装备包、便携式应急电脑等应急装备。

2012年完成河南省地震局地震现场应急装备配置方案及项目建议书的编写、项目已上报河南省政府、中国地震局；按照中国地震局要求对省级地震现场应急人员和装备情况进行调查统计，并报送调查材料；部分装备经费得到落实。

（河南省地震局）

湖北省

1. **地震应急救援准备**

6月，由湖北省政府应急办、省地震局、省民政厅、省安监局、省发改委组成省地震应急工作检查领导小组,赴黄冈市开展地震应急检查工作。

根据《湖北省市(州)地震应急工作检查评比标准(试行)》,组织2012年度地震应急工作检查评比活动,评选市、县地震应急工作先进单位。

根据中国地震局对湖北省东部地区地震趋势会商意见,加强鄂东地区地震应急准备工作。制定鄂东地区地震应急准备工作方案;指导黄冈市地震局制定《黄冈市政府首长应对重大地震灾害事件基本程式》;组织综合性地震应急演练和地震应急指挥技术系统月演练;开展培训、购置装备,加强地震现场工作队能力建设;组织湖北省军区、省武警、省消防及湖北省地震局应急救援骨干前往国家地震紧急救援培训基地参加培训;与黄冈市军分区协商制定《黄冈市军分区抗震救灾地震应急预案》。

根据《中国地震局 湖北省人民政府共同推进武汉城市圈防震减灾体系建设合作协议》,对鄂州市凤凰广场、武汉市洪山广场、孝感市槐荫公园、黄冈市遗爱湖公园按照地震应急避难场所建设要求进行改造。

武汉市地震局设计制作《武汉市居民地震应急疏散告知卡》,185个版本,包括7个城区88条街道1042个社区,印制卡片195万张,发放入户率97%以上。

黄冈市地震局、荆门市地震局、武汉市地震局分别与市教育局联合发文,要求全市学校组织地震应急逃生演练。据统计,2012年湖北省共计超160万名在校师生参加地震应急逃生演练。

2. 地震应急救援行动

2012年共处置有感地震16次,其中开展现场应急工作3次。10月31日,秭归县屈原镇发生3.2级地震,考虑到长江三峡水库175米高水位运行,及党的十八大重要时期的地震安全保障等情况,湖北省地震局强化应急处置措施,按《湖北省地震应急预案》要求,震后1小时内派出现场工作队,开展震情趋势会商,坚持重要时期的24小时值班,实时向省委、省政府报送应急工作信息。

(湖北省地震局)

湖南省

1. 应急指挥技术系统建设

湖南省地震局与湖南省政府应急办就省级地震应急指挥技术系统共建共享达成协议,增设2套省政府应急平台视频会议终端系统,实现与湖南省政府应急办指挥技术系统的视频对接;接入湖南省电子政务内网(保密网),安装"湖南省突发事件应急管理平台",为湖南省地震应急事件的快速处置奠定基础。新增2台服务器,自行安装搭建形成虚拟机环境,成功完成对现有应急指挥技术系统软件、数据库的备份;安装辅屏2台,控制室实现对应急指挥大厅的立体监控。对应急机房进行技术改造,增设玻璃隔断、红外摄像头、报警器等装置,应急机房动态可在手机上实现显示、报警。利用应急指挥技术系统这一平台,湖南省地震局举行1次地震应急模拟演练,参与中南五省区地震应急联动演练2次。

市级应急指挥技术系统建设进入启动阶段。湖南省地震局完成对视频会议终端系统技术方案论证及厂家设备的评选。

湖南省地震局修订出台《数据库管理人员管理制度》《地震应急基础数据库机房管理制度》《数据库岗位责任制度》《数据库保密制度》《数据库服务制度》等制度，通过公开招考方式录用3名临聘人员开展地震应急基础数据库更新工作，以湖南省政府办公厅名义向各数据提供单位下发《关于开展地震应急联动协同灾情数据库数据收集工作的通知》，加快工作进程，2012年已完成任务的80%。

2. 地震应急救援准备

成立湖南省地震应急预案修订小组，制定预案修订工作方案。省级地震应急预案完成初稿，各市州地震应急预案修订工作全面启动。7月，在衡阳县西渡镇地区开展全省地震灾害应急救援综合演习，400余名专业救援官兵及公安、地震、市政等社会联动单位200余人参与抗震救援演习。2012年内湖南省开展各级各类地震应急综合演练共4882次；湖南省地震工作部门结合自身实际，开展防震减灾应急知识宣传周活动，共举行防震减灾应急救援科普报告会50场次，制作展板300多张，发放各类宣传资料80000多份，发送短信12000条，发表专题纪念文章20篇；落实《湖南省地震灾情速报实施细则》，保障12322防震减灾公益服务热线畅通；湖南省应急办出台《关于加快推进湖南省应急避难场所规划建设的通知》，共建成应急避难场所130个。

3. 应急救援队伍建设

湖南省地震局应急救援处人员编配合理，市州地震机构均明确应急管理岗位和工作人员；省级地震现场工作队伍健全，管理严格；省级地震灾害紧急救援队2支，大部分市县成立综合应急救援队伍；湖南省地震灾害紧急救援队、武警总队工化救援队及各市州专业救援队伍教育训练扎实，管理严格。

4. 应急救援条件保障建设

湖南省地震局地震现场应急人员配备登山鞋、应急包等个人保障装备。

5. 地震应急救援行动

2012年湖南省发生多次有感地震事件，影响较大的有4月20日在湘西永顺发生的$M_L3.2$地震、5月6日在长沙县高桥镇发生的$M_L2.9$地震、5月19日在湖南常德澧县发生的$M_L3.2$地震。上述3次地震均未造成人员伤亡及财产损失。地震发生后，湖南省地震局均派出现场工作队开展现场考察，协助当地政府做好安定民心等工作。

（湖南省地震局）

广东省

1. 应急指挥技术系统建设

初步建立广东省地震应急技术系统、地震应急基础数据库、地震应急辅助决策系统。

2. 地震应急救援准备

修订《广东省地震应急预案》和《广东省地震局地震应急预案》。同时指导各市开展市级地震应急预案修订工作，广东省21个地级市和123个县区政府制定地震应急预案。会同武警广东省总队制定《抗震救灾联合指挥预案》。

颁布实施《广东省地震应急工作检查管理办法》。印发《2012年度广东省地震值得注意地区应急准备工作方案》，部署、组织实施地震值得注意地区地震应急准备工作，加强地震应急准备工作检查。加强与省政府应急办的沟通联系，积极参加每季度"全省突发事件隐患评估与防范对策会商会"及广东省突发事件风险隐患排查和整改工作情况专项督查。按要求完成粤港、粤澳应急联动机制专责小组工作任务。每月月底之前对《广东省地震应急预案操作手册》内容进行更新。12月20日，2012年度中南五省（区）地震应急区域协作联动联席会议在广州召开，进一步加强和完善中南五省（区）地震应急救援区域协作联动工作机制。

7月19—20日，广东省消防总队调集广州、惠州、河源等多个城市的9个单位、350余名消防队员、55辆消防车，在河源市组织开展为期2天的跨区域地震救援拉动实战演练。这是广东省历年来规模最大、难度最高的跨区域地震救援演练。应急救援演练模拟广东河源市发生7级地震。演练设置16千米带装徒步行进、夜间生命搜救、单位疏散自救、化工火灾扑救处置、废墟生命救援、百米悬崖救助、山体滑坡救助等七个训练科目。

12月10日，阳江市举行2012年地震应急救援综合演练。

大力推进地震科普教育基地建设。2012年广东省新增加国家级地震科普教育基地2个，省级地震科普教育基地8个。组织有关专家赴各地开展进机关、进企业、进学校、进社区防震减灾知识讲座20余场次，指导各地中小学校开展应急疏散演练近100多次，印发大量应急避震宣传图册。

指导广东省各地开展应急避难场所规划和建设。目前全省建成132个符合国家标准的地震应急避难场所。

印发《广东省地震安全示范社区管理办法（试行）》，积极开展省级、国家级地震安全示范社区的申报认定工作。2012年广东省有5个社区获得省级地震安全示范社区称号，其中3个社区推荐申报国家级地震安全示范社区。

3. 应急救援队伍建设

完成中日合作地震应急救援能力强化计划（JICA）项目任务。9月，组织省地震灾害紧急救援队和武警广东省总队应急救援队骨干队员参加中国地震局"地震灾害救援队技术骨干培训班"。

指导广东省各地积极组建地震应急救援青年志愿者队伍。截至2012年，广东省已建成32支超过万人的地震应急志愿者队伍。

4. 地震应急救援行动

2月16日，广东省河源市东源县发生4.8地震。地震发生后，广东省地震局自动速报系统3分钟确定出地震三要素，广东省地震局领导及有关应急人员震后8分钟迅速到岗。第一时间向广东省委、省政府和中国地震局上报一系列地震信息并立即启动三级响应。广东省地震局地震应急指挥部立即召开会议，派出13人现场工作队携三套流动地震仪赶赴震区开展工作；召开紧急会商会，对震后趋势进行分析判定；及时向社会公众发布信息，指定专家开通微博跟帖释疑。广东省地震局新闻发言人接受广东卫视新闻直播的连线采访，当日共接受省内各大媒体采访20批次。现场工作队在震中区锡场镇架设流动台，距离震中2~3千米，密切监测余震信息。现场共架设2个流动观测台和1个强震台。现场科考组完成对三洞村、杨梅村、林禾村和水库村约300户的调查工作。震区居民生产生活秩序井然，社会稳定。震中区无人员伤亡，无房屋倒塌。

8月31日，在广东省河源市源城区、东源县交界发生4.2级地震。河源市、惠州市震感强烈。东莞市、广州市、韶关市、佛山市、梅州市、深圳市、揭阳市部分地区有震感。没有收到人员伤亡和财产损失的报告。震后广东省地震局立即启动四级应急响应，并派出工作组携多台（套）仪器赴河源市指导工作、加密观测。

（广东省地震局）

广西壮族自治区

1. 地震应急救援准备

2012年广西壮族自治区共有地震应急预案省级1项、省级部门16项、地市级14项、县区级260项、乡级41项。广西壮族自治区地震局开展《广西壮族自治区破坏性地震应急预案》修订工作，并印发《2012年广西壮族自治区地震局地震应急预案》和《广西壮族自治区地震局地震应急处置科技保障工作方案》，积极推进全区各级各类地震应急预案的修订完善工作。

5月12日，广西壮族自治区地震局联合广西地震灾害紧急救援队共150多人组织实施"5·12"防灾减灾日地震应急综合演练，结合广西区情、震情、灾情和民情，组织开展地震应急集结演练、桌面应急演练、现场工作队演练、前后方指挥部协调演练等6次演练，南宁、柳州、梧州、北海、钦州、玉林、来宾等市均开展跨部门、跨领域、多灾种的综合应急演练，提高重点城市、关键部位、重要场所的地震安全系数和应急救援指数。灵山县、钦南区、钦北区、右江区等区（县）也分别举行地震应急综合演练。

北海市地震局分别于3月30日、5月12日和5月15日在海城区第二小学、北海市第二中学和北海市第五中学进行应急避震演练，共8000多名师生参加。通过演练，进一步增强北海市中小学师生防震减灾意识，提高地震应急避震能力。

6月，广西壮族自治区地震局编制印发《广西壮族自治区地震应急避难场所疏散安置预案编制指南（试行）》，规范地震应急避难场所的使用及民众的疏散安置工作，确保灾时地震应急避难场所的有效启用和民众疏散安置工作的高效、有序开展。截至2012年底，广西避难场所共有建筑面积280万平方米，可容纳191万人。

2. 应急救援队伍建设

2012年广西壮族自治区有省级地震现场工作队1支，为广西壮族自治区地震局现场工作队。该现场工作队设有协调秘书组、宣传报道组、灾害损失评估与科学考察组、建筑物安全鉴定组、监测预报组和后勤保障组6个小组共46名成员。

4月20日，《广西壮族自治区人民政府办公厅关于印发自治区防震减灾工作重点任务分工方案的通知》印发。广西壮族自治区地震局组织编写《广西壮族自治区地震应急演练指南》《2012 年度广西地震危险区地震灾害应急风险评估与应急对策报告》和《广西地震应急救援准备工作方案》等文件。制定《广西壮族自治区地震局地震应急处置管理办法》《广西壮族自治区地震局地震应急通信管理办法》《广西壮族自治区地震局地震应急加强日训练管理暂行办法》和《广西壮族自治区地震局破坏性地震应急救援联络员制度》等多项应急管理制度。来宾市政府整合应急人力资源，聘请复退军人 20 人作为应急救援队员震时调动参加应急救援。

3 月 3—16 日，广西壮族自治区地震灾害紧急救援队一行 20 人赴国家地震紧急救援训练基地进行为期 14 天的培训和训练。为规范广西地震灾害紧急救援队管理，制定《广西壮族自治区地震灾害紧急救援队管理办法》《广西壮族自治区地震灾害紧急救援队装备器材管理暂行办法》《广西壮族自治区地震灾害紧急救援队车辆管理暂行办法》等 10 多项广西地震灾害紧急救援队管理规定。

柳州市地震局联合市红十字会举办 2 期柳州市应急救援和救护知识志愿者培训班，培训地震系统工作人员和社会志愿者共 130 多人参训。

3. 应急救援条件保障建设

来宾市新添置帐篷、睡袋、应急包等现场保障物资，并加强对应急设备的使用培训。

4. 地震应急救援行动

2012 年广西壮族自治区地震局先后成功应急处置包括新疆 6.6 级地震、菲律宾 6.9 级地震、苏门答腊 8.6 级地震、甘肃 5.4 级地震、云南 5.7 级地震和广西百色平果 3.1 级地震、河池东兰 3.2 级地震、贵港平南 3.0 级地震、柳州 3.0 级地震等 10 多次显著有影响地震事件。共编写《震情简报》31 期（其中特刊 18 期）、地震灾害快报 28 期。

（广西壮族自治区地震局）

海南省

1. 应急指挥技术系统建设

2012 年，海南省各市县继续完善地震应急指挥管理技术系统建设，完成该系统的设备调试、软件安装、应急基础数据库建设和总结验收，实现海南省 18 个市县地震指挥中心与省地震指挥中心互通互联、市县信息共享，保障地震应急指挥协调畅通。完成省地震应急指挥中心和武警海南总队指挥中心联通，有效提高海南省地震应急指挥通信水平和能力。

2. 地震应急救援准备

海口、儋州、琼海、临高等市县完成地震应急避难场所建设方案，其他市县将地震应急避难场所建设纳入城市建设规划。海南省地震火山海啸灾害紧急救援队救援训练模拟场所建设顺利完成，并投入使用。三亚等市县完成地震应急预案修订，儋州等市县开展地震应急预案专项检查。省级和各市县地震灾害紧急救援队按计划开展日常训练和演练。海南省各市县进一步完善地震应急准备检查机制，开展检查和督促整改工作。及时调整市县抗震救灾指挥部成员，部分市县开展相关培训。

3. 应急救援队伍建设

海南省18个市县地震救援队完成扩建工作，并为450名救援队员配备救援服装、救援头盔等个人装备。8月，派出6名省救援队骨干赴日本参加为期1个月的应急基本技能、火山喷发应急救援和生化、核辐射泄漏应急救援技术培训，所有队员考核成绩均达到A级，顺利通过结业考核。

10月，为检验和提高海南省地震灾害紧急救援队伍救援技术水平和能力，推动省、市县救援队伍建设，举办海南省地震、火山、海啸灾害紧急救援队救援技术大比武活动，历时18天，海南省共20支救援队、140名救援业务骨干参加。

12月，组织20余名救援队员参加第二期地震、火山、海啸灾害紧急救援工程机械技能培训班，学习推土机、汽吊车、叉车、装载机、挖掘机等大型工程机械操作技能和指挥技能，并通过考核领取全国通用特种行业操作专业技能合格证书。邀请教官分3期对420名各级救援队员进行救援技术培训，另派出30名救援队员到国家地震应急搜救训练基地进行救援技术培训，全力提高海南省各级救援队伍的应急和救援能力。

（海南省地震局）

重庆市

1. 应急指挥技术系统建设

2012年重庆市地震局新增多载波无线信息本地环路单兵系统。启动社会服务工程应急联动协同数据库收集，完成学校、医院空间数据，区县经济数据、水库数据、气象数据的收集。

2. 地震应急救援准备

依据国家震应急预案和市地震应急预案，重新修订《重庆市地震局地震应急预案》，指导大足、涪陵等区县完成地震应急预案修订工作。截至2012年底，共制定市级预案2个，区县（自治县）预案39个，市级部门预案5个。重庆市地震局年内组织内部演练、拉动训练12次，参加市级及中国地震局现场演练2次，指导各区县（自治县）开展演练12次，各区县（自治县）年内组织开展各类应急演练77次。建成4个市级、94个区县级应急避难场所。

3. 应急救援队伍建设

重庆市地震局牵头召开市地震应急救援队联席会议，审议通过《重庆市地震应急救援队预案》和《重庆市地震应急救援队大纲》。组织市地震应急救援队骨干队员参加在国家地震紧急救援培训基地举行的"第13期全国省级救援队救援骨干培训班"。派出骨干队员赴新加坡民防学院参加中国地震局与武警总队联办的"第55期国际城市搜救培训班"。选拔27名业务骨干组成市地震应急技术服务队，组织业务学习，开展体能训练，提高队伍素质。

4. 地震应急救援条件保障情况

制定《应急物资管理办法》，对应急物资进行规范化、数字化、系统化管理。重庆市地震局应急物资库包括个人装备、工作装备、地震应急指挥系统。装备数量已到达900余件套，2012年物资共出入库32次，332来（件）套。

5. 地震应急救援行动

高度重视地震现场工作，严格遵守地震现场工作规程，积极履行职能职责，主动配合当地政府，高效处置巫溪有感地震、隆昌4.0级震群以及彝良地震波及，有效维护社会稳定。

（重庆市地震局）

四川省

1. 应急指挥技术系统建设

加快实施南北地震带灾情速判和灾情展布关键技术研究等项目，向四川省1000余个乡镇发放地震灾情采集系统PDA，建立省级地震灾情信息处理平台。12月在雅安举办2012年全省地震应急工作会暨地震应急指挥技术系统研讨会，讨论并修订《四川省市县防震减灾综合信息服务系统运维细则》和《四川省灾情上报接收处理系统灾情采集PDA管理办法》。

广元市防震减灾局地震台网2012年度完成验收，投入运行。通过该项目，广元市防震减灾局建设应急指挥场所，部署市州应急指挥软件，实现音视频国家、省、市三级联动，灾情的快速评估和辅助决策功能。

雅安市地震应急指挥系统2012年度基本完成建设任务。通过对市州地震应急指挥软件、地震应急基础数据库和地震现场系统的建设，基本完成快速生成灾情文档与生成辅助决策文档，生成各种专题图，归档各种灾情数据的功能，完善应急指挥技术系统提高应急响应与灾情上报信息服务能力，提升应急现场工作能力。

凉山、宜宾两地建设完成市级地震应急指挥技术平台，建立和完善本地区的基础数据库。

2. 地震应急救援准备

修订《四川省地震应急预案》，并于4月由省政府办公厅颁布出台，参与《国家地震应急救援条例》《泛珠三角区域内地9省（区）协作联动地震应急预案》的修订工作。

截至2012年底，四川省各级人民政府、机关、企事业单位、学校、医院、商场等单位和部门，共制定地震应急预案44275件，其中各级政府制定地震应急预案3148件，政府部门制定地震应急预案14748件，社区（村）14835件，学校、医院、商场、企事业单位制定地震应急预案26379件，初步形成横向到边、纵向到底，覆盖市州、县市区、机关、乡镇（街道）、村（社区）、学校、企事业单位的多层次、多领域、全方位的地震应急预案体系。

2008年汶川特大地震后，四川省各级政府、部门，以及企事业单位等都充分吸纳汶川地震抗震救灾工作经验，积极开展应急预案修订工作。截至2012年底，省级政府和部门的应急预案修订工作基本完成，市、县两级政府及企事业单位的预案修订工作全面开展。

10月，四川省政府组成省地震应急工作检查组，采取抽样检查与现场听汇报、看材料、查资料相结合的方式对宜宾、巴中、凉山地震应急工作进行检查。

地震应急演练落实情况。5月，四川省举行有史以来规模最大、范围最广、实战性最强的防灾救灾综合演练。21个市州181个县（市、区）开展200余次防灾减灾演练。参加演练的各类应急队伍44万余人次、群众学生1200万余人次。5月11日，四川省2012年"5·12"防灾减灾日防灾救灾综合实战演练成功举行。参演人员420余万，动用各类装备、车辆2600多台，全过程、全要素模拟应对处置特大地震和各类次生灾害，演练"指挥决策部署""力量集结拉动""群众转移安置"等科目。领导小组各成员单位积极参与、精心组织，确保演练圆满成功，全面检验四川省防灾救灾体系重建成果。

四川省地震局主动协调，积极配合，认真部署，组织参演车辆15辆，参演人员90人，参演装备百余台（套）。配合省委、省政府圆满完成"2012年省级防灾救灾综合实战演练"。

四川省各市（州）积极推进防震减灾知识"进机关、进社区、进企业、进学校、进农村、进媒体"活动，建设科普示范学校与示范社区，以学校应急演练带动全社会演练活动深入开展，大力普及防灾避险、自救互救等应急技能知识。凉山州5年来举办"移动TD杯"防震减灾知识竞赛49场，发放各类宣传资料近20万份，全州创建防震减灾科普示范学校81所，科普示范区4个，科普示范基地1个。宜宾市对全市所有党政机关、事业单位2万余名公务人员进行集中培训学习和考试，历时4个月；发放各类宣传材料60余万份，建成防震减灾科普示范社区15个，科普示范社区12个。巴中市共开展地震应急宣传活动40余场（次），发放宣传材料30余万份。

开展地震灾情速报系统建设工作，建立震情、灾情速报机制，乡（镇）配备防震减灾助理员，不少村社都配备地震安全员。其中凉山乡镇防震减灾助理员和村社地震安全员总人数已达600余人，宜宾在全市范围内建立110个灾情速报点组成市、县、乡三级地震灾情速报网络。县市和乡镇地震灾情速报网络基本建立。

宜宾市投资2980万元，建设完成全市36个应急避难场所，可安置受灾群众20.15万。凉山建成应急避难场所21个，巴中规划建设避难场所32个。

新增防震减灾科普示范社区18个，目前四川省省级防震减灾科普示范社区达30个，市级18个，其中德阳市旌阳区花园巷社区等3个社区被评为国家级地震安全示范社区。

3. 应急救援队伍建设

四川省各市（州）均成立市级防震减灾领导机构和防震减灾工作机构，其中凉山州、宜宾市两地的市级防震减灾工作机构在汶川地震后均增设应急救援科。市（州）县（区、市）地震应急救援组织体系建设取得较大进步，均建立县级地震应急指挥机构；凉山州17个县（市）均成立独立建制的防震减灾工作机构，有力地加强当地地震应急救援工作的管理和指导力度。市（州）均建立防震减灾工作联席会议制度，经常性或定期地召开政府工作会议，贯彻落实上级防震减灾工作精神，研究部署地震应急救援准备各项工作。

凉山州启动《凉山州地震应急救援条件保障工程》，组建16人参加的凉山州地震系统现场工作队，开展专项业务培训。凉山、眉山等地组建市（州）级地震系统现场工作队。

绵阳市依托消防部门为主体，组织公安、武警、民兵、民政、卫生、建设、电力、供气、供水、通信、交通、工程机械等相关力量建立编制3000余人的1个综合应急救援支队、9个综合应急救援大队；组建卫生防疫、人员搜救、路桥抢修保通、通信保障等共计5000余人15支兼职应急救援队伍。

眉山市建成集地震、民政、建设、交通、水务等各行业专家组成的市级地震现场工作队1个。全市建立公安消防、矿山救护等专业救援队伍89支共3000多人，兼职救援队伍2万多人，志愿者队伍6支620人。

宜宾市、县分别依托公安消防部队组建宜宾市综合（地震）应急救援支队和大队。市、县成立应急志愿者服务队，分为应急救援、应急医疗、应急心里3个分队，共有1200余人，定期开展专业技能培训、演练和宣传。

4. 应急救援条件保障建设

四川省地震局为甘孜州防灾减灾局配备8套地震现场应急个人装备。

广元市防震减灾局地震应急通信、交通、场所、个人装备等得到较好落实。AceSR190卫星电话，GPS卫星定位仪，随时处于联通待命状态；越野车二辆，性能良好，能执行应急救援任务；配备地震现场工作个人全套装备6套、应急发电机2台、数码相机1部、笔记本电脑1台、应急办公一体机1部，能满足地震应急需求。应急大帐篷、背包、现场应急工作背心、充气睡袋、充气睡垫等个人装备充足，为6名地震现场应急工作队员购买人生意外伤害保险，增强地震应急处置能力。

宜宾市购置卫星电话、应急通信电台、应急视频通信指挥车、应急发电机等设备。配合市政府应急办，为各类专业救援队伍装备价值800多万元的专业救援设备、移动雷达、移动预报系统、视频传输系统、专业检验监测设备、运输装备，增配大型、特种救援救生装备等。

宜宾市投资4840万元，完成建设市级主库1个，区县分库9个，成为川南地区救灾物资仓储和紧急调运的枢纽中心；凉山建成州级救灾物资储备库2个，县级救灾物资储备库10个；巴中各市、县与应急物资生产厂家、商家签署代储、供货协议，保障救灾物资供应。

5. 地震应急救援行动

6月24日，云南省丽江市宁蒗彝族自治县、四川省凉山彝族自治州盐源县交界地区发生5.7级地震。地震发生后，四川省地震局第一时间启动应急预案，召开紧急工作会议，决定实施Ⅲ级应急响应，高效有序地部署落实应急工作任务；及时贯彻重要批示、传达会议精神，全力组织开展应急处置工作。

（四川省地震局）

贵州省

1. 地震应急救援准备

2012年10月，贵州省地震局组织贵州省地震救援队8名技术骨干在北京国家地震紧急救援训练基地参加了为期 2 周的地震救援队技术骨干培训班,进一步提高了贵州省地震应急救援队员的应急救援综合能力和素质。

7 月,贵州省地震局与贵州省公安消防总队近 400 人在毕节市赫章县韭菜坪和水城县城进行了地震紧急救援联合演练。贵州省地震局、毕节地震台、六盘水地震台、威宁防震减灾局及赫章科技局等单位人员 20 余人参加。通过演练,进一步提高了地震应急系统的快速反应能力和应急处置能力,增进了省、市两级地震应急机构及各部门间的协调与配合,为地震应急救援实战提供了宝贵的经验。

2. 应急救援条件保障建设

贵州省地震局先后公开招标采购了包括救援、破拆、医疗、防护和保障 5 大类在内的应急救援装备,应急救援装备进一步得到补充。

3. 地震应急救援行动

9 月 7 日,贵州省威宁县与云南省彝良县交界发生 5.7 级地震,随后再次发生 5.6 级地震,造成震区重大人员伤亡和经济财产损失。此次地震共造成贵州省 2 人受伤,32 个乡镇受不同程度灾害,倒塌民房 36 户 88 间,严重损坏民房 1562 户 2415 间,紧急转移安置 27497 人,造成直接经济损失达 46714 万元。地震发生后,在贵州省人民政府和中国地震局的领导下,贵州省地震局立即启动相关应急预案,迅速派出地震应急工作队,有力有序有效地开展应急处置。贵州省地震局认真落实省委、省政府领导的重要指示,跟踪震情变化,发布和上报震情灾情,进行地震灾害评估,综合分析地震原因和发展趋势,迅速上报研判结果等。

(贵州省地震局)

云南省

1. 应急指挥技术系统建设

完成云南省地震灾害应急指挥中心的升级改造工作。开展《云南省地震灾害风险评估与应急对策研究》,完成各县(市)房屋建筑、生命线工程及地质灾害隐患点相关资料的收集。

2. 地震应急救援准备

组织完成《云南省地震应急预案》修订方案,并开展工作。印发《2012 年云南省地震局地震应急现场工作队出队方案》与《云南省 2012 年度地震应急准备工作方案》,明确出队人员与车辆。建立云南省三片区区域应急联动工作机制。第一次与教育部门建立高考期间的地震应急联动机制,确保地震安全。联合有关部门到昭通、红河等重点监视防御区检查地震应急准备工作。

承办全国地震应急救援工作交流会议,圆满完成"云震 2012"地震应急演练。配合民政部门开展"5·12"防灾减灾日防灾应急小演习,指导市县开展地震应急小演练。

3. 应急救援队伍建设

召开云南省地震灾害紧急救援队联席会议。承办中国地震应急搜救中心和日本国际协力机构（JICA）联合举办的地震灾害应急管理核心课程培训。组织9名救援队骨干赴中国地震应急搜救中心进行专业培训。成立多支志愿者队伍。

4. 应急救援条件保障建设

云南省地震局地震灾害现场工作队配备40套短波/超短波通信系统；实施完成现场工作队卫星通信指挥车建设项目。

5. 地震应急救援行动

高效有序安全完成宁蒗—盐源5.7级、彝良—威宁5.7级和彝良5.6级地震等多次地震现场应急工作。快速、高效开展震害调查，圆满完成地震灾害损失评估；先后与四川省地震局、贵州省地震局合作完成灾害损失评估调查。联合教育、卫生、交通、水利等部门组成专项联合调查组，创新工作方式。两次调用解放军、武警救援队参与抢险救灾。

（云南省地震局）

陕西省

1. 应急指挥技术系统建设

应急指挥技术系统快速出图等功能进一步完善，应急基础数据库内容进一步丰富，灾情速报平台上报方式、流程、内容等进一步优化，基于IP电话、卫星电话、信息网络、短波电台、3G网络等多种通信方式的应急通信系统稳定高效运行。

2. 地震应急救援准备

陕西省应急办、陕西省地震局加强地震应急预案编制、修订和备案管理，宝鸡、咸阳、渭南、铜川、商洛、安康、榆林等市修订政府地震应急预案，省抗震救灾指挥部29个成员单位和11个设区市，5787个县（区）、乡镇及重点单位进行地震应急预案备案。编制完成《陕西省地震应急预案操作手册》，并完成陕西省地震局地震应急预案的修订工作。陕西省地震局、陕西省应急办、陕西省发改委和陕西省民政厅等部门联合开展地震应急工作检查督促指导全面做好应急戒备工作。陕西省地震局与陕西省应急办、宝鸡市政府共同实施包括12个科目的宝鸡陇县综合地震应急演练活动，参演人数近千人，2000多人现场观摩演练活动。落实《陕西省学校地震应急疏散演练指导意见》，为学校地震应急疏散演练进行指导。宝鸡市组织开展百校地震应急疏散演练活动，1600余所学校开展演练活动。陕西省地震应急预案演练7700场次，参演人数120万余人。市、县应急避难场所建设项目可研报告通过专家评审。

3. 应急救援队伍建设

武警陕西应急救援队正式挂牌成立。陕西省地震局、陕西省地震灾害紧急救援队、陕西省军区选派8名骨干参加省级地震紧急救援队技术骨干培训班。组织协调陕西省地震灾害紧急救援队、武警陕西应急救援队、陕西省地震现场工作队参加陕西省重大突发事件应急救援联合拉动演练，检验队伍的远程实战拉动和保障能力。组织陕西省地震现场应急工作及相关标准培训班，对现场工作队及市县地震部门应急管理人员80多人进行现场工作及有关标准的培训。加强市县地震现场工作队伍建设的指导，对西安、渭南等市地震部门在现场工作队伍建设进行指导，渭南市及各县区成立地震现场工作队，并配备相关装备。咸阳市秦都区成立应急通信分队等3支地震应急志愿者队伍，永寿县成立地震灾害救援志愿者服务大队等8支地震应急志愿者队伍。

4. 应急救援条件保障建设

制定《应急仓库物资管理规定》，对应急仓库物资的日常管理职责、借用程序等进行明确。

陕西省地震局对陕西省地震灾害紧急救援队装备进行全面的检查清理，掌握装备使用维护情况。

（陕西省地震局）

甘肃省

1. 应急指挥技术系统建设

制作地震应急专题图和装饰图，维修地震应急指挥大厅屏幕和卫星接收基站功放ODU，完善视频会议系统大厅摄像头和高清显示设备的安装、调试，布设指挥大厅无线上网环境。组织实施地震应急基础数据库更新工作，以甘肃省防震减灾工作领导小组办公室名义下发通知，对收集内容提出明确具体要求，14个市州政府专题部署数据收集工作，各市州政府完成数据收集工作并报省局备案。补充更新1∶25万全国地图、甘肃省活断层数据转换/数字化成shape格式，甘肃省分县地图（行政区划图）、甘肃省交通图等资料102幅地图和11本地图册。增加和校对截至2012年6月的所有地震目录中强震和小震数据，对甘肃省水库数据从网上查找经纬度定位。建立完善省市县三级地震应急基础数据库共享机制，实现数据实时更新及动态管理。

2. 地震应急救援准备

起草《甘肃省地震应急预案（修订稿）》；指导兰州、嘉峪关、酒泉、金昌、武威、天水、庆阳、临夏等市州组织完成新一轮地震应急预案的修订工作；甘肃省各级各有关单位制定修订应急预案700件；修订《甘肃省地震灾情速报实施细则》；制定《甘肃省地震局地震现场工作管理实施细则》；甘肃省地震局与甘肃移动联合升级改造地震信息发布系统；甘肃省地震局联合中国电信甘肃分公司、中国移动甘肃分公司、中国联通甘肃分公司分别印发《关于建立全省地震灾情速报队伍》的通知，组建500人的地震灾情速报员队伍。组织开展省市县三级地震应急联动桌面演练，甘肃省领导担任演练指挥长，演练取得很好效果。2012年，甘肃省新建应急避难场所70处、地震应急志愿者队伍80支，甘肃省地震局指导有关部门、单位、学校、医院开展地震应急演练600场次，有效提高公众、学校师生应对突发地震事件的能力。

3. 应急救援队伍建设

甘肃省地震局指导庆城、合作、舟曲、安宁、兰州市城关区和天水市五县二区社区地震应急救援志愿者队伍，三网一员开展培训。开展天水、金昌两支省级区域性地震灾害紧急救援队建设前期调研，编写救援队建设项目建议书。为10支志愿者队伍配备共300万元的救援专业装备，开展设备使用和防震减灾知识培训。

4. 地震应急救援行动

2012年，甘肃省内及边邻地区共发生4起显著地震事件，甘肃省地震局按照级别启动地震应急预案，迅速将地震基本情况、灾害信息、应急行动等信息上报和发布，开展震情会商、余震监测、现场灾情调查等工作。5月3日甘肃省酒泉市金塔县、内蒙古自治区阿拉善盟额济纳旗交界5.4级地震发生后，甘肃省地震局领导及应急岗位人员迅速到岗，开展地震应急；甘肃省地震局地震现场工作队与酒泉市地震局、金塔县地震局现场工作队联合开展灾情调查和核实，依据国家标准，快速产出灾害损失评估报告，经省地震灾害损失评定委员会评审通过并上报甘肃省人民政府。

（甘肃省地震局）

青海省

1. 地震应急救援准备

2012年，青海省地震局制定《2012年度青海省地震局地震应急准备工作方案》，对年度危险区进行风险评估。组织完成青海省地震局地震应急预案修订及实施工作。

2012年，青海省地震局在各州（地、市）区组织政府演练8次，社区、部门演练10次，企业演练2次，寺院演练4次，学校演练400多次，与青海省政府应急办公室联合对青海省地震应急工作进行专项检查。

2. 应急救援队伍建设

2012年7月，武警青海省总队应急救援队在西宁挂牌成立。各州（地、市）先后组建应急救援中队，玛沁、民和等县成立县级地震应急救援队伍。各州（地、市）组织和建立不同规模的志愿者救援队伍，完成地震应急现场工作队的调整与扩充，提升青海省的地震应急救援能力，为今后的地震应急救援工作奠定基础。

（青海省地震局）

宁夏回族自治区

1. 地震应急指挥系统建设

编制完成"宁夏强地震烈度灾情速报及预警联动指挥"项目"宁夏回族自治区地震应急处置、服务与区市县联动指挥系统工程"项目等的建议书。协调指导石嘴山市、平罗县、泾源县试点申请实施"地震灾情捕获与应急指挥调度系统"建设。基本完成地震应急基础数据库更新、地震社会服务工程项目数据收集入库工作,提前完成"区域基础承载体公里格网抽样调查任务",应急指挥技术系统2012年运行连续、正常。

2. 地震应急救援准备

建成地震应急预案电子管理系统,实现对预案的分级分类管理和实时备案,增强地震部门对预案编修的指导力度。邀请外籍教官对自治区地震灾害紧急救援队员培训,参与镇北堡地震应急综合演练、西北片区流动观测与应急产出演练,进一步提高了自治区地震灾害紧急救援队的能力和水平。自治区各地普遍开展地震应急演练,地震应急救援社会化、网格化局面正在形成。

3. 地震应急救援行动

11月20日银川市永宁县4.5级地震发生后,宁夏回族自治区地震局立即启动4级地震应急响应,召开临时震情趋势会商会,对震情进行综合研判,并向社会发布此次地震的相关信息。自治区领导紧急赶赴地震现场,了解、核实有关情况。

(宁夏回族自治区地震局)

新疆维吾尔自治区

1. 应急指挥技术系统建设

2012年度地震应急指挥系统启动应急响应不少于11次,在成功应对历次突发地震事件中发挥重要作用。应急指挥中心完成地震应急专题图产出软件的安装和试运行,运行效果良好。

组织人员完成《地(市)地震应急平台建设参考方案》编写与印发,结合新疆维吾尔自治区地震科学基金课题开展地(市)地震应急平台建设试点工作,先后赴昌吉州地震局和乌苏市地震局开展调研。

制定新疆维吾尔自治区地震局快速应急八条,为党组成员配备地震应急指挥专用笔记本电脑并安装地震现场工作必备的软件、应急基础数据库、专题图件等资料,对秘书组人员进行地震现场应急工作培训,以保证大震发生后能够快速产出初步的应急服务产品,为自治区领导现场指挥抗震救灾工作提供可靠依据。

2. 地震应急救援准备

结合新疆维吾尔自治区实际情况,组织有关专家编制完成《2012年度新疆地震风险评估与对策研究工作报告》和《2012年度新疆维吾尔自治区地震重点危险区应急准备工作方案》,对地震危险区可能造成的地震灾害损失和人员伤亡作出预测,提出有针对性的应急救援处置方案,以文件形式印发各地(州、市),为各级政府统筹规划地震应急救援工作提供更切合实际的指导建议。各地(州、市)根据实际细化本地区的应急准备方案,并作为年度的重要工作抓好落实,做好应急准备工作。

完成新疆维吾尔自治区地震局现场应急队人员扩编和业务培训工作,先后开展地震现场工作系列讲座3次,派出学习5人次,不断提高应急人员业务技能;合理利用自治区地震应急救援专项资金，完成现场应急队工作、生活装备的增补采购工作。

在自治区公安消防总队水西沟训练基地、乌苏市和尼勒克县开展4次规模不同、科目各有侧重的地震应急演练，熟悉预案、锻炼队伍、提高效率。

运用12322短信平台发送地震向各地、州、市地震局及相关部门提供震情信息服务，效果良好。为应急指挥部成员制作胸牌，进一步明确各自的地震应急职责。

2012年度重点推进厅局协作联动工作，新疆维吾尔自治区地震局起草自治区厅局协作联动应对突发地震事件工作方案，9月6日自治区党委和人民政府办公厅联合发布《关于加强自治区相关厅局地震应急救援协作联动工作的意见》。

3. 应急救援队伍建设

新疆维吾尔自治区党委、政府多次召开会议听取新疆维吾尔自治区地震局关于防震减灾工作的汇报。2012年自治区财政拨付专项资金1000万用于新疆维吾尔自治区地震救援能力建设。模拟震后倒塌斜楼和地震废墟训练场地建设已基本完成，2012年度采购的地震应急救援装备大部分已经交付使用。

组织人员多次赴武警新疆总队应急救援队、武警新疆森林总队、武警新疆生产建设兵团指挥部等部门或单位开展地震基础知识和应急避险知识培训；派出20人次赴国家地震灾害紧急救援队训练基地参加应急救援技术培训；派1人赴日本参加应急救援培训。

4月12日举行自治区地震应急志愿者队授旗仪式，与自治区红十字会等相关部门联合印发《关于在学校开展应急救护及防灾避险知识与技能培训工作的通知》，积极参与人员培训工作，参与授课7次、集中培训600余人次。各地（州、市）地震应急志愿者队伍建设工作逐步推进，伊犁州和乌鲁木齐市举行志愿者队授旗仪式。

4. 地震应急救援行动

2012年，新疆维吾尔自治区共发生5.0级以上地震11次，其中6.0级以上地震3次。地震发生后，新疆维吾尔自治区地震局第一时间启动地震应急响应，共派出地震现场应急队11批、106人次，累计行程50000余千米，顺利完成地震灾害损失调查评估、科学考察、房屋安全鉴定、震情趋势判定等现场工作，为保障灾区社会稳定，控制和减轻突发地震事件所引起的社会危害及争取国家救灾资金作出应有的贡献。

（新疆维吾尔自治区地震局）

重要会议

2012年国务院防震减灾工作联席会议

2012年1月6日，国务院防震减灾工作联席会议在北京召开。中共中央政治局委员、国务院副总理回良玉出席会议并讲话。会议强调，各地区、各有关部门要站在推进科学发展、促进社会和谐的高度，认真贯彻落实胡锦涛总书记、温家宝总理关于加强防震减灾工作的一系列重要指示，深刻总结吸取近年来国内外重大地震灾害抗震救灾经验，扎实做好地震监测预报、建筑物抗震设防、灾害抢险救援等各项工作，强化法制、科技、投入、人才队伍保障，全面夯实防震减灾基础，进一步提升地震灾害防范应对能力。

会议指出，2011年我国周边国家地震异常活跃、强震频发，日本、缅甸、印度等国地震对我造成较大影响。在有关各方团结协作、积极努力下，防震减灾工作成效显著，地震监测预报、震灾防御、应急救援三大体系建设统筹推进，支持保障政策措施不断完善，有力有序有效应对了国际国内地震灾害，最大限度地减轻了灾害损失。经过三年艰苦奋战，夺取了汶川地震灾后恢复重建的伟大胜利，创造了世界灾后重建史上的奇迹。

会议强调，各地区、各有关部门要对当前全球地震活跃的形势和艰巨的防震减灾任务有清醒的认识，以更加振奋的精神、更加周密的部署、更加有效的举措，全力以赴做好防震减灾工作，为经济社会发展创造良好条件。要坚持以人为本、民生优先，把维护人民群众生命安全放在首位；坚持统一指挥、部门协同，形成防震减灾工作合力；坚持以防为主、防御与救助相结合，切实提高综合减灾能力；坚持依法推进、强化监管，确保工作责任落到实处；坚持需求引领、科技支撑，增强地震科技创新能力；坚持社会参与、共同抵御，有序引导社会各方做好防震减灾工作。

会议要求，各地区、各有关部门要结合工作实际、强化责任落实、细化对策措施。一要把人口密集区、地震危险区和重点监视防御区、地震多发区和防御薄弱区、重大活动时段等作为防御工作重点，强化跟踪监视，及时会商研判，努力提高地震预测预报水平。二要着力推进抗震民居、中小学校舍安全工程建设、地震活动断层探测、重大工程紧急自动处置技术研发等重点工作，进一步夯实抗震设防基础。三要突出抓好防震减灾应急指挥、抢险救援、物资储备、应急避难场所建设等重要环节，切实提升地震救援能力。四要加强法规预案体系建设，完善投入保障机制，强化科技支撑和国际交流合作，为防震减灾工作开展提供有力保障。五要以十七届六中全会精神为指导，大力弘扬减灾文化，切实推进防震减灾宣传教育，提高社会公众防灾意识和自救互救能力。

会议听取了中国地震局等有关部门和专家关于我国2011年防震减灾工作情况的汇报，研究部署了2012年重点工作任务。

（中国地震局办公室）

2012年全国地震局长会暨党风廉政建设工作会议

2012年1月12—13日，2012年全国地震局长会暨党风廉政建设工作会议在北京召开。会议由中国地震局党组成员、副局长刘玉辰主持，中国地震局党组书记、局长陈建民代表中国地震局党组作工作报告，中国地震局党组成员、中央纪委驻局纪检组组长张友民传达了胡锦涛总书记在十七届中央纪委第七次全会上的重要讲话和中央纪委七次全会精神。

会议主要任务是：以邓小平理论和"三个代表"重要思想为指导，以科学发展观为统领，认真学习贯彻党的十七届六中全会和中央纪委第七次全会精神，全面落实党中央、国务院重大决策和防震减灾工作联席会议精神，回顾总结2011年、研究部署2012年防震减灾和党风廉政建设工作，着力推进防震减灾事业科学发展，以更加优异的成绩迎接党的十八大召开。

中国地震局党组全体同志，各省、自治区、直辖市地震局党政主要负责人和纪检组长，中国地震局各直属单位党政主要负责人和纪委书记，各副省级城市和新疆生产建设兵团地震部门主要负责人，中国地震局机关各司室主要负责人和直属机关纪委书记，以及中国灾害防御协会和中国地震学会秘书长参加会议。中国地震局机关处级以上干部列席会议。

会议还邀请中国地震局一些老领导，邀请国务院办公厅秘书三局、国务院应急办、中央国家机关纪工委有关领导和有关媒体同志参加并指导会议。

（中国地震局办公室）

中国地震局和陕西省人民政府共同推进关中—天水经济区防震减灾体系建设合作委员会第一次会议

2012年3月，中国地震局和陕西省人民政府共同推进关中—天水经济区防震减灾体系建设合作委员会第一次会议在北京召开，审定并印发合作共建实施方案，确定共建具体内容、重点项目和投资规模等。汉中等三城市地震小区划、关中大震危险性评价、区域应急能力建设等项目启动实施，地震背景场探测、社会服务工程、杨凌示范区地震小区划、渭南活断层探测等"十二五"重点项目进展顺利。

（陕西省地震局）

中国地震局与广东省政府共同推进珠江三角洲地区2012年防震减灾工作合作联席会议第一次工作会议

2012年9月25日，广东省政府与中国地震局在广州召开共同推进珠江三角洲地区防震减灾工作合作联席会议第一次工作会议。广东省副省长刘昆，中国地震局党组成员、副局长修济刚出席会议并讲话。会议提出 3 点要求。一是进一步加强组织领导，狠抓落实；二是进一步突出重点，扎实推进；三是进一步完善机制，形成合力。与会人员对《中国地震局、广东省人民政府共同推进珠江三角洲地区防震减灾工作合作项目实施方案》进行热烈深入的讨论，并全体一致通过，该实施方案于会后印发。

来自中国地震局有关司室的负责人、广东省直有关单位负责人、珠三角 9 市分管地震工作的政府领导及地震局局长近 40 人出席会议。

（广东省地震局）

中国地震局与云南省人民政府签订合作协议

2012 年 10 月 19 日，中国地震局与云南省人民政府在北京签订推进云南桥头堡建设防震减灾合作协议。中国地震局党组书记、局长陈建民与中共云南省委副书记、省人民政府省长李纪恒出席仪式并代表双方签署合作协议。按照协议，双方将重点在以下 5 个方面继续加强合作：一是支持滇中城市经济圈、重要沿边开放经济带和经济走廊所涉及的地震重点监视防御区内地震监测预报、震灾预防、应急救援和地震科技等防震减灾工作体系建设，为全国防震减灾事业发展积累经验，提供示范。二是以中国地震局为主，双方共同建设云南地震烈度速报与预警系统，开展云南区域地震速报与预警应用技术研发，重点为云南交通运输网络、电力网络和油气管道运维等重大基础设施和生命线工程提供地震安全服务，全面提升云南地震灾情速报与预警能力。三是以云南省人民政府为主，双方共同建设云南大震应急处置平台，建立地震灾害信息获取、处理和服务的快速共享技术系统。加强地震灾害紧急救援人才培养与队伍建设，完善应急响应联动机制，提升地震应急处置和紧急救援能力，适应抗大震救大灾的要求。四是以中国地震局为主，双方共同在云南建立国家地震预报实验场，聚集全国地震预测预报优秀骨干，创新管理体制机制，成为我国地震预测新理论新方法和新地震观测仪器的实验基地，同时建成国际地震科技合作交流平台，切实提升云南地震预测预报能力，努力减轻地震灾害损失。五是根据云南震害防御区域特点，加强云南防震新材料新技术研发和应用，建设减隔震技术实验室，成为中国地震局重点实验室。中国地震局在技术研发、实验检测、观测和应用方面提供支持，云南省人民政府在产业发展和技术推广方面给予政策扶持。

（云南省地震局）

天津市 2012 年防震减灾工作会议

2012 年 5 月 17 日，天津市召开 2012 年度防震减灾工作会议。天津市政府副市长王治平出席会议并作重要讲话，天津市政府副秘书长袁树谦主持会议。天津市防震减灾工作领导小组成员，各区县人民政府、滨海新区相关功能区负责同志和各区县地震工作部门负责人共100余人参加会议。

会议传达国务院防震减灾工作联席会议精神和回良玉副总理重要讲话精神，回顾总结2011年、安排部署2012年天津市防震减灾工作。

（天津市地震局）

山西省2012年防震减灾领导小组会议

2012年5月4日，山西省政府组织召开2012年防震减灾领导小组会议。山西省地震局党组书记、局长樊琦代表省防震减灾领导组办公室汇报2011年山西省防震减灾工作，对2012年的工作任务提出7条建议。山西省军区、山西省发改委、山西省住建厅、山西省委宣传部、临汾市政府在会上做典型发言。山西省委常委、常务副省长李小鹏主持会议并作重要讲话。山西省防震减灾领导组部分成员单位及11个市分管防震减灾工作的领导共30余人参加会议。

会议充分肯定2011年山西省防震减灾工作取得的成绩，指出防震减灾事关人民生命财产安全，事关改革发展大局，事关社会和谐稳定。会议要求各级各部门要站在立党为公、执政为民的高度，站在服务山西大局、推进转型跨越发展的高度，进一步增强工作的责任感、使命感和紧迫感，采取有效措施，切实把防震减灾各项工作抓紧抓好。2012年要重点做好地震监视跟踪和趋势预测工作，夯实地震灾害防御基础，提升地震应急处置和保障能力，开展防震减灾宣传教育工作。各级各部门要落实领导责任，加强对防震减灾制度实施情况的监督检查，形成工作合力，共同促进山西省防震减灾事业又好又快发展。

（山西省地震局）

内蒙古自治区2012年防震减灾工作电视电话会议

2012年2月28日，内蒙古自治区召开内蒙古自治区防震减灾工作电视电话会议，贯彻落实2012年国务院防震减灾工作联席会议精神和全国地震局长会议精神，总结2011年防震减灾工作，研究分析当前防震减灾工作面临的新形势新要求，安排部署2012年重点工作任务。

内蒙古自治区、各盟市、旗县三级防震减灾工作领导小组成员，有关大、中型企业负责人、各地震台台长共计1000余人分别在自治区主会场、各盟市、旗县分会场参加会议。

（内蒙古自治区地震局）

辽宁省 2012 年防震减灾工作会议

2012 年 2 月 8 日，辽宁省 2012 年度防震减灾工作会议在沈阳召开。会议传达 2012 年国务院防震减灾联席会议和全国地震局长暨全国地震系统党风廉政建设工作会议精神；通报辽宁省震情趋势；表彰 2011 年度辽宁省地震系统先进单位、先进集体和先进个人；总结 2011 年辽宁省防震减灾工作和部署 2012 年防震减灾重点工作任务。辽宁省各市地震局局长和各地震台长就 2012 年辽宁省防震减灾工作分别进行座谈。省委常委、常务副省长许卫国出席会议并作重要讲话。

会议由省政府副秘书长郭富春同志主持。省军区副司令员王静雨、省防震减灾工作领导小组成员单位主要负责同志以及各市，绥中、昌图县地震局局长，各地震台台长，局属各单位和机关各处室负责人参加会议。

（辽宁省地震局）

黑龙江省 2012 年防震减灾领导小组联席会议

2012 年 3 月 7 日，黑龙江省防震减灾领导小组联席会议在哈尔滨召开。黑龙江省政府副省长于莎燕出席会议并作重要讲话，省防震减灾领导小组成员单位领导及联络员、省政府有关部门领导 150 余人参加会议，黑龙江省各市（地）地震局局长列席会议。中国地震局地球物理研究所副所长、研究员高孟潭应邀在会上作《黑龙江省及邻近地区地震危险性和震害防御》专题报告。黑龙江省防震减灾领导小组办公室主任、黑龙江省地震局局长孙建中传达国务院防震减灾工作联席会议精神，总结 2010 年以来全省防震减灾工作取得成绩，并提出 2012 年全省防震减灾工作建议。

（黑龙江省地震局）

上海市 2012 年防震减灾联席会议

2012 年 3 月 21 日，上海市防震减灾联席会议 2012 年工作会议在市政府召开，上海市防震减灾联席会议主任、副市长沈骏出席会议并作重要讲话，市政府副秘书长尹弘主持会议，市联席会议成员单位分管领导和联络员、区县联席会议负责人及办公室主任出席会议。

会议肯定 2011 年以来全市防震减灾工作取得的成绩。指出，在上海市委、市政府的领导下，市联席会议各成员单位共同努力、团结协作，运用上海世博会地震安保经验，不断完善常态化地震应急机制；通过"十二五"防震减灾规划编制，科学谋划防震减灾工作新发展；加强联动协同，大力推进应急救援力量建设，较好地完成 2012 年各项任务。

会议对 2012 年上海市防震减灾工作进行部署，并对市防震减灾联席会议各成员单位提出几点要求：一是牢固树立震情第一观念；二是夯实防震减灾基础工作，完善区县防震减灾机构建设；三是围绕 2012 年工作目标，以点带面，重点突破，优先解决难点和热点问题。

（上海市地震局）

江苏省 2012 年防震减灾工作联席会议

2012 年 3 月 21 日，江苏省人民政府召开 2012 年省防震减灾工作联席会议，江苏省副省长何权出席会议并发表讲话。何权副省长在会上部署年度防震减灾任务，并代表省政府与市政府签订防震减灾工作目标管理责任书。

（江苏省地震局）

安徽省 2012 年防震减灾工作会议

2012 年 2 月 17 日，安徽省人民政府召开防震减灾工作领导小组会议，研究部署 2012 年防震减灾任务。

会议指出，2011 年以来，安徽各地各有关部门认真按照党中央、国务院和安徽省委、省政府决策部署，积极协作，扎实工作，共同推进监测预报、震灾预防、应急救援三大体系建设，安徽省综合防震减灾能力持续提升。

会议强调，各地各有关部门要充分认清当前安徽省防震减灾工作面临的新形势，切实增强责任感和使命感，扎实做好防震减灾各项工作。要强化震情监测分析，加快地震监测基础设施建设，完善群测群防网络体系。加强重大建设工程和城乡建筑物抗震设防监管，加快中小学校舍安全工程建设，推进农村民居防震保安工作。认真落实各级地震应急预案要求，加强指挥调度、协调联动、信息共享、社会动员工作机制建设，增强应急救援合力。大力实施"十二五"防震减灾规划，加快启动重点工程建设。强化防震减灾宣传教育，不断增强全社会防震减灾意识，进一步提高公众避险自救互救能力。加强防震减灾领导，落实工作责任，加大投入力度和队伍建设，为建设美好安徽提供有力保障。

（安徽省地震局）

福建省2012年地震系统工作会议

2012年2月12—14日，2012年福建省地震系统工作会议在福州召开，福建省地震局领导，各设区市地震局正、副局长，省局机关处级以上干部，各事业单位领导班子成员，各地震台站正、副台长（含台长助理）参加会议。

会议传达全国地震局长会议暨党风廉政建设工作会议精神，福建省地震局党组书记、局长金星在会上作工作报告。会议指出，2011年是实施防震减灾"十二五"规划的开局之年，全省地震系统广大干部职工在中国地震局和省委、省政府的领导下，坚持用科学发展观统领防震减灾工作，全面贯彻落实全国地震局长会暨党风廉政建设工作会议的各项部署和陈建民局长来闽检查工作的重要讲话精神，防震减灾各项工作取得显著成效，实现"十二五"的良好开局。

（福建省地震局）

江西省2012年防震减灾工作会议

2012年2月21日，江西省防震减灾工作会议在南昌召开，会议贯彻落实全国防震减灾工作会议精神，回顾总结2010年以来江西省防震减灾工作，表彰先进单位，深入分析研究面临的形势和任务，安排部署当前及今后一段时期的工作。江西省副省长谢茹和中国地震局党组成员、副局长修济刚出席会议并讲话，江西省政府副秘书长晏驹腾主持会议，江西省地震局党组书记、局长王建荣作工作报告，江西省防震减灾工作领导小组成员，各设区市、有关县（市、区）政府分管领导和防震减灾工作部门负责人参加会议。

会议充分肯定江西省防震减灾工作成效，强调要充分认识防震减灾工作的极端重要性、复杂性和长期性，牢固树立政治意识、大局意识、忧患意识和责任意识，创新举措，务实工作，扎实推动各项目标任务的落实。要尽快建立完善防震减灾目标考核体系。加大投入保障力度，确保防震减灾工作有机构、有队伍、有经费。强化防震减灾工作监督检查等主要工作任务的分解落实，进一步加强协调配合，齐心协力推进防震减灾社会管理、公共服务和基础能力向更深层次、更宽领域、更高水平发展，为建设富裕和谐秀美江西作出新的贡献。

（江西省地震局）

山东省人民政府2012年防震减灾工作领导小组会议

2012年1月11日，山东省防震减灾工作领导小组会议在济南召开。山东省副省长王随莲出席会议并讲话。

会议指出，2011年以来，在山东省委、省政府的正确领导下，各成员单位密切协作，高效有序开展防震减灾工作，"十二五"工作开局良好。

会议强调，防震减灾是重要的基础性、公益性事业，关系人民生命财产安全和经济社会发展全局。各成员单位要进一步增强责任感和紧迫感，切实加强地震监测预报体系、震害防御体系和紧急救援体系建设，大力推进依法行政，深入开展宣传教育，不断提升山东省防震减灾工作水平。要加强地震监测台网建设，完善群测群防网络，提高预测预报的科学性和准确性。扎实做好地震基础探测和小区划工作，强化抗震设防监管，及时排查和消除致灾隐患。要加强抢险救援队伍建设和物资储备，完善应急预案管理，定期开展应急演练，确保应急救援及时、救助保障到位。要依法加强防震减灾社会管理，切实提高公共服务能力。要继续推进防震减灾知识进学校、进机关、进企业、进社区、进农村，不断增强全社会防震减灾意识，提高公众防震避险技能和自救互救能力。

（山东省地震局）

河南省2012年防震减灾工作会议

2012年4月10日，河南省人民政府在郑州召开河南省防震减灾工作会议，回顾总结2006年河南省防震减灾工作会议以来的防震减灾工作，深入贯彻落实2012年国务院防震减灾工作联席会议、《国务院关于进一步加强防震减灾工作的意见》、《河南省人民政府关于贯彻落实国发〔2010〕18号文件精神进一步加强防震减灾工作的实施意见》和《河南省"十二五"防震减灾规划》精神，围绕中原经济区建设大局，安排部署"十二五"时期的防震减灾工作任务。河南省副省长徐济超出席会议并讲话。

会议指出，回顾过去五年，河南省防震减灾工作的基础打得牢、发展势头好。河南省的震情形势复杂多变，不容忽视；防震减灾基础薄弱，能力偏低；服务中原经济区建设，任务繁重；社会关注程度空前，机遇难得。要把握形势、统一认识，增强防震减灾工作的责任感紧迫感。要统筹安排、科学运作，全面做好"十二五"时期河南省防震减灾工作。要依法履行职责，全面宣传贯彻《河南省防震减灾条例》；分解落实责任，全面贯彻落实国务院18号文件实施意见；坚持项目带动，全面贯彻落实"十二五"规划；弘扬减灾文化，全面加强防震减灾科普宣传。要加强领导、密切配合，推动河南省防震减灾工作迈向更高的水平。

会议强调，扎实推进防震减灾工作，要做到"四个到位"即工作责任要到位、投入力度要到位、机构队伍要到位、依法督查要到位。

（河南省地震局）

湖北省2012年防震减灾工作领导小组会议

2012年2月13日,湖北省人民政府召开2012年省防震减灾工作领导小组会议。湖北省防震减灾工作领导小组组长、副省长郭生练出席会议并作重要讲话。

会议传达国务院2012年防震减灾工作联席会议精神,听取湖北省地震局关于近两年全省防震减灾工作情况的汇报,通报湖北省地震形势,研究湖北省防震减灾工作存在的突出问题,安排部署当前和今后一段时期的防震减灾工作。

(湖北省地震局)

海南省2012年防震减灾工作联席(扩大)会议

2012年4月13日,海南省人民政府在省抗震救灾指挥中心召开2012年全省防震减灾工作联席(扩大)电视电话会议。会议由海南省政府副秘书长倪健主持,海南省副省长李国梁出席并讲话,省海南抗震救灾指挥部36个成员单位负责人、相关单位负责人和18个市县分管防震减灾工作负责人及地震局局长共80余人参加主会场会议。各市县抗震救灾指挥部成员单位负责人在各市县分会场参加会议。

会议总结回顾2011年海南省防震减灾工作情况,部署2012年海南省防震减灾主要任务并通报2011年度各市县政府防震减灾工作考核结果,三亚、海口、万宁、琼海、定安5个市县考核先进,另有7个市县考核不合格。

(海南省地震局)

四川省2012年防震减灾领导小组扩大会议

2012年2月22日,四川省人民政府在成都召开省防震减灾领导小组扩大会议。四川省防震减灾领导小组组长、副省长曲木史哈出席会议并讲话,四川省防震减灾领导小组成员单位负责人,成都、攀枝花、乐山、宜宾、雅安、阿坝、甘孜、凉山等市州政府分管领导和防震减灾工作部门主要负责人参加会议。会议由防震减灾领导小组副组长,四川省地震局党组书记、局长张宏卫主持。

会议传达国务院防震减灾工作联席会议和国办发〔2012〕8号文件精神,听取省地震局等部门工作汇报,部署2012年全省防震减灾工作任务。

(四川省地震局)

云南省 2012 年防震减灾工作联席会议

2012 年 5 月 7 日，云南省防震减灾工作联席会议在云南省地震局召开。会议的主要任务是：贯彻落实国务院防震减灾工作联席会议精神，全面总结云南省 2011 年防震减灾及应急工作，安排部署 2012 年防震减灾和应急工作。云南省地震局、云南省民政厅等 40 个成员单位相关领导共 60 余人参加会议。

（云南省地震局）

陕西省 2012 年防震减灾领导小组会议

2012 年 2 月 14 日，陕西省人民政府召开省防震减灾工作领导小组会议，全面总结 2011 年度陕西省防震减灾工作情况，安排部署 2012 年工作任务。陕西省政府副秘书长孟建国主持会议，陕西省防震减灾工作领导小组组长、副省长郑小明出席会议并讲话。陕西省防震减灾工作领导小组各成员单位负责同志参加会议。

会议听取 2011 年陕西省防震减灾工作情况汇报和 2012 年工作安排意见，指出要抓紧落实省政府与中国地震局共同签署的关中—天水经济区防震减灾体系建设的合作协议。

会议对 2012 年陕西省防震减灾重点工作进行部署：要求各地、各部门要统筹安排，突出重点，切实做好监测预报和震情跟踪，强化震情趋势研判，全力做好地震安全保障工作；要夯实抗震设防基础性工作，加强建设工程抗震设防监管，切实强化防震抗震措施，提高城乡建筑工程抗震能力；高度重视农村民居地震安全工作，把农村民居纳入抗震设防要求监管范围，整合新农村建设、农村危房改造、避灾扶贫搬迁、生态移民搬迁等资金，统筹规划，推进地震安全农居建设，不断提高农村抗御地震灾害能力；要加强应急戒备工作，在建立健全地震应急预案体系、开展应急演练基础上，突出抓好应急指挥、抢险救援、物资储备、应急避难场所建设 4 项工作。按照十七届六中全会对推进社会主义文化大发展、大繁荣的要求，大力弘扬先进、科学的减灾文化，深入开展防震减灾宣传教育，建立长效机制，提升全民防震减灾素质。

（陕西省地震局）

甘肃省 2012 年防震减灾工作领导小组扩大会议

2012 年 1 月 5 日，甘肃省副省长李建华主持召开 2012 年甘肃省防震减灾工作领导小组扩大会议。甘肃省防震减灾工作领导小组成员单位领导及联络员，14 个市州政府分管领导及地震局局长共 85 人参加会议。会议回顾总结 2011 年甘肃省防震减灾工作，分析研究甘肃省地震形势，安排部署2012年甘肃省防震减灾重点工作任务。

甘肃省防震减灾工作领导小组副组长，省地震局党组书记、局长王兰民代表省防震减灾工作领导小组从汶川地震甘肃灾区恢复重建工作取得重大成果、编制发布"十二五"防震减灾规划、加快重点项目建设步伐、提高地震监测预报水平、增强城乡建筑抗震能力、提前消除地震次生灾害隐患、推进地震应急救援能力建设、大力提升防震减灾科技支撑水平、推进防震减灾法制建设、扩大防震减灾宣传教育、提高灾情信息获取和地震信息共享服务能力等方面全面总结2011年全省防震减灾工作主要进展，提出2012年全省防震减灾工作安排意见。与会代表对2012年全省防震减灾工作安排意见和《甘肃省人民政府关于进一步加强防震减灾宣传工作的意见》进行讨论。

（甘肃省地震局）

新疆维吾尔自治区2012年防震减灾工作领导小组会议

2012年6月8日，新疆维吾尔自治区党委常委、常务副主席黄卫主持召开自治区防震减灾工作领导小组会议，传达2012年国务院防震减灾工作联席会议精神，通报2012年全国和自治区地震形势，总结2011年自治区防震减灾工作，并对下一步防震减灾工作进行部署。新疆生产建设兵团副司令员于秀栋，自治区人民政府副秘书长刘华，乌鲁木齐市人民政府及自治区发展改革委、经信委、交通、国土、环保、铁路、民航、兵团、军区等36个防震减灾领导小组成员单位的负责同志出席会议。

会议指出，2011年以来，在新疆维吾尔自治区党委、自治区人民政府的领导下，在中国地震局和全国地震系统的大力支援下，新疆维吾尔自治区的防震减灾工作取得长足发展。防震减灾工作领导小组各成员单位在有力有序有效应对自治区多次地震灾害中发挥重要的作用，为迅速部署抗震救灾，妥善安置受灾群众，及时落实救灾资金和物资，及早开展恢复重建等方面作出突出贡献。

会议决定，下一阶段要全力做好震情监视跟踪工作，要继续强化震灾防基础性工作，要进一步加强应急救援体系建设，要扎实推进对口援疆工作。

（新疆维吾尔自治区地震局）

科技进展与成果推广

本部分主要刊载获国家级、省部级、中国地震局局级科技成果奖项及通过中国地震局、省部级鉴定的项目；中国地震局授权发明专利及实用新型专利；重大科技项目及科技成果的推广及应用情况。

2012年地震科技工作综述

一、抓好立项，全面落实科技规划

按照"十二五"科技规划，抓好重大科技项目的立项。"地震分析预测若干实用技术研究"等4个国家科技支撑计划项目得到立项支持，其中2个项目得到6867万元支持，已经启动实施。"中国地震科学台阵探测二期"等12个地震行业科研专项获得财政部1.1亿元专项经费支持。首次申请成功国家重大科学仪器设备开发专项近3000万元，支持高精度绝对重力仪的研制及产业化示范。经过反复协调和不懈努力，中国国际工程咨询公司在年底正式出具了关于地震电磁监测试验卫星立项建议书的评审报告，标志着地震电磁监测试验卫星的立项工作终于取得突破，相关科学研究还获得了亚太空间合作组织的项目支持。

二、打造平台，夯实科技创新基础

经过中国地震局上下共同努力，中国地震局地质研究所地震动力学国家重点试验室顺利通过科技部复审，2013年起将获得科技部常规支持。8个中国地震局属重点试验室2012年启动并取得良好起步，效益开始显现，一些创新研究成果受到国际同行关注。中国地震局属工程技术研究中心建设经过近1年广泛调研，进行顶层设计，起草了管理办法。优秀创新团队建设前期工作扎实进行，多次讨论并编制完成了《优秀创新团队管理办法》和相关评估规则。

三、聚焦应用，促进成果转化推广

国家科技支撑计划项目的效益开始显现。"地震预警与烈度速报系统的研究与示范应用"项目突破多项关键技术和方法，项目成果为烈度速报与预警工程项目和与铁道部高铁地震安全合作提供了技术支撑。"水库地震监测与预测技术研究"项目取得了一批水库地震监测、判别、趋势研判和预警的实用技术和方法。行业科研专项和地震星火计划首批项目取得了丰硕的科研成果，直接应用于三大体系和经济社会发展。

召开中国地震局科技创新暨成果交流推广工作会议，地震系统各单位和7个系统外单位和企业踊跃参加。通过科技委专家评审和会议代表投票评议，从177项科技成果评选出了中国地震局十一五以来10项最具应用实效科技成果。

四、开放合作，合力推进科技进步

扎实推进中国地震局与铁道部关于高速铁路地震安全战略合作，把合作内容落到实处。

与铁道部共同组织编制了《协议实施工作方案》，明确了工作路线图和任务时间节点，建立了跨部门的工作机制，分解落实了年度重点任务，目前已经完成了高铁地震预警系统的顶层技术设计和试验大纲的编制，为2012年试验线的建设做好了准备。落实细化与中国科学院、北京大学的战略合作。通过政策引导，使系统外研究机构、专家和企业参与中国地震局科技项目的比例逐步提高。南水北调渠首区地震安全探查项目通过验收，探索了研究所、省局、中心、市县地震部门科技合作的新模式。局所合作不断深化，局属4个研究所和8个省地震局签署了9项合作协议。组织了科技委"四川行"活动，发挥科技委对区域地震科技创新发展的智库作用。

五、科学管理，全面提升服务水平

在近几年探索的基础上，2012年我们全面推进科技项目全过程管理，逐步完善了从立项把关、年度检查、过程监管、结题验收到后评估的全过程管理，建立完善相关规章制度，对各个环节严格把关，首次引入后评估，实行科研立项与成果转化同步设计，取得了明显效果。从行业专项业务验收结果看，2011年有3个项目未通过业务验收；2012年在要求更高的情况下，所有项目全部通过验收，完成质量明显提高。地震科技星火计划项目实现了全过程的网络管理，既方便了基层，又大大提高了管理效率。

六、抓好党建，建设廉洁高效团队

党的十八大召开后，组织支部专题活动，认真学习党的十八大报告，重点学习党的十八大关于防震减灾、科技创新和国际形势方面的论述，讨论十分热烈。深入研究所与科研骨干座谈交流，听取意见。按照党风廉政建设工作任务分工要求，配合其他部门完成了7项任务。在工作中，努力做到改会风、正文风、转作风，开短会、讲短话，深入基层调查研究，切实解决实际问题。通过多种形式，打造"学习、团结、服务、创新"的团队。

（中国地震局科技与国际合作司）

科技成果

中国地震局2012年获系统外省部级科技奖励项目名单

序号	成果名称	第一完成人	第一标注单位	奖励名称	获奖等级
1	"十五"山东省地震动强度（烈度）实时速报系统研究	刘希强	山东省地震局	山东省科学技术进步奖	2
2	地震滑坡灾害与地震动参数关系及其评估建模	王秀英	中国地震局地壳应力研究所	测绘科技进步奖	3
3	2008年汶川地震近场三维形变精密测定与研究	王琪	中国地震局地震研究所	测绘科技进步奖	2
4	中国西部活动断层的InSAR/GPS观测与构造机理研究	乔学军	中国地震局地震研究所	湖北省科技进步奖	3
5	金融街津门、津塔基坑监测	韩勇	中国地震局第一监测中心	天津市优秀测绘工程	2
6	基于无线网络的地面沉降自动监测系统	陈宗卿	中国地震局第一监测中心	天津市优秀测绘工程	3
7	基于卫星遥感信息的地震监测技术与应用	屈春燕	中国地震局地质研究所	中国地理信息科技进步奖	2

专利与技术转让

2012 年中国地震局专利与技术转让情况

序号	单位名称	专利名称	所有人	专利类别	专利号
1	中国地震局地壳应力研究所	一种基于非统计假设检验的地震动强度快速评定方法	付继华	发明	ZL201110060090.X
2	中国地震局地壳应力研究所	一种地震地下流体观测井	杨多兴	实用新型	ZL201120418421.8
3	中国地震局地球物理研究所	一种光路调节装置	滕云田	实用新型	ZL201120256892.3
4	中国地震局地球物理研究所	一种绝对重力仪用交流伺服控制装置	滕云田	实用新型	ZL201120256869.4
5	中国地震局地球物理研究所	台阵式磁通门磁力仪	滕云田	实用新型	ZL201120272042.2
6	中国地震局地球物理研究所	低噪声感应式磁传感器	王晓美	实用新型	ZL201120272045.6
7	中国地震局地球物理研究所	地震前兆野外流动观测无线组网	王 晨	实用新型	ZL201120272052.6
8	中国地震局地震研究所	核电地震仪表系统检测装置	陈志高	发明	ZL201010146062.5
9	中国地震局地质研究所	小型切片式三维结构重构系统	地质所	发明	ZL201110028927.2
10	中国地震局地质研究所	地质软材料的复杂变形的模拟加载及测量系统	地质所	发明	ZL201110207413.3
11	江苏省地震局	一种临震电磁辐射仪	江苏局	实用新型	ZL201120559536.9
12	中国地震局第一监测中心	用于光线不足情况下测量的光学标尺	一测中心	实用新型	ZL201220112892.0
13	中国地震灾害防御中心	数字强震仪	杨振宇	实用新型	ZL201120274812.7
14	中国地震灾害防御中心	一种数字强震仪及其多路数据采集接口	杨振宇	实用新型	ZL201120274802.3
15	中国地震局工程力学研究所	全机械大口径自动地震燃气关闭阀门	杨学山	实用新型	ZL201120252168.3
16	中国地震局工程力学研究所	燃气管道地震安全控制演示系统	杨学山	实用新型	ZL201120115901.7
17	中国地震局工程力学研究所	基于网络与中文短信控制的强震数据采集与烈度记录器	王 雷	实用新型	ZL201120186070.2
18	中国地震局工程力学研究所	分段钢纤维混凝土预制壳壁	孟庆利	实用新型	ZL201120157341.1

科技进展

黑龙江省区域地震台网智能管理软件系统研发

项目来源：中国地震局

执行年限：2011—2012 年

依托单位及负责人：黑龙江省地震局　郝永梅

主要进展：项目主要研究内容是针对黑龙江省地震监测中心人员少任务重、技术系统密集特点，开发一套基于 Windows 平台区域台网智能管理软件系统，实现仪器自动化监控与故障分析、台网智能化运行与管理、综合信息智能化发布等功能。本项目研究通过对各业务系统任务分析，找出关键活动要素和重叠执行点，建立 3 个子系统逻辑关系。系统以 Oracle 10g 创建系统底层数据库，实现各类故障信息对应录入，以建立故障分析排除机制为依托，实现多种信息格式汇集和故障类型分析；并最终提供以短信、彩信、网页等多种方式信息发布能力。在设计模式上，采用成熟 B/S 架构，并针对应用设立角色和管理权限，保证安全性同时增强管理范围和质量。

（黑龙江省地震局）

鸡西地区矿震、爆破监控与信息共享系统

项目来源：中国地震局

执行年限：2012—2013 年

依托单位及负责人：黑龙江省地震局　孟宪森

主要进展：本项目目标是采用合理有效定位方法监测炸药当量相当于 $M_L \geqslant 0.5$ 非法开采和盗采事件与矿山地震，通过共享信息平台，上报政府有关部门，服务于煤矿生产安全。

2012 年项目组赴鸡西地区实地进行勘选，选择基岩出露比较好位置作为台基，并对台基背景噪声进行实地连续观测 72 小时，测试后经过计算，所选台基都在噪声允许范围，鸡西台网由原来 5 个台增加到现在 9 个台，台网布局更加合理，监测能力有所提高。

对鸡西台网现有定位程序进行分析，得出目前制约台网定位精度原因：一是台网密度还不够，还有待加密；二是由于鸡西地区煤矿分布范围广，故台网不能完全覆盖。经过反复研究决定采用两种方案来解决：一是获得鸡西地区矿震和爆破基本波形和位置，把它们存入数据库中，而后在获得矿震和爆破波形与数据库中波形进行对比，求取相关系数，相关系数大于 0.8 认为是同一次事件，这样也就定出事件位置；二是通过大量爆破数据，编

制出鸡西地区走时表，嵌入台网定位软件中，也提高定位精度。

（黑龙江省地震局）

黑龙江及邻区数字化低频前驱波提取与研究

项目来源：中国地震局

执行年限：2012—2013 年

依托单位及负责人：黑龙江省地震局　李继业

主要进展：本课题主要研究目标是对黑龙江省前兆观测手段进行现场排查，排除系统噪声和环境干扰源，形成干扰信息库，建立不同学科数字化前驱波识别模型，从中提取出低频前驱波；通过震例总结不同学科数字化低频前驱波特点，归纳各学科数字化低频前驱波共性和异性，尤其是低频前驱波异常"配套性"和"同源异象性"，形成异常信息库。总结地震三要素与低频前驱波出现时间、持续时长、发射源方位等特征，给出低频前驱波优势震中距和优势方位；初步提取数字化低频前驱波应震时、空、强短临预测新指标，编制前驱波频谱分析程序。

2012 年开展数字化资料收集、整理工作，对若干台站骨干前兆观测手段有针对性地进行系统噪声测试、环境干扰调查，建立低频前驱波模型。

（黑龙江省地震局）

大型桥梁地震安全性在线监测与评估系统

项目来源：广东省重大科技专项高端软件和新兴信息服务专题

执行年限：2012 年 3 月—2014 年 9 月

依托单位及负责人：广东省地震局　姜慧

主要进展：

为落实中国地震局与广东省人民政府在 2011 年 12 月签署的《共同推进珠江三角洲地区防震减灾工作合作协议》，2012 年 2 月，中国地震局地震监测与减灾技术重点实验室联合暨南大学理工学院和广州中国科学院工业技术研究院，共同申报广东省重大科技专项高端软件和新兴信息服务专题"安全检测和评估技术"项目——大型桥梁地震安全性在线监测与评估系统。

该项目在九江大桥、虎门大桥、珠江黄埔大桥等特大型桥梁上安装强震动监测系统，并对监测数据处理方法开展持续研究。

（1）广东省地震局牵头研制的数字地震台网信息实时自动处理系统，是国家数字地震观测网络项目的重点攻关成果，是中国地震局"十一五"以来最具应用实效科技成果之一，是我国地震监测与信息技术领域取得的重大科技成就，已获得中国地震局优秀科技成果奖。

（2）广东省地震局牵头负责的广东省科技计划项目"四川汶川特大地震发震与成灾机理探索及广东省的减灾对策研究"，在2012年4月通过广东省科学技术厅组织的验收评审。评审专家组由中国科学院武汉岩土力学研究所、南海海洋研究所、华南理工大学、暨南大学、广州大学等单位专家组成。评审专家组认为本研究项目技术路线清晰，目标务实。在对汶川8.0级的地震震灾特点和成灾机理深入研究的基础上，抓住广东省在震灾防御方面存在的薄弱环节，通过6个专题的深入，取得多项实用性成果。

（广东省地震局）

东半球空间环境地基综合监测子午链（子午工程）

项目来源：国家发展和改革委员会
执行年限：2008—2012年，建设期4年
依托单位及负责人：中国科学院国家空间天气科学中心　吴季
　　　　　　　　　中国地震局地球物理研究所　滕云田

主要进展及成果介绍：

2005年8月，国家发展和改革委员会批复子午工程项目建议书并正式立项，确定为国家重大科学工程。2008年1月，子午工程项目正式开工建设。2012年10月，子午工程竣工，完成国家验收。

子午工程由中国科学院牵头，中国地震局、国家海洋局、中国气象局、教育部、总参、工信部等6部委参加，项目法人为中国科学院空间科学与应用研究中心，共建单位有中国科学院地质与地球物理研究所、中国地震局地球物理研究所等12家单位。

子午工程建成了目前世界上跨度最长（南北陆地跨度约4000km，东西跨度约3500km）、监测方法和手段最全（采用地磁（电）、无线电、光学、探空火箭等多种综合监测手段）、综合性最高（多学科交叉）的空间环境地基监测子午链，可以开展我国上空空间环境的区域性特征和空间环境全球变化规律的研究，为我国各类用户提供较为完整、连续、可靠的多学科、多空间层次的空间环境地基综合监测数据。

子午工程由空间环境监测系统、数据与通信系统，以及研究与预报系统三大系统组成。中国地震局参加子午工程3大系统中的2大系统，分别是空间监测系统的地磁（电）监测分系统和数据与通信系统中的地球物理所节点站，其中地磁（电）监测分系统由浙江杭州地磁台、海南琼中地磁台、湖南邵阳地磁台、西藏拉萨地磁台、山东马陵山地磁台、内蒙古满洲里地震台、四川成都地震台、广东肇庆地磁台、吉林长春地磁台和湖北武汉地磁台共建，节点站由地球所承担建设。中国地震局10个台站共配置34台（套）监测设备，包括磁通门磁力仪、感应式磁力仪、DI仪、overhauser磁力仪、地电场仪、大气电场仪。中国地震局建设项目由中国地震局地球物理研究所负责组织实施。

中国地震局负责的地磁（电）监测台站每年产生约125GB的科学数据，设备的连续运

行率高，稳定性强，数据质量好，数据上传及时，延时少，为地基空间环境探测技术和自主数据驱动空间天气预报技术研究提供了重要的基础数据资料。

子午工程大幅提升了我国在国际空间科学领域的地位与影响力，美国《空间天气》学术刊物以封面文章形式发表了子午工程综述论文，并称子午工程为"雄心勃勃、影响深远"的项目。2012年8月发布的《美国太阳与空间物理十年发展战略规划》中将以子午工程为基础的国际子午圈计划列为重要的大型国际合作项目。

此外，子午工程多类设备的联合探测发现，磁暴期间电离层与等离子体层发生了物质交换，表明电离层对等离子体层具有物质调控作用；在2011年日本大地震期间，子午工程监测到由地震产生的特殊类型的电离层强烈扰动，为岩石圈—大气层—电离层之间的能量耦合提供了新的有力证据。

（中国地震局地球物理研究所）

华北克拉通与兴蒙—吉黑造山带地震台阵观测对比研究

项目来源：国家自然科学基金重大计划"华北克拉通破坏"重点支持项目

执行年限：2009—2012年

依托单位及负责人：中国地震局地球物理研究所　吴庆举

主要进展及成果简介：

本项目沿绥芬河—满洲里和虎林—额尔古纳两条剖面，分别布设了60余台、共计120余台宽频带地震仪，台站间距在20km左右，剖面长度均为1200km左右，穿越了兴蒙造山带、松辽盆地和吉黑造山带，其中虎林—额尔古纳剖面得到了国土资源部国家专项"深部观测技术与实验研究专项SinoProbe-02-03"的联合资助，绥芬河—满洲里剖面的观测时间为2年左右，虎林—额尔古纳剖面的观测时间为1年左右。结合东北地区固定地震台站的观测资料，开展了接收函数、噪声层析成像、面波层析成像、体波层析成像、SKS分裂和莫霍面Ps转换波分裂、Lg衰减成像、上地幔三重震相波形模拟等研究工作。

（中国地震局地球物理研究所）

中国地震活断层探察——南北地震带中南段

项目来源：地震行业科研专项

执行年限：2011—2013年

依托单位及负责人：中国地震局地质研究所　徐锡伟

主要进展及成果简介：

本项目是中国地震局"喜马拉雅"计划的一个重要组成部分，由中国地震局地质研究所作为项目承担单位，中国地震局地壳应力研究所、北京大学等 13 家科研院所作为协作单位。计划完成我国南北地震带中南段地震多发区断层活动性鉴定、主要地震活动断层 1∶5 万填图、重点部位深浅构造关系探测、1∶25 万活动断层分布图编制等工作，为制定防震减灾战略决策、国土资源规划与利用、重大工程建设等提供科学依据。本项目负责人为徐锡伟研究员，项目经费 5412 万元，执行年限 2011—2013 年。

项目针对我国南北地震带地震危险性、新构造运动特征和具有发生 $M \geq 6.5$ 破坏性地震危险的活动断层的空间分布等特点，提出了"通过大比例尺活动断层地质、地质填图和定量比研究和深浅构造关系探测，建立区域地震构造模型，确定未来 $M \geq 6.5$ 破坏性地震的发生地点和最大震级"科学目标。

研究内容包括以下 4 个方面：①通过地质—地貌填图、探槽和年代测试等活动断层制图技术，对地震多发的南北地震构造带中南段发震危险性较大的 25 条主要活动断层进行 1∶5 万条带状地质填图，确定活动断层的空间展布、活动性参数和同震地表错动的宽度数据；②通过腾冲火山主体发育区的火山地质填图，对腾冲火山喷发期次和相关地震、地质灾害进行分析；③通过深地震反射、高分辨地震折射、电磁测深等联合探测技术，对关键构造部位开展深浅构造综合探测，建立相应的区域地震构造模型；④基于计算机网络与 GIS 平台，构建活动断层探测与填图基础数据库。

（中国地震局地质研究所）

国家自然科学基金重点项目"祁连山晚新生代构造变形及其地貌演化"

项目来源：国家自然科学基金

执行年限：2011—2014 年

依托单位及负责人：中国地震局地质研究所　张培震

主要进展及成果简介：

国家自然科学基金重点项目"祁连山晚新生代构造变形及其地貌演化"按照计划安排，项目将逐步研究祁连山活动造山带晚新生代构造变形的方式、幅度和时代，以及新生代盆地、山脉和水系形成、发展和消亡的时空演化过程，并结合前期及周边研究成果，将最终形成对青藏青藏高原东北缘新生代变形和隆升历史的完整认识，进而理解青藏高原变形和隆升发展的动力学机制。

2012 年研究工作的重点是野外资料的获取，即：①祁连山构造带的活动断裂填图，查明构造带的主体构造变形样式；②祁连山构造带的新生代构造填图，查明祁连山构造带的缩短变形样式和估算地壳缩短量；③对关键部位的新生代地层采集古地磁样品，开展新生代地层的磁性地层学研究，综合前期研究和前人结果构建青藏高原东北缘新生代地层的年代学框架，为沉积环境和构造环境的恢复奠定基础；④沿祁连山地区的主要山体，如祁连山南缘、北缘、党河南山、托莱南山、大雪山、野马山等采集热年代学样品，开展山脉隆升的磷灰石低温构造热年代学研究；⑤采集主要河流、新生代碎屑剖面的碎屑颗粒样品，沉积源区分析的样品；⑥开展祁连山地区主要的河流、水系以及地貌特征研究，理解构造变形及地貌演化的相互作用。

（中国地震局地质研究所）

龙门山大地震的复发间隔

项目来源：国家自然基金海峡两岸合作项目和中国地震局汶川地震科学考察项目

执行年限：2009—2012 年

依托单位及负责人：中国地震局地质研究所　徐锡伟

项目进展：

古地震研究组在国家自然基金海峡两岸合作项目和中国地震局汶川地震科学考察项目的资助下，与台湾大学陈文山教授合作，通过3年多的努力，对龙门山断裂古地震和大地震复发间隔研究有显著的进展。通过在映秀、擂鼓、桂溪、坪溪、白鹿、小鱼洞等地的探槽开挖和断错地貌分析，系统的年代学测试，有很好的证据显示，至少在北川以南，无论北川—映秀断裂还是江油—灌县断裂，距今约6000年以来，存在包括汶川地震在内的三次大地震事件，分别发生在稍晚于距今6000年和2300～3300年，平均重复间隔时间约3000年。小鱼洞断裂上，揭露了汶川地震之前的一次古地震，其发生时间与其他两条断裂一致。这些成果已在国际SCI期刊上发表。

（中国地震局地质研究所）

识别地震前亚失稳应力状态的探索

项目来源：国家自然基金项目

执行年限：2012—2015 年

依托单位及负责人：中国地震局地质研究所　马瑾院士科研团队

项目进展及成果简介：

地震只是变形过程中的瞬间，出现异常后仍不知道要隔多长时间才会发生地震。其中一个关键问题是如何把握确定必震的关键时段。

1. 亚失稳阶段是失稳前的关键时段

实验中，双向位移和荷载均可以独立控制方式进行加、卸载，控制频率为20Hz，样品端部荷载及位移的采样速率为10Hz。应变数据采用96通道，0～100Hz采样仪进行应变数据采集，设备的AD转换分辨率为16bit。引入高分辨率高速相机和数字图像相关分析方法，可以以1000帧/s的速度拍摄到400万像素的高分辨率数字图像，使我们不但可以抓住断层失稳的快速过程，也使我们不但能在单个测点，也可以在场上捕捉失稳过程的形变信息。

在标本变形进入偏离线性阶段，应力释放就已经开始，在此阶段标本处于由应力积累向应力释放的过渡阶段，应力释放尚不占优势。这个阶段可以持续很长的时间。在亚失稳阶段应力释放已占据优势，并逐步加速，最终失稳。

2. 关键科学问题和技术途径

亚失稳阶段是失稳前的最后阶段，识别亚失稳应力状态，研究其演化过程的力学机理及其相关物理场的演化特性，对分析地震潜在危险性以及危险时段可能提供进一步的信息。在实验室，可以通过压机记录读到标本系统的总体应力状态，其中，在亚失稳阶段标本总体应力由积累为主转入释放为主状态。我们先后研究了5种拐折断层在亚失稳阶段温度场的时空演化特征，基于数字图像相关方法研究了平直走滑断层亚失稳状态的位移协同化特征，利用热像仪观测了压性雁列断层破裂失稳阶段热场变化，利用应变仪，声发射仪等综合研究了亚失稳阶段沿平直断层的应变场的演化。

3. 协同化是断层进入亚失稳阶段的标志

几种不同的实验结果共同证明分析标本和区域整体应力状态不能从单个台站出发，而是要从变形场的整体演化出发。断层的失稳错动是由断层各个部位独立活动向协同活动的转化而成。在断层协同作用达到一定程度后进入亚失稳阶段，在此阶段协同作用加速，直至失稳，失稳代表协同作用的完成。应力时间曲线偏离线性阶段就是应力释放的开始，也是协同作用的开始。在亚失稳Ⅰ和Ⅱ阶段应力释放逐步占据优势，协同作用趋于完成。

（中国地震局地质研究所）

汶川地震的变形与破裂过程研究

项目来源：中国地震局地质研究所基本科研业务费专项

执行年限：2012—2014年

依托单位及负责人：中国地震局地质研究所　张国宏

主要进展及成果简介：

汶川地震地表破裂带长约300km，引起了400km×500km范围的地表同震形变，其发震断层附近形变特征如何、为何在破裂过程某些段落中能量释放得如此之大，一直是InSAR与地壳形变研究组关注问题。

在InSAR、偏移量研究汶川地震同震变形的基础上，首次利用国家强震动观测台网中心（NSMONS）所记录到的26个台站72个分量近场强震动加速度数据（距离震中仅为20~120km），对汶川地震的震源破裂过程进行反演表明，由于在汶川震中附近，存在一个形状不规则的高强度障碍体，阻碍了滑动在沿破裂前缘发展，使得汶川地震同震破裂过程存在障碍体破裂延迟现象，即破裂沿前缘扩展的同时，在障碍体周边产生中等的滑动量，而障碍体内部却没有任何滑动的迹象；直到破裂应力积累达到这一高强度障碍体的破裂极限，主要的滑动分布才迅速在障碍体内部形成，并发展成为汶川地震能量释放的主要来源。

这份研究不仅获得了与利用远场地震波、GPS 及 InSAR 等数据较为吻合的静态最终滑动分布及平均滑动速度（3km/s）等；更进一步获取了同震主要破裂的形成过程，从而为人们理解汶川地震的破裂模式及机理提供了更为直接的证据。该研究成果已于 2012 年发表在 GRL 上，并被美国地球物理联合会（AGU）主编遴选为当期 GRL 亮点文章。

（中国地震局地质研究所）

于田、玉树地震地表破裂带的研究

项目来源：地震行业专项

执行年限：2008—2012 年

依托单位及负责人：中国地震局地质研究所　徐锡伟

项目进展及成果简介：

2008 年以来在青藏高原周边发生了 3 次 7 级以上强烈地震，分别对应了 3 种不同的地震类型（逆冲、正断、走滑）。对这些地震同震地表破裂的研究对于认识相关断裂的活动习性（包括性质、强度和速率等）和未来地震危险性具有重要意义。构造力学研究组与新疆地震局研究人员对 2008 年 3 月 21 日发生的 $M_S7.3$ 于田地震进行了野外考察和测量工作。研究揭示出于田地震地表破裂位于柴达木—祁连地块与西昆仑地块分界线上，此地震是柴达木-祁连地块相对西昆仑地块突然向东逃逸的结果，地表破裂样式支持块体向东逃逸模型对青藏高原北部变形的解释。相关结果发表在专业期刊并分别在 2012 年全国构造地质与地球动力学研讨会以及 2012 年 AOGS 年会上作报告，获得了国内外学者一致关注。

构造变形研究组在国家自然基金项目的资助下，对 2010 年玉树 7.1 级地震地表破裂带进行了更为深入的研究。最突出的进展主要表现在两个方面：一是通过详细的野外调查和分析，认为发育在 $M_S7.1$ 地震震中以西的长不到 20km 的地表破裂并不是 M7.1 地震的破裂带，可能是由 $M_S6.3$ 的余震所产生，这一认识与利用 InSAR 方法获得的结果相同（这是不同的两个研究组在大约相同的时期各自独立获得的相同认识）；二是通过对破裂两端构造的分析，讨论了 $M_S7.1$ 地震破裂的终止构造，认为宽约 6km 的隆宝湖拉分盆地为玉树地震破裂的西部边界，限制了破裂向西的扩展，而东端禅古寺附近玉树断裂在走向上的拐折以及破裂末端发育的几条小规模正断裂是阻止破裂向东扩展的主要因素。研究结果对于讨论玉树断裂晚第四纪的几何学、运动学特征，以及未来地震破裂的空间分布提供了重要依据。

（中国地震局地质研究所）

中国西南地区现今及历史地震滑坡研究新进展

项目来源：科技部国际合作项目与研究所基本科研业务费专项

执行年限：2012—2015 年
依托单位及负责人：中国地震局地质研究所　许冲
主要进展：

地震地质灾害评价研究组等在"十二五"科技部国际合作项目与研究所基本科研业务费专项项目的资助下，系统开展了 2008 年汶川地震滑坡评价与西南地区历史地震滑坡研究。发现了地震滑坡评价过程中，基于滑坡面积的评价结果要好于基于滑坡点的评价结果。基于径向基函数的支持向量机模型是一种合适的地震滑坡评价模型。对西南地区滑坡的研究工作得到的成果表明，不同构造区域的滑坡分布各有特点，初级阶段面向区域的滑坡区划应与当地的地质地震条件结合才能更好地提高预测的精度。研究成果为滑坡区域评价中的样本选择与预测模型方法提供了依据；揭示了西南地区不同构造条件下的滑坡分布特点差异。成果为将来可能发生的相似的地震事件的同震滑坡空间预测提供了理论依据，为我国西南地区地震滑坡防灾减灾提供了参考。研究成果得到了国内外同领域研究者的一致认可，有力地推动了研究所地震地质灾害研究方向的稳步发展。共有 9 篇 SCI 检索论文已经发表在 *Geomorphology*、*Natural Hazards and Earth System Sciences*、*Computers & Geosciences*、《地球物理学报》等国内外专业期刊上。

（中国地震局地质研究所）

地震应力环境探测技术与方法研究

项目来源：国家科技支撑计划课题
执行年限：2012—2014 年
依托单位及负责人：中国地震局地壳应力研究所　谢富仁
主要进展：

课题针对地震应力环境探测中的测试技术与方法、质量控制、数据分析与产出等关键技术问题，以钻孔应力应变观测技术研究为主线，通过理论分析、仪器开发与研制、分析方法研究和数据产出应用相结合，开展地震应力环境探测中的技术与方法研究，提出多学科的构造应力场的分析方法，研究基于应力应变观测的强震机理。

（1）完成多分量宽频带三维钻孔应变观测垂向分量应变动态观测单元设计加工，开展数据采集器的研制，编写应变观测数据的管理、预处理软件。

（2）调研现有台站建设公共技术，设计钻孔应变台站技术方案及标准；研制探头密封性能检测与标定装置；研制钻孔倾斜与温度梯度检测系统，完成钻孔倾裂隙与结构测试系统的设计。

（3）完成钻孔横截面变形测量系统的初步研制，完成水压致裂地应力重复测试技术和 HTPF 测试系统的井下采集系统的初步研制。

（4）开展根据强震前后应力方向变化和应力降估计震源区应力量值方法研究。

（5）开展 3D 黏弹性数值模型的建立及调试工作，并初步展开应力应变场与地震活动关系的理论分析工作。

（中国地震局地壳应力研究所）

地应力测量与监测技术实验研究

项目来源：国土资源部地球深部探测技术与实验研究专项
执行年限：2008—2014 年
依托单位及负责人：中国地震局地壳应力研究所　李宏
主要进展：

1. 深部应力连续监测技术的现场试验对比研究

完成了北京地区 4 个钻孔的应力测量及应力监测对比实验基地的建设，包括：

①北京地区综合观测试验站已完成了 4 个钻孔的钻探施工（其中包括孔深 300m 的中心试验孔和 3 个 120m 的观测孔），实际完成的钻探进尺 660m，钻孔总进尺较计划任务超额完成 60m。

②对 4 个钻孔进行了全孔应力测量；为了了解对比试验场地的原地应力状态，对比试验的 4 个钻孔进行水压致裂应力测量，

③配合课题 1 在北京温泉 1 个地应力测量钻孔中开展了为期一个月的水压致裂法与压磁法对比测量工作。

④对力源孔开展井下电视和钻孔垂直度测量

2. 井下综合观测系统研制

①井下分量应变数字型探头研制：在 $\Phi 114mm \times 1200mm$ 空间内，完成分量应变结构设计，包括机械结构、低功耗探头数字化电路的设计和密封设计，实现测量数据由井下到地面的数字传输。

②温度仪数字型探头研制：在结构 $\Phi 110mm \times 1000mm$ 空间内，进行数字式井下温度计的研制，主要解决：传感器结构、采集器结构、通信等电路结构设计，解决其他仪器对本级的温度、电磁等的影响。

③井下倾斜仪数字型探头研制：完成了竖直摆倾斜仪的本体机械结构、差动式电容微位移传感器、锁摆以及标定机构的设计和加工。

④深井地震综合探头集成技术研究：完成系统井下部分布置方案的设计、电源供电单元、通信方案设计、数据汇集与控制系统前兆通信约定方案、数据汇集与控制系统研制。

3. 检验与标定装置设计加工

①完成室内高压检验装置的加工。
②完成倾斜检测标定平台——手动标定设计加工。
③完成倾斜检测标定平台——自动标定设计加工。

（中国地震局地壳应力研究所）

震害遥感综合评估技术与示范应用

项目来源：国家"863"计划重大项目
执行年限：2012—2014 年
依托单位及负责人：中国地震局地壳应力研究所　张景发
主要进展：

针对我国防震减灾工作的紧迫性及重要性，课题对震害评估中多源遥感技术应用的技术途径进行深入研究，开展多角度、多形式与多任务的研究，充分利用多源遥感技术的优势，研究基于遥感地面模型的震害综合评估技术，研究基于遥感成像机理及定量遥感技术的定量震害参数提取方法，建立基于纹理结构特征和散射等特征的遥感地面震害模型，并设计出定量的震害程度参数算法和标准，建立快速有效和经过效率优化的遥感震害评估系统，进行示范应用。

（中国地震局地壳应力研究所）

地应力测量与监测标定技术研究——现场地应力测量与台站建设

项目来源：国土资源部重点行业专项
执行年限：2012—2014 年
依托单位及负责人：中国地震局地壳应力研究所　郭啟良
主要进展：

研制地应力测量实验室标定平台，建立地应力测量与监测野外标定试验基地，开展地应力测量与监测标定实验，在实验标定的基础上建立各种测量与监测方法的行业技术规范，以便取得可靠且统一规范的地应力数据，为国家重大工程的规划、设计提供基础资料，为深部资源开发提供安全保障，为地质灾害的发生机理、预测预报和大陆动力学研究提供科学依据。

（中国地震局地壳应力研究所）

新型网络化地电场观测技术研究与应用

项目名称：全方位自然电场观测（传感）技术研究
项目来源：中国地震局地震行业专项

执行年限：2009—2012 年

依托单位及负责人：中国地震局地震预测研究所　席继楼

主要进展：

（1）基于 24bit Σ–D 模拟数字转换系统和 ARM–WinCE 嵌入式软硬件技术架构，完成了两款地电场仪器的研制和应用，实现整体技术性能的改进和提升。

（2）采用多种软硬件技术措施，实现和加强了对工频干扰地铁干扰、和地电阻率人工供电干扰等典型干扰信号的滤除、抑制和实时处理能力。

（3）利用工业级、高集成度、嵌入式软硬件系统，实现了地电场仪器的小型化、低功耗、高可靠性、宽温度范围等应用性能在完成了前面所述的新型地电场观测技术系统基本性能指标的基础上，通过采用一系列的软硬件技术措施，特别是利用工业级、高集成度、嵌入式软硬件系统，实现了小型化、低功耗、高可靠性以及宽温度范围适应性等方面的技术性能设计。

（4）基于 Pb–$PbCl_2$ 技术方案，设计了一种螺旋可拆解的分体式结构，实现和试验研究了一种高极化稳定性的固体不极化电极。

（5）试验了一种新型全方位地电场观测方法。本项目借鉴水文地质勘测中的"环形梯度法"（"8字形"观测法），拓展了一种地电场全方位观测方法，并在天津静海、云南洱源、四川成都等地开展了不同时段和目标的试验研究，获得了试验观测区域内自然电场多个方位的变化信息，并利用该试验数据，研究了地电场定向性变化和环境因素影响方式及机理等。

（中国地震局地震预测研究所）

地震预警与烈度速报关键技术研究

项目来源：科学技术部

执行年限：2009—2012 年

依托单位及负责人：中国地震局工程力学研究所　马强　李山有

主要进展：

国家支撑计划课题"地震预警与烈度速报关键技术研究"（编号：2009BAK55B01），经过 3 年的实施，顺利通过业务和财务验收。课题开展了地震预警与烈度速报关键技术及实用化技术研究，完成了地震数据实时处理、地震事件检测、地震预警定位、预警震级测定、预警烈度预测等地震预警关键技术和实用方法研究；完成了基于足量信息的地震基本参数自动测定方法；完成了考虑场地影响、插值计算和大震震源破裂特征的烈度速报关键技术及实用方法。具体完成情况分述如下：

（1）地震数据的实时预处理及事件检测技术研究自动处理。

（2）地震预警定位技术研究。

（3）地震预警震级测定技术研究。

(4) 地震预警烈度预测技术研究。

(5) 基于足量信息的地震参数自动速报。

(6) 地震烈度速报关键技术研究。

(7) 震源破裂特征快速测定及大震烈度速报技术研究。

(8) 基于烈度速报的地震灾害快速评估技术研究。

课题总体完成了任务书规定的各项研究内容，实现了预期的研究目标。其技术和方法在地震预警与烈度速报系统软件研发中得到了应用。共发表研究论文 25 篇，其中 SCI 和 EI 检索 1 篇，SCI 检索 2 篇，EI 检索 8 篇。培养博士 3 人，硕士 9 人。

（中国地震局工程力学研究所）

用超长观测距地震宽角反射/折射剖面研究华北克拉通北部岩石圈结构和性质

项目来源：国家自然科学基金

执行年限：2009—2012 年

依托单位及负责人：中国地震局地球物理勘探中心　王夫运

主要进展：

(1) 东西向的超长观测距地震宽角反射/折射剖面揭示了华北克拉通岩石圈的地震学结构和性质。

(2) 根据本研究获得的岩石圈 P 波、S 波和泊松比结构图像以及各向异性特征，鄂尔多斯块体壳下岩石圈岩性最可能为方辉橄榄岩，下地壳岩性以闪岩为主，含适当比例的花岗岩质岩石，上地壳为花岗质岩石类型；山西高原壳下岩石圈为辉石橄榄岩成分，下地壳为石榴石粒变岩，上地壳为花岗质岩石类型；华北东部壳下岩石圈岩性很可能是二辉橄榄岩，局部有榴辉岩，下地壳上部可能为中酸性麻粒岩，下部可能是基性的玄武质岩石。

(3) 中地壳的厚度为 5.0~8.0km，其底部深度在 17.5~25.5km 之间变化，由东部平原向西部山区逐渐加厚，该层为一弱梯度层或匀速层，横向存在强烈的不均匀性，该层把脆性的上地壳和相对塑性的下地壳区分开来。

(4) 本区下地壳厚度一般为 13.0~17.0km，东薄西厚，其底界面（M 界面）的深度变化范围为 31.5~47.0km，可见下地壳的厚度和深度的变化幅度均大于中地壳。在华北裂陷区下方该层的厚度和 M 界面的埋深明显小于太行山以西隆起区，这表明华北新生代坳陷的形成与地幔隆起有直接的关系。

(5) 研究区速度结构在纵向与横向上具有明显的非均匀性，呈现出东低西高的基本结构特征，各区段之间在横向上存在的差异特征进一步表明华北平原区与太行山隆起、山西断陷带过渡区的壳幔构造的复杂性。

(6) 超长观测剖面获得了上地幔岩石圈两层 L1 和 L2 两个界面，通过获得的两个岩石圈的 PL1 和 PL2 两个界面为进一步研究该区域的上地幔结构特征提供了重要的参考依据，根据其动力学和运动学特征为研究华北克拉通破坏提供了重要的深部信息。

（7）研究表明地震的发生常与地壳厚度的变异、中上地壳低块体的存在、莫霍界面局部隆起、凹陷和深大断裂的存在有密切关系。

（中国地震局地球物理勘探中心）

中国地震活断层探察——南北地震带中南段、深地震反射和折射剖面综合探测研究

项目来源：中国地震局地质研究所

执行年限：2011—2013 年

依托单位及负责人：中国地震局地球物理勘探中心　刘保金

主要进展：

深地震宽角反射/折射剖面和深地震反射剖面的工作区域涉及云南省的勐海、澜沧、耿马、龙陵、腾冲、固东、泸水等市县，沿剖面基本全为山区地形，地质条件复杂，野外探测施工难度大。

2012 年 10—11 月完成了探测剖面的野外踏勘，编写了探测技术设计和实施方案；并完成了地震仪器维修、一致性试验等前期准备工作。

2012 年 11—12 月完成了与剖面沿线地方各级政府、公安的联系、协调和爆破物品手续的购买、运输、使用手续等有关工作。

2012 年 8—10 月完成了跨南汀河断裂或瑞丽—龙陵断裂的深地震反射剖面。深地震反射剖面的野外实地踏勘，初步确定了深地震反射测线位置。

2012 年 11 月 6 日—12 月 31 日，持续进行深地震反射剖面的野外数据采集工作。

（中国地震局地球物理勘探中心）

中国综合地球物理场观测——青藏高原东缘地区

项目来源：地震行业专项

执行年限：2010—2012 年

依托单位及负责人：中国地震局第二监测中心　王庆良

主要进展：

（1）组织有关专家和检查人员召开了"中国综合物理场观测第 1、2、5 专题外业资料检查工作"会议，并会同中国地震局第一监测中心完成了项目 2011 年第 1、2、5 专题外业资料互查工作。

（2）2012 年 10 月 17 日接受中国地震局组织的会议集中验收，经专家组从业务、财务、

档案等方面的评议,项目最终通过验收。

整理编写项目执行情况报告及项目验收材料,并提交档案自查报告、财务报告、业务申请报告。

(中国地震局第二监测中心)

地震海啸危险性分析不确定性评估的全局敏感分析方法

项目来源:国家自然科学基金项目(41276020)

执行年限:2013—2016 年

依托单位及负责人:防灾科技学院 任 鲁川

主要进展:

本项研究以我国南海、东海领域的潜在海啸源发生强震引发海啸的为场景;依据该区域潜在地震海啸源参数取值范围和分布特征的估计结果,用蒙特卡洛方法模拟得到地震海啸源参数分布的随机样本,并将之输入海啸波传播的 COMCOT 模式,然后模拟计算中国南海、东海及邻域海啸波生成和传播的过程,再选取中国沿海区域特定地点海啸波高和到时模拟计算结果,采用全局敏感分析方法,进行海啸波高和到时相对潜在地震海啸源参数的敏感性分析,最后总结地震海啸危险性分析的不确定性特征,给出评估这类不确定性的基本程式。本项研究主要特色是提出新方法和新技术。

(防灾科技学院)

场地类别与设计反应谱参数相关性的研究

项目来源:国家自然科学基金——青年科学基金项目(51208108)

执行年限:2013—2015 年

依托单位及负责人:防灾科技学院 卢滔

项目进展:

为了充分考虑场地类别对设计反应谱平台值和特征周期的影响,本项目从典型场地土层地震反应一维时域非线性分析和强震观测数据分析两方面入手,研究设计反应谱平台值和特征周期与场地类别的相关性,并在此基础上给出场地类别相关的设计反应谱参数调整方案,为工程建(构)筑物抗震设计地震作用的取值提供依据,为相应抗震设计规范的修改提供参考。

(防灾科技学院)

断层场地效应对桥梁地震反应的影响

项目来源：国家自然科学基金——青年科学基金项目（51208107）
执行年限：2013—2015 年
依托单位及负责人：防灾科技学院　刘必灯
项目进展：

运用统计、理论分析及仿真手段探究断层场地地震动效应及其对上部桥梁结构地震反应分析的影响。主要研究内容包含：①基于强震动记录及断层速度模型与波传播理论分析，研究非发震断层场地的隔震效应、断层破碎带的放大效应，研究其形成机制，并探讨其与断层几何物理特征、地震动入射角度及频谱成分之间的关系，考察断层场地地震动效应的频率相关性特性；②完善前后处理方便且高效精确的通用有限元程序与多次透射人工边界相结合的模拟大型复杂场地地震动场的建模与计算方法，发展一种普适的基于透射边界的整体数值分析方法体系；③研究跨断层场地桥梁地震反应特征，用来解释近年来几次大地震中的典型桥梁震害，并提出一种快速有效地进行跨断层桥梁地震震害预测的方法。通过研究，为客观评价断层效应提供科学依据，并为跨断层桥梁的设计与抗震验算提供依据。

（防灾科技学院）

成果推广

吉林省地震局成果推广

发挥地震科技引领作用,加强对外科技交流与合作。《区域地震前兆台站运行状态监控平台》项目申报中国地震局地震科技星火计划项目并获得批准,《吉林丰满台水氡排水装置研制与效能评价》和《区域地震台网速报管理系统》2项"监测、预报、科研"三结合课题获得中国地震局批准。7月《吉林省地震目录》完成编制,由吉林大学出版社正式出版,12月《吉林省地震志》完成初稿的编写工作并送审。中、韩地震监测合作项目继续开展,韩方3次赴延边地震台和敦化地震台交流和检查项目进展情况。组织全局科技人员参加"东北三省地震学会第八次学术年会",共征集19篇论文摘要。9月吉林省地震局1人赴美国参加中国地震局组织的科研人员素质及技能提高培训,历时1个月;《长白山天池火山灾害区划和应急决策支持技术研究》和《长春市建筑物震害预测区划研究》2个项目上报省科技厅推荐科技发展计划项目。

(吉林省地震局)

湖北省地震局成果推广

1. 2008年汶川地震近场三维形变精密测定和同震位错模型研究

中国地震局地震研究所科研人员以高质量的汶川地震震时形变有关的大量第一手资料为基础,重点围绕汶川地震,开展了区域地壳变形、龙门山构造带断层活动、特大地震震源机制及其复发规律等方面的研究工作,并以此推动了国家GPS大地控制网与地震变形监测的有机结合,充分发挥国家基础测绘资料的潜在科研价值。

该研究成果为灾后恢复重建提供科学依据和技术支撑:明确了与地震有关的科学结论,通过近距离、直接观测,对地震引起地理环境变化和地震烈度分布等有了全面、客观评估与科学的认识;掌握了震区及周边地形变化的详实数据,通过大量收集、整理各类第一手资料,探索地震机理、孕育规律及其地震引发的自然现象有了充要条件;修正了大地基准,通过对震区大地控制点坐标改正,为恢复重建设立的精准地标服务,奠定坚实基础。

成果信息:该项研究获得测绘科技进步二等奖(2012年)。

2. 科技开发高精度角锥棱镜

高精度角锥产业化项目是由中国地震局地震研究所下属企业武汉科衡地震仪器厂负责实施的国家新产品计划项目。目前,项目已取得实质性进展,已为客户试制出角反射精度为5″的空心棱镜，并得到客户的好评。荣获科学技术部2012年国家重点新产品称号。

角锥棱镜作为一种重要的逆向反射器，不仅广泛地应用在人造卫星测距、星际测距、飞行体动态测距等方面，也应用于某些高精度的测量仪器中，其精度对测距仪的测距精度影响极大。目前，在国内还没有厂家能生产高精度的空心棱镜，一旦研制成功，必将填补国内空白，实现此类产品的国产化，打破现阶段此类产品完全依赖进口的局面，并满足我国一些保密领域对这种棱镜的迫切需求。

在制作高精度实体棱镜的经验基础上，在高精度空心棱镜的研制方面，完成了各种实验，在对黏合剂的成分（慢干型和快干型）、黏合方法、黏合长度、镀膜温度、膜层厚度以及是先粘后镀，还是先镀后粘等因素对空心棱镜综合角误差的影响等方面，获得了大量的实验数据，并通过不断地分析、总结，慢慢地摸索出了一套较为成熟的制作工艺。

（湖北省地震局）

广东省地震局成果推广

1. 数字地震台网信息实时处理和地震自动速报系统

（1）在国家地震台网中心、国家地震速报备份中心的应用。作为我国地震观测数据与信息传输共享的核心软件，部署在中国地震台网中心，负责接收全国31个地震台网的台站数据，通过流服务器实现全国波形的交换，实现全国地震台站、省级地震台网、国家地震台网之间的波形共享。通过消息服务器实现速报数据、地震编目数据的交换与共享，实现全国统一编目，产出快速的地震目录。148个国家台站也部署JOPENS地震台站数据处理软件，负责分析全球范围内的地震。系统还应用在国家地震速报备份中心，使得我国首次实现全球尺度的地震自动速报的实用化，速报结果通过速报信息发布平台上报到国家地震台网，并通过网页、手机短信自动发布，显著提高我国的地震速报速度。

（2）31个省级地震台网的应用。全国31个省级区域地震台网应用JOPENS系统，各台网利用流数据管理系统共享周边省份的台站数据，同时使用JOPENS的人机交互分析软件，完成地震监测、地震速报、地震目录编辑等任务。通过自动定位与人机交互的相结合，实现人工速报，通过统一编目系统对交界地区的地震或国内5级以上地震进行联动分析，通过自动速报共享平台接收国家地震速报备份中心的自动定位结果。在JOPENS推广中，对全国31个省级区域地震台网的台网人员进行4次大型培训，同时经过5年的持续维护，为各个台网培养一批系统管理和分析人员。

（3）市县市级地震台网的应用。JOPENS也应用在江苏、广东、广西、山东等省（区）多个市县市级地震台网中，地方级台网与省级地方台网的互联共享，增强地震监测范围和精度。

（4）重大工程地震台网的应用。JOPENS也应用在金沙江梯级电站水库、黄河梯级电站水库、新丰江水库、龙滩水库等水库监测台网中；长江三峡水库地震诱发监测系统也应用JOPENS的流数据传输系统，为国家重大工程建设和安全作出贡献。

(5) 援外台网的应用。JOPENS 通过国家援外项目，推广到印度尼西亚、阿尔及利亚、巴基斯坦、萨摩亚等国的国家级地震台网，为整体外交作出贡献。

2. 多通道数据采集系统 MSM-48

近些年来，广东省地震局围绕防震减灾事业发展需求，努力拓展地震科技服务产品，提升公共服务能力。2012 年，完成"高精度多通道强震监测与报警设备研制"课题，自主研发的"多通道数据采集系统 MSM-48"，已应用于虎门大桥强震动监测和警报系统中，该产品为国外进口同类产品价格的 1/3 左右。

（广东省地震局）

云南省地震局成果推广

2012 年，云南省地震局积极组织国家科技项目的申报，获国家科技支撑计划 1 项，有 4 个地震行业科研专项获批。与中国地震局地球物理研究所签署局所合作协议。建成减隔震实验室，与云南省设计院联合开展云南省设计院新建大楼原位动力试验。昆明新机场候机楼减隔震工程被评为中国地震局"十一五"十项最有价值的科技成果；云南省地震工程研究院被省委省政府授予集体二等功，云南省地震局 4 位同志分别获一等功、三等功和嘉奖。2012 年发表论文 77 篇、出版专著 3 部、被 SCI 收录论文 4 篇。

（云南省地震局）

陕西省地震局成果推广

积极申报国家自然基金、行业专项、中国地震局"星火计划"、省科技发展专项、"三结合"课题，获得资助 17 项。发表科技论文 51 篇，《汶川特大地震陕西抗震救灾志·地震灾害篇》出版发行，《灾害学》杂志首次获北大图书馆收录，成为中文核心期刊。省界外扩"1∶50 万地震地质构造图"、基于 GIS 的地震灾情采集上报与服务系统、震后震区基本灾情的快速评估制图软件、GPS 数据服务等科技成果不断转化为产品，投入使用。西安开展了西安及邻区深部构造与地震关系研究，引进了 MODIS 卫星遥感热红外技术应用于地震监测预报。

（陕西省地震局）

甘肃省地震局成果推广

加强地震基础理论研究，2012 年度甘肃省地震局共申报各类科研课题 93 项，33 项获得资助；对25项在研课题进行了结题验收，取得了创新研究成果并被应用到地震预报领域，发表论文126篇，其中SCI论文11篇、EI论文11篇；依托西部地球科学与防灾工程论坛平台，邀请了17位国内外专家作了10场学术报告，选派5位出国深造，全面学习交流国内外地震科学研究最新进展、最新成果。编制了兰州地球物理国家野外科学观测研究站和甘肃省岩土防灾工程技术研究中心组织管理及实施方案，重点提高成果产出率，促进学科发展，加快人才培养。5月9日，中国地震局黄土地震工程重点实验室在甘肃省地震局正式挂牌，标志着甘肃省在岩土地震工程领域研究迈上了新的台阶，组织编制了发展规划和管理细则，大力推进自主创新和原始创新。深化与法国、俄罗斯、美国、日本等地震科研机构的交流与合作，开展了双边合作，进一步扩大了地震科技交流与国际合作，提高了交流合作质量。

（甘肃省地震局）

新疆维吾尔自治区地震局成果推广

2012年新疆维吾尔自治区地震局结合新疆防震减灾工作需求，制定了新疆地震局3~5年科学发展规划、新疆维吾尔自治区地震局基金重点资助方向，编制了新疆维吾尔自治区地震局基金申报指南。2012年获批中国地震局"星火计划"项目3项，其中攻关项目1项、青年项目2项。获批国家自然科学基金项目3项、中国地震局"三结合"课题2项、自治区自然科学青年基金1项。受理局基金项目申请44项，确定资助22个项目，资助金额25.7万元，完成局基金中期检查、结题检查验收课题22项。

2012年新疆维吾尔自治区地震局科研人员在国内科技期刊发表论文50篇，其中核心期刊10篇。

（新疆维吾尔自治区地震局）

中国地震局地质研究所成果推广

汶川地震后，中国地震局地质研究所邓起东院士先后5次去汶川震区，亲身与灾民共同感受灾难，研究震源断裂的破裂机制和逆断层型大地震的形成条件，通过对汶川地震区区域地震活动和区域动力学背景研究来认识这一次次大地震发生的必然性，预估未来大地震活动趋势。主要研究成果有：

（1）要从灾害链角度看待地震灾害，加强地质环境的环评工作。进一步提出加强地质环境环评工作，防止灾害链产生的具体建议，要"避让活断层，走出狭谷区；防治崩滑坡，监防泥石流；躲开液化带，避开溶洞群；远离高切坡，阻断灾害链"。

（2）双断坡、双破裂，捩断层，坡中槽的出现说明汶川地震震源断裂复杂的破裂过程和机制。

（3）昆仑—汶川地震系列与巴颜喀喇断块的最新活动。青藏高原是我国最主要的地震活动区，自1997年以来，除2011年缅甸M_S7.2地震以外，高原内$M_S \geqslant 7.0$地震全部发生在高原中部巴颜喀喇断块周边活动构造带上。不能孤立地看待汶川地震，而应从巴颜喀喇块体的整体活动来看待昆仑—汶川地震系列。2008年汶川地震后又发生了2010年玉树M_S7.1地震，此外，在2012年还发生一次于田M_S6.2地震，只不过震级小于其他几个7级地震，更何况在同一时期巴颜喀喇地区及青藏高原和南北带南部还发生过多次6.0级左右地震，所以，我们对这一断块的最新地震活动仍要加以注意。

（4）一次全球性新的地震活动高潮。这次新的全球性地震活动高潮尚未结束，全球巨大地震危险性还会延续一段时间，在未来几年时间内，巴颜喀喇断块，青藏高原和南北带中南部7级左右地震危险性仍然存在，这是我们不得不注意的。

（5）关于地震危险地段。大地震与活动构造密切相关，对板内构造而言，它们主要发生在板内断块区和断块活动边界构造带上。巴颜喀喇断块边界上还存在其他可能发生7.0级左右大地震的危险段，它们都是今后值得注意的具有7.0地震危险的构造段。

（中国地震局地质研究所）

中国地震灾害防御中心成果推广

2012年中国地震灾害防御中心与环境保护部核与辐射安全中心合作开展了核电厂设计输入地震动确定方法相关的应用研究工作，服务于国家总体核电开发和能源结构调整战略。

2012年中国地震灾害防御中心承担了中国石化新疆煤制气外输管道地震安评项目，新疆煤制气外输管道工程项目跨越13个省，线路总长8372千米，是我国境内路由最长的管道项目，是国家"一带一路"倡议重要组成部分。沿线地震区划工作涉及的空间范围广、断层与地震活动性差异大，中国地震灾害防御中心的科技人员不畏艰难，勇于创新，解决了安评工作中遇到的诸多难题，很好地完成了国内最长煤制气管道的地震安评任务。完成了仪征、曹妃甸、白沙湾储备基地，天津LNG地震安评工作，2012年中国地震灾害防御中心科技开发工作重点项目在油气化工领域，为国家能源领域提供地震安全服务。

地震动合成方法、多方案概率地震动分析方法等方面的研究成果应用于台山核电厂等大型重点工程。

（中国地震灾害防御中心）

科学考察

中国地震局地球物理研究所科研人员参加国际大洋综合钻探计划 IODP 343 航次科学考察

2012年3月29—5月26日,通过国际大洋综合钻探计划中国办公室(IODP – China)的遴选及日本海洋研究开发机构(JAMSTEC)地球深部探查中心(CDEX)的邀请,中国地震局地球物理研究所杨涛副研究员以"上船古地磁学家"身份参加了 IODP 343 航次,与来自日本 Osaka City University 的 Toshiaki Mishima 博士共同完成该航次的相关古地磁与岩石磁学研究工作。这是中国地震局系统的专家首次作为上船科学家参加 IODP 计划。

一、IODP 343 航次介绍

2011年3月11日,日本东北部宫城县以东太平洋海域发生里氏9.0级地震,震源处于北美板块与太平洋板块的俯冲消减带。在此次地震中,该消减带区域发生了前所未有的约50米的滑移,并引发了巨大的海啸,造成了世人关注的人员伤亡和财产损失。因此,在震后仅一年时间,本航次得到 IODP 的积极支持,并付诸实施。该航次全名为"Japan Trench Fast Drilling Project (JFAST)",即"日本海沟快速钻探计划",目的是在2011年日本东北"3·11"地震海域7000米海底的板块消减带实施钻探,向海底钻进1000米,钻穿引发"3·11"地震的断层,在钻孔中安装长期温度和压力观测系统,并对钻取的断裂带样品进行各种岩石物理性质的综合研究,探讨板块消减带地震的发生机理。因此,该计划对于深入理解板块消减带的孕震机理,研究如此巨大滑移量的产生机制具有重要的意义。

该航次的两位首席科学家分别是日本京都大学防灾研究所的 Jim Mori 教授和美国得克萨斯 A&M 大学的 Frederick M. Chester 教授,他们组织和领导来自10个国家的28名科学家共同完成了这项伟大的科学使命。

二、IODP 343 航次突破性成果

(1)创造了科学海洋钻探的最深钻探纪录(海平面以下7740米)和最深取样纪录(海平面以下7734米)。

(2)通过钻孔崩落确定应力方向,发现最大主应力方向与板块挤压方向一致。

(3)成功钻取日本海沟太平洋板块与北美板块边界样品。

三、中国地震局地球物理研究所科考专家取得主要研究成果

1. 揭示了日本海沟浅部滑脱带长期处于应变"解耦"状态

通过对该航次C0019站位深海沉积物磁组构研究,揭示了日本海沟北美板块与太平洋板块浅部滑脱带长期处于应变"解耦"状态,为板块的相对滑动提供了"有利"条件,而此次地震中沿该滑脱带则发生了巨大滑移。该成果为诠释"3·11地震在海沟浅部发生巨大滑移的机制"这一重大科学问题提供了重要岩石磁学证据。论文发表在2013年的 *Earth and Planetary Sciences Letters* 上。

2. 发展了地震断层岩石磁学"地温计"技术

基于该航次样品的研究,发展了地震断层摩擦升温的岩石磁学"地温计",并在北美板块与太平洋板块浅部滑脱带中成功发现了300~500℃的地震摩擦生热记录。

(中国地震局地球物理研究所)

机构·人事·教育

本部分主要收载机构设置及领导名单，人事教育工作，地震系统院士、有突出贡献中青年专家、享受政府特殊津贴人员简介，入选跨世纪人才名单和新通过评审的研究员名单，以及表彰情况等。

中国地震局领导班子成员名单

(2012 年 12 月 31 日)

党组书记、局长：陈建民
党组成员、副局长：刘玉辰
党组成员、副局长：赵和平
党组成员、副局长：修济刚
党组成员、纪检组长：张友民
党组成员、副局长：阴朝民

中国地震局机关司、处级领导干部名单

(2012 年 12 月 31 日)

部门	职位	姓名	职能处室	职位	姓名
办公室	主　任 副主任 副主任 副巡视员	唐　豹 王　蕊 张志波 陈　静	秘书处 （值班室）	处长、局长秘书、党组机要秘书	米宏亮
				调研员	吴　昭
			新闻宣传处	处　长	（空缺）
				副处长	马　明
			文电与 信息化处	处　长	康　建
				调研员	陈贺永
				副调研员	董　军
			综合处	处　长	闫京波
			行政事务处	副调研员	付计明
				处　长	董艺斌
				副处长	张立军
			机关财务处	调研员	陈永章
				处　长	申屠娟
				调研员	刘秀莲
政策法规司	司　长 副司长 副司长 巡视员	方韶东 李　健 唐景见 徐　卫	政策研究处	处　长	（空缺）
				副处长	郑　妍
			法规处	副调研员	陈明金
			标准计量处	处　长	刘凤林
				处　长	李成日
			综合处 （监督处）	副处长	林碧苍
				副调研员	韩　磊

续表

部门	职位	姓名	职能处室	职位	姓名
发展与财务司	司　长 副司长 副司长	牛之俊 徐铁鞠 韩志强	发展规划处	处　长	周伟新
			预算处	处　长	（空缺）
				副处长	黄　蓓
			投资处	处　长	（空缺）
				副处长	关晶波
			财务与资产处	处　长	吴　晋
				调研员	张淑丽
				副调研员	许　权
			国有资产处	处　长	顾　劲
人事教育司	司　长 副司长 副司长 副巡视员 副巡视员 副巡视员	何振德 刘铁胜 吴仕仲 阎保平 杨心平 张克里	机关人事处	处　长	（空缺）
				副处长	张琼瑞
			干部处 （干部监督处）	处　长	付跃武
			人才与教育处	处　长	张大维
			机构工资处	处　长	康小林
				副处长	牟艳珠
科学技术司 （国际合作司）	司　长 副司长 巡视员 副巡视员	胡春峰 李　明 栾　毅 田　柳	基础研究处	处　长	王　峰
				副处长	刘豫翔
			应用研究与成果处	处　长	王春华
				调研员	谢春雷
				副调研员	齐　诚
			双边合作处	处　长	王满达
			国际组织与国际会议处	处　长	王　剑
监测预报司	司　长 副司长 副司长	李　克 宋彦云 车　时	预报管理处	处　长	刘桂萍
				副处长	马宏生
				调研员	黄蔚北
			监测一处	处　长	王　飞
				副处长	黄　媛
				调研员	孙为民
			监测二处	处　长	（空缺）
				副处长（主持工作）	熊道慧
			信息网络处	处　长	余书明
				调研员	唐　毅
				副调研员	彭汉书

续表

部门	职位	姓名	职能处室	职位	姓名
震害防御司	司长 副司长 副司长	孙福梁 黎益仕 韦开波	社会宣教处	处长	金 雷
			社会防御处	处长	李永林
			防灾基础处	处长	张黎明
			抗震设防处	副调研员	田学民
震灾应急救援司	司 长 副司长 副司长	赵 明 苗崇刚 尹光辉	应急协调处	处 长	侯建盛
			综合处	处 长	（空缺）
				副处长（主持工作）	延旭东
				副处长	白春华
			紧急救援处	处 长	周 敏
				副调研员	郑 荔
			技术装备处	处 长	（空缺）
				副处长（主持工作）	冯海峰
直属机关党委	常务副书记 巡视员 兼副书记	刘连柱 杨小瑛	宣传部 （党校）	部 长 局党校副校长	乔福生
			直属机关工会 （直属机关妇工委）	副巡视员	卢 桢
监察司 （纪检组）	司 长	孙晓竟	案件审理室 （综合室）	副司级纪律检查员兼 案件审理室主任	杨 威
			纪检监察室	副司级纪律检查员兼 纪检监察室主任	秦久刚
			审计室	主 任	王 蔚
离退办	主 任 副主任	王 霞 高玉峰	综合处	处 长	王 羽
				调研员	韩薇冬
			老年教育活动处	处 长	贾国军
				副调研员	王瑜青
			机关离 退休处	处 长	（空缺）
				副处长（主持工作）	李国舟
其他				副处级	周 耕

（中国地震局人事教育司）

中国地震局所属各单位领导班子成员名单

(2012年12月31日)

序号	工作单位	姓名	党政领导职务
1	北京市地震局	吴卫民	党组书记、局长
		徐 平	副局长
		胡 平	党组成员、副局长
		谷永新	党组成员、副局长
2	天津市地震局	赵国敏	党组书记、局长
		聂永安	党组成员、副局长
		王玉生	党组成员、副局长
		何本华	党组成员、纪检组长
3	河北省地震局	孙佩卿	党组书记、局长
		戴泊生	党组成员、副局长
		高景春	副局长
		陈 锋	党组成员、纪检组长
		张 勤	党组成员、副局长
4	山西省地震局	樊 琦	党组书记、局长
		郭跃宏	党组成员、副局长
		郭君杰	党组成员、副局长
		郭星全	党组成员、副局长
		史宝森	党组成员、纪检组长
		田 勇	党组成员、副局长
5	内蒙古自治区地震局	包东健	党组书记、局长
		曹 刚	党组成员、副局长
		张建业	党组成员、副局长
		魏电信	党组成员、纪检组长
		卓力格图	党组成员、副局长
6	辽宁省地震局	高常波	党组书记、局长
		卢 群	党组成员、副局长
		臧 伟	党组成员、副局长
		宋万学	党组成员、纪检组长
		廖 旭	党组成员、副局长
		孟补在	党组成员、副局长

续表

序号	工作单位	姓名	党政领导职务
7	吉林省地震局	任利生	党组书记、局长
		包晓军	党组成员、副局长
		陈凤学	党组成员、副局长
		孙继刚	党组成员、副局长
		张明宇	党组成员、纪检组长
8	黑龙江省地震局	孙建中	党组书记、局长
		张 莹	党组成员、副局长
		赵 直	党组成员、副局长
		蒋贵宏	党组成员、纪检组长
		杨金山	党组成员、副局长
9	上海市地震局	张 骏	党组书记、局长
		李红芳	党组成员、纪检组长、副局长
		王绍博	党组成员、副局长
10	江苏省地震局	丁仁杰	党组书记、局长
		张振亚	党组成员、副局长
		仲建民	党组成员、纪检组长、副局长
		倪岳伟	党组成员、副局长
		刘建达	党组成员、副局长
11	浙江省地震局（杭州培训中心）	苏晓梅	党组书记、局长（主任）
		宋新初	党组成员、副局长（副主任）
		傅建武	党组成员、副局长（副主任）
		陈经华	党组成员、纪检组长、副局长（副主任）
12	安徽省地震局	张 鹏	党组书记、局长
		姚大全	党组成员、副局长
		王 跃	党组成员、副局长
		刘 欣	党组成员、副局长
		姜久坤	党组成员、纪检组长
13	福建省地震局	金 星	党组书记、局长
		朱金芳	党组成员、副局长
		黄向荣	党组成员、副局长
		史粦华	党组成员、副局长
		朱海燕	副局长
		陈 光	党组成员、纪检组长

续表

序号	工作单位	姓名	党政领导职务
14	江西省地震局	王建荣	党组书记、局长
		郑 栋	党组成员、副局长
		王志鹏	党组成员、纪检组长
		柴劲松	党组成员、副局长
15	山东省地震局	晁洪太	党组书记、局长
		孙亚强	党组成员、副局长
		刘 峰	党组成员、副局长
		林金狮	党组成员、副局长
		姜金卫	党组成员、副局长
		张有林	党组成员、纪检组长
16	河南省地震局	王合领	党组书记、局长
		卢国合	党组成员、副局长
		刘尧兴	党组成员、副局长
		陈 达	党组成员、纪检组长
		王士华	党组成员、副局长
17	湖北省地震局 （中国地震局地震研究所）	姚运生	党组书记、局（所）长
		吴 云	党组成员、副局（所）长
		邢灿飞	党组成员、副局（所）长
		黄社珍	党组成员、纪检组长
		杜瑞林	党组成员、副局（所）长
		秦小军	党组成员、副局（所）长
18	湖南省地震局	胡奉湘	党组书记、局长
		燕为民	党组成员、副局长
		宁 萍	党组成员、纪检组长
		罗汉良	党组成员、副局长
		刘家愚	党组成员、副局长
19	广东省地震局	黄剑涛	党组书记、局长
		梁 干	党组成员、副局长
		吕金水	党组成员、副局长
		钱顺琴	党组成员、副局长
		武守春	党组成员、纪检组长
		钟贻军	党组成员、副局长
20	广西壮族自治区地震局	高荣胜	党组书记、局长
		劳王枢	党组成员、副局长
		李伟琦	党组成员、副局长
		李青春	党组成员、纪检组长

续表

序号	工作单位	姓名	党政领导职务
21	海南省地震局	陶裕禄	党组书记、局长
		李战勇	党组成员、副局长
		陈 定	副局长
		闫京波	党组成员、纪检组长
22	重庆市地震局	陈铁流	党组书记、局长
		王 强	党组成员、纪检组长
		吴晓莉	党组成员、副局长
		黄 雍	党组成员、副局长
23	四川省地震局	张宏卫	党组书记、局长
		王 力	党组成员、副局长
		吕弋培	党组成员、副局长
		李广俊	党组成员、副局长
		王继斌	党组成员、纪检组长
		雷建成	党组成员、副局长
24	云南省地震局	皇甫岗	党组书记、局长
		陈 勤	党组成员、副局长
		王 彬	党组成员、副局长
		毛玉平	党组成员、副局长
		解 辉	党组成员、副局长
		龙清风	党组成员、纪检组长
25	西藏自治区地震局	李振海	党组书记、局长
		索 仁	党组成员、纪检组长
		王志秋	党组成员、副局长
		尹克坚	党组成员、副局长
26	陕西省地震局	胡 斌	党组书记、局长
		姬丁义	党组成员、纪检组长
		李炳乾	党组成员、副局长
		刘 晨	党组成员、副局长
		王恩虎	党组成员、副局长
27	甘肃省地震局 (中国地震局兰州地震研究所)	王兰民	党组书记、局(所)长
		周志宇	党组成员、副局(所)长
		杨立明	党组成员、副局(所)长
		王克宁	党组成员、纪检组长
		石玉成	党组成员、副局(所)长
		袁道阳	党组成员、副局(所)长

续表

序号	工作单位	姓名	党政领导职务
28	青海省地震局	张新基	党组书记、局长
		哈 辉	党组成员、副局长
		樊兰宝	党组成员、纪检组长
		宋 权	党组成员、副局长
		王海功	党组成员、副局长
29	宁夏回族自治区地震局	佟晓辉	党组书记、局长
		马贵仁	党组成员、副局长
		金延龙	党组成员、副局长
		李 杰	党组成员、纪检组长
		柴炽章	党组成员、副局长
30	新疆维吾尔自治区地震局	王海涛	党组书记、局长
		吐尼亚孜·沙吾提	党组成员、副局长
		宋和平	党组成员、副局长
		李根起	党组成员、纪检组长
		张 勇	党组成员、副局长
		蔚晓利	党组成员、副局长
31	中国地震局地球物理研究所	吴忠良	党委副书记、所长
		乔 森	党委书记、副所长
		高孟潭	副所长
		杨建思	副所长
		宁为民	纪委书记、副所长
		李小军	副所长
		张东宁	副所长
32	中国地震局地质研究所	张培震	所长
		欧阳飚	党委书记、副所长
		马胜利	副所长
		徐锡伟	副所长
		刘凤林	纪委书记
		万景林	副所长
33	中国地震局地壳应力研究所	谢富仁	党委副书记、所长
		刘宗坚	党委书记、副所长
		陆 鸣	副所长
		何 玉	纪委书记
		陈 虹	副所长
		杨树新	副所长

续表

序号	工作单位	姓名	党政领导职务
34	中国地震局地震预测研究所	任金卫	党委副书记、所长
		孙 雄	党委书记、副所长
		蔡晋安	副所长
		李志雄	副所长
		汤 毅	副所长
35	中国地震局工程力学研究所	孙柏涛	党委副书记、所长
		杨小峰	党委书记、副所长
		张孟平	副所长
		李山有	副所长
		于建民	纪委书记
36	中国地震台网中心	潘怀文	党委副书记、主任
		李强华	党委书记、副主任
		张晓东	副主任
		贺 钦	副主任
		张 敏	纪委书记
		陈华静	副主任
37	中国地震应急搜救中心	吴建春	党委书记、主任、基地指挥长
		黄宝森	副主任
		刘鹏飞	纪委书记
38	中国地震灾害防御中心	杜 玮	党委书记、主任
		王 英	党委副书记、副主任
		梁宪章	副主任
		张周术	副主任
		窦淑芹	纪委书记
39	地壳运动监测工程中心	李 强	党委副书记、主任
		张 金	党委书记、副主任
		吴书贵	副主任、纪委书记
40	中国地震局地球物理勘探中心	李松岭	主任
		张福平	党委书记
		方盛明	副主任
		王夫运	副主任
		王秋润	副主任
		刘保金	副主任
		李 齐	纪委书记

续表

序号	工作单位	姓名	党政领导职务
41	中国地震局第一监测中心	龚　平	党委副书记、主任
		刘广余	副主任
		薄万举	副主任
		高荣建	纪委书记
42	中国地震局第二监测中心	张尊和	党委副书记、主任
		李顺平	党委书记、副主任
		王庆良	副主任
		白伟东	纪委书记
		熊善宝	副主任
		陈宗时	副主任
43	防灾科技学院	齐福荣	党委书记
		薄景山	党委副书记、院长
		钟南才	副院长
		刘春平	副院长
		迟宝明	副院长
		兰从欣	纪委书记
		石　峰	副院长
44	地震出版社	张　宏	党委书记、社长、总编辑
		王天星	副社长
		傅　宏	纪委书记
		胡勤民	副社长
45	中国地震局机关服务中心	巩曰沐	党委副书记、主任
		韩晓东	党委书记、副主任
		马铁民	副主任、纪委书记
		徐京华	副主任
46	中国地震局深圳防震减灾科技交流培训中心	续新民	党组书记、主任
		刘升礼	党组成员、副主任
		宗　耀	党组成员、纪检组长、副主任

（中国地震局人事教育司）

2012年中国地震局局属单位机构变动情况

1. 批准福建省地震局下属事业单位调整

成立福建地震观测技术研究中心，与监测中心合署办公。

（中震人函〔2012〕49号，2012年3月9日）

2. 批准中国地震局地球物理勘探中心9个业务机构更名

监测预报研究室更名为地震监测预报研究室；电子技术研究室更名为地震仪器研制与维护室；地震应急观测研究室更名为工程地震研究室；工程地震与震害防御研究室更名为工程抗震技术研究室；信息网络管理中心更名为数据与网络技术室；防灾技术处（北京）更名为防灾技术服务处（北京）；重磁方法研究室更名为重磁电探测方法研究室；工程地质与工程爆破研究室更名为地震测深钻爆技术研究室；防灾技术研究室更名为勘探地震波激发研究室。

（中震人函〔2012〕50号，2012年3月9日）

3. 批准中国地震局地壳运动监测工程研究中心三定方案

管理机构设置三个：办公室（纪检监察审计室、后勤保障部）、人事教育处（党委办公室、离退休干部工作办公室）、财务处；

业务机构设置四个：研究发展部、大地测量与地壳运动研究室、空间对地观测研究室、地震观测研究室。

（中震人函〔2012〕48号，2012年7月10日）

4. 批准山西省地震局下属事业单位调整

成立防震减灾宣传教育中心，与地震行政执法监察总队合署办公。

（中震人函〔2012〕216号，2012年9月10日）

5. 批准山东省地震局下属事业单位调整

成立山东省地震监测中心。

（中震人函〔2012〕217号，2012年9月13日）

6. 批准辽宁省地震局2个下属事业单位调整

机关服务中心更名为辽宁省地震应急保障中心；成立辽宁省地震预测预警开放重点实验室，与辽宁省地震预报研究中心合署办公。

（中震人函〔2012〕230号，2012年10月9日）

7. 批准四川省地震局下属3个事业单位更名

四川省地震局预报研究所更名为四川省地震预报研究中心；四川省地震局监测研究所更名为四川省地震监测中心；四川省地震局地震仪器所更名为四川省地震局宣传教育中心。

（中震人函〔2012〕286号，2012年12月7日）

（中国地震局人事教育司）

人事教育

2012 年中国地震局人事教育工作综述

一、深化干部人事制度改革，扎实推进干部队伍建设

把好入口，干部选拔任用工作机制不断完善。严格执行《党政领导干部选拔任用工作条例》等制度，加强干部调整，选好配强领导班子。全年共调整 26 个班子，提拔 44 名司局级领导和非领导干部，领导班子结构得到优化，增强了干部队伍活力。推动公开选拔、竞争上岗成为干部选拔的重要方式。全年对 10 个单位领导班子副职增补开展了竞争上岗，系统各单位也普遍采用竞争性方式选拔处级干部。在副职竞争上岗中，探索差额推荐、差额考察，扩大了选人视野，增强了考察的针对性。干部选拔任用工作监督框架初步形成，通过事前审查选拔方案，事中选拔过程纪实，事后选拔工作"一报告两评议"、巡视检查、专项检查、履行用人责任的主要负责人离任检查等方式，用人监督体系基本形成。干部管理监督工作扎实有效。配合监察司对 8 个单位的领导班子进行了巡视，参加 8 个单位、8 个部门的领导班子民主生活会。完善考核办法，开展 3 次专题调研，探索将完成年度工作目标任务纳入领导班子和领导干部综合考核评价中，发挥考核激励监督作用。加大惩处力度，派出工作组对个别领导干部存在的问题进行了调查落实。完善监督机制，对加强中国地震局机关、京区直属单位纪检监察机构设置和人员配备问题、巡视工作机制及人员选拔问题提出了明确方案。干部教育培训工作取得突破，根据中组部的安排，利用中央党校等"一校五院"资源开展培训，开展了依托清华大学等 7 个教育培训机构领导干部的自主选学；利用自有资源开展局管干部研修班、中青年干部培训班、系统处级干部任职培训班、机关科级干部培训班等。开通干部教育网络学院，实现了干部按需选学。

二、完善人才培养体系，科学谋划人才发展

为贯彻落实"十二五"《防震减灾人才规划》，积极为优秀人才培养和创新团队建设开展工作，经广泛调研和征求意见，制定《防震减灾优秀人才百人计划和优秀创新团队建设计划实施方案》以及 3 个配套文件。青年科技骨干出国留学项目进展顺利。2012 年国家留学基金委批准中国地震局开始实施第二期出国留学项目，每年出国留学人数从 20 人增加到 40 人。目前该项目已成为中国地震局培养青年后备人才的重要抓手和优化人才合理布局的有效途径。持续推进研究生教育工作。2012 年中国地震局共录取博士生 60 名，硕士生 182 名。举办了第五届研究生导师高级研修班，编制完成了《2011 年中国地震局研究生教育年

报》。防灾科技学院工程硕士试点申报获得国务院学位办批准，从 2013 年将开始招收第一批专业硕士研究生。进一步规范职称评审工作。完成 2012 年地震专业正高职称评审，有 19 人获得正高级专业技术职务资格，6 人获得二级专业技术岗位聘任资格。完成一级地震安评工程师资格考试工作。会同应急救援司、监测预报司制定地震灾害调查评估、地震台站监测岗位上岗资格管理办法。

三、服务中心工作，稳步推进事业单位改革

经过深入调研和清理规范，形成了中国地震局事业单位分类改革清理规范意见，中央机构编制委员会批复中国地震局事业单位机构和编制保持不变，事业单位改革取得阶段性成果，为下一步分类改革奠定了基础。扎实做好地震监测预报有关改革。地震台站管理改革扎实推进，会同监测预报司制定印发了《地震台站管理改革工作的指导意见》和 3 个配套办法。明确了 5 个研究所监测预报工作主要职责和重点办法，研究制定分析预报岗位人员配置规定，计划用 3 年时间，使预报队伍人员规模达到 600 名，实现人员翻番目标，通过优化结构，加强培训，强化任务，建立激励保障机制等措施，努力把分析预报队伍建设成为精干高效、富有生机和创造力的优秀团队。各单位机构设置更加科学合理，全年调整了 10 个单位的内设管理机构和下属事业机构。组织事业单位津补贴清理，调研绩效工资试点政策，为实施中央事业单位绩效工资做准备。人员招聘制度化和规范化，全年完成招录 45 名公务员和 402 名事业单位人员。

（中国地震局人事教育司）

中国地震局系统学历、学位教育和在职培训

2012 年计划安排局重点培训项目 15 期，实际完成培训项目 13 期，完成率 87%，培训人数 616 人（其中市县培训 28 人），投入经费 291.8 万元。2012 年计划安排一般培训项目 32 期，实际完成了 29 期，完成率 90.6%；因工作需要增加一般培训班 5 期（其中监测预报司 2 期、离退休办 1 期、人事教育司 1 期、纪检监察司 1 期）。

2012 年实际举办 34 期一般培训班，培训人数 1996 人（其中为市县培训 78 人），投入经费 414.71 万元。

2012 年共有 12 个单位的 13 个培训班被列入基层重点培训计划，从培训的执行情况来看，除云南省地震局因地震等原因延期举办外，其余各单位均按要求完成了培训项目，培训人数 791 人（其中为市县培训 345 人），投入经费 129.24 万元，较好地完成了培训任务。

各单位根据工作需要有针对性地开展了本单位、本辖区内职工继续教育培训。共有 23 个单位上报了自主培训项目，培训 104 期，培训人数达 5681 人次（其中市县 2555 人次），投入经费 539.11 万元。

防灾科技学院本科招生计划 2300 人。

中国地震局地球物理研究所、中国地震局地质研究所、中国地震局工程力学研究所招收博士 63 人。

中国地震局地球物理研究所、中国地震局地质研究所、中国地震局地壳应力研究所、中国地震局地震预测研究所、中国地震局工程力学研究所、湖北省地震局、甘肃省地震局招收硕士 182 人。

（中国地震局人事教育司）

中国地震局干部教育培训

1. 教育培训工作

2012 年共举办各类培训班、会议 14 期，重点完成了局管干部研修班、中青年干部培训班、处级干部任职班、继续教育研讨班以及测震台网技术骨干培训班（共 2 期）、防震减灾法制培训班等系列培训班，培训时间长达 160 天，培训人数 787 人。

序号	培训班名称	人次	天数
1	局管干部研修班	31	30
2	中青年干部培训班	53	35
3	处级干部任职培训班	39	20
4	继续教育研讨班	52	6
5	防震减灾法制培训班	92	7
6	全国测震台网技术骨干培训班（1 期）	39	10
7	全国测震台网技术骨干培训班（2 期）	43	11
8	应急信息管理培训班	65	6
9	河南省周口市防震减灾知识培训班	33	7
10	援建新疆阿克苏地区地震系统综合业务培训班	25	10
11	全国地震台站观测质量活动周	116	7
12	信息学科管理及信息技术交流会议（1）	54	4
13	信息学科管理及信息技术交流会议（2）	65	4
14	应急信息管理培训班	80	3

2. 网络学院工作

经中国地震局领导同意，2012 年 3 月 30 日"中国地震局干部教育网络学院"正式开通，8 月 30 日中国地震局正式下发干部在线学习管理办法（试行），规定局管干部每年必须完成 36 学分在线学习任务。网络学院的命名、开通、办法下发 3 个环节的完成标志着网络教育迈出实质性一步。

截至 2012 年底，学院已上传课件 417 门，地震系统 46 个单位注册学员 3791 人（大部分是各单位副处以上领导干部），已经获得学分的有 1900 多人。每天在线学习 1000 多人，同时在线学习高达 260 多人，发表课件评论 2 万多条。中国地震局地质研究所、中国地震台网中心、甘肃省地震局等多个单位已将网络在线学习作为干部再教育的主要渠道。陕西省地震局、中国地震局第二监测中心、新疆维吾尔自治区地震局等单位已将网络学院所得学分纳入职称评定、干部晋级的主要考核指标之一；宁夏回族自治区地震局、吉林省地震局、内蒙古自治区地震局等单位建立网络学院在线学习管理办法。

3. 培训管理与其他

一是建立和完善 3 个制度：《干部在线学习管理制度》《专业技术人员继续教育暂行办法》和《专业技术人员继续教育登记办法》。二是完成好地震系统年度培训计划编制、年度培训总结，参与完成全员知识更新工程项目的编制以及专项规划编制等工作。2012 年，培训中心完成了继续教育数据库软件。继续教育数据库整合了线上线下培训数据，各单位可随时随地调用培训数据，了解本单位职工教育培训情况。完成软科学杂志编辑出版 1 期；开展系统内调研 2 次，分别为地震系统参公单位公务员教育培训调研与地震系统各单位调研网络学院在线学习需求调研。另外，在杭州举办培训班期间（特别是中长期培训班），对教学效果进行问卷调查，将教学与培训需求调研同步，边培训边调研边改进。

（浙江省地震局）

中国地震局直属单位培训教育工作

河北省地震局

2012年6月11—14日，河北省地震局在河北廊坊举办河北省地震应急工作培训班，邀请中国地震局有关司室领导和多名全国地震应急救援领域的知名专家进行授课，取得了良好的培训效果。

培训期间，授课老师从地震应急救援领域发展趋势、地震现场应急工作知识、地震应急救援系列国家标准等多方面内容，并结合自身的研究领域和工作实践进行了授课。培训班还结合5月28日发生的唐山4.8级地震，专门组织学员们进行了"人员密集场所地震避险讨论"，安排学员观摩了河北省地震现场应急指挥技术系统演练。

此次河北省地震应急工作培训班得到了中国地震局相关司室的高度关注和大力支持，授课专家均为全国地震应急救援领域的一线知名教授、博士生导师，以及具备丰富地震现场和应急救援管理经验的领导，河北省各区市地震局、中心台，河北省地震局机关和直属事业单位以及天津市地震局、廊坊各县（市、区）地震部门的领导和应急业务骨干共计100余人参加了培训，是目前为止河北省地震局规格最高、规模最大的一次地震应急培训活动。参训学员中，大多为本单位本部门的负责同志或业务骨干，学员结构合理，素质高，其中45岁以下的中青年占到培训总人数的90%，为今后地震现场工作的开展提供了有力保障。

（河北省地震局）

上海市地震局

2012年11月9日，中国地震局党组成员、副局长修济刚来上海市地震局为全局职工作了"漫谈防震减灾文化建设"的专题讲座，讲座结合各地的城市精神及其所展现的地域特色，提出核心价值观与地方和行业文化的重要关系，并着重讲解了防震减灾行业精神"开拓创新、求真务实、知难而进、坚守奉献"的内涵以及所展现的地震工作者的精神风貌。激励大家在现有基础上进一步丰富和完善防震减灾和单位特色文化，加强地震公共科普文化宣传，树立品牌，推动上海防震减灾事业更好发展。

上海市地震局还制定了《推进防震减灾文化建设工作方案》，并开展了多项活动。上海市地震局党组书记、局长张骏为全局党员职工上了一堂"文化建设"专题党课。

（上海市地震局）

湖北省地震局

积极推进人才培养工作。加强对机关管理干部和专业技术人员的培训，提高机关工作人员综合管理能力和专业技术人员业务能力。组织1期公务员及事业中层干部培训班，1期新录聘人员入职培训班；组织1名处级干部参加省委党校培训，组织新招录公务员到台站实习培训和参加中国地震局公务员培训，派2名干部参加中国地震局干部培训；推荐3人申请国家留学基金委"地震科技青年骨干人才培养"项目并全部获批；接收交流访问学者1人（新疆维吾尔自治区地震局）。2012年共招录科技人员19名（其中博士5名，硕士12名，本科2名）、公务员2名，招收硕士研究生20名，毕业硕士研究生20名。

（湖北省地震局）

广东省地震局

2012年，广东省地震局教育培训工作按照中央关于"大规模培训干部，大幅度提高干部素质"的要求，在鼓励参加在职学历（学位）教育、送出培训、自办班的基础上，创新培训方式，大力推进网络学习，加大干部职工教育培训力度。

（1）在职学历学位教育：2012年有1人取得硕士学位，3人取得本科学历，2人取得大学专科学历。截至2012年底，有2人攻读博士学位（其中1人留学国外），4人攻读硕士学位。

（2）派出机关工作人员、事业单位专业技术人员参加各类理论学习、专业技术培训101人次。加大对处级以上干部理论进修的培训力度，2012年已送出5名处级干部参加省委党校、中国地震局理论进修班。为提高专业技术人员的科研能力和专技水平，先后送出2人出国参加培训。同时积极开展自办班，组织"远震震相与典型震例分析""地震观测系统的标定与检查"2个自办培训班、1个讲座，参加人数90人次。

（3）2012年8月，在2011年与省委党校联合办班的基础上，举办第2期"全省地震系统干部能力提升班"。该期培训在第1期的基础上加以创新，采取"一期三站"式培训。第一站是在省委党校进行理论素养、专业知识培训；第二站是在阳江市召开现场会进行实地观摩、现场授课；第三站是在国家地震紧急救援训练基地进行应急管理专题培训，参训人员达130人。利用"三站"不同平台，安排不同的培训课程，通过上课、实践、研讨、考察四位一体的培训方式，实现教学内容、形式上的创新，学员普遍反映良好。通过培训，使参训的省、市、县（区）三级防震减灾工作管理人员政治素质、业务素质、管理能力得到增强，这对于提高广东省防震减灾社会管理与公共服务能力将起到积极作用。

（4）推广在线学习。根据《中国地震局干部在线学习管理办法（试行）的通知》，积极做好在线网络学习的布置工作，机关全体工作人员、事业单位副处级以上干部都必须进行在线学习,并明确在线学习学分作为年度考核依据之一。10月,对在线学习情况进行第一期通报,指出存在的问题和提出要求,并介绍学习小窍门。到12月底,要求进行在线学习人员全部上网学习,基本完成2012年学习任务。

(广东省地震局)

广西壮族自治区地震局

2012年,广西壮族自治区地震局进一步推进学习型党组织、学习型干部队伍建设,组织3名厅级干部参加中央组织部会同中央直属机关工委、中央国家机关工委开展的司局级干部选学活动。安排1名正处级领导参加中国地震局中青年干部培训班(第8期),安排1名新任副处级领导参加2012年处级干部任职培训班(第1期)。全局干部职工广泛参加地震系统内外各类业务培训。

全年举办公文质量检查评比会议暨公文写作培训班、广西地震系统政务工作培训班、书法摄影培训、全区市县抗震设防要求管理培训班及广西地市数字地震流动台使用和管理培训班等16个培训班,参训人数932人次。其中,"广西地震灾害紧急救援队骨干力量培训班"项目获中国地震局2012年基层重点培训项目配套经费2万元。

选派2名青年同志参加中国地震局2012年科研人员素质及技能提高赴美培训班。

根据中国地震局人事教育司统一部署,充分利用中国地震局网络学院平台的丰富资源,大力推动干部职工在线学习工作,提升干部职工队伍素养。

(广西壮族自治区地震局)

云南省地震局

2012年云南省地震局网络学习覆盖率99.6%。共承办、举办各类培训班13个。2012年共有11人获得硕士学位,6人考取硕士研究生。

(云南省地震局)

陕西省地震局

杨凌示范区地震局正式成立,渭南市地震局增设了监测管理科,宝鸡市地震局增设了地震应急救援科,延安市地震局、商洛市地震局及西安、商洛等县区地震部门明确了分管领导。

编制防震减灾"十二五"人才发展规划。修订完善了中高级专业技术职务任职资格评审及专业技术岗位聘用定量评分办法，制定了高级专业技术人员考核办法，逐步建立起与岗位管理相适应的管理制度。

举办了党风廉政、市县管理、预测预报、应急现场、新闻宣传、台站财务管理等培训班6期，培训省市县人员470多人次。组织市县地震部门领导赴外省学习先进经验。各市也加强了对各级行政领导、企业管理人员、群测群防人员等的培训，强化各类人员的防震减灾意识和基层工作能力。

（陕西省地震局）

甘肃省地震局

2012年度，甘肃省地震局新招录机关和事业人员19名，其硕士、博士研究生13名；招收硕士研究生16名，新产生了6名硕士研究生导师；完成了15名副高级、11名中级、4名初级专业技术职务任职资格的评审；完成了790人次培训任务，其中组织5名处级干部参加了省委党校和中国地震局杭州培训中心学习培训；对新录用的18人员进行了培训及为期3个月的台站锻炼；68名处级以上干部参加了中国地震局网络教育培训，完成了规定的学分并撰写一篇3000字以上的论文，推进了人才队伍建设。

完善通报机制，甘肃省地震局向离退休职工集中通报3次，涉及中国地震局和省委、省政府工作部署、离退休职工待遇等内容，离退休职工能够正确理解事业发展中存在的问题；甘肃省地震局党组在重要节日期间看望走访了180多人次，送去了组织的关怀和问候；组织书画参赛，获得中央国家机关离退休干部喜迎党的十八大主题活动4项奖励；充分发挥老专家余热，对重大项目立项发挥了重要作用；中国地震局老干部活动中心兰州分中心和中国地震局老年大学兰州分校于9月7日在甘肃省地震局正式挂牌，标志着离退休工作上了新台阶。甘肃省地震局离退休干部队伍保持高度稳定，营造了防震事业发展的良好氛围。

（甘肃省地震局）

新疆维吾尔自治区地震局

（1）重视机关管理人员培训。派出7名县处级领导干部，1名科级干部分别参加了自治区党校、自治区区直机关工委党校、中国地震局杭州干部培训中心、天津大学新疆维吾尔自治区经济管理培训班的学习培训。组织机关参公人员进行公务员职业道德培训工作。

（2）促进业务交流培训。委托阿克苏中心地震台对台站15名科技骨干人员开展为期8天的学习培训工作。局内7人次参加交流访问（台站5人，地州地震局2人）。

(3) 充分发挥网络教育学习培训的作用。集体注册学员 300 人，截至 11 月 5 日统计，已参加学习人员 217 人，平均 33.87 学分，注册人数及学习人数均居中国地震局首位，目前在全国地震系统学分排序前 10 名的学员新疆维吾尔自治区地震局有 2 人，排序前 30 学员共有 5 人。

(4) 新疆维吾尔自治区地震局人事教育处 2012 年 9 月被自治区党委组织部评为"自治区组织系统讲党性重品行做表率活动暨双满意建设"先进集体。

（新疆维吾尔自治区地震局）

中国地震局工程力学研究所

(1) "地震烈度速报与预警关键技术"高级研修班。2012 年 9 月 3 日，为期 1 周的"地震烈度速报与预警关键技术"高级研修班在工程力学研究所召开。本次高级研修班由人力资源和社会保障部、中国地震局主办，由中国地震局工程力学研究所承办，其目的是贯彻《国家中长期人才发展规划纲要（2010—2020 年）》精神，落实人力资源和社会保障部《专业技术人才知识更新工程实施方案》和全国地震局长会关于抓好地震烈度速报与预警工程重大项目各项工作的部署，进一步加强地震烈度速报与预警技术专业技术人才队伍建设，推动科技创新。在开班仪式上中国地震局人事教育司刘铁胜副司长、监测预报司宋彦云副司长分别从人才继续教育和储备、地震烈度速报和预警技术应用等方面阐述了本次研修班的重要目的和意义，黑龙江省人力资源和社会保障厅惠东昌副处长及中国地震局工程力学研究所杨小峰书记出席了开班仪式并致辞。培训班邀请了地震系统谢礼立院士、金星研究员、李山有研究员、高景春研究员、杨大克研究员、温瑞智研究员、刘如山研究员、马强副研究员以及中国水利水电科学研究院胡晓研究员、中国铁道科学研究院戴春贤研究员等 10 名知名专家，围绕地震烈度速报与预警技术发展和应用，对理论基础、关键技术、系统建设、法规政策、监测仪器、技术应用、发展趋势和发展前景进行了专题讲授，涉及地震工程、地震监测、强震动观测、防灾政策、铁路工程、水利水电等多个领域。75 名来自地震、铁道、水利水电和环保等部门的 44 个单位，从事与地震烈度速报与预警技术相关的地震监测、强震动观测、仪器研发、铁路防灾、核安全和工程应用一线的管理人员、科研人员和技术人员参加了培训班，中国地震局工程力学研究所近 30 名科技人员和研究生通过视频系统在分会场进行了旁听。研修班第三天，参会代表围绕"国家地震烈度速报与预警工程项目立项"和"地震烈度速报与预警技术及应用"两个主题进行了分组讨论。针对国家地震烈度速报与预警工程立项和实施相关的顶层设计、地震监测设备、运维管理、人才储备、工程建设、项目管理、实施流程进行了热烈讨论，对存在的问题提出了意见和建议。针对地震烈度速报与预警技术发展和应用方面的关键技术、技术细节、先进经验、行业应用、发展前景等进行了广泛的探讨和交流。研修班结束后，70 名学员获得了由人力资源和社会保障部颁发的《国家专业技术人才知识更新工程培训证书》。

(2) 中国地震局 2012 年人事统计暨人事档案整理实际操作培训班。12 月 26—29 日来自全国地震系统人事统计和人事档案近百名同志参加了在哈尔滨龙唐大厦召开的由中国地震局人事教育司主办，中国地震局工程力学研究所承办的"中国地震局2012年人事统计暨人事档案整理实际操作培训班"。

（3）中国地震局第五期研究生指导教师培训班。为加强中国地震局研究生指导教师队伍建设，提高导师的业务指导水平和教书育人能力，促进我国防震减灾事业高层次人才培养，中国地震局工程力学研究所于8月27—29日举办中国地震局第五期研究生指导教师研讨班。研讨班共邀请60余位来自系统内外的特邀专家和研究生导师以及管理干部参加。会议形式丰富，既有资深专家的主题报告，又有业内导师的经验交流，与会人员结合研究生教育相关工作，就如何指导研究生、学科建设及创新人才培养、研究生培养经验介绍、师生沟通技巧、科学辨伪与学术求真等方面进行讲授，对于教育存在的共性问题及取得的经验进行了讨论，为提高研究生教育质量献计献策。

（中国地震局工程力学研究所）

防灾科技学院

2012年12月28日出台了《防灾科技学院青年教师培养计划（试行）》和《防灾科技学院中青年骨干教师培养工程实施办法》。

2012年4月6日，为了进一步促进校企合作交流，防灾科技学院与广联达软件股份有限公司签订校企合作协议，通过校企合作实现资源共享、优势互补，实施以职业能力培养为中心的教学模式，以推进人才培养模式改革，不断提高教学质量和人才培养质量。防灾工程系主任李巨文、广联达软件股份有限公司工程教育市场部经理代表双方举行了签约和"工程管理综合实验室"挂牌仪式，双方就共建特色专业、实践教学基地，举办算量、沙盘等学科竞赛，成立师资联盟共同进行相关领域课程开发、编写教材，成立工程项目管理沙盘学生协会等方面达成合作协议。

2012年10月22日，为贯彻落实中央新疆工作座谈会的主要精神，按照《关于做好新疆维吾尔自治区地州市地震局新招录人员培训工作的函》中有关为新疆防震减灾事业培养优秀后备人才的要求，新疆地州市地震局新招录人员培训班在防灾科技学院开班。此项培训工作是中国地震局援疆工作的重要内容。

2012年11月20日防灾科技学院与英国阿尔斯特大学（University of Ulster）正式签署计算机科学与技术专业合作办学协议，副院长刘春平教授、英国阿尔斯特大学副校长Anne Moran教授分别代表合作双方在协议书上签字。签字仪式在英国阿尔斯特大学JORDANS-TOWN校区举行。根据合作协议，双方主要开展大学本科层次计算机科学与技术专业"3＋1"合作培养、计算智能专业硕士研究生层次的合作办学项目。学生在被阿尔斯特大学录取前须满足入学英语水平和预科学习标准。完成阿尔斯特大学课程的学生和防灾科技学院毕业生在达到英语语言要求后可以申请阿尔斯特大学Magee校区计算智能专业攻读硕士学位。

2012年12月28日,根据国务院学位委员会学位〔2012〕46号通知精神,防灾科技学院被批准为"服务国家特殊需求人才培养项目"——学士学位授予单位开展培养硕士专业学位研究生试点工作单位,于2013年开始开展地质工程领域工程硕士专业学位研究生的招生培养工作。

(防灾科技学院)

人　物

2012年中国地震局享受政府特殊津贴人员简介

1. 冉永康　男，1955年出生，1997年毕业于中国地震局地质研究所，获博士学位，地震地质专业。现任中国地震局地质研究所研究员，博士生导师。主要从事活动构造领域研究工作，曾获省部级二等奖2项，三等奖2项。

2. 苏有锦　男，1965年出生，2009年毕业于中国科学技术大学，获博士学位，固体地球物理专业。现任云南省地震局研究员。主要从事地震学与地震预报研究工作，曾获省部级一等奖2项，二等奖4项，三等奖5项。

3. 高原　男，1964年出生，1998年毕业于中国科学技术大学研究生院（北京），获博士学位，固体地球物理专业。现任中国地震局地震预测研究所研究员，博士生导师。主要从事地震学方面的研究工作。曾获省部级二等奖2项，三等奖1项。

4. 杜方　女，1959年出生，1992年毕业于武汉测绘科技大学，获硕士学位，大地测量专业。现任四川省地震局研究员。主要从事地震预报、震害防御等方面的研究工作。曾获省部级一等奖1项，二等奖4项，三等奖3项。

5. 李山有　男，1965年出生，2000年毕业于中国地震局工程力学研究所，获博士学位，防灾减灾工程及防护工程专业。现任中国地震局工程力学研究所研究员，博士生导师。主要从事地震工程方面研究工作。曾获省部级一等奖1项，二等奖2项，三等奖2项。

6. 滕云田　男，1966年出生，2000年毕业于中国地震局地球物理研究所，获博士学位，固体地球物理专业。现任中国地震局地球物理研究所研究员，博士生导师。主要从事地球物理探测与信息等方面的研究工作。曾获省部级二等奖1项，三等奖1项。

7. 李丽　女，1969年出生，1999年毕业于中国地震局地球物理研究所，获博士学位，地球物理学专业。现任中国地震局地壳运动监测工程研究中心研究员。主要从事地震学研究及地震工程管理工作。曾获省部级二等奖1项。

（中国地震局人事教育司）

入选2012年科技部"创新人才推进计划"名单

雷建设和王宝善入选科技部"创新人才推进计划"中青年科技创新领军人才。

（中国地震局人事教育司）

2012年通过研究员（正研级高级工程师）专业技术职务任职资格人员名单

序号	姓名	性别	单位	任职资格	研究方向（工作领域）
1	郑江蓉	女	江苏省地震局	正研级高工	监测预报
2	王 华	男	山东省地震局	正研级高工	监测预报
3	杨少敏	女	湖北省地震局	研究员	大地测量
4	安晓文	男	云南省地震局	正研级高工	科技服务与技术支撑
5	沈旭章	男	甘肃省地震局	研究员	地球物理
6	高小其	男	新疆维吾尔自治区地震局	正研级高工	监测预报
7	李永华	男	中国地震局地球物理研究所	研究员	地球物理
8	顾建华	男	中国地震局地球物理研究所	正研级高工	应急救援
9	杨冬梅	女	中国地震局地球物理研究所	正研级高工	监测预报
10	屈春燕	女	中国地震局地质研究所	研究员	大地测量
11	陈小斌	男	中国地震局地质研究所	研究员	地球物理
12	彭艳菊	女	中国地震局地壳应力研究所	正研级高工	震害防御
13	王秀英	女	中国地震局地壳应力研究所	正研级高工	监测预报
14	张学民	女	中国地震局地震预测研究所	研究员	地球物理
15	王 涛	男	中国地震局工程力学研究所	研究员	地震工程
16	周龙泉	男	中国地震台网中心	正研级高工	监测预报
17	李亦纲	男	中国地震应急搜救中心	正研级高工	应急救援
18	杨卓欣	女	中国地震局地球物理勘探中心	正研级高工	震害防御

（中国地震局人事教育司）

2012年获得专业技术二级岗位聘任资格人员名单

序号	单位	姓名	学科方向	专业技术岗位
1	四川省地震局	杜 方	地震预报	工程技术系列
2	中国地震局地球物理研究所	许力生	固体地球物理	科学研究系列
3	中国地震局地质研究所	聂高众	地震应急救援	科学研究系列
4	中国地震局地震预测研究所	薛 兵	地震观测技术	工程技术系列
5	中国地震灾害防御中心	赵凤新	地震学	科学研究系列
6	中国地震局第一监测中心	薄万举	大地测量	科学研究系列

（中国地震局人事教育司）

合作与交流

主要收载地震系统一年来双边、多边国际合作项目，以及重要学术活动概论，是了解国内外地震领域科研进展，学术交流的窗口。

合作与交流项目

中国地震局 2012 年对外交流与合作综述

2012 年防震减灾国际交流与合作以服务全局和服务国家总体外交为目标，突出重点，提高效益，开拓了国际交流与合作新局面。

一、突出重点，全面拓展双边合作

按照中国地震局领导"目标明确、重点突出、层次合理"的要求，依据防震减灾国际合作"十二五"规划设计，从合作内容、合作领域、合作机制上不断拓展和提升防震减灾国际合作水平和能力。

巩固推进与美国、欧盟、日本、韩国、新加坡、俄罗斯等重点国家和地区的防震减灾相关机构在地震基础研究、高新技术、应急救援等方面的合作。积极推进中美数字化地震台网项目的升级改造，完成台站调查及人员培训工作。圆满完成中美亚太地震应急救援项目的实施，在印度尼西亚巴东地区举办地震应急演练，来自中国、美国、韩国、日本、新加坡、法国、德国、英国和印度尼西亚等 37 个国家的搜救机构和组织及 24 支国际救援队的 214 名代表参加了演练，有效提升了印度尼西亚政府部门的应急能力，得到了印度尼西亚政府及国际社会的一致好评。认真组织东北亚地震、海啸和火山研究项目的实施，协调三国专家就项目内容、实施细节等进行广泛磋商，最终设计方案于 2012 年 10 月底在韩国确定。2012 年 8 月，中国地震局局长陈建民率团访问新加坡，与新加坡民防部队就灾害应急管理人员和救援队员培训、救援现场组织协调、救援装备开发等展开磋商，并续签《中国地震局与新加坡民防部队在灾害减轻管理领域内开展合作与交流的谅解备忘录》。2012 年 3 月，中国地震局副局长张友民在京会见俄罗斯科学院大地物理研究所副所长劳格震·英根教授，就中俄合作进行了友好会谈，并签署《中国地震局和俄罗斯科学院合作协议》。经协议确定，两部门将在地震构造图绘制、地震灾害评估技术开发、地球物理场数据分析、地震观测方法开发等领域开展合作研究。

发展与东南亚、中亚等周边国家的交流合作。为配合回良玉副总理出访印度尼西亚，2012 年 4 月，中国地震局副局长刘玉辰随高访团访问印度尼西亚。访问期间，在回良玉副总理和哈达部长的见证下，刘玉辰副局长与印度尼西亚气象气候与地球物理局 Harijono 局长、印尼科学院 Hakim 院长签署了《中国地震局、印度尼西亚气象气候与地球物理局及印度尼西亚科学院关于地震研究领域的合作协议》，就深化地震学、地球物理学、地震工程及地震减灾应对等领域的合作达成共识。推进中蒙远东地区地磁场观测与研究项目，完成野外数据采集工作。2012 年 5 月，越南国家搜索与救援委员会代表团来华访问，标志着中越地震应急救援领域合作的正式开启。

巩固与新开辟合作关系的肯尼亚、罗马尼亚、埃及、希腊、捷克等国家的合作关系，实化合作内容。2012年8月，中国地震局局长陈建民率团访问肯尼亚，签署了《中国地震局和内罗毕大学合作谅解备忘录》，并向内罗毕大学捐赠了科研和教学设备，包括2台工作站、2台笔记本电脑和6台台式电脑，向东部和南部非洲地震学研究小组捐赠了1万美元的科研经费。2012年6月，中国地震局副局长赵和平率团访问埃及，与埃及天文和地球物理研究所就地球物理学研究及水库地震监测等进行了进一步磋商，双方对未来合作研究项目进行了初步设计。2012年9月，中国地震局副局长刘玉辰率团访问捷克，与捷克消防和救援总局就细化合作、合作谅解备忘录内容进行了详细磋商。为实化与罗马尼亚的合作，组织工程力学研究所与罗马尼亚国家建筑、城市规划和可持续空间发展研究所联合申请了中罗政府间科技合作项目，以促进两国在地震工程领域的进一步合作。

适时建立新的合作关系。2012年3月，中国地震局副局长刘玉辰率团访问巴西、南非，全面开拓与两国在地震学基础研究、应急救援领域的合作。访问期间，代表团与巴西地调局、巴西利亚大学地球科学研究中心、巴西国家民防秘书处、南非地球科学委员会、南非救援队、南非西开普敦省灾害管理和消防服务中心等单位进行了初步接触，详细了解了两国相关领域的工作，为开展中巴、中非合作奠定了基础。2012年6月，中国地震局副局长赵和平率团访问希腊，与希腊民事保护总秘书处、希腊消防部队、希腊地震预案和防御机构、地震灾后重建服务部门、希腊救援队进行了会谈，正式建立了中希地震应急救援合作关系。

二、配合国家总体外交，继续做好地震救援、援外台网建设和地震安全性评价等重点工作

2012年，共对哥斯达黎加、伊朗、意大利、智利、印度尼西亚等9个国家的地震和火山喷发事件开展了应急响应，共编写国（境）外地震（火山）事件快报23期，为国务院和中国地震局党组决策提供了翔实的信息和参考意见。积极组织专家开发灾情评估系统，提高灾情研判水平。进一步细化国（境）外及港澳台地区有影响地震的应急响应流程，提高地震快速反应速度。同时，承办联合国灾害评估组织（UNDAC）培训，共有来自8个国家的25名UNDAC成员参加培训。

继续做好援外台网项目。援巴基斯坦地震台网项目已完成项目技术交接，共建成8个宽频带地震台及1个数据中心。援萨摩亚地震监测台网项目已完成建设，并于2012年7月进入试运行。该项目共建成3个宽频带地震台站、2个短周期地震台站及1个数据中心。同时，继续为援印度尼西亚地震监测和海啸预警系统项目提供设备维护和人员支持。

加大力度，支持我专家在周边和发展中国家开展地震安全性评价工作。

三、继续做好科技部、商务部、外交部等国际合作项目申请工作

2012年，共组织各研究单位向科技部提交项目申请10项，其中国际科技合作项目4

项，对俄专项 3 项，中国希腊政府间项目 2 项，中国罗马尼亚政府间项目 1 项。其中，中国罗马尼亚政府间项目已获批。同时，2011 年度入库项目中有 3 个获得科技部的批准，经费总额达 945 万元。做好项目申请工作的同时，对项目经费使用及实施效果的合理性和有效性进行严格把关，共组织验收"地震应急遥感实用化关键技术研究"等 3 个项目的验收工作。成功申请外交部东亚峰会专项经费 70 万，用于东亚峰会国家应急救援领域的交流及能力培养。积极向商务部申请援外经费，用以扩大援缅甸地震台网项目规模。

四、依托国际会议，扩大国际影响力

全年共组织 250 人次参加第十五届世界地震工程大会、2012 年欧洲地球物理年会、2012 年亚洲—大洋洲地球科学学会年会、亚洲地震委员会第九次学术大会、东亚峰会——印度研讨会等 47 个国际学术会议，比 2011 年增加了 50%。组织召开"21 世纪地震工程研究新挑战国际学术研讨会——暨纪念刘恢先教授诞辰 100 周年"等多个国际会议。

五、引进来与走出去相结合，以国际合作支撑事业发展

通过外专局引智项目引进 22 位外国专家，配合参与国内重点项目开展；支持鼓励我系统专家在国际组织中任职，2012 年中国地震局工程力学研究所的孙柏涛新当选国际地震工程协会理事，向国际地震中心和国际大地测量协会中国委员会推荐更换新成员，共有 18 人在国际大地测量与地球物理学联合会、国际地震学和地球内部物理学协会、亚洲地震委员会等国际组织中担任职务；遴选了 23 人参加青年科研人员素质与科研技能提高赴美培训班。

六、大力推动港澳和海峡两岸地震科技合作交流

积极推动广东省地震局与香港天文台实现地震波形数据实时交换；组织为香港消防处培训搜救人员；接待香港天文台台长来访；落实国台办签署海峡两岸地震合作协议指示，积极开展访台前调研组织工作；8 月在安徽黄山市成功举办第七届海峡两岸地震科技研讨会；参与跨台湾海峡人工深部探测测深项目第三期计划的实施。

七、加强因公出国（境）管理

落实中央精神，严格控制因公出国（境）团组数，坚决杜绝公款出国（境）旅游。2012 年局系统因公出访团组 161 个，出访人数 452 人次，基本实现了"零增长"。

八、完善管理机制，提高管理效能

为适应新形式下防震减灾国际交流与合作需要，编制《中国地震局因公出国审批管理

规定》，并着手更新因公出国（境）经费、外汇管理、国际会议管理、护照签证管理等一系列外事管理规定；坚持抓好出访团组回国报告评估工作，2012年出访团组报告质量较2011年有显著提高；圆满完成全年护照签证工作，护照收缴工作效果明显。

（中国地震局科技与国际合作司）

2012 年出访项目

1月5日

中国地震局地球物理研究所副研究员张勇赴德国地球科学研究中心进行学术访问，就震后快速获得地震破裂过程及其在地震灾害估计、救援工作中的应用开展研究，并撰写学术论文（本次访问截至2014年9月5日）。

1月8—12日

中国地震局地球物理研究所研究员葛洪魁、助理研究员杨微2人赴沙特阿拉伯参加"第一届地球表面和地下四维监测联合研讨会"，并作学术报告。

1月8—15日

中国地震台网中心工程师李璐彬等一行3人赴印度尼西亚执行"援建地震监测和海啸预警系统"项目维修维护工作。

1月9日—2月25日

中国地震局工程力学研究所助理研究员李伟赴日本参加JICA"综合灾害危机管理"项目核心阶段进修培训。

1月9日—2月25日

陕西省工程师方炜和助理工程师赵韬2人赴日本参加JICA"综灾后重建计划"培训。

1月13—19日

甘肃省地震局副局长周志宇和甘肃省发展和改革委员会副处长杨晓华2人赴日本对汶川地震灾害重建项目"地震模拟振动台建设"采购的关键支撑设备——4m×6m水平和垂直双向地震模拟振动台设备进行中期检查验收。

2月10日

中国地震局工程力学研究所硕士研究生冯继威赴美国肯塔基州地质调查局地质灾害部进行合作研究，工作截至2013年2月10日结束。

2月13—19日

中国地震局国际合作司副司长赵明赴瑞士日内瓦参加"联合国灾害和评估队（UN-DAC）2012年年会"和"联合国搜索与救援咨询团（INSARAG）2012年年会"。

2月21—26日

中国地震局地球物理研究所副所长李小军赴日本东京参加由日本地质调查局和日本国家先进工业科技研究所共同主办的"第一次亚太地区地震和火山活动风险管理会议"。

2月27日—3月10日

中国地震局地震预测研究所研究员高原赴日本海洋研究开发机构下属的日本地球演化研究所进行学术访问，就东亚地区的深部构造开展研究，并就合作研究结果和日方新数据进行处理，对区域的上地幔深部结构进行更精细的分析，还与日方磋商今后合作事宜。

2月28日—3月3日

中国地震局国际合作司副司长赵明和震灾应急救援司处长王志秋2人赴印度尼西亚雅加达，参加由中国和美国联合资助的将在2012年5月举行的"2012地震应急响应模拟演练"的筹备工作会晤，赴巴东进行演练场地考察，并顺访印度尼西亚气象气候和地球物理局。

2月29日

甘肃省地震局研究实习员李倩赴美国肯塔基大学地质灾害部访问学习，学习截至2013年2月28日。

2月29日—3月9日

陕西省地震局局长胡斌等一行5人赴希腊和土耳其访问，学习借鉴两国地震安全与公共服务体系建设的经验和防御与减轻地震灾害的新理念、新技术和新方法。

3月10—15日

中国地震局地球物理研究所所长吴忠良和副研究员蒋长胜2人赴日本东京参加"统计模型和地震发生的实时概率预测"国际论坛。

3月12—17日

黑龙江省地震局办公室主任郭洪义和监测中心主任郑辉2人赴日本兵库县参加"东北亚地区地方政府联合会第十届防灾分科委员会及防灾研修"活动，并参观防灾设施。

3月16—29日

甘肃省地震局研究员吴志坚等一行3人赴日本国际计测器株式会社，参加4m×16m水平和垂直双向地震模拟震动台的安装调试、设备操作及维护和数据采集分析软件应用的培训。

3月18—22日

中国地震局震灾应急救援司副司长尹光辉和副处长郑荔2人赴澳大利亚布里斯班参加"联合国搜索与救援咨询团2012年国际搜救队长会议"。

3月18—29日

湖北省地震局助理研究员张丽芬赴日本建筑研究所学习复杂断层系统的动力学破裂传播过程，并交流震源动力学破裂过程研究方面新进展，了解日本在该领域的未来发展方向。

3月21—31日

中国地震局副局长刘玉辰率团一行6人访问巴西和南非，赴巴西访问巴西地质调查局、巴西城市搜救队等机构，交流地震应急救援领域经验和地震研究成果及进展，并商讨合作事宜；赴南非访问南非地球物理委员会、南非国家灾害管理中心等，交流地震研究和应急救援领域成果和经验，探讨合作事宜。

3月22—31日

广东省地震局副局长钱顺琴等一行6人赴英国国际地震中心学习地震预测和数据采集领域的经验并考察地震监测网，赴剑桥大学地质系就地震预测和数据采集进行交流；赴法国参观阿尔卑斯山地震监测网中心，并访问地震工程及地震学国际研究中心。

3月22—31日

中国地震局震灾应急救援司副处长郑荔作为专家赴阿曼参加由联合国人道主义事务协调办公室现场协调支持部组织的对阿曼国家搜索与救援队的IEC测评。

3月23—31日

湖南省地震局纪检组长宁萍等一行4人赴新西兰、澳大利亚访问，了解防震减灾政策和城市综合监控体系，考察两国地方政府地震应急管理及灾害救援工作。

3月25—30日

防灾科技学院副院长迟宝明教授赴澳大利亚西澳大学参加"可渗透媒介中的流体国际论坛"。

3月29日—5月28日

中国地震局地球物理研究所副研究员杨涛应日本地球深部勘探中心日本海洋地球科学技术办事处的邀请，赴日本参加国际大洋钻探计划343次航行："日本东北大地震快速反应钻探计划"，以古地磁专家身份随钻探船出海工作，负责船上钻探现场样品测试与数据收集，相关图件和报告的快速产出，并在出海结束后，参与后续科学研究、论文发表与交流工作。

3月30日—6月29日

中国地震局地震预测研究所副研究员王辉赴美国密苏里大学哥伦比亚分校就"解剖华北地区新构造的活动特征及其与区域强震的关系"等问题开展合作研究。

4月2—7日

陕西省地震局工会主席周秉卫赴日本执行回访日本京都府自治劳任务。

4月2—12日

中国地震应急搜救中心副处长司洪波等一行6人赴德国梅赛德斯—奔驰特种卡车部和荷兰荷玛特救援装备公司执行救援车辆改装中期验收任务。

4月4—9日

浙江省地震局局长苏晓梅赴日本静冈县进行防灾应急考察。

4月6日—5月6日

中国地震局地震预测研究所副研究员邵志刚赴德国波茨坦地学中心就"地震动力学数值模拟"等方面进行合作研究。

4月7—10日

中国地震局副局长刘玉辰和局国际合作司司长胡春峰随同回良玉副总理访问印度尼西亚巴厘岛，续签"地震和海啸领域合作协议"。中国地震局国际合作司处长徐志忠和主任科员朱芳芳二人赴雅加达与印尼气象和地球物理局及印尼科学院人员进行工作层面的接洽和沟通，为协议签署做准备工作。

4月9—13日

中国地震局地球物理研究所研究员吴建平赴韩国大田参加"长白山火山研究国际讨论会"。

4月14—20日

中国地震局地震预测研究所研究员高原赴巴林参加"第十五届国际地震各向异性研讨会"，并做题为"青藏高原东缘的地壳剪切波分裂"的学术报告。

4月16—21日

中国地震局地壳应力研究所助理研究员任俊杰赴美国圣地亚哥参加美国地震学会2012年年会。

4月22—27日

四川省地震局研究员闻学泽等一行3人赴奥地利维也纳参加"2012年欧洲地球科学联

合会会员大会"。

4月22—27日

中国地震台网中心副研究员张雪梅和助理研究员李晓帆2人赴奥地利维也纳参加"2012年欧洲地球科学联合会会员大会"。

4月22—28日

中国地震局地质研究所研究员刘静和副研究员张会平2人赴奥地利维也纳参加"2012年欧洲地球科学联合会会员大会"。

4月22—28日

中国地震台网中心高级工程师杨桂存等一行3人赴巴基斯坦伊斯兰堡执行援建台站数据中心系统软件及卫星设备的检查维护任务。

4月24—30日

中国地震局地震预测研究所副研究员张学民和助理研究员欧阳新艳2人赴奥地利维也纳参加"2012年欧洲地球科学联合会会员大会"。

4月28日—6月15日

甘肃省地震局副研究员沈旭章赴德国波茨坦地学中心进行交流访问,就S波接收函数进行讨论,分析数据处理结果所蕴含的地球物理意义,并撰写论文。

5月7—12日

新疆维吾尔自治区地震局局长王海涛等一行6人赴哈萨克斯坦访问,总结科技合作协议执行成果,商讨下一步合作计划。

5月11日—6月16日

中国地震台网中心高级工程师杨桂存等一行5人赴萨摩亚执行援建地震监测台网项目协调与设备安装及技术培训任务。

5月20—29日

中国地震应急搜救中心副主任黄宝森等一行6人赴澳大利亚柯顿公司和新西兰大吉公司考察通信新技术和新装备。

5月21—24日

中国地震局地震应急救援司处长王志秋赴孟加拉国参加联合国国际搜索与救援咨询团理论普及研讨会。

5月21日—6月21日

中国地震局地球物理研究所副研究员蒋长胜赴日本统计数理研究所开展区域地震活动和背景地震活动特征的统计地震学识别领域研究,并参加"日本地球科学联合会2012年年会"。

5月25日—7月8日

中国地震局地质研究所助理研究员潘波赴美国夏威夷大学希洛分校参加国际火山灾害监测交流活动。

5月26日—6月4日

中国地震局地壳应力研究所所长谢富仁等一行5人赴瑞典斯德哥尔摩参加"2012年欧洲岩石力学大会"和"国际岩石力学学会理事会议",组织及出席"地壳应力与地震"专业委员会专题会议,并访问德国波茨坦地学研究中心。

5月27日—6月7日

江苏省地震局局长丁仁杰等一行6人赴冰岛雷克雅未克访问,与该市政府和冰岛民防和应急管理部门在地震灾害防御和应急救援管理方面进行交流,并考察建筑工程抗震设防及应急救援设施;赴英国访问谢菲尔德大学,与土木和结构工程专家进行学术交流;赴爱尔兰访问都柏林大学地球研究所,就地震预报新技术和新方法进行学术交流。

5月27日—6月5日

甘肃省地震局局长王兰民研究员赴意大利陶尔米纳参加"第二届国际地震岩土工程性态设计大会和国际土动力学与岩石工程协会土石地震工程技术委员会会议",并作学术报告;还访问奥地利维也纳自然资源与应用生命科学大学岩土工程研究所,商讨合作事宜。

5月28日—6月2日

中国地震局震灾应急救援司司长赵明等一行8人赴印度尼西亚参加中美合作亚太地震应急救援项目"国际搜索与救援团亚太地区地震应急救援演练"。

6月1—10日

中国地震局震灾应急救援司处长周敏等一行6人赴德国奔驰汽车公司和奥地利安普特种汽车公司访问,对德国改装的国家地震灾害紧急救援队轻型救援车辆进行运输前的检查与验收;在奥地利参观特种车辆,学习、借鉴改装技术,进行洽谈与交流。

6月5—14日

中国地震局副局长赵和平率团一行6人,赴埃及考察水库地震监测和研究,并拜会埃及国家天文与地球物理研究所,总结两国合作协议执行情况;赴希腊访问国家民防秘书处,交流灾害应急管理经验,探讨合作领域,并与希腊救援队进行交流。

6月8日—7月8日

甘肃省地震局副处长孙海妹赴奥地利维也纳自然资源与应用生命科学大学岩土工程研究所进行黄土液化和滑坡方面研究,学习数据分析和软件。

6月9—14日

中国地震局地球物理研究所副研究员王喜珍、研究实习员何宇飞2人赴西班牙参加"第十五届IAGA地磁台站工作会议",以展板形式交流研究成果。

6月9—14日

甘肃省地震局局长王兰民赴奥地利参加联合国禁核组织(CTBTO)预备会议。

6月15—20日

中国地震局地质研究所副所长马胜利等一行4人赴日本参加中日合作"龙门山北段及周边断裂古地震和地震危险性研究"项目启动会。

6月19—28日

中国灾害防御协会秘书长张辉赴加拿大、英国访问。

6月20—26日

中国地震局地壳应力研究所副研究员王成虎和助理研究员包林海2人赴美国亚利桑那州与美国岩土工程技术咨询及测试系统有限责任公司进行学术交流,并赴芝加哥参加"美国岩石力学/地质力学研讨会"。

6月20日—7月1日

中国地震局离退休办公室主任王霞赴法国参加中央政府社会保障制度培训。

6月23—28日

中国地震局地质研究所研究员樊祺诚和李霓2人赴加拿大蒙特利尔参加"国际第二十二届戈德施米特大会",并作学术报告。

6月24—27日

中国地震局地球物理研究所所长吴忠良赴日本参加"可持续发展和公众安全的研究生院计划教育活动国际顾问会议"。

6月24日—7月10日

江苏省地震局副局长刘建达等一行14人赴日本执行JICA中日合作地震应急救援能力建设培训。

6月25日—7月4日

广西壮族自治区地震局副局长劳王枢等一行4人赴澳大利亚、新西兰就地震监测、抗震设防、应急预案联动机制、震灾调查与损失评估等进行交流访问。

6月26日—7月5日

辽宁省地震局副局长宋万学等一行5人赴美国、加拿大就太平洋地震海啸预警、地震预报以及震后评估技术进行交流。

7月1—5日

中国地震局震灾应急救援司副司长和国际合作司处长王满达2人赴尼泊尔参加联合国国际搜索与救援咨询团2012年亚太地区年会。

7月2—6日

中国地震局应急搜救中心高级工程师杨新红赴韩国参加亚太地区人道主义合作伙伴(APHP)第九次工作会议。

7月2—6日

湖北省地震局研究员陈蜀俊、高级工程师蔡永建2人赴美国得州理工大学学习地震资料正反演、层析成像偏移方法等,进行学术交流。

7月7日—8月10日

海南省地震局副处长欧超寿等一行6人赴日本进行地震救援技术培训。(JICA项目)

7月15日—10月12日

中国地震局地壳应力研究所助理研究员兰景岩和张力方2人赴美国肯塔基地质调查局进行学术访问,就工程地震、岩石动力学等方面进行合作研究,学习地震危险性分析等领域新思路、新方法。

7月18—27日

中国地震局副局长阴朝民率团一行6人赴俄罗斯、德国访问考察,商谈地震科技和应急救援合作事宜。

7月20日—8月3日

中国地震局地球物理研究所工程师杨春生等一行6人赴蒙古进行地震数据采集与仪器维护。

7月21—27日

中国地震局地壳运动监测工程研究中心助理研究员马海建赴德国慕尼黑参加"2012年国际地球科学和遥感学术研讨会"。

7月22—27日

中国地震局地壳应力研究所助理研究员龚丽霞赴德国慕尼黑参加"2012年国际地球科学和遥感学术研讨会"。

7月22—28日

中国地震局地震预测研究所副研究员窦爱霞和助理研究员荆凤2人赴德国参加"2012年国际地球科学和遥感学术研讨会"。

7月22—28日

中国地震局副研究员屈春燕赴德国慕尼黑参加"2012年国际地球科学和遥感学术研讨会"。

7月23—28日

中国地震局地球物理研究所研究员吴建平等一行4人赴加拿大纳诺地震仪器公司访问并就引进技术进行探讨。

7月24—31日

中国地震局地质研究所赵国泽等一行4人赴澳大利亚达尔文参加"第二十届国际地球电磁感应学术研讨会"。

7月30日—8月4日

中国地震台网中心副研究员余怀中等一行3人赴美国加州大学戴维斯分校学术交流。

7月30日—8月8日

中国地震局地壳应力研究所研究员王建军等一行3人赴德国波茨坦研究中心和奥地利科学院空间研究所进行学术访问。

8月1—26日

广东省地震局工程师吴华灯赴美国凯尼公司进行强震动技术培训。

8月4—10日

地壳运动监测工程研究中心副主任吴书贵和副研究员连尉平2人赴澳大利亚布里斯班参加"第三十四届国际地质大会"。

8月4—14日

中国地震局地球物理研究所研究员李丽赴澳大利亚布里斯班参加"第三十四届国际地质大会",会后顺访朱传镇教授。

8月6—11日

北京市地震局局长吴卫民等一行4人赴日本访问,学习借鉴日本防灾减灾救灾经验。

8月6—16日

中国地震局副局长修济刚率团一行6人赴冰岛气象厅和丹麦紧急事务管理局访问,回顾已有的合作,探索合作深化模式,开展交流。

8月6—17日

中国地震局地壳应力研究所所长谢富仁和研究员张世民2人赴澳大利亚参加"第三十

四届国际地质大会",并赴新西兰参加地质考察。

8月12—17日

中国地震局地球物理研究所所长吴忠良赴新加坡参加"亚洲—大洋洲地球科学学会年会"和"美国地球物理联合会西太平洋地球物理会议"。

8月12—17日

河北省地震局研究员张素欣赴新加坡参加"西太平洋地球物理联合年会"。

8月12—17日

中国地震局地球物理勘探中心研究员段永红和徐朝繁2人赴新加坡参加"西太平洋地球物理联合年会"。

8月12—17日

中国地震局地质研究所副研究员陈顺云等一行3人赴新加坡参加"西太平洋地球物理联合年会"。

8月12—17日

中国地震局地震预测研究所研究员杜建国赴新加坡参加"西太平洋地球物理联合年会"。

8月12—17日

中国地震台网中心研究员张永仙和黄辅琼2人赴新加坡参加"西太平洋地球物理联合年会"。

8月12—17日

四川省地震局研究员闻学泽赴新加坡参加"西太平洋地球物理联合年会"。

8月12—22日

中国地震局地球物理研究所副所长李小军赴美国参加"第三届重大工程与城市环境灾变/恢复中美合作研讨会",并赴华盛顿大学西雅图分校进行地震工程模拟开放体系讲座。

8月12—24日

中国地震台网中心副研究员周龙泉赴澳大利亚麦考瑞大学进行学术访问,就噪声成像等技术进行交流。

8月13—19日

中国地震局地质研究所副所长徐锡伟和博士研究生谭锡斌2人赴新加坡参加"西太平洋地球物理联合年会"。

8月15—25日

中国地震局地质研究所研究员周永胜赴美国哥伦比亚大学和布朗大学参加"实验岩石变形——科学与技术需要研讨会"和"戈登研究会——岩石变形反馈过程国际会议"。

8月15日—12月31日

甘肃省地震局局长王兰民赴美国哈佛大学进行长期研究项目培训(国家外国专家局组团)。

8月18—23日

新疆维吾尔自治区地震局研究员高国英等一行3人赴俄罗斯莫斯科参加"欧洲地震学委员会第三十三届年会"。

8月18—24日

中国地震局地壳应力研究所研究员刘耀伟和朱守彪2人赴俄罗斯莫斯科参加"欧洲地震学委员会第三十三届年会"。

8月19—24日

广东省地震局研究员杨马陵赴俄罗斯莫斯科参加"欧洲地震学委员会第三十三届年会"。

8月19—24日

中国地震局地震预测研究所研究员王勤彩和副研究员华卫2人赴俄罗斯莫斯科参加"欧洲地震学委员会第三十三届年会"。

8月19—24日

中国地震局政策法规司副司长李健等一行6人赴日本考察防震减灾标准计量工作。

8月19—25日

山西省地震局高级工程师宋美卿赴俄罗斯莫斯科参加"欧洲地震学委员会第三十三届年会"。

8月19—25日

四川省地震局研究员杜方和易桂喜2人赴俄罗斯莫斯科参加"欧洲地震学委员会第三十三届年会"。

8月19—25日

中国地震台网中心研究员蒋海昆等一行3人赴俄罗斯莫斯科参加"欧洲地震学委员会第三十三届年会"。

8月19—25日

河北省地震局工程师王想赴俄罗斯莫斯科参加"欧洲地震学委员会第三十三届年会"。

8月19—30日

中国地震局地球物理研究所研究生马腾飞赴俄罗斯莫斯科参加"欧洲地震委员会年会",并参加会议举办的"青年地震专家培训班"。

8月19—31日

中国地震局地质研究所副研究员张会平赴俄罗斯莫斯科参加"欧洲地震学委员会第三十三届年会"和"青年地震学家培训班"。

8月19—31日

中国地震局地震预测研究所研究员申旭辉和陈立泽2人赴俄罗斯莫斯科参加"欧洲地震学委员会第三十三届年会",并顺访有关研究机构。

8月19—31日

西藏自治区地震局副巡视员曹忠权赴俄罗斯莫斯科学术访问。

8月20—29日

中国地震局陈建民局长率团一行5人赴新加坡、肯尼亚访问并商讨合作事宜。

8月21—30日

安徽省地震局局长张鹏等一行4人赴澳大利亚、新西兰就地理信息技术应用、地震科学研究、地震应对、灾后重建等进行访问交流。

8月23日—9月8日

中国地震局地球物理研究所工程师杨春生等一行4人赴蒙古进行地震仪器野外架设工作。

8月25—31日

中国地震局研究员何永年赴瑞士达沃斯参加"第四届国际灾害和风险会议"。

8月25—31日

中国地震灾害防御中心研究员张郁山赴瑞士达沃斯参加"第四届国际灾害和风险会议"。

8月25日—9月5日

中国地震局地质研究所助理研究员郭彦双和博士研究生卓艳群2人赴俄罗斯科学院西伯利亚分院进行学术交流。

8月26—31日

中国地震局地震预测研究所研究员王晓青赴瑞士达沃斯参加第四届国际灾害和风险会议。

8月26日—9月6日

内蒙古自治区地震局副局长张建业等一行13人赴日本参加JICA中日合作地震紧急救援能力强化培训。

8月26日—9月1日

中国地震局地震预测研究所研究员田勤俭和副研究员吕晓健2人赴俄罗斯科学院大地物理研究所进行地震构造和地震综合监测预测方法学术合作研究。

8月29日—10月29日

中国地震应急搜救中心技术员田然和四川省地震局技术员杨阳2人赴日本执行JICA中日合作地震紧急救援能力强化培训。

8月30日—9月7日

山东省地震局副局长姜卫东等一行6人赴日本、韩国考察数字化地震台网运行和地震应急管理体系。

9月1—8日

中国地震应急搜救中心处长谢霄峰赴德国参加联合国国际搜索与救援咨询团对德国联邦技术救援署快速搜救队的IEC再评估。

9月1—10日

湖北省地震局研究员乔学军等一行3人赴澳大利亚就高频全球导航卫星系统处理技术进行合作交流。

9月2—14日

中国地震局第一监测中心主任龚平赴意大利威尼斯国际大学参加"可持续发展—科技与生态环境管理创新"培训。

9月5—14日

浙江省地震局副局长陈经华等一行6人赴美国、加拿大进行应急救援管理体制考察。

9月7—12日

中国地震应急搜救中心工程师李立和步兵2人赴新加坡参加国际精英救援队员论坛。

9月8—15日

中国地震局地震预测研究所副研究员李鹏等一行3人赴瑞士伯尔尼参加GPS数据处理软件培训。

9月9—15日

福建省地震局副局长黄向荣等一行6人赴美国肯塔基地质调查局考察访问。

9月9—22日

中国地震应急搜救中心主任吴建春等一行6人赴罗马尼亚、西班牙和法国考察应急救援机构并商讨合作事宜。

9月10—15日

湖北省地震局研究员申重阳和助理研究员杨光亮2人赴西班牙执行火山地壳变动与地球动力学及重力监测合作研究。

9月10—21日

湖南省地震局局长胡奉湘等一行4人赴俄罗斯、丹麦和瑞典访问，考察地震应急管理体制与灾害救援处置。

9月11—21日

中国地震局副局长刘玉辰率团一行6人赴希腊、捷克访问交流并商讨合作事宜。

9月13—20日

中国地震局地球物理研究所副所长高孟潭等一行9人赴蒙古参加"第九届亚洲地震委员会大会"。

9月14—30日

中国地震局地球物理研究所研究员胥广银等一行3人赴蒙古进行区域地震构造方面合作考察，并参加"第九届亚洲地震委员会大会"。

9月16—21日

中国地震局地球物理研究所研究员吴庆举等一行11人赴蒙古执行合作项目资料处理、分析、培训和研讨工作，并参加"第九届亚洲地震委员会会议"。

9月16—21日

中国地震台网中心副研究员李保昆赴蒙古参加"第九届亚洲地震委员会大会"。

9月16—21日

中国地震局地球物理研究所所长吴忠良等一行6人赴蒙古参加"第九届亚洲地震委员会大会"。

9月16—23日

云南省地震局工程师倪喆赴蒙古参加"第九届亚洲地震委员会大会"。

9月16—23日

中国地震局地球物理研究所研究员顾左文等一行5人赴蒙古执行合作项目电磁测量并参加"第九届亚洲地震委员会大会"。

9月18—27日

江苏省地震局副局长倪岳伟等一行6人赴澳大利亚、新西兰访问并学术交流。

9月19—29日

中国地震局工程力学研究所副所长李山有等一行6人赴西班牙地震工程学会访问，并赴葡萄牙参加"第十五届世界地震工程大会"。

9月19日—10月18日

中国地震局科学技术司处长王春华等一行24人赴美国进行地震科技培训。

9月22—30日

中国地震局地质研究所研究员周本刚等一行4人赴葡萄牙参加"第十五届世界地震工程大会"。

9月22—30日

中国地震局地球物理研究所副所长高孟潭、李小军2人赴葡萄牙参加"第十五届世界地震工程大会",并顺访法国,开展学术交流。

9月22—30日

中国地震局工程力学研究所所长孙柏涛等一行19人赴葡萄牙参加"第十五届世界地震工程大会"。

9月22—30日

中国地震局地壳应力研究所副所长陆鸣等一行5人赴葡萄牙参加"第十五届世界地震工程大会"。

9月22—30日

中国灾害防御中心研究员张郁山和助理研究员杨彩红2人赴葡萄牙参加"第十五届世界地震工程大会"。

9月23—30日

防灾科技学院院长薄景山等一行4人赴葡萄牙参加"第十五届世界地震工程大会"。

9月23—30日

中国地震局地球物理研究所研究员温增平等一行4人赴葡萄牙参加"第十五届世界地震工程大会"。

9月24日—11月16日

中国地震应急搜救中心工程师徐一凡等一行4人赴日本执行JICA中日合作地震应急救援能力强化项目。

9月30日—10月5日

中国地震局地质研究所研究员赵国泽赴日本参加"第七届火山电磁研究大会"。

10月1日

中国地震局工程力学研究所助理工程师解全才和湖北省地震局工程师廉超2人赴日本进行JICA地震·耐震·防灾复兴政策培训,学习截至2013年9月18日。

10月14—20日

中国地震局地壳应力研究所副所长陈虹赴匈牙利参加国际搜救队对匈牙利的IEC测评。

10月15日—11月3日

中国地震台网中心副研究员张素灵、梁建宏2人赴日本学习地震数据处理软件系统,赴美国了解强震仪及地震数据处理软件。

10月17—22日

中国地震局地质研究所所长张培震赴英国参加"无疆界的地震灾害项目国际研讨会"。

10月18—23日

中国地震局地球物理研究所研究员张东宁和李丽2人赴英国参加"国际合作机会基金"和"地震无疆界"项目启动会。

10月20—26日

中国地震局地震预测研究所助理研究员黄建平等一行3人赴意大利进行学术交流。

10月22—28日

防灾科技学院研究员万永革赴美国参加"第八届亚太经合组织地震模拟国际合作组织研讨会"。

10月22—28日

中国地震台网中心副研究员余怀忠赴美国参加"第八届亚太经合组织地震模拟国际合作组织研讨会"。

10月27日—11月10日

中国地震局地质研究所博士研究生杨会丽赴以色列地质调查局释光实验室学习并进行样品测试工作。

10月28日—11月1日

中国地震局科学技术司（国际合作司）司长胡春峰等一行14人赴韩国参加"2012东亚地震研讨会"。

10月28日—11月6日

中国地震局地球物理勘探中心副主任王夫运等一行3人赴美国REFTEK公司了解采购仪器情况，接受操作维护培训。

10月30日

中国地震局地球物理研究所助理研究员周晓峰赴南极参加第二十九次南极考察，考察截至2013年4月30日。

10月31日—11月9日

甘肃省地震局副局长杨立明赴韩国考察。

11月2—26日

中国地震局地壳应力研究所副研究员张彦山等一行4人赴巴基斯坦科哈拉水电工程进行隧道地应力测试。

11月3—13日

中国地震局地震预测研究所研究员高原赴美国参加"第82届勘探地球物理学家协会年度大会"。

11月5—10日

中国地震局地壳应力研究所研究员邱泽华赴美国考察深钻观测实验室基地并商讨合作事宜。

11月6—10日

中国地震局震灾应急救援司副司长等一行4人赴印度参加"东亚峰会—印度研讨会212：建立地区地震风险管理机制"。

11月6—13日

中国地震台网中心党委书记李强华等一行4人赴加拿大参加"第十届国际计算组织嵌

入式网络传感器系统国际研讨会"。

11月6—15日

中国地震局地壳运动监测工程研究中心研究员师宏波等一行7人赴美国全球导航卫星系统原厂学习交流。

11月10—15日

中国地震局地壳应力研究所研究员郭啟良等一行3人赴尼泊尔上塌马克西水电工程进行岩体力学测试。

11月13—18日

中国地震局人事教育司副巡视员张克里等一行6人赴韩国考察地震监测台网体系建设，并探讨台站运行、维护等技术问题。

11月15—22日

中国地震台网中心研究员黄辅琼赴尼泊尔参加"印度—亚洲碰撞带地震灾害定量评估研讨班"。

11月17—22日

防灾科技学院副院长刘春平和系主任丰继林2人赴英国阿尔特大学访问，并进行合作办学考察。

11月18—22日

中国地震局地质研究所刘春茹赴日本参加"第三届亚太释光和电子自旋共振测年会议"。

11月20—27日

中国地震局科学技术司巡视员栾毅赴巴西参加"地球观测组织第九次全会"。

11月23日—12月4日

中国地震台网中心高级工程师杨桂存等一行4人赴巴基斯坦执行设备安装与维修工作，并对巴方人员进行培训。

11月25日—12月4日

中国地震局监测预报司副处长黄媛等一行4人赴老挝商谈台站搬迁事宜并进行台站维护。

11月25日

中国地震局政策法规司巡视员徐卫等一行6人赴土耳其、法国进行防震减灾法制考察。

11月29日

中国地震局第二监测中心副主任王庆良和研究员丁平2人赴瑞士苏黎世理工学院进行学术访问。

12月1—15日

中国地震局地球物理研究所研究员李丽赴美国参加"美国地球物理联合会（AGU）2012年秋季年"。

12月2—7日

中国地震局地壳应力研究所研究员雷建设赴美国参加"美国地球物理联合会（AGU）2012年秋季年"。

12月2—7日

中国地震局地壳应力研究所所长谢富仁等一行7人赴美国参加"美国地球物理联合会（AGU）2012年秋季年"。

12月2—7日

中国地震局地球物理勘探中心高级工程师田晓峰赴美国参加"美国地球物理联合会（AGU）2012年秋季年"。

12月2—7日

山东省地震局工程地震研究中心副主任、总工程师王志才赴美国参加"美国地球物理联合会（AGU）2012年秋季年"。

12月2—8日

中国地震局地质研究所研究员刘静和助理研究员郭彦双2人赴美国参加"美国地球物理联合会（AGU）2012年秋季年"。

12月2—9日

中国地震局地球物理研究所陈运泰院士赴美国参加"美国地球物理联合会（AGU）2012年秋季年"。

12月3—6日

中国地震局地壳应力研究所副所长陈虹赴新加坡进行国际救援队2013年复测准备初评工作。

12月3—7日

中国地震局第二监测中心工程师郝明和助理工程师李煜航2人赴美国参加"美国地球物理联合会（AGU）2012年秋季年"。

12月3—8日

中国地震局地质研究所副所长徐锡伟等一行7人赴美国参加"美国地球物理联合会（AGU）2012年秋季年"。

12月3—9日

中国地震局地球物理研究所所长吴忠良等一行8人赴美国参加"美国地球物理联合会（AGU）2012年秋季年"。

12月3—13日

中国地震局震害防御司副司长黎益仕等一行6人赴加拿大、墨西哥考察防灾公共教育和社区减灾行动。

12月4—9日

中国地震局地震预测研究所研究员孟国杰等一行7人赴美国参加"美国地球物理联合会2012年秋季年"。

12月9日

中国地震台网中心工程师李璐彬等一行3人赴印度尼西亚执行台站设备和系统巡查及维护任务。

12月10—19日

中国地震局纪检组长张友民率团一行6人赴印度商谈中印地震科技合作事宜；赴阿曼

探讨地震救援领域合作事宜。

12月10—15日

中国地震灾害防御中心副主任梁宪章等一行4人赴日本进行隔震技术考察。

12月13—18日

中国地震局地球物理研究所丁志峰等一行6人赴美国考察美国台阵项目的台站建设，并进行技术交流。

12月16—20日

中国地震局震灾应急救援司副司长尹光辉等一行3人赴新加坡参加国际城市搜救培训课程开幕典礼，并就双方应急救援力量建设进行交流。

12月16—29日

中国地震局震灾应急救援司处长周敏等一行30人赴新加坡参加国际城市搜救培训。

12月17—22日

中国地震局地球物理研究所副所长张东宁等一行5人赴法国巴黎高等师范学院探讨实验室建设合作事宜，并参加联合培养博士研究生的论文答辩。

12月18—20日

中国地震局人事教育司副司长刘铁胜等一行6人赴美国访问美国地质调查局和加州大学等机构，商谈合作意向。

（中国地震局科技与国际合作司）

2012年来访项目

1月11—13日

美国康涅狄格大学土木与环境工程学院地球物理系副教授刘澜波应同济大学邀请访华，期间访问中国地震局地震预测研究所，就地震波场在各向异性介质中的数值模拟方法进行探讨，并利用波形模拟方法研究川滇地区的地震各向异性介质特征，探讨地壳结构，并指导青年科研人员。

2月25日—3月14日

俄罗斯科学院地球物理研究所副所长劳格震·英根（Rogozhin Evgeny）等一行4人应中国地震局邀请来华访问，执行国家外国专家局和甘肃省外专局资助项目"中国西部地区特殊土地震动力本构关系及其区域震害概率性综合评价方法"合作研究任务，考察甘肃省地震局及海原活断层和地震灾害现场。劳格震·英根副所长还访问局地震预测研究所。

3月1日—4月10日

挪威奥斯陆大学教授瓦莱丽·莫平（Velerie Maupin）应中国地震局邀请访华，根据国家自然科学基金项目"格林函数重建与地震波的多次散射理论研究"计划，与中国地震局地球物理研究所专家进行地震波多次散射及面波层析成像方面合作研究。

3月4—11日

东部和南部非洲地震学研究小组秘书长阿塔利·埃尔·万登（Atalay Ayele Wondem,

埃塞俄比亚籍）先生和肯尼亚内罗毕大学地质学院院长克里斯托弗·奈马伊·马尼奥（Christopher Nyamai Munyao）2人应中国地震局邀请来华访问，商讨中非地震科技合作计划及实施细节，并访问中国地震局地球物理研究所、中国地震台网中心及上海市地震局。

4月9—24日

以色列地质调查局释光实验室教授纳奥米·波拉特（Naomi Porat）应中国地震局邀请来华访问，在中国地震局地质研究所开展学术交流，并赴新疆喀什地区开展野外工作。

4月24—26日

韩国地质和矿产资源研究院院长李孝淑（Lee Hyo Sook）女士等一行5人顺访吉林省地震局，参观长白山台站，考察延吉中韩合建台站运行情况。

5月1日—6月20日

美国锡拉丘斯大学助理教授克莱格里·胡克（Gregory Hoke）等一行4人应中国地震局邀请来华访问，与中国地震局地质研究所人员赴云南野外工作，研究该地区构造地貌演化及区域构造隆升过程，开展学术交流。

5月6—12日

埃及国家天文和地球物理研究院院长哈特姆·欧达哈（Hatem Odah）教授等一行3人应中国地震局邀请来华访问，商讨中埃地震科技合作计划，访问中国地震局地球物理研究所、中国地震台网中心和河北省地震局。

5月12—17日

蒙古科学院天文与地球物理研究中心负责人苏赫巴塔（U. Sukhbaatar）先生等一行7人应中国地震局邀请来华，参加"远东地区地磁场、重力场及深部构造观测与模型研究"项目工作进展讨论会。

5月13—19日

泰国玛希隆大学理学部物理系主任维拉切侬·司理鹏瓦拉蓬（Weerachai Siripunvaraporn）副教授应中国地震局邀请来华访问，在中国地震局地质研究所就大地电磁测深三维电磁反演技术开展学术交流，并商讨合作。

5月18—25日

美国斯坦福大学教授董伟民及代表（其中美国24人、日本3人、新加坡1人、西班牙2人）应中国地震局邀请来华访问，在中国地震局工程力学研究所参加"21世纪地震工程研究新挑战国际学术会议"和"第二届中美地震工程年轻学者论坛"，并访问哈尔滨工业大学和工程力学研究所北京园区实验室。

5月20日—6月10日

加拿大埃尔伯塔大学地球物理系教授马丁·昂斯沃斯（Martyn Unsworth）应中国地震局邀请来华访问，在中国地震局地质研究所就青藏高原东缘和东北缘地区的电磁探测结果进行学术交流，并赴云南昆明、丽江进行野外考察，并顺访成都理工大学。

5月23日—6月1日

美国亚利桑那大学教授乔治·伯尔应中国地震局邀请来华访问，在中国地震局地质研究所开展学术交流。

5月23日—6月8日

美国内华达大学新构造研究中心主任史蒂夫·维斯诺斯基（Steven G. Wesnousky）教授

及夫人2人应中国地震局邀请来华访问,在中国地震局地质研究所开展学术交流,并赴内蒙古河套地区开展野外工作,对晚第四纪存在的"吉兰泰—河套古大湖"构造地貌的形成演化过程进行合作研究。

5月29日—6月5日

越南国家搜索与救援委员会办公厅主任范怀江(Pham Hoai Giang)少将等一行6人应中国地震局邀请来华访问,商讨地震救援合作事宜,并参观中国地震应急搜救中心国际地震紧急救援训练基地。

6月2—9日

俄罗斯科学院西伯利亚分院地壳研究所研究员格拉德·安德烈(Gladkov Andrey)和副研究员卢妮娜·奥克萨那(Lunina Oksana)女士2人应中国地震局邀请来华访问,与中国地震局地质研究所人员共赴陕西裂谷进行野外实地考察,并访问山西省地震局进行学术交流。

6月4—6日

朝鲜地震局副研究员金荣日在中国地质大学访问期间,顺访中国地震局地震预测研究所,就合作事宜进行讨论。

6月10—13日

美国肯塔基大学教授王振明应中国地震局邀请来华,顺访甘肃省地震局,执行国家外国专家局2012年引进国外人才项目"黄土高原岩土地震灾害综合评价方法与区划应用研究"。

6月13—21日

日本JICA项目教官组、日本东京消防队队长长泽享和札幌消防局救援专家十河敏明二人应中国地震局邀请来华,赴山东、陕西培训我方救援队骨干,现场指导救援工作。

6月17—23日

日本东北大学地震预知研究观测中心主任海野德仁(Norihito UMINO)教授应中国地震局邀请来华访问,在广东省地震局就日本地震观测系统、定位技术、数字地震资料应用和日本"3·11"大地震的应急情况及反思进行讲学和交流,并访问阳江地震台阵和新会地震台。

6月19日—7月16日

美国加州大学圣巴巴拉分校地壳研究所所长道格拉斯·伯班克(Douglas Burbank)教授和博士阿伦·巴弗(Aaron Bufe)2人应中国地震局邀请来华,在中国地震局地质研究所执行"晚新生代帕米尔向北的楔入—大陆斜向碰撞作用的研究"和"卡兹克阿尔特活动断裂填图"项目合作研究,并赴新疆塔里木盆地西缘的帕米尔和南天山山前开展野外工作。

6月22—30日

日本东京大学地震研究所教授加藤照之应中国地震局邀请来华,在中国地震局地震预测研究所就GPS地壳形变研究及其在日本地震预警与预测方面的应用进行交流,并探讨合作事宜。

6月28日—7月7日

法国约瑟夫·傅里叶大学教授米歇尔·坎皮罗(Michel Campill)应中国地震局邀请来

华，在中国地震局地质研究所进行学术交流，并考察汶川地震区。

7月1—10日

德国地学中心博士李学清女士和袁晓晖2人应中国地震局邀请来华，在甘肃省地震局共同开展S波接收函数探测岩石圈底界面研究。

7月4—20日

法国巴黎高等师范学院副校长伊夫·盖冈（Yves Gueguen）教授和亚历山大·舒伯奈尔（Alexandre Schubnel）博士2人应中国地震局邀请来华，在中国地震局地球物理研究所参加博士研究生学位论文答辩，并在重点实验室进行短期工作，商讨合作事宜。

7月8—15日

韩国首尔国立大学地球与环境科学院院长金庆列（Kyung-Ryul Kim）教授应中国地震局邀请来华，在中国地震局地质研究所就InSAR形变测量方面开展合作研究和学术交流，并顺访中国石油大学，赴郯庐断裂带进行野外考察。

7月9—20日

日本东京消防队队长长泽享和札幌消防局救援专家望月辰久2人应中国地震局邀请来华，赴四川、宁夏开展培训交流活动，对我救援队骨干进行集中培训，并进行现场指导。

7月10—19日

希腊萨洛尼卡大学地质系教授埃莱夫赛里娅·帕帕季米特里乌（Eleftheria Papadimitriou）等一行3人应中国地震局邀请来华，与河北省地震局共同探讨廊坊活动断层探测的相关问题及互访合作，并赴防灾科技学院访问。

7月12—21日

美国哥伦比亚大学国际地球科学信息网络中心主任罗伯特·陈（Robert S. Chen）教授等一行4人应中国地震局邀请来华，参加中国地震局地震预测研究所"地震风险评估与震后快速评估中的数据处理技术研修班"，并探讨合作事宜，还赴云南考察滇西试验场及丽江地震遗址。

7月15日—8月15日

美国加州大学戴维斯分校副教授埃里克·卡吉尔（E. Cougill）等一行4人应中国地震局邀请来华，赴新疆塔里木盆地东南缘的昆仑山和阿尔金山前开展野外地质考察，并在中国地震局地质研究所进行学术交流。

7月16—21日

印度古吉拉特邦政府灾害管理部门地区发展官员哈沙德·帕特尔（Haeshad Patel）等一行五人应中国地震局邀请来华，考察汶川地震灾后重建情况，并与四川省地震局就此问题进行交流。

7月20日—8月15日

美国密苏里大学副教授弗朗西斯科·戈麦斯（Francisco Paco Gomes）等一行3人应中国地震局邀请来华，与中国地震局地壳应力研究所开展学术交流，并赴山西忻定盆地五台山北麓断裂进行野外考察。

7月20—31日

美国康涅狄格大学土木与环境工程学院地球物理系副教授弗刘澜波应中国地震局邀请，

在访华期间顺访中国地震局地震预测研究所，并赴青海省地震局进行学术交流和野外地质考察。

7月21日—8月32日

美国加州大学戴维斯分校副教授麦克·奥斯肯（Michael Oskin）和博士研究生奥斯汀·埃利奥特（Austin Elliott）2人应中国地震局邀请来华，赴甘肃省与青海省交界处的敦煌市阿克塞部分地区开展野外考察。

7月23日—8月25日

美国密苏里大学地球科学系教授埃里克·桑德沃（Eric Sandvol）和博士研究生萨维斯·塞兰（Savas Ceylan）2人应中国地震局邀请来华，在中国地震局地球物理研究所就华北地区地壳上地幔结构、各向异性与壳幔变形等科学问题开展合作研究。

8月2—10日

美国肯塔基地质调查局地质灾害研究室主任王振明博士应中国地震局邀请来华，赴中国地震局地壳应力研究所开展学术交流。

8月15—23日

美国罗德岛大学海洋研究院教授沈旸应中国地震局邀请来华，在中国地震局地震预测研究所在地震实时反演方面开展学术交流和合作研究。

8月25日—9月11日

美国地质调查局中美合作中国数字台网（CDSN）项目负责人林德·志（Lind S. Gee）博士等一行3人应中国地震局邀请来华，在中国地震局地球物理研究所商讨中国数字台网三期改造升级项目中设备和软件升级等内容。

8月27日—9月7日

日本统计数理研究所庄建仓博士应中国地震局邀请来华，在中国地震局地球物理研究所开展地震短期概率预测模型的构建测试及南北地震带地区小震蠕滑段落研究。

9月3—9日

日本九州大学教授陈光齐应中国地震局邀请来华，在甘肃省地震局进行学术交流，并考察海原活断层和地震灾害现场。

9月8—21日

美国加利福尼亚州第三街工作室的责任编辑杰西·林恩·钱德勒（Jasse Lynn Chandler）和媒体指导泰勒·特洛伊·伯尔曼（Tylor troy Bohlman）2人应中国地震局邀请来华，拍摄《北京地震灾害的防御与准备》英文宣传片。

9月9—15日

印度尼西亚气象气候与地球物理局研究发展中心主任马斯塔约诺（Masturyono）等一行7人应中国地震局邀请来华，在中国地震台网中心学习中国地震前兆台网运行经验，并赴江苏省地震局学习交流。

9月10—14日

韩国地质资源研究中心研究员申珍秀（Shin Jin-soo）等一行3人应中国地震局邀请来华，对中韩合作地震台网内的营口地震台和南山城地震台进行设备维护。

9月10日—10月9日

美国普渡大学普渡稀有同位素测量实验室工程师托马斯·克利夫顿（Thomas Clifton）

应中国地震局邀请来华，在中国地震局地壳应力研究所就宇成核素测年样品前期处理的实验室工艺流程进行交流，并赴内蒙古巴彦诺尔市狼山－色尔腾山山前断裂和云南鹤庆－洱源断裂进行野外考察。

9月16—19日

俄罗斯科学院环境地学研究所所长奥斯托夫·维克多（Victor Osipov）和首席研究员马夫诺娃·拉迪亚（Nadira Mavlyanova）女士2人应中国地震局邀请，在来华期间顺访甘肃省地震局，并考察海原活断层和地震灾害现场。

9月18—30日

美国地质调查局火山科学研究中心研究员罗伯特·蒂林（Robert Ingersoll Tilling）应中国地震局邀请来华，赴长白山开展火山灾害野外考察，并顺访吉林大学。

9月20日—10月28日

新加坡南洋科技大学教授波尔·塔波尼尔（Paul Tapponnier）等一行6人应中国地震局邀请来华，新疆阿尔泰山南麓进行科学考察，并讨论有关科学问题。

10月15—22日

德国联邦地球科学和自然资源研究院地震部博士克劳斯·施塔姆勒（Klaus Stammle）和克里斯蒂安·邦尼曼（Christian Bonnemann）2人应中国地震局邀请来华，在中国地震局地球物理研究所对中德合作项目"流动台阵近场地震观测和北京地区防震减灾"的台阵硬件和软件进行维修、更新和升级，并进行学术交流。

10月20日—11月10日

日本东京大学副教授池田安隆等一行4人应中国地震局邀请来华，赴新疆和青海进行野外调查，研究新疆祁曼塔格乡库木库里背斜—冲断层系统和祁曼塔格推覆体，采集全新世洪积扇年代样品。

10月20日—11月17日

新西兰坎特伯雷大学地质科学系博士研究生卡洛琳·珍妮·博尔顿（Carolyn Jeanne Boulton）女士应中国地震局邀请来华，与中国地震局地质研究所专家就新西兰阿尔卑斯山断层相关研究进行交流，并对该断层带钻探，联合开展高速摩擦实验。

11月4—11日

捷克消防和救援总局局长德拉霍斯拉夫·莱巴（Drahoslav RYBA）等一行3人应中国地震局邀请来华，访问上海市地震局和云南省地震局，考察我国省级地震应急救援管理工作体系。

11月5—30日

法国国家历史自然博物馆教授让·沙克·柏汉明（Jean-Jacques BAHAIN）和皮埃·维什特（Pierre VOINCHET）博士2人应中国地震局邀请来华，在中国地震局地质研究所就ESR（电子自旋共振）测年及在沉积物测年领域的应用进行交流，赴云南进行野外考察和沉积物测年样品采集。

11月10—17日

荷兰乌德勒支大学教授克里斯托弗·詹姆斯·施皮尔斯（Christopher James Spiers）应中国地震局邀请来华，在中国地震局地质研究所共同开展断层摩擦实验资料解释工作，并为中国地震局研究生讲授岩石变形机制的相关课程。

11月15—20日

日本东京大学空间情报科学研究中心副主任小口高（OGUCHI Takashi）教授应中国地震局邀请来华，在中国地震局地质研究所就数值构造地貌的解析研究及国际研究论文撰写方法进行讲学。

11月25—27日

新加坡南洋理工大学博士张寿安（Siew Ann Cheong）和迈克尔·哈罗德·李（Michael Harold Lee）2人应中国地震局邀请来华，在中国地震局地球物理研究所开展地震预报模型的构建以及灾害情况下人员紧急疏散模型和模拟合作研究。

12月10—16日

俄罗斯科学院比什凯克科学站站长阿纳托利·雷宾（Anatoly Rybin）博士和室主任谢尔盖·库兹科夫（Sergey Kuzikov）2人应中国地震局邀请来华，在新疆地震局交流科研成果，修订合作机制和实施方案，并进行学术交流和GPS资料交换。

12月11—14日

日本三重大学自然灾害对策室中世古二生（Nakascko Tsugio）先生应中国地震局邀请来华，在中国地震局地球物理研究所就日本风险地图信息公开、日本地震重点防御中地方政府作用等内容开展学术交流。

（中国地震局科技与国际合作司）

2012年港澳台合作交流项目

1月22日—28日

台湾"中央"大学空间与遥测研究中心蔡治龙教授应中国地震局邀请，赴中国地震局地壳工程中心和国家天文台进行学术交流。

3月27日—4月3日

青海省地震局曹建杰赴台交流考察。

4月5—12日

福建省地震局局长金星等19人赴台参加台湾海峡地震研究成果发表会。

4月18—21日

中国地震局副局长修济刚和秘书陈宇鸣2人赴香港访问并演讲。

4月25日—7月25日

中国地震局地震预测研究所副研究员罗艳赴台开展合作研究。

5月23—29日

安徽省地震局局长张鹏赴台参加第二届皖台科技论坛。

5月27日—6月3日

香港消防队助理消防区长温锦明等一行12人应中国地震局邀请来北京，在国家紧急救援训练基地进行地震救援基础理论知识及救援技术和方法培训。

6月4—11日

安徽省地震局副局长姚大全等11人赴台交流考察。

6月12日—7月11日

台湾"中央"大学地球物理研究所博士研究生陈俊德先生应中国地震局邀请来祖国大陆进行合作研究，分别在中国地震局地球物理研究所和工程力学研究所进行学术交流。

6月20—29日

天津市地震局副局长王玉生等2人赴台访问考察。

7月11—20日

广西省地震局副局长李青春等22人赴台交流考察。

7月23—29日

重庆市地震局副局长黄雍等12人赴台交流考察。

8月1—4日

台湾"中央"研究院叶义雄等20人应中国地震局邀请，来祖国大陆参加第七届海峡两岸地震科技研讨会。

8月29—30日

中国地震局应急司副司长尹光辉赴台观摩"2012年海峡两岸海上联合搜救演练"。

9月1日—11月30日

中国地震局地震预测所研究员郑斯华赴台开展学术交流。

9月10—30日

台湾大学博士研究生钟令和等5人赴应中国地震局邀请来大陆进行合作研究。

9月11—16日

北京市地震局柴金翼等4人赴台交流考察。

9月11—18日

浙江省地震局韩用兵赴台交流考察。

9月12—21日

防灾减灾学院图书馆长李君赴台参加第八届海峡两岸图书交易会。

10月9日—12月8日

中国地震局地球物流研究所助理研究员张风雪赴台学术访问。

11月1—15日

台湾中正大学教授李元希一行5人赴四川野外考察。

11月2—10日

江苏省地震局副局长张振亚等6人赴台考察访问。

11月15日

香港天文台台长岑智明一行3人访问中国地震局。

11月29日—12月6日

山东省地震局研究员陈时军等15人赴台交流考察。

12月1—6日

中国地震局地球物理研究所研究员杨大克等6人赴台开展学术交流。

12月3—7日

中国地震局工程力学研究所副所长李山有等一行11人赴香港参加"2012城市地质环境与可持续发展论坛"。

12月3—8日

吉林省地震局局长任利生等一行12人赴香港,参加"2012城市地质环境与可持续发展论坛"。

(中国地震局科技与国际合作司)

学术交流

第五届粤港澳地区地震科技研讨会

2012年4月12—13日,第五届粤港澳地区地震科技研讨会在澳门召开。来自广东、香港及澳门的30多名地震及地球物理专家交流地震及相关科研成果,主要探讨地震的监测与分析、震害预测、地震业务系统开发、工程地震等,促进三地在地震监测、系统开发、工程地震等方面的合作以及深化数据、信息的交换。与会代表分别来自澳门特区政府地球物理暨气象局、中国科学院南海海洋研究所、广东省地震局、香港天文台、香港土木工程拓展署、香港大学、香港中文大学、香港科技大学、香港城市大学及澳门大学10个机构,共发表论文22篇。澳门日报、电视台等媒体对本次研讨会进行相关报道。

(广东省地震局)

2012年城市地质环境与可持续发展论坛

2012年12月4—5日,2012年城市地质环境与可持续发展论坛在香港召开。来自国内外近200多位地震、地质等方面的院士、专家参加论坛,共同交流加强城市地质环境问题,探讨城市发展进程中的防震减灾问题,并实地参观考察香港防治洪水大型隧道等城市灾害防治工程。广东省地震局作为论坛的协办单位和组委会成员之一,负责组织召集论坛特别报告分会场,特别报告会"城市化进程中的防震减灾问题"共有6个交流报告,涉及地震预警、抗震设防、地震灾害评估、地震保险、砂土液化、地震孕育等问题。

(广东省地震局)

广东省地震重点监视防御区县级以上城市建(构)筑物抗震性能普查

2012年10月9日,召开"广东省地震重点监视防御区县级以上城市建(构)筑物抗震性能普查"项目成果验收会。该项目是广东省防震减灾"十一五"重点项目之一,省市总共投入近2000万元,完成广东省地震重点监视防御区内广州、深圳、珠海、汕头、东莞、中山、江门、佛山、阳江、湛江、茂名、潮州、揭阳13个地级以上城市57.33万栋、

12.61亿平方米建（构）筑物的抗震性能普查工作任务，建立包含57万余条记录的普查数据库和信息展示系统。通过全面分析这些普查数据，能够了解各类型建（构）筑物的抗震性能水平及其分布，为旧城改造、城市规划、地震应急等政府决策提供依据。

（广东省地震局）

广东省部共建地震监测与减灾技术重点实验室学术委员会第一届会议

2012年12月1日，在广州组织召开省部共建地震监测与减灾技术重点实验室学术委员会第一届会议。广东省地震局副局长吕金水主持，中国地震局科技司副司长李明、处长王峰，广东省科技厅科员蒋毅出席，还邀请美国巨灾风险模型公司EQECAT霍俊荣博士、深圳爱科通电子有限公司总经理田鸿列席会议。学术委员会15委员中11人到会，广东省地震局重点实验室管理成员全体到会。学术委员会委员听取重点实验室的工作汇报，审议重点实验室2012—2014年工作规划，对重点实验室拟报国家科技进步奖的成果进行初步鉴定，对省部共建重点实验室的下一步工作进行深入探讨。

（广东省地震局）

南极长城站地震台建立实时数据传输系统

中国南极长城地震台位于南极洲西南极半岛的南设得兰群岛的乔治王岛上，是目前中国在南极地区唯一常年观测的地震台站。通过参加中国第27次和28次南极科学考察，中国地震局地球物理研究所完成了中国南极长城站地震台的重新选址、重建和台站升级工作，恢复了我国在南极的地震观测，新台站运行稳定，背景噪音低。中国南极长城站地震台为无人值守的固定台站，通常每年度夏科考期间去做常规维护时才能对其工作状况进行检查。由于长城站地震台没有建立数据传输体统，无法进行远程监控，这增加了地震台发生故障而无法正常工作的概率。另外，对发生在南极的地震事件无法进行实时监测，对相关南极地震学研究在资料保障上产生滞后作用。为此，在中国第29次南极科学考察期间，中国地震局地球物理研究所派出的南极科考队员，承担主要任务是建立长城站地震台数据传输系统。

南极科考队员在开展南极科考任务期间，中国地震局地球物理研究所相关网络技术人员赴上海和中国南北极数据中心的网络技术人员一起，与长城站科考队员通过双边网络调试，成功实现了对中国南极长城站地震台数据传输系统的构建工作，实现了远程实时监控和数据传输，以及对发生在南极地区和周边地区地震事件的实时监测。相关工作对提升南极地震观测和科学考察的能力和水平提供了重要的技术支撑。目前该系统运行稳定。

（中国地震局地球物理研究所）

中美合作项目"汶川地震区活动断层发震习性鉴定与重建避让带宽度研究"

2012年,科技部中美合作项目"汶川地震区活动断层发震习性鉴定与重建避让带宽度研究"结题。取得以下4方面的研究成果:①汶川地震区高分辨率卫星影像的解译和地震破裂/活动断层的初步制图;②穿越居民区、工业区或重大工程场址地震断层段1:5万条带状填图;③古地震研究和永久地表破裂带地质宽度确定;④活动断层避让带宽度确定依据与技术标准等4项内容的研究。这些成果为汶川地震区恢复重建过程中避让地震灾害带提供科学依据,同时为制定活动断层相关法案提供技术标准与技术支撑。

(中国地震局地质研究所)

中俄合作"断层活化的构造物理学规律及山西与贝加尔裂谷带强震孕育信息"

国家自然科学基金委员会国际合作与交流项目中俄合作"断层活化的构造物理学规律及山西与贝加尔裂谷带强震孕育信息"项目目标是通过在实验室开展典型构造的物理模拟实验,采用多物理场(位移、应变、声发射和温度等)联合观测的手段,研究典型构造的亚失稳过程及其相关物理场的演化特征,识别各物理场进入亚失稳状态的响应特征及其演化过程,并以山西和贝加尔裂谷带为例研究断层活化的构造物理学规律和裂谷带强震孕育信息。2012年,双方通过分工合作、交流互访,已获得不同构造几何亚失稳过程的变形场及温度场特征;通过震源制机解分析了山西裂谷带的应力场演化;通过地震时空分布规律及变形波理论分析了贝加尔裂谷带的地震迁移特征;通过构造物理模拟实验,研究了山西及贝加尔裂谷带演化特征。相关进展已撰写或发表相关学术论文。

(中国地震局地质研究所)

海峡两岸地震地质学术交流会

2012年4月5—6日,由徐锡伟研究员主持,在中国地震局地质研究所召开海峡两岸地震地质学术交流会,国家自然科学基金委地质学科主任姚玉鹏、中国地震局科学技术司副司长赵明、台湾李国鼎基金会负责人台湾大学教授陈正宏先生分别在开幕式上简短致辞,对海峡两岸交流取得的成绩给予了充分的肯定。交流会共做了17个报告,国家自然科学基金委员会、台湾大学、中正大学等以及地震系统内外近百人参加。

（中国地震局地质研究所）

地壳应力研究所与德国地学中心签署地应力国际合作研究协议

中国地震局地壳应力研究所与德国地学中心（GFZ）经过一年多的探讨和沟通，于2012年6月21日正式签署了《地应力数据分析与交换研究》国际合作协议。该协议旨在利用国际资源，双方通过开展实质性合作研究推动全球及中国大陆的应力场研究，探讨地壳应力状态与地震活动的关系，提高地壳应力研究所相关领域的研究水平；同时通过合作研究促进年轻科技人才的快速成长、培养科研团队。此协议的正式签订，将会进一步加强与GFZ的全方位合作，为下一步申请"全球应力数据库共享与地壳动力环境研究"国际合作项目，整合全球构造应力数据并实现共享，开展全球不同地区构造应力场与动力学环境对比研究打下坚实的基础。

（中国地震局地壳应力研究所）

中意国际合作——电磁卫星电场及高能粒子探测技术合作研究

中国地震局地壳应力研究所作为主要承担单位计划与意大利国家核物理研究院共同开展"电磁卫星电场及高能粒子探测技术合作研究"，双方拟进行电场测试仪和高能粒子探测器的设计技术、地面标定方法、数据处理方法等方面研究，为地震电磁卫星项目的顺利实施提供技术支持。

（中国地震局地壳应力研究所）

中美钻孔应变仪观测合作研究

2011年中国地震局地壳应力研究所向科技部申请了"中美钻孔应变仪观测合作研究"国际合作项目，拟开展中美钻孔应变仪的分析方法、仪器性能等对比观测合作研究，完善和发展我国的钻孔应变观测技术。中美双方经过1年多的磋商，于2012年底签署合作意向。

（中国地震局地壳应力研究所）

国际岩石力学学会地壳应力与地震专委会活动

为贯彻落实《中国地震局关于加强地震监测预报工作的意见》精神，提升分析预报人员运用地壳动力学理论和方法研判震情的能力、使用好原地应力测量和地应力动态变化观测资料，由中国地震局监测预报司统一安排，中国地震局地壳应力研究所主办的"地应力资料使用与地震预测研究"培训班于 2012 年 3 月 26—30 日在北京十三陵地震培训中心举办。

（中国地震局地壳应力研究所）

欧洲岩石力学大会

2012 年 5 月欧洲岩石力学大会在斯德哥尔摩举行，同时召开国际学会的主席团会议、理事会议和各工作委员会会议。在本次会上，挂靠在地壳应力研究所的"地壳应力与地震"国际专业委员会开展了专题活动：地壳应力研究所专家介绍了我国在地壳动力环境数值模拟实验研究的进展与最新成果、钻孔应力应变观测技术的主要进展，以及在四川西昌开展小规模台网观测的主要成果。

（中国地震局地壳应力研究所）

中国地震局工程力学研究所与西班牙地震工程学会签订合作研究协议

应西班牙地震工程学会（Spanish Association for Earthquake Engineering）的邀请，中国地震局工程力学研究所科研人员于 2012 年 9 月 21—23 日赴西班牙访问，就加强地震工程领域合作研究进行了会谈。中国地震局工程力学研究所副所长李山有研究员与西班牙地震工程学会秘书长玛利亚·豪森（Maria Hausen）教授共同签署了合作研究协议。此合作协议的主要内容包括：支持中国地震局工程力学研究所与西班牙相关地震工程研究单位的人员交流；促进双方在地震工程相关领域的合作研究；以组织学术会议、研讨会等形式积极推动中西双方地震工程相关科研院所的技术交流与合作；开展双方图书馆间的图书交流与资料共享。

（中国地震局工程力学研究所）

中国地震局工程力学研究所21世纪地震工程研究新挑战国际学术研讨会

2012年5月19日,"21世纪地震工程研究新挑战——暨纪念刘恢先院士诞辰100周年国际学术研讨会"在哈尔滨召开。此次国际研讨会由中国地震局工程力学研究所(以下简称"工力所")主办,旨在总结近期地震给我们带来的新经验和教训,反思人类应对地震灾害的经验和不足,梳理地震工程研究的进展与对策,并纪念刘恢先院士诞辰100周年。中国地震局副局长刘玉辰和黑龙江省副省长于莎燕出席了开幕式并致辞。工力所谢礼立院士和廖振鹏院士、黑龙江省政协副主席、哈尔滨工业大学陶夏新教授、大连理工大学欧进萍院士、中国水利水电科学研究院陈厚群院士、工力所所长孙柏涛研究员、黑龙江恢先地震工程学基金会理事长齐霄斋研究员、美国加州理工学院艾万教授、美国阿姆斯风险管理公司海尔希·夏教授和董伟民教授、美国伊利诺伊大学苏磐石教授、美国加州大学伯克利分校斯蒂夫·梅茵教授、日本京都大学家村浩和教授、日本东京工业大学和田彰教授、日本东京大学藤野阳三教授、西班牙卡斯蒂利亚拉曼查大学拉斐尔·布莱克兹教授、香港理工大学高赞明教授和台湾地震工程研究中心张国镇教授等来自多个国家和地区的120余位专家和学者参加了会议,与会专家作了精彩的学术报告。

(中国地震局工程力学研究所)

防灾科技学院举办第九届中美工程技术研讨会"灾难灾害预警应对与防范论坛"

第九届中美工程技术研讨会"灾难灾害预警应对与防范论坛"于2012年4月21日在防灾科技学院成功举办。本次论坛由中国工程院、国家外国专家局、美国机械工程师学会(ASME)联合主办,防灾科技学院承办。中国国际人才交流中心主任刘永志、美国机械工程学会前理事长Harry Armen、中国工程院国际合作局副局长郑晓光、防灾科技学院领导班子等50余位嘉宾出席论坛,学院300余名师生参加论坛。论坛由中国工程院院士谢礼立、ASME全球合作总监Michael Michaud主持。

(防灾科技学院)

计划·财务·纪检监察审计·党建

主要收载中国地震系统年度的事业发展计划与财务工作综述；地震系统有关情况统计；审计、纪检监察工作状况；党建工作概况。

发展与财务工作

2012年中国地震局发展与财务工作综述

2012年发展与财务工作秉承"构建事业、和谐资源、规划未来、引领发展"的管理使命，以战略研究为先导，以模式设计为核心，以规划实施为统领，以资源配置为纽带，前瞻未来，锐意改革，圆满完成了年度各项工作目标和中国地震局党组交办的每一项任务。年度决算、年度预算、绩效考评、资产统计分别获得财政部、统计局等部门一等奖、三等奖和表彰。

一、战略前瞻，研析发展新构思

2012年全面启动了新一轮国家防震减灾战略研究2012—2015年计划。印发了《行业发展财务工作回顾研究和未来设计》，完成地震出版社体制改革案例分析，初步完成局发展研究中心等体制改革可行性研究，启动行业发展财务定额体系研究，启动重大专项管理模式优化研究，开始启动国家空间信息基础设施行业应用研究。

二、规划实施，雕塑事业新格局

2012年5月"十二五"国家防震减灾规划体系中事业规划发展纲要和13个专项规划全部发布，随后印发各规划单行本，进入全面实施阶段。

完成与10项国家专项规划和20个省级主体功能区规划的协调对接。按照规划确立的重点任务和重大计划，积极与国家地方两级发改财政部门预约投入，落实投资13.75亿元。

2012年落实援疆资金2000万元。与湖北、陕西、广东省人民政府召开联席会议推进合作实施。中国地震局党组书记、局长陈建民赴内蒙古自治区拜会胡春华书记，并先后与内蒙古自治区主席、江西省省长、云南省省长签署合作协议；还先后与中国科学院白春礼院长、总参测绘局薛贵江局长签署合作协议。

三、预算设计，配置资源新和谐

中央人员经费预算新增2.13亿元，增长20.63%，财政年度人员经费基数达13.36亿元，支持率达89.97%，中央占比83.84%，地方占比6.13%。人员收入总额增至14.85亿元，在职年人均收入参公达10.58万元、事业9.97万元，同比增长9.76%。

2012年中央年预算28.80亿元，总预算35.15亿元，资产达到83.3亿元，执行率

98.22%。重点投资国家地震安全计划、国家喜马拉雅计划、地震预测预报科学探索计划、人才培养与促进计划和国民防震减灾素质提升计划；同时支持省部合作 2000 万元，4 个业务司行业科研专项 1.12 亿元，人教和科技司科教修购 1.6 亿元，监测司陆态运维 4100 万元，应急司国家应急队建设 500 万元，监测司和震防司野外工作装备 500 万元，监测司信道百兆升级 500 万元。

四、合力攻坚，投资喜获新突破

国家地震安全计划稳步实施。背景场和社会服务工程专项，2012 年完成投资 3.6 亿元，2013 年将完成主体任务。

国家喜马拉雅计划稳步实施。科学探测台阵获国家二期投资，地震活动构造探察和综合物理场观测按进度实施。中国大陆构造环境监测网络项目顺利通过国家发展和改革委员会验收。中国地震背景场探测项目和国家地震社会服务工程稳步推进实施，中国地震局地震预测研究所购置科研业务大楼进入实质阶段，北京、上海、江西、甘肃、青海、广西、重庆等省局业务用楼建设进展顺利。

积极推进重大项目立项工作，已完成国家地震烈度速报与预警工程建议书编制和报送工作。

五、锐意前行，改革追求新目标

完成中国地震局结转结余资金管理改革工作。2012 年全局结转结余资金 24.15 亿元，纳入预算投入事业发展。其中结转资金为 15.70 亿元，结余资金为 8.44 亿元，包括：项目结余 1.26 亿元，各单位结余按规定分配后形成的事业基金余额 4.10 亿元，专用基金余额 3.08 亿元。在项目结余资金中，单位管理项目结余 0.93 亿元和个人管理项目结余 0.33 亿元。

（中国地震局规划财务司）

中国地震局财务决算及分析

一、年度收入情况

截至 2012 年 12 月 31 日,地震系统全年经费收入 636500.89 万元;其中,中央财政收入 268000.56 万元,地方财政收入 64599.57 万元。事业收入 42319.89 万元,经营收入 55586.99 万元,附属单位缴款收入 5220.97 万元。

二、年度支出情况

地震系统全年经费支出总额 450894.72 万元;其中,基本支出 206084.97 万元,项目支出 200598.77 万元,经营支出 44210.98 万元。

三、年末资产情况

截至 2012 年末,地震系统固定资产 572474.33 万元,较上年度增加 30579.01 万元,增幅为 5.6%。

(中国地震局规划财务司)

国有资产管理

开展经营性国有资产改革。2012 年 11 月 5 日,印发《中国地震局经营性国有资产管理办法》,规范经营性国有资产管理工作。为进一步稳妥推进经营性国有资产管理改革,印发了《关于推进经营性国有资产管理改革的通知》。

完成中国地震局 2012 年度事业单位公务用车清查工作。截至 2012 年 12 月 31 日,中国地震局共有车辆为 1121 辆(在用车辆为 1060 辆,待报废车辆为 61 辆),年运行费用为 4628 万元。其中:专业业务用车为 698 辆,占全部车辆的 62.26%;车辆价值为 2.38 亿元;一般公务用车为 423 辆,占全部车辆的 37.74%,车辆价值为 1.21 亿元。

(中国地震局规划财务司)

机构、人员、台站、观测项目、固定资产统计

地震系统机构

独立机构分类	机构数/个
合计	47
省（自治区、直辖市）地震局	30
中国地震局直属事业单位（研究所、中心、学校）	15
中国地震局机关	1
中国地震局直属国有企业（地震出版社）	1

地震系统人员

人员构成	人数/人	占总人数的百分比/%
合计	13214	—
其中：固定职工	11699	88.50
合同制职工	616	4.70
临时工	899	6.80
生产经营人员	1935	—

地震台站

观测台站种类	观测台站数/个	投入观测手段	投入观测仪器/台套	备注
合计	1677	合计	3732	
国家级地震台	192	测震	1148	
省级地震台	208	地磁	389	1. 强震台观测点：2278个 主要观测仪器：2482台套
省中心直属观测站	638	地电	216	
		重力	69	
		地壳形变	643	2. 投入经费：12755.7万元
市、县级地震台	1277	地下流体	981	
企业办地震台	200	其他	286	

流动观测（常规）

项目名称	计量单位	计划指标量	实际完成量	完成计划比例/%
区域水准	公里	4221	4232	100
定点水准	处/次	1885/4611	1885/4608	100
跨断层水准	处/次	1073/839	1073/840	100
流动地磁	点	1428	1428	100

续表

项目名称	计量单位	计划指标量	实际完成量	完成计划比例/%
流动重力	公里/点	351157/4158	379975/4191	100
流动GPS	点	397	395	100
基线测距	边	409	409	100

固定资产

固定资产分类	计量单位	数量	原值总计/千元	
				其中：当年新增
合计		—	5728554	449891
房屋和建筑物	平方米	1820965	1957146	105298
其中：业务用房	平方米	—	965421	14985
仪器设备	台套	210496	3131388	297028
交通工具	辆	1117	343230	18631
图书资料	册	1458115	59668	6917
其他	—	—	237122	22017
土地	平方米	7200852	—	—
其中：台站用地	平方米	5020165	—	—

（中国地震局规划财务司）

政府采购工作

严格政府采购管理。年度上报政府采购预算1.73亿元，编报政府采购计划1.39亿元。提交财政部《中国地震局2013—2014年中央预算单位政府集中采购目录及标准》。

（中国地震局规划财务司）

纪检监察审计工作

2012年地震系统纪检监察审计工作综述

一、重大决策部署监督检查有力有效

坚持把执行和维护党的纪律特别是政治纪律放在首位，以党的先进性和纯洁性建设为主线，注重发挥监督检查的促进和保障作用，以服务基层、解决实际问题为着力点，采取一系列措施保证党中央国务院、中央纪委监察部重大决策部署贯彻落实。紧紧围绕防震减灾事业发展中心工作，深入基层调查研究，召开中国地震局纪检监察审计工作会议进行专门部署，确保2012年全国地震局长会暨党风廉政建设工作会议部署党风廉政建设4个方面（切实转变作风，加强监督检查，着力落实重大决策部署；推进风险防控，规范权力运行，着力提高制度的执行力；注重警示效果，强化教育监督，着力促进干部廉洁自律；深化专项治理，解决突出问题，着力惩治违纪违规行为）47项具体任务落实。中国地震局党组成员、中央纪委驻局纪检组组长张友民同志带队，调研京区11个单位、广东、海南等省局及局机关贯彻落实2012年全国地震局长会暨党风廉政建设工作会议情况，重点检查"十二五"规划、防震减灾"3+1"体系建设、惩防体系五年规划等任务落实情况，总结经验，协调解决问题，促进规范管理，推动事业发展。指导职能部门就经营性国有资产管理、地震安评报告评审及工作经费管理等问题深入基层调查研究，出台规范性文件。

各单位各部门采取多种方式，对预算执行、灾后恢复重建、援疆、地震背景场、社会服务工程、干部选拔任用、廉政风险防控等重点工作进行监督检查，有力促进了任务落实。

二、廉政风险防控机制基本形成

按照中央纪委部署，紧紧围绕制约和监督权力运行，突出廉政风险防控重点，利用一年时间，在地震系统开展廉政风险防控机制建设工作。分类指导省地震局、局属研究所、中心突出各自防控重点，抓住必备程序和关键环节，针对突出问题，加强重大事项决策、报销及合同管理、开发性实体及科研项目管理等12项重点职权事项的监管，推进防控机制建设，确保中国地震局党组指出的问题得到解决、提出的要求得到落实。各单位各部门通过清理职权事项，绘制权力运行流程图，查找廉政风险点，有针对性制定防控措施，编制了《廉政风险防控手册》，形成"以岗位为点、以程序为线、以制度为面"廉政风险防控体系，有力促进了党风廉政建设与防震减灾工作深度融合。

结合廉政风险防控机制建设，局机关开展了制度执行检查评估，各单位开展了民主决

策、干部选拔、财务管理、项目管理、廉政建设5个方面重要制度执行情况的检查。通过学习宣传和完善配套制度，领导干部带头学习、执行制度的自觉性进一步增强，干部职工遵守制度的意识普遍提高，学习制度、执行制度、维护制度的氛围基本形成。

三、廉政教育和干部监督不断深化

坚持以地震系统"四个禁止"的宣传贯彻深化《中国共产党党员领导干部廉洁从政若干准则》的落实，把廉政教育纳入干部培训和"六五"普法规划，列入各级领导干部培训课程。有计划地对京外16个单位开展"以案为鉴"的警示教育，以发生在地震系统典型案例重点宣讲剖析违纪行为，警醒局属单位加强监管、完善制度，引导干部职工和科研人员严守职业操守、廉洁自律。各单位以领导讲党课、专题培训、参观警示教育基地等形式，开展廉政教育。干部职工廉洁自律意识得到普遍增强。

加强对领导干部的监督。落实巡视、指导局属单位领导班子民主生活会、党风廉政建设责任制考核、述职述廉等日常监督制度。在认真总结巡视工作经验、赴国税总局等4个单位调研学习的基础上，经局党组同意，采取固定巡视组组长、完善巡视办机构等措施，促进了巡视质量的进一步提高。强化对主要负责人的监督，全年与19名新任主要负责人在任职时签订党风廉政建设责任书。实现46个局属单位领导班子及成员考核、等次评定的全覆盖，为227名领导班子成员建立了廉政档案。

加大领导干部经济责任审计力度，重点开展背景场项目和社会服务工程项目跟踪审计，加强对重大工程项目、科研项目和科技服务项目的监管。

四、专项治理和案件查办取得进展

继续巩固公务用车、"小金库"和庆典、研讨会等专项治理成果，有效控制了行政经费支出。深化"三项经费"专项治理，对22个单位开展财务稽查，及时纠正问题。督促2011年稽查的16个单位积极落实整改要求。全面实施公务卡强制结算目录和细则，加强了资金使用监控。针对经营性国有资产管理存在的问题，印发《经营性国有资产管理办法》，从制度层面对经营性国有资产管理活动进行规范，废止了项目承包制，遏制违纪违规行为的发生。

五、纪检监察审计队伍建设成效初显

认真落实《关于加强地震系统纪检监察审计队伍建设》的意见，地震系统纪检监察审计队伍建设继续推进。交流任职的纪检组长（纪委书记）已占73%，专职的占74%。纪检干部中，财会、审计、法律相关专业的由两年前18%上升至45%，本科以上的由61%上升至88%，年龄结构趋于合理。举办5期纪检监察审计业务培训班，培训251人次。通过业务培训和干部挂职、专项工作实践锻炼，纪检监察审计干部组织协调能力、处理复杂问题的能力不断增强，综合素质不断提高。

六、组织完成部分省局巡视工作

组织完成对安徽省地震局、中国地震局地壳应力研究所、江苏省地震局、宁夏回族自治区地震局、吉林省地震局、中国地震局地质研究所、重庆市地震局、上海市地震局 8 个局属单位的巡视工作。经过认真梳理分析，共向被巡视单位提出整改意见 37 条，向中国地震局党组提出建议 17 条。组织完成 2011 年被巡视单位的回访工作。

采取有力措施贯彻落实《关于部分中央和国家机关对所属单位开展巡视工作的意见（试行）》，进一步提高中国地震局巡视工作质量。一是在认真总结自身经验的基础上，局巡视办与部分巡视组同志先后走访了国税总局、国土资源部、海关总署、人民银行 4 个单位，调研巡视相关工作。二是强化巡视工作组织领导和队伍建设，固定巡视组组长人选，完善巡视办机构。三是继续强化审计手段在巡视监督中的运用，每个巡视组配备 1 名专职审计人员外，在对上海市地震局巡视和对广西壮族自治区地震局巡视回访中，组建 2~3 人的专门审计组，对被巡视单位的财务运行进行深入的审计监督。

（中国地震局直属机关党委）

党建工作

2012年中国地震局直属机关党建工作综述

一、基层组织建设

一是认真做好党的十八大有关工作。组织参加中央国家机关党代表会议，中国地震局党组成员、局长陈建民、搜救中心教官王念法当选为党的十八大代表。组织参与中央国家机关"当好主力军、建功'十二五'、迎接党的十八大"公文写作技能大赛，中国地震局获中央国家机关公文比赛组织奖，多人荣获二、三等奖。制定学习贯彻党的十八大精神的专题方案，根据中央要求，及时形成并下发党组文件，对地震系统学习贯彻党的十八大精神作出具体部署。组织中心组系列学习研讨。

二是开展创先争优活动总结。召开总结表彰大会，召开地震系统党建工作经验交流与研讨会、直属机关庆祝建党91周年暨创先争优报告会。局机关刘桂萍同志获全国妇女创先争优先进个人。中国地震局调研报告《破解发展难题，锤炼优秀队伍，为防震减灾事业发展提供动力与保障》被评选为全国创先争优理论研讨会入选论文。

三是深入推进学习型党组织建设。全年组织专题报告会3次，向党员和青年干部赠书600余套册，在局网站刊登学习信息100余条，开展领导寄语、好书推荐，配合上级组织征文和调研，推荐征文10篇，获奖3篇。认真开展"基层组织建设年"活动，中国地震台网中心、防灾科技学院党委完成换届，安排中国地震局地质研究所活动构造研究室、中国地震台网中心地震台网部2个先进基层党支部参加工委组织部组织的记者蹲点调研活动。开展基层党支部工作法征文活动。直属机关在春节慰问中筹集资金44万元，慰问了老党员259名、困难党员151名、老干部110名，将党组织的温暖送到他们的心坎上。"创先争优在震苑"博客被中央国家机关工委评为中央国家机关展示学习品牌，并被人民网刊登宣传。

二、精神文明建设和文化建设

印发《中国地震局党组关于推进防震减灾文化建设的意见》。分别在济南、太原组织召开地震系统党建、精神文明、文化建设的交流会和专题调研活动，开展防震减灾文化、行业精神及有关核心价值理念的研讨、征文等系列活动，初步归纳提炼了行业精神表述语"开拓创新、求真务实、知难而进、坚守奉献"。组织专门力量对116篇防震减灾文化建设征文进行评比表彰。组织开展京区单位第9套广播体操汇演、书法笔会、公文写作比赛、植树、机关职工健步走,成立京区摄影协会。组织直属机关青年参加团工委组织的"根在基层、走进一线"调研实践活动。召开直属机关纪念建团成立 90 周年大会,表彰优秀青年,交流基层团组织优秀做法。中国地震局地壳应力研究所田家勇同志获中央国家机关五四青年奖章。组织机关青年与搜救中心青年的联谊活动,丰富青年业余生活。

(中国地震局直属机关党委)

附 录

收载本系统一年的重大事件、本系统各单位离退休人员人数统计表,以及出版的重要地震科技图书简介。

中国地震局 2012 年大事记

1 月 5 日

中国地震局召开老同志防震减灾工作情况通报会。

1 月 6 日

国务院召开 2012 年防震减灾工作联席会议,国务院副总理回良玉出席会议并作重要讲话。中国地震局党组书记、局长陈建民代表联席会议办公室作工作汇报。

1 月 8 日

14 时 20 分新疆维吾尔自治区巴音郭楞蒙古自治州和硕县发生 5.0 级地震,震源深度约 7 公里。

1 月 12—13 日

2012 年全国地震局长会暨党风廉政建设工作会议在北京召开,会议传达了中共中央政治局委员、国务院副总理回良玉同志的重要批示精神,中国地震局党组书记、局长陈建民作会议主报告。

2 月 8 日

福建及台湾海峡地壳深部构造探测 2011 年度成果验收会和 2012 年海陆联测方案论证会召开。

2 月 22 日

中国地震局与铁道部在北京举行共同推进高速铁路地震安全战略合作协议的签字仪式。

2 月 23 日

中国地震局印发《"十二五"防震减灾法制建设规划》。

2 月 27 日

中国地震局党组成员、副局长刘玉辰出席"平安中国"防灾宣导系列公益活动启动仪式暨新闻发布会并讲话。

2 月 27 日

中国地震局召开"十一五"国家重大科技基础设施"中国大陆构造环境监测网络"项目预验收工作会议。

3 月 1 日

中国地震局党组书记、局长陈建民会见来访的甘肃省副省长李建华一行,双方就进一步加强甘肃省防震减灾工作进行深入交流。

3 月 2 日

21 时 40 分,新疆维吾尔自治区克孜勒苏柯尔克孜自治州乌恰县发生 5.0 级地震,震源深度约 10 千米。

3 月 2 日

中国大陆构造环境监测网络国家重大科技基础设施国家验收会召开。

3 月 2 日

中国地震局党组印发《关于推进防震减灾文化建设的意见》。

3月6日

中国地震局副局长刘玉辰会见非洲地震专家代表团。

3月12日

中央纪委驻中国地震局纪检组组长张友民会见俄罗斯科学院代表团。

3月15日

中国地震局召开高铁地震安全战略合作协议实施联合领导小组地震局成员会议。

3月21日

02时02分墨西哥发生7.6级地震，震源深度约20千米。

3月22日

中国地震局党组印发《关于加强廉政风险防控机制建设的实施意见》及实施方案，成立由中国地震局党组书记、局长陈建民任组长，中国地震局党组成员、中央纪委驻局纪检组组长张友民任副组长，局机关各部门主要负责人为成员的领导小组。

4月7—10日

国务院副总理回良玉访问印度尼西亚。中国地震局党组成员、副局长刘玉辰陪同访问，与印方签署《中国地震局、印度尼西亚气象气候和地球物理局及印度尼西亚科学院关于地震研究领域的合作协议》。

4月12日

国家"十二五"防震减灾规划体系建立总结会议召开，中国地震局党组书记、局长陈建民和中国地震局党组成员、副局长修济刚出席并讲话。

5月8—9日

中国地震局党组成员、副局长阴朝民赴郑州出席《地震应急救援条例》起草工作研讨会并讲话；期间与河南省副省长徐济超进行座谈，并共同出席河南省地震台网中心启动仪式。

5月9日

中国地震局副局长刘玉辰会见埃及国家天文与地球物理研究所所长一行。

5月29日

中国地震局副局长刘玉辰分别会见巴基斯坦气象厅厅长一行和塔吉克斯坦紧急情况和民防委员会主席一行。

6月5—14日

中国地震局副局长赵和平赴埃及、希腊访问。

6月18—19日

2012年年中全国地震趋势会商会召开。

6月19日

铁道部、中国地震局高速铁路地震安全战略合作协议实施联合领导小组会议召开。

6月24日

15时59分云南省丽江市宁蒗彝族自治县、四川省凉山彝族自治州盐源县交界发生5.7级地震，震源深度约11千米。此次地震造成4人死亡，28人重伤，414人轻伤。

6月27日

中国地震局副局长赵和平出席香港特别行政区成立十五周年展览开幕式。

6月30日

05时07分新疆维吾尔自治区伊犁哈萨克自治州新源县、巴音郭楞蒙古自治州和静县交界发生6.6级地震,震源深度约7千米。此次地震造成1人重伤,51人轻伤。

6月30日—7月5日

中国地震局党组成员、副局长修济刚赴新疆维吾尔自治区开展新源、和静6.6级地震应急处置工作。

7月18—27日

中国地震局副局长阴朝民赴德国和俄罗斯访问。

7月25日

中国地震局与中国科学院在京召开合作协议签订仪式。中国地震局局长陈建民和中国科学院院长白春礼出席签订仪式并讲话,中国地震局副局长修济刚和中国科学院副院长丁仲礼代表双方签署合作协议。

8月2日

中国地震局副局长刘玉辰出席第七届海峡两岸地震科技研讨会并讲话。

8月18日

中国地震局与武警部队共同召开座谈会,中国地震局党组书记、局长陈建民,武警部队司令员王建平上将分别作了重要讲话,双方共同研究了进一步深化合作,加强抗震救灾力量建设和应急救援机制建设。

8月20—29日

中国地震局局长陈建民赴新加坡、肯尼亚两国访问。

9月7日

11时19分云南彝良、贵州威宁交界发生5.7级地震,震源深度约14千米;12时16分,该地区再次发生5.6级地震,震源深度约10千米。此次地震造成81人死亡,834人受伤。超过70万人受灾。

9月12—21日

中国地震局副局长刘玉辰赴希腊、捷克访问。

10月19日

中国地震局与云南省人民政府在京举行推进云南桥头堡建设防震减灾合作协议签署仪式。中国地震局局长陈建民和云南省省长李纪恒代表双方签署协议。

10月23日

子午工程国家验收会议召开,中国地震局党组成员、副局长阴朝民出席。

10月24日

成立中国地震局防震减灾信息化领导小组,中国地震局党组成员、副局长阴朝民任组长。

10月29—31日

2013年全国地震大形势会商会在北京召开。

11月7日

中国地震局副局长刘玉辰会见来访的捷克共和国消防和救援总局局长德拉霍斯拉夫·

莱巴一行。

11月8—14日

中国地震局党组书记、局长陈建民参加党的第十八次全国代表大会。

11月10—11日

11月10日22时19分和11月11日06时01分、08时58分四川省内江市隆昌县相继发生4.0级、4.2级、4.3级地震。地震造成1人受伤，少量房屋受损。

11月14日

党的十八大代表、中国地震局党组书记、局长陈建民同志当选第十八届中央纪律检查委员会委员。

11月15日

中国地震局副局长刘玉辰会见香港天文台台长一行。

12月6日

中国地震局与江西省人民政府在南昌举行合作协议签订仪式。中国地震局局长陈建民和江西省省长鹿心社代表双方签署协议，江西省副省长谢茹、中国地震局副局长修济刚分别致辞。

12月11日

中国地震局副局长刘玉辰出席并签署中国瑞士地震灾害合作谅解备忘录。

12月10—19日

中央纪委驻局纪检组组长张友民赴印度和阿曼访问。

（中国地震局办公室）

2012年地震系统离退休人员人数统计表

序号	单位	合计	离休干部					退休干部						工人
			小计	局级	处级	其他		小计	局级	处级	研究员	副研	其他	小计
	总计	9824	344	82	225	37		7547	319	1347	469	2093	3319	1933
1	北京市地震局	73						69	5	26	4	20	14	4
2	天津市地震局	196	6	2	4			173	7	35	12	57	62	17
3	河北省地震局	410	6	2	3	1		351	12	49	16	83	191	53
4	山西省地震局	178	6	2	4			148	4	32	4	35	73	24
5	内蒙古自治区地震局	151	8	1	7			125	2	20	1	22	80	18
6	辽宁省地震局	340	19	5	14			269	9	67	13	101	79	52
7	吉林省地震局	82	5	1	3	1		69	5	19		28	17	8
8	黑龙江省地震局	121	7	3	4			102	8	35	1	15	43	12
9	上海市地震局	136	5		5			111	11	24	6	28	42	20
10	江苏省地震局	266	4	1	3			239	10	28	12	96	93	23
11	浙江省地震局	65	3	2	1			53	5	16	2	13	17	9
12	安徽省地震局	130	7	3	3	1		109	4	21	4	23	57	14
13	福建省地震局	286	3	2		1		223	9	32	9	71	102	60
14	江西省地震局	34	2		2			31	2	9		6	14	1
15	山东省地震局	306	23	4	16	3		241	8	48	1	50	134	42
16	河南省地震局	141	7	1	4	2		121	3	24	5	29	60	13
17	湖北省地震局	464	14	4	10			326	10	44	40	106	126	124
18	湖南省地震局	79	6	3	3			60	4	29		9	18	13
19	广东省地震局	430	10	1	6	3		299	11	54	15	65	154	121

续表

序号	单位	合计	离休干部				退休干部						工人
			小计	局级	处级	其他	小计	局级	处级	研究员	副研	其他	小计
	总计	9824	344	82	225	37	7547	319	1347	469	2093	3319	1933
20	广西壮族自治区地震局	86	4		4		78	6	22		8	42	4
21	海南省地震局	52	1		1		38	5	11		9	13	13
22	重庆市地震局	21					18	10	12		5	1	3
23	四川省地震局	650	19	5	14		463	7	85	7	94	267	168
24	云南省地震局	637	16	4	11	1	486	2	52	24	147	256	135
25	西藏自治区地震局	13	1			1	8	5	2		1	3	4
26	陕西省地震局	202	11	2	9		157	5	25	7	49	71	34
27	甘肃省地震局	559	18	9	6	3	444	5	48	35	105	251	97
28	青海省地震局	83	2	1	1		62	5	10		8	39	19
29	宁夏回族自治区地震局	93	1		1		79	6	9	3	14	47	13
30	新疆维吾尔自治区地震局	282	5	2	3		218	9	25	13	46	125	59
31	中国地震局地球物理勘探中心	399	17	4	11	2	348	6	40	61	149	92	34
32	中国地震局地质研究所	349	16	1	14	1	286	6	25	67	87	101	47
33	中国地震局地壳应力研究所	469	17	2	11	4	318	13	38	23	124	120	134
34	中国地震局地震预测研究所	206	10		6	4	193	10	66	9	66	42	3
35	中国地震局工程力学研究所	398	13	4	9		300	6	29	43	103	119	85
36	中国地震局地壳工程中心	1					1		1				
37	中国地震台网中心	152	3	3			140	13	27	16	45	39	9
38	中国地震局灾害防御中心	290	6		6		102	1	7	1	16	77	182
39	中国地震局应急搜救中心	62	2			2	50	2	13	3	19	13	10
40	中国地震局地球物理勘探中心	240	7	1	4	2	156	8	26	4	51	67	77
41	中国地震局第一监测中心	208	5	1	4		130	2	36	5	36	51	73

续表

序号	单位	合计	离休干部				退休干部						工人
			小计	局级	处级	其他	小计	局级	处级	研究员	副研	其他	小计
	总计	9824	344	82	225	37	7547	319	1347	469	2093	3319	1933
42	中国地震局第二监测中心	186	8		7	1	103	3	18	1	24	57	75
43	防灾科技学院	103	1			1	92	4	27	2	29	30	10
44	中国地震局深圳防震减灾科技交流培训中心	6					5	1	2		1	1	1
45	中国地震局机关服务中心	70	20	6	11	3	59	6	37			16	11
46	中国地震局局机关	119					94	49	42			3	5

（中国地震局离退休干部办公室）

地震科技图书简介

首都地震安全示范社区建设

吴卫民　兰从欣　著

定价：30.00 元

本书主要概述了建筑物地震安全性能评估、防震减灾科普宣传教育、地震应急准备、震情监测与档案信息系统建设、地震安全社区建设标准探讨等内容。本书能够对今后地震安全社区的建设思路、运作方式以及在此过程中遇到的实际问题等方面提供一些帮助和借鉴。

防震减灾实用知识手册（第二版）

北京市地震局　北京市科学技术委员会　著

定价：10.00 元

大量国内外的地震事件表明，为公众提供公共安全教育是减轻地震灾害影响最重要和最有效的途径之一。对目前安全教育相对缺乏的我国民众而言，一项迫切的防震减灾工作任务就是加强公共安全教育，让公众面对灾难时不再盲目无知，也不再惊惶失措。为了深入贯彻落实科学发展观，贯彻"以预防为主，防御与救助相结合"的防震减灾工作方针，坚持"因地制宜、因时制宜、经常持久、科学求实"的宣传原则，积极、主动、科学、有效地开展防震减灾宣传教育，编写了本书，以帮助民众掌握防震、避震、自救、互救的知识和技能，提高民众的心理承受能力，增强全民防震减灾意识，努力使地震造成的灾害损失减到最小。

地震追踪——地震系列轨迹的形态分析

陈宝祥　著

定价：50.00 元

本书分析研究了地震震中的迁移规律，基于此来探索地震预报的途径，试图解决中强震预报、短期预报等问题，并为地震研究提供参考。

从近震到远震震相序列全解析

朱战斌　编著

定价：50.00 元

本书是基于北京台数字宽频地震记录图并结合北京台地震走时表，按照地震震中距由近及远的原则，对不同区域的地震震相序列、震相记录表现特征、幅频特性等作了初步的归纳和总结，试图将地震图上所有清晰记录到的已知震相都能标注出来并作了相应的解说。

南京市活断层探测与地震危险性评价

侯康明　张振亚　刘建达
刘保金　王萍　等　编著

定价：198.00 元

本书通过系统的地震地质调查、大尺度深地震探测、精细浅层人工地震探测、跨断层联合钻探等手段，并结合新年代学样品测试数据分析等国内外先进的研究方法，较全面客观地评价了南京市及其郊区的地震构造环境，主要隐伏目标断层的活动性及其深、浅部耦合与地震活动的关系。本书还用较大篇幅论述了南京市及其郊区的第四纪地质环境、古地理、古气候环境及历史地震的发生特征。

工程地震学

袁一凡　田启文　编著

定价：60.00 元

本书涵盖工程地震学所涉及的震害经验、基本概念、理论基础、分析模型、计算方法、实验勘察和相关技术规定。具体包括：地震破坏作用类型；地震烈度评定及其应用；强地震动的特征（地震动强度、频谱、持时、随机模型、地震动衰减、近断层地震动特性等）；地震动模拟（震源运动学和动力学模型）；地震动预测；地震危险性分析；场地效应。本书也介绍了结构抗震设计所需要的设计地震动，以及地震区划、地震小区划相关内容。

《中国地震年鉴》特约审稿人名单

谷永新	北京市地震局	张永久	四川省地震局
郭彦徽	天津市地震局	陈本金	贵州省地震局
翟彦忠	河北省地震局	毛玉平	云南省地震局
李 杰	山西省地震局	张 军	西藏自治区地震局
弓建平	内蒙古自治区地震局	王彩云	陕西省地震局
赵广平	辽宁省地震局	石玉成	甘肃省地震局
孙继刚	吉林省地震局	马玉虎	青海省地震局
张明宇	黑龙江省地震局	张新基	宁夏回族自治区地震局
李红芳	上海市地震局	王 琼	新疆维吾尔自治区地震局
付跃武	江苏省地震局	李 丽	中国地震局地球物理研究所
王秋良	浙江省地震局	单新建	中国地震局地质研究所
张有林	安徽省地震局	杨树新	中国地震局地壳应力研究所
朱海燕	福建省地震局	张晓东	中国地震局地震预测研究所
熊 斌	江西省地震局	李山有	中国地震局工程力学研究所
李远志	山东省地震局	孙 雄	中国地震台网中心
王志铄	河南省地震局	陈华静	中国地震灾害防御中心
晁洪太	湖北省地震局	吴书贵	中国地震局发展研究中心
曾建华	湖南省地震局	翟洪涛	中国地震局地球物理勘探中心
钟贻军	广东省地震局	宋兆山	中国地震局第一监测中心
李伟琦	广西壮族自治区地震局	范增节	中国地震局第二监测中心
陈 定	海南省地震局	贾作璋	防灾科技学院
杜 玮	重庆市地震局	高 伟	地震出版社

《中国地震年鉴》特约组稿人名单

赵希俊	北京市地震局	何濛滢	四川省地震局
丁　晶	天津市地震局	何国文	贵州省地震局
张帅伟	河北省地震局	徐　昕	云南省地震局
和　炜	山西省地震局	赵立宁	西藏自治区地震局
张　茜	内蒙古自治区地震局	谢慧明	陕西省地震局
韩　平	辽宁省地震局	许丽萍	甘肃省地震局
赵春花	吉林省地震局	胡爱真	青海省地震局
李丽娜	黑龙江省地震局	沙曼曼	宁夏回族自治区地震局
刘　欣	上海市地震局	邱媛媛	新疆维吾尔自治区地震局
郑汪成	江苏省地震局	卜淑彦	中国地震局地球物理研究所
沈新潮	浙江省地震局	高　阳	中国地震局地质研究所
李　昊	安徽省地震局	喻建军	中国地震局地壳应力研究所
王庆祥	福建省地震局	张　洋	中国地震局地震预测研究所
曹　健	江西省地震局	彭　飞	中国地震局工程力学研究所
李志鹏	山东省地震局	薛　杭	中国地震台网中心
滕　婕	河南省地震局	杨　睿	中国地震灾害防御中心
安　宁	湖北省地震局	许启慧	中国地震局发展研究中心
孙慧璇	湖南省地震局	魏学强	中国地震局地球物理勘探中心
袁秀芳	广东省地震局	孙启凯	中国地震局第一监测中心
吕聪生	广西壮族自治区地震局	屈　佳	中国地震局第二监测中心
曾春梅	海南省地震局	张玉琛	防灾科技学院
谢　镪	重庆市地震局	郭贵娟	地震出版社